内容介绍

本书除完整介绍经典微积分学理论外，还介绍了现代分析学的一些基本概念与理论．第0章为预备知识部分：第一节介绍实数集及其子集的一些相关性质与概念，如实数绝对值的三角不等式性质，开集、闭集、聚点、有界集以及确界原理；第二节介绍实数集上的函数及其运算法则，几类具有特殊性质的函数如有界函数、单调函数、反函数、周期函数、六类基本初等函数．第0章附录作为实数集理论的补充，介绍实数集的一种不同于 Dedekind 分割的构造方法——采用有理数列 Cauchy 列的方法，其特点是更加直观，加减乘除运算简单，由此方法构造的实数集上 Cauchy 列是收敛列，Dedekind 分割方法构造的实数集上确界原理成立，我们在第一章第二节会知道它们是等价的．第一章介绍数列极限：第一节介绍数列极限与性质以及夹挤法；第二节介绍实数集上的数列收敛定理，如单调有界数列收敛定理、区间套定理、聚点原理、Cauchy 准则、有限开覆盖定理；第三节介绍数列的上下极限．第二章介绍数项级数：第一节介绍数项级数及其收敛；第二节介绍正项级数收敛的比较、比式、根式与积分判别法；第三节介绍一般项级数的条件收敛、绝对收敛以及一般项级数收敛的 Abel、Dirichlet 判别法．第三章介绍函数极限：第一节介绍函数极限；第二节介绍函数极限的性质（如四则运算性质）以及夹挤法；第三节介绍两个典型的函数极限；第四节介绍无穷小量与无穷大量及其在函数极限问题中的作用．第四章介绍连续函数：第一节介绍连续函数与其性质；第二节介绍闭区间上连续函数的有界性以及介值定理；第三节介绍一致连续函数；第四节介绍上、下半连续函数及其性质．第五章介绍函数导数：第一节介绍导数概念；第二节介绍求导的四则运算、复合求导以及反函数求导法则；第三节介绍高阶导数；第四节介绍含参变量函数的导数；第五节介绍微分形式．第六章介绍微分中值定理及其应用：第一节介绍 Fermat 定理、导函数介值定理、Rolle、Lagrange 与 Cauchy 中值定理及其在函数的单调性判断与函数不等式问题中的作用；第二节介绍处理不定式极限计算的 L'Hospital 法则；第三节介绍用多项式逼近连续函数的 Taylor 公式；第四节介绍函数的极值与最大值、最小值的判断与计算问题；第五节介绍凸函数及其性质、凸函数的 Jesen 不等式及其应用．第七章介绍不定积分：第一节介绍不定积分的概念与性质；第二节介绍计算不定积分的三种方法，凑微分法、变量代换法、分部积分法；第三节介绍有理函数以及可化为有理函数的不定积分．第八章介绍定积分：第一节介绍定积分的概念；第二节介绍定积分存在的充要条件；第三节介绍定积分的性质；第四节介绍原函数与 Leibniz 公式以及积分中值定理；第五节介绍定积分的计算与一些简单应用．第九章介绍广义积分：第一节介绍无穷限广义积分；第二节介绍无界函数广义积分；第三节介绍广义积分的敛散判别法则．第十章介绍函数项级数：第一节介绍函数列的收敛与一致收敛及其判别法则；第二节介绍函数项级数的一致收敛判别法；第三节介绍一致收敛函数列与函数项级数的连续性、可积性与可导性；第四节介绍幂级数的收敛域、收敛半径、幂级数的性质以及函数的幂级数展开．第十一章介绍 Fourier 级数：第一节介绍 Fourier 级数的概念；第二节介绍 Fourier 级数收敛定理与证明；第三节介绍任意 $2T$ 周期函数的 Fourier 级数．第十二章介绍多元函数的极限与连续性：第一节介绍 n 维欧氏空间的点集与点收敛以及收敛定理；第二节介绍二元函数的极限与二次极限以及两者之间的关系；第三节介绍二元函数的连续性．第十三章介绍多元函数的微分学：第一节介绍多元函数的偏导数与可微性以及复合函数偏导数的链式法则、高阶偏导数、方向导数；第二节介绍多元函数的 Taylor 公式与极值．第十四章介绍含参变量积分与含参变量广义积分：第一节介绍含参变量积分及其连续性、可导性；第二节介绍含参变量广义积分的一致收敛判别法则以及参变量广义积分的性质；第三节介绍两类特殊的含参变量，Euler 函数与 Beta 函数；第四节介绍 Fourier 变换及其性质．第十五章介绍曲线积分：第一节介绍平面曲线的弧长与曲率及其计算公式；第二节介绍第一类曲线积分的概念、性质及其计算公式；第三节介绍第二类曲线积分的概念、性质及其计算公式；第四节介绍两类曲线积分之间的关系．第十六章介绍重积分：第一节介绍平面点集的面积；第二节介绍二重积分的概念、性质、计算以及变量代换方法；第三节介绍第二类曲线积分与二重积分的关系——Green 公式；第四节介绍三重积分的概念、性质与其计算方法以及应用；第五节介绍 n 重积分．第十七章介绍曲面积分：第一节介绍空间曲面的面积与其计算公式；第二节介绍第一类曲面积分及其计算公式；第三节介绍第二类曲面积分及其计算公式；第四节介绍两类曲面积分之间的关系；第五节介绍第二类曲面积分与三重积分之间的关系——Gauss 公式以及第二类曲线积分与第二类曲面积分之间的关系——Stokes 公式．第十八章介绍向量函数的微分学：第一节介绍向量函数、线性算子以及线性算子组成的矩阵；第二节介绍向量函数的极限与连续；第三节介绍向量函数的 Fréchet 导算子与微分、高阶 Fréchet 导算子以及微分中值不等式，特别是给出了高阶 Fréchet 导算子的新计算方法；第四节介绍隐函数定理及其证明，以及隐函数定理在几何中的应用与隐函数定理在二重积分变量代换公式证明中的作用；第五节介绍带约束条件的极值问题与 Lagrange 乘子法；第六节介绍凸函数的次微分与性质，凸函数的次微分是单调映射以及凸函数的极小值点与凸函数次微分的零点之间的关系，也介绍了凸函数的对偶方法——Legendre - Fenchel 变换及其性质．第十九章介绍无穷维空间中的分析理论：第一节简单介绍集合与映射；第二节介绍拓扑空间、Hausdorf 拓扑空间、满足第一可数公理与第二可数公理的拓扑空间以及连续映射；第三节介绍度量空间、赋范空间与内积空间以及它们之间的关系，也介绍了它们中的点列收敛；第四节介绍赋范空间中的有界线性算子与泛函、自反空间以及弱收敛；第五节介绍赋范空间中连续函数的 Riemann 积分、映射的 Fréchet 导算子与微分、函数的极值与临界点、微分中值不等式．第二十章介绍微分流形上的积分：第一节介绍 n 维微分流形；第二节介绍张量积、外积与外微分形式；第三节介绍 n 维光滑流形上的积分、Stokes 公式及其证明．

目　录

第 0 章　实数集与函数

本章主要介绍实数的一些基本性质以及实数集的子集及其相关概念，如开集、闭集、有界集以及集合的上下确界．实数集具有一个重要的特征就是它的有界子集存在上下确界，我们称之为确界原理．本章也介绍函数概念以及一些具有特殊性质的函数，包括有界函数、单调函数、周期函数以及初等函数等．

0.1　实数集与子集、确界原理

0.1.1　实数集与区间

人类对数的认识从自然数开始，全体自然数记为 $\mathbf{N}=\{1, 2, \cdots\}$，然后有了整数概念，全体整数记为 $\mathbf{Z}=\mathbf{N}\cup(-\mathbf{N})\cup\{0\}$，再后又有了有理数概念，全体有理数记为 $\mathbf{Q}=\left\{\frac{p}{q}: p\in\mathbf{Z}, q\in\mathbf{N}\right\}$，后来逐渐认识到无理数，即无限非循环小数．无理数的构造比较繁琐，有 Dedekind 分割、Cantor 无限非循环小数、Cauchy 列等，这里不作介绍，章末附录提供了一种有理数 Cauchy 列的构造方法，有兴趣的读者可参阅．由有理数与无理数组成的集合称为实数集，记为 $\mathbf{R}$．用 $\varnothing$ 表示空集．实数集 $\mathbf{R}$ 上定义了加减乘除运算，任意两个实数之间可以比较大小，参见章末附录．

实数 a 的绝对值，记为 $|a|$，$|a|=a$ 当 $a\geqslant 0$ 时；$|a|=-a$ 当 $a<0$ 时．

命题 0.1.1　如果 $|a|<\varepsilon$ 对任意 $\varepsilon>0$ 成立，则 $a=0$.

证明　假设相反，$a\neq 0$，则有 $|a|>0$. 令 $\varepsilon_0=\frac{|a|}{2}$，则有 $|a|>\varepsilon_0$. 这与已知条件矛盾．因此 $a=0$.

引理 0.1.1　如果 $a<b+\varepsilon$ 对任意 $\varepsilon>0$ 成立，则有 $a\leqslant b$.

证明　假设相反，则有 $a>b$. 令 $\varepsilon_0=\frac{a-b}{2}$，有 $b+\varepsilon_0=\frac{a+b}{2}<a$. 这与已知条件矛盾．因此 $a\leqslant b$.

三角不等式性质 $|a+b|\leqslant|a|+|b|$.

$(a, b)=\{x: a<x<b\}$ 称为一开区间，$[a, b]=\{x: a\leqslant x\leqslant b\}$ 称为一闭区间．

$(a, b]=\{x: a<x\leqslant b\}$ 称为一左开右闭区间，$[a, b)=\{x: a\leqslant x<b\}$ 称为一左闭右

开区间.

设$\delta>0$. 开区间$(x_0-\delta, x_0+\delta)$称为以x_0为心δ为半径的开邻域，记为$N(x_0, \delta)$；$N(x_0, \delta)\setminus\{x_0\}=(x_0-\delta, x_0)\cup(x_0, x_0+\delta)$称为以$x_0$为心$\delta$为半径的去心开邻域，记作$N^{\circ}(x_0, \delta)$.

0.1.2 开集与闭集

定义 0.1.1 (1)设$A\subseteq\mathbf{R}$. 如果对任一$x\in A$，存在$\delta(x)>0$，使得$N(x, \delta(x))\subset A$(此时x也称为A之一内点)，则A称为$\mathbf{R}$的一开子集，简称开集；

(2) $B\subseteq\mathbf{R}$称为闭子集(简称闭集)，如果B的补集$B^{c}=\{x\in\mathbf{R}: x\notin B\}$为开集；

(3) 设$C\subseteq\mathbf{R}$，$y\in\mathbf{R}$. 如果对$\forall\varepsilon>0$，$N(y, \varepsilon)\cap C\setminus\{y\}\neq\varnothing$，则称$y$为$C$之一聚点，$C$之聚点全体记为$C'$；

(4) $\bar{C}=C\cup C'$称为C的闭包.

例 0.1.1 设$a<b$，则(a, b)为开集，$[a, b]$为闭集.

例 0.1.2 设$A=\mathbf{R}\setminus\mathbf{N}$，则$A$为开集，$\mathbf{N}$为闭集，且有$A'=\mathbf{R}$.

证明 对任一$x\in A$，①若$x<1$，取$\delta=\dfrac{1-x}{2}$，则有$N(x, \delta)\subset A$.

②若$x\in(n, n+1)$，$n\in\mathbf{N}$，令$\delta=\min\left\{\dfrac{x-n}{2}, \dfrac{n+1-x}{2}\right\}$，则有$N(x, \delta)\subset A$. 因此$A$为开集，$\mathbf{N}$即为闭集.

显然$A\subset A'$. 其次对任一$i\in\mathbf{N}$，$\varepsilon>0$，有$i+\min\left\{\dfrac{1}{2}, \dfrac{\varepsilon}{2}\right\}\in N(i, \varepsilon)\cap A$，故有$\mathbf{N}\subset A'$. 因此$A'=\mathbf{R}$.

定义 0.1.2 设$B\subseteq A$. 如果$A\subseteq\bar{B}$，则称B稠于A.

注 有理数集$\mathbf{Q}$稠于$\mathbf{R}$，参见章末附录.

由例 0.1.2 知$A=\mathbf{R}\setminus\mathbf{N}$稠于$\mathbf{R}$.

例 0.1.3 $(0, 1)\setminus\left\{\dfrac{1}{n}, n=2, 3, \cdots\right\}$稠于$[0, 1]$.

命题 0.1.2 设$B\subset\mathbf{R}$. 则B为闭集的充要条件是$B=\bar{B}$.

证明 必要性. 设B为闭集，需证$B'\subseteq B$.

假设相反，存在$b\in B'$，但是$b\notin B$，即$b\in B^{c}$. B^{c}为开集，故存在$\delta_0>0$，使得$N(b, \delta_0)\subset B^{c}$，因此$N(b, \delta_0)\cap B=\varnothing$. 这与$b\in B'$矛盾.

充分性. 需证B^{c}为开集. 假设相反，存在$b_0\in B^{c}$，对$\forall\varepsilon>0$，都有$N(b_0, \varepsilon)\not\subset B^{c}$，则$N(b_0, \varepsilon)\cap B\neq\varnothing$，故有$b_0\in B'\subseteq B$，与$b_0\in B^{c}$矛盾.

因此B^{c}为开集，即B为闭集.

0.1.3 有界集与上下确界

定义 0.1.3 设$B\subset\mathbf{R}$. 如果存在$M\in\mathbf{R}$，使得$x\leqslant M$对$\forall x\in B$成立，则称B为有上界

的集合，称 M 为 B 之一上界；如果存在 $L\in\mathbf{R}$，使得 $L\leqslant x$ 对 $\forall x\in B$ 成立，则称 B 为有下界的集合，称 L 为 B 之一下界；如果 B 既有上界又有下界，则称 B 为有界集.

命题 0.1.3　B 为有界集的充要条件是存在 $L>0$，使得 $|x|\leqslant L$ 对 $\forall x\in B$ 成立.

命题 0.1.4　如果 $b\leqslant M$ 对 $\forall b\in B$ 成立，则有 $a\leqslant M$ 对 $\forall a\in \bar{B}$ 成立.

证明　对任一 $a\in B'$，下证 $a\leqslant M$.

若 $a\in B$，则有 $a\leqslant M$.

$a\notin B$ 时，对任意 $\varepsilon>0$，$(a-\varepsilon,\ a+\varepsilon)\cap B\setminus\{a\}\neq\varnothing$. 于是有 $b\in B$，使得 $a-\varepsilon<b\leqslant M$. 因此 $a<M+\varepsilon$，$\forall\varepsilon>0$. 由引理 0.1.1 知，$a\leqslant M$.

再由 $\bar{B}=B\cup B'$ 即知命题 0.1.4 结论成立.

例 0.1.4　$\{\sqrt{n+1}-\sqrt{n}:\ n=1,\ 2,\ \cdots\}$ 是有界集.

定义 0.1.4　集合 B 的最小上界称为 B 的上确界，记为 $\sup B$；B 的最大下界称为 B 的下确界，记为 $\inf B$.

例 0.1.5　$B=\left\{-\sqrt{2}+\dfrac{1}{n},\ \sqrt{2}-\dfrac{1}{n}:\ n=1,\ 2,\ \cdots\right\}$，则有 $\inf B=-\sqrt{2}$，$\sup B=\sqrt{2}$.

下面定理称为确界原理，这里不作证明. 其独立证明需要用到实数集的 Dedekind 构造.

定理 0.1.1(确界原理)　如果 B 有上界，则 $\sup B$ 存在；如果 B 有下界，则 $\inf B$ 存在.

推论 0.1.1　如果 B 有上界，则 $\sup \bar{B}=\sup B$.

证明　显然有 $\sup B\leqslant\sup \bar{B}$.

另一方面，$b\leqslant\sup B$，$\forall b\in B$. 于是由命题 0.1.4 知，$a\leqslant\sup B$，$\forall a\in\bar{B}$. 从而有 $\sup\bar{B}\leqslant\sup B$.

因此 $\sup\bar{B}=\sup B$.

习　题

1. 证明下面不等式：

(1) $|a+b|\leqslant|a|+|b|$；

(2) $|a|-|b|\leqslant|a-b|$；

(3) 设 $x\in[a,\ b]$，则有 $|x|\leqslant\max\{|a|,\ |b|\}$；

(4) $\dfrac{|a+b|}{1+|a+b|}\leqslant\dfrac{|a|+|b|}{1+|a|+|b|}$.

2. 设 $U_i\subset\mathbf{R}$ 为开集，$i\in I$. 证明 $\cup_{i\in I}U_i$ 为开集.

3. 设 $B_i\subset\mathbf{R}$ 为闭集，$i\in I$. 证明 $\cap_{i\in I}B_i$ 为闭集.

4. 证明 $\mathbf{R}$ 以及空集 $\varnothing$ 既是开集又是闭集.

5. 设 B_1，B_2 为闭集，证明 $B_1\cup B_2$ 是闭集.

6. 设 B_i 为闭集，$i=1,\ 2,\ \cdots$. 问 $\cup_{i=1}^{+\infty}B_i$ 是否是闭集，举例说明.

7. 设 $A=\left\{\pm 1+\frac{1}{n}: n=1, 2, \cdots\right\}$，求 A'.

8. 证明 $(a, b)'=[a, b]$，$a<b$.

9. 证明 $\bigcap_{n=1}^{+\infty}\left(a-\frac{1}{n}, a+\frac{1}{n}\right)=\{a\}$.

10. 设 $B\subset\mathbf{R}$ 为非空闭集，且 $0\notin B$. 证明存在 $\beta>0$，使得 $\beta<|b|$ 对 $\forall b\in B$ 成立.

11. 设 A, $B\subset\mathbf{R}$ 为非空有界闭集，$c\in\mathbf{R}$ 为常数，定义 $cA=\{ca: a\in A\}$，$A+B=\{a+b: a\in A, b\in B\}$，$AB=\{ab: a\in A, b\in B\}$. 证明下面结论：

(1) cA, $A+B$, AB 是有界集；

(2)若 $c\geqslant 0$，则有 $\sup cA=c\sup A$，$\inf cA=c\inf A$；

(3)若 $c<0$，则有 $\sup cA=c\inf A$，$\inf cA=c\sup A$；

(4) $\sup(A+B)\leqslant\sup A+\sup B$；$\inf(A+B)\geqslant\inf A+\inf B$；

12. 说明 $\sup AB\leqslant\sup A\sup B$，$\inf AB\geqslant\inf A\inf B$ 是否成立.

0.2 实数集上的函数

定义 0.2.1 设 $D\subseteq\mathbf{R}$，f 为一给定法则. 如果对每一个 $x\in D$，存在唯一 $y\in\mathbf{R}$ 使其按法则 f 与之对应，记为 f: $D\to\mathbf{R}$，$y=f(x)$，称为定义在 D 上的一个函数；D 称为函数 f 的定义域；$f(D)=\{f(x): x\in D\}$ 称为函数 f 的值域.

例 0.2.1 Dirichlet 函数

$$\mathrm{D}(x)=\begin{cases}1 & x\text{ 为有理数;}\\ 0 & x\text{ 为无理数.}\end{cases}$$

例 0.2.2 $[x]=n$，n 为不超过 x 的最大整数.

例 0.2.3 符号函数

$$\operatorname{sgn}(x)=\begin{cases}1 & x>0;\\ 0 & x=0;\\ -1 & x<0.\end{cases}$$

例 0.2.4 Riemann 函数

$$\mathrm{R}(x)=\begin{cases}\dfrac{1}{q} & x=\dfrac{p}{q}\in(0,1), p,q\in\mathbf{N}, (p,q)=1;\\ 0 & x=0,1\text{ 和}(0,1)\text{ 内无理数.}\end{cases}$$

例 0.2.5 函数 f: $\mathbf{N}\to\mathbf{R}$ 称为数列，其值域 $f(\mathbf{N})$ 按自然数顺序可以排成一列，$f(1)$，$f(2)$，$\cdots$，$f(n)$，$\cdots$. 显然，任给一列数 a_1，a_2，$\cdots$，a_n，$\cdots$，定义函数 f: $\mathbf{N}\to\mathbf{R}$，$f(n)=a_n$，$n=1, 2, \cdots$. 因此一列数和数列是等价的.

0.2.1 函数的四则运算

设 $f(x)$: $D_1\to\mathbf{R}$，$g(x)$: $D_2\to\mathbf{R}$，定义

(1) $(f \pm g)(x) = f(x) \pm g(x)$，$x \in D_1 \cap D_2$，称为 f 与 g 的和或差函数；

(2) $fg(x) = f(x)g(x)$，$x \in D_1 \cap D_2$，称为 f 与 g 的乘积函数；

(3) $\dfrac{f}{g}(x) = \dfrac{f(x)}{g(x)}$，$x \in D_1 \cap D_2$，$g(x) \neq 0$，称为 f 与 g 的商函数.

0.2.2　复合函数

定义 0.2.2　设 $y = f(u)$：$E \to \mathbf{R}$，$u = g(x)$：$D \to \mathbf{R}$，$D_1 = \{x : g(x) \in E\} \cap D \neq \varnothing$. 规定 $(f \circ g)(x) = f(g(x))$，$x \in D_1$，称之为函数 f 与 g 的复合函数.

例 0.2.6　设 $f(u) = \sqrt{1 - |u|}$，$|u| \leqslant 1$，$g(x) = x^2$，$x \in \mathbf{R}$. 则有 $f(g(x)) = \sqrt{1 - x^2}$，$|x| \leqslant 1$.

0.2.3　有界函数

定义 0.2.3　设 $f(x)$：$D \to \mathbf{R}$. 如果 $\{f(x) : x \in D\}$ 是有界集，则称 $f(x)$ 为一有界函数，否则称之为无界函数.

命题 0.2.1　$f(x)$：$D \to \mathbf{R}$ 为有界函数的充要条件是存在 $L > 0$，使得 $|f(x)| \leqslant L$，$\forall x \in D$.

证明　$f(x)$：$D \to \mathbf{R}$ 为有界函数的充要条件是 $\{f(x) : x \in D\}$ 是有界集，于是结论由命题 0.1.2 得知.

例 0.2.7　$f(x) = \dfrac{x}{x^2 + 1}$，$x \in (-\infty, +\infty)$，为有界函数；

$f(x) = x\sin x$，$x \in (-\infty, +\infty)$，为无界函数.

解　$\left|\dfrac{x}{x^2 + 1}\right| \leqslant 1$，$x \in (-\infty, +\infty)$. 对任意正数 $L > 0$，取正整数 $n > L$，则有

$$\left|\left(n\pi + \frac{\pi}{2}\right)\sin\left(n\pi + \frac{\pi}{2}\right)\right| = n\pi + \frac{\pi}{2} > L.$$

由命题 0.2.1 知 $f(x) = x\sin x$ 无界.

0.2.4　奇偶函数

定义 0.2.4　如果 $D = -D$，$f(x)$：$D \to \mathbf{R}$ 满足

(1) $f(-x) = f(x)$，$x \in D$，则称 $f(x)$ 为偶函数；

(2) $f(-x) = -f(x)$，$x \in D$，则称 $f(x)$ 为奇函数.

例 0.2.8　$f(x) = \dfrac{x^2}{1 + x^4}$ 为偶函数；$f(x) = \dfrac{x}{1 + x^2}$ 为奇函数.

0.2.5　反函数

定义 0.2.5　设 f：$D \to f(D)$. 如果对任一 $y \in f(D)$ 存在唯一 x，使得 $f(x) = y$，则按此法则定义了一个由 $f(D)$ 到 D 的映射，称为 f 的反函数，记为 $x = f^{-1}(y)$.

例 0.2.9 设$f(x)=\sin x$：$\left[-\frac{\pi}{2},\frac{\pi}{2}\right]\to[-1,1]$，则$f^{-1}(y)=\arcsin y$：$[-1,1]\to\left[-\frac{\pi}{2},\frac{\pi}{2}\right]$.

例 0.2.10 设$f(x)=x^3$：$\mathbf{R}\to\mathbf{R}$，则$f^{-1}(y)=y^{\frac{1}{3}}$：$\mathbf{R}\to\mathbf{R}$.

0.2.6 单调函数

定义 0.2.6 如果$f(x)$：$D\to\mathbf{R}$满足$\forall x,y\in D$，$x<y$，有

(1) $f(x)\leqslant f(y)$，则称$f(x)$是单增函数，若不等式是严格小，则称$f(x)$是严格单增函数；

(2) $f(x)\geqslant f(y)$，则称$f(x)$是单减函数，若不等式是严格大，则称$f(x)$是严格单减函数.

命题 0.2.2 如果$f: D\to f(D)$为严格单调函数，则其反函数$f^{-1}: f(D)\to D$存在且与f有相同的严格单调性.

证明 因f严格单调，故对任一$y\in f(D)$，存在唯一$x\in D$使得$y=f(x)$. 按此法则，其反函数$x=f^{-1}(y)$存在.

不妨设f严格单增，对任意$y_1,y_2\in f(D)$，$y_1<y_2$，则有$x_1,x_2\in D$使得$y_1=f(x_1)$，$y_2=f(x_2)$，由f严格单增知$x_1<x_2$，故f^{-1}严格单增.

0.2.7 周期函数

定义 0.2.7 如果$f(x)$：$\mathbf{R}\to\mathbf{R}$满足$f(x+p)=f(x)$对$\forall x\in\mathbf{R}$成立，其中$p>0$为常数，则称$f(x)$为周期函数；如存在满足$f(x+p)=f(x)$对$\forall x\in\mathbf{R}$成立的最小正数p，则称p为$f(x)$的基本周期，简称周期.

例 0.2.11 证明$f(x)=x-[x]$是周期为1的周期函数.

证明 设n为一正数. 首先证明$[n+x]=n+[x]$.

可设$k\leqslant x<k+1$，k为某一正数. 于是$n+k\leqslant n+x<n+k+1$，因此有$[n+x]=n+k=n+[x]$.

从而有

$$f(x+1)=x+1-[x+1]=x-[x]=f(x),$$

因此$f(x)=x-[x]$为周期函数，且对任意$p\in(0,1)$，$f(x+p)=f(x)$不成立，于是$f(x)=x-[x]$的周期为1.

$f(x)=\sin(\omega x+\alpha)$，其中$\omega>0$为一常数，$x\in(-\infty,+\infty)$，是以$T=\frac{2\pi}{\omega}$为周期的周期函数.

0.2.8 初等函数

六类基本初等函数:

1. 常数函数

$f(x)=c$，$x\in\mathbf{R}$，c 为一常数.

2. 幂函数

当 n 为正整数时，$f(x)=x^n$，$x\in\mathbf{R}$；n 为负整数时，$f(x)=x^n$，$x\neq0$. 进一步，可根据 n 的奇偶性来确定 $f(x)=x^{\frac{1}{n}}$ 的定义域以及 $f(x)=x^{\frac{m}{n}}$ 的定义域；当 α 为无理数时，$f(x)=x^\alpha$，$x>0$.

3. 指数函数

$f(x)=a^x$，$a>0$，$a\neq1$. 其中 $a^x=\sup\limits_{r\leqslant x}\{a^r: r\in\mathbf{Q}\}$，$a>1$；$a^x=\inf\limits_{r\leqslant x}\{a^r: r\in\mathbf{Q}\}$，$0<a<1$.

当 $a>1$ 时，对任意 $x<y$，以及有理数 r_i，$i=1, 2, 3$，$r_1\leqslant x<r_2<r_3\leqslant y$，有

$a^x=\sup\limits_{r_1\leqslant x}\{a^{r_1}\}<a^{r_2}<\sup\limits_{r_3\leqslant y}\{a^{r_3}\}=a^y$，于是 a^x 为严格增函数.

4. 对数函数

指数函数的反函数称为对数函数，$f(x)=\log_a x$，$a>0$，$a\neq1$.

5. 三角函数

$f(x)=\sin x$，$f(x)=\cos x$，$x\in(-\infty, +\infty)$；$\tan x=\dfrac{\sin x}{\cos x}$，$x\neq k\pi+\dfrac{\pi}{2}$，$\cot x=\dfrac{\cos x}{\sin x}$，$x\neq k\pi$.

6. 反三角函数

$f(x)=\arcsin x$，$f(x)=\arccos x$，$x\in[-1, 1]$；$f(x)=\arctan x$，$f(x)=\operatorname{arccot} x$，$x\in(-\infty, +\infty)$.

定义 0.2.8 由基本初等函数经有限次四则运算与复合运算得到的函数称为初等函数.

例 0.2.12 $f(x)=\dfrac{x\arcsin x-\tan x+e^{\cos^2 x}}{1+\ln(1+x^2)}$ 为一初等函数.

习　题

1. 设 $f(x)=\begin{cases}\dfrac{\sin x}{x}, & x\neq0\\ 1, & x=0\end{cases}$，$g(x)=\sqrt{1-x}$，$|x|\leqslant1$. 求

(1) $(f+g)(x)$；　(2) $fg(x)$；　(3) $\frac{g}{f}(x)$；

(4) $g\circ f(x)$；　(5) $f\circ g(x)$.

2. 证明 $f(x)=\begin{cases} e^{-\frac{1}{x^2}}, & x\neq 0 \\ 0, & x=0 \end{cases}$ 为有界偶函数.

3. 设 $f(x)$, $g(x)$: $D\to\mathbf{R}$. 证明：

(1) $\sup\limits_{x\in D}(f(x)+g(x))\leqslant\sup\limits_{x\in D}f(x)+\sup\limits_{x\in D}g(x)$；

(2) $\inf\limits_{x\in D}(f+g)(x)\geqslant\inf\limits_{x\in D}f(x)+\inf\limits_{x\in D}g(x)$.

4. 设 $f(x)$: $D\to\mathbf{R}$ 有界. 证明 $\sup\limits_{x,y\in D}|f(x)-f(y)|=\sup\limits_{x\in D}f(x)-\inf\limits_{x\in D}f(x)$.

5. 将任一函数表为两个非负函数的差函数.

6. 将任一函数表为偶函数与奇函数的和函数.

7. 证明 $f(x)=\sin\frac{x}{2}+\sin\frac{x}{3}+\cdots+\sin\frac{x}{n}$ 为周期函数，其中 $n>1$ 为整数，并求周期.

8. 证明 $f(x)=\cos x\cos nx$ 为周期函数，其中 $n>1$ 为整数，并求周期.

9. 证明 $f(x)=\frac{x}{1+x}$ 在 $(0,+\infty)$ 上严格单增.

10. 设 $f(x)$: $\mathbf{R}\to\mathbf{R}$. 证明 $f(x)$ 单增的充要条件是

$$|x-y|\leqslant|x-y+\lambda(f(x)-f(y))|,\quad\forall x,\ y\in\mathbf{R},\ \lambda>0.$$

附录　有理数集的完备化

本附录介绍实数集的构造方法. 现有教材都采用 Dedekind 的有理数分割方法，其特点是不会用到极限，但实数的加减乘除运算比较繁琐. 本附录采用有理数 Cauchy 列方法构造实数集，特点是比较直观，尤其是实数的加减乘除运算，缺点是要用到极限. 以下 $\mathbf{N}$ 表自然数集，$\mathbf{Z}$ 表整数集，$\mathbf{Q}=\left\{\frac{q}{p},\ p,\ q\in\mathbf{Z},\ p\neq 0\right\}$ 表有理数集.

下面用 $S(\mathbf{Q})=\{(r_1,r_2,\cdots,r_n,\cdots),\ r_n\in\mathbf{Q},\ n=1,2,\cdots\}$ 表所有有理数列的全体.

定义 1　设 $(r_n)\in S(\mathbf{Q})$. 如果对 $\forall k\in\mathbf{N}$，存在正整数 K，当 n, $m>K$ 时，有 $|r_n-r_m|<\frac{1}{k}$，则称 (r_n) 为 Cauchy 有理数列.

例 1　$\left(1+\frac{1}{2},\ 1+\frac{1}{4},\ \cdots,\ 1+\frac{1}{2^n},\ \cdots\right)$ 为 Cauchy 有理数列.

例 2　$\left(\frac{1}{2},\ \frac{1}{2}+\frac{1}{4},\ \cdots,\ \frac{1}{2}+\frac{1}{4}+\cdots+\frac{1}{2^n},\ \cdots\right)$ 为 Cauchy 有理数列.

命题 1　如果$(r_n)\in S(\mathbf{Q})$为 Cauchy 有理数列，则存在正整数L，使得$|r_n|\leqslant L$，$n=1,2,\cdots$.

证明　首先由(r_n)为 Cauchy 有理数列知，存在正整数K，当$n,m>K$时，有$|r_n-r_m|<1$. 于是有$|r_n|<1+|r_{K+1}|$，$n=K+1,K+2,\cdots$. 由此得

$$|r_n|<\max\{1+|r_{K+1}|,\ |r_i|,\ i=1,2,\cdots,K\},\ n=1,2,\cdots.$$

上式右段花括号内数均为有理数，故有正整数L使得$|r_n|\leqslant L$.

我们用$R^*=\{(r_n)\in S(\mathbf{Q})$为 Cauchy 有理数列$\}$表$S(\mathbf{Q})$中 Cauchy 有理数列全体，在$R^*$上定义等价关系"～"，称$R^*$中 Cauchy 有理数列$(r_n^1)$与$(r_n^2)$等价．如果对$\forall k\in\mathbf{N}$，存在正整数$K$，当$n>K$时，有$|r_n^1-r_n^2|<\dfrac{1}{k}$，记为$(r_n^1)\sim(r_n^2)$.

将R^*中元素按上面等价类分类，用$[(r_n)]$表与(r_n)等价的 Cauchy 有理数列全体，记R^*的等价类全体为$\mathbf{R}$，即$\mathbf{R}=R^*/\sim$，$\mathbf{R}$中任一元素x可表为$x=[(r_n)]$，易见它与代表元(r_n)的选取无关．

例 3

$$\left[\left(\frac{1}{2},\ \frac{1}{2}+\frac{1}{4},\ \cdots,\ \frac{1}{2}+\frac{1}{4}+\cdots+\frac{1}{2^n},\ \cdots\right)\right]$$
$$=\left[\left(\frac{1}{2}+\frac{1}{10},\ \frac{1}{2}+\frac{1}{4}+\frac{1}{10^2},\ \cdots,\ \frac{1}{2}+\frac{1}{4}+\cdots+\frac{1}{2^n}+\frac{1}{10^n},\ \cdots\right)\right]$$

我们把$\mathbf{Q}$中任一r等同于$\mathbf{R}$中元素$\hat{r}=[(r,r,\cdots,r,\cdots)]$，于是$\mathbf{Q}$可看作是$\mathbf{R}$的子集．

在$\mathbf{R}$上定义加法和乘法如下：

设$x=[(r_n^x)]$，$y=[(r_n^y)]$.

(1) $x+y=[(r_n^x+r_n^y)]$；

(2) $x-y=x+(-y)$，$-y=[(-r_n^y)]$；

(3) $xy=[(r_n^xr_n^y)]$.

下面验证以上定义的加法与乘法与x，y的代表元无关．

设$x=[(r_n^x)]$，$y=[(r_n^y)]$，$x=[(q_n^x)]$，$y=[(q_n^y)]$. 则(r_n^x)与(q_n^x)等价，(r_n^y)与(q_n^y)等价．故对$\forall k\in\mathbf{N}$，存在正整数K，当$n>K$时，有

$$|r_n^x-q_n^x|<\frac{1}{2k},\quad |r_n^y-q_n^y|<\frac{1}{2k}.$$

此时有
$$|r_n^x+r_n^y-(q_n^x+q_n^y)|\leqslant|r_n^x-q_n^x|+|r_n^y-q_n^y|<\frac{1}{k}.$$

因此$[(r_n^x+r_n^y)]=[(q_n^x+q_n^y)]$.

由(r_n^x)，(q_n^y)为 Cauchy 有理数列以及命题 1 知，存在正整数L，使得$|r_n^x|\leqslant L$，$|q_n^y|\leqslant L$.

$$|r_n^xr_n^y-q_n^xq_n^y|\leqslant|r_n^x(r_n^y-q_n^y)|+|q_n^y(r_n^x-q_n^x)|$$

因为(r_n^x)与(q_n^x)等价，(r_n^y)与(q_n^y)等价，故对$\forall k\in\mathbf{N}$，存在正整数K，当$n>K$时，有

$$|r_n^x-q_n^x|<\frac{1}{2kL},\quad |r_n^y-q_n^y|<\frac{1}{2kL}.$$

于是有 $|r_n^x r_n^y - q_n^x q_n^y| \leqslant \frac{1}{k}$，$n > K$. 因此 $[(r_n^x r_n^y)] = [(q_n^x q_n^y)]$.

易于验证，$\mathbf{R}$ 中有加法零元 $\hat{0} = [(0,0,\cdots,0,\cdots)]$ 与乘法单位元 $\hat{1} = [(1,1,\cdots,1,\cdots)]$.

加法与乘法满足下列性质：

(1) $x+y=y+x$，$xy=yx$，x，$y \in \mathbf{R}$；

(2) $(x+y)+z=x+(y+z)$，$(xy)z=x(yz)$，x，y，$z \in \mathbf{R}$；

(3) $x+(-x)=\hat{0}$，$x=[(r_n)]$，$-x=[(-r_n)]$；

(4) $x(y+z)=xy+xz$.

证明 只证明(3)与等价类的代表元选取无关，其他读者可直接验证.

设 $x=[(r_n)]$，$x=[(q_n)]$，则 $(r_n)\sim(q_n)$. 即对 $\forall k \in \mathbf{N}$，存在正整数 K，当 $n>K$ 时，有 $|r_n - q_n| < \frac{1}{k}$. 于是有 $(r_n - q_n)\sim(0)$，即得 $[(r_n - q_n)] = \hat{0}$.

命题 2 设 $x=[(r_n)] \in \mathbf{R}$，$x \neq \hat{0}$. 则存在正整数 k，K，当 $n>K$ 时，有 $|r_n| > \frac{1}{k}$.

证明 假设相反，对任意正整数 k，K，存在 $n_1 > K$，使得 $|r_{n_1}| < \frac{1}{2k}$. 再由 (r_n) 为 Cauchy 有理数列知，存在正整数 K_1，当 n，$m > K_1$ 时，有

$$|r_n - r_m| < \frac{1}{2k}.$$

因此有 $n_2 > K_1$，$|r_{n_2}| < \frac{1}{2k}$. 故当 $n > K_1$ 时，有

$$|r_n| \leqslant |r_n - r_{n_2}| + |r_{n_2}| < \frac{1}{k}.$$

于是 $x=\hat{0}$，矛盾.

根据命题 2，定义 $\mathbf{R}$ 中除法如下：

设 $x=[(r_n)]$，$y=[(q_n)]$，$y \neq \hat{0}$，定义

$$\frac{x}{y} = \left[\left(\frac{r_n}{q_n}\right)\right].$$

由 R^* 中等价类定义可知 $[(r_1, r_2, \cdots)] = [(r_k, r_{k+1}, \cdots)]$，$k$ 为任一正整数，即同一等价类的代表元 $(r_1, r_2, \cdots)$ 可任意扔掉前面有限项，因此由命题 2 知上面定义有意义.

同乘法情形，读者可验证除法定义与代表元选取无关.

接下来，在 $\mathbf{R}$ 上定义大小关系如下：

定义 2 设 $x=[(r_n)]$. 如果存在正整数 k，K，当 $n>K$ 时，$r_n > \frac{1}{k}$ 成立，则称 $x > \hat{0}$；设 x，$y \in \mathbf{R}$，如果 $x-y>\hat{0}$，则称 $x>y$.

下面验证 $x>\hat{0}$ 与它的等价类代表元选择无关.

假设 $x=[(r_n)]=[(q_n)]$，则有 $(r_n)\sim(q_n)$.

又假设存在正整数 k, K, 当 $n>K$ 时, $r_n>\frac{1}{k}$成立.

由$(r_n)\sim(q_n)$知, 存在正整数 K_1, 当 $n>K_1$ 时, $|r_n-q_n|<\frac{1}{2k}$成立.

令 $K_2=\max\{K, K_1\}$, 则当 $n>K_2$ 时, 有

$$q_n=r_n-(r_n-q_n)\geqslant r_n-|r_n-q_n|>\frac{1}{2k}.$$

即得 $x>0$ 不依赖于等价代表元的选择.

定理 1　$\mathbf{R}$ 是全序集.

证明　对 $\forall x, y\in\mathbf{R}$, $x=y$ 表明它们是同一等价类.

设 $x\neq y$, $x=[(r_n)]$, $y=[(q_n)]$, 于是 $x-y=[(r_n-q_n)]\neq\hat{0}$.

故存在正整数 k, K, 当 $n>K$ 时, 有$|r_n-q_n|>\frac{1}{k}$ 成立.

由于(r_n), (q_n)为 Cauchy 有理数列, 故存在正整数 K_1, 当 n, $m>K_1$ 时, 有

$$|r_n-r_m|<\frac{1}{2k},\ |q_n-q_m|<\frac{1}{2k}.$$

下面证明, 当 $n>\max\{K, K_1\}$时, $r_n-q_n>\frac{1}{k}$恒成立, 或者 $q_n-r_n>\frac{1}{k}$恒成立.

假设相反, 存在 $n_1>\max\{K, K_1\}$, $n_2>\max\{K, K_1\}$, 使得

$$r_{n_1}-q_{n_1}>\frac{1}{k},\qquad q_{n_2}-r_{n_2}>\frac{1}{k}.$$

则有

$$r_{n_1}-r_{n_2}=(r_{n_1}-q_{n_1})+(q_{n_1}-q_{n_2})+q_{n_2}-r_{n_2}>\frac{1}{k},$$

矛盾.

因此当 $n>\max\{K, K_1\}$时,

①如果 $r_n-q_n>\frac{1}{k}$恒成立, 按定义 2, 有 $x>y$;

②如果 $q_n-r_n>\frac{1}{k}$恒成立, 此时按定义 2, 有 $y>x$.

因此定理 1 结论成立.

由命题 1、命题 2 易得实数的 Archimedes 性. 即设 $x>y>\hat{0}$, 则存在正整数 n, 使得 $ny>x$.

最后, 我们在 $\mathbf{R}$ 上定义任意两个元素 x, y 之间的距离如下:

$d(x, y)=[(|r_n^x-r_n^y|)]$, 其中 $x=[(r_n^x)]$, $y=[(r_n^y)]$.

不难验证 $d(x, y)$满足下列性质:

(1) $d(x, y)\geqslant\hat{0}$, $d(x, y)=\hat{0}\Leftrightarrow x=y$, $x, y\in\mathbf{R}$;

(2) $d(x, y)=d(y, x)$, $x, y\in\mathbf{R}$;

(3) $d(x, y)\leqslant d(x, z)+d(z, x)$, $\forall x, y, z\in\mathbf{R}$.

定义3 设 $x_n \in \mathbf{R}$. 如果对 $\forall \varepsilon > \hat{0}$, 存在正整数 N, 当 n, $m > N$ 时, $d(x_n, x_m) < \varepsilon$ 成立, 则称(x_n)为 Cauchy 列.

定义4 设 $x_n \in \mathrm{R}$, $a \in \mathbf{R}$. 如果对 $\forall \varepsilon > \hat{0}$, 存在正整数 N, 当 $n > N$ 时, $d(x_n, a) < \varepsilon$ 成立, 则称当 $n \to \infty$ 时, (x_n)的极限是 a, 记为 $a = \lim\limits_{n\to\infty} x_n$, 此时也称$(x_n)$是收敛列.

注 容易验证, 如果(x_n)是收敛列, 则(x_n)也是 Cauchy 列.

定理2 $\mathbf{R}$ 中 Cauchy 列是收敛列.

证明 设 $x_n = [(r_i^n)] \in \mathbf{R}$, $n = 1, 2, \cdots$是 Cauchy 列, 对 $\forall \varepsilon > \hat{0}$, 存在正整数 N, 当 n, $m > N$ 时, 有 $d(x_n, x_m) < \varepsilon$ 成立. 特别, 令 $\varepsilon_k = \left[\left(\frac{1}{k}, \frac{1}{k}, \cdots, \frac{1}{k}, \cdots\right)\right]$, $k = 1, 2, \cdots$, 存在正整数 N_k, 当 n, $m > N_k$ 时, 有 $d(x_n, x_m) < \varepsilon_k$ 成立. 即 $[(|r_i^n - r_i^m|)] < \varepsilon_k$, n, $m > N_k$. 因此存在正整数 L_k, 当 $i > L_k$ 时,

$$|r_i^n - r_i^m| < \frac{1}{k},\ n,m > N_k,\ k = 1,2,\cdots. \tag{1}$$

取定 $n_1 > \max\{L_1, N_1\}$, $n_2 > \max\{L_2, N_2, n_1\}$, $n_i > \max\{L_i, N_i, n_{i-1}\}$, $i = 3, 4, \cdots$, 则由(1)知$(r_{n_i}^{n_i})$是 Cauchy 列.

令 $a = [(r_{n_i}^{n_i})]$. 下证 $\lim\limits_{n\to\infty} x_n = a$.

对任一 $\varepsilon = [(r_1^\varepsilon, r_2^\varepsilon, \cdots)] > \hat{0}$, $r_i^\varepsilon \in \mathbf{Q}$, $i = 1, 2, \cdots$为 Cauchy 有理数列, 存在正整数 k, K, 使得 $r_i^\varepsilon > \frac{1}{k}$, $i > K$.

于是当 $n > n_K$ 时, 有 $|r_j^n - r_{n_j}^{n_j}| < \frac{1}{k}$, $j > \{L_k, K\}$. 因此有 $d(x_n, a) < \varepsilon$, $n > n_K$ 时, 于是有 $\lim\limits_{n\to\infty} x_n = a$.

下面用具体例子说明定理2证明中的极限构造.

例4 设 $x_n = \left[\left(1 + \frac{1}{n}, 1 + \frac{1}{n^2}, \cdots, 1 + \frac{1}{n^k}, \cdots\right)\right]$, $n = 1, 2, \cdots$. 则容易知道 x_1, x_2, $\cdots$, x_n, $\cdots$是 Cauchy 列.

于是 $a = \left[\left((1+1, 1 + \frac{1}{2^2}, \cdots, 1 + \frac{1}{n^n}, \cdots\right)\right] = \lim\limits_{n\to\infty} x_n$.

命题3 $\mathbf{Q}$ 在 $\mathbf{R}$ 中稠密.

证明 设 $x = [(r_1, r_2, \cdots)] \in \mathbf{R}$, 对任意 $\varepsilon = [(r_1^\varepsilon, r_2^\varepsilon, \cdots)] > \hat{0}$, 存在正整数 k, K, 使得 $r_i^\varepsilon > \frac{1}{k}$, $i > K$. 由于(r_n)为 Cauchy 有理数列, 故存在正整数 N, 当 n, $m > N$ 时, 有 $|r_n - r_m| < \frac{1}{k}$成立.

令 $\hat{r} = [(r_{N+1}, r_{N+1}, \cdots, r_{N+1}, \cdots)]$, 则有 $|r_n - r_{N+1}| < \frac{1}{k}$, $n > N$.

于是有 $d(x, \hat{r}) < \varepsilon$, $\mathbf{Q}$ 在 $\mathbf{R}$ 中稠密.

第 1 章　数列极限

考察一列数 a_1，a_2，…，a_n，…是否具有某一特殊规律，即随着 n 的增大，a_n 是否会越来越接近某一定数．这就是本章所关心的数列极限问题．如果一列数杂乱无章，无规律可循，这在数学上是非常无趣的事情．本章首先介绍数列极限的概念与性质，然后介绍实数集上的数列收敛定理，最后介绍有界数列的上下极限．

1.1　数列极限与性质

一列数 a_1，a_2，…，a_n，…称为数列，简记为 (a_n) 或者 $\{a_n\}_{n=1}^{+\infty}$，即定义在自然数集 $\mathbf{N}$ 上的函数的值域．

例如，数列 $1,\ \frac{1}{2},\ \cdots,\ \frac{1}{n},\ \cdots$；数列 $1,\ -1,\ 1-1,\ \cdots,\ (-1)^{n-1}\cdots$.

我们关心的是一列数有何特殊规律．先看下面的一些例子．

例 1.1.1　假设直线上有一做变速运动的质点，测得其在 $t_n=t-\frac{1}{n}$ 经过的路程为 $s(t_n)$．则其从 t_n 到 t_{n+1} 的平均速度为 $\bar{v}_n=n(n+1)[s(t_{n+1})-s(t_n)]$，$n=1,\ 2,\ \cdots$．易见当 n 越来越大时，$\bar{v}_n$ 越来越接近 t 时刻的瞬时速度．

例 1.1.2　用内接正 n 边形的周长去近似测量半径为 1 的圆的周长，得到近似周长 l_n，$n=4,\ 5,\ \cdots$，显然当 n 越来越大时，l_n 越来越接近圆的周长．

例 1.1.3　同样用内接正 n 边形的面积去近似测量半径为 1 的圆的面积，得到近似面积 s_n，$n=4,\ 5,\ \cdots$．显然当 n 越来越大时，s_n 越来越接近圆的面积．

以上 3 例中所得数列 $(\bar{v}_n)$，(l_n)，(s_n) 都有一共同特性，就是随着 n 的增大，它们的数值越来越接近所求问题的精确值．把这一共同特性总结出来得到如下数列极限的定义．

定义 1.1.1　设 (a_n) 为一给定数列，$a\in\mathbf{R}$ 为某一给定数．如果对任意 $\varepsilon>0$，存在 $N(\varepsilon)$，当 $n>N$ 时，有 $|a_n-a|<\varepsilon$ 成立，则称当 n 趋于 $+\infty$ 时 a_n 趋于 a，此时也称当 $n\to+\infty$ 时 a_n 收敛于 a，记为 $a=\lim\limits_{n\to+\infty}a_n$，读作"当 n 趋于 $+\infty$ 时 a_n 的极限等于 a"．如果 $n\to+\infty$ 时 a_n 的极限不存在，则称 (a_n) 为发散数列 (a_n)．

注　在其他教科书中要求 $N(\varepsilon)$ 为正整数，这里不作要求，可以给初学者带来更多方便．注意到总可以令 $N_1=\max\{1,\ [N(\varepsilon)]\}$，则 N_1 为正整数，用 N_1 替代定义中的 N 即可满足正整数要求，因此要不要求 N 为正整数不是一个本质性的问题，读者可以根据自己的喜好来做选择．

例 1.1.4 证明 $\lim\limits_{n\to\infty}\frac{1}{n}=0$.

证明 对任意 $\varepsilon>0$，要使 $\frac{1}{n}<\varepsilon$，只需 $n>\frac{1}{\varepsilon}$. 令 $N=\frac{1}{\varepsilon}$，则当 $n>N$ 时，有 $\frac{1}{n}<\varepsilon$. 故有 $\lim\limits_{n\to\infty}\frac{1}{n}=0$.

例 1.1.5 证明 $\lim\limits_{n\to\infty}\frac{1}{q^n}=0$，其中 $|q|>1$.

证明 对任意 $\varepsilon>0$，要使 $\left|\frac{1}{q^n}\right|<\varepsilon$，即 $|q|^n>\frac{1}{\varepsilon}$，只需 $n>\frac{-\ln\varepsilon}{\ln|q|}$. 令 $N=\frac{-\ln\varepsilon}{\ln|q|}$，则当 $n>N$ 时，有 $\left|\frac{1}{q^n}\right|<\varepsilon$ 成立. 故有 $\lim\limits_{n\to\infty}\frac{1}{q^n}=0$.

例 1.1.6 证明 $\lim\limits_{n\to\infty}n^{\frac{1}{n}}=1$.

证明 对任意 $\varepsilon>0$，要使 $|n^{\frac{1}{n}}-1|<\varepsilon$，因为直接解不出 n 的范围，令 $\alpha_n=n^{\frac{1}{n}}-1$，得 $\alpha_n+1=n^{\frac{1}{n}}$，两边 n 次方得 $(1+\alpha_n)^n=n$，即

$$1+n\alpha_n+C_n^2\alpha_n^2+\cdots+\alpha_n^n=n.$$

故有 $\frac{n(n-1)}{2}\alpha_n^2<n$，由此得 $\alpha_n<\sqrt{\frac{2}{n-1}}$. 令 $\sqrt{\frac{2}{n-1}}<\varepsilon$，由此解得 $n>\frac{2}{\varepsilon^2}+1$. 故当 $n>N=\frac{2}{\varepsilon^2}+1$ 时，有 $|n^{\frac{1}{n}}-1|=\alpha_n<\varepsilon$. 所以 $\lim\limits_{n\to\infty}n^{\frac{1}{n}}=1$.

注 由上面 3 个例知，按 $\varepsilon-N$ 定义证明数列极限 $a=\lim\limits_{n\to\infty}a_n$ 的关键是从不等式 $|a_n-a|<\varepsilon$ 中解出 n 的范围，如果不能直接解出 n 的范围，则适当放大 $|a_n-a|$ 使得 $|a_n-a|\leqslant b_n$，再从不等式 $b_n<\varepsilon$ 中解出 n 的范围.

由定义 1.1.1 知，$a=\lim\limits_{n\to\infty}a_n\Leftrightarrow\lim\limits_{n\to\infty}(a_n-a)=0$. 下面针对 $\lim\limits_{n\to\infty}a_n=0$ 进行讨论. 为此先做如下准备工作.

定义 1.1.2 设 a_1，a_2，…为一数列. 如果 $\{a_n: n=1, 2, \cdots\}$ 为有界集，则称 (a_n) 为有界数列，否则称其为无界数列.

由命题 0.1.3 即可得到下面结论.

推论 1.1.1 数列 (a_n) 有界的充要条件是存在 $L>0$，使得 $|a_n|\leqslant L$，$n=1, 2, \cdots$.

例 1.1.7 $a_n=(-1)^n\frac{2n-1}{n}$，$n=1, 2, \cdots$，为有界数列；$b_n=[1+(-1)^n]n$，$n=1, 2, \cdots$，为无界数列.

解 显然 $\left|(-1)^n\frac{2n-1}{n}\right|<\left|\frac{2n+n}{n}\right|=3$，$n=1, 2, \cdots$，故 (a_n) 有界.

对任意正数 $L>0$，取正整数 $N=[L]+1$，则有 $b_{2N}=4([L]+1)>L$，于是 (b_n) 为无界数列.

性质 1.1.1 收敛数列是有界数列.

证明　设 $\lim\limits_{n\to\infty} a_n = a$. 则对 $\forall \varepsilon > 0$, 存在 N, 当 $n > N$ 时有

$$a_n \in (a - \varepsilon, a + \varepsilon). \tag{1.1.1}$$

于是有 $|a_n| \leqslant \max\{|a_i|,\ 1 \leqslant i \leqslant N,\ |a-\varepsilon|,\ |a+\varepsilon|\}$, $n = 1, 2, \cdots$.

因此 (a_n) 是有界数列 .

推论 1.1.2　设 $\lim\limits_{n\to\infty} a_n = a \neq 0$. 则存在 N, 当 $n > N$ 时, 有 $a_n \in \left(a - \dfrac{|a|}{2},\ a + \dfrac{|a|}{2}\right)$ 成立 . 特别, 当 $a > 0$ 时, $a_n > \dfrac{a}{2}$; 当 $a < 0$ 时, $a_n < \dfrac{a}{2}$.

证明　在式 (1.1.1) 中, 取 $\varepsilon = \dfrac{|a|}{2}$, 即得结论 .

现在回头讨论 $\lim\limits_{n\to\infty} a_n = 0$. 有下面简单结论 .

命题 1.1.1　(1) 如果 $|a_n| \leqslant |b_n|$ 对所有 $n \geqslant k$ 成立, k 为某一正整数, $\lim\limits_{n\to\infty} b_n = 0$, 则有 $\lim\limits_{n\to\infty} a_n = 0$;

(2) 如果 $|a_n| \leqslant |c_n b_n|$ 对所有 $n \geqslant k$ 成立, k 为某一正整数, (c_n) 为有界数列, $\lim\limits_{n\to\infty} b_n = 0$, 则有 $\lim\limits_{n\to\infty} a_n = 0$;

(3) 如果 $|a_n| \leqslant |b_n| + |c_n|$ 对所有 $n \geqslant k$ 成立, k 为某一正整数, $\lim\limits_{n\to\infty} b_n = 0$, $\lim\limits_{n\to\infty} c_n = 0$, 则有 $\lim\limits_{n\to\infty} a_n = 0$.

证明　我们只证 (2), 其余部分留给读者自己证明 .

因 (c_n) 为有界数列, 故存在 $L > 0$, 使得 $|c_n| \leqslant L$. 由 $\lim\limits_{n\to\infty} b_n = 0$ 知, 对 $\forall \varepsilon > 0$, 存在 N_1, 当 $n > N_1$ 时, 有 $|b_n| < \dfrac{\varepsilon}{L}$.

令 $N = \max\{k,\ N_1\}$, 当 $n > N$ 时, 有 $|a_n| \leqslant L|b_n| < \varepsilon$ 成立 .

因此有 $\lim\limits_{n\to\infty} a_n = 0$.

$a = \lim\limits_{n\to\infty} a_n$ 的充要条件是对任意 $\varepsilon > 0$, 存在 $N(\varepsilon)$, 当 $n > N$ 时, 有 $|a_n - a| < \varepsilon$ 成立, 即 $a - \varepsilon < a_n < a + \varepsilon$, 它表示随着 n 的增大, a_n 夹在两个越来越接近的数之间 . 受此启发, 有下面非常有用的夹挤法 .

定理 1.1.1 (夹挤法)　如果 $b_n \leqslant a_n \leqslant c_n$ 对所有 $n \geqslant k$ 成立, k 为某一正整数, 且 $\lim\limits_{n\to\infty} b_n = \lim\limits_{n\to\infty} c_n = a$, 则 $\lim\limits_{n\to\infty} a_n = a$.

证明　因为 $b_n \leqslant a_n \leqslant c_n$, $n \geqslant k$, 所以 $b_n - a \leqslant a_n - a \leqslant c_n - a$, $n \geqslant k$. 故有

$$|a_n - a| \leqslant \max\{|b_n - a|,\ |c_n - a|\} \leqslant |a_n - a| + |c_n - a|,\ n \geqslant k.$$

因此 $\lim\limits_{n\to\infty} a_n = a$.

推论 1.1.3　设 $\lim\limits_{n\to\infty} a_n = a$, $\lim\limits_{n\to\infty} b_n = b$. 则有下列结论:

(1) $\lim\limits_{n\to\infty} (a_n + b_n) = a + b$;

(2) $\lim\limits_{n\to\infty}(a_n-b_n)=a-b$;

(3) $\lim\limits_{n\to\infty}(a_nb_n)=ab$，特别 $\lim\limits_{n\to\infty}(ca_n)=ca$，$c$ 是一常数；

(4) 当 $b\neq 0$ 时，有 $\lim\limits_{n\to\infty}\dfrac{a_n}{b_n}=\dfrac{a}{b}$.

证明 只证(4)，其他留给读者证明.

$$\left|\frac{a_n}{b_n}-\frac{a}{b}\right|=\left|\frac{ba_n-ab_n}{bb_n}\right|\leqslant 2(|b(a_n-a)|+|a(b_n-b)|)(|bb_n|)^{-1}.$$

由命题 1.1.1 以及定理 1.1.1 知 $\lim\limits_{n\to\infty}\dfrac{a_n}{b_n}=\dfrac{a}{b}$.

下面举例说明夹挤法在求极限问题中的作用.

例 1.1.8 设 $0<M\neq 1$. 求 $\lim\limits_{n\to\infty}M^{\frac{1}{n}}$.

解 ①设 $M>1$，则当 n 充分大时，有 $1<M<n$. 于是有 $1<M^{\frac{1}{n}}<n^{\frac{1}{n}}$. 故由例 1.1.6 以及定理 1.1.1 知 $\lim\limits_{n\to\infty}M^{\frac{1}{n}}=1$.

②当 $0<M<1$ 时，令 $K=\dfrac{1}{M}$，则 $K>1$，有 $M^{\frac{1}{n}}=\dfrac{1}{K^{\frac{1}{n}}}$.

于是由推论 1.1.2 之(4)以及情形①得 $\lim\limits_{n\to\infty}M^{\frac{1}{n}}=1$.

例 1.1.9 设 $\lim\limits_{n\to\infty}a_n=a$. 求 $\lim\limits_{n\to\infty}\dfrac{[na_n]}{n}$.

解 因为 $na_n-1<[na_n]\leqslant na_n$，所以 $a_n-\dfrac{1}{n}<\dfrac{[na_n]}{n}\leqslant a_n$. 故有 $\lim\limits_{n\to\infty}\dfrac{[na_n]}{n}=a$.

例 1.1.10 设 $M_i\geqslant 0$，$i=1,2,\cdots,k$，且有 $M_{i_0}>0$，求 $\lim\limits_{n\to\infty}(\sum\limits_{i=1}^{k}M_i^n)^{\frac{1}{n}}$.

解 令 $M=\max\{M_i:1\leqslant i\leqslant k\}$，则有 $M>0$，$M^n\leqslant\sum\limits_{i=1}^{k}M_i^n\leqslant kM^n$，$M\leqslant(\sum\limits_{i=1}^{k}M_i^n)^{\frac{1}{n}}\leqslant k^{\frac{1}{n}}M$. 因此 $\lim\limits_{n\to\infty}(\sum\limits_{i=1}^{k}M_i^n)^{\frac{1}{n}}=M$.

定义 1.1.3 设 $n_1<n_2<\cdots<n_k<\cdots$，则称 a_{n_1}，a_{n_2}，$\cdots$，a_{n_k}，$\cdots$为数列(a_n)的一个子列.

由子列的定义知，$n_k\geqslant k$，$k=1,2,\cdots$.

命题 1.1.2 $\lim\limits_{n\to\infty}a_n$ 存在的充要条件是，对(a_n)的任一子列(a_{n_k})，$\lim\limits_{k\to\infty}a_{n_k}$存在.

其证明细节留给读者练习.

推论 1.1.4 设(a_{n_k})，(a_{n_l})为(a_n)的两个子列. 如果满足$\lim\limits_{k\to\infty}a_{n_k}\neq\lim\limits_{l\to\infty}a_{n_l}$，则$(a_n)$发散.

例 1.1.11 设 $a_n=\cos\dfrac{n\pi}{2}$，$n=1,2,\cdots$. 则有 $a_{4k}\to 1$，$a_{4k+2}\to -1$，于是(a_n)发散.

本节最后考察一类特殊的发散数列，其一般项的绝对值随着 n 的增大而越来越大.

定义 1.1.4　设(a_n)为一给定数列．如果对任意$L>0$，存在$\mathrm{N}(L)$，使得

(1) $|a_n|\geqslant L$，对 $\forall\ n>\mathrm{N}(L)$成立，则称当n趋于$+\infty$时，a_n趋于∞，此时也称当$n\to+\infty$时，(a_n)的极限是∞，记为$\lim\limits_{n\to+\infty}a_n=\infty$；

(2) $a_n\geqslant L$，对 $\forall\ n>\mathrm{N}(L)$成立，则称当n趋于$+\infty$时，a_n趋于$+\infty$，此时也称当$n\to+\infty$时，(a_n)的极限是$+\infty$，记为$\lim\limits_{n\to+\infty}a_n=+\infty$；

(3) $a_n\leqslant -L$，对 $\forall\ n>\mathrm{N}(L)$成立，则称当n趋于$+\infty$时，a_n趋于$-\infty$，此时也称当$n\to+\infty$时，(a_n)的极限是$-\infty$，记为$\lim\limits_{n\to+\infty}a_n=-\infty$.

例 1.1.12　设$a>1$，k为自然数．证明$\lim\limits_{n\to+\infty}\dfrac{a^n}{n^k}=+\infty$.

证明　令$a=1+c$，由$a>1$知$c>0$. 当$n>k$时，有

$$a^n=(1+c)^n>\mathrm{C}_n^{k+1}c^{k+1}.$$

于是有

$$\frac{a^n}{n^k}>n\left(1-\frac{1}{n}\right)\left(1-\frac{2}{n}\right)\cdot\cdots\cdot\left(1-\frac{k}{n}\right)c^{k+1}>n\left(1-\frac{k}{n}\right)^kc^{k+1}.$$

易见$n\to+\infty$时，$n(1-\dfrac{k}{n})^kc^{k+1}\to+\infty$，故有$\lim\limits_{n\to+\infty}\dfrac{a^n}{n^k}=+\infty$.

习　题

1. 按定义证明下列极限：

(1) $\lim\limits_{n\to\infty}\dfrac{2n}{n+1}=2$；

(2) $\lim\limits_{n\to\infty}\dfrac{2n^2}{3n^2-n+1}=\dfrac{2}{3}$；

(3) $\lim\limits_{n\to\infty}\dfrac{kn!}{n^n}=0$，$k\neq0$；

(4) $\lim\limits_{n\to\infty}\dfrac{n}{a^n}=0$，$a>1$.

2. 判断下列数列是否有界：

(1) $\{\sin(n^n+\pi)\}$；

(2) $\{5^{(-1)^nn}\}$；

(3) $\left\{\left[\dfrac{n}{2}\right]\right\}$；

(4) $\left\{(-1)^n\sqrt{n}\left(\sqrt{n+\sqrt{n}}-\sqrt{n}\right)\right\}$.

3. 求下列数列的极限：

(1) $\lim\limits_{n\to\infty}\left[\dfrac{1}{5\times7}+\dfrac{1}{7\times9}+\cdots+\dfrac{1}{(2n+3)(2n+5)}\right]$；

(2) $\lim\limits_{n\to\infty}\left(\dfrac{1}{2}+\dfrac{3}{2^2}+\cdots+\dfrac{2n-1}{2^n}\right)$；

(3) $\lim\limits_{n\to\infty}\left(\dfrac{1}{n^2}+\dfrac{1}{(n+1)^2}+\cdots+\dfrac{1}{(2n)^2}\right)$；

(4) $\lim\limits_{n\to\infty}\left(\dfrac{1}{\sqrt{n^2+1}}+\dfrac{1}{\sqrt{n^2+2}}+\cdots+\dfrac{1}{\sqrt{n^2+n}}\right)$.

4. 设 $a_n \neq 0$，证明 $\lim\limits_{n\to\infty} a_n = 0 \Leftrightarrow \lim\limits_{n\to\infty}\frac{1}{a_n} = \infty$.

5. 设 $M_i \geqslant 0, i = 1,2,\cdots$，为有界数列，且有 $M_{i_0} > 0$，求 $\lim\limits_{n\to\infty}\left(\sum\limits_{i=1}^{n} M_i^n\right)^{\frac{1}{n}}$.

6. 设 $\lim\limits_{n\to\infty} a_n = a \neq 0$，求 $\lim\limits_{n\to\infty}\frac{n-1}{[na_n]}$.

7. 求 $\lim\limits_{n\to\infty}\frac{\sum\limits_{k=1}^{n} k!}{n!}$.

8. 设 $0<\alpha<1$，求 $\lim\limits_{n\to\infty}[(n+1)^\alpha - n^\alpha]$.

9. 设 $0<\frac{1}{n}<a_n \leqslant cn^k$，$n=1, 2, \cdots$，其中 $0<c$，$0<k$ 为常数．证明 $\lim\limits_{n\to\infty}\sqrt[n]{a_n}=1$.

10. 设 $c\neq 0$ 为常数，证明 $\lim\limits_{n\to\infty}\frac{c^n}{n!}=0$.

11. 用 $\varepsilon - N$ 语言叙述当 $n\to\infty$ 时，数列 (a_n) 不收敛于 a.

1.2　实数集上的数列收敛定理

本节从确界原理出发，证明单调有界数列收敛定理、区间套定理、聚点原理、Cauchy 收敛准则以及有限开覆盖定理．它们与确界原理是等价的，这也是实数集具有的一个重要特征，通常称之为实数的完备性．有理数集则不是完备的．

注　所谓的完备度量空间是指其中的 Cauchy 列是收敛列，见第 19 章．

1.2.1　单调有界数列收敛定理

定理 1.2.1　如果 (a_n) 为一单调有界数列，则 $\lim\limits_{n\to\infty} a_n$ 存在．

证明　不妨设 $a_1 \leqslant a_2 \leqslant \cdots \leqslant a_n \leqslant L$，$n \geqslant 3$. 由确界原理即定理 0.1.1 知 $a = \sup\{a_n, n\geqslant 1\}$ 存在．

对 $\varepsilon>0$，存在 $a_k > a-\varepsilon$，于是有 $a-\varepsilon < a_k \leqslant a_n \leqslant a$ 对所有 $n \geqslant k$ 成立．

故有 $\lim\limits_{n\to\infty} a_n = a$.

例 1.2.1　设 $x_n = 1+1+\frac{1}{2!}+\frac{1}{3!}+\cdots+\frac{1}{n!}$，$n=2, 3, \cdots$. 证明 $\lim\limits_{n\to\infty} x_n$ 存在．

证明　显然 $x_n < x_{n+1}$，$n=2, 3, \cdots$. 又因为

$$x_n < 1+1+\frac{1}{1\cdot 2}+\frac{1}{2\cdot 3}+\cdots+\frac{1}{(n-1)n} < 3,\ n=4, 5, \cdots.$$

由定理 1.2.1 知 $\lim\limits_{n\to\infty} x_n$ 存在．

例 1.2.2　设 $y_n=\left(1+\frac{1}{n}\right)^n$，$n=1,2,\cdots$. 证明 $\lim\limits_{n\to+\infty}y_n$存在.

证明　因为

$$\begin{aligned}y_n&=1+C_n^1\frac{1}{n}+C_n^2\left(\frac{1}{n}\right)^2+\cdots+C_n^k\left(\frac{1}{n}\right)^k+\cdots+C_n^n\left(\frac{1}{n}\right)^n\\&=1+1+\frac{n(n-1)}{2!}\frac{1}{n^2}+\cdots+\frac{n(n-1)\cdots(n-k+1)}{k!}\frac{1}{n^k}+\cdots+\frac{1}{n^n}\\&=1+1+\frac{1}{2!}\left(1-\frac{1}{n}\right)+\cdots+\frac{1}{k!}\left(1-\frac{1}{n}\right)\left(1-\frac{2}{n}\right)\cdots\left(1-\frac{k-1}{n}\right)+\\&\quad\cdots+\frac{1}{n!}\left(1-\frac{1}{n}\right)\left(1-\frac{2}{n}\right)\cdots\left(1-\frac{n-1}{n}\right)\\&<2+\frac{1}{2!}\left(1-\frac{1}{n+1}\right)+\cdots+\frac{1}{k!}\left(1-\frac{1}{n+1}\right)\left(1-\frac{2}{n+1}\right)\cdots\left(1-\frac{k-1}{n+1}\right)+\\&\quad\cdots+\frac{1}{(n+1)!}\left(1-\frac{1}{n+1}\right)\left(1-\frac{2}{n+1}\right)\cdots\left(1-\frac{n}{n+1}\right)\\&=y_{n+1}.\end{aligned}$$

于是(y_n)为单增数列.

又 $y_n<1+1+\frac{1}{2!}+\cdots+\frac{1}{n!}<3$，因此 $\lim\limits_{n\to+\infty}y_n$ 存在.

记 $e=\lim\limits_{n\to\infty}\left(1+\frac{1}{n}\right)^n$，下面证明例 1.2.1 中数列极限也等于 e.

显然对任一正整数 $k<n$，有

$$y_k<1+1+\frac{1}{2!}\left(1-\frac{1}{n}\right)+\cdots+\frac{1}{k!}\left(1-\frac{1}{n}\right)\left(1-\frac{2}{n}\right)\cdots\left(1-\frac{k-1}{n}\right)<y_n<e.$$

令 $n\to\infty$，得 $x_k=1+1+\frac{1}{2!}+\cdots+\frac{1}{k!}<e$，$k=1,2,\cdots$.

于是有 $y_k<x_k<e$，由夹挤法得 $\lim\limits_{k\to\infty}x_k=e$.

1.2.2　区间套定理

定理 1.2.2　如果$\cdots\subset[a_n,b_n]\subset\cdots\subset[a_2,b_2]\subset[a_1,b_1]$，且 $\lim\limits_{n\to\infty}(b_n-a_n)=0$，则存在唯一 $\xi\in\mathbf{R}$，使得 $a_n\leqslant\xi\leqslant b_n$，$n=1,2,\cdots$，且有 $\lim\limits_{n\to\infty}a_n=\lim\limits_{n\to\infty}b_n=\xi$.

证明　显然 $a_1\leqslant a_2\leqslant\cdots\leqslant a_n\leqslant\cdots\leqslant b_n\leqslant\cdots\leqslant b_1$，由定理 1.2.1 知$\lim\limits_{n\to\infty}a_n$ 与$\lim\limits_{n\to\infty}b_n$ 存在，记$\xi=\lim\limits_{n\to\infty}a_n$，$\eta=\lim\limits_{n\to\infty}b_n$.

对任一正整数 k，当 $n>k$ 时，有 $a_k\leqslant a_n\leqslant b_n\leqslant b_k$. 令 $n\to\infty$，得 $a_k\leqslant\xi\leqslant\eta\leqslant b_k$，$k=1,2,\cdots$. 于是有 $0\leqslant\eta-\xi\leqslant b_k-a_k\to0$，$k\to+\infty$ 时. 因此 $\xi=\eta$，定理 1.2.2 结论成立.

命题 1.2.1　$a\in A'$的充要条件是存在 $a_n\in A$，$a_n\neq a$，$n=1,2,\cdots$，使得 $\lim\limits_{n\to\infty}a_n=a$.

证明　必要性. 设 $a\in A'$，则$\left(a-\frac{1}{n},a+\frac{1}{n}\right)\cap A\setminus\{a\}\neq\varnothing$，$n=1,2,\cdots$. 故有 $a_n\in\left(a-\frac{1}{n},a+\frac{1}{n}\right)\cap A\setminus\{a\}\neq\varnothing$. 于是有 $a_n\to a$.

充分性．设 $a_n \in A$，$a_n \neq a$，$n=1, 2, \cdots$，$\lim\limits_{n\to\infty} a_n = a$. 则对 $\forall \varepsilon > 0$，存在 N，当 $n > N$ 时，$|a_n - a| < \varepsilon$.

于是有 $a_n \in (a-\varepsilon, a+\varepsilon) \cap A \setminus \{a\}$，$n > N$，因此 $a \in A'$.

1.2.3 聚点原理

定理 1.2.3 如果 $A \subset \mathbf{R}$ 是一有界无穷子集，则 $A' \neq \varnothing$.

证明 因为 A 有界，所以存在 $[a, b]$，使得 $A \subset [a, b]$.

等分区间 $[a, b]$，则有其中之一子区间含有 A 的无穷多个点，记该子区间为 $[a_1, b_1]$.

反复重复上述过程…一般地，我们有 $[a_n, b_n]$ 含有 A 的无穷多个点，且

$$[a_n, b_n] \subset [a_{n-1}, b_{n-1}],\ b_n - a_n = \frac{b_{n-1} - a_{n-1}}{2},\ n = 2, 3, \cdots.$$

由区间套定理知，存在 $\xi \in \mathbf{R}$，满足 $a_n \leqslant \xi \leqslant b_n$，$n=1, 2, \cdots$. 又 $[a_n, b_n]$ 含有 A 的无穷多个点，故有 $c_n \in [a_n, b_n] \cap A$，$c_n \neq \xi$，$n=1, 2, \cdots$.

于是有 $|c_n - \xi| \leqslant b_n - a_n \to 0$. 即得 $\xi \in A'$.

推论 1.2.1 有界数列一定有收敛子列.

证明 设 (a_n) 为有界数列. 若 (a_n) 为常值数列，则 $\lim\limits_{n\to\infty} a_n$ 存在；否则，$\{a_n\}$ 有无穷多个点，于是有聚点 a. 取 $\varepsilon_n = \dfrac{1}{n}$，则有 $\left(a - \dfrac{1}{n}, a + \dfrac{1}{n}\right) \cap \{a_k, k \geqslant 1\} \neq \varnothing$. 于是有 $a_{k_n} \in \left(a - \dfrac{1}{n}, a + \dfrac{1}{n}\right) \cap \{a_k, k \geqslant 1\}$. 由此得 $\lim\limits_{n\to\infty} a_{k_n} = a$.

1.2.4 Cauchy 收敛准则

定理 1.2.4 $\lim\limits_{n\to\infty} a_n$ 存在的充要条件是，对 $\forall \varepsilon > 0$，存在 N，当 $n, m > N$ 时，有 $|a_n - a_m| < \varepsilon$. 满足此条件的数列称为 Cauchy 数列.

证明 必要性．设 $\lim\limits_{n\to\infty} a_n = a$，则对 $\forall \varepsilon > 0$，存在 N，当 $k > N$ 时，有 $|a_k - a| < \dfrac{\varepsilon}{2}$.

故当 $n, m > N$ 时，有

$$|a_n - a_m| \leqslant |a_n - a| + |a - a_m| < \varepsilon.$$

充分性．首先对 $\varepsilon_0 = 1$，存在 N_1，当 $n, m > N_1$ 时，有 $|a_n - a_m| < 1$. 于是 $|a_n - a_{[N_1]+1}| < 1$，故有

$$|a_n| < \max\left\{|a_1|, |a_2|, \cdots |a_{[N_1]}|, 1 + |a_{[N_1]+1}|\right\}.$$

因此 (a_n) 为有界数列. 由推论 1.2.1 知，(a_n) 有收敛子列 (a_{n_k}).

设 $\lim\limits_{k\to\infty} a_{n_k} = a$. 下证 $\lim\limits_{n\to\infty} a_n = a$.

对 $\forall \varepsilon > 0$，存在 K，当 $k > K$ 时，有 $|a_{n_k} - a| < \varepsilon$. 又对 $\forall \varepsilon > 0$，存在 N，当 $n, m > N$ 时，有 $|a_n - a_m| < \varepsilon$. 当 $m > \max\{N, K\}$ 时，有

$$|a_m - a| \leqslant |a_m - a_{n_m}| + |a_{n_m} - a| < 2\varepsilon.$$

故有 $\lim_{n\to\infty} a_n = a$.

注　我们称集合 $A \subseteq \mathbf{R}$ 是完备集，如果 A 中 Cauchy 列在 A 中有极限. 根据定理 1.2.4，实数集是完备集.

1.2.5　有限开覆盖定理

定理 1.2.5　如果 $B \subset \mathbf{R}$ 是一有界闭集，V_i，$i \in I$，是 $\mathbf{R}$ 的开子集，且有 $B \subset \cup_{i\in I} V_i$，则存在有限个开子集 V_{i_j}，$j=1, 2, \cdots, k$，使得 $B \subset \cup_{j=1}^{k} V_{i_j}$.

证明　反证法. 假设定理结论不成立，因为 B 有界，存在 $[a, b]$，使得 $B \subset [a, b]$. 将 $[a, b]$ 二等分，则 $B \cap \left[a, \frac{a+b}{2}\right]$ 与 $B \cap \left[\frac{a+b}{2}, b\right]$ 至少有一个不能被 $\{V_i : i \in I\}$ 中任何有限个开子集覆盖，记其为 $B \cap [a_1, b_1]$. 反复重复上述过程… 一般地，我们有 $B \cap [a_n, b_n]$ 不能被 $\{V_i : i \in I\}$ 中任何有限个开子集覆盖，其中 $[a_n, b_n]$ 为 $[a_{n-1}, b_{n-1}]$ 的二等分区间之一，$b_n - a_n = \frac{b_{n-1} - a_{n-1}}{2}$，$n = 2, 3, \cdots$.

任取 $x_n \in B \cap [a_n, b_n]$，$n = 1, 2, \cdots$，由区间套定理得

$$\lim_{n\to\infty} a_n = \lim_{n\to\infty} b_n = \xi \in \cap_1^{+\infty} [a_n, b_n].$$

再由夹挤法即得 $\lim_{n\to\infty} x_n = \xi$.

又 B 是闭集，故有 $\xi \in B$，于是 $\xi \in B \cap [a_n, b_n]$，$n = 1, 2, \cdots$.

再由 $B \subset \cup_{i\in I} V_i$ 知，存在 V_{i_0}，使得 $\xi \in V_{i_0}$. 由于 V_{i_0} 是开集，故存在 $\delta_0 > 0$，使得 $(\xi - \delta_0, \xi + \delta_0) \subset V_{i_0}$.

再由 $\lim_{n\to\infty} a_n = \lim_{n\to\infty} b_n = \xi$ 知，存在 N，当 $n > N$ 时，a_n，$b_n \in (\xi - \delta_0, \xi + \delta_0) \subset V_{i_0}$. 因此有 $B \cap [a_n, b_n] \subset V_{i_0}$，$n > N$，矛盾.

故假设不成立，定理 1.2.5 结论成立.

习　题

1. 求下列数列的极限：

(1) $\lim_{n\to\infty}\left(1 - \frac{1}{n}\right)^n$；　　(2) $\lim_{n\to\infty}\left(1 + \frac{1}{n+1}\right)^{n-1}$；

(3) $\lim_{n\to\infty}\left(1 + \frac{1}{2n}\right)^n$；　　(4) $\lim_{n\to\infty}\left(1 - \frac{1}{n^2}\right)^n$.

2. 设 $b > a > 0$. 利用不等式 $b^{n+1} - a^{n+1} > (n+1)(b-a)a^n$ 证明 $\left(1 + \frac{1}{n}\right)^{n+1}$，$n = 1, 2, \cdots$，是单调递减数列.

3. 设 $a_1 = \sqrt{2}$，$a_{n+1} = \sqrt{2a_n}$，$n = 1, 2, \cdots$. 证明 $\lim_{n\to\infty} a_n$ 存在.

4. 设 $c>0$，$x_1=\sqrt{c}$，$x_{n+1}=\sqrt{c+x_n}$. 证明$\lim\limits_{n\to\infty}x_n$ 存在.

5. 设 $x_0\in(0,1)$，$x_n=x_{n-1}(2-x_{n-1})$，$n\geqslant 1$. 证明$\lim\limits_{n\to\infty}x_n$ 存在.

6. 设 $0<c\leqslant 1$，$x_1=\dfrac{c}{2}$，$x_{n+1}=\dfrac{c}{2}+\dfrac{x_n^2}{2}$. 证明$\lim\limits_{n\to\infty}x_n$ 存在.

7. 设 $a>b>0$，$a_1=\dfrac{a+b}{2}$，$b_1=\sqrt{ab}$，$a_{n+1}=\dfrac{a_n+b_n}{2}$，$b_{n+1}=\sqrt{a_nb_n}$，$n\geqslant 1$. 证明$\lim\limits_{n\to\infty}a_n$，$\lim\limits_{n\to\infty}b_n$ 存在.

8. 设 $\lim\limits_{n\to\infty}a_n=a$. 证明

(1) $\lim\limits_{n\to\infty}\dfrac{a_1+a_2+\cdots a_n}{n}=a$;

(2) $a_n>0$，$\lim\limits_{n\to\infty}\sqrt[n]{a_1a_2\cdots a_n}=a$;

(3) $\lim\limits_{n\to\infty}\dfrac{n}{\sqrt[n]{n!}}=\mathrm{e}$;

(4) 设$\lim\limits_{n\to\infty}(a_n-a_{n-1})=c$，则$\lim\limits_{n\to\infty}\dfrac{a_n}{n}=c$.

9. 设 $\{a_n\}$为有界数列. 证明 $b_n=a_1+\dfrac{a_2}{2}+\cdots+\dfrac{a_n}{2^n}$，$n=1,2,\cdots$，是收敛数列.

10. Stolz 定理：设$\lim\limits_{n\to\infty}x_n=+\infty$，$y_k<y_{k+1}<\cdots$，$k\geqslant 1$ 为某一正整数，$\lim\limits_{n\to\infty}y_n=+\infty$，证明

$$\lim_{n\to\infty}\frac{x_n}{y_n}=\lim_{n\to\infty}\frac{x_{n+1}-x_n}{y_{n+1}-y_n}.$$

提示：①若$\lim\limits_{n\to\infty}\dfrac{x_{n+1}-x_n}{y_{n+1}-y_n}=c$ 为有限数，则对任意 $\varepsilon>0$，当 n 充分大时，有

$$(c-\varepsilon)(y_{n+1}-y_n)<x_{n+1}-x_n<(c+\varepsilon)(y_{n+1}-y_n).$$

于是$\lim\limits_{n\to\infty}\dfrac{x_{n+1}-x_N}{y_{n+1}-y_N}=c$ 对某一正整数 N 成立.

②$\lim\limits_{n\to\infty}\dfrac{x_{n+1}-x_n}{y_{n+1}-y_n}=+\infty$，则 $\lim\limits_{n\to\infty}\dfrac{y_{n+1}-y_n}{x_{n+1}-x_n}=0$. 利用①.

11. 求$\lim\limits_{n\to\infty}\dfrac{1^k+2^k+\cdots+n^k}{n^{k+1}}$，$k>1$ 为正整数.

12. 设 $A\subset\mathbf{R}$ 为非空集合. 证明 $x_0\in A'$的充要条件是，存在无穷多个 $x_n\in A$，使得 $\lim\limits_{n\to\infty}x_n=x_0$.

13. 设 $A\subset\mathbf{R}$ 为非空集合. 证明 A 是闭集的充要条件是，对任意 $a_n\in A$，如果$\lim\limits_{n\to\infty}a_n=a$，则 $a\in A$.

14. 用有限覆盖定理证明聚点原理.

15. 用有限覆盖定理证明 Cauchy 收敛准则.

16. 举例说明有理数集不是完备的.

17. 设 $A_1 \supseteq A_2 \supseteq \cdots \supseteq A_n \supseteq \cdots$ 为 $\mathbf{R}$ 中一列非空有界闭集，$d(A_n) = \sup_{x,y\in A_n}|x-y|$，且有 $\lim\limits_{n\to\infty} d(A_n)=0$. 证明 $\bigcap_{n\geqslant 1} A_n$ 是单点集.

1.3　上下极限

由数列极限知识我们知道，有界数列不一定收敛，但一定有收敛子列. 本节将构造有界数列的收敛子列的最大极限与最小极限.

设 (a_n) 为有界数列，定义如下两个数列：

$\overline{a_1} = \sup\{a_n: n\geqslant 1\}$，$\overline{a_2} = \sup\{a_n: n\geqslant 2\}$，…，$\overline{a_k} = \sup\{a_n: n\geqslant k\}$，…；

$\underline{a_1} = \inf\{a_n: n\geqslant 1\}$，$\underline{a_2} = \inf\{a_n: n\geqslant 2\}$，…，$\underline{a_k} = \inf\{a_n: n\geqslant k\}$，….

下列性质是显然的：

性质 1.3.1　$\overline{a_1}\geqslant\overline{a_2}\geqslant\cdots\geqslant\overline{a_n}\geqslant\cdots$，$\underline{a_1}\leqslant\underline{a_2}\leqslant\cdots\leqslant\underline{a_n}\leqslant\cdots$，且有 $\underline{a_n}\leqslant a_n\leqslant\overline{a_n}$.

由定理 1.2.1，$\lim\limits_{n\to\infty}\overline{a_n}$ 存在，记为 $\overline{\lim\limits_{n\to\infty}} a_n$，称为数列 (a_n) 的上极限；同理，$\lim\limits_{n\to\infty}\underline{a_n}$ 存在，记为 $\underline{\lim\limits_{n\to\infty}} a_n$，称为数列 (a_n) 的下极限.

容易知道，对 (a_n) 之任一收敛子列 (a_{n_k})，有 $\underline{\lim\limits_{n\to\infty}} a_n \leqslant \lim\limits_{k\to\infty} a_{n_k} \leqslant \overline{\lim\limits_{n\to\infty}} a_n$.

事实上，$\overline{\lim\limits_{n\to\infty}} a_n$ 为 (a_n) 的最大收敛子列极限，$\underline{\lim\limits_{n\to\infty}} a_n$ 为 (a_n) 的最小收敛子列极限. 我们把它留给读者验证.

例 1.3.1　设 $a_n = 1+(-1)^n 2^{\frac{1}{n}}$，$n=1, 2, \cdots$. 求 $\overline{\lim\limits_{n\to\infty}} a_n$，$\underline{\lim\limits_{n\to\infty}} a_n$.

解　易见 $\overline{a_{2n}} = 1+2^{\frac{1}{2n}}$，$\underline{a_{2n-1}} = 1-2^{\frac{1}{2n-1}}$. 故由 $\overline{a_n}$，$\underline{a_n}$ 的单调性有 $\overline{\lim\limits_{n\to\infty}} a_n = 2$，$\underline{\lim\limits_{n\to\infty}} a_n = 0$.

定理 1.3.1　$\lim\limits_{n\to\infty} a_n$ 存在的充要条件是 $\underline{\lim\limits_{n\to\infty}} a_n = \overline{\lim\limits_{n\to\infty}} a_n$.

证明　由 $\underline{a_n}\leqslant a_n\leqslant\overline{a_n}$ 以及夹挤法易知充分性显然. 下证必要性.

设 $\lim\limits_{n\to\infty} a_n = a$. 则对 $\forall\varepsilon>0$，存在 $N(\varepsilon)$，当 $n>N$ 时，$a-\varepsilon<a_n<a+\varepsilon$. 因此有

$$a-\varepsilon\leqslant\underline{a_n}\leqslant\overline{a_n}\leqslant a+\varepsilon,\ n>N.$$

于是得到

$$a-\varepsilon\leqslant\underline{\lim_{n\to\infty}} a_n = \overline{\lim_{n\to\infty}} a_n\leqslant a+\varepsilon.$$

让 $\varepsilon\to 0^+$，即得 $\underline{\lim\limits_{n\to\infty}} a_n = \overline{\lim\limits_{n\to\infty}} a_n$.

性质 1.3.2　(1) $\overline{\lim\limits_{n\to\infty}}(a_n+b_n)\leqslant\overline{\lim\limits_{n\to\infty}} a_n+\overline{\lim\limits_{n\to\infty}} b_n$；

(2) $\underline{\lim\limits_{n\to\infty}}(a_n+b_n)\geqslant\underline{\lim\limits_{n\to\infty}} a_n+\underline{\lim\limits_{n\to\infty}} b_n$.

证明　由 $\underline{a_n}\leqslant a_n\leqslant\overline{a_n}$，$\underline{b_n}\leqslant b_n\leqslant\overline{b_n}$，知 $\underline{a_n}+\underline{b_n}\leqslant a_n+b_n\leqslant\overline{a_n}+\overline{b_n}$. 因此有

$$\overline{\lim_{n\to\infty}}(a_n+b_n)\leqslant\overline{\lim_{n\to\infty}} a_n+\overline{\lim_{n\to\infty}} b_n,\quad \underline{\lim_{n\to\infty}}(a_n+b_n)\geqslant\underline{\lim_{n\to\infty}} a_n+\underline{\lim_{n\to\infty}} b_n.$$

习　题

1. 求下列数列的上下极限：

(1) $\left\{(-1)^n\left(1-\dfrac{1}{n}\right)^n\right\}$；　　(2) $\left\{\dfrac{2n-1}{2n+1}\cos\dfrac{n\pi}{4}\right\}$.

2. 设 $\{a_n\}$，$\{b_n\}$ 有界，$a_n \leqslant b_n$，$n \geqslant k$. 证明：

(1) $\varlimsup\limits_{n\to\infty} a_n \leqslant \varlimsup\limits_{n\to\infty} b_n$；　　(2) $\varliminf\limits_{n\to\infty} a_n \leqslant \varliminf\limits_{n\to\infty} b_n$.

3. 设 $\{a_n\}$ 有界，$\lim\limits_{n\to\infty} b_n$ 存在．证明：

(1) $\varlimsup\limits_{n\to\infty}(a_n+b_n)=\varlimsup\limits_{n\to\infty} a_n+\lim\limits_{n\to\infty} b_n$；

(2) $\varliminf\limits_{n\to\infty}(a_n+b_n)=\varliminf\limits_{n\to\infty} a_n+\lim\limits_{n\to\infty} b_n$.

4. 设 $\{a_n\}$，$\{b_n\}$ 为非负有界数列．证明：

(1) $\varlimsup\limits_{n\to\infty} a_n \varlimsup\limits_{n\to\infty} b_n \geqslant \varlimsup\limits_{n\to\infty}(a_n b_n)$；

(2) $\varliminf\limits_{n\to\infty} a_n \varliminf\limits_{n\to\infty} b_n \leqslant \varliminf\limits_{n\to\infty}(a_n b_n)$.

5. 设 $a_n>0$，$\varliminf\limits_{n\to\infty} a_n>0$. 证明 $\varlimsup\limits_{n\to\infty}\dfrac{1}{a_n}=\dfrac{1}{\varliminf\limits_{n\to\infty} a_n}$.

6. 设 $a_n>0$，$\varlimsup\limits_{n\to\infty} a_n \varlimsup\limits_{n\to\infty}\dfrac{1}{a_n}=1$. 证明 $\lim\limits_{n\to\infty} a_n$ 存在．

7. 设 $\{a_n\}$ 为有界数列，$\{b_n\}$ 为非负有界数列，$\lim\limits_{n\to\infty} b_n$ 存在．证明

$$\varlimsup_{n\to\infty}(a_n b_n)=\lim_{n\to\infty} b_n \varlimsup_{n\to\infty} a_n.$$

8. 设 $\{a_n\}$ 为有界数列．证明下列结论成立：

(1) 存在子列 (a_{n_k})，使得 $\lim\limits_{k\to\infty} a_{n_k}=\varlimsup\limits_{n\to\infty} a_n$；

(2) 存在子列 (a_{n_l})，使得 $\lim\limits_{l\to\infty} a_{n_l}=\varliminf\limits_{n\to\infty} a_n$.

9. 设 $\varlimsup\limits_{n\to\infty} a_n=\alpha$. 证明 $\varlimsup\limits_{n\to\infty} a_{n+k}=\alpha$，$k$ 为任一给定正整数．

第2章 数项级数

本章介绍无穷加法，即无穷多个数的和，称为数项级数．数项级数称为收敛的，是指其部分和数列是收敛数列．利用数列收敛的 Cauchy 准则与单调有界数列收敛定理可以得到数项级数的一些敛散性判别准则．

2.1 数项级数及其收敛

有限个数的加法是小学数学学习的知识．现在假设有一列数，例如 1，$\frac{1}{3}$，$\frac{1}{3^2}$，…，$\frac{1}{3^n}$，…，把它们用加号连接起来得到 $1+\frac{1}{3}+\cdots+\frac{1}{3^n}+\cdots$．又比如数列为 1，$-1$，1，$-1$，…，$(-1)^{n-1}$，…，把它们用加号连接起来得到 $1+(-1)+\cdots+(-1)^{n-1}+\cdots$．现在的问题是，这样的无穷和有意义吗？要回答这一问题，首先需要无穷求和的规则．

定义 2.1.1 一列数 a_1，a_2，…，a_n，…，用加号将其连接起来得到 $a_1+a_2+\cdots+a_n+\cdots$，简记为 $\sum\limits_{i=1}^{\infty} a_i$，称为数项级数或常数项无穷级数，其中 a_n 称为数项级数的一般项，$S_n=\sum\limits_{i=1}^{n} a_i$ 称为数项级数前 n 项的部分和，$i=1$，2，…．

定义 2.1.2 如果 $\lim\limits_{n\to\infty} S_n=S$ 存在，则称数项级数 $\sum\limits_{i=1}^{\infty} a_i$ 收敛，称 S 为 $\sum\limits_{i=1}^{\infty} a_i$ 的和，记为 $S=\sum\limits_{i=1}^{\infty} a_i$；否则，称数项级数 $\sum\limits_{i=1}^{\infty} a_i$ 发散．

例 2.1.1 讨论 $\sum\limits_{i=1}^{\infty} q^i$ 的敛散性．

解 ①若 $q=1$，则 $S_n=n$，$n=1$，2，…，$\lim\limits_{n\to\infty} S_n=+\infty$，原级数发散．

②若 $q=-1$，则有

$$S_n=-1+1+\cdots+(-1)^n=\begin{cases}-1, & n=2k-1,\\ 0, & n=2k.\end{cases},\ n=1,\ 2,\ \cdots.$$

于是 $\lim\limits_{n\to\infty} S_n$ 不存在．因此原级数发散．

③若 $q\neq\pm1$，则有 $S_n=\sum\limits_{i=1}^{n} q_i=\frac{q-q^{n+1}}{1-q}$，$n=1,2,\cdots$.

当 $|q|>1$ 时，$\lim\limits_{n\to\infty} S_n$ 不存在，原级数发散；

当 $|q|<1$ 时，$\lim\limits_{n\to\infty}S_n=\dfrac{q}{1-q}$，原级数收敛.

例 2.1.2 证明 $\sum\limits_{i=1}^{\infty}\dfrac{1}{n(n+1)}$ 收敛.

证明 $$S_n=\sum_{i=1}^{n}\frac{1}{i(i+1)}$$
$$=1-\frac{1}{2}+\frac{1}{2}-\frac{1}{3}+\cdots+\frac{1}{n}-\frac{1}{n+1}=1-\frac{1}{n+1}.$$
于是当 $n\to\infty$ 时，有 $S_n\to 1$. 因此 $\sum\limits_{n=1}^{\infty}\dfrac{1}{n(n+1)}$ 收敛.

由数列收敛的 Cauchy 准则可得下面结果.

定理 2.1.1 $\sum\limits_{i=1}^{\infty}a_i$ 收敛的充要条件是，对 $\forall\varepsilon>0$，存在 N，当 $n>N$ 时，$\left|\sum\limits_{i=n+1}^{n+p}a_i\right|<\varepsilon$ 对任意正整数 p 成立.

推论 2.1.1 $\sum\limits_{i=1}^{\infty}a_i$ 收敛的必要条件是 $\lim\limits_{n\to\infty}a_n=0$.

例 2.1.3 证明调和级数 $\sum\limits_{i=1}^{\infty}\dfrac{1}{i}$ 发散.

证明 因为 $\sum\limits_{i=n+1}^{2n+1}\dfrac{1}{i}>\sum\limits_{i=n+1}^{2n+1}\dfrac{1}{2(n+1)}=\dfrac{1}{2}$，$n=1,2,\cdots$. 故 $\sum\limits_{i=1}^{\infty}\dfrac{1}{i}$ 发散.

例 2.1.4 e 是无理数.

证明 由例 1.2.1 与例 1.2.2 知 $\lim\limits_{n\to\infty}\left(1+1+\dfrac{1}{2!}+\cdots+\dfrac{1}{n!}\right)=\mathrm{e}$. 于是有
$$1+1+\frac{1}{2!}+\cdots+\frac{1}{n!}+\cdots=\mathrm{e}.$$
令 $S_n=1+1+\dfrac{1}{2!}+\cdots+\dfrac{1}{n!}$，则有
$$\mathrm{e}-S_n=\frac{1}{(n+1)!}+\frac{1}{(n+2)!}+\cdots.$$
$$\frac{1}{(n+1)!}+\frac{1}{(n+2)!}+\cdots=\frac{1}{(n+1)!}\left[1+\frac{1}{n+2}+\frac{1}{(n+2)(n+3)}+\cdots\right]$$
$$<\frac{1}{(n+1)!}\left[1+\frac{1}{n+2}+\frac{1}{(n+2)^2}+\cdots\right]$$
$$=\frac{1}{(n+1)!}+\frac{1}{(n+1)!}\frac{1}{n+1}.$$
于是有 $$\mathrm{e}=1+1+\frac{1}{2!}+\cdots+\frac{1}{n!}+\frac{1}{(n+1)!}+\frac{c_n}{(n+1)!},\ 0<c_n<1.$$

假设 e 为有理数，则有正整数 p，q，使得
$$\frac{q}{p}=\mathrm{e}=1+1+\frac{1}{2!}+\cdots+\frac{1}{(n+1)!}+\frac{c_n}{(n+1)!}.$$

于是有
$$\frac{q}{p}(n+1)!-2(n+1)!-\frac{(n+1)!}{2!}-\cdots-1=c_n.$$

故当 n 足够大时，上式左端为正整数，但右端小于 1，矛盾．因此 e 为无理数．

习　题

1. 证明下列级数收敛并求和：

(1) $\frac{1}{1\times3}+\frac{1}{3\times5}+\cdots+\frac{1}{(2n-1)(2n+1)}+\cdots$；

(2) $\frac{1}{1\times2\times3}+\frac{1}{2\times3\times4}+\cdots+\frac{1}{n(n+1)(n+2)}+\cdots$；

(3) $\sum_{n=1}^{+\infty}(\sqrt{n+2}-2\sqrt{n+1}+\sqrt{n})$；

(4) $\sum_{n=1}^{+\infty}\frac{2n-1}{2^n}$.

2. 证明下列结论：

(1) 设 $\lim_{n\to\infty}a_n=a$，则有 $\sum_{n=1}^{+\infty}(a_n-a_{n+1})=a-a_1$；

(2) 设 $b_n\neq0$，$n\geqslant1$，$\lim_{n\to\infty}b_n=\infty$，则有 $\sum_{n=1}^{+\infty}\left(\frac{1}{b_n}-\frac{1}{b_{n+1}}\right)=\frac{1}{b_1}$.

3. 设 $1<a_1<a_2<\cdots<a_n<\cdots$. 证明 $\sum_{n=1}^{+\infty}\frac{a_{n+1}-a_n}{\ln a_{n+1}}$ 收敛的充要条件是 $\{a_n,\ n\geqslant1\}$ 有界．

4. 设 $a_n>0$，$n\geqslant1$，$\{a_n,\ n\geqslant1\}$ 单调且 $\sum_{n=1}^{+\infty}a_n$ 收敛．证明 $\lim_{n\to\infty}na_n=0$.

5. 证明 $\sum_{n=1}^{+\infty}\frac{1}{2n-1}$ 发散．

2.2　正项级数

如果 $a_n\geqslant0$，$n=1,2,\cdots$，则称 $\sum_{i=1}^{\infty}a_i$ 为正项级数．此时部分和数列 $S_n=\sum_{i=1}^{n}a_i$ 为单增数列．不难验证下列结论成立，证明细节留给读者练习．

命题 2.2.1　如果 $\sum_{i=1}^{\infty}a_i$ 为正项级数，则 $\sum_{i=1}^{\infty}a_i$ 收敛的充要条件是其部分和数列 (S_n) 有界.

2.2.1 几种比较一般项大小的方法

1. 直接比较法

根据命题 2.2.1，$\sum_{i=1}^{\infty} a_i$ 的敛散性取决于部分和数列有界还是无界．通过直接比较两个级数一般项的大小，其中已知一个级数的敛散性，就可确定另一个级数的敛散性．

命题 2.2.2 如果 $\sum_{i=1}^{\infty} a_i, \sum_{i=1}^{\infty} b_i$ 为正项级数，且有 $a_i \leqslant b_i$，$i \geqslant k$，k 为一正整数．则有

(1) 若 $\sum_{i=1}^{\infty} b_i$ 收敛，则 $\sum_{i=1}^{\infty} a_i$ 收敛；

(2) 若 $\sum_{i=1}^{\infty} a_i$ 发散，则 $\sum_{i=1}^{\infty} b_i$ 发散．

例 2.2.1 当 $i \geqslant 2$ 时，有 $\ln i < i$. 故有 $\dfrac{1}{\ln i} > \dfrac{1}{i}$，$i \geqslant 2$，$\sum_{i=2}^{\infty} \dfrac{1}{\ln i}$ 发散．

例 2.2.2 当 $n \geqslant 3$ 时，有

$$2^n = (1+1)^n = 1 + C_n^1 + C_n^2 + \cdots + C_n^n > n + \frac{(n-1)n}{2}.$$

因此有 $\dfrac{1}{2^n - n} < \dfrac{2}{(n-1)n}$.

由例 2.1.2 知 $\sum_{n=1}^{+\infty} \dfrac{1}{2^n - n}$ 收敛．

2. 做商比较法

直接比较法有时不一定可行．可以采用做商比较的方法．

命题 2.2.3 设 $\sum_{i=1}^{\infty} a_i, \sum_{i=1}^{\infty} b_i$ 为正项级数，$\lim_{n\to\infty} \dfrac{a_n}{b_n} = c$. 则有

(1) 若 $0 < c < +\infty$，则 $\sum_{i=1}^{\infty} a_i$ 与 $\sum_{i=1}^{\infty} b_i$ 有相同敛散性；

(2) 若 $c = 0$，则当 $\sum_{i=1}^{\infty} b_i$ 收敛时，$\sum_{i=1}^{\infty} a_i$ 收敛；

(3) 若 $c = +\infty$，则当 $\sum_{i=1}^{\infty} b_i$ 发散时，$\sum_{i=1}^{\infty} a_i$ 发散．

证明 (1) 由 $\lim_{n\to\infty} \dfrac{a_n}{b_n} = c$ 知，存在 N，当 $n > N$ 时，有

$$\left| \frac{a_n}{b_n} - c \right| < \frac{c}{2}.$$

于是 $\dfrac{c}{2} b_n < a_n < \dfrac{3c}{2} b_n$，$n > N$. 由命题 2.2.2 知结论成立．

(2) 由 $\lim\limits_{n\to\infty}\frac{a_n}{b_n}=0$ 知，存在 N，当 $n>N$ 时，有 $0\leqslant\frac{a_n}{b_n}\leqslant 1$. 于是有 $a_n\leqslant b_n$，$n>N$. 由命题 2.2.2 即得结论成立.

(3) 由 $\lim\limits_{n\to\infty}\frac{a_n}{b_n}=+\infty$ 知，存在 N，当 $n>N$ 时，有 $\frac{a_n}{b_n}>1$. 于是有 $a_n>b_n$，$n>N$. 由命题 2.2.2 即得结论成立.

例 2.2.3　判断 $\sum\limits_{n=1}^{+\infty}\frac{1}{n^2+1-\sqrt{n}}$ 的敛散性.

解　因为 $\lim\limits_{n\to\infty}\frac{n^2}{n^2+1-\sqrt{n}}=1$，$\sum\limits_{n=1}^{+\infty}\frac{1}{n^2}$ 收敛，于是 $\sum\limits_{n=1}^{+\infty}\frac{1}{n^2+1-\sqrt{n}}$ 收敛.

3. 与同等比级数比较法

采用与同等比级数比较的方法.

定理 2.2.1　设 $\overline{\lim\limits_{n\to\infty}}\sqrt[n]{a_n}=c$. 则有

(1) 若 $c<1$，则 $\sum\limits_{i=1}^{\infty}a_i$ 收敛；

(2) 若 $c>1$，则 $\sum\limits_{i=1}^{\infty}a_i$ 发散.

证明　(1) 由 $\overline{\lim\limits_{n\to\infty}}\sqrt[n]{a_n}=c$ 知，存在 N，当 $n>N$ 时，有

$$\left|\overline{\sqrt[n]{a_n}}-c\right|<\frac{1-c}{2}.$$

于是有 $\overline{\sqrt[n]{a_n}}<\frac{1+c}{2}<1$，$n>N$.

再由 $\sqrt[n]{a_n}\leqslant\overline{\sqrt[n]{a_n}}$ 得 $\sqrt[n]{a_n}<\frac{1+c}{2}<1$，$n>N$，即 $a_n<\left(\frac{1+c}{2}\right)^n$.

从而有 $\sum\limits_{n=1}^{\infty}a_n$ 收敛.

(2) 由 $\overline{\lim\limits_{n\to\infty}}\sqrt[n]{a_n}=c$ 知，存在 N，当 $n>N$ 时，有

$$\left|\overline{\sqrt[n]{a_n}}-c\right|<\frac{c-1}{2}.$$

于是得到 $\overline{\sqrt[n]{a_n}}>\frac{c+1}{2}>1$，$n>N$. 因此有 $m_n\geqslant n$，使得

$$\sqrt[m_n]{a_{m_n}}>\frac{1+c}{2}>1.$$

故 $\sum\limits_{n=1}^{\infty}a_n$ 发散.

例 2.2.4　判断 $\frac{1}{2}+\frac{1}{3}+\frac{\sqrt{2}}{2^2}+\frac{3}{3^2}+\cdots+\frac{\sqrt{n}}{2^n}+\frac{n}{3^n}+\cdots$ 的敛散性.

解 因为 $\overline{\lim_{n\to\infty}}\sqrt[n]{a_n}=\lim_{n\to\infty}\frac{\sqrt[2n]{n}}{2}=\frac{1}{2}<1$，故原级数收敛.

4. 相邻两项做商比较法

一般项为多个因数乘积时，采用相邻两项做商比较的方法.

定理 2.2.2 如果 $\overline{\lim_{n\to\infty}}\frac{a_{n+1}}{a_n}=c<1$，则 $\sum_{n=1}^{\infty}a_n$ 收敛.

证明 由 $\overline{\lim_{n\to\infty}}\frac{a_{n+1}}{a_n}=c<1$ 知，存在正整数 N，当 $n>N$ 时，有

$$\left|\overline{\frac{a_{n+1}}{a_n}}-c\right|<\frac{1-c}{2}.$$

于是有 $\overline{\frac{a_{n+1}}{a_n}}<\frac{1+c}{2}<1$，$n>N$.

再由 $\frac{a_{n+1}}{a_n}\leqslant\overline{\frac{a_{n+1}}{a_n}}$ 得 $a_{n+1}\leqslant\left(\frac{1+c}{2}\right)a_n\leqslant\cdots\leqslant\left(\frac{1+c}{2}\right)^{n-N}a_{N+1}$，$n>N$.

因此有 $\sum_{n=1}^{\infty}a_n$ 收敛.

读者可以练习证明，当 $\underline{\lim_{n\to\infty}}\frac{a_{n+1}}{a_n}=c>1$ 时，$\sum_{n=1}^{\infty}a_n$ 发散.

例 2.2.5 判断 $\sum_{n=1}^{+\infty}\frac{(2n)!}{(4n)!!}$ 的敛散性.

解 因为

$$\frac{a_{n+1}}{a_n}=\frac{(2n+2)!}{(2n)!}\,\frac{(4n)!!}{[4(n+1)]!!}=\frac{(2n+2)(2n+1)}{(4n+4)(4n+2)}\xrightarrow{n\to\infty}\frac{1}{4}<1,$$

于是有 $\sum_{n=1}^{+\infty}\frac{(2n)!}{(4n)!!}$ 收敛.

习 题

1. 讨论下列级数的敛散性:

(1) $\sum_{n=1}^{+\infty}3^n\sin\frac{1}{5^n}$;

(2) $\sum_{n=1}^{+\infty}\frac{n}{(\ln n)^n}$;

(3) $\sum_{n=1}^{+\infty}\left(1-\cos\frac{1}{n^{\alpha}}\right),\alpha>0$;

(4) $\sum_{n=1}^{+\infty}(\sqrt[n]{\alpha}-1),\alpha>1$;

(5) $\sum_{n=2}^{+\infty}\frac{2^n}{(\ln n)^{\ln n}}$;

(6) $\sum_{n=1}^{+\infty}\frac{n}{n^{3n\sin\frac{1}{n}}}$.

2. 判断下列级数是否收敛：

(1) $\sum_{n=1}^{+\infty}\frac{(2n-1)!!}{n!}$；　(2) $\sum_{n=1}^{+\infty}\frac{n!}{n^n}$；

(3) $\sum_{n=1}^{+\infty}\frac{(n\ln n)^{\frac{n}{2}}}{(\sin n+2n)^n}$；　(4) $\sum_{n=1}^{+\infty}\frac{b^{\frac{n}{2}}}{(a_n)^n}, a_n\geqslant a>0$；

(5) $\sum_{n=1}^{+\infty}\frac{n!e^n}{n^n}$；　(6) $\sum_{n=1}^{+\infty}\frac{n!2^n}{n^n}$；

(7) $\sum_{n=1}^{+\infty}\frac{x^n}{(1+x)(1+x^2)\cdots(1+x^n)}, x\geqslant 0$；　(8) $\sum_{n=1}^{+\infty}\frac{[(n)!]^2}{(2n)!}$.

3. 设 $a_n>0, n\geqslant 1$. 证明下列结论成立：

(1) 若 $n\left(1-\frac{a_{n+1}}{a_n}\right)\geqslant r>1, n\geqslant N$，则 $\sum_{n=1}^{+\infty}a_n$ 收敛：

(2) 若 $n\left(1-\frac{a_{n+1}}{a_n}\right)\leqslant 1, n\geqslant N$，则 $\sum_{n=1}^{+\infty}a_n$ 发散.

2.3　一般项级数

在 2.2 节，我们讨论了正项级数的敛散性. 本节进一步考虑一般项既有正项也有负项的情形. 首先考虑一般项正负交替出现的级数，也就是所谓的交错项级数.

2.3.1　交错项级数

设 $a_i>0, i=1,2,\cdots$，称 $\sum_{i=1}^{\infty}(-1)^{i-1}a_i$ 或 $\sum_{i=1}^{\infty}(-1)^{i}a_i$ 为交错项级数.

定理 2.3.1 (Leibniz 判别法)　设 $\sum_{i=1}^{\infty}(-1)^{i-1}a_i$ 为交错项级数，$a_n\geqslant a_{n-1}$，$n=2,3,\cdots$，且有 $\lim_{n\to\infty}a_n=0$，则 $\sum_{i=1}^{\infty}(-1)^{i-1}a_i$ 收敛.

证明

$$\left|\sum_{i=n+1}^{n+p}(-1)^{i-1}a_i\right|=\left|a_{n+1}-a_{n+2}+\cdots+(-1)^{p-1}a_{n+p}\right|,$$

又

$$a_{n+1}-a_{n+2}+\cdots+(-1)^{p-1}a_{n+p}=\begin{cases}(a_{n+1}-a_{n+2})+\cdots+(a_{n+p-1}-a_{n+p}), & p\text{ 为偶数};\\(a_{n+1}-a_{n+2})+\cdots+(a_{n+p-2}-a_{n+p-1})+a_{n+p}, & p\text{ 为奇数}.\end{cases}$$

$$\begin{aligned}&(a_{n+1}-a_{n+2})+(a_{n+3}-a_{n+4})+\cdots+(a_{n+p-1}-a_{n+p})\\\leqslant&(a_{n+1}-a_{n+2})+(a_{n+2}-a_{n+4})+\cdots+(a_{n+p-2}-a_{n+p})\\\leqslant&a_{n+1}-a_{n+p}\leqslant a_{n+1}\end{aligned}$$

于是有

$$\left|\sum_{i=n+1}^{n+p}(-1)^{i-1}a_i\right|=\left|a_{n+1}-a_{n+2}+\cdots+(-1)^{p-1}a_{n+p}\right|\leqslant a_{n+1}+a_{n+p}.$$

再由 $\lim_{n\to\infty} a_n = 0$ 知，对 $\forall\varepsilon > 0$，存在 N，当 $n > N$ 时，有 $a_n < \frac{\varepsilon}{2}$. 因此有 $\left|\sum_{i=n+1}^{n+p}(-1)^{i-1}a_i\right| < \varepsilon, n > N, p = 1,2,\cdots$.

由定理 2.1.1 知 $\sum_{i=1}^{\infty}(-1)^{i-1}a_i$ 收敛.

例 2.3.1 $\sum_{n=1}^{\infty}(-1)^{n-1}\frac{1}{n}$ 收敛，$\sum_{n=2}^{\infty}(-1)^{n}\frac{1}{\ln n}$ 收敛.

对于一般项级数 $\sum_{i=1}^{\infty}a_i$，有下列定义.

定义 2.3.1 如果 $\sum_{i=1}^{\infty}|a_i|$ 收敛，则称 $\sum_{i=1}^{\infty}a_i$ 绝对收敛；如果 $\sum_{i=1}^{\infty}a_i$ 收敛，但是 $\sum_{i=1}^{\infty}|a_i|$ 发散，则称 $\sum_{i=1}^{\infty}a_i$ 条件收敛.

例 2.3.2 证明 $\sum_{n=1}^{\infty}(-1)^{n-1}\frac{1}{n}$ 条件收敛.

解 由 Leibniz 法则知 $\sum_{n=1}^{\infty}(-1)^{n-1}\frac{1}{n}$ 收敛，再由例 2.1.3 知 $\sum_{n=1}^{\infty}\left|(-1)^{n-1}\frac{1}{n}\right| = \sum_{n=1}^{\infty}\frac{1}{n}$ 发散，于是 $\sum_{n=1}^{\infty}(-1)^{n-1}\frac{1}{n}$ 条件收敛.

例 2.3.3 $\sum_{n=1}^{\infty}(-1)^{[\ln n]}\frac{1}{n^2}$ 绝对收敛.

2.3.2 一般项级数 $\sum_{n=1}^{\infty}a_nb_n$

下面考虑一般项级数 $\sum_{n=1}^{\infty}a_nb_n$ 的敛散性. 它的特征是级数的一般项是两类不同数列的乘积. 为证明该类级数的敛散性，需要下列结论.

引理 2.3.1 (Abel) 如果 $\{\mu_i\}_{i=1}^{k}$，$\{\gamma_i\}_{i=1}^{k}$ 为两组数，满足

(1) $\{\mu_i\}_{i=1}^{k}$ 单调，即 $\mu_1 \leqslant \mu_2 \leqslant \cdots \leqslant \mu_k$ 或者 $\mu_1 \geqslant \mu_2 \geqslant \cdots \geqslant \mu_k$ 成立；

(2) $|\sigma_i| \leqslant M$，其中 $\sigma_i = \sum_{j=1}^{i}\gamma_j$，$i = 1,2,\cdots,k$

则有 $\left|\sum_{i=1}^{k}\mu_i\gamma_i\right| \leqslant (|\mu_1 - \mu_k| + |\mu_k|)M$.

证明 因为

$$\begin{aligned}\sum_{i=1}^{k}\mu_i\gamma_i &= \mu_1\sigma_1 + \sum_{i=2}^{k}\mu_i(\sigma_i - \sigma_{i-1})\\ &= (\mu_1 - \mu_2)\sigma_1 + (\mu_2 - \mu_3)\sigma_2 + \cdots + (\mu_{k-1} - \mu_k)\sigma_{k-1} + \mu_k\sigma_k,\end{aligned}$$

故有 $\left|\sum_{i=1}^{k}\mu_i\gamma_i\right| \leqslant \sum_{i=1}^{k-1}|(\mu_i - \mu_{i+1})||\sigma_i| + |\mu_k||\sigma_k|$.

再由$\{\mu_i\}_{i=1}^{k}$单调知$\mu_i-\mu_{i+1}$同号，$i=1, 2, \cdots, k-1$. 于是有

$$\sum_{i=1}^{k-1}|(\mu_i-\mu_{i+1})||\sigma_i| \leqslant \sum_{i=1}^{k-1}|(\mu_i-\mu_{i+1})|M = \left|\sum_{i=1}^{k-1}(\mu_i-\mu_{i+1})\right|M.$$

因此有 $\left|\sum_{i=1}^{k}\mu_i\gamma_i\right| \leqslant (|\mu_1-\mu_k|+|\mu_k|)M$.

有了引理 2.3.1 的预备结论，现在给出 $\sum_{n=1}^{\infty}a_nb_n$ 的收敛判别法.

定理 2.3.2(Dirichlet 准则)　如果数列$\{a_n\}$，$\{b_n\}$满足下列条件：

(1) $\{a_n\}$为单调数列，且有$\lim_{n\to\infty}a_n=0$；

(2) $S_n=\sum_{i=1}^{n}b_i$，$n=1, 2, \cdots$，为有界数列

则 $\sum_{n=1}^{\infty}a_nb_n$ 收敛.

证明　因为 $S_n=\sum_{i=1}^{n}b_n$ 为有界数列，故存在$M>0$，使得$|S_n|<M$，$n=1, 2, \cdots$. 于是有

$$\left|\sum_{i=n+1}^{n+p}b_i\right| = |S_{n+p}-S_n| < 2M,\ n\geqslant 1,\ p\geqslant 1.$$

又 $\lim_{n\to\infty}a_n=0$，故对$\forall\varepsilon>0$，存在$N>0$，当$n>N$时，有 $|a_n|<\frac{\varepsilon}{4M}$.

由 Abel 引理有 $\left|\sum_{i=n+1}^{n+p}a_ib_i\right| < [|a_{n+1}-a_{n+p}|+|a_{n+p}|]2M.$

再注意$\{a_n\}$单调，因此a_n保持同号，于是当$n>N$时，有

$$\left|\sum_{i=n+1}^{n+p}a_ib_i\right| < \varepsilon,\ p=1,2,\cdots.$$

由 Cauchy 准则即得 $\sum_{n=1}^{\infty}a_nb_n$ 收敛.

例 2.3.4　设$\{a_n\}$为单调数列，且$\lim_{n\to\infty}a_n=0$. 判断 $\sum_{n=1}^{\infty}a_n\sin nx$ 的敛散性，$x\in(0, \pi)$.

解　令 $S_n(x)=\sum_{i=1}^{n}\sin ix$. 有

$$\begin{aligned}2\sin\frac{x}{2}S_n(x) &= \sum_{i=1}^{n}2\sin\frac{x}{2}\sin ix\\ &= \sum_{i=1}^{n}\left[\cos\left(i-\frac{1}{2}\right)x-\cos\left(i+\frac{1}{2}\right)x\right] = \cos\frac{x}{2}-\cos\left(n+\frac{1}{2}\right)x,\end{aligned}$$

因此

$$S_n(x)=\frac{\cos\frac{x}{2}-\cos\left(n+\frac{1}{2}\right)x}{2\sin\frac{x}{2}}.$$

于是有
$$|S_n(x)|\leqslant\frac{1}{\sin\frac{x}{2}}.$$

由定理2.3.2知，$\sum\limits_{n=1}^{\infty}a_n\sin nx$ 收敛.

定理2.3.3(Abel定理) 如果数列$\{a_n\}$，$\{b_n\}$满足下列条件：

(1) $\{a_n\}$为单调有界数列；

(2) $\sum\limits_{n=1}^{\infty}b_n$ 收敛

则 $\sum\limits_{n=1}^{\infty}a_nb_n$ 收敛.

证明方法类似前面定理2.3.2，证明细节留给读者练习.

例2.3.5 判断 $\sum\limits_{n=1}^{\infty}\frac{(-1)^n}{n}\left(1+\frac{1}{n}\right)^n$ 的敛散性.

解 令 $a_n=\left(1+\frac{1}{n}\right)^n$，$b_n=\frac{(-1)^n}{n}$，则有

$a_1\leqslant a_2\leqslant\cdots$，$a_n\leqslant \mathrm{e}, n=1,2,\cdots$，$\sum\limits_{n=1}^{\infty}\frac{(-1)^n}{n}$ 收敛.

由Abel判别法即知 $\sum\limits_{n=1}^{\infty}\frac{(-1)^n}{n}\left(1+\frac{1}{n}\right)^n$ 收敛.

2.3.3 无穷加法的结合与交换律

下面考虑无穷加法的结合律与交换律问题.

命题2.3.1 设 $\sum\limits_{n=1}^{\infty}a_n$ 收敛，则其无穷加法具有结合律，即对 $\sum\limits_{n=1}^{\infty}a_n$ 任意加括号所得级数和不变.

证明 设$(a_1+a_2+\cdots+a_{n_1})+(a_{n_1+1}+\cdots+a_{n_2})+\cdots+(a_{n_k+1}+\cdots+a_{n_{k+1}})+\cdots$为$\sum\limits_{n=1}^{\infty}a_n$ 的一个加括号级数，记其前k项的部分和为S_k^1，则有

$$S_k^1=(a_1+a_2+\cdots+a_{n_1})+(a_{n_1+1}+\cdots+a_{n_2})+\cdots+(a_{n_{k-1}+1}+\cdots+a_{n_k})=S_{n_k}.$$

于是$(a_1+a_2+\cdots+a_{n_1})+(a_{n_1+1}+\cdots+a_{n_2})+\cdots+(a_{n_k+1}+\cdots+a_{n_{k+1}})+\cdots$的前$k$项的部分和数列为 $\sum\limits_{n=1}^{\infty}a_n$ 的部分和数列的一个子列.

又 $\sum\limits_{n=1}^{\infty}a_n$ 收敛，于是 S_k^1 收敛于$\sum\limits_{n=1}^{\infty}a_n$. 因此

$$(a_1+a_2+\cdots+a_{n_1})+(a_{n_1+1}+\cdots+a_{n_2})+\cdots+(a_{n_k+1}+\cdots+a_{n_{k+1}})+\cdots \text{收敛于}\sum_{n=1}^{\infty}a_n.$$

注 命题2.3.1中 $\sum\limits_{n=1}^{\infty}a_n$ 收敛是必需的，否则命题结论不一定成立. 例如 $\sum\limits_{n=1}^{+\infty}(-1)^n$ 发

散，但$\sum_{n=1}^{+\infty}(-1+1)=0$.

定义 2.3.2　如果f: $N\to N$为单一的满射，$\{a_n\}$为一已知数列，则称数列$\{a_{f(n)}\}$为$\{a_n\}$的一个重排数列.

例 2.3.6　a_3, a_2, a_1, a_6, a_5, a_4, $\cdots$, a_{3n}, a_{3n-1}, a_{3n-2}, $\cdots$为a_1, a_2, $\cdots$的一个重排数列.

引理 2.3.2　如果$\sum_{n=1}^{\infty}a_n$为一个收敛的正项级数，$\{a_{f(n)}\}$为$\{a_n\}$的一个重排数列，则有$\sum_{n=1}^{\infty}a_{f(n)}=\sum_{n=1}^{\infty}a_n$.

证明　令$S_n=\sum_{i=1}^{n}a_i$, $S_n^1=\sum_{i=1}^{n}a_{f(i)}$, $k_n=\max\{f(i),\ 1\leqslant i\leqslant n\}$，则有$S_n^1\leqslant S_{k_n}$. 于是$\sum_{n=1}^{\infty}a_{f(n)}$收敛，且有$\sum_{n=1}^{\infty}a_{f(n)}\leqslant\sum_{n=1}^{\infty}a_n$.

同理$\{a_n\}$为$\{a_{f(n)}\}$的一个重排数列，于是有$\sum_{n=1}^{\infty}a_n\leqslant\sum_{n=1}^{\infty}a_{f(n)}$.

综上即得$\sum_{n=1}^{\infty}a_{f(n)}=\sum_{n=1}^{\infty}a_n$.

定理 2.3.4　如果$\sum_{n=1}^{\infty}a_n$绝对收敛，$\{a_{f(n)}\}$为$\{a_n\}$的一个重排数列，则有

$$\sum_{n=1}^{\infty}a_{f(n)}=\sum_{n=1}^{\infty}a_n.$$

证明　令$u_n=\dfrac{|a_n|+a_n}{2}$, $v_n=\dfrac{|a_n|-a_n}{2}$，则$\sum_{n=1}^{\infty}u_n$, $\sum_{n=1}^{\infty}v_n$皆为收敛正项级数. 由引理 2.3.2 知$\sum_{n=1}^{\infty}u_{f(n)}=\sum_{n=1}^{\infty}u_n$, $\sum_{n=1}^{\infty}v_{f(n)}=\sum_{n=1}^{\infty}v_n$.

显然有$a_{f(n)}=u_{f(n)}-v_{f(n)}$. 于是有

$$\begin{aligned}\sum_{n=1}^{\infty}a_{f(n)}&=\sum_{n=1}^{\infty}u_{f(n)}-\sum_{n=1}^{\infty}v_{f(n)}\\&=\sum_{n=1}^{\infty}\frac{|a_n|+a_n}{2}-\sum_{n=1}^{\infty}\frac{|a_n|-a_n}{2}=\sum_{n=1}^{\infty}a_n.\end{aligned}$$

注　定理 2.3.4 表明绝对收敛级数的加法交换律成立.

设$\{a_n\}$, $\{b_n\}$为两个数列，依次用b_i去乘$\{a_n\}$的每一项，$i=1, 2, \cdots$，得到

$$\begin{matrix}a_1b_1, & a_2b_1, & \cdots, & a_nb_1, & \cdots\\ a_1b_2, & a_2b_2, & \cdots, & a_nb_2, & \cdots\\ \vdots & \vdots & & \vdots & \\ a_1b_n, & a_2b_n, & \cdots, & a_nb_n, & \cdots\\ \vdots & \vdots & & \vdots & \end{matrix}$$

上面的无穷数表可以排成一列，比如对$n=2, \cdots, i+j=n$，依次排出a_ib_j，再用加号连接起

来得到 $\sum_{n=2}^{\infty}\sum_{i+j=n}a_ib_j$．事实上这种排法有无穷多种，于是得到无穷多个形如 $\sum a_ib_j$ 的级数，我们把它称为级数$\sum_{n=1}^{\infty}a_n$与级数$\sum_{n=1}^{\infty}b_n$的乘积级数．现在的问题是它们的和一样吗？下面定理给出了级数在绝对收敛条件下的一个肯定答案．

定理 2.3.5 如果 $\sum_{n=1}^{\infty}a_n$，$\sum_{n=1}^{\infty}b_n$ 绝对收敛，则其乘积级数的和等于$(\sum_{n=1}^{\infty}a_n)(\sum_{n=1}^{\infty}b_n)$．

证明 我们取正方形排法，即依次对 $n=1$，2，…，排出 a_ib_j，$i\leqslant n$，$j\leqslant n$，再用加号连接得到的级数的前 n^2 项的绝对值部分和：

$$\sum_{1\leqslant i,j\leqslant n}|a_ib_j|=\sum_{i=1}^{n}|a_i|\sum_{j=1}^{n}|b_j|.$$

由 $\sum_{n=1}^{\infty}a_n$，$\sum_{n=1}^{\infty}b_n$ 绝对收敛知，按正方形排法得到的乘积级数是绝对收敛级数，显然

$$\sum_{1\leqslant i,j\leqslant n}a_ib_j=(\sum_{i=1}^{n}a_i)(\sum_{j=1}^{n}b_j)\to(\sum_{i=1}^{+\infty}a_i)(\sum_{j=1}^{+\infty}b_j)$$

因此按正方形排法得到的乘积级数的和是$(\sum_{n=1}^{\infty}a_n)(\sum_{n=1}^{\infty}b_n)$．

易见任何其他排法得到的乘积级数是正方形排法的一个重排，由定理 2.3.4 即知它们的和都相等，且等于$(\sum_{n=1}^{\infty}a_n)(\sum_{n=1}^{\infty}b_n)$．

习 题

1. 讨论下列级数是条件收敛、绝对收敛或者发散．

(1) $\sum_{n=1}^{+\infty}\frac{\sin 2nx}{(\ln n)^n}$；　　(2) $\sum_{n=1}^{+\infty}\frac{(-1)^n}{n^{p+\frac{1}{n}}}$；

(3) $\sum_{n=1}^{+\infty}\frac{(-1)^n\ln n}{n}$；　　(4) $\sum_{n=1}^{+\infty}n!\left(\frac{x+1}{n}\right)^n$．

2. 判断下列级数的敛散性：

(1) $\sum_{n=1}^{+\infty}\frac{(-1)^n}{n}\frac{x^n}{2+x^n}$；　　(2) $\sum_{n=1}^{+\infty}\frac{\cos nx}{n^\alpha},\alpha>0,x\in(0,2\pi)$．

3. 证明 $\sum_{n=1}^{+\infty}(-1)^n\frac{\tan 1+\tan\frac{1}{2}+\cdots+\tan\frac{1}{n}}{n}$ 收敛．

4. 设 $\sum_{n=1}^{+\infty}a_n$ 收敛，$\sum_{n=1}^{+\infty}(b_n-b_{n+1})$ 绝对收敛，证明$\sum_{n=1}^{+\infty}a_nb_n$ 收敛．

5. 设$\{na_n\}$与$\sum_{n=1}^{+\infty}n(a_n-a_{n-1})$ 收敛，证明$\sum_{n=1}^{+\infty}a_n$ 收敛．

6. 设$\sum_{n=1}^{+\infty}a_n$ 收敛，$\lim_{n\to\infty}\frac{a_n}{b_n}=1$. 能否判断$\sum_{n=1}^{+\infty}b_n$ 收敛？

第 3 章　函数极限

本章设 $f(x): D\to\mathbf{R}$ 为一给定函数，考察自变量 x 在 D 内变化时，其函数值 $f(x)$ 的变化是否具有某一特殊的变化规律，即考察函数值是否随自变量的变化而趋于某一特定的数值，这就是本章要介绍的函数极限概念．本章也将介绍函数极限存在的条件以及函数极限的性质．

3.1　函数极限的概念

首先，我们考察 $y=f(x)$ 当其自变量 x 趋于 $+\infty$，$-\infty$ 或 ∞ 时，函数值的变化情况．

定义 3.1.1　设 $f(x):(a,+\infty)$，$A\in\mathbf{R}$ 为某一定数．如果对 $\forall\varepsilon>0$，存在 $M>a$，当 $x>M$ 时，$|f(x)-A|<\varepsilon$ 成立，则称当 $x\to+\infty$ 时，$f(x)$ 趋于 A 或 $f(x)$ 的极限是 A，记为 $\lim\limits_{x\to+\infty}f(x)=A$，此时也称 $x\to+\infty$ 时，$f(x)$ 的极限存在．

注　$x\to+\infty$ 时，$f(x)$ 的极限存在，表示当 $x\to+\infty$ 时，函数值 $f(x)$ 越来越接近某一定数，函数值变化是有规律的．

类似地，有

定义 3.1.2　设 $f(x)$：$(-\infty,b)$，$A\in\mathbf{R}$ 为某一定数．如果对 $\forall\varepsilon>0$，存在 $M<b$，当 $x<M$ 时，$|f(x)-A|<\varepsilon$ 成立，则称当 $x\to-\infty$ 时，$f(x)$ 趋于 A 或 $f(x)$ 的极限是 A，记为 $\lim\limits_{x\to-\infty}f(x)=A$，此时也称 $x\to-\infty$ 时，$f(x)$ 的极限存在．

定义 3.1.3　设 $f(x)$：$(-\infty,b)\cup(a,+\infty)$，$A\in\mathbf{R}$ 为某一定数．如果对 $\forall\varepsilon>0$，存在 $M>0$，当 $|x|>M$ 时，$|f(x)-A|<\varepsilon$ 成立，则称当 $x\to\infty$ 时，$f(x)$ 趋于 A 或 $f(x)$ 的极限是 A，记为 $\lim\limits_{x\to\infty}f(x)=A$，此时也称 $x\to\infty$ 时，$f(x)$ 的极限存在．

例 3.1.1　证明 $\lim\limits_{x\to+\infty}\arctan x=\dfrac{\pi}{2}$.

证明　注意到 $-\dfrac{\pi}{2}<\arctan x<\dfrac{\pi}{2}$，故对任意 $\varepsilon>0$，要使 $\left|\arctan x-\dfrac{\pi}{2}\right|<\varepsilon$ 成立，只需 $-\varepsilon<\arctan x-\dfrac{\pi}{2}$ 成立，即 $\dfrac{\pi}{2}-\varepsilon<\arctan x$.

于是令 $M=\tan\left(\dfrac{\pi}{2}-\varepsilon\right)$. 当 $x>M$ 时，$\left|\arctan x-\dfrac{\pi}{2}\right|<\varepsilon$ 成立．这就证明了 $\lim\limits_{x\to+\infty}\arctan x=\dfrac{\pi}{2}$.

接下来考察函数值 $f(x)$ 随自变量 x 在一个定点 x_0 附近的变化情况．

定义 3.1.4　设 $f(x)$ 在 $\mathrm{N}^{\circ}(x_0)$ 上有定义，$A\in\mathbf{R}$ 为某一定数．如果对 $\forall\varepsilon>0$，存在

$\delta>0$，当 $0<|x-x_0|<\delta$ 时，$|f(x)-A|<\varepsilon$ 成立，则称当 $x\to x_0$ 时，$f(x)$ 趋于 A 或 $f(x)$ 的极限是 A，记为 $\lim\limits_{x\to x_0}f(x)=A$，此时也称当 $x\to x_0$ 时，$f(x)$ 的极限存在．

例 3.1.2 证明 $\lim\limits_{x\to x_0}x^2=x_0^2$.

证明 $\forall\varepsilon>0$，要使 $|x^2-x_0^2|<\varepsilon$，则由于 $|x^2-x_0^2|=|x+x_0||x-x_0|$，故当 $|x-x_0|\leqslant 1$ 时，有

$$|x+x_0|\leqslant |x|+|x_0|\leqslant 1+2|x_0|.$$

如果 $(1+2|x_0|)|x-x_0|<\varepsilon$ 成立，则自然有 $|x^2-x_0^2|<\varepsilon$ 成立．

因此令 $\delta=\min\left\{1,\ \dfrac{\varepsilon}{1+2|x_0|}\right\}$. 当 $0<|x-x_0|<\delta$ 时，$|x^2-x_0^2|<\varepsilon$. 于是 $\lim\limits_{x\to x_0}x^2=x_0^2$.

最后，考察函数值 $f(x)$ 随自变量 x 在一个定点 x_0 的左或右两侧的变化情况．

定义 3.1.5 设 $f(x)$ 在 $N^+(x_0)$ 上有定义，$A\in\mathbf{R}$ 为某一定数．如果对 $\forall\varepsilon>0$，存在 $\delta>0$，当 $0<x-x_0<\delta$ 时，$|f(x)-A|<\varepsilon$ 成立，则称当 $x\to x_0^+$ 时，$f(x)$ 趋于 A 或 $f(x)$ 的极限是 A，记为 $\lim\limits_{x\to x_0^+}f(x)=A$ 或 $f(x_0+0)$，此时也称 x 从 x_0 的右侧趋近于 x_0 时，$f(x)$ 的极限存在.

例 3.1.3 设 $f(x)=[x]$，$x\in\mathbf{R}$．求 $\lim\limits_{x\to n^+}f(x)$，其中 n 为整数．

解 当 $x\in(n,\ n+1)$ 时，$[x]=n$，故有 $\lim\limits_{x\to n^+}f(x)=n$.

例 3.1.4 设 $f(x)=\begin{cases}1+x^2, & x\in[0,\ +\infty)\\ -2-x, & x\in(-\infty,\ 0)\end{cases}$．求 $\lim\limits_{x\to 0^+}f(x)$.

解 对 $\forall 0<\varepsilon<1$，令 $\delta=\varepsilon$，当 $0<x<\delta$ 时，有 $1+x^2-1=x^2<\varepsilon$ 成立．

于是 $\lim\limits_{x\to 0^+}f(x)=1$.

定义 3.1.6 设 $f(x)$ 在 $N^-(x_0)$ 上有定义，$A\in\mathbf{R}$ 为某一定数．如果对 $\forall\varepsilon>0$，存在 $\delta>0$，当 $0<x_0-x<\delta$ 时，$|f(x)-A|<\varepsilon$ 成立，则称当 $x\to x_0^-$ 时，$f(x)$ 趋于 A 或 $f(x)$ 的极限是 A，记为 $\lim\limits_{x\to x_0^-}f(x)=A$ 或 $f(x_0-0)$，此时也称 x 从 x_0 的左侧趋近于 x_0 时，$f(x)$ 的极限存在.

例 3.1.5 设 $f(x)=[x]$，$x\in\mathbf{R}$，$n\in\mathbf{N}$，求 $\lim\limits_{x\to n^-}f(x)$.

解 当 $x\in(n-1,\ n)$ 时，$[x]=n-1$，故有 $\lim\limits_{x\to n^-}f(x)=n-1$.

下面定理 3.1.1 至定理 3.1.3 对于上述六种极限均成立，这里只叙述一种情形．

定理 3.1.1（夹挤法） 如果 $f(x)\leqslant h(x)\leqslant g(x)$，$x\in N^\circ(x)$，且 $\lim\limits_{x\to x_0}f(x)=a$，$\lim\limits_{x\to x_0}g(x)=a$，则 $\lim\limits_{x\to x_0}h(x)=a$.

证明 由 $f(x)\leqslant h(x)\leqslant g(x)$，$x\in N^\circ(x)$，得 $f(x)-a\leqslant h(x)-a\leqslant g(x)-a$，$x\in N^\circ(x)$. 于是有

$$|h(x)-a|\leqslant\max\{|f(x)-a|,\ |g(x)-a|\},\ x\in N^\circ(x).$$

再由 $\lim\limits_{x\to x_0}f(x)=a$，$\lim\limits_{x\to x_0}g(x)=a$ 知，对 $\forall\varepsilon>0$，存在 $\delta>0$，当 $0<|x-x_0|<\delta$ 时，

$|f(x)-a|\leqslant\varepsilon$，$|g(x)-a|\leqslant\varepsilon$ 成立．于是有 $|h(x)-a|\leqslant\varepsilon$ 成立．因此 $\lim\limits_{x\to x_0}h(x)=a$.

例 3.1.6　设 $0<\alpha<1$. 求 $\lim\limits_{x\to 0^+}x\left[x^{-\alpha}\sin\dfrac{1}{x}\right]$.

解　因为 $x^{-\alpha}\sin\dfrac{1}{x}-1<\left[x^{-\alpha}\sin\dfrac{1}{x}\right]\leqslant x^{-\alpha}\sin\dfrac{1}{x}$，故有 $x^{1-\alpha}\sin\dfrac{1}{x}-x<x\left[x^{-\alpha}\sin\dfrac{1}{x}\right]\leqslant x^{1-\alpha}\sin\dfrac{1}{x}$，$x>0$，且有 $\left|x^{1-\alpha}\sin\dfrac{1}{x}-x\right|\leqslant x^{1-\alpha}+x$，$\left|x^{1-\alpha}\sin\dfrac{1}{x}\right|\leqslant x^{1-\alpha}$，$x>0$.

于是 $\lim\limits_{x\to 0^+}x\left[x^{-\alpha}\sin\dfrac{1}{x}\right]=0$.

引理 3.1.1　$|\sin x|\leqslant|x|$，$x\in\mathbf{R}$.

证明　当 $0<x<\dfrac{\pi}{2}$ 时，在如图 3.1.1 所示的单位圆内，有如下面积关系式 $S_{\triangle OAD}<S_{扇形OAD}<S_{\triangle OAB}$，即 $\dfrac{1}{2}\sin x<\dfrac{1}{2}x<\dfrac{1}{2}\tan x$，从而有 $\sin x<x<\tan x$.

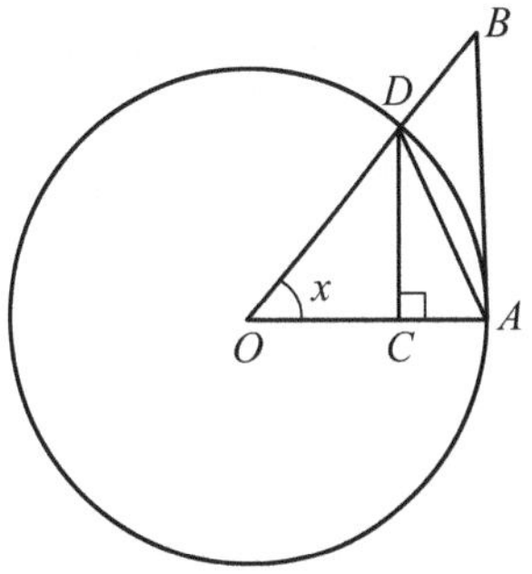

图 3.1.1

当 $-\dfrac{\pi}{2}<x<0$ 时，有 $\sin(-x)<-x<\tan(-x)$.

综上，当 $x\in\left(-\dfrac{\pi}{2},\dfrac{\pi}{2}\right)$，即 $|x|\geqslant\dfrac{\pi}{2}$ 时，不等式 $|\sin x|\leqslant|x|$ 显然成立．

例 3.1.7　证明：

(1) $\lim\limits_{x\to x_0}\sin x=\sin x_0$;

(2) $\lim\limits_{x\to x_0}\cos x=\cos x_0$.

证明　(1) 因为 $|\sin x-\sin x_0|=\left|2\cos\dfrac{x+x_0}{2}\sin\dfrac{x-x_0}{2}\right|\leqslant 2\left|\sin\dfrac{x-x_0}{2}\right|\leqslant|x-x_0|$，故对 $\forall\varepsilon>0$，令 $\delta=\varepsilon$，则当 $0<|x-x_0|<\delta$ 时，就有 $|\sin x-\sin x_0|<\varepsilon$ 成立．于是 $\lim\limits_{x\to x_0}\sin x=\sin x_0$.

(2) 因为 $|\cos x-\cos x_0|=\left|2\sin\dfrac{x+x_0}{2}\sin\dfrac{x-x_0}{2}\right|\leqslant|x-x_0|$，故由夹挤法得 $\lim\limits_{x\to x_0}\cos x=\cos x_0$.

下面定理将函数的极限问题转化为数列的极限问题．

定理 3.1.2　$\lim\limits_{x\to x_0}f(x)$ 存在的充要条件是，$x_n\neq x_0$，$n=1, 2, \cdots$，$\lim\limits_{n\to\infty}x_n=x_0$，$\lim\limits_{n\to\infty}f(x_n)$ 存在．

证明　必要性．设 $\lim\limits_{x\to x_0}f(x)=A$. 则对 $\forall\varepsilon>0$，存在 $\delta>0$，当 $0<|x-x_0|<\delta$ 时，$|f(x)-A|<\varepsilon$ 成立．

设 $x_n\neq x_0$，$n=1, 2, \cdots$，$\lim\limits_{n\to\infty}x_n=x_0$，则对 $\delta>0$，存在 $N(\delta)>0$，当 $n>N(\delta)$ 时，有 $0<|x_n-x_0|<\delta$，于是 $|f(x_n)-A|<\varepsilon$．因此 $\lim\limits_{n\to\infty}f(x_n)=A$.

充分性．先证明：如果 $x_n\neq x_0$，$n=1, 2, \cdots$，$\lim\limits_{n\to\infty}x_n=x_0$，$y_n\neq x_0$，$n=1, 2, \cdots$，

$\lim_{n\to\infty}y_n=x_0$，则$\lim_{n\to\infty}f(x_n)=\lim_{n\to\infty}f(y_n)$.

令 $z_n=\begin{cases}x_k,\ n=2k-1,\ k=1,\ 2,\ \cdots\\ y_k,\ n=2k,\ k=1,\ 2,\ \cdots\end{cases}$，则有 $z_n\to x_0$. 于是$\lim_{n\to\infty}f(z_n)$存在.

因此有 $\lim_{n\to\infty}f(z_{2n-1})=\lim_{n\to\infty}f(z_{2n})$，即$\lim_{n\to\infty}f(x_n)=\lim_{n\to\infty}f(y_n)$.

记$A=\lim_{n\to\infty}f(x_n)$. 假设$\lim_{x\to x_0}f(x)\neq A$，则存在 $\varepsilon_0>0$，对任意 $\delta_n=\dfrac{1}{n}$，$n=1,2,\cdots$，存在 $x_n\in(x_0-\delta_n,\ x_0)\cup(x_0,\ x_0+\delta_n)$，使得$|f(x_n)-A|\geqslant\varepsilon_0$.

显然有 $x_n\neq x_0$，$n=1,2,\cdots$，$\lim_{n\to\infty}x_n=x_0$，但是$\lim_{n\to\infty}f(x_n)\neq A$，矛盾.

由定理 3.1.2 立刻得到下面判断极限不存在的结论.

推论 3.1.1 如果 $x_0\neq x_n\to x_0$，$x_0\neq y_n\to x_0$，$\lim_{n\to\infty}f(x_n)\neq\lim_{n\to\infty}f(y_n)$，则$\lim_{x\to x_0}f(x)$不存在.

例 3.1.8 设$f(x)=\cos\dfrac{1}{x}$，$x\neq0$. 当 $x\to0$ 时，判断$f(x)$的极限是否存在.

解 令 $x_n=\dfrac{1}{2n\pi}$，$y_n=\dfrac{1}{2n\pi+\dfrac{\pi}{2}}$，$n=1,2,\cdots$，则有$f(x_n)=1\to1$，$f(y_n)=0\to0$. 由推论 3.1.1 知$\lim_{x\to0}f(x)$不存在.

命题 3.1.1 如果$f(x)$：$(x_0-\delta,\ x_0)\cup(x_0,\ x_0+\delta)\to\mathbf{R}$ 为单调有界函数，则 $\lim_{x\to x_0^-}f(x)$ 与 $\lim_{x\to x_0^+}f(x)$均存在.

证明 只证 $\lim_{x\to x_0^+}f(x)$存在，另一情形类似证明.

任取 $x_n\in(x_0,\ x_0+\delta)$，$n=1,2,\cdots$，$x_n\to x_0^+$，不妨设 $x_1>x_2>\cdots>x_n>\cdots$. 于是由假设条件知$(f(x_n))$为单调有界数列，因此$\lim_{n\to\infty}f(x_n)$存在.

由定理 3.1.2 即知 $\lim_{x\to x_0^+}f(x)$存在.

注 (x_n)不单减时，可先找出一单调子列(x_{n_k})，则$\lim_{k\to\infty}f(x_{n_k})$存在. 容易知道 n 充分大时，x_n 一定介于 x_{n_k}与 x_{n_l}之间，k，l 足够大. 利用定理 1.1.1 即可证明$\lim_{n\to\infty}f(x_n)$存在.

定理 3.1.3（Cauchy 收敛准则） $\lim_{x\to x_0}f(x)$存在的充要条件是，对$\forall\varepsilon>0$，存在$\delta>0$，当$0<|x_1-x_0|<\delta$，$0<|x_2-x_0|<\delta$时，有$|f(x_1)-f(x_2)|<\varepsilon$.

证明 必要性. 设 $\lim_{x\to x_0}f(x)=A$；对 $\forall\varepsilon>0$，存在 $\delta>0$，当 $0<|x-x_0|<\delta$ 时，有 $|f(x)-A|<\dfrac{\varepsilon}{2}$成立.

故当$0<|x_1-x_0|<\delta$，$0<|x_2-x_0|<\delta$时，有

$$|f(x_1)-f(x_2)|\leqslant|f(x_1)-A|+|A-f(x_2)|<\frac{\varepsilon}{2}+\frac{\varepsilon}{2}=\varepsilon.$$

充分性. 假设对$\forall\varepsilon>0$，存在 $\delta>0$，当 $0<|x_1-x_0|<\delta$，$0<|x_2-x_0|<\delta$ 时，有 $|f(x_1)-f(x_2)|<\varepsilon$ 成立. 再设 $\lim_{n\to\infty}x_n=x_0$，$x_n\neq x_0$，$n=1,2,\cdots$. 对上述 $\delta>0$，存在

$N(\delta)>0$，当 $n>N(\delta)$ 时，有 $0<|x_n-x_0|<\delta$ 成立．

于是当 n，$m>N(\delta)$ 时，有 $|f(x_n)-f(x_m)|<\varepsilon$.

由数列收敛 Cauchy 准则知 $\lim\limits_{n\to\infty}f(x_n)$ 存在．再由定理 3.1.2 知 $\lim\limits_{x\to x_0}f(x)$ 存在．

本节最后考察一类特殊函数，其函数值的绝对值随着自变量的变化会越来越大．

定义 3.1.7　设 $f(x)$ 在 $N^\circ(x_0)$ 上有定义．如果对 $\forall L>0$，存在 $\delta>0$，满足

(1) 当 $0<|x-x_0|<\delta$ 时，$|f(x)|>L$，则称当 $x\to x_0$ 时，$f(x)$ 趋于 ∞ 或 $f(x)$ 的极限是 ∞，记为 $\lim\limits_{x\to x_0}f(x)=\infty$；

(2) 当 $0<|x-x_0|<\delta$ 时，$f(x)>L$，则称当 $x\to x_0$ 时，$f(x)$ 趋于 $+\infty$ 或 $f(x)$ 的极限是 $+\infty$，记为 $\lim\limits_{x\to x_0}f(x)=+\infty$；

(3) 当 $0<|x-x_0|<\delta$ 时，$f(x)<-L$，则称当 $x\to x_0$ 时，$f(x)$ 趋于 $-\infty$ 或 $f(x)$ 的极限是 $-\infty$，记为 $\lim\limits_{x\to x_0}f(x)=-\infty$.

类似可定义自变量趋于其他情形时的无穷大极限，留给读者完成．

例 3.1.9　证明 $\lim\limits_{x\to 0}\dfrac{2-\arcsin x}{x}=\infty$.

证明　$\left|\dfrac{2-\arcsin x}{x}\right|\geqslant\dfrac{1}{|x|}$. 对任意 $L>0$，令 $\dfrac{1}{|x|}>L$，得 $|x|<\dfrac{1}{L}$. 于是当 $0<|x|<\delta=\dfrac{1}{L}$ 时，有 $\left|\dfrac{2-\arcsin x}{x}\right|>L$ 成立．故有 $\lim\limits_{x\to 0}\dfrac{2-\arcsin x}{x}=\infty$.

习　题

1. 按定义证明下列极限：

(1) $\lim\limits_{x\to\infty}\dfrac{x^2+1}{x^2-1}=1$；

(2) $\lim\limits_{x\to 0}\arcsin x=0$；

(3) $\lim\limits_{x\to x_0}\ln x=\ln x_0$，$x_0>0$；

(4) $\lim\limits_{x\to 0}a^x=0$，$a>0$，$a\neq 1$.

2. 讨论下列函数的左右极限：

(1) $f(x)=\dfrac{|x|}{x}$；

(2) $f(x)=\begin{cases}3^x, & x>0\\ -2^x, & x<0\end{cases}$.

3. 求下列极限：

(1) $\lim\limits_{x\to\infty}\dfrac{[2x]}{x}$；

(2) $\lim\limits_{x\to 0}x\left[\dfrac{1}{x}\right]$.

4. 对 Riemann 函数 $R(x)$，证明 $\lim\limits_{x\to x_0}R(x)=0$，端点情形只考虑单侧极限．

5. 证明 $\lim\limits_{x\to 0}f(x)$ 存在的充要条件是 $\lim\limits_{x\to\infty}f\left(\dfrac{1}{x}\right)$ 存在．

6. 证明$\lim\limits_{x\to0}f(x)$存在的充要条件是$\lim\limits_{x\to0}f(x^3)$存在.

7. 设$\lim\limits_{x\to0}f(x^2)$存在. 问$\lim\limits_{x\to0}f(x)$是否存在?

8. 判断$\lim\limits_{x\to x_0}\mathrm{D}(x)$是否存在，其中$\mathrm{D}(x)$是 Dirichlet 函数.

9. 判断$\lim\limits_{x\to+\infty}(-1)^{[x]}\dfrac{[x]}{x}$是否存在.

10. 设$x_0=m$，$x_1=m+\varepsilon\sin x_0$，…，$x_n=m+\varepsilon\sin x_{n-1}$，…，其中$0<\varepsilon<1$. 证明$\xi=\lim\limits_{n\to\infty}x_n$存在，且是方程$x-\varepsilon\sin x=m$的唯一解.

3.2　函数极限的性质

函数极限的六种情形，它们均有相似性质. 下面只叙述一种情形，其余读者可以类推.

命题 3.2.1　设$\lim\limits_{x\to x_0}f(x)=A$. 则对$\forall\varepsilon>0$，存在$\delta>0$，使得$A-\varepsilon<f(x)<A+\varepsilon$对$\forall x\in(x_0-\delta,\ x_0)\cup(x_0,\ x_0+\delta)$成立.

由定义可知命题 3.2.1 结论成立.

推论 3.2.1　设$\lim\limits_{x\to x_0}f(x)=A\neq0$. 则存在$\delta>0$，使得$A-\dfrac{|A|}{2}<f(x)<A+\dfrac{|A|}{2}$对$\forall x\in(x_0-\delta,\ x_0)\cup(x_0,\ x_0+\delta)$成立.

在命题 3.2.1 中取$\varepsilon=\dfrac{|A|}{2}$即可证明.

由推论 3.2.1 可知下面结论成立.

推论 3.2.2　设$\lim\limits_{x\to x_0}f(x)=A$. 则存在$\delta>0$，使得

(1) $A>0$，则有$f(x)>0$对$\forall x\in(x_0-\delta,\ x_0)\cup(x_0,\ x_0+\delta)$成立;

(2) $A<0$，则有$f(x)<0$对$\forall x\in(x_0-\delta,\ x_0)\cup(x_0,\ x_0+\delta)$成立.

性质 3.2.1　设$\lim\limits_{x\to x_0}f(x)=A$，$\lim\limits_{x\to x_0}g(x)=B$.

(1) $\lim\limits_{x\to x_0}(f(x)+g(x))=A+B$;

(2) $\lim\limits_{x\to x_0}(f(x)-g(x))=A-B$;

(3) $\lim\limits_{x\to x_0}f(x)g(x)=AB$;

(4) 如果$B\neq0$，则有$\lim\limits_{x\to x_0}\dfrac{f(x)}{g(x)}=\dfrac{A}{B}$.

证明　只证(4)，其余由读者自己完成.

首先，由$\lim\limits_{x\to x_0}g(x)=B\neq0$以及推论 3.2.1 知，存在$\delta_1>0$，当

$x\in(x_0-\delta_1,\ x_0)\cup(x_0,\ x_0+\delta_1)$时，$\dfrac{|B|}{2}\leqslant|g(x)|\leqslant\dfrac{3|B|}{2}$，且有

$$\left|\frac{f(x)}{g(x)}-\frac{A}{B}\right|=\left|\frac{Bf(x)-Ag(x)}{Bg(x)}\right|$$

$$=\left|\frac{B(f(x)-A)+A(B-g(x))}{Bg(x)}\right|\leqslant\frac{|B||f(x)-A|+|A||B-g(x)|}{B^2/2}.$$

易见 $\lim\limits_{x\to x_0}\frac{2}{|B|}(f(x)-A)=0$，$\lim\limits_{x\to x_0}\frac{2|A|}{B^2}(B-g(x))=0$. 由(1)即得(4)成立.

例 3.2.1　求下列极限：

(1) $\lim\limits_{x\to x_0}\tan x$，$x\neq k\pi+\frac{\pi}{2}$，$k=0$，$\pm1$，$\pm2$，…；

(2) $\lim\limits_{x\to 1}\frac{(x^2-1)(x^2+1)}{(x-1)(x+1)^2}$.

解　(1) $\lim\limits_{x\to x_0}\tan x=\lim\limits_{x\to x_0}\frac{\sin x}{\cos x}=\frac{\lim\limits_{x\to x_0}\sin x}{\lim\limits_{x\to x_0}\cos x}=\frac{\sin x_0}{\cos x_0}=\tan x_0$.

(2) $\lim\limits_{x\to 1}\frac{(x^2-1)(x^2+1)}{(x-1)(x+1)^2}=\lim\limits_{x\to 1}\frac{(x-1)(x+1)(x^2+1)}{(x-1)(x+1)^2}=\lim\limits_{x\to 1}\frac{x^2+1}{x+1}$

$$=\frac{\lim\limits_{x\to 1}(x^2+1)}{\lim\limits_{x\to 1}(x+1)}=1.$$

性质 3.2.2　设 $f(x)\leqslant g(x)$，$x\in\mathbf{N}^{o}(x)$，$\lim\limits_{x\to x_0}f(x)=A$，$\lim\limits_{x\to x_0}g(x)=B$，则有 $A\leqslant B$.

证明　假设相反，$B<A$. 则有

$$\lim_{x\to x_0}(f(x)-g(x))=A-B>0.$$

再由推论 3.2.2 之(1)知. 存在 $\delta>0$，使得 $f(x)-g(x)>0$ 对 $\forall x\in(x_0-\delta,x_0)\cup(x_0,x_0+\delta)$ 成立.

这与已知条件矛盾. 于是有 $A\leqslant B$.

例 3.2.2　设 $f(x)\geqslant 0$，$x\in(x_0,x_0+a)$，$\lim\limits_{x\to x_0^+}f(x)=A$. 证明 $\lim\limits_{x\to x_0^+}\sqrt{f(x)}=\sqrt{A}$.

证明　由已知条件以及性质 3.2.2 知 $A\geqslant 0$. 若 $A=0$，对 $\forall\varepsilon>0$，存在 $\delta>0$，$\delta<a$，当 $x\in(x_0,x_0+\delta)$ 时，有 $0\leqslant f(x)<\varepsilon^2$. 于是有 $0\leqslant\sqrt{f(x)}<\varepsilon$，因此 $\lim\limits_{x\to x_0^+}\sqrt{f(x)}=0$.

故设 $A>0$，由推论 3.2.1，存在 $\delta_1>0$，$\delta_1<a$，当 $x\in(x_0,x_0+\delta_1)$ 时，有

$$\frac{A}{2}<f(x)<\frac{3A}{2}.$$

于是有

$$\left|\sqrt{f(x)}-\sqrt{A}\right|=\frac{|f(x)-A|}{\sqrt{f(x)}+\sqrt{A}}\leqslant\frac{2|f(x)-A|}{3\sqrt{A}},\ x\in(x_0,x_0+\delta_1).$$

由定理 3.1.1 知 $\lim\limits_{x\to x_0^+}\sqrt{f(x)}=\sqrt{A}$.

习　题

1. 设 $\lim\limits_{x\to x_0} f(x)=A>0$. 证明 $\lim\limits_{x\to x_0}\sqrt[n]{f(x)}=\sqrt[n]{A}$, $n>0$ 为整数.

2. 求下列函数的极限:

(1) $\lim\limits_{x\to 1}\dfrac{x^m-1}{x^n-1}$, n, m 为整数;

(2) $\lim\limits_{x\to 4}\dfrac{\sqrt{1+2x}-3}{\sqrt{x}-2}$;

(3) $\lim\limits_{x\to+\infty}\dfrac{\sqrt{a^2+2x^2}-b}{x-2}$;

(4) $\lim\limits_{x\to-1}\left(\dfrac{1}{x+1}-\dfrac{3}{x^3+1}\right)$;

(5) $\lim\limits_{x\to 0}\dfrac{\sqrt[n]{x+1}-1}{x}$;

(6) $\lim\limits_{x\to 0}\left(x\sin\dfrac{1}{x}+\cos\pi x+\sin x^2\right)$;

(7) $\lim\limits_{x\to x_0^+}\sqrt{\operatorname{sgn}(x-x_0)+[\,|x|\,]}$.

3. 设 $f(x)$: $(a,\ +\infty)\to\mathbf{R}$, 且 $f(x)$ 在任何有限区间 $(a,\ b)$ 上有界.

(1) 设 $\lim\limits_{x\to+\infty}[f(x+1)-f(x)]=A$. 则有 $\lim\limits_{x\to+\infty}\dfrac{f(x)}{x}=A$;

(2) 设 $\lim\limits_{x\to+\infty}\dfrac{f(x+1)}{f(x)}=A$. 则有 $\lim\limits_{x\to+\infty}[f(x)]^{\frac{1}{x}}=A$.

3.3　两个典型的函数极限

本节使用夹挤法证明微积分中常用的两个重要极限:

$$\lim_{x\to 0}\frac{\sin x}{x}=1;$$

$$\lim_{x\to+\infty}\left(1+\frac{1}{x}\right)^x=\mathrm{e}.$$

它们是两个所谓的不定式极限. 在 5.2 节中有更一般的求不定式极限的方法.

命题 3.3.1　$\lim\limits_{x\to 0}\dfrac{\sin x}{x}=1$.

证明　当 $x\in\left(0,\ \dfrac{\pi}{2}\right)$ 时, 有 $x<\sin x<\tan x$, 于是 $1<\dfrac{\sin x}{x}<\dfrac{1}{\cos x}$, $x\in\left(0,\ \dfrac{\pi}{2}\right)$. 由定理 3.1.1 得 $\lim\limits_{x\to 0^+}\dfrac{\sin x}{x}=1$.

当 $x\in\left(-\dfrac{\pi}{2},\ 0\right)$ 时, $-x<\sin(-x)<\tan(-x)$, 于是有 $1<\dfrac{\sin x}{x}<\dfrac{1}{\cos x}$. 故 $\lim\limits_{x\to 0^-}\dfrac{\sin x}{x}=1$.

综上得 $\lim\limits_{x\to 0}\dfrac{\sin x}{x}=1$.

例 3.3.1　求 $\lim\limits_{x\to 0}\dfrac{\tan x}{x}$.

解 $\frac{\tan x}{x}=\frac{\sin x}{x}\frac{1}{\cos x}$，从而有 $\lim\limits_{x\to 0}\frac{\tan x}{x}=1$.

命题 3.3.2 $\lim\limits_{x\to+\infty}\left(1+\frac{1}{x}\right)^{x}=\mathrm{e}$.

证明 对 $\forall x>0$，有 $[x]\leqslant x<[x]+1$. 于是得

$$1+\frac{1}{[x]+1}<1+\frac{1}{x}\leqslant 1+\frac{1}{[x]}.$$

因此有

$$\left(1+\frac{1}{[x]+1}\right)^{[x]}<\left(1+\frac{1}{x}\right)^{x}\leqslant\left(1+\frac{1}{[x]}\right)^{[x]+1}.$$

由例 1.2.2 以及定理 3.1.1 得 $\lim\limits_{x\to+\infty}\left(1+\frac{1}{x}\right)^{x}=\mathrm{e}$.

例 3.3.2 求 $\lim\limits_{x\to-\infty}(1+\frac{1}{x})^{x}$.

解 令 $y=-x$，得

$$\begin{aligned}\left(1+\frac{1}{x}\right)^{x}&=(1-\frac{1}{y})^{-y}\\&=\left(\frac{y}{y-1}\right)^{y}=\left(1+\frac{1}{y-1}\right)^{y}.\end{aligned}$$

于是 $\lim\limits_{x\to-\infty}\left(1+\frac{1}{x}\right)^{x}=\mathrm{e}$.

习　题

1. 求下列函数的极限：

(1) $\lim\limits_{x\to 0}\frac{1-\cos x}{x^{2}}$;　　(2) $\lim\limits_{x\to 0}\frac{\arcsin 2x}{x}$;

(3) $\lim\limits_{x\to 0}\frac{\arctan^{2}2x}{x^{2}}$;　　(4) $\lim\limits_{x\to\frac{\pi}{2}}\frac{\cos x}{x-\frac{\pi}{2}}$;

(5) $\lim\limits_{x\to 0}\frac{\sin x-\tan x}{x^{3}}$;　　(6) $\lim\limits_{x\to+\infty}\sqrt{x}\sin\frac{1}{\sqrt{x}}$;

(7) $\lim\limits_{x\to 0}\frac{\tan x}{\sqrt{1+x}-1}$.

2. 求下列函数的极限：

(1) $\lim\limits_{x\to\infty}\left(1-\frac{1}{x}\right)^{2x}$;　　(2) $\lim\limits_{x\to\infty}\left(1+\frac{1}{x}\right)^{-\frac{x}{3}}$;

(3) $\lim\limits_{x\to\infty}\left(\frac{3x+2}{3x-2}\right)^{6x-1}$;　　(4) $\lim\limits_{x\to 0}\left(\frac{1+x}{1-x}\right)^{\frac{1}{x}}$.

3. 证明 $\lim\limits_{x\to 0}\left\{\lim\limits_{n\to\infty}\left(\cos x\cos\frac{x}{2}\cdots\cos\frac{x}{2^{n}}\right)\right\}=1$.

3.4 无穷小量与无穷大量

本节根据函数极限为0或∞的情况，先定义无穷小量与无穷大量的概念，然后介绍无穷小量与无穷大量在函数极限问题中的作用.

3.4.1 无穷小量

定义3.4.1 如果$f(x)$在$N^{\circ}(x_0)$上有定义，且$\lim\limits_{x\to x_0}f(x)=0$，则称当$x\to x_0$时，$f(x)$为无穷小量.

类似可定义其他情形，如$x\to+\infty$，$x\to x_0^+$等情形的无穷小量.

例3.4.1 当$x\to 0$时，$\sin x+x^2$为无穷小量；当$x\to\infty$时，$\dfrac{x\ln x}{1+x^2}$为无穷小量.

注 由极限性质可得无穷小量的和差积也是无穷小量.

1. 无穷小量之间的比较

定义3.4.2 设$\lim\limits_{x\to x_0}f(x)=0$，$\lim\limits_{x\to x_0}g(x)=0$.

(1)如果存在L，$M>0$，以及$N^{\circ}(x_0)$，使得$L\leqslant\left|\dfrac{f(x)}{g(x)}\right|\leqslant M$对$x\in N^{\circ}(x_0)$成立，则称当$x\to x_0$时，$f(x)$与$g(x)$为同阶无穷小量；

(2)如果$\lim\limits_{x\to x_0}\dfrac{f(x)}{g(x)}=0$，则称当$x\to x_0$时，$f(x)$为$g(x)$的高阶无穷小量，$g(x)$为$f(x)$的低阶无穷小量；

(3)如果$\lim\limits_{x\to x_0}\dfrac{f(x)}{g(x)}=1$，则称当$x\to x_0$时，$f(x)$与$g(x)$为等价无穷小量.

例3.4.2 $f(x)=x\left(2+\sin\dfrac{1}{x}\right)$，$g(x)=x$，则有$1\leqslant\left|\dfrac{f(x)}{g(x)}\right|\leqslant 3$，当$x\to 0$时，$f(x)$与$g(x)$为同阶无穷小量.

例3.4.3 $f(x)=x\arcsin x^2$，$g(x)=x\sin x$，则有$\lim\limits_{x\to 0}\dfrac{f(x)}{g(x)}=0$，当$x\to 0$时，$f(x)$为$g(x)$的高阶无穷小量.

例3.4.4 $f(x)=\dfrac{x}{x^2+5}$，$g(x)=\dfrac{x-1}{x^2+3}$，则有$\lim\limits_{x\to\infty}\dfrac{f(x)}{g(x)}=1$，当$x\to\infty$时，$f(x)$与$g(x)$为等价无穷小量.

2. 无穷小量在乘积函数与商函数极限运算中的作用

定理3.4.1 如果$x\to x_0$时，$f(x)\to 0$，$g(x)\to 0$，$f(x)\sim g(x)$，则有下列结论：

(1) 如果 $\lim\limits_{x\to x_0}f(x)h(x)=a$，则有 $\lim\limits_{x\to x_0}g(x)h(x)=a$；

(2) 如果 $\lim\limits_{x\to x_0}\frac{h(x)}{f(x)}=a$，则有 $\lim\limits_{x\to x_0}\frac{h(x)}{g(x)}=a$.

例 3.4.5　求 $\lim\limits_{x\to 0}\frac{(2\arcsin x)^2}{(\tan x)\ln(1+x)}$.

解　$x\to 0$ 时，$\arcsin x\sim x$，$\tan x\sim x$，$\ln(1+x)\sim x$，于是有

$$\lim_{x\to 0}\frac{(2\arcsin x)^2}{(\tan x)\ln(1+x)}=\lim_{x\to 0}\frac{4x^2}{x^2}=4.$$

3.4.2　无穷大量

定义 3.4.3　如果 $f(x)$ 在 $\mathrm{N}^{\circ}(x_0)$ 上有定义，$\lim\limits_{x\to x_0}f(x)=\infty$，则称当 $x\to x_0$ 时，$f(x)$ 为无穷大量.

类似可定义其他情形.

例 3.4.6　$\lim\limits_{x\to 0}\frac{1}{x^2}=+\infty$. 当 $x\to 0$，$f(x)=\frac{1}{x^2}$ 为无穷大量.

例 3.4.7　$\lim\limits_{x\to+\infty}(-x^2+5)=-\infty$. 当 $x\to+\infty$，$f(x)=-x^2+5$ 为无穷大量.

类似于无穷小量，可以定义无穷大量之间的比较，以及等价无穷大量在乘积或商函数极限问题中可以相互替代，这里不再赘述，细节留给读者验证.

命题 3.4.1　$x\to x_0$ 时，$f(x)$ 为无穷小量的充要条件是 $\frac{1}{f(x)}$ 为无穷大量.

3.4.3　渐近线

定义 3.4.4　设 $f(x)$：$D\to\mathbf{R}$. 如果 $\lim\limits_{x\to x_0}f(x)=\infty$，则称 $x=x_0$ 为 $f(x)$ 的一条垂直渐近线；如果 $\lim\limits_{x\to\infty}|f(x)-ax-b|=0$，则称 $y=ax+b$ 为 $f(x)$ 的一条斜渐近线.

这里极限均可以是单侧极限.

命题 3.4.2　设 $y=ax+b$ 为 $f(x)$ 的一条斜渐近线. 则 $a=\lim\limits_{x\to\infty}\frac{f(x)}{x}$.

证明　因为 $\lim\limits_{x\to\infty}|f(x)-ax-b|=0$，故有 $\lim\limits_{x\to\infty}\left|\frac{f(x)-ax-b}{x}\right|=0$. 于是得到

$$a=\lim_{x\to\infty}\frac{f(x)}{x}.$$

例 3.4.8　设 $f(x)=\frac{x^3+5x-2}{x^2-1}$，求 $f(x)$ 的渐近线.

解　$\lim\limits_{x\to 1}f(x)=\frac{x^3+5x-2}{x^2-1}=\infty$，$\lim\limits_{x\to -1}f(x)=\frac{x^3+5x-2}{x^2-1}=\infty$，故 $x=\pm 1$ 为斜渐近线.

$a=\lim\limits_{x\to\infty}\frac{f(x)}{x}=1$，$b=\lim\limits_{x\to\infty}(f(x)-x)=0$，故 $y=x$ 为斜渐近线.

习 题

1. 确定 c, β 的值, 使得下列函数当 $x\to0$ 时与 x^β 为等价无穷小量:

(1) $c(\sin x-\tan x)$; (2) $c(\sin2x-\sin x)$;

(3) $c\left[\dfrac{1}{1+x}-(1-x)\right]$.

2. 确定 c, β 的值, 使得下列函数当 $x\to\infty$ 时与 x^β 为等价无穷大量:

(1) $c\sqrt{x^2+2x^4}$; (2) $c\dfrac{(2x^3+x)^2}{x^2}$.

3. 求下列函数的极限:

(1) $\lim\limits_{x\to0}\dfrac{\arctan^2x}{\ln(1+x)\sin2x}$; (2) $\lim\limits_{x\to+\infty}\dfrac{\sqrt{x}(5\sqrt[5]{x}+3\sqrt{x})}{(\sqrt[3]{x}-3\sqrt[4]{x})(-2\sqrt[3]{x^2}+10\sqrt[5]{x})}$.

4. 求下列函数的渐近线:

(1) $f(x)=\dfrac{1}{x^2-1}$; (2) $f(x)=\dfrac{-5x^3+4}{x^2-2x}$.

第 4 章　连续函数

本章首先讨论一类重要的函数，它的几何特征是一条没有断裂的曲线．我们称之为连续函数，它是微积分学中的基本概念之一．本章最后一节介绍半连续函数，它是连续函数的推广，且在近代分析如变分学中具有重要意义与作用．

4.1　函数连续的概念与性质

定义 4.1.1　如果$f(x)$在$N(x_0)$上有定义，$\lim\limits_{x\to x_0}f(x)=f(x_0)$，则称$f(x)$在$x_0$处连续．即对$\forall\varepsilon>0$，存在$\delta>0$，当$|x-x_0|<\delta$时，$|f(x)-f(x_0)|<\varepsilon$成立．此时$x_0$也称为$f(x)$的连续点．如果$f(x)$在$x_0$处不连续，则称$x_0$为$f(x)$的间断点．

例 4.1.1　$f(x)=x\operatorname{sgn}x$，$x\in\mathbf{R}$.

因为$\lim\limits_{x\to0}f(x)=0=f(0)$，所以$f(x)$在$x=0$处连续．

4.1.1　单侧连续函数

定义 4.1.2　如果$f(x)$在$N^+(x_0)=[x_0,\ x_0+r)$上有定义，$\lim\limits_{x\to x_0^+}f(x)=f(x_0)$，则称$f(x)$在$x_0$处右连续；如果$f(x)$在$N^-(x_0)=(x_0-r,\ x_0]$上有定义，$\lim\limits_{x\to x_0^-}f(x)=f(x_0)$，则称$f(x)$在$x_0$处左连续．

例 4.1.2　讨论$f(x)=[x-1]$在$x=1$处的左右连续性．

解　$\lim\limits_{x\to1^+}f(x)=0$，$\lim\limits_{x\to1^-}f(x)=-1$，故$f(x)$在$x=1$处右连续，但不左连续．

4.1.2　间断点分类

(1) 如果$\lim\limits_{x\to x_0}f(x)$存在但不等于$f(x_0)$，则称$x_0$为$f(x)$的可去间断点；

(2) 如果$\lim\limits_{x\to x_0^+}f(x)$，$\lim\limits_{x\to x_0^-}f(x)$存在但不相等，则称$x_0$为$f(x)$的跳跃间断点；

(3) 可去间断点与跳跃间断点统称为第一类间断点；$f(x)$的其他间断点称为第二类间断点．

例 4.1.3　判断下列函数的不连续点类型：

$$f(x)=\begin{cases}\dfrac{|\sin x|}{x}, & 0<|x|<1;\\[2mm] \dfrac{1}{x-1}, & |x|>1.\end{cases}$$

解 $\lim\limits_{x\to0^+}f(x)=1$，$\lim\limits_{x\to0^-}f(x)=-1$，$x=0$ 为第一类间断点．

$\lim\limits_{x\to1^+}f(x)$，$\lim\limits_{x\to1^-}f(x)$不存在，$x=\pm1$ 为第二类间断点．

下面命题说明了连续与左右连续之间的关系．

命题 4.1.1 $f(x)$在 x_0 处连续的充要条件是$f(x)$在 x_0 处左连续也右连续．

证明留给读者练习．

连续函数性质：

命题 4.1.2 如果$f(x)$，$g(x)$均在 x_0 处连续，则：

(1) $f(x)\pm g(x)$在 x_0 处连续；

(2) $f(x)g(x)$在 x_0 处连续；

(3) 如果 $g(x_0)\neq0$，则 $\dfrac{f(x)}{g(x)}$在 x_0 处连续．

利用函数极限性质即可证明．

4.1.3 复合函数的连续性

定理 4.1.1 如果 $y=f(u)$在 u_0 处连续，$u=g(x)$在 x_0 处连续，且 $u_0=g(x_0)$，$y=f(g(x))$有意义，则 $y=f(g(x))$在 x_0 处连续．

证明 由 $y=f(u)$在 u_0 处连续知，对 $\forall\varepsilon>0$，存在 $\delta(\varepsilon)>0$，当 $|u-u_0|<\delta$ 时，有 $|f(u)-f(u_0)|<\varepsilon$ 成立．

又由 $u=g(x)$在 x_0 处连续知，对上述 $\delta(\varepsilon)>0$，存在 $\delta_1>0$，当 $|x-x_0|<\delta_1$ 时，有 $|g(x)-g(x_0)|<\delta(\varepsilon)$成立，即 $|g(x)-u_0|<\delta(\varepsilon)$成立．

因此当 $|x-x_0|<\delta_1$ 时，有 $|f(g(x))-f(g(x_0))|<\varepsilon$ 成立．

故 $y=f(g(x))$在 x_0 处连续．

例 4.1.4 求 $\lim\limits_{x\to x_0}\sin(\mathrm{e}^{-x})$.

解 令 $f(u)=\sin u$，$g(x)=\mathrm{e}^{-x}$，则f，g 均为连续函数．于是有

$$\lim_{x\to x_0}f(g(x))=f(g(x_0))=\sin(\mathrm{e}^{-x_0}).$$

例 4.1.5 求$\lim\limits_{x\to x_0}(1+x^2)^{\sin x}$.

解 令 $f(u)=\mathrm{e}^u$，$g(x)=\sin x(\ln(1+x^2))$，则f，g 均为连续函数．于是有

$$\lim_{x\to x_0}f(g(x))=f(g(x_0))=\mathrm{e}^{\sin x_0(\ln(1+x_0^2))}=(1+x_0^2)^{\sin x_0}.$$

4.1.4 反函数的连续性

定理 4.1.2 如果 $y=f(x)$：$[a,b]\to\mathbf{R}$ 为单一连续函数，则其反函数 $x=f^{-1}(y)$：$f([a,b])\to[a,b]$连续．

证明 因 $y=f(x)$：$[a,b]\to\mathbf{R}$ 为单射，故反函数 $x=f^{-1}(y)$：$f([a,b])\to[a,b]$存在．

假设相反，$x=f^{-1}(y)$ 在 y_0 处不连续．则存在 $\varepsilon_0>0$，以及 $y_n\in f([a,b])$，$n=1,2,\cdots$，满足 $y_n\to y_0$，但 $|f^{-1}(y_n)-f^{-1}(y_0)|\geqslant\varepsilon_0$．

令 $x_n=f^{-1}(y_n)$，$x_0=f^{-1}(y_0)$，则有 $|x_n-x_0|\geqslant\varepsilon_0$，$n=1,2,\cdots$，$|f(x_n)-f(x_0)|\to 0$.

又 $(x_n)\subset[a,b]$ 有收敛子列，记为 $x_{n_k}\to z\in[a,b]$，于是由 f 的连续性得 $|f(z)-f(x_0)|=0$，但是 $|z-x_0|\geqslant\varepsilon_0$，这与 $f(x)$ 是单一映射矛盾.

因此反函数 $x=f^{-1}(y)$ 在 $f([a,b])$ 连续.

例 4.1.6　证明 $\arctan x$ 在 $(-\infty,+\infty)$ 上连续.

证明　由例 3.1.7 知 $\sin x$，$\cos x$ 在 $\left(-\frac{\pi}{2},\frac{\pi}{2}\right)$ 上连续，于是 $\tan x$ 在 $\left(-\frac{\pi}{2},\frac{\pi}{2}\right)$ 上连续. 由定理 4.1.2 知 $\arctan x$ 在 $(-\infty,+\infty)$ 上连续.

推论 4.1.1　初等函数在其定义域内连续.

习　题

1. 按定义证明下列函数在定义域内的连续性：

(1) $f(x)=\sin\frac{1}{x}$；　　(2) $f(x)=x\cos x$.

2. 指出下列函数的间断点并说明其类型：

(1) $f(x)=\operatorname{sgn}(\cos x)$.

(2) $f(x)=\begin{cases} x, & x\text{ 为有理数；}\\ -x, & x\text{ 为无理数.}\end{cases}$

(3) $f(x)=\begin{cases} \dfrac{1}{x+1}, & x\in(-\infty,-1);\\ x, & x\in[-1,1];\\ (x-1)\cos\dfrac{1}{x-1}, & x\in(1,+\infty).\end{cases}$

3. 设当 $x\neq 0$ 时，$f(x)\equiv g(x)$，而 $f(0)\neq g(0)$. 证明 f 与 g 两者中至多有一个在 $x=0$ 处连续.

4. 设 f 为 $\mathbf{R}$ 上的单调函数，定义 $g(x)=f(x+0)$. 证明 g 在 $\mathbf{R}$ 上每一点都右连续.

5. 讨论复合函数 $f\circ g$ 与 $g\circ f$ 的连续性，设

(1) $f(x)=\operatorname{sgn}x$，$g(x)=1+x^2$；

(2) $f(x)=\operatorname{sgn}x$，$g(x)=x(1-x^2)$.

6. 设 f，g 在 x_0 处连续. 证明：

(1) 若 $f(x_0)>g(x_0)$，则存在 x_0 的一个邻域 $U(x_0)$，使在其上有 $f(x)>g(x)$；

(2) 若在某 $U^{\circ}(x_0)$ 上有 $f(x)>g(x)$，则 $f(x_0)\geqslant g(x_0)$.

7. 设 $f(x)$ 为 $\mathbf{R}$ 上的连续函数，$c>0$ 常数. 记

$$F(x)=\begin{cases} -c, & f(x)<-c;\\ f(x), & |f(x)|\leqslant c;\\ c, & f(x)>c.\end{cases}$$

证明 F 在 $\mathbf{R}$ 上连续.

8. 求极限:

(1) $\lim\limits_{x\to\frac{\pi}{4}}(\pi-x)\tan x$;　　(2) $\lim\limits_{x\to1^+}\dfrac{x\sqrt{1+2x}-\sqrt{x^2-1}}{x+1}$.

9. 设定义在 $\mathbf{R}$ 上的函数 f 在 0, 1 两点连续且对 $\forall x\in\mathbf{R}$ 有 $f(x^2)=f(x)$. 证明 f 为常值函数.

10. 设 $f(x)$: $\mathbf{R}\to\mathbf{R}$ 满足下列条件:

(1) $f(x+y)=f(x)+f(y)$, $\forall x, y\in\mathbf{R}$;

(2) $f(x)$ 在 $x=0$ 处连续.

证明 $f(x)$ 在 $\mathbf{R}$ 上连续且有 $f(x)=cx$, c 为某一常数.

4.2　闭区间上连续函数

本节讨论闭区间上连续函数的性质.

命题 4.2.1　闭区间上连续函数一定有界.

证明　假设 $f(x)$: $[a, b]\to\mathbf{R}$ 连续, 但 $f(x)$ 无界. 则对 $n=1, 2, \cdots$, 存在 $x_n\in[a, b]$, 使得 $|f(x_n)|>n$, $n=1, 2, \cdots$. 数列 (x_n) 有界, 因此有收敛子列, 设为 $x_{n_k}\to x_0\in[a, b]$.

由 $f(x)$ 的连续性得到 $|f(x_0)|\geqslant+\infty$, 矛盾.

因此 $f(x)$ 在 $[a, b]$ 上有界.

定理 4.2.1　闭区间上连续函数有最大值与最小值.

证明　设 $f(x)$: $[a, b]\to\mathbf{R}$ 连续. 由命题 4.2.1 以及确界原理知 $M=\sup\{f(x), x\in[a, b]\}$, $m=\inf\{f(x), x\in[a, b]\}$ 存在.

又存在 $x_n\in[a, b]$, 使得 $f(x_n)>M-\dfrac{1}{n}$, $n=1, 2, \cdots$. (x_n) 有收敛子列, 记为 $x_{n_k}\to x_0\in[a, b]$. 由 $f(x)$ 的连续性即得 $f(x_0)=M$, $f(x)$ 有最大值.

同理可证 $f(x)$ 有最小值.

下面定理称为连续函数介值定理, 它在方程求解中有重要作用.

定理 4.2.2　如果 $f(x)$: $[a, b]\to\mathbf{R}$ 连续, 则对 $\forall\mu$ 介于 $f(a)$ 与 $f(b)$ 之间, 存在 $\xi\in[a, b]$, 使得 $f(\xi)=\mu$.

证明　不妨设 $f(a)<f(b)$, 同理可证 $f(a)>f(b)$ 情形. 将 $[a, b]$ 二等分, 若 $f\left(\dfrac{a+b}{2}\right)=\mu$, 则结论获证, 故设 $f\left(\dfrac{a+b}{2}\right)\neq\mu$.

①若 $f\left(\dfrac{a+b}{2}\right)<\mu$, 令 $[a_1, b_1]=\left[\dfrac{a+b}{2}, b\right]$;

②若 $f\left(\dfrac{a+b}{2}\right)>\mu$, 令 $[a_1, b_1]=\left[a, \dfrac{a+b}{2}\right]$.

对$[a_1, b_1]$重复上述过程，若$f\left(\frac{a_1+b_1}{2}\right)=\mu$，则结论获证，故设$f\left(\frac{a_1+b_1}{2}\right)\neq\mu$. 等分$[a_1, b_1]$，于是有$[a_2, b_2]$，使得$f(a_2)<\mu<f(b_2)$.

上述过程重复下去，一般地，有$[a_n, b_n]$，$f(a_n)<\mu<f(b_n)$，$n=1, 2, \cdots$. 由区间套定理得$n\to\infty$时，$a_n\to\xi$，$b_n\to\xi$.

再由f的连续性得$f(\xi)=\mu$. 定理结论成立.

例 4.2.1　设$f(x)=x^n+a_{n-1}x^{n-1}+\cdots+a_1x+a_0$，$n$为奇数. 证明$f(x)=0$至少有一实根.

证明　显然$f(x)$在$\mathbf{R}$上连续，且有

$$\lim_{x\to+\infty}f(x)=\lim_{x\to+\infty}x^n\left[1+\frac{a_{n-1}}{x}+\cdots+\frac{a_1}{x^{n-1}}+\frac{a_0}{x^n}\right]=+\infty,$$

$$\lim_{x\to-\infty}f(x)=\lim_{x\to-\infty}x^n\left[1+\frac{a_{n-1}}{x}+\cdots+\frac{a_1}{x^{n-1}}+\frac{a_0}{x^n}\right]=-\infty.$$

因此存在$b>0$，$a<0$，使得$f(b)>0$，$f(a)<0$.

再由连续函数介值定理知，存在$\xi\in(a, b)$，使得$f(\xi)=0$，即$f(x)=0$至少有一根.

例 4.2.2　设$f(x):[a, b]\to[a, b]$为连续函数. 则存在$x_0\in[a, b]$，满足$f(x_0)=x_0$，这样的x_0称为$f(x)$的不动点.

证明　可设$f(a)\neq a$，$f(b)\neq b$，否则，结论成立. 令$F(x)=x-f(x)$，$x\in[a, b]$，易见$F(x)$连续，且有$F(a)<0$，$F(b)>0$.

再由连续函数介值定理知，存在$x_0\in(a, b)$，使得$F(x_0)=0$，$f(x_0)=x_0$.

注　(1)例 4.2.2 结果在$\mathbf{R}^n$中的推广称为 Brouwer 不动点定理，在无穷维 Banach 空间的推广称为 Schauder 不动点定理.

(2)连续函数介值定理虽然是一维空间中的结果，却非常有用，参考文献[7]利用连续函数介值定理证明了常微分方程反周期解的 Massera 定理.

习　题

1. 证明：若f在$[a, b]$上连续，且对任一$x\in[a, b]$，$f(x)\neq 0$，则f在$[a, b]$上恒正或恒负.

2. 设a_1，a_2，a_3为正数，$\lambda_1<\lambda_2<\lambda_3$. 证明：方程$\frac{a_1}{x-\lambda_1}+\frac{a_2}{x-\lambda_2}+\frac{a_3}{x-\lambda_3}=0$在区间$(\lambda_1, \lambda_2)$与$(\lambda_2, \lambda_3)$上各有一个根.

3. 设$f(x)$是区间$[a, b]$上的一个非常数的连续函数，M，m分别是最大值、最小值. 证明存在$[\alpha, \beta]\subset[a, b]$，使得

(1) $m<f(x)<M$，$x\in[\alpha, \beta]$；

(2) $f(\alpha)$，$f(\beta)$恰好是$f(x)$在$[a, b]$上的最大值、最小值(最小值、最大值).

4. 设$f(x)$：$[0, 1]\to\mathbf{R}$ 连续，且有$f(0)=f(1)$. 证明存在$\xi\in\left[0, 1-\frac{1}{n}\right]$，使得$f(\xi)=f(\xi+\frac{1}{n})$，其中 n 为正整数.

5. 设$f(x)$：$[a, b]\to\mathbf{R}$ 连续，$x_i\in[a, b]$，$0<\tau_i<1$，$i=1, 2, \cdots, n$，满足$\sum\limits_{i=1}^{n}\tau_i=1$. 证明存在$\xi\in[a, b]$，使得$f(\xi)=\sum\limits_{i=1}^{n}\tau_i f(x_i)$.

6. 设$f(x)$：$\mathbf{R}\to\mathbf{R}$ 在$x=0, 1$处连续，且满足$f(x^2)=f(x)$，$x\in\mathbf{R}$. 证明$f(x)$为常值函数.

4.3 一致连续函数

本节介绍比连续函数更强的一类函数——一致连续函数. 它的直观解释就是，当自变量在整体区间上任意变动时，只要自变量的改变很小，那么函数值的改变就可以保持"同步"的任意小. 下面是一致连续函数的精确定义.

定义 4.3.1 设$f(x)$：$I\to\mathbf{R}$，I 为区间. 如果对$\forall\varepsilon>0$，存在$\delta(\varepsilon)>0$，使对$\forall x_1$，$x_2\in I$，当$|x_1-x_2|<\delta$时，$|f(x_1)-f(x_2)|<\varepsilon$成立，则称$f(x)$在区间$I$上一致连续.

注 由定义知，一致连续函数是连续函数，反之，则不一定成立，见例 4.3.2.

例 4.3.1 设$f(x)$：$I\to\mathbf{R}$ 满足$|f(x)-f(y)|\leqslant L|x-y|$，$\forall x, y\in I$. 证明$f(x)$在$I$上一致连续.

证明 对$\forall\varepsilon>0$，令$\delta=\frac{\varepsilon}{L}$，则当$x, y\in I$满足$|x-y|<\delta$时，就有$|f(x)-f(y)|<\varepsilon$成立. 因此$f(x)$在$I$上一致连续.

命题 4.3.1 如果$f(x)$：$I\to\mathbf{R}$ 连续，存在x_n，$y_n\in I$，$n=1, 2, \cdots$，满足$x_n-y_n\to 0$，$\inf\{|f(x_n)-f(y_n)|\}>0$，则$f(x)$在$I$上不一致连续.

证明 令$\varepsilon_0=\inf\{|f(x_n)-f(y_n)|\}$. 对任意正数$\delta>0$，由$x_n-y_n\to 0$知，存在$N$，当$n>N$时，$|x_n-y_n|<\delta$成立，但$|f(x_n)-f(y_n)|\geqslant\varepsilon_0$. 因此$f(x)$在$I$上不一致连续.

例 4.3.2 $f(x)=x^2$：$\mathbf{R}\to\mathbf{R}$，讨论$f(x)$是否一致连续.

解 令$x_n=n$，$y_n=n+\frac{1}{n}$. 则$y_n-x_n=\frac{1}{n}\to 0$，且有$|f(x_n)-f(y_n)|>2$，$n=1, 2, \cdots$. 由命题 4.3.1 知，$f(x)$在$\mathbf{R}$上不一致连续.

命题 4.3.2 如果$f(x)$：$I_1\to\mathbf{R}$ 一致连续，$f(x)$：$I_2\to\mathbf{R}$ 一致连续，其中I_1，I_2为区间，$I_1\cap I_2=\{c\}$，则$f(x)$：$I_1\cup I_2\to\mathbf{R}$ 一致连续.

证明 不妨设I_1位于I_2的左侧. 对任意$\varepsilon>0$，由$f(x)$：$I_1\to\mathbf{R}$ 一致连续知，存在$\delta_1(\varepsilon)>0$，当$x, y\in I_1$且满足$|x-y|<\delta_1(\varepsilon)$时，$|f(x)-f(y)|<\frac{\varepsilon}{2}$成立.

同理由$f(x)$：$I_2\to\mathbf{R}$一致连续，存在$\delta_2(\varepsilon)>0$，当x，$y\in I_2$且满足$|x-y|<\delta_2(\varepsilon)$时，$|f(x)-f(y)|<\frac{\varepsilon}{2}$成立．

令$\delta(\varepsilon)=\min\{\delta_1(\varepsilon),\ \delta_2(\varepsilon)\}$．则当$x$，$y\in I_1\cup I_2$，且满足$|x-y|<\delta(\varepsilon)$时，若$x$，$y\in I_1$，则有$|f(x)-f(y)|<\frac{\varepsilon}{2}$；若$x$，$y\in I_2$，则有$|f(x)-f(y)|<\frac{\varepsilon}{2}$. 若$x$，$y$位于$c$的左右两侧，可不防设$x\in I_1$，$y\in I_2$. 于是有$|f(x)-f(c)|<\frac{\varepsilon}{2}$，$|f(y)-f(c)|<\frac{\varepsilon}{2}$. 因此$|f(x)-f(y)|\leqslant|f(x)-f(c)|+|f(c)-f(y)|<\varepsilon$.

综上，$f(x)$在$I_1\cup I_2$上一致连续．

定理 4.3.1　闭区间上连续函数一致连续．

证明　反证法．假设$f(x)$：$[a,\ b]\to\mathbf{R}$连续，但不一致连续，则存在$\varepsilon_0>0$，以及x_n，$y_n\in[a,\ b]$，满足$|x_n-y_n|<\frac{1}{n}$，$|f(x_n)-f(y_n)|>\varepsilon_0$，$n=1,\ 2,\ \cdots$.

可设$x_{n_k}\to x_0$，则有$y_{n_k}\to x_0$，于是由f的连续性得$0=\lim\limits_{k\to\infty}|f(x_{n_k})-f(y_{n_k})|\geqslant\varepsilon_0$，矛盾．

因此定理 4.3.1 结论成立．

例 4.3.3　证明$y=\sqrt{x}$在$[0,\ +\infty)$上一致连续．

证明　$y=\sqrt{x}$在$[0,\ 1]$上连续，所以一致连续．又

$$|\sqrt{x}-\sqrt{y}|=\frac{|x-y|}{\sqrt{x}+\sqrt{y}}\leqslant\frac{1}{2}|x-y|,\ x,y\in[1,\ +\infty),$$

故$y=\sqrt{x}$在$[1,\ +\infty)$上一致连续．

由命题 4.3.2 知，$y=\sqrt{x}$在$[0,\ +\infty)$上一致连续．

习　题

1. 讨论$f(x)=x^3$在$(-\infty,\ +\infty)$上的一致连续性．
2. 设$f(x)$：$I\to\mathbf{R}$一致连续，$g(x)$：$I_1\to I$一致连续．证明$f\circ g(x)$：$I_1\to\mathbf{R}$一致连续．
3. 证明$f(x)=\sqrt[3]{x}$在$(-\infty,\ +\infty)$上一致连续．
4. 设$f(x)$：$I\to\mathbf{R}$满足$|f(x)-f(y)|\leqslant c(x,\ y)|x-y|$，$\forall x$，$y\in I$，其中$0<c(x,\ y)\leqslant b<+\infty$. 证明$f(x)$在$I$上一致连续．
5. 证明$\arctan e^{-x}$在$[0,\ +\infty)$上一致连续．
6. 证明$\sin(\arctan\sqrt{x})$在$[0,\ +\infty)$上一致连续．
7. 设$0<\alpha<1$，证明$f(x)=\sin x^{\alpha}$在$[0,\ +\infty)$上一致连续．

4.4 半连续函数

本节首先介绍函数的上下极限概念，然后进一步将函数连续的概念推广到半连续函数. 连续函数是半连续函数，但半连续函数却不一定是连续函数. 半连续函数具有连续函数的一些重要特征.

定义 4.4.1 设 $f(x)$：$(x_0-a, x_0)\cup(x_0, x_0+a)$ 为有界函数，$a>0$. 对任意 $0<r<a$，令 $g(r)=\sup\{f(x): 0<|x-x_0|<r\}$，$h(r)=\inf\{f(x): 0<|x-x_0|<r\}$，则 g 在 $(0, a)$ 为单增函数，h 在 $(0, a)$ 为单减函数. 于是有

(1) $\lim\limits_{r\to 0^+} g(r)$ 存在，记为 $\limsup\limits_{x\to x_0} f(x)$，或 $\overline{\lim\limits_{x\to x_0}} f(x)$，称为当 $x\to x_0$ 时，$f(x)$ 在 x_0 处的上极限；

(2) $\lim\limits_{r\to 0^+} h(r)$ 存在，记为 $\liminf\limits_{x\to x_0} f(x)$，或 $\underline{\lim\limits_{x\to x_0}} f(x)$，称为当 $x\to x_0$ 时，$f(x)$ 在 x_0 处的下极限.

例 4.4.1 $f(x)=\sin\dfrac{1}{x}$，$x\neq 0$，求 $\limsup\limits_{x\to 0} f(x)$ 与 $\liminf\limits_{x\to 0} f(x)$.

解 对任意 $r>0$，有 $g(r)=\sup\left\{\sin\dfrac{1}{x}: 0<|x|<r\right\}=1$，$h(r)=\inf\left\{\sin\dfrac{1}{x}: 0<|x|<r\right\}=-1$，于是 $\limsup\limits_{x\to 0} f(x)=1$，$\liminf\limits_{x\to 0} f(x)=-1$.

由定义 4.4.1 知，$h(r)\leqslant f(x)\leqslant g(r)$，$0<|x-x_0|<r$，于是有

命题 4.4.1 $\lim\limits_{x\to x_0} f(x)$ 存在的充要条件是 $\limsup\limits_{x\to x_0} f(x)=\liminf\limits_{x\to x_0} f(x)$.

证明细节留给读者练习.

类似定义函数在 ∞ 的上下极限 $\limsup\limits_{x\to\infty} f(x)$，$\liminf\limits_{x\to\infty} f(x)$，以及其他单侧上下极限 $\limsup\limits_{x\to x_0^+} f(x)$，$\limsup\limits_{x\to x_0^-} f(x)$，$\liminf\limits_{x\to x_0^+} f(x)$，$\liminf\limits_{x\to x_0^-} f(x)$，$\limsup\limits_{x\to +\infty} f(x)$，$\limsup\limits_{x\to -\infty} f(x)$，$\liminf\limits_{x\to +\infty} f(x)$，$\liminf\limits_{x\to -\infty} f(x)$.

定义 4.4.2 设 $f(x)$：$(a, b)\to\mathbf{R}$，$x_0\in(a, b)$.

(1) 如果 $\limsup\limits_{x\to x_0} f(x)\leqslant f(x_0)$，则称 $f(x)$ 在 x_0 处上半连续；

(2) 如果 $\liminf\limits_{x\to x_0} f(x)\geqslant f(x_0)$，则称 $f(x)$ 在 x_0 处下半连续.

类似可定义函数在一点处的单侧上下半连续.

例 4.4.2 设 $f(x)$：$[a, b]\to\mathbf{R}$ 为单增函数，$x_0\in(a, b)$，则有

(1) $\liminf\limits_{x\to x_0^+} f(x)\geqslant f(x_0)$，即 $f(x)$ 在 x_0 处右下半连续；

(2) $\limsup\limits_{x\to x_0^-} f(x)\leqslant f(x_0)$，即 $f(x)$ 在 x_0 处左上半连续.

例 4.4.3 讨论 Dirichlet 函数

$$\mathrm{D}(x)=\begin{cases}1, & x\in(0, 1)\text{为无理数}\\ 0, & x\in[0, 1]\text{为有理数}\end{cases}$$

的上下半连续性.

解 ① $x_0\in(0, 1)$ 为有理数，则有 $\liminf\limits_{x\to x_0} \mathrm{D}(x)=0=\mathrm{D}(x_0)$，于是 $\mathrm{D}(x)$ 在 x_0 处下半

连续.

② $x_0 \in (0,\ 1)$为无理数，则有$\limsup\limits_{x \to x_0} \mathrm{D}(x) = 1 = \mathrm{D}(x_0)$，于是 $\mathrm{D}(x)$在 x_0 处上半连续.

③ $\liminf\limits_{x \to 0^+} \mathrm{D}(x) = 0 = \mathrm{D}(0)$，$\liminf\limits_{x \to 1^-} \mathrm{D}(x) = 0 = \mathrm{D}(1)$，故 $\mathrm{D}(x)$在 $x=0$ 处右下半连续，在 $x=1$ 处左下半连续.

命题 4.4.2　设$f(x):(a,b) \to \mathbf{R}$. $f(x)$在 $x_0 \in (a,\ b)$处连续的充要条件是$f(x)$在 x_0 处上半连续且下半连续.

定理 4.4.1　设$f(x):[a,b] \to \mathbf{R}$. 有下列结论：

(1) 如果$f(x)$在闭区间$[a,\ b]$上下半连续，则$f(x)$在$[a,\ b]$上达到最小值；

(2) 如果$f(x)$在闭区间$[a,\ b]$上上半连续，则$f(x)$在$[a,\ b]$上达到最大值.

证明　(1) 首先证明$f(x)$在$[a,\ b]$上有下界. 假设相反：存在 x_0，$x_0 \to x_n \in [a,\ b]$，$n=1,\ 2,\cdots$，使得$f(x_n) \to -\infty$，则有 $x_{n_k} \to x_0 \in [a,\ b]$. 于是得到$f(x_0) \leqslant \liminf\limits_{x \to x_0} f(x) = -\infty$，矛盾.

因此$f(x)$在$[a,\ b]$上有下界. 令 $m = \inf\limits_{x \in [a,b]} f(x)$，则存在 $y_n \in [a,\ b]$，使得$f(y_n) \to m$. 又存在 $y_{n_k} \to y_0 \in [a,\ b]$，于是有$f(y_0) \leqslant \liminf\limits_{x \to y_0} f(x) \leqslant m$. 因此$f(y_0) = m$.

类似可证(2)成立.

习　题

1. 设$f(x) = [x]\operatorname{sgn}x$. 求$\liminf\limits_{x \to x_0} f(x)$，$\limsup\limits_{x \to x_0} f(x)$.

2. 证明命题 4.4.1.

3. 证明：

(1) $\limsup\limits_{x \to x_0}(f(x) + g(x)) \leqslant \limsup\limits_{x \to x_0} f(x) + \limsup\limits_{x \to x_0} g(x)$；

(2) $\liminf\limits_{x \to x_0}(f(x) + g(x)) \geqslant \liminf\limits_{x \to x_0} f(x) + \liminf\limits_{x \to x_0} g(x)$.

4. 设$f_1(x)$，$f_2(x)$在 x_0 处下半连续，证明$f_1(x) + f_2(x)$在 x_0 处下半连续.

5. 设$f_i(x)$：$\mathbf{R} \to \mathbf{R}$ 在 x_0 处上半连续，$i \in I$，对 $\forall x \in \mathbf{R}$，$g(x) = \inf\limits_{i \in I}\{f_i(x)\}$存在. 证明 $g(x)$在 x_0 处上半连续.

6. 设$f(x)$：$\mathbf{R} \to \mathbf{R}$. 如果对任意 $x_n \to x_0$，$f(x_1) \geqslant f(x_2) \geqslant \cdots \geqslant f(x_n) \geqslant \cdots$，有$f(x_0) \leqslant \lim\limits_{n \to +\infty} f(x_n)$，则称$f(x)$在 x_0 处上方下半连续；如果对 $\forall x_0 \in [a,\ b]$，$f(x)$在 x_0 处上方下半连续，则称$f(x)$在$[a,\ b]$上上方下半连续. 证明下面结论：

(1) 设$f(x)$：$\mathbf{R} \to \mathbf{R}$ 为严格增函数，则$f(x)$在 $\mathbf{R}$ 上上方下半连续；

(2) 设$f(x)$：$\mathbf{R} \to \mathbf{R}$ 为严格增函数，$g(x)$：$\mathbf{R} \to \mathbf{R}$ 在 x_0 处上方下半连续，则 $h(x) = f(g(x))$在 x_0 处上方下半连续；

(3) 设$f(x)$：$[a,\ b] \to \mathbf{R}$ 上方下半连续，证明$f(x)$在$[a,\ b]$上达到最小值；

(4) 证明下半连续函数是上方下半连续函数，举例说明$f(x)$在 x_0 处上方下半连续但不下半连续.

7. 设$f(x)$：$[a, b]\to[0, +\infty)$上方下半连续，且对任一$x\in[a, b]$，存在$y\in[a, b]$，使得$f(y)\leqslant hf(x)$，其中$0<h<1$为常数. 证明存在$x_n\in[a, b]$以及$\xi\in[a, b]$，满足

(1) $f(x_1)\geqslant f(x_2)\geqslant\cdots\geqslant f(x_n)\geqslant\cdots$；

(2) $\lim\limits_{n\to\infty}x_n=\xi$;

(3) $f(\xi)=0$.

8. 设$f(x)$在$[0, +\infty)$上上方下半连续，满足$0\leqslant f(x)\leqslant x$，$x\in(0, +\infty)$，$a_1>0$，$a_{n+1}=f(a_n)$，$n=1, 2, \cdots$. 证明：

(1) (a_n)为收敛数列；

(2)若$\lim\limits_{n\to\infty}a_n=t$，则有$f(t)=t$;

(3) 若条件改为$0\leqslant f(x)<x$，$x\in(0, +\infty)$，则$t=0$.

第 5 章　导数

设 $f(x):(x_0-\delta,\ x_0+\delta)\to\mathbf{R}$. 本章考察 $f(x)$ 在 x_0 处的变化率问题，也就是考察 $f(x)$ 在 x_0 处的函数值差与自变量差的极限问题，即考察极限 $\lim\limits_{x\to x_0}\dfrac{f(x)-f(x_0)}{x-x_0}$ 是否存在以及该极限的计算问题.

5.1　导数的概念

问题 5.1.1　设直线上有一做变速运动的质点 P，其在 t 时刻走过的路程 $s(t)$，$t\in(a,\ b)$，求 P 在任一时刻 $t_0\in(a,\ b)$ 处的瞬时速度.

P 在 t_0 到 t 之间的平均速度为 $\bar{v}=\dfrac{s(t)-s(t_0)}{t-t_0}$. 由物理意义易知，当 $t\to t_0$ 时，$\bar{v}$ 趋近于所求 t_0 处的瞬时速度 $v(t_0)$，即瞬时速度

$$v(t_0)=\lim_{t\to t_0}\bar{v}=\lim_{t\to t_0}\frac{s(t)-s(t_0)}{t-t_0}.$$

问题 5.1.2　求平面曲线上某一点的切线.

首先，我们回顾平面曲线 C：$y=f(x)$ 上某一点 $P_0(x_0,\ y_0)$ 的切线定义为，过 $P_0(x_0,\ f(x_0))$ 与 $P(x,\ f(x))$ 处的割线 P_0P 当 P 沿 C 趋于 P_0 时，割线 P_0P 的极限位置如果存在，则割线 P_0P 的极限位置称为曲线 C 在 P_0 处的切线.

显然割线 P_0P 的方程为

$$Y-y_0=\frac{f(x)-f(x_0)}{x-x_0}(X-x_0).$$

当 $(x,\ f(x))\to(x_0,\ f(x_0))$ 时，割线 P_0P 的极限位置存在 $\Leftrightarrow$ 割线斜率的极限存在，即 $\lim\limits_{x\to x_0}\dfrac{f(x)-f(x_0)}{x-x_0}$ 存在.

我们将上述物理与数学问题归纳总结，引入如下概念：

定义 5.1.1　设 $y=f(x):(a,\ b)\to\mathbf{R}$，$x_0\in(a,\ b)$. 如果 $\lim\limits_{x\to x_0}\dfrac{f(x)-f(x_0)}{x-x_0}$ 存在，则称 $f(x)$ 在 x_0 处可导，该极限称为 $f(x)$ 在 x_0 处的导数，记为 $f'(x_0)$ 或者 $\left.\dfrac{\mathrm{d}y}{\mathrm{d}x}\right|_{x=x_0}$.

令 $\Delta x=x-x_0$，$\Delta y=f(x_0+\Delta x)-f(x_0)$，于是有 $f'(x_0)=\lim\limits_{\Delta x\to 0}\dfrac{\Delta y}{\Delta x}$.

例 5.1.1 设 $s(t)=\frac{1}{2}gt^2$，求 $s'(t_0)$.

解 $s'(t_0)=\lim\limits_{t\to t_0}\frac{s(t)-s(t_0)}{t-t_0}=\lim\limits_{t\to t_0}\frac{2^{-1}gt^2-2^{-1}gt_0^2}{t-t_0}=gt_0$.

例 5.1.2 设 $f(x)=x^n$，n 为正整数，求 $f'(x)$.

解 $f'(x)=\lim\limits_{\Delta x\to 0}\frac{(x+\Delta x)^n-x^n}{\Delta x}$

$$=\lim_{\Delta x\to 0}[\mathrm{C}_n^1x^{n-1}+\mathrm{C}_n^2x^{n-2}\Delta x+\cdots(\Delta x)^{n-1}]=nx^{n-1}.$$

例 5.1.3 设 $f(x)=\sin x$，求 $f'(x)$.

解 $f'(x)=\lim\limits_{\Delta x\to 0}\frac{\sin(x+\Delta x)-\sin x}{\Delta x}$

$$=\lim_{\Delta x\to 0}\frac{(2\cos(x+2^{-1}\Delta x)\sin(2^{-1}\Delta x)}{\Delta x}=\cos x.$$

例 5.1.4 设 $f(x)=\cos x$，求 $f'(x)$.

解 $f'(x)=\lim\limits_{\Delta x\to 0}\frac{\cos(x+\Delta x)-\cos x}{\Delta x}$

$$=\lim_{\Delta x\to 0}\frac{-2\sin(x+2^{-1}\Delta x)\sin(2^{-1}\Delta x)}{\Delta x}=-\sin x.$$

例 5.1.5 设 $f(x)=a^x$，$a>0$，$a\neq 1$，求 $f'(x)$.

解 $f'=\lim\limits_{\Delta x\to 0}\frac{a^{x+\Delta x}-a^x}{\Delta x}$

$$=a^x\lim_{\Delta x\to 0}\frac{a^{\Delta x}-1}{\Delta x}=a^x\ln a\ .$$

命题 5.1.1 $f(x)$在 x_0 处可导，则$f(x)$ 在 x_0 处连续.

证明 因为$\lim\limits_{x\to x_0}\frac{f(x)-f(x_0)}{x-x_0}$存在，故在 x_0 处附近有界，于是存在 $M>0$，$\delta>0$，使得 $\left|\frac{f(x)-f(x_0)}{x-x_0}\right|\leqslant M$，$x\in(x_0-\delta,\ x_0)\cup(x_0,\ x_0+\delta)$. 于是$|f(x)-f(x_0)|\leqslant M|x-x_0|$，从而有$\lim\limits_{x\to x_0}f(x)=f(x_0)$.

因此结论成立.

下例说明命题 5.1.1 的逆命题不成立，即函数的连续性并不能保证函数的可导性.

例 5.1.6 设$f(x)=|x|$，判断$f(x)$在 $x=0$ 处是否可导.

解 由于$\lim\limits_{x\to 0^+}\frac{|x|}{x}=1$，$\lim\limits_{x\to 0^-}\frac{|x|}{x}=-1$，因此$\lim\limits_{x\to 0}\frac{|x|}{x}$不存在，故$f(x)$在 $x=0$ 处不可导.

定义 5.1.2 设$f(x)$：$(x_0-\delta,\ x_0+\delta)\to\mathbf{R}$. 如果$\lim\limits_{x\to x_0^+}\frac{f(x)-f(x_0)}{x-x_0}$存在，记为$f'_+(x_0)$，称为$f(x)$在 x_0 处的右导数；同理如果$\lim\limits_{x\to x_0^-}\frac{f(x)-f(x_0)}{x-x_0}$存在，记为$f'_-(x_0)$，称为$f(x)$在 x_0

处的左导数．

例 5.1.7　设$f(x)=[x]$，判断$f(x)$在任一点$x_0=n$处的左右导数是否存在，n为整数．

解　当$x\in(n,\ n+1)$，$f(x)=n$，于是有$\lim\limits_{x\to n^+}\dfrac{[x]-[n]}{x-n}=0$，$f'_+(n)=0$.

当$x\in(n-1,\ n)$，$f(x)=n-1$，于是有$\lim\limits_{x\to n^-}\dfrac{[x]-[n]}{x-n}=+\infty$，$f'_-(n)$不存在．

习　题

1. 已知直线运动方程为$s=3t+12t^2$，分别令$\Delta t=0.1$，0.01，0.001，求从$t=1$至$t=1+\Delta t$这一段时间内运动的平均速度以及$t=1$时的瞬时速度．

2. 按定义求下列函数的导数：

(1) $f(x)=x-\cos x^2$；　　　　(2) $f(x)=|x^3|$.

3. 设$f(0)=0$，$f'(0)=4$，求$\lim\limits_{x\to 0^+}\dfrac{f(2x)-f(-5x)}{x}$.

4. 求下列曲线在指定点P的切线方程与法线方程：

(1) $y=\dfrac{x^3}{6}$，$P\left(1,\ \dfrac{1}{6}\right)$；　　　　(2) $y=e^{2x}$，$P(0,\ 1)$.

5. 设$\alpha>0$. 讨论函数

$$f(x)=\begin{cases}x^\alpha\cos\dfrac{1}{x}, & x\neq 0;\\ 0, & x=0\end{cases}$$

在$x=0$处的连续性与可导性．

6. 设$g(0)=g'_+(0)=0$，

$$f(x)=\begin{cases}g(x)\cos\dfrac{1}{x}, & x\neq 0;\\ 0, & x=0.\end{cases}$$

求$f'_+(0)$.

5.2　求导法则

本节考察导数的计算．首先考察和函数、差函数、乘积函数与商函数的导数的四则运算法则，然后考察复合函数、反函数求导法则，最后考察多个乘积函数或商函数的求导方法.

5.2.1　四则运算法则

如果$f(x)$，$g(x)$皆可导，则有如下结论：

(1) $(f(x)\pm g(x))'=f'(x)\pm g'(x)$;

(2) $(f(x)g(x))'=f'(x)g(x)+f(x)g'(x)$;

(3) $\left(\dfrac{f(x)}{g(x)}\right)'=\dfrac{f'(x)g(x)-f(x)g'(x)}{g^2(x)}$.

下面只证明(3)，其余留给读者练习.

证明 $$\frac{f(x+\Delta x)}{g(x+\Delta x)}-\frac{f(x)}{g(x)}=\frac{f(x+\Delta x)g(x)-f(x)g(x+\Delta x)}{g(x+\Delta x)g(x)}$$
$$=\frac{[f(x+\Delta x)-f(x)]g(x)-f(x)[g(x+\Delta x)-g(x)]}{g(x+\Delta x)g(x)},$$

两端同除 Δx 并令 $\Delta x\to 0$，即得(3)成立.

例 5.2.1 设 $f(x)=\tan x$，$g(x)=\cot x$，求 $f'(x)$，$g'(x)$.

解 $\tan x=\dfrac{\sin x}{\cos x}$，于是由四则运算法则得

$$f'(x)=\frac{(\sin x)'\cos x-\sin x(\cos x)'}{\cos^2 x}=\frac{1}{\cos^2 x}.$$

同理得 $g'(x)=-\dfrac{1}{\sin^2 x}$.

5.2.2 复合函数求导法则

若 $y=f(u)$ 在 u_0 处可导，$u=g(x)$ 在 x_0 处可导，$u_0=g(x_0)$，$y=f(g(x))$ 在 x_0 附近有意义，则 $y=f(g(x))$ 在 x_0 处可导，且有

$$\left.\frac{\mathrm{d}y}{\mathrm{d}x}\right|_{x=x_0}=f'(u_0)g'(x_0).$$

证明 不妨设 $g(x)\neq u_0$，否则 $f(g(x))=f(u_0)$，结论显然成立.

$$\lim_{x\to x_0}\frac{f(g(x))-f(g(x_0))}{x-x_0}=\lim_{x\to x_0}\frac{f(g(x))-f(g(x_0))}{g(x)-g(x_0)}\frac{g(x)-g(x_0)}{x-x_0}$$
$$=f'(u_0)g'(x_0).$$

例 5.2.2 设 $f(x)=\mathrm{e}^{\sin x}$. 求 $f'(x)$.

解 令 $y=\mathrm{e}^u$，$u=\sin x$，于是

$$f'(x)=y'(u)u'(x)=\mathrm{e}^u\cos x=\mathrm{e}^{\sin x}\cos x.$$

5.2.3 反函数求导法则

设 $y=f(x)$ 的反函数 $x=f^{-1}(y)$ 存在，$y_0=f(x_0)$，$f'(x_0)\neq 0$. 则 $x=f^{-1}(y)$ 在 y_0 处可导，且有 $\left.\dfrac{\mathrm{d}x}{\mathrm{d}y}\right|_{y=y_0}=\dfrac{1}{f'(x_0)}$.

证明 由定理 3.1.2 知 $y\to y_0\Leftrightarrow x\to x_0$，故有

$$\left.\frac{\mathrm{d}x}{\mathrm{d}y}\right|_{y=y_0}=\lim_{y\to y_0}\frac{x-x_0}{y-y_0}=\lim_{x\to x_0}\frac{1}{\dfrac{y-y_0}{x-x_0}}=\frac{1}{f'(x_0)}.$$

例 5.2.3　设 $x=\arcsin y$，　$y\in(-1,1)$，求 $x'(y)$.

解　$x=\arcsin y$ 是 $y=\sin x$，$x\in\left(-\frac{\pi}{2},\frac{\pi}{2}\right)$的反函数，故有

$$x'(y)=\frac{1}{\cos x}=\frac{1}{\sqrt{1-\sin^2 x}}=\frac{1}{\sqrt{1-y^2}}.$$

互换自变量与因变量记号，于是有

$$(\arcsin x)'=\frac{1}{\sqrt{1-x^2}},\quad x\in(-1,1).$$

同理可得

$$(\arccos x)'=-\frac{1}{\sqrt{1-x^2}},\quad x\in(-1,1).$$

例 5.2.4　设 $x=\arctan y$，$y\in(-\infty,+\infty)$，求 $x'(y)$.

解　$x=\arctan y$ 是 $y=\tan x$ 的反函数，于是有 $x'(y)=\cos^2 x$. 又 $1+y^2=\cos^{-2}x$，故有 $x'(y)=\frac{1}{1+y^2}$，互换自变量与因变量记号，即得

$$y'(x)=\frac{1}{1+x^2},\quad x\in(-\infty,+\infty)$$

同理可得

$$(\operatorname{arccot}x)'=-\frac{1}{1+x^2},\quad x\in(-\infty,+\infty).$$

例 5.2.5　设 $y=\log_a x$，$a>0$，$a\neq1$，$x>0$，求 $y'(x)$.

解　$x=\log_a y$ 是 $y=a^x$ 的反函数，于是 $x'(y)=\frac{1}{y\ln a}$，互换自变量与因变量记号，即得 $y'(x)=\frac{1}{x\ln a}$，$x>0$.

例 5.2.6　设 $y=x^\alpha$，$x>0$，$\alpha\neq0$，求 $y'(x)$.

解　令 $y=\mathrm{e}^u$，$u=\alpha\ln x$，则有 $y'(x)=y'(u)u'(x)=\mathrm{e}^u\frac{\alpha}{x}=\alpha x^{\alpha-1}$，$x>0$.

5.2.4　多个乘积函数或商函数的求导

对多个乘积函数或商函数求导，通常采用取对数的方法，先将乘积函数或商函数化为和函数或差函数，再对该函数求导.

例 5.2.7　设 $f(x)=\frac{\mathrm{e}^x(x^2+1)^\beta}{\sqrt{x}(x+1)^2}$，$\beta>0$. 求 $f'(x)$.

解　原函数两边取对数，得

$$\ln f(x)=x+\beta\ln(x^2+1)-\frac{1}{2}\ln x-2\ln(x+1).$$

上式两边对 x 求导，得

$$\frac{f'(x)}{f(x)}=1+\frac{2\beta x}{x^2+1}-\frac{1}{2x}-\frac{2}{1+x}.$$

于是有
$$f'(x)=\frac{e^x(x^2+1)^\beta}{\sqrt{x}(x+1)^2}\left(1+\frac{2\beta x}{x^2+1}-\frac{1}{2x}-\frac{2}{1+x}\right),\ x>0.$$

习　题

1. 求下列函数在给定点处的导数：

(1) $f(x)=x^3-3x+\sin x$, $f'(0)$, $f'(-1)$;

(2) $f(x)=\sqrt{2+\sin\sqrt{x}}$, $f'\left(\frac{\pi^2}{9}\right)$, $f'\left(\frac{\pi^2}{4}\right)$.

2. 求下列函数的导函数：

(1) $f(x)=\sqrt{x}\arctan x$;

(2) $f(x)=\frac{\ln(1+x^2)}{x+1}$;

(3) $f(x)=\sin\tan x$;

(3) $f(x)=\ln(x+\sqrt{1+x^2})$;

(5) $f(x)=\frac{\sqrt{1+x}-\sqrt{1-x}}{\sqrt{1+x}+\sqrt{1-x}}$;

(6) $f(x)=(\sin x)^{x^2}$;

(7) $f(x)=\sin(\cos(\cos x))$;

(8) $f(x)=x^{\alpha_1}(1+x)^{\alpha_2}\cdots(n+x)^{\alpha_{n+1}}$;

(9) $f(x)=\frac{(2+x^2)\arctan(1+x^2)}{e^{-x}(1+\sqrt{1+x^2})}$.

3. 分别对下列函数计算 $f'(x)$, $f'(x+1)$, $f'(x-1)$:

(1) $f(x)=\sin^2 x$;

(2) $f(x)=(x+1)^2$;

(3) $f(x-1)=x^3$.

4. 双曲正弦函数 $\sinh x=\frac{e^x-e^{-x}}{2}$，双曲余弦函数 $\cosh x=\frac{e^x+e^{-x}}{2}$，双曲正切函数 $\tanh x=\frac{\sinh x}{\cosh x}$，双曲余切函数 $\coth x=\frac{\cosh x}{\sinh x}$，求 $(\sinh x)'$，$(\cosh x)'$，$(\tanh x)'$，$(\coth x)'$.

5.3 高阶导数

设直线上做变速运动的质点在 t 时刻经过的路程为 $s(t)$. 则质点在 t 时刻的速度为 $v(t)=s'(t)$. 物理学中还需要考虑速度的变化率问题，也就是所谓的加速度问题，我们有加速度 $a(t)=v'(t)=s''(t)$. 从数学的观点来看，也就是导函数的导数问题. 我们把这类问题称为高阶导数问题.

定义 5.3.1　设$f(x):(a,b)\to\mathbf{R}$具有一阶导函数$f'(x)$. 如果$f'(x)$在x_0处可导，即$\lim\limits_{x\to x_0}\dfrac{f'(x)-f'(x_0)}{x-x_0}$存在，则称$f(x)$在$x_0$处二阶可导，记为$f''(x_0)=\lim\limits_{x\to x_0}\dfrac{f'(x)-f'(x_0)}{x-x_0}$，或$\left.\dfrac{\mathrm{d}^2y}{\mathrm{d}x^2}\right|_{x=x_0}$，称为$f(x)$在$x_0$处的二阶导数.

一般地，可递归定义$f(x)$在x_0处的n阶导数，记为$f^{(n)}(x_0)$或$\left.\dfrac{\mathrm{d}^ny}{\mathrm{d}x^n}\right|_{x=x_0}$.

易见$(\mathrm{e}^x)^{(n)}=\mathrm{e}^x$.

例 5.3.1　证明$\sin^{(n)}(x)=\sin\left(x+\dfrac{n\pi}{2}\right)$，$n$为正整数.

证明　$n=1$时，$\sin'(x)=\cos x=\sin\left(x+\dfrac{\pi}{2}\right)$成立.

设$n=k$时结论成立，则当$n=k+1$时，

$$\begin{aligned}\sin^{(k+1)}(x)&=(\sin^{(k)}(x))'=\left(\sin\left(x+\frac{k\pi}{2}\right)\right)'\\&=\cos\left(x+\frac{k\pi}{2}\right)=\sin\left(x+\frac{k+1}{2}\pi\right).\end{aligned}$$

综上，$\sin^{(n)}(x)=\sin\left(x+\dfrac{n\pi}{2}\right)$.

同理有$\cos^{(n)}(x)=\cos\left(x+\dfrac{n\pi}{2}\right)$，$n$为正整数.

命题 5.3.1　设n为一正整数，则有$(u(x)v(x))^{(n)}=\sum\limits_{i=0}^{n}\mathrm{C}_n^iu^{(i)}(x)v^{(n-i)}(x)$，其中$u^{(0)}(x)=u(x),v^{(0)}(x)=v(x)$.

例 5.3.2　设$f(x)=\mathrm{e}^{2x}(1-x)^6$，求$f^{(10)}(1)$.

解　$[(1-x)^6]^{(k)}(1)=0$，$k\leqslant5$或$k>6$，$(\mathrm{e}^{2x})^{(4)}(1)=2^4\mathrm{e}^2$，$[(1-x)^6]^{(6)}(1)=(-1)^66!$，于是有$f^{(10)}(1)=16\mathrm{C}_{10}^4\mathrm{e}^26!$.

习　题

1. 设$f(x)=\dfrac{x}{\sqrt{1+x^2}}$，求$f''(0)$，$f''(-1)$，$f''(1)$.

2. 设$f(x)=\begin{cases}\mathrm{e}^{-\frac{1}{x^2}}, & x\neq0\\ 0, & x=0\end{cases}$，求$f''(0)$.

3. 设$f(x)=(x-1)^{11}(x^2+5x+1)^{10}\sin\dfrac{\pi x}{2}$，求$f^{(11)}(1)$.

4. 求下列函数的n阶导数：

(1) $f(x)=\ln x$；　　(2) $f(x)=\dfrac{1}{x(x-1)}$；

(3) $f(x)=\dfrac{x^n}{x-1}$；　　(4) $f(x)=e^{2x}\sin 3x$；

(5) $f(x)=\dfrac{1}{x^2-c^2}$.

5. 设$f(x)$同2题．证明$f^{(n)}(0)=0$，n为任意正整数．

6. 设$f(x)=\arctan x$，求$f^{(n)}(0)$.

5.4　含参变量函数的导数

前面讨论了函数$y=f(x)$或$x=g(y)$的导数问题，其中两个变量x，y之间是直接的函数关系．本节考虑x，y之间是一种间接的函数关系，即通过另一个参变量建立的函数关系．假设$x=x(t)$，$y=y(t)$，$t\in[\alpha,\beta]$，$x'(t_0)$，$y'(t_0)$存在，$x'(t_0)\neq 0$，$x=x(t)$在t_0附近存在反函数，则有$x\to x_0=x(t_0)\Leftrightarrow t\to t_0$．于是有

$$\frac{dy}{dx}=\lim_{\Delta x\to 0}\frac{\Delta y}{\Delta x}=\lim_{t\to t_0}\frac{y(t_0+\Delta t)-y(t_0)}{x(t_0+\Delta t)-x(t_0)}$$

$$=\lim_{t\to t_0}\frac{\dfrac{y(t)-y(t_0)}{t-t_0}}{\dfrac{x(t)-x(t_0)}{t-t_0}}=\frac{y'(t_0)}{x'(t_0)}.$$

在类似条件下，如假设$y'(t_0)\neq 0$，反函数$t=t(y)$存在，则有

$$\frac{dx}{dy}=\frac{x'(t_0)}{y'(t_0)}.$$

下例表明$x(t)$连续以及$x'(t_0)\neq 0$并不一定能确定反函数$t=t(x)$.

例 5.4.1　设$y(t)=t^2$，$t\in(-1,1)$，

$$x(t)=\begin{cases} t, & t\in(-1,0], \\ \dfrac{1}{n}, & t\in\left(\dfrac{1}{n},\dfrac{1}{n}+\dfrac{1}{n(n-1)^2}\right),\quad n\geqslant 3, \\ \dfrac{1}{n}+\dfrac{1}{1-\dfrac{1}{n-1}}\left[t-\dfrac{1}{n}-\dfrac{1}{n(n-1)^2}\right], & t\in\left[\dfrac{1}{n}+\dfrac{1}{n(n-1)^2},\dfrac{1}{n-1}\right],\ n\geqslant 3, \\ \dfrac{1}{2}, & t\in\left(\dfrac{1}{2},1\right). \end{cases}$$

容易验证$x(t)$连续，$x'(0)=1$，但在$t=0$附近并不能确定反函数$t=t(x)$，因此y不是x的函数．

例 5.4.2　设$x=a\cos t$，$y=b\sin t$，$t\neq k\pi$，求$\dfrac{dy}{dx}$，$\dfrac{d^2y}{dx^2}$.

解　$\dfrac{dy}{dx}=\dfrac{y'(t)}{x'(t)}=\dfrac{b\cos t}{-a\sin t}=-\dfrac{b}{a}\cot t$，$t\neq k\pi$，

$\frac{dy}{dx}$为 t 的参变量函数，于是

$$\frac{d^2y}{dx^2}=\frac{\frac{d\left(\frac{dy}{dx}\right)}{dt}}{x'(t)}=\frac{\frac{b}{a\sin^2 t}}{-a\sin t}=-\frac{b}{a^2\sin^3 t}.$$

下面考察平面曲线 C 由极坐标 $r=r(\theta)$ 表示，将其转化为以 θ 为参数的参变量方程

$$\begin{cases}x=r(\theta)\cos\theta,\\ y=r(\theta)\sin\theta.\end{cases}$$

于是在适当条件下，有

$$\frac{dy}{dx}=\frac{r'(\theta)\sin\theta+r(\theta)\cos\theta}{r'(\theta)\cos\theta-r(\theta)\sin\theta}=\frac{r'(\theta)\tan\theta+r(\theta)}{r'(\theta)-r(\theta)\tan\theta}.$$

例 5.4.3　证明：对数螺线 $r=e^{\alpha\theta}$，其中 $\alpha>0$ 为一常数，在其上任一点处的切线与向径的夹角不变.

证明　设对数螺线上任一点$(r,\ \theta)$处的切线与 x 轴正向的夹角为 β，则有

$$\tan\beta=\frac{dy}{dx}=\frac{\alpha e^{\alpha\theta}\tan\theta+e^{\alpha\theta}}{\alpha e^{\alpha\theta}-e^{\alpha\theta}\tan\theta}=\frac{\alpha\tan\theta+1}{\alpha-\tan\theta}.$$

记$(r,\ \theta)$处的切线与向径的夹角为 γ，则有 $\beta=\theta+\gamma$. 于是

$$\tan\gamma=\tan(\beta-\theta)=\frac{\tan\beta-\tan\theta}{1+\tan\beta\tan\theta}=\frac{1}{\alpha}.$$

因此其上任一点处的切线与向径的夹角 γ 不变.

习　题

1 求下列参变量函数的导数$\frac{dy}{dx}$:

(1) $\begin{cases}x=\cos^3 t\\ y=\sin^3 t\end{cases}$ 在 $t=\frac{\pi}{4}$处；

(2) $\begin{cases}x=\frac{t}{1+t}\\ y=\frac{1+t}{1+2t}\end{cases}$ 在 $t>0$ 处.

2. 设$\begin{cases}x=a(t-\sin t)\\ y=a(1-\cos t)\end{cases}$，求$\frac{dy}{dx}$，$\frac{d^2y}{dx^2}$.

3. 设曲线方程为 $x=1-t^3$，$y=t-t^2$，求它在 $t=1$ 处的切线方程与法线方程.

5.5 微分形式

设 $y=f(x)$ 在 $x=x_0$ 处可导. 本节介绍当 $x\to x_0$ 时, 由无穷小量 $\Delta x=x-x_0$ 所确定的一个线性函数 $f'(x_0)\Delta x$, 称为 $f(x)$ 在 x_0 处的一阶微分形式.

定义 5.5.1 设 $y=f(x):(a,b)\to\mathbf{R}$, $x_0\in(a,b)$. 如果

$$\Delta f = f(x_0+\Delta x)-f(x) = A\Delta x+o(\Delta x),$$

(Δf 有时也记为 Δy, 两者可以交互使用), 其中 $A\Delta x$ 称为函数值增量的线性主部. 我们引入 $x\to x_0$ 时的无穷小自变量 Δx 与因变量, 记为 $\mathrm{d}f$ 或 $\mathrm{d}y$, 规定 $\mathrm{d}y=A\Delta x$, 称为 $f(x)$ 在 x_0 处的一阶微分形式, 此时也称 $f(x)$ 在 x_0 处可微.

注 由于恒等函数 $y=x$ 的微分 $\mathrm{d}y=\mathrm{d}x=\Delta x$, 因此通常记 $\Delta x=\mathrm{d}x$, $\mathrm{d}y=A\mathrm{d}x$.

例 5.5.1 设 $f(x)=x^3$, 求 $f(x)$ 在 $x_0=2$ 处的一阶微分形式.

解

$$\begin{aligned}\Delta f &= f(2+\Delta x)-f(2)\\ &=(2+\Delta x)^3-2^3=3\times 2^2\Delta x+3\times 2\Delta x^2+\Delta x^3,\end{aligned}$$

且有 $\lim\limits_{\Delta x\to 0}\dfrac{6(\Delta x)^2+(\Delta x)^3}{\Delta x}=0$. 于是 $\mathrm{d}f\Big|_{x=2}=12\mathrm{d}x$.

命题 5.5.1 $f(x)$ 在 x_0 处可微的充要条件是, $f(x)$ 在 x_0 处可导, 且有 $\mathrm{d}f=f'(x_0)\mathrm{d}x$.

证明细节留给读者练习.

注 由定义 5.5.1 与命题 5.5.1 知, $\mathrm{d}f$ 与 $\mathrm{d}x$ 的商正好是导数 $\dfrac{\mathrm{d}f}{\mathrm{d}x}$, 因此一阶微分形式正好是导数的另一种等价形式.

容易验证一阶微分形式的下列四则运算法则:

(1) $\mathrm{d}(u(x)\pm v(x))=\mathrm{d}u(x)\pm\mathrm{d}v(x)$;

(2) $\mathrm{d}(u(x)v(x))=v(x)\mathrm{d}u(x)+u(x)\mathrm{d}v(x)$;

(3) $\mathrm{d}\left(\dfrac{u(x)}{v(x)}\right)=\dfrac{v(x)\mathrm{d}u(x)-u(x)\mathrm{d}v(x)}{v^2(x)}$, $v(x)\neq 0$.

复合函数一阶微分形式的不变性质:

性质 5.5.1 设 $y=f(u)$ 可微, $u=g(x)$ 可微, 则复合函数 $z=f(g(x))$ 的微分满足 $\mathrm{d}z=\mathrm{d}y$, 其中 $\mathrm{d}y=f'(u)\mathrm{d}u$, $\mathrm{d}u=g'(x)\mathrm{d}x$, 称为复合函数一阶微分形式的不变性.

证明 因为 $\mathrm{d}z=z'(x)\mathrm{d}x=f'(g(x))g'(x)\mathrm{d}x$, $g'(x)\mathrm{d}x=\mathrm{d}u$, $f'(u)\mathrm{d}u=\mathrm{d}y$, 于是有

$$\mathrm{d}z = f'(g(x))\mathrm{d}u = f'(u)\mathrm{d}u = \mathrm{d}y.$$

下例使用复合函数一阶微分形式的不变性来计算复合函数的导数.

例 5.5.2 设 $z=\mathrm{e}^{x+\sin x}$, 求 $\mathrm{d}z$.

解 令 $y=\mathrm{e}^u$, $u=x+\sin x$, 于是有 $\mathrm{d}y=\mathrm{e}^u\mathrm{d}u$, $\mathrm{d}u=(1+\cos x)\mathrm{d}x$. 因此

$$\mathrm{d}z = \mathrm{e}^u(1+\cos x)\mathrm{d}x = \mathrm{e}^{x+\sin x}(1+\cos x)\mathrm{d}x.$$

一般地, 若 $y=f(x)$ 在 x_0 处有 n 阶导数, 则规定 $\mathrm{d}^n y=f^{(n)}(x_0)\mathrm{d}x^n$, 称为 $f(x)$ 在 x_0 处

的 n 阶微分形式，其中 $dx^n=(dx)^n$ 表无穷小量 dx 的 n 次方，$n\geqslant 2$.

例 5.5.3　设 $f(x)=e^{2x}-x^2$，求 $f(x)$ 在 $x=0$ 处的二阶微分.

解　$f'(x)=2e^{2x}-2x$，$f''(x)=4e^{2x}-2$，$f''(0)=2$. 因此 $d^2f\Big|_{x=0}=2dx^2$.

关于复合函数的高阶微分，我们需要注意它一般不再具有不变性.

例 5.5.4　设 $f(u)=u^2$，$u=x^2$，$z=x^4$，求 d^2z.

解　$z''(x)=12x^2$，于是 $d^2z=12x^2dx^2$.

另一方面，$d^2f=2du^2$，$du=2xdx$，$du^2=4x^2dx^2$，因此 $d^2z\neq d^2f$. 这就说明复合函数二阶微分形式不具有不变性.

习　题

1. 求下列函数的一阶微分形式：

(1) $f(x)=x\ln x+x^2$；　　(2) $f(x)=x^2\sin x$；

(3) $f(x)=\arcsin(\tan x^2)$.

2. 求下列函数的二阶微分形式：

(1) $f(x)=e^x\tan x$；　　(2) $f(x)=\dfrac{x}{1+x^2}$；

(3) $f(x)=\sqrt{1+x^2}\cos x$.

3. 用一阶微分形式求近似值：

(1) $\sqrt[5]{1.01}$；　　(2) $\tan 45°06'$；

(3) $\lg 6.03$.

第6章　微分中值定理及其应用

本章主要考虑导数的应用. 对定义在闭区间上的连续函数，首先考察函数值与函数的导数值之间的关系，介绍 Fermat 定理与 Darboux 导函数介值定理，接着介绍函数值的差与导函数值之间的关系，即 Rolle 定理与 Lagrange 中值定理，再进一步介绍其在乘积函数的推广形式，由此可以得到 Cauchy 中值定理. 在此之后，介绍 Lagrange 中值定理与 Cauchy 中值定理在不定式极限计算以及函数的多项式逼近问题中的应用，随后讨论函数的极值问题，本章最后介绍凸函数及其性质.

6.1　Rolle，Lagrange 与 Cauchy 中值定理

本节建立闭区间上函数在端点处的函数值与导函数值之间的关系. 首先介绍下面的 Fermat 定理，它建立了函数极值与导数值之间的一种关系.

引理 6.1.1(Fermat 定理)　如果 $f(x)$：$[a,b]\to\mathbf{R}$ 在 (a,b) 上可导，$\xi\in(a,b)$，$f(\xi)$ 为 $f(x)$ 在 $[a,b]$ 上的最大值或最小值，则 $f'(\xi)=0$.

证明　不妨设 $f(\xi)$ 为最大值. 于是有 $f'_+(\xi)=\lim\limits_{x\to\xi^+}\dfrac{f(x)-f(\xi)}{x-\xi}\leqslant 0$，$f'_-(\xi)=\lim\limits_{x\to\xi^-}\dfrac{f(x)-f(\xi)}{x-\xi}\geqslant 0$. 因此有 $f'(\xi)=0$.

定理 6.1.1(导函数介值定理)　如果 $f(x)$：$[a,b]\to\mathbf{R}$，在 (a,b) 上可导，$f'_+(a)$ 与 $f'_-(b)$ 存在且不等，μ 介于 $f'_+(a)$ 与 $f'_-(b)$ 之间，则存在 $x_0\in(a,b)$，使得 $f'(x_0)=\mu$.

证明　容易知道 $f(x)$ 在 $[a,b]$ 上连续，令 $g(x)=f(x)-\mu x$，$x\in[a,b]$，不妨设 $f'_+(a)<\mu<f'_-(b)$，则有 $g'_+(a)=f'_+(a)-\mu<0$，$g'_-(b)=f'_-(b)-\mu>0$. 由左右导数定义即知，存在 $\delta>0$，使得 $g(x)<g(a)$，$x\in(a,a+\delta)$，$g(x)<g(b)$，$x\in(b-\delta,b)$ 成立. 因此 $g(x)$ 在 (a,b) 上达到最小值. 于是有 $x_0\in(a,b)$，使得 $g(x_0)$ 为最小值.

由引理 6.1.1 知 $g'(x_0)=0$，即 $f'(x_0)=\mu$.

利用 Fermat 定理可以得到下面的 Rolle 中值定理.

定理 6.1.2　如果 $f(x)$：$[a,b]\to\mathbf{R}$ 连续，在 (a,b) 内可导，且 $f(a)=f(b)$，则存在 $x_0\in(a,b)$，使得 $f'(x_0)=0$.

证明　因为 $f(x)$：$[a,b]\to\mathbf{R}$ 连续，故 $f(x)$ 在 $[a,b]$ 上达到最大值 M 与最小值 m.

①若 $M=m$，则 $f(x)$ 为常值函数. 于是 $f'(x)=0$，$x\in(a,b)$.

②若 $M\neq m$，则由 $f(a)=f(b)$ 知，$f(x)$ 在 (a,b) 内某点 x_0 达到最大值与最小值之一，

于是有 $f'(x_0)=0$.

由 Rolle 定理可以得到下面更为一般的 Lagrange 中值定理.

定理 6.1.3　如果 $f(x)$: $[a, b]\to\mathbf{R}$ 连续, 在 (a, b) 内可导, 则存在 $x_0\in(a, b)$, 使得

$$f'(x_0)=\frac{f(b)-f(a)}{b-a}.$$

证明　证明的思想是构造一个满足 Rolle 定理条件的函数. 注意到

$$f'(x_0)=\frac{f(b)-f(a)}{b-a}\Leftrightarrow(b-a)f'(x_0)=f(b)-f(a),$$

故不难作出下列函数

$$F(x)=(b-a)[f(x)-f(a)]-[f(b)-f(a)](x-a),\ x\in[a,b].$$

易见 $F(x)$ 在 $[a, b]$ 上连续, 在 (a, b) 内可导, 且有 $F(a)=F(b)=0$. 于是由 Rolle 定理知, 存在 $x_0\in(a, b)$, 使得 $F'(x_0)=0$, 即有

$$f'(x_0)=\frac{f(b)-f(a)}{b-a}.$$

推论 6.1.1　如果 $f(x)$: $I\to\mathbf{R}$ 可导, 则有下面结论:

(1) 如果 $f'(x)\geqslant 0$, $x\in I$, 则 $f(x)$ 在 I 上为单增函数;

(2) 如果 $f'(x)\leqslant 0$, $x\in I$, 则 $f(x)$ 在 I 上为单减函数.

证明　(1) 对任意 x, $y\in I$, $x<y$, $f(y)-f(x)=f'(\xi)(x-y)\geqslant 0$, $\xi\in(x, y)$, 即有 $f(y)\geqslant f(x)$.

因此 $f(x)$ 在 I 上为单增函数.

同理可证明(2).

推论 6.1.2　如果 $f(x)$: $I\to\mathbf{R}$, 且有 $f'(x)=0$, $x\in I$, 则 $f(x)$ 为常数.

证明　任取 x_1, $x_2\in I$, 则有 ξ 介于 x_1 与 x_2 之间, 使得

$$f(x_2)-f(x_1)=f'(\xi)(x_2-x_1)=0.$$

于是有 $f(x_2)=f(x_1)$. 因此 $f(x)$ 为常数.

例 6.1.1　证明 $\arctan x<x$, $x\in(0, +\infty)$.

证明　令 $f(x)=x-\arctan x$, $x\in[0, +\infty)$, 则有 $f'(x)=1-\dfrac{1}{1+x^2}>0$, $x>0$. 于是 $f(x)$ 在 $(0, +\infty)$ 上严格单增. 又因为 $f(0)=0$, 故有 $f(x)>0$, 即 $\arctan x<x, x\in(0, +\infty)$.

基于 Lagrange 中值定理的证明, 有下面的广义 Cauchy 中值定理.

定理 6.1.4　如果 $f(x)$, $g(x)$: $[a, b]\to\mathbf{R}$ 连续, 且在 (a, b) 内可导, 则存在 $x_0\in(a, b)$, 使得

$$f'(x_0)[g(b)-g(a)]=g'(x_0)[f(b)-f(a)].$$

证明　证明的思想同 Lagrange 中值定理的证明思想——构造一个满足 Rolle 定理条件的函数. 令

$$F(x)=[g(b)-g(a)][f(x)-f(a)]-[f(b)-f(a)][g(x)-g(a)],\ x\in[a,b].$$

则 $F(x)$在$=[a, b]$上连续，在(a, b)内可导，且有 $F(b)=F(a)=0$. 于是由 Rolle 定理知，存在 $x_0\in(a, b)$，使得 $F'(x_0)=0$，即

$$f'(x_0)[g(b)-g(a)]=g'(x_0)[f(b)-f(a)].$$

由定理6.1.3可得下面的Cauchy中值定理.

推论6.1.3 如果$f(x)$, $g(x)$: $[a, b]\to\mathbf{R}$ 连续，在(a, b)内可导，且有$f'(x)$, $g'(x)$不同时为零，$g(b)\neq g(a)$，则存在 $x_0\in(a, b)$，使得

$$\frac{f'(x_0)}{g'(x_0)}=\frac{f(b)-f(a)}{g(b)-g(a)}.$$

证明 由定理6.1.4知，存在 $x_0\in(a, b)$，使得

$$f'(x_0)[g(b)-g(a)]=g'(x_0)[f(b)-f(a)].$$

再由$f'(x)$, $g'(x)$不同时为零，$g(b)\neq g(a)$知 $g'(x_0)\neq 0$. 于是有

$$\frac{f'(x_0)}{g'(x_0)}=\frac{f(b)-f(a)}{g(b)-g(a)}.$$

例6.1.2 设$f(x)$在$[-1, 0]$连续，在$(-1, 0)$可导，证明存在$\xi\in(0, 1)$，使得

$$f'(\xi-1)=\left(\frac{1}{\xi}-2\right)\frac{f(\xi-1)}{\xi-1}.$$

证明 令 $F(x)=x(x-1)f(x-1)$, $x\in[0, 1]$. 则 $F(x)$在$[0, 1]$连续，在$(0, 1)$上可导，且有 $F(0)=F(1)=0$. 于是由 Rolle 定理知，存在 $\xi\in(0, 1)$，使得 $F'(\xi)=0$，即

$$(2\xi-1)f(\xi-1)+(\xi^2-\xi)f'(\xi-1)=0.$$

故有 $f'(\xi-1)=\left(\dfrac{1}{\xi}-2\right)\dfrac{f(\xi-1)}{\xi-1}$.

习　题

1. 求下列函数的单调区间：

(1) $f(x)=\sqrt{4x-x^2}$；　(2) $f(x)=6x^2-3\ln x$；

(3) $f(x)=\dfrac{x^2+4}{x}$.

2. 证明下列函数不等式：

(1) $\tan x>x-\dfrac{x^3}{3}$, $x\in\left(0, \dfrac{\pi}{2}\right)$；　(2) $\dfrac{2x}{\pi}<\sin x<x$, $x\in\left(0, \dfrac{\pi}{2}\right)$；

(3) $x-\dfrac{x^2}{2}<\ln(1+x)<x-\dfrac{x^2}{2(1+x)}$, $x>0$；

(4) $\dfrac{\tan x}{x}>\dfrac{x}{\sin x}$, $x\in\left(0, \dfrac{\pi}{2}\right)$.

3. 设$f(x)$在$[0, 1]$上连续，在$(0, 1)$可导. 证明存在 $\xi\in(0, 1)$使得 $f'(\xi)=-\pi f(\xi)\cot\xi$.

4. 设 a_1，a_2，…，a_{2n-1} 满足 $a_1-\frac{1}{3}a_2+\frac{1}{5}a_3+\frac{(-1)^{n-1}}{2n-1}a_n=0$. 证明：

(1) $-a_1\sin x+a_2\sin 3x+\cdots+(-1)^n a_n\sin(2n-1)x=0$ 在 $\left(0,\ \frac{\pi}{2}\right)$ 内至少有一根.

(2) $a_1\cos x+a_2\cos 3x+\cdots+a_n\cos(2n-1)x=0$ 在 $\left(0,\ \frac{\pi}{2}\right)$ 内至少有一根.

5. 设 $f(x)$ 在 $[a,\ b]$ 上有一阶连续导函数，在 $(a,\ b)$ 上二阶可导. 证明存在 $\xi\in(a,\ b)$，使得 $\frac{4}{(b-a)^2}|f(b)-f(a)|\leqslant|f''(\xi)|$.

6. 设 $f(x)$：$[0,\ 1]\to\mathbf{R}$ 连续，在 $(0,\ 1)$ 可导，且 $f(0)=0$. 证明 $-f(x)+(1-x)f'(x)=0$ 在 $(0,\ 1)$ 内至少有一根.

7. 证明 $e^x+x^{2n+1}=0$ 在 $(-\infty,\ +\infty)$ 有唯一根 x_n，$n=1,\ 2,\ \cdots$，且 $\lim\limits_{n\to\infty}x_n$ 存在并求 $\lim\limits_{n\to\infty}x_n$.

8. 设 $I\subseteq\mathbf{R}$ 为开区间，$f(x)$：$I\to\mathbf{R}$ 可导，$f'(x)\neq 0$，$\forall x\in I$. 证明 $f(x)$ 在 I 上为严格单调函数.

9. 设 $f(x)$ 在 $[0,\ a]$ 上二阶可导，$0<a\leqslant 1$，$f(0)=f(a)$. 证明存在 $\xi\in(0,\ a)$，使得

$$f'(\xi)=\frac{\xi(a-\xi)}{2\xi-a-1}f''(\xi).$$

提示：令 $F(x)=x(a-x)f'(x)+f(x)-f(0)$.

6.2　不定式极限

设 $\lim\limits_{x\to x_0}f(x)=A$，$\lim\limits_{x\to x_0}g(x)=A$，其中 $A=0$ 或 $A=\pm\infty$. 本节的任务是计算极限 $\lim\limits_{x\to x_0}\frac{f(x)}{g(x)}$. 这类极限通常称为不定式极限. 我们首先考虑 $A=0$ 情形.

定理 6.2.1　如果 $f(x),g(x):(x_0-a,x_0)\cup(x_0,x_0+a)\to\mathbf{R}$ 可导，其中 $a>0$，$g(x)\neq 0,g'(x)\neq 0$，且有 $\lim\limits_{x\to x_0}f(x)=0$，$\lim\limits_{x\to x_0}g(x)=0$，$\lim\limits_{x\to x_0}\frac{f'(x)}{g'(x)}=c$，则有 $\lim\limits_{x\to x_0}\frac{f(x)}{g(x)}=c$.

证明　令 $F(x)=f(x)$，$G(x)=g(x)$，$x\in(x_0-a,\ x_0)\cup(x_0,\ x_0+a)$，以及 $F(x_0)=G(x_0)=0$. 则有 $\frac{f(x)}{g(x)}=\frac{F(x)-F(x_0)}{G(x)-G(x_0)}$，$x\in(x_0-a,\ x_0)\cup(x_0,\ x_0+a)$.

由 Cauchy 中值定理知，存在 ξ 介于 x_0 与 x 之间，使得

$$\frac{F(x)-F(x_0)}{G(x)-G(x_0)}=\frac{F'(\xi)}{G'(\xi)}=\frac{f'(\xi)}{g'(\xi)}.$$

在上式中，令 $x\to x_0$，即可得 $\lim\limits_{x\to x_0}\frac{f(x)}{g(x)}=c$.

注　定理 6.2.1 对自变量 x 趋于其他情形也有类似结论.

例 6.2.1 求 $\lim\limits_{x\to 0}\dfrac{e^{x^2}-1}{-2x^2-x^3}$.

解 $\lim\limits_{x\to 0}\dfrac{e^{x^2}-1}{-2x^2-x^3}=\lim\limits_{x\to 0}\dfrac{2xe^{x^2}}{-4x-3x^2}=-\dfrac{1}{2}$.

下面考虑 $A=\pm\infty$ 或∞ 情况.

定理 6.2.2 如果$f(x)$, $g(x)$: $(x_0-a,\ x_0)\cup(x_0,\ x_0+a)\to\mathbf{R}$ 可导, 其中 $a>0$, $g'(x)\neq 0$ 且有 $\lim\limits_{x\to x_0}f(x)=\infty$, $\lim\limits_{x\to x_0}g(x)=\infty$, $\lim\limits_{x\to x_0}\dfrac{f'(x)}{g'(x)}=c$, 则有 $\lim\limits_{x\to x_0}\dfrac{f(x)}{g(x)}=c$.

证明 由$\lim\limits_{x\to x_0}\dfrac{f'(x)}{g'(x)}=c$ 知, 对$\forall\varepsilon>0$, 存在 $\delta_1>0$, 当 $x\in(x_0-\delta_1,\ x_0)\cup(x_0,\ x_0+\delta_1)$ 时, 有$\left|\dfrac{f'(x)}{g'(x)}-c\right|<\dfrac{\varepsilon}{2}$. 取定 $x_1\in(x_0-\delta_1,\ x_0)$, 对任一 $x\in(x_1,\ x_0)$, 有

$$\left|\frac{f(x)}{g(x)}-\frac{f(x)-f(x_1)}{g(x)-g(x_1)}\right|=\left|\frac{f(x)-f(x_1)}{g(x)-g(x_1)}\right|\left|\frac{\dfrac{f(x)}{f(x)-f(x_1)}}{\dfrac{g(x)}{g(x)-g(x_1)}}-1\right|.$$

由 Cauchy 中值定理存在 $\xi_x\in(x_1,\ x)$, 使得

$$\frac{f(x)-f(x_1)}{g(x)-g(x_1)}=\frac{f'(\xi_x)}{g'(\xi_x)}.$$

于是存在正数 $L>0$, 使得

$$\left|\frac{f(x)-f(x_1)}{g(x)-g(x_1)}\right|<L.$$

易见
$$\lim_{x\to x_0}\left|\frac{\dfrac{f(x)}{f(x)-f(x_1)}}{\dfrac{g(x)}{g(x)-g(x_1)}}-1\right|=0.$$

于是存在 $0<\delta<x_0-x_1$, 当 $x\in(x_0-\delta,\ x_0)$时, 有

$$\left|\frac{f(x)}{g(x)}-\frac{f(x)-f(x_1)}{g(x)-g(x_1)}\right|<\frac{\varepsilon}{2}.$$

故当 $x\in(x_0-\delta,\ x_0)$时, 有

$$\left|\frac{f(x)}{g(x)}-c\right|\leqslant\left|\frac{f(x)}{g(x)}-\frac{f(x)-f(x_1)}{g(x)-g(x_1)}\right|+\left|\frac{f(x)-f(x_1)}{g(x)-g(x_1)}-c\right|<\varepsilon,$$

于是有 $\lim\limits_{x\to x_0^-}\dfrac{f(x)}{g(x)}=c$.

同理可证 $\lim\limits_{x\to x_0^+}\dfrac{f(x)}{g(x)}=c$.

因此有 $\lim\limits_{x\to x_0}\dfrac{f(x)}{g(x)}=c$.

注 定理 6.2.2 对自变量 x 趋于其他情形也有类似结论成立.

例 6.2.2　求 $\lim\limits_{x\to+\infty}\dfrac{\ln x}{x^{\alpha}}$，$\alpha>0$.

解　$\lim\limits_{x\to+\infty}\dfrac{\ln x}{x^{\alpha}}=\lim\limits_{x\to+\infty}\dfrac{x^{-1}}{\alpha x^{\alpha-1}}\lim\limits_{x\to+\infty}\dfrac{1}{\alpha x^{\alpha}}=0.$

习　题

求下列不定式极限：

(1) $\lim\limits_{x\to0}\dfrac{e^{x^2}-1}{\sin x^2}$；　(2) $\lim\limits_{x\to0}\dfrac{e^{\sin^2 x}-1}{\tan^2 x}$；

(3) $\lim\limits_{x\to0}\dfrac{\tan x-x}{x-\sin x}$；　(4) $\lim\limits_{x\to1}x^{\frac{2}{1-x}}$；

(5) $\lim\limits_{x\to0}\left(\dfrac{1}{e^x-1}-\dfrac{1}{x}\right)$；　(6) $\lim\limits_{x\to0}\left(\dfrac{\tan x}{x}\right)^{\frac{1}{x^2}}$；

(7) $\lim\limits_{x\to0}\left(\dfrac{\ln(1+x)^{1+x}}{x^2}-\dfrac{1}{x}\right)$；　(8) $\lim\limits_{x\to0}\left(\dfrac{\sin\sin x}{\sin\arctan x}\right)^{\frac{1}{1-\cos x}}$；

(9) $\lim\limits_{x\to+\infty}\left(\dfrac{\pi}{2}-\arctan x\right)^{\frac{1}{\ln x}}$；　(10) $\lim\limits_{x\to0^+}\left(\dfrac{x^x-(\sin x)^x}{x^3}\right)^{\frac{1}{1-\cos x}}$；

(11) $\lim\limits_{x\to0}\dfrac{\left(1+\frac{1}{2}x^2-\sqrt{1+x^2}\right)\cos x^2}{\cos x-e^{-\frac{1}{2}x^2}}$；　(12) $\lim\limits_{x\to0}\dfrac{(1+x)^x-1}{\ln(1+x)+\ln(1-x)}$；

(13) $\lim\limits_{x\to+\infty}x^2[\ln\arctan(x+1)-\ln\arctan x]$；　(14) $\lim\limits_{x\to\infty}x\left[\dfrac{1}{e}-\left(\dfrac{x}{1+x}\right)^{\frac{1}{x}}\right]$.

6.3　Taylor 公式

本节介绍使用多项式函数逼近连续函数的方法，即 Taylor 公式，其在近似计算中具有重要作用.

6.3.1　带 Peano 余项的 Taylor 公式

如果 $f(x)$ 在 x_0 处可导，则有

$$f(x)=f(x_0)+f'(x_0)(x-x_0)+o(x-x_0).$$

一般地，有下面结果：

定理 6.3.1　如果 $f(x)$ 在 x_0 处有 n 阶导数，$n\geqslant2$，则有 $f(x)=\mathrm{T}_n(x)+o((x-x_0)^n)$，其中

$$\mathrm{T}_n(x)=f(x_0)+f'(x_0)(x-x_0)+\frac{1}{2!}f''(x_0)(x-x_0)^2+\cdots+\frac{1}{n!}f^{(n)}(x_0)(x-x_0)^n.$$

证明 令 $R_n(x)=f(x)-\mathrm{T}_n(x)$，则 $R_n(x)$ 在 x_0 附近有 $n-1$ 阶导函数．反复使用 L'Hosptial 法则 $n-1$ 次，得到

$$\lim_{x\to x_0}\frac{R_n(x)}{(x-x_0)^n}=\lim_{x\to x_0}\frac{R'_n(x)}{n(x-x_0)^{n-1}}=\cdots=\lim_{x\to x_0}\frac{R_n^{(n-1)}(x)}{n!(x-x_0)}$$
$$=\frac{1}{n!}\lim_{x\to x_0}\left[\frac{f^{(n-1)}(x)-f^{(n-1)}(x_0)}{x-x_0}-f^{(n)}(x_0)\right]=0.$$

因此定理 6.3.1 结论成立．

$\mathrm{T}_n(x)+o((x-x_0)^n)$ 称为 $f(x)$ 在 x_0 处带 Peano 余项的 Taylor 公式，特别当 $x_0=0$ 时，称为带 Peano 余项的 Maclaurin 公式．

读者不难验证下列函数的带 Peano 余项的 Maclaurin 公式：

(1) $\mathrm{e}^x=1+x+\dfrac{1}{2!}x^2+\cdots+\dfrac{1}{n!}x^n+o(x^n)$；

(2) $\sin x=x-\dfrac{1}{3!}x^3+\cdots+\dfrac{(-1)^{n-1}}{(2n-1)!}x^{2n-1}+o(x^{2n})$；

(3) $\cos x=1-\dfrac{1}{2!}x^2+\cdots+\dfrac{(-1)^n}{(2n)!}x^{2n}+o(x^{2n})$；

(4) $\ln(1+x)=x-\dfrac{1}{2}x^2+\dfrac{1}{3}x^3+\cdots+\dfrac{(-1)^{n-1}}{n}x^n+o(x^n)$；

(5) $(1+x)^\alpha=1+\alpha x+\dfrac{\alpha(\alpha-1)}{2!}x^2+\dfrac{1}{3}x^3+\cdots+\dfrac{\alpha(\alpha-1)\cdots(\alpha-n+1)}{n!}x^n+o(x^n)$；

(6) $\dfrac{1}{1-x}=1+x+x^2+\cdots+x^n+o(x^n)$.

Taylor 或 Maclaurin 公式可用于求一些不适合直接使用 L'Hosptial 法则的不定式极限，如下例所示．

例 6.3.1 设 $\lim\limits_{x\to0}\dfrac{\mathrm{e}^{-\frac{x^2}{2}}-\cos x}{\beta x^4}=\dfrac{1}{2}$，求 β．

解 因为 $\mathrm{e}^{-\frac{x^2}{2}}=1-\dfrac{1}{2}x^2+\dfrac{1}{2!}\dfrac{1}{4}x^4+o(x^4)$，$\cos x=1-\dfrac{1}{2}x^2+\dfrac{1}{4!}x^4+o(x^4)$，$\mathrm{e}^{-\frac{x^2}{2}}-\cos x=\dfrac{1}{12}x^4+o(x^4)$．

因此
$$\lim_{x\to0}\frac{\mathrm{e}^{-\frac{x^2}{2}}-\cos x}{\beta x^4}=\frac{1}{12\beta}=\frac{1}{2}.$$

于是 $\beta=\dfrac{1}{6}$.

6.3.2 带 Lagrange 余项的 Taylor 公式

定理 6.3.2 如果 $f(x)$：$[a,b]\to\mathbf{R}$ 有 n 阶连续导函数，且在 (a,b) 上有 $n+1$ 阶导函数，则对任意 x，$x_0\in[a,b]$，存在 $\xi\in(a,b)$，使得

$$f(x) = T_n(x) + \frac{f^{(n+1)}(\xi)}{(n+1)!}(x-x_0)^{n+1}.$$

证明　令 $F(y)=f(x)-\left[f(y)+f'(y)(x-y)+\cdots+\frac{1}{n!}f^{(n)}(y)(x-y)^n\right]$，$G(y)=(x-y)^{n+1}$，$y\in[a, b]$.

不妨设 $x\neq x_0$，于是在由 x_0 与 x 构成的区间上应用 Cauchy 中值定理，存在 ξ 介于 x_0 与 x 之间，使得

$$\frac{F(x_0)}{G(x_0)} = \frac{F(x_0)-F(x)}{G(x_0)-G(x)} = \frac{F'(\xi)}{G'(\xi)} = \frac{f^{(n+1)}(\xi)}{(n+1)!}.$$

上式称为带 Lagrange 型余项的 Taylor 公式，上式中的 ξ 可改写为 $\xi=x_0+\theta(x-x_0)$，$0<\theta<1$.

例 6.3.2　设 $f(x)=e^x$. 则 $f(x)$ 在 $x_0=0$ 处的 Taylor 公式

$$e^x = 1 + x + \frac{1}{2!}x^2 + \cdots + \frac{1}{n!}x^n + \frac{e^{\xi}}{(n+1)!}x^{n+1},$$

ξ 介于 0 与 x 之间.

例 6.3.3　$f(x)=\sin x$，$f^{(2n)}(x)=\sin(x+n\pi)=(-1)^n\sin x$，$f(x)$ 在 $x_0=0$ 处的 Taylor 公式为

$$\sin x = x - \frac{1}{3!}x^3 + \cdots + \frac{(-1)^{n-1}}{(2n-1)!}x^{2n-1} + \frac{(-1)^n\sin\xi}{(2n)!}x^{2n},$$

ξ 介于 0 与 x 之间.

例 6.3.4　$f(x)=\cos x$，$f^{(2n+1)}(x)=\cos\left(x+\frac{2n+1}{2}\pi\right)=(-1)^{n+1}\sin x$，$f(x)$ 在 $x_0=0$ 处的 Taylor 公式为

$$\cos x = 1 - \frac{1}{2!}x^2 + \cdots + \frac{(-1)^n}{(2n)!}x^{2n} + \frac{(-1)^{n+1}\sin\xi}{(2n+1)!}x^{2n+1},$$

ξ 介于 0 与 x 之间.

习　题

1. 利用 Taylor 公式求极限：

(1) $\lim\limits_{x\to\infty}\left[x-x^2\ln\left(1+\frac{1}{x}\right)\right]$；　　(2) $\lim\limits_{x\to0}\frac{e^{x^2}-1}{x-\sin x}$.

2. 求下列函数带 Peano 余项的 Maclourin 公式

(1) $f(x)=\ln(1+x^3)$；　　(2) $f(x)=(1+x)^{-\frac{1}{3}}$.

3. 求下列函数在给定点处的带 Lagrange 余项的 Taylor 公式：

(1) $f(x)=(1+2x)^{-1}$；　　(2) $f(x)=x^3+x^2-3x+1$.

4. 设 $f(x)$ 在 $[-1, 1]$ 上二阶可导，$|f''(x)|\leqslant1$，$x\in(-1, 1)$，且有 $\lim\limits_{x\to0}\frac{f(x)}{\sin x}=0$. 证

明 $|f(-1)|+|f(1)|\leqslant 2$.

5. $f(x)$ 在 $(-\sigma,\ \sigma)$ 内二阶可导，$\sigma>0$，且有 $f''(x)\neq 0$，$x\in(-\sigma,\ \sigma)$. 证明下列结论成立：

(1) 对 $\forall x\in(-\sigma,\ \sigma)$，存在唯一 $\theta(x)\in(0,\ 1)$，使得 $f(x)=xf'(\theta(x)x)$；

(2) 假设 $\lim\limits_{x\to 0}f''(x)=f''(0)$，则有 $\lim\limits_{x\to 0}\theta(x)=\dfrac{1}{2}$.

6. 设 $f(x)$ 满足定理6.3.2条件，G：$[a,\ b]\to\mathbf{R}$ 在 $(a,\ b)$ 可导且有 $G'(x)\neq 0$. 证明对任意 x，$x_0\in[a,\ b]$，存在 $\xi\in(a,\ b)$，使得

$$f(x)=\mathrm{T}_n(x)+\frac{f^{(n+1)}(\xi)[G(x)-G(x_0)]}{G'(\xi)n!}(x-\xi)^n.$$

6.4 函数的极值与最大值、最小值

生产与实际中，我们通常会考虑生产成本或产量，我们总是希望使用的原材料最少，费用最少或者产量最大，因此需要考虑函数的最大值、最小值问题.

设 $f(x)$：$[a,\ b]\to\mathbf{R}$ 为连续函数，则其在 $[a,\ b]$ 上达到最小值与最大值. 本节考虑如何求解 $f(x)$ 的最小值与最大值. 为此，我们首先考察函数局部的最小值与最大值，也就是所谓的函数极值.

定义 6.4.1 如果 $f(x)$：$(a,\ b)\to\mathbf{R}$，$x_0\in(a,\ b)$，存在 $\delta>0$，使得

(1) $f(x)\leqslant f(x_0)$，$x\in(x_0-\delta,\ x_0+\delta)$，则称 x_0 为一极大值点，$f(x_0)$ 为一极大值；

(2) $f(x)\geqslant f(x_0)$，$x\in(x_0-\delta,\ x_0+\delta)$，则称 x_0 为一极小值点，$f(x_0)$ 为一极小值.

命题 6.4.1 如果 $f(x)$：$(a,\ b)\to\mathbf{R}$ 可导，$x_0\in(a,\ b)$ 为极值点，则 $f'(x_0)=0$.

证明细节留给读者.

注 由命题6.4.1知，函数 $f(x)$ 的可能极值点只能是导数不存在的点或导数为零的点.

我们把满足条件 $f'(x)=0$ 的点 x 称为 $f(x)$ 的临界点，极大值与极小值统称为极值，极大值点与极小值点统称为极值点.

下面给出函数在可导条件下的极值点判别方法.

定理 6.4.1 如果 $f(x)$：$(a,\ b)\to\mathbf{R}$ 可导，$x_0\in(a,\ b)$，$f(x)$ 在 x_0 的左右两侧可导，则下列结论成立：

(1) 存在 $\delta>0$，使得 $f'(x)>0$，$x\in(x_0-\delta,\ x_0)$，$f'(x)<0$，$x\in(x_0,\ x_0+\delta)$，则 x_0 为极大值点；

(2) 存在 $\delta>0$，使得 $f'(x)<0$，$x\in(x_0-\delta,\ x_0)$，$f'(x)>0$，$x\in(x_0,\ x_0+\delta)$，则 x_0 为极小值点.

证明细节留给读者.

定理 6.4.2 如果 $f(x)$：$(a,\ b)\to\mathbf{R}$，$x_0\in(a,\ b)$ 满足 $f'(x_0)=0$，且 $f''(x_0)$ 存在，则

下列结论成立:

(1) $f''(x_0)>0$, 则 x_0 为极小值点;

(2) $f''(x_0)<0$, 则 x_0 为极大值点.

证明　由带 Peano 余项的 Taylor 公式, 有

$$f(x)-f(x_0)=\frac{1}{2}f''(x_0)(x-x_0)^2+o((x-x_0)^2),$$

于是当 x 充分接近 x_0 时, 上式右侧符号由 $f''(x_0)$ 决定, 故当 $f''(x_0)>0$ 时, 则 x_0 为极小值点, 当 $f''(x_0)<0$ 时, 则 x_0 为极大值点.

一般地, 利用 Peano 余项的 n 阶 Taylor 公式, 有下列定理:

定理 6.4.3　如果 $f(x):(a,b)\to\mathbf{R}$, $x_0\in(a,b)$ 满足 $f'(x_0)=f''(x_0)=\cdots=f^{(n-1)}(x_0)=0$, $f^{(n)}(x_0)$ 存在, 其中 n 为偶数, 则下列结论成立:

(1) $f^{(n)}(x_0)>0$, 则 x_0 为极小值点;

(2) $f^{(n)}(x_0)<0$, 则 x_0 为极大值点.

例 6.4.1　求 $f(x)=(x-6)x^{\frac{1}{5}}$ 的极值点与极值.

解　$x\neq0$ 时, $f'(x)=\dfrac{6x-1}{5\sqrt[5]{x^4}}$, 于是 $x=1$ 为 $f(x)$ 的唯一临界点.

易见 $f(x)>0$, $x\in(-1,0)$, $f(x)<0$, $x\in(0,1)$, 故 $x=0$ 不是极值点.

当 $x\in(-\infty,1)$ 时, $f'(x)<0$, $x\in(1,+\infty)$ 时, $f'(x)>0$, 于是 $x=1$ 为极小值点, $f(1)=-5$ 为极小值.

现在给出求函数最大值与最小值的步骤: 设 $f(x):[a,b]\to\mathbf{R}$ 连续, 求出 $f(x)$ 在 (a,b) 上的所有导数不存在点与导数为零的点, 设为 x_1, x_2, $\cdots$, x_n, 比较 $f(a)$, $f(x_1)$, $\cdots$, $f(x_n)$, $f(b)$ 的大小, 其中最大的为最大值, 最小的为最小值.

例 6.4.2　求 $f(x)=x^5-5x^4+5x^3-10$ 在 $[-1,2]$ 上的最大值.

解　$f'(x)=5x^4-20x^3+15x^2$. 令 $f'(x)=0$, $x\in(-1,2)$, 解得 $x=0$, 1. $f(-1)=-21$, $f(0)=-10$, $f(1)=-9$, $f(2)=-18$.

于是最大值为 -9, 最小值为 -21.

例 6.4.3　设有边长为 l 的正方形铁皮, 四角剪去 4 个同样大小的小正方形, 做成一个无盖的箱子. 问剪去小正方形的边长为多少时, 才能使箱子的容积最大.

解　设剪去小正方形的边长为 x, $0<x<\dfrac{l}{2}$. 则箱子的容积 $V(x)=(l-2x)^2x$,

$$V'(x)=-4x(l-2x)+(l-2x)^2,$$

令 $V'(x)=0$, 解得唯一临界点 $x=\dfrac{l}{6}$.

由于 $\lim\limits_{x\to0^+}V(x)=0$, $\lim\limits_{x\to\left(\frac{l}{2}\right)^-}V(x)=0$, 故 $V\left(\dfrac{l}{6}\right)$ 为最大值. 因此剪去小正方形的边长为 $\dfrac{l}{6}$.

习　题

1. 求下列函数的极值：

(1) $f(x)=2x^3-3x^4$；　　(2) $f(x)=\dfrac{x}{1+x^2}$；

(3) $f(x)=\arctan x-\ln(1+x^2)$；　　(4) $f(x)=|x(x^2-4)|$；

(5) $f(x)=\sin^3x+\cos^3x$；　　(6) $f(x)=(x+2)^2(x-1)^3$；

(7) $f(x)=x^{\frac{2}{3}}-(x^2-1)^{\frac{1}{3}}$.

2. 设 $a\neq 0$. 求 a 的范围，使得 $x^2=ae^x$ 在 $(-\infty, +\infty)$ 有唯一解.

3. 设 $a\in(0, 2]$. 求 $f(x)=\dfrac{1}{3}x^3-ax$ 在 $x\in[0, a]$ 上的最小值.

4. 设 $C_0^\infty(0, 1)=\{x(t):(0, 1)\to\mathbf{R}$ 无穷次可微，且 $\overline{\mathrm{supp}\,x^{(i)}}\subset(0, 1)\}$，其中

$$\mathrm{supp}\,x^{(i)}=\{t\in(0,1):x^{(i)}(t)\neq 0\},i=0,1,\cdots,x^{(0)}(t)=x(t).$$

证明 $\max_{t\in(0,1)}|x^{(i)}(t)|\leqslant\max_{t\in(0,1)}|x^{(i)}(t)+\lambda x^{(i+1)}(t)|$，$\forall\lambda>0$，$i=0, 1, \cdots$

5. 求 x_0 使得 $f(x_0)$ 为最小值，其中 $f(x)=\sum\limits_{i=1}^{n}(x-\alpha_i)^2,x\in\mathbf{R},\alpha_i(1\leqslant i\leqslant n)$ 为给定正数.

6. 已知 $f(x)=a\ln x+bx^2+x$ 在 $x_1=\dfrac{1}{2}$，$x_2=1$ 处取得极值. 求 a，b，并判断 $f(x)$ 在 x_1，x_2 处取得极大值还是极小值.

6.5　凸函数

设 $f(x):I\to\mathbf{R}$. 如果 $f(x)$ 在任一子区间 $[x_1, x_2]\subset I$ 上的图像始终在过 $(x_1, f(x_1))$ 与 $(x_2, f(x_2))$ 的割线的下方或者上方，则称之为凸函数或者凹函数. 这章介绍凸函数的性质及其在不等式理论中的应用.

定义 6.5.1　设 $f(x):I\to\mathbf{R}$, I 为区间.

(1) 如果对 $\forall x, y\in I$, $\lambda\in(0, 1)$,

$$f(\lambda x+(1-\lambda)y)\leqslant\lambda f(x)+(1-\lambda)f(y)$$

成立，则称 $f(x)$ 为 I 上的一个凸函数，即曲线 $y=f(x)$ 在 $\forall[x_1, x_2]\subset I$ 上的图像位于过 $(x_1, f(x_1))$ 与 $(x_2, f(x_2))$ 的割线下方；

(2) 如果对 $\forall x, y\in I$, $\lambda\in(0, 1)$,

$$f(\lambda x+(1-\lambda)y)\geqslant\lambda f(x)+(1-\lambda)f(y)$$

成立，则称 $f(x)$ 为 I 上的一个凹函数，即曲线 $y=f(x)$ 在 $\forall[x_1, x_2]\subset I$ 上的图像位于过 $(x_1, f(x_1))$ 与 $(x_2, f(x_2))$ 的割线上方.

命题 6.5.1　设 $f(x):I\to\mathbf{R}$, I 为区间. $f(x)$ 为凸函数的充要条件是，对 $\forall x_i\in I$, $i=$

1，2，3，$x_1<x_2<x_3$，

$$\frac{f(x_2)-f(x_1)}{x_2-x_1}\leqslant\frac{f(x_3)-f(x_2)}{x_3-x_2}$$

成立．

证明　必要性．设 $f(x)$ 为凸函数，易见 $x_2=\frac{x_3-x_2}{x_3-x_1}x_1+\frac{x_2-x_1}{x_3-x_1}x_3$，因此有

$$f(x_2)\leqslant\frac{x_3-x_2}{x_3-x_1}f(x_1)+\frac{x_2-x_1}{x_3-x_1}f(x_3),$$

由此得到

$$\frac{x_3-x_2}{x_3-x_1}[f(x_2)-f(x_1)]\leqslant\frac{x_2-x_1}{x_3-x_1}[f(x_3)-f(x_2)],$$

即

$$\frac{f(x_2)-f(x_1)}{x_2-x_1}\leqslant\frac{f(x_3)-f(x_2)}{x_3-x_2}.$$

充分性．设 x，$y\in I$，$x<y$，$\lambda\in(0,1)$，则有 $x<\lambda x+(1-\lambda)y<y$. 于是

$$\frac{f(\lambda x+(1-\lambda)y)-f(x)}{\lambda x+(1-\lambda)y-x}\leqslant\frac{f(y)-f(\lambda x+(1-\lambda)y)}{y-\lambda x-(1-\lambda)y},$$

由此即得 $f(\lambda x+(1-\lambda)y)\leqslant\lambda f(x)+(1-\lambda)f(y)$. 因此 f 为凸函数．

类似可证下面命题成立

命题 6.5.2　设 $f(x)$：$I\to\mathbf{R}$，I 为区间．$f(x)$ 为凸函数的充要条件是，对 $\forall x_i\in I$，$i=1,2,3$，$x_1<x_2<x_3$，

$$\frac{f(x_2)-f(x_1)}{x_2-x_1}\leqslant\frac{f(x_3)-f(x_1)}{x_3-x_1}\leqslant\frac{f(x_3)-f(x_2)}{x_3-x_2}$$

成立．

注　命题 6.5.2 的几何意义是 $f(x)$ 为凸函数的充要条件是，过曲线 $y=f(x)$ 上任意两点 $(x_0,f(x_0))$ 与 $(x,f(x))$ 的割线斜率 $\frac{f(x)-f(x_0)}{x-x_0}$ 是 x 的单增函数．

定理 6.5.1　如果 I 为区间，$f(x)$：$I\to\mathbf{R}$ 可导，则下列结论等价：

(1) $f(x)$ 为凸函数；

(2) $f'(x)$ 为增函数；

(3) 对 $\forall x_1$，$x_2\in I$，有 $f(x_2)\geqslant f(x_1)+f'(x_1)(x_2-x_1)$.

证明　(1)⇒(2)．对 $\forall x$，$y\in I$，$x<y$，当 h 充分小时，有 $x<x+h<y<y+h$，于是由命题知

$$\frac{f(x+h)-f(x)}{h}\leqslant\frac{f(y)-f(x+h)}{y-x-h}\leqslant\frac{f(y+h)-f(y)}{h}.$$

于是有

$$\frac{f(x+h)-f(x)}{h}\leqslant\frac{f(y+h)-f(y)}{h},$$

令 $h\to0^+$，即得 $f'(x)\leqslant f'(y)$.

(2)⇒(3)．对 $\forall x_1$，$x_2\in I$，不妨设 $x_1<x_2$，($x_1>x_2$ 同理可得)．由 Lagrange 中值定理，存在 $\xi\in(x_1,x_2)$，使得

$$f(x_2)-f(x_1)=f'(\xi)(x_2-x_1)\geqslant f'(x_1)(x_2-x_1),$$

即有
$$f(x_2)\geqslant f(x_1)+f'(x_1)(x_2-x_1).$$

(3)⇒(1). 对 $\forall x_1,\ x_2\in I$, $\lambda\in(0,\ 1)$, 令 $x_\lambda=\lambda x_1+(1-\lambda)x_2$, 则有

$$f(x_1)\geqslant f(x_\lambda)+f'(x_\lambda)(x_1-x_\lambda),\tag{6.5.1}$$

$$f(x_2)\geqslant f(x_\lambda)+f'(x_\lambda)(x_2-x_\lambda),\tag{6.5.2}$$

(6.5.1) × λ + (6.5.2) × $(1-\lambda)$ 得

$$f(x_\lambda)\leqslant \lambda f(x_1)+(1-\lambda)f(x_2).$$

推论 6.5.1 设 I 为区间, $f(x)$: $I\to\mathbf{R}$ 二阶可导. $f(x)$ 为凸函数的充要条件是 $f''(x)\geqslant 0$.

推论 6.5.2 设 I 为区间, $f(x)$: $I\to\mathbf{R}$ 为可导凸函数. $x_0\in I$, $f'(x_0)=0$, 则 $f(x_0)$ 为最小值.

证明 对任意 $x\in I$, 有 $f(x)\geqslant f(x_0)+f'(x_0)(x-x_0)$, 于是 $f(x_0)$ 为最小值.

推论 6.5.3 设 I 为区间, $f(x)$: $I\to\mathbf{R}$ 为可导凹函数. $x_0\in I$, $f'(x_0)=0$, 则 $f(x_0)$ 为最大值.

例 6.5.1 设 $f(x)$: $(a,\ b)\to\mathbf{R}$ 为非常数的凹函数. $x_0\in(a,\ b)$, 则 $f(x_0)$ 不能是最小值.

解 因为 $f(x)$ 不为常数, 故有 $x<x_0<y$, 使得 $f(x)$, $f(y)$ 中至少有一个不等于 $f(x_0)$, 不妨设 $f(y)\neq f(x_0)$.

假设 $f(x_0)$ 为最小值, 则有 $f(y)>f(x_0)$, $x_0=\dfrac{y-x_0}{y-x}x+\dfrac{x_0-x}{y-x}y$. 于是有

$$f(x_0)\geqslant\frac{y-x_0}{y-x}f(x)+\frac{x_0-x}{y-x}f(y)>\frac{y-x_0}{y-x}f(x_0)+\frac{x_0-x}{y-x}f(x_0)=f(x_0),$$

矛盾.

例 6.5.2 判断 $f(x)=x\ln x$ 在 $(0,\ +\infty)$ 上的凹凸性.

解 $f'(x)=1+\ln x$, $f''(x)=\dfrac{1}{x}>0$, $x\in(0,\ +\infty)$, 故 $f(x)=x\ln x$ 为凸函数.

例 6.5.3 讨论 $f(x)=\arctan x$ 的凹凸性.

解 $f''(x)=-\dfrac{2x}{(1+x^2)^2}$. 当 $x<0$ 时, $f(x)$ 为凸函数; $x>0$ 时, $f(x)$ 为凹函数.

对于凸函数, 有下面著名的 Jesen 不等式.

定理 6.5.2 (Jesen 不等式) 如果 $f(x)$: $I\to\mathbf{R}$ 为凸函数, 对 $\forall x_i\in I$, $\lambda_i\in(0,\ 1)$, $i=1,\ 2,\ \cdots,\ k$, 满足 $\sum\limits_{i=1}^{k}\lambda_i=1$, 则 $\sum\limits_{i=1}^{k}f(\lambda_i x_i)\leqslant\sum\limits_{i=1}^{k}\lambda_i f(x_i)$ 成立.

证明 $k=2$ 时, 结论显然成立.

假设 $k=n$ 时, 定理结论成立. 则当 $k=n+1$ 时,

$$f\left(\sum_{i=1}^{n+1}\lambda_i x_i\right)=f\left((1-\lambda_{n+1})\left[\sum_{i=1}^{n}(1-\lambda_{n+1})^{-1}\lambda_i x_i\right]+\lambda_{n+1}x_{n+1}\right)$$

$$\leqslant(1-\lambda_{n+1})f\left(\sum_{i=1}^{n}(1-\lambda_{n+1})^{-1}\lambda_i x_i\right)+\lambda_{n+1}f(x_{n+1}).$$

显然有 $\sum_{i=1}^{n}\lambda_i(1-\lambda_{n+1})^{-1}=1$. 由归纳假设

$$f\left(\sum_{i=1}^{n}(1-\lambda_{n+1})^{-1}\lambda_i x_i\right)\leqslant\sum_{i=1}^{n}(1-\lambda_{n+1}^{-1})\lambda_i f(x_i).$$

于是有 $\sum_{i=1}^{n+1}f(\lambda_i x_i)\leqslant\sum_{i=1}^{n+1}\lambda_i f(x_i)$.

Jesen 不等式在不等式问题中有重要应用. 来看下面的一些例子:

例 6.5.4　设 $x_i>0$, $i=1, 2, \cdots, n$, 证明 $\sqrt[n]{x_1x_2\cdots x_n}\leqslant\frac{x_1+x_2+\cdots+x_n}{n}$.

证明　令 $f(x)=\ln x$, $x>0$, 则有 $f''(x)=-\frac{1}{x^2}<0$, 于是 $f(x)$ 为凹函数. 由 Jesen 不等式有

$$\ln\frac{x_1+x_2+\cdots+x_n}{n}\geqslant\frac{1}{n}(\ln x_1+\ln x_2+\cdots+\ln x_n)=\ln\sqrt[n]{x_1x_2\cdots x_n}.$$

故有 $\sqrt[n]{x_1x_2\cdots x_n}\leqslant\frac{x_1+x_2+\cdots+x_n}{n}$.

例 6.5.5　设 a, b, c 皆为正数, 证明 $(abc)^{\frac{a+b+c}{3}}\leqslant a^a b^b c^c$.

证明　令 $f(x)=x\ln x$, $x>0$. 则有 $f'(x)=1+\ln x$, $f''(x)=\frac{1}{x}>0$, $x>0$, 故 $f(x)$ 为凸函数. 于是由 Jesen 不等式得

$$\frac{a+b+c}{3}\ln\frac{a+b+c}{3}\leqslant\frac{1}{3}(a\ln a+b\ln b+c\ln c).$$

又 $\sqrt[3]{abc}\leqslant\frac{a+b+c}{3}$, 故有 $(abc)^{\frac{a+b+c}{3}}\leqslant a^a b^b c^c$.

例 6.5.6　$a_i>0$, $b_i>0$, $i=1, 2, \cdots, n$, $p>1$, $q>1$ 满足 $p^{-1}+q^{-1}=1$, 证明

$$\sum_{i=1}^{n}a_i b_i\leqslant\left(\sum_{i=1}^{n}a_i^p\right)^{\frac{1}{p}}\left(\sum_{i=1}^{n}b_i^q\right)^{\frac{1}{q}}.$$

证明　令 $f(x)=x^p$, $x>0$. 则有 $f''(x)=p(p-1)x^{p-2}>0$, 故 $f(x)$ 为凸函数.

由 Jesen 不等式知

$$\left(\sum_{j=1}^{n}\frac{b_j^q}{\sum_{i=1}^{n}b_i^q}\frac{a_j}{b_j^{q-1}}\right)^p\leqslant\sum_{j=1}^{n}\frac{b_j^q}{\sum_{i=1}^{n}b_i^q}\frac{a_j^p}{b_j^{(q-1)p}}.$$

注意到 $(q-1)p=q$, 于是有

$$\left(\sum_{j=1}^{n}\frac{a_jb_j}{\sum_{i=1}^{n}b_i^q}\right)^p \leqslant \frac{\sum_{j=1}^{n}a_j^p}{\sum_{i=1}^{n}b_i^q},$$

两边开 p 次方，即得 $\sum_{i=1}^{n}a_ib_i \leqslant (\sum_{i=1}^{n}a_i^p)^{\frac{1}{p}}(\sum_{i=1}^{n}b_i^q)^{\frac{1}{q}}$.

本节最后介绍在函数作图中要用到的一个概念，函数的拐点 .

定义 6.5.2 设 $f(x):(a,b)\to\mathbf{R}$，$x_0\in(a,\ b)$. 如果 $f(x)$ 在 x_0 处的左右两侧有严格相反的凹凸性，则称 $(x_0,\ f(x_0))$ 为函数 $f(x)$ 的一个拐点 .

定理 6.5.3 如果 $f(x)$ 在 x_0 处有二阶导数，则 $(x_0,\ f(x_0))$ 为拐点的必要条件是 $f''(x_0)=0$.

定理 6.5.4 如果 $f(x)$ 在 x_0 附近二阶可导，且 $f''(x)$ 在 x_0 的左右两侧附近有相反的符号，则 $(x_0,\ f(x_0))$ 为拐点。

例 6.5.7 设 $f(x)=\arctan x$. 求 $f(x)$ 的拐点 .

解 $f''(x)=-\dfrac{2x}{(1+x^2)^2}$，满足 $f''(x)=0$ 的点只有 $x=0$，且 $f''(x)$ 在 $x=0$ 的左右两侧异号，于是 $(0,\ 0)$ 为 $f(x)$ 的唯一拐点 .

关于函数作图，我们不提供具体例子 . 这里指出需要注意的事项：①函数的定义域；②函数与坐标轴的交点；③函数的单调区间；④函数的凹凸区间；⑤函数的极值点与拐点；⑥函数的渐近线 .

习　题

1. 确定下列函数的凹凸区间：

(1) $f(x)=2x^3-6x^2-24x+4$；　　(2) $f(x)=x+\dfrac{1}{x}$；

(2) $f(x)=\dfrac{x}{1+x^2}$；　　(4) $f(x)=\ln(x^2+1)$.

2. 证明下列不等式：

(1) $e^{\frac{a+b}{2}}\leqslant\dfrac{e^a+e^b}{2}$；

(2) $\arctan\dfrac{a+b}{2}\geqslant\dfrac{\arctan a+\arctan b}{2}$，$a\geqslant0$，$b\geqslant0$；

(3) $n(\sum_{i=1}^{n}a_i^{-1})^{-1}\leqslant\sqrt[n]{a_1a_2\cdots a_n}$，其中 $a_i>0, i=1,2,\cdots,n$.

3. 证明 $\sin\pi x\leqslant\dfrac{\pi^2}{2}x(1-x)$，$x\in[0,\ 1]$.

4. 设 $f(x)$：$(a,\ b)\to\mathbf{R}$ 为凸函数，证明 $f(x)$ 在 $(a,\ b)$ 连续 .

5. 设$f(x)$：$(a, b)\to\mathbf{R}$为凸函数，证明$f'_-(x)$，$f'_+(x)$，$\forall x\in(a, b)$存在.

6. 设$f(x)$：$(a, b)\to\mathbf{R}$为凸函数，$x\in(a, b)$，证明

$$\lim_{t\to0^-}\frac{f(x+ty)-f(x)}{t},\lim_{t\to0^+}\frac{f(x+ty)-f(x)}{t},$$

对$\forall y\in\mathbf{R}$存在.

7. 设$f(x)$:$(a,+\infty)\to\mathbf{R}$二阶可导，且有$\lim\limits_{x\to a_+}f(x)=\lim\limits_{x\to+\infty}f(x)=0$. 证明存在$\xi\in(a,+\infty)$，使得$f''(\xi)=0$.

第 7 章　不定积分

本章介绍求导运算的逆运算，亦即不定积分．不定积分有许多具体应用，特别是在定积分的计算中起到关键作用．

7.1　不定积分的概念

大家在小学阶段就已经学过加法运算的逆运算——减法运算，乘法运算的逆运算——除法运算．本节要考虑求导运算的逆运算问题，这在许多实际问题中经常遇到，比如已知速度求路程，已知加速度求速度，已知切线求曲线方程等等．

定义 7.1.1　设 $I\subset \mathbf{R}$ 为区间，$f(x)$，$F(x)$：$I\to\mathbf{R}$，$F(x)$ 可导且满足 $F'(x)=f(x)$，$x\in I$，则称 $F(x)$ 为 $f(x)$ 在 I 上的一个原函数．

关于原函数的存在性，将在第 8 章讨论．

例 7.1.1　$F(x)=\dfrac{1+x\sqrt{1+x^2}}{1+x^2}$ 为 $f(x)=\arctan x+\sqrt{1+x^2}$ 的一个原函数．

命题 7.1.1　设 $F(x)$ 为 $f(x)$ 在 I 上的一个原函数，则 $f(x)$ 的任一个原函数均可表为 $F(x)+c$，其中 $c\in\mathbf{R}$ 为某一常数．

证明　设 $G(x)$ 为 $f(x)$ 在 I 上的一个原函数，则有 $(G(x)-F(x))'=0$，$x\in I$.

由推论 6.1.2 知 $G(x)-F(x)=c$，$c\in\mathbf{R}$ 为一常数，故有 $G(x)=F(x)+c$.

定义 7.1.2　设 $f(x)$：$I\to\mathbf{R}$，称 $f(x)$ 在 I 上的原函数全体为 $f(x)$ 在 I 上的不定积分，记为 $\int f(x)\,\mathrm{d}x$，其中"$\int$"称为积分符号，$f(x)$ 为被积函数，$f(x)\,\mathrm{d}x$ 为微分形式．

注　(1) 已知导函数 $f(x)$ 和已知微分形式 $f(x)\,\mathrm{d}x$ 是等价的，故不定积分也就是已知微分形式，求其原函数全体，另外采用微分形式记号会带来诸多方便．

(2) $\int f(x)\,\mathrm{d}x$ 是由一族函数组成的集合，在几何上表示它们在任何一点都有相同的切线斜率．

下面介绍不定积分的一些性质，它们可以给不定积分计算提供方便．

性质 7.1.1　如果 $\int f(x)\,\mathrm{d}x$，$\int g(x)\,\mathrm{d}x$ 存在，则有

(1) $\int kf(x)\,\mathrm{d}x=k\int f(x)\,\mathrm{d}x$，$k\neq 0$ 为常数；

(2) $\int (f(x)\pm g(x))\,\mathrm{d}x=\int f(x)\,\mathrm{d}x\pm\int g(x)\,\mathrm{d}x$.

证明　(1) 只需证左右两侧函数有相同导数. 设 $F(x) \in \int kf(x)\mathrm{d}x$, $G(x) \in k\int f(x)\mathrm{d}x$. 则有 $F'(x) = kf(x) = G'(x)$.

基本积分公式表:

1. $\int 0\mathrm{d}x = c, c \in \mathbf{R}$;

2. $\int 1\mathrm{d}x = x + c, c \in \mathbf{R}$;

3. $\int x^a\mathrm{d}x = \dfrac{1}{a+1}x^{\alpha+1} + c, c \in \mathbf{R}, a \neq -1, x > 0$;

4. $\int \dfrac{1}{x}\mathrm{d}x = \ln|x| + c, c \in \mathbf{R}, x \neq 0$;

5. $\int a^x\mathrm{d}x = \dfrac{1}{\ln a}a^x + c, c \in \mathbf{R}, 0 < a \neq 1$;

6. $\int \sin ax\mathrm{d}x = -\dfrac{1}{a}\cos ax + c, c \in \mathbf{R}, a \neq 0$;

7. $\int \cos ax\mathrm{d}x = \dfrac{1}{a}\sin ax + c, c \in \mathbf{R}, a \neq 0$;

8. $\int \sec^2 x\mathrm{d}x = \tan x + c, c \in \mathbf{R}$;

9. $\int \csc^2 x\mathrm{d}x = -\cot x + c, c \in \mathbf{R}$;

10. $\int \dfrac{1}{\sqrt{1-x^2}}\mathrm{d}x = \arcsin x + c = -\arccos x + c, c \in \mathbf{R}$;

11. $\int \dfrac{1}{1+x^2}\mathrm{d}x = \arctan x + c = -\operatorname{arccot} x + c, c \in \mathbf{R}$.

习　题

1. 求下列函数的不定积分:

(1) $\int (\sqrt{x} + x)^2\mathrm{d}x$;

(2) $\int \dfrac{x^2 + x + 1}{x+1}\mathrm{d}x$;

(3) $\int (3^x + \mathrm{e}^{-x})\mathrm{d}x$;

(4) $\int \tan^2 x\mathrm{d}x$;

(5) $\int \sin^2 x\mathrm{d}x$;

(6) $\int \dfrac{\cos 2x}{\cos x - \sin x}\mathrm{d}x$;

(7) $\int\left(\dfrac{\sqrt{1+x}}{\sqrt{1-x}} + \dfrac{\sqrt{1-x}}{\sqrt{1+x}}\right)\mathrm{d}x$;

(8) $\int \sin x\sin 2x\mathrm{d}x$;

(9) $\int \dfrac{\sqrt{x^2 + x^{-2} + 2}}{x^2}\mathrm{d}x$;

(10) $\int \mathrm{e}^{-|x|}\mathrm{d}x$;

(11) $\int \sin|x|\mathrm{d}x$.

2. 求曲线 $y=f(x)$，使其在每一点处的切线斜率为 $-4x$，并经过点 $(0, 1)$.

3. 设 $f'(\ln x)=x$，求 $f(x)$.

7.2 不定积分的方法

本节介绍求不定积分的三种常用方法——凑微分法、变量代换法与分部积分法.

7.2.1 凑微分法

凑微分法的思想简单且直接，就是将所给的被积函数微分形式 $f(x)\mathrm{d}x$ 凑成另一个函数的微分，即找到函数 $u(x)$，使得 $\mathrm{d}u(x)=f(x)\mathrm{d}x$.

定理 7.2.1（凑微分法） 如果 $F'(u)=f(u): J\to\mathbf{R}$，$u=\varphi(x): I\to J$ 可导，则有

$$\int f(\varphi(x))\varphi'(x)\mathrm{d}x=\int f(\varphi(x))\mathrm{d}\varphi(x)=F(\varphi(x))+c, c\in\mathbf{R}.$$

证明 由 $F'(u)=f(u)$ 知

$$\frac{\mathrm{d}F(\varphi(x))}{\mathrm{d}x}=F'(u)u'(x)=f(u)\varphi'(x)=f(\varphi(x))\varphi'(x).$$

故有 $\int f(\varphi(x))\varphi'(x)\mathrm{d}x=\int f(\varphi(x))\mathrm{d}\varphi(x)=F(\varphi(x))+c, c\in\mathbf{R}$.

注 这里看到微分形式记号在不定积分计算中的好处，因此好的数学符号也是很重要的.

例 7.2.1 求 $\int x\sin x^2\mathrm{d}x$.

解 $\int x\sin x^2\mathrm{d}x=\int\frac{1}{2}\sin x^2\mathrm{d}(x^2)=-\frac{1}{2}\cos x^2+c, c\in\mathbf{R}$.

例 7.2.2 求 $\int\frac{\mathrm{e}^x}{3+\mathrm{e}^{2x}}\mathrm{d}x$.

解 $$\int\frac{\mathrm{e}^x}{3+\mathrm{e}^{2x}}\mathrm{d}x=\int\frac{\mathrm{d}\mathrm{e}^x}{3+\mathrm{e}^{2x}}=\int\frac{\mathrm{d}\frac{\mathrm{e}^x}{\sqrt{3}}}{\sqrt{3}\left[1+\left(\frac{\mathrm{e}^x}{\sqrt{3}}\right)^2\right]}=\frac{\sqrt{3}}{3}\arctan\frac{\mathrm{e}^x}{\sqrt{3}}+c, c\in\mathbf{R}.$$

例 7.2.3 求 $\int\sin 2x\cos^3 x\mathrm{d}x$.

解 $\int\sin 2x\cos^3 x\mathrm{d}x=\int 2\sin x\cos^4 x\mathrm{d}x=-2\int\cos^4 x\mathrm{d}\cos x=-\frac{2}{5}\cos^5 x+c, c\in\mathbf{R}$.

7.2.2 变量代换法

定理 7.2.2 如果 $u=\varphi(x): I\to J$ 可导，$\varphi'(x)\neq 0$，$x\in I$，$f(u): J\to\mathbf{R}$，且 $\int f(u)\mathrm{d}u$ 存在，$\int f(\varphi(x))\varphi'(x)\mathrm{d}x=G(x)+c, c\in\mathbf{R}$，则有

$$\int f(u)\mathrm{d}u=G(\varphi^{-1}(u))+c, c\in\mathbf{R}.$$

证明　首先由 $\varphi'(x)\neq 0$ 以及定理6.1.1知，$\varphi'(x)>0$，$\forall x\in I$ 成立，或者 $\varphi'(x)<0$，$\forall x\in I$ 成立．于是 $x=\varphi^{-1}(u)$ 存在．

由复合函数求导的链式法则，$\dfrac{\mathrm{d}G(\varphi^{-1}(u))}{\mathrm{d}u}=\dfrac{\mathrm{d}G(x)}{\mathrm{d}x}\dfrac{\mathrm{d}x}{\mathrm{d}u}=G'(x)\dfrac{\mathrm{d}x}{\mathrm{d}u}$，

$$x=\varphi^{-1}(u)$$

$$=f(\varphi(x))\varphi'(x)\frac{1}{\varphi'(x)}=f(\varphi(x))=f(u).$$

因此有 $\int f(u)\mathrm{d}u=G(\varphi^{-1}(u))+c, c\in\mathbf{R}$.

注　变量代换法通常用在被积函数含有开方项的不定积分问题中，变量代换的思想是将开方运算消掉．

例7.2.4　求 $\int\sqrt{1-x^2}\,\mathrm{d}x$.

解　令 $x=\sin t$，$t\in\left[-\dfrac{\pi}{2},\dfrac{\pi}{2}\right]$. 得

$$\int\sqrt{1-x^2}\,\mathrm{d}x=\int\sqrt{1-\sin^2 t}\cos t\mathrm{d}t=\int\cos^2 t\mathrm{d}t$$

$$=\int\frac{1+\cos 2t}{2}\mathrm{d}t=\frac{1}{2}t+\frac{1}{4}\sin 2t+c,$$

$$=\frac{1}{2}\arcsin x+\frac{1}{2}x\sqrt{1-x^2}+c, c\in\mathbf{R}.$$

例7.2.5　求 $\int\dfrac{1}{\sqrt{x^2-a^2}}\mathrm{d}x, a>0$.

解　令 $x=a\sec t$，$t\in\left(0,\dfrac{\pi}{2}\right)$. $\left(t\in\left(-\dfrac{\pi}{2},0\right)\text{时，同理可得}\right)$

$$\int\frac{1}{\sqrt{x^2-a^2}}\mathrm{d}x=\int\frac{1}{\tan t}\frac{\tan t}{\cos t}\mathrm{d}t=\int\frac{\mathrm{d}\sin t}{\cos^2 t}\mathrm{d}t=\frac{1}{2}\int\left(\frac{1}{1+\sin t}+\frac{1}{1-\sin t}\right)\mathrm{d}\sin t$$

$$=\frac{1}{2}\left(\int\frac{\mathrm{d}(1+\sin t)}{1+\sin t}-\int\frac{\mathrm{d}(1-\sin t)}{1-\sin t}\right)=\frac{1}{2}\ln\frac{1+\sin t}{1-\sin t}+c,$$

$$=\frac{1}{2}\ln\frac{1+\dfrac{\sqrt{x^2-a^2}}{x}}{1-\dfrac{\sqrt{x^2-a^2}}{x}}+c,$$

$$=\ln(x+\sqrt{x^2-a^2})+c, c\in\mathbf{R}.$$

例 7.2.6　求 $\int\dfrac{1}{x+\sqrt{x}}\mathrm{d}x$.

解　令 $x=t^2$，$t>0$，得

$$\int\frac{1}{x+\sqrt{x}}\mathrm{d}x=\int\frac{2t}{t^2+t}\mathrm{d}t=2\int\frac{1}{t+1}\mathrm{d}(t+1)=2\ln(1+t)+c,$$

$$=2\ln(1+\sqrt{x})+c, c\in\mathbf{R}.$$

7.2.3 分部积分法

本节最后考虑被积函数是两类不同函数乘积的不定积分问题．这类问题的处理方法是，利用求导运算设法消掉或改变其中的一个函数，例如 $(x)'=1$，$(\ln x)'=x^{-1}$，$(\arctan x)'=(1+x^2)^{-1}$．

定理7.2.3 如果 $u(x)$，$v(x)$ 在 I 上可导，则有

$$\int u(x)\mathrm{d}v(x) = u(x)v(x) - \int v(x)\mathrm{d}u(x).$$

等价地，$\int u(x)v'(x)\mathrm{d}x = u(x)v(x) - \int v(x)u'(x)\,\mathrm{d}x$．

例7.2.7 求 $\int \arctan x\mathrm{d}x$．

解 $\int \arctan x\mathrm{d}x = x\arctan x - \int \frac{x}{1+x^2}\mathrm{d}x = x\arctan x - \frac{1}{2}\ln(1+x^2)+c, c\in\mathbf{R}$．

注 例7.2.7用分部积分改变被积函数．

例7.2.8 求 $\int \mathrm{e}^x\sin bx\mathrm{d}x$．

解
$$\begin{aligned}\int \mathrm{e}^x\sin bx\mathrm{d}x &= \int \sin bx\mathrm{d}\mathrm{e}^x = \mathrm{e}^x\sin bx - b\int \mathrm{e}^x\cos bx\mathrm{d}x\\ &= \mathrm{e}^x\sin bx - b\int b\cos bx\mathrm{d}\mathrm{e}^x\\ &= \mathrm{e}^x(\sin bx - b\cos bx) - b^2\int \mathrm{e}^x\sin bx\mathrm{d}x\end{aligned}$$

于是有 $\int \mathrm{e}^x\sin bx\mathrm{d}x = (1+b^2)^{-1}\mathrm{e}^x(\sin bx - b\cos bx)+c, c\in\mathbf{R}$．

注 例7.2.8多次使用分部积分法．

例7.2.9 求 $\int x^2\ln x\mathrm{d}x$．

解
$$\begin{aligned}\int x^2\ln x\mathrm{d}x &= \frac{1}{3}\int \ln x\,\mathrm{d}x^3 = \frac{1}{3}x^3\ln x - \frac{1}{3}\int x^2\mathrm{d}x\\ &= \frac{1}{3}x^3\ln x - \frac{1}{9}x^3 + c, c\in\mathbf{R}.\end{aligned}$$

注 例7.2.9用分部积分消掉乘积函数中的一个函数．

习　题

1. 求下列不定积分：

(1) $\int \frac{1}{\sqrt{3x-1}}\mathrm{d}x$；　(2) $\int 3^{-2x+1}\mathrm{d}x$；

(3) $\int \frac{1}{\cos^2(2x+1)}\mathrm{d}x$；　(4) $\int \frac{1}{x\ln x}\mathrm{d}x$；

(5) $\int \frac{e^x}{1+e^{2x}}dx$ ；　　(6) $\int (x+1)e^x \ln x dx$；

(7) $\int \cot x dx$ ；　　(8) $\int \sin^3 x dx$ ；

(9) $\int \frac{1}{\sin x \cos x}dx$ ；　　(10) $\int \frac{\sqrt{x}}{1-\sqrt[3]{x}}dx$ ；

(11) $\int \frac{1}{x(1+x^n)}dx$ ，$n>1$ 为自然数；　　(12) $\int \frac{1}{\sqrt{x^2+a^2}}dx$ ；

(13) $\int (x^2+a^2)^{-\frac{3}{2}}dx, a>0$；　　(14) $\int \frac{x}{1+\sqrt{x}}dx$.

2. 求下列不定积分：

(1) $\int \arccos x dx$；　　(2) $\int x\arctan x dx$ ；

(3) $\int \ln^2 x dx$ ；　　(4) $\int \frac{1}{\cos^3 x}dx$.

3. 证明下面结论：

(1) 设 $I_n = \int \tan^n x\, dx$，$n>1$ 为自然数，则 $I_n = \frac{1}{n-1}\tan^{n-1}x - I_{n-2}$；

(2) 设 $I(m,n) = \int \cos^m x \sin^n x dx$ ，则

$$I(m,n) = \frac{\cos^{m-1}x\sin^{n+1}x}{m+n} + \frac{m-1}{m+n}I(m-2,n)$$

$$= \frac{\cos^{m+1}x\sin^{n-1}x}{m+n} + \frac{n-1}{m+n}I(m,n-2),\ m,n=2,3,\cdots$$

7.3　有理函数的不定积分

本节考虑有理函数的不定积分问题．不妨设 $R(x) = \dfrac{a_m x^m + \cdots + a_1 x + a_0}{x^n + b_{m-1}x^{m-1} + \cdots + b_1 x + b_0}$为有理真分式，即 $m<n$. 否则，由高等代数知识，作多项式除法可将其化为一多项式函数与有理真分式的和．

按实数域上多项式因式分解理论，可设

$$x^n + b_{n-1}x^{n-1} + \cdots + b_1 x + b_0 = \prod_{i=1}^{k}(x-a_i)^{n_i}\prod_{j=1}^{l}(x^2+b_j x+c_j)^{m_j},$$

其中 $\sum_{i=1}^{k} n_i + 2\sum_{j=1}^{l} m_j = n$, $b_j^2 - 4c_j < 0, j=1,2,\cdots,l$.

对每个因式 $(x-a_i)^{n_i}$，作部分分式和

$$\sum_{s=1}^{n_i}\frac{A_s^i}{(x-a_i)^s},\ i=1,2,\cdots,k;$$

对每个因式 $(x^2+b_j x+c_j)^{m_j}$，作部分分式和

$$\sum_{t=1}^{m_j} \frac{B_t x + C_t}{(x^2 + b_j x + c_j)^t}, j = 1,2,\cdots,l.$$

将上面的全部部分分式加起来，令其等于 $R(x)$，从而解得 A_s^i，B_t，C_t.

例 7.3.1 设 $R(x)=\dfrac{2x^2+3x+2}{x^4-x^3-x-1}$，对 $R(x)$ 作如上的部分分式分解.

解 $x^4-x^3-x-1=(x-1)^2(x^2+x+1)$. 令

$$R(x) = \frac{A_0}{x-1} + \frac{A_1}{(x-1)^2} + \frac{Bx+C}{x^2+x+1}.$$

将右边通分求和可得

$$A_0(x-1)(x^2+x+1) + A_1(x^2+x+1) + (Bx+C)(x-1)^2 = 2x^2+3x+2.$$

因此有

$$\begin{cases} A_0 + B = 0, \\ A_1 - 2B + C = 2, \\ A_1 + B - 2C = 3, \\ -A_0 + A_1 + C = 2. \end{cases}$$

解得 $A_0=B=0$，$A_1=\dfrac{7}{3}$，$C=-\dfrac{1}{3}$. 于是有

$$R(x) = \frac{7}{3(x-1)^2} - \frac{1}{3(x^2+x+1)}.$$

现在要计算 $\int R(x)\mathrm{d}x$. 根据 $R(x)$ 的部分分式分解，只需计算以下两种不定积分

$$\int \frac{A}{(x-a)^k}\mathrm{d}x \text{ 与} \int \frac{Cx+D}{(x^2+cx+d)^k}\mathrm{d}x, \ c^2-4d<0.$$

$\int \dfrac{A}{(x-a)^k}\mathrm{d}x$ 是显然可求的，下面讨论 $\int \dfrac{Cx+D}{(x^2+cx+d)^k}\mathrm{d}x$，$c^2-4d<0$.

由 $x^2+cx+d=(x+\dfrac{c}{2})^2+d-\dfrac{c^2}{4}$，令 $y=x+\dfrac{c}{2}$，$b^2=d-\dfrac{c^2}{4}$，$E=D-\dfrac{cC}{2}$. 得

$$\int \frac{Cx+D}{(x^2+cx+d)^k}\mathrm{d}x = \int \frac{Cy+E}{(y^2+b^2)^k}\mathrm{d}y = C\int \frac{y}{(y^2+b^2)^k}\mathrm{d}y + E\int \frac{1}{(y^2+b^2)^k}\mathrm{d}y.$$

① $k=1$，则有

$$\int \frac{y}{y^2+b^2}\mathrm{d}y = \frac{1}{2}\ln(y^2+b^2) + c, c \in \mathbf{R},$$

$$\int \frac{1}{y^2+b^2}\mathrm{d}y = \frac{1}{b}\arctan\frac{y}{b} + c, c \in \mathbf{R}.$$

② $k\geqslant 2$，则

$$\int \frac{y}{(y^2+b^2)^k}\mathrm{d}y = \frac{1}{2(1-k)}(y^2+b^2)^{1-k} + c, c \in \mathbf{R},$$

$$\begin{aligned} I_k &= \int \frac{1}{(y^2+b^2)^k}\mathrm{d}y = \frac{1}{b^2}\int \frac{y^2+b^2}{(y^2+b^2)^k}\mathrm{d}y - \frac{1}{b^2}\int \frac{y^2}{(y^2+b^2)^k}\mathrm{d}y \\ &= \frac{1}{b^2}I_{k-1} + \frac{1}{2b^2(k-1)}\int y\mathrm{d}\frac{1}{(y^2+b^2)^{k-1}} \end{aligned}$$

$$=\frac{1}{b^2}I_{k-1}+\frac{1}{2b^2(k-1)}\left[\frac{y}{(y^2+b^2)^{k-1}}-I_{k-1}\right]$$

$$=\frac{y}{2b^2(k-1)(y^2+b^2)^{k-1}}+\frac{2k-3}{2b^2(k-1)}I_{k-1}.$$

逐步使用上述递推公式即可得到 I_k.

例 7.3.2　求 $\int\frac{x^2+1}{(x^2-2x+5)^2}\mathrm{d}x$.

解　$\frac{x^2+1}{(x^2-2x+5)^2}=\frac{x^2-2x+5}{(x^2-2x+5)^2}+\frac{2x-4}{(x^2-2x+5)^2}$.

$$\int\frac{1}{x^2-2x+5}\mathrm{d}x=\frac{1}{2}\arctan\frac{x-1}{2}+c,c\in\mathbf{R};$$

$$2\int\frac{x-2}{(x^2-2x+5)^2}\mathrm{d}x=2\int\frac{x-1}{[(x-1)^2+4]^2}\mathrm{d}x-2\int\frac{1}{[(x-1)^2+4]^2}\mathrm{d}x.$$

$$2\int\frac{x-1}{[(x-1)^2+4]^2}\mathrm{d}x=-\frac{1}{(x-1)^2+4}+c,c\in\mathbf{R};$$

$$2\int\frac{1}{[(x-1)^2+4]^2}\mathrm{d}x=\frac{x-1}{4[(x-1)^2+4]}+\frac{1}{4}\int\frac{1}{(x-1)^2+4}\mathrm{d}x.$$

$$\frac{1}{4}\int\frac{1}{(x-1)^2+4}\mathrm{d}x=\frac{1}{8}\arctan\frac{x-1}{2}+c,c\in\mathbf{R}.$$

于是有

$$\int\frac{x^2+1}{(x^2-2x+5)^2}\mathrm{d}x=\frac{3}{8}\arctan\frac{x-1}{2}-\frac{1}{(x-1)^2+4}-\frac{x-1}{4[(x-1)^2+4]}+c,c\in\mathbf{R}.$$

下面考虑可化为有理函数的不定积分类型.

1. $\int R(\sin x,\cos x)\mathrm{d}x$.

令 $y=\tan\frac{x}{2}$，得

$$\sin x=\frac{2\tan\frac{x}{2}}{1+\tan^2\frac{x}{2}}=\frac{2y}{1+y^2},\ \cos x=\frac{1-\tan^2\frac{x}{2}}{1+\tan^2\frac{x}{2}}=\frac{1-y^2}{1+y^2}.$$

于是有

$$\int R(\sin x,\cos x)\mathrm{d}x=\int R\left(\frac{2y}{1+y^2},\frac{1-y^2}{1+y^2}\right)\frac{2}{1+y^2}\mathrm{d}y.$$

2. $\int R\left(x,\sqrt[n]{\frac{ax+b}{cx+d}}\right)\mathrm{d}x$，$ad-bc\neq0$.

令 $y=\sqrt[n]{\frac{ax+b}{cx+d}}$，得 $x=\frac{dy^n-b}{a-cy^n}$，可将原不定积分化为有理函数不定积分.

3. $\int R(x, \sqrt{ax^2 + bx + c})\mathrm{d}x$.

若 $a > 0$，则 $b^2 - 4ac \neq 0$；若 $a < 0$，则 $b^2 - 4ac > 0$.

$ax^2 + bx + c = a\left[\left(x + \frac{b}{2a}\right)^2 + \frac{4ac - b^2}{4a^2}\right]$. 令 $y = x + \frac{b}{2a}$，$d^2 = \left|\frac{b^2 - 4ac}{4a^2}\right|$，得 $a > 0$ 时，$ax^2 + bx + c = a(y^2 \pm d^2)$，$a < 0$ 时，$ax^2 + bx + c = a(y^2 - d^2)$. 于是可分别令 $y = d\tan t$，$y = d\sec t$ 或 $y = d\sin t$，将原不定积分化为三角函数有理式的不定积分.

例 7.3.3 计算 $\int \frac{1}{x\sqrt{x^2 - 2x - 3}}\mathrm{d}x$.

解

$$\int \frac{1}{x\sqrt{x^2 - 2x - 3}}\mathrm{d}x \xlongequal{u = x - 1} \int \frac{1}{(1 + u)\sqrt{u^2 - 4}}\mathrm{d}u \xlongequal{u = 2\sec\theta} \int \frac{2\sec\theta\tan\theta}{(1 + 2\sec\theta)2\tan\theta}\mathrm{d}\theta$$

$$= \int \frac{1}{2 + \cos\theta}\mathrm{d}\theta \xlongequal{t = \tan\frac{\theta}{2}} \int \frac{2}{3 + t^2}\mathrm{d}t = \frac{2}{\sqrt{3}}\arctan\frac{t}{\sqrt{3}} + c, c \in \mathbf{R}.$$

又

$$\tan\frac{\theta}{2} = \frac{\tan\theta}{1 + \sec\theta} = \frac{\sqrt{\frac{u^2}{4} - 1}}{1 + \frac{u}{2}} = \frac{\sqrt{x^2 - 2x - 3}}{x + 1},$$

故有

$$\int \frac{1}{x\sqrt{x^2 - 2x - 3}}\mathrm{d}x = \frac{2}{\sqrt{3}}\arctan\frac{\sqrt{x^2 - 2x - 3}}{\sqrt{3}(x + 1)} + c, c \in \mathbf{R}.$$

习　题

1. 计算下列不定积分：

(1) $\int \frac{x - 2}{x^2 - 6x + 13}\mathrm{d}x$；　　(2) $\int \frac{1}{1 + x^3}\mathrm{d}x$；

(3) $\int \frac{1}{(x - 2)(x^2 + 1)^2}\mathrm{d}x$；　　(4) $\int \frac{x + 1}{(x^2 + 3x + 3)^2}\mathrm{d}x$.

2. 计算下列不定积分：

(1) $\int \frac{1}{1 + \tan x}\mathrm{d}x$；　　(2) $\int \frac{1}{2 + \cos^2 x}\mathrm{d}x$；

(3) $\int \frac{1}{5 - 2\cos x}\mathrm{d}x$；　　(4) $\int \frac{x^2}{\sqrt{1 + x - x^2}}\mathrm{d}x$；

(5) $\int \frac{1}{\sqrt{x^2 + x}}\mathrm{d}x$；　　(6) $\int \frac{1}{x + \sqrt{1 - x + x^2}}\mathrm{d}x$.

第 8 章　定积分

8.1　定积分的概念

问题 8.1.1　设直线上有一物体在外力 $f(x)$ 作用下由 $x=a$ 运动到 $x=b$，$a<b$. 求该物体在外力作用下由 a 到 b 所做的功.

由物理知识知，物体在常力作用下所做的功等于力乘位移. 我们将 $[a,b]$ 任分成 n 个小区间 $[x_{i-1},x_i]$，$i=1,2,\cdots,n$，任取 $\xi_i\in[x_{i-1},x_i]$，将物体在 $[x_{i-1},x_i]$ 上所受外力近似看作常力 $f(\xi_i)$，于是物体在外力作用下由 x_{i-1} 到 x_i 所做的功近似等于 $f(\xi_i)(x_i-x_{i-1})$，因此物体在外力作用下由 a 到 b 所做的功近似等于 $\sum\limits_{i=1}^{n}f(\xi_i)(x_i-x_{i-1})$. 由物理意义知，当 $\max\{x_i-x_{i-1},\ 1\leqslant i\leqslant n\}\to 0^+$ 时，前面和式趋于所求的功.

问题 8.1.2　设 $f(x)=x^2$，$x\in[0,\ 1]$. 求由 $y=f(x)$，$y=0$，$x=1$ 所围成的抛物三角形的面积.

将 $[0,\ 1]$ 任意划分成 n 个小区间 $[x_{i-1},\ x_i]$，$i=1,\ 2,\ \cdots,\ n$，任取 $\xi_i\in[x_{i-1},\ x_i]$，将第 i 个曲边三角形的面积用长方形面积 $\xi_i^2(x_i-x_{i-1})$ 近似替代，于是抛物三角形的面积近似等于 $\sum\limits_{i=1}^{n}\xi_i^2(x_i-x_{i-1})$. 当 $\max\{x_i-x_{i-1},1\leqslant i\leqslant n\}\to 0^+$ 时，前面和式趋于所求抛物三角形的面积.

在上述物理问题与几何问题中，我们遇到和式 $\sum\limits_{i=1}^{n}f(\xi_i)(x_i-x_{i-1})$ 的极限问题. 为解决这类问题，我们从数学上介绍以下概念.

定义 8.1.1　设 $f(x)$：$[a,\ b]\to\mathbf{R}$，$A\in\mathbf{R}$ 为某一常数. 对区间 $[a,\ b]$ 的任一划分，通常记为 T：$x_0=a<x_1<\cdots<x_n=b$，任取 $\xi_i\in[x_{i-1},\ x_i]$，$i=1,\ 2,\ \cdots,\ n$，作和式 $\sum\limits_{i=1}^{n}f(\xi_i)\Delta x_i$，其中 $\Delta x_i=x_i-x_{i-1}$. 如果对 $\forall\varepsilon>0$，存在 $\delta(\varepsilon)>0$，当其 $\Delta_T=\max\{\Delta x_i,\ 1\leqslant i\leqslant n\}<\delta$ 时，有

$$\left|\sum_{i=1}^{n}f(\xi_i)\Delta x_i-A\right|<\varepsilon \tag{1}$$

成立，则称 $f(x)$ 在 $[a,\ b]$ 上可积或 Riemann 可积，A 为 $f(x)$ 在 $[a,\ b]$ 上的定积分或 Riemann 积分，记为 $A=\int_a^b f(x)\,\mathrm{d}x$.

我们把“$\int$”称为积分符号，$[a, b]$称为积分区间，a 称为积分下限，b 称为积分上限，$f(x)$称为被积函数，x 称为积分变量，$f(x)\mathrm{d}x$ 为微分形式．

我们也把定义 8.1.1 中的 A 称为 $\sum_{i=1}^{n} f(\xi_i)\Delta x_i$ 当其 $\Delta_T \to 0$ 时的极限，记为 $A = \lim_{\Delta_T\to 0}\sum_{i=1}^{n} f(\xi_i)\Delta x_i = \int_a^b f(x)\mathrm{d}x$．其确切意义如下：

$\forall \varepsilon>0$，存在 $\delta(\varepsilon)>0$，对任意划分 T：$x_0 = a < x_1 < \cdots < x_n = b$，当 $\Delta_T<\varepsilon$ 时，有 $\left|\sum_{i=1}^{n} f(\xi_i)\Delta x_i - A\right| < \varepsilon$，对任意 $\xi_i \in [x_{i-1}, x_i]$，$i = 1,2,\cdots,n$，成立．

命题 8.1.1 设 $f(x):[a,b]\to\mathbf{R}$，$T_k: x_0 = a < x_1 < \cdots < x_{n_k} = b$ 为 $[a,b]$ 的划分，$k = 1,2,\cdots$，$\lim_{k\to\infty}\Delta_{T_k} = 0$，$\xi_i^j \in [x_{i-1}, x_i]$，$j = 1,2$，$i = 1,2,\cdots,n_k$，$\lim_{k\to\infty}\sum_{i=1}^{n_k} f(\xi_i^1)\Delta x_i = A$，$\lim_{k\to\infty}\sum_{i=1}^{n_k} f(\xi_i^2)\Delta x_i = B$，$A\neq B$，则 $f(x)$ 在 $[a,b]$ 上不可积．

证明 假设相反，$f(x)$在$[a, b]$上可积，定积分为 C．则对 $\forall\varepsilon>0$，存在 $\delta(\varepsilon)>0$，对任意划分 T：$x_0 = a < x_1 < \cdots < x_n = b$，当 $\Delta_T<\varepsilon$ 时，有 $\left|\sum_{i=1}^{n} f(\xi_i)\Delta x_i - C\right| < \frac{\varepsilon}{2}$，对任意 $\xi_i \in [x_i - 1, x_i]$，$i = 1,2,\cdots,n$ 成立．

又 $\lim_{k\to\infty}\Delta_{T_k}=0$，于是存在 K，当 $k>K$ 时，有 $\Delta_{T_k}<\delta(\varepsilon)$成立．于是有

$$\left|\sum_{i=1}^{n_k} f(\xi_i^1)\Delta x_i - C\right| < \frac{\varepsilon}{2},\left|\sum_{i=1}^{n_k} f(\xi_i^2)\Delta x_i - C\right| < \frac{\varepsilon}{2}, k > K.$$

令 $k\to+\infty$，可得 $|A-C|\leqslant\frac{\varepsilon}{2}$，$|B-C|\leqslant\frac{\varepsilon}{2}$. 从而有 $|A-B|\leqslant\varepsilon$. 再令 $\varepsilon\to 0^+$，即得 $A=B$，矛盾．

因此 $f(x)$在$[a, b]$上不可积．

例 8.1.1 对于问题 2 中函数 x^2，我们将会知道 $\int_0^1 x^2\mathrm{d}x$ 存在．现在可将$[0,1]$任意 n 等分，取 $\xi_i = \frac{i}{n}$，$i = 1,2,\cdots,n$. 于是有 $\sum_{i=1}^{n}\frac{i^2}{n^3} = \frac{n(n+1)(2n+1)}{6n^3}$.

于是当 $\Delta_T = \frac{1}{n}\to 0$ 时，得到 $\int_0^1 x^2\mathrm{d}x = \lim_{n\to+\infty}\frac{n(n+1)(2n+1)}{6n^3} = \frac{1}{3}$.

例 8.1.2 判断 Dirichlet 函数

$$\mathrm{D}(x) = \begin{cases} 0, x\in[0,1] \text{ 为有理数}, \\ 1, x\in(0,1) \text{ 为无理数} \end{cases}$$

在$[0, 1]$上是否可积．

解 记 T_n 表 n 等分$[0, 1]$．分别取 $\xi_i^1 \in \left[\frac{i-1}{n}, \frac{i}{n}\right]$为有理数，$\xi_i^2 \in \left[\frac{i-1}{n}, \frac{i}{n}\right]$为无理

数, $i=1,2,\cdots,n$. 则当 $n\to+\infty$ 时,有 $\Delta_{T_n}=\dfrac{1}{n}\to 0$, $\sum\limits_{i=1}^{n}D(\xi_i^1)\Delta x_i=0\to 0$, $\sum\limits_{i=1}^{n}D(\xi_i^2)\Delta x_i=1\to 1$. 于是由命题 8.1.1 知, D($x$)在[0, 1]上不可积.

规定 $\int_a^a f(x)\mathrm{d}x=0$, 当 $b<a$ 时, $\int_a^b f(x)\mathrm{d}x=-\int_b^a f(x)\mathrm{d}x$.

习　题

1. 证明 $f(x)=[x]$ 在[0, 2]上可积, 并求其积分.
2. 判断 $f(x)=x\mathrm{D}(x)$ 在[0, 1]上是否可积, 其中 D(x)为 Dirichlet 函数.

8.2　定积分的存在性

本节讨论闭区间上有界函数定积分存在的充要条件. 我们需要介绍 Darbo 上和与 Darbo 下和.

设 $f(x):[a,b]\to\mathbf{R}$ 为有界函数, 故有 m, $M\in\mathbf{R}$, 使得 $m\leqslant f(x)\leqslant M$ 对 $\forall x\in[a,b]$ 成立. 对 $[a,b]$ 的任一划分 T: $x_0=a<x_1<\cdots<x_n=b$, 令 $\Delta_T=\max\{\Delta x_i,\ 1\leqslant i\leqslant n\}$, $M_i=\sup\limits_{x\in[x_{i-1},x_i]}f(x)$, $m_i=\inf\limits_{x\in[x_{i-1},x_i]}f(x)$, $\omega_i=M_i-m_i$, $i=1,2,\cdots,n$,

$$S_T(f)=\sum_{i=1}^{n}M_i\Delta x_i,\quad s_T(f)=\sum_{i=1}^{n}m_i\Delta x_i.$$

把 $S_T(f)$, $s_T(f)$ 分别称为函数 $f(x)$ 在划分 T 之下的 Darbo 上和与下和. 易见

$$m(b-a)\leqslant s_T(f)\leqslant\sum_{i=1}^{n}f(\xi_i)\Delta x_i\leqslant S_T(f)\leqslant M(b-a),\ \forall\xi_i\in[x_{i-1},x_i],i=1,2,\cdots,n.$$

令 $\underline{I}(f)=\sup\limits_T s_T(f)$, $\bar{I}(f)=\inf\limits_T S_T(f)$.

设 T 为 $[a,b]$ 的一个划分, 如果 $[a,b]$ 的另一个划分 T' 是在 T 的分点基础上再增加一些分点的划分, 则称 T' 为 T 的加细划分.

命题 8.2.1　设 T' 为 T 的增加 k 个分点的加细划分, 则有

$$S_T(f)-k(M-m)\Delta_T\leqslant S_{T'}(f)\leqslant S_T(f),$$

$$s_T(f)\leqslant s_{T'}(f)\leqslant s_T(f)+k(M-m)\Delta_T.$$

证明　设 T: $a=x_0<x_1<\cdots x_n=b$ 为区间 $[a,b]$ 的一个划分, T' 为 T 增加一个分点的划分, 此分点为 y, $x_{j-1}<y<x_j$. 有

$$\begin{aligned}S_{T'}(f)&=\sum_{i\neq j}M_i\Delta x_i+\sup_{x\in[x_{j-1},y]}f(x)(y-x_{j-1})+\sup_{x\in[y,x_j]}f(x)(x_j-y)\\&\leqslant\sum_{i\neq j}M_i\Delta x_i+M_j(y-x_{j-1})+M_j(x_j-y)=S_T(f),\end{aligned}$$

$$\begin{aligned}S_T(f)-S_{T'}(f)&=[M_j-\sup_{x\in[x_{j-1},y]}f(x)](y-x_{j-1})+[M_j-\sup_{x\in[y,x_j]}f(x)](x_j-y)\\&\leqslant(M-m)\Delta_T.\end{aligned}$$

$$s_{T'}(f) = \sum_{i \neq j} m_i \Delta x_i + \inf_{x \in [x_{j-1}, y]} f(x)(y - x_{j-1}) + \inf_{x \in [y, x_j]} f(x)(x_j - y)$$

$$\geqslant \sum_{i \neq j} m_i \Delta x_i + m_j (y - x_{j-1}) + m_j (x_j - y) = s_T(f),$$

$$s_{T'}(f) - s_T(f) = [\inf_{x \in [x_{j-1}, y]} f(x) - m_j](y - x_{j-1}) + [\inf_{x \in [y, x_j]} f(x) - m_j](x_j - y)$$

$$\leqslant (M - m)\Delta_T.$$

于是对增加分点的个数采用归纳法可证命题 8.2.1 成立.

推论 8.2.1 对任意划分 T^1, T^2, 我们有 $s_{T^1}(f) \leqslant S_{T^2}(f)$.

证明 令 $T = T^1 \cup T^2$ 表合并 T^1 与 T^2 的分点得到的一个划分. 由命题 8.2.1 即知

$$s_{T^1}(f) \leqslant s_T(f) \leqslant S_T(f) \leqslant S_{T^2}(f)$$

成立.

定理 8.2.1 (Darbo 定理) $\bar{I}(f) = \lim\limits_{\Delta_T \to 0} S_T(f)$, $\underline{I}(f) = \lim\limits_{\Delta_T \to 0} s_T(f)$.

证明 对任意 $\varepsilon > 0$, 存在划分 T^1, 使得 $S_{T^1}(f) \leqslant \bar{I}(f) + \dfrac{\varepsilon}{2}$. 设 T^1 有 k 个分点.

对任意划分 T, 令 $T^2 = T \cup T^1$, 则 T^2 至多比 T 多 k 个分点. 于是由命题 8.2.1 知

$$S_T(f) - k(M - m)\Delta_T \leqslant S_{T^2}(f) \leqslant S_{T^1}(f) \leqslant \bar{I}(f) + \frac{\varepsilon}{2}.$$

故当 $\Delta_T < \dfrac{\varepsilon}{2k(M - m)}$ 时, $\bar{I}(f) \leqslant S_T(f) \leqslant \bar{I}(f) + \varepsilon$. 因此有 $\bar{I}(f) = \lim\limits_{\Delta_T \to 0} S_T(f)$.

同理可证 $\underline{I}(f) = \lim\limits_{\Delta_T \to 0} s_T(f)$.

定理 8.2.2 $f(x)$ 在 $[a,b]$ 上可积的充要条件是 $\bar{I}(f) = \underline{I}(f)$.

证明 必要性. 设 $f(x)$ 在 $[a, b]$ 上可积. 则对 $\forall \varepsilon > 0$, 存在 $\delta(\varepsilon) > 0$, 对 $[a, b]$ 的任一划分 T: $x_0 = a < x_1 < \cdots < x_n = b$, 当 $\Delta_T < \delta(\varepsilon)$ 时, 有

$$\left| \sum_{i=1}^{n} f(\xi_i)\Delta x_i - \int_a^b f(x)\mathrm{d}x \right| < \varepsilon,$$

对 $\forall \xi_i \in [x_{i-1}, x_i]$, $i = 1, 2, \cdots, n$, 成立. 上式分别对 ξ_i 取上下确界, $i = 1, 2, \cdots, n$, 得到

$$\left| S_T(f) - \int_a^b f(x)\mathrm{d}x \right| \leqslant \varepsilon, \qquad \left| s_T(f) - \int_a^b f(x)\mathrm{d}x \right| \leqslant \varepsilon.$$

于是由 Darbo 定理知 $\bar{I}(f) = \underline{I}(f)$.

充分性. 设 $\bar{I}(f) = \underline{I}(f) = A$. 由 Darbo 定理知, $\forall \varepsilon > 0$, 存在 $\delta(\varepsilon) > 0$, 对 $[a, b]$ 的任一划分 T: $x_0 = a < x_1 < \cdots < x_n = b$, 当 $\Delta_T < \delta(\varepsilon)$ 时, 有

$$A - \varepsilon < s_T(f) \leqslant \sum_{i=1}^{n} f(\xi_i)\Delta x_i \leqslant S_T(f) < A + \varepsilon.$$

于是有 $\left| \sum\limits_{i=1}^{n} f(\xi_i)\Delta x_i - A \right| < \varepsilon$, 因此 $f(x)$ 在 $[a,b]$ 上可积.

推论 8.2.2 $f(x)$ 在 $[a, b]$ 上可积的充要条件是, 对 $\forall \varepsilon > 0$, 存在 $[a, b]$ 的一个划分

T, 使得 $S_T(f) - s_T(f) < \varepsilon$.

证明　必要性. 设 $f(x)$ 在 $[a, b]$ 上可积, 由 Darbo 定理以及定理 8.2.2 知必要性成立.

充分性. 设对 $\forall \varepsilon > 0$, 存在 $[a, b]$ 的一个划分 T, 使得 $S_T(f) - s_T(f) < \varepsilon$ 成立. 由于 $s_T(f) \leqslant \underline{I}(f) \leqslant \bar{I}(f) \leqslant S_T(f)$, 因此有 $|\bar{I}(f) - \underline{I}(f)| < \varepsilon$. 再令 $\varepsilon \to 0^+$, 即得 $\underline{I}(f) = \bar{I}(f)$. 由定理 8.2.2 即知 $f(x)$ 在 $[a, b]$ 上可积.

注意到 $\omega_i = M_i - m_i$, $i = 1, 2, \cdots, n$, 于是推论 8.2.2 可改写为下面形式.

推论 8.2.3　$f(x)$ 在 $[a, b]$ 上可积的充要条件是, 对 $\forall \varepsilon > 0$, 存在 $[a, b]$ 的一个划分 T, 使得 $\sum_{i=1}^{n} \omega_i \Delta x_i < \varepsilon$.

由推论 8.2.3 马上得到下面结论.

推论 8.2.4　如果 $f(x)$ 在 $[a, b]$ 上连续, 则 $f(x)$ 在 $[a, b]$ 上可积.

证明细节留给读者.

推论 8.2.5　如果 $f(x)$ 在 $[a, b]$ 上单调, 则 $f(x)$ 在 $[a, b]$ 上可积.

证明　不妨设 $f(x)$ 在 $[a, b]$ 上单增, $f(x) \neq 0$, 对 $\forall \varepsilon > 0$, 以及划分 T: $x_0 = a < x_1 < \cdots < x_n = b$. 显然有 $\omega_i = f(x_i) - f(x_{i-1})$, $i = 1, 2, \cdots, n$, 当 $\Delta_T < \frac{\varepsilon}{f(b) - f(a)}$ 时, 有

$$\sum_{i=1}^{n} \omega_i \Delta x_i = \sum_{i=1}^{n} (f(x_i) - f(x_{i-1})) \Delta x_i < \sum_{i=1}^{n} (f(x_i) - f(x_{i-1})) \frac{\varepsilon}{f(b) - f(a)} = \varepsilon.$$

因此 $f(x)$ 在 $[a, b]$ 上可积.

命题 8.2.2　设 $a < b < c$, $f(x)$: $[a, c] \to \mathbf{R}$, 则 $f(x)$ 在 $[a, c]$ 上可积的充要条件是 $f(x)$ 在 $[a, b]$ 与 $[b, c]$ 上可积, 且有

$$\int_a^c f(x)\,\mathrm{d}x = \int_a^b f(x)\,\mathrm{d}x + \int_b^c f(x)\,\mathrm{d}x.$$

证明细节留给读者.

例 8.2.1　证明黎曼函数

$$\mathrm{R}(x) = \begin{cases} \frac{1}{p}, x = \frac{q}{p} \in (0,1), p, q \in \mathbf{N}, (p,q) = 1, \\ 0, x = 0,1 \text{ 以及 } x \in (0,1) \text{ 为无理数} \end{cases}$$

在 $[0, 1]$ 上可积, 且有 $\int_0^1 \mathrm{R}(x)\,\mathrm{d}x = 0$.

证明　对任意 $\varepsilon > 0$, 以及任意区间 $I \subset [0, 1]$, $\mathrm{R}(x)$ 在 I 上振幅

$$\omega_I > \frac{\varepsilon}{2} \Leftrightarrow \exists x = \frac{q}{p} \in I, \mathrm{R}(x) = \frac{1}{p} > \frac{\varepsilon}{2}, \quad p, q \in \mathbf{N}, (p,q) = 1.$$

这种点 x 只有有限个, 记为 $y_1, y_2, \cdots, y_k$.

对 $[0, 1]$ 的任一划分 T: $x_0 = 0 < x_1 < \cdots < x_n = 1$, 包含 y_i 之一的区间记为 I_j^1, 它们至多有 $2k$ 个, 其余区间记为 I_i^2. 于是当 $\Delta_T < \frac{\varepsilon}{2}$ 时, 注意到 $\omega_i \leqslant \frac{1}{2}$, $i = 1, 2, \cdots, n$, 故有

$$\sum_{i=1}^{n}\omega_i\Delta x_i = \sum_{I_j^1}\omega_j\Delta x_j + \sum_{I_i^2}\omega_i\Delta x_i \leqslant \sum_{I_j^1}\frac{1}{2}\Delta x_j + \sum_{I_i^2}\frac{\varepsilon}{2}\Delta x_i .$$

$$< \frac{1}{2}2k\frac{\varepsilon}{2k} + \frac{\varepsilon}{2} = \varepsilon.$$

于是 $\mathrm{R}(x)$ 在 $[0, 1]$ 上可积.

最后, 对划分 T: $x_0 = 0 < x_1 < \cdots < x_n = 1$, 取 $\xi_i \in [x_{i-1}, x_i]$ 为无理数, $i = 1, 2, \cdots, n$, 可导

$$\sum_{i=1}^{n}\mathrm{R}(\xi_i)\Delta x_i = 0.$$

因此有 $\int_0^1 \mathrm{R}(x)\,\mathrm{d}x = 0$.

习　题

1. 设 $f(x)$, $g(x)$ 为 $[a, b]$ 上有界函数, 且除开有限个点外 $f(x) = g(x)$. 如果 $f(x)$ 可积, 证明 $g(x)$ 可积, 且有 $\int_a^b f(x)\,\mathrm{d}x = \int_a^b g(x)\,\mathrm{d}x$.

2. 设 $f(x)$: $[a, b] \to \mathbf{R}$ 有界, $x_n \in [a, b]$ 为 $f(x)$ 的所有不连续点, $n = 1, 2, \cdots$, $\lim\limits_{n\to\infty} x_n = x_0$. 证明 $f(x)$ 可积.

3. 设 $[a, b]$ 上非负函数 $f(x)$ 可积. 判断 $\sqrt{f(x)}$ 是否可积.

4. 设 $f(x)$ 在 $[a, b]$ 上可积. 证明对任意 $(c, d) \subset [a, b]$, 一定存在 $x_0 \in (c, d)$, 使得 x_0 为 $f(x)$ 的连续点.

5. 证明推论 8.2.4.

6. 如果 $f(x)$ 在 $[a, b]$ 上可积, 且 $|f(x)| \geqslant c > 0$, 证明 $\frac{1}{f(x)}$ 在 $[a, b]$ 上可积.

7. 证明命题 8.2.2.

8.3　定积分的性质

本节考察定积分的一些常用性质, 包括和差函数与乘积函数的积分性质、函数的可积性与有界性之间的关系、函数值大小与积分大小之间的关系以及积分中值定理. 这些性质可以帮助我们简化定积分计算或者估计定积分的大小.

读者可按定积分的定义证明下列性质成立:

1. $\int_a^b kf(x)\,\mathrm{d}x = k\int_a^b f(x)\,\mathrm{d}x$, 其中 $k \in \mathbf{R}$ 为常数;

2. $\int_a^b (f(x) + g(x))\,\mathrm{d}x = \int_a^b f(x)\,\mathrm{d}x + \int_a^b g(x)\,\mathrm{d}x$.

命题 8.3.1　如果 $f(x)$: $[a, b] \to \mathbf{R}$ 可积, 则 $f(x)$ 在 $[a, b]$ 上有界.

证明　假设相反，即$f(x)$在$[a, b]$上无界．由$f(x): [a, b]\to\mathbf{R}$可积知，对$\varepsilon_0=1$，存在$\delta>0$，对任意$x_0=a<x_1<\cdots<x_n=b$，当$\Delta_T=\max\{\Delta x_i, 1\leqslant i\leqslant n\}<\delta$时，有

$$\left|\sum_{i=1}^{n} f(\xi_i)\Delta x_i-\int_a^b f(x)\,\mathrm{d}x\right|<1,\ \forall \xi_i\in[x_{i-1}, x_i]. \tag{8.3.1}$$

由$f(x)$在$[a, b]$上无界知，存在$[x_{j-1}, x_j]$，使得$f(x)$在$[x_{j-1}, x_j]$上无界．

取定$\eta_i\in[x_{i-1}, x_i]$，$i\neq j$，由$f(x)$在$[x_{j-1}, x_j]$上的无界性，存在$\xi_j\in[x_{j-1}, x_j]$，使得

$$|f(\xi_j)|>\frac{\left|\sum\limits_{i\neq j} f(\eta_i)\Delta x_i\right|+\left|\int_a^b f(x)\,\mathrm{d}x\right|+2}{\Delta x_j}.$$

于是有 $\left|\sum\limits_{i=1}^{n} f(\xi_i)\Delta x-\int_a^b f(x)\,\mathrm{d}x\right|\geqslant|f(\xi_j)\Delta x_j|-\left|\sum\limits_{i\neq j}^{n} f(\eta_i)\Delta x\right|-\left|\int_a^b f(x)\,\mathrm{d}x\right|>2$，

与(8.3.1)矛盾．因此$f(x)$在$[a, b]$上有界．

命题 8.3.2　如果$f(x)$，$g(x): [a, b]\to\mathbf{R}$均为可积函数，则$f(x)g(x)$也是可积函数．

证明　由于$f(x)$，$g(x)$可积，因此存在$L>0$，使得$|f(x)|<L$，$|g(x)|<L$，$\forall x\in[a, b]$．又对$\forall\varepsilon>0$，存在划分T_1，T_2，使得$\sum\limits_{T_1}\omega_j^f\Delta x_j^1<\dfrac{\varepsilon}{2L}$，$\sum\limits_{T_2}\omega_k^g\Delta x_k^2<\dfrac{\varepsilon}{2L}$．令$T=T_1\cup T_2$表合并$T_1$与$T_2$所有分点的划分．对任一属于$T$的划分小区间$I_i$，显然有

$$\begin{aligned}\omega_i^{fg}&=\sup_{x,y\in I_i}|f(x)g(x)-f(y)g(y)|\leqslant\sup_{x,y\in I_i}|g(x)(f(x)-f(y))|+\sup_{x,y\in I_i}|f(y)(g(x)-g(y))|\\&<L\omega_i^f+L\omega_i^g.\end{aligned}$$

于是有 $\sum\limits_{T}\omega_i^{fg}\Delta x_i\leqslant L\left[\sum\limits_{T}(\omega_i^f\Delta x_i+\omega_i^g\Delta x_i)\right]\leqslant L\left(\sum\limits_{T^1}\omega_j^f\Delta x_j^1+\sum\limits_{T^2}\omega_k^g\Delta x_k^2\right)<\varepsilon$．

由推论 8.2.3 知，$f(x)g(x)$为可积函数．

命题 8.3.3　如果$f(x)$，$g(x): [a, b]\to\mathbf{R}$均为可积函数，且$f(x)\leqslant g(x)$，$x\in[a, b]$，则有

$$\int_a^b f(x)\,\mathrm{d}x\leqslant\int_a^b g(x)\,\mathrm{d}x.$$

推论 8.3.1　如果$f(x):[a,b]\to\mathbf{R}$可积，则有$\left|\int_a^b f(x)\,\mathrm{d}x\right|\leqslant\int_a^b|f(x)|\,\mathrm{d}x$．

定理 8.3.1　如果$f(x):[a,b]\to\mathbf{R}$连续，则存在$x_0\in[a,b]$，使得$\int_a^b f(x)\,\mathrm{d}x=f(x_0)(b-a)$．

证明　因为$f(x): [a, b]\to\mathbf{R}$连续，所以$f(x)$在$[a, b]$上取得最大值$M$与最小值$m$，$m\leqslant f(x)\leqslant M$. 由此得$m(b-a)\leqslant\int_a^b f(x)\,\mathrm{d}x\leqslant M(b-a)$，即

$$m\leqslant\frac{\int_a^b f(x)\,\mathrm{d}x}{b-a}\leqslant M.$$

由连续函数介值定理知，存在 $x_0\in[a,b]$，使得

$$f(x_0)=\frac{\int_a^b f(x)\,\mathrm{d}x}{b-a},$$

即
$$\int_a^b f(x)\,\mathrm{d}x=f(x_0)(b-a)$$

注 定理8.3.1称为积分第一中值定理.

例8.3.1 设$f(x)$在$[0,1]$上连续．求 $\lim\limits_{n\to\infty}\int_0^1 f\left(\sqrt[n]{\frac{\sin x}{n}}\right)\mathrm{d}x$.

解 由于$f(x)$在$[0,1]$上连续，故$f(x)$有界．于是由积分第一中值定理可导

$$\lim_{n\to\infty}\int_0^{\frac{1}{n}} f\left(\sqrt[n]{\frac{\sin x}{n}}\right)\mathrm{d}x=\lim_{n\to\infty}f\left(\sqrt[n]{\frac{\sin\xi}{n}}\right)\frac{1}{n}=0,$$

$$\lim_{n\to\infty}\int_{\frac{1}{n}}^1 f\left(\sqrt[n]{\frac{\sin x}{n}}\right)\mathrm{d}x=\lim_{n\to\infty}\left[f\left(\sqrt[n]{\frac{\sin\eta}{n}}\right)\left(1-\frac{1}{n}\right)\right].$$

又 $\frac{\sqrt[n]{\frac{1}{2n}}}{\sqrt[n]{n}}\leqslant\frac{\sqrt[n]{\sin\frac{1}{n}}}{\sqrt[n]{n}}\leqslant\frac{\sqrt[n]{\sin\eta}}{\sqrt[n]{n}}\leqslant\frac{\sqrt[n]{\sin 1}}{\sqrt[n]{n}}$，n≥2. 于是有

$$\lim_{n\to\infty}\int_{\frac{1}{n}}^1 f\left(\sqrt[n]{\frac{\sin x}{n}}\right)\mathrm{d}x=\lim_{n\to\infty}\left[f\left(\sqrt[n]{\frac{\sin\eta}{n}}\right)\left(1-\frac{1}{n}\right)\right]=f(1).$$

因此 $\lim\limits_{n\to\infty}\int_0^1 f\left(\sqrt[n]{\frac{\sin x}{n}}\right)\mathrm{d}x=f(1)$.

习　题

1. 设$f(x)$在$[a,b]$上为非负连续函数，且$f(x)$不恒为零．证明 $\int_a^b f(x)\,\mathrm{d}x>0$.

2. 证明下列不等式：

(1) $1<\int_0^{\frac{\pi}{2}}\frac{\sin x}{x}\mathrm{d}x<\frac{\pi}{2}$;　　(2) $\frac{\pi}{2}<\int_0^{\frac{\pi}{2}}\frac{1}{\sqrt{1-\frac{1}{2}\sin^2 x}}\mathrm{d}x<\frac{\pi}{\sqrt{2}}$.

3. 设$f(x)$在$[0,1]$上连续且可导，且 $\int_0^1 f(x)\,\mathrm{d}x=0$. 证明存在 $\xi\in(0,1)$，使得 $f'(\xi)=-\frac{2\xi}{\xi^2-1}f(\xi)$.

4. 设$f(x)$在$[0,1]$上连续，且有$f(1)=2\int_0^{\frac{1}{2}}\mathrm{e}^{x-x^2}f(x)\,\mathrm{d}x$. 证明存在 $\xi\in(0,1)$，使得 $f'(\xi)=-(1-2\xi)f(\xi)$.

5. 设$f(x)$在$[a,b]$二阶可导，且$f''(x)>0$. 证明

$$f\left(\frac{a+b}{2}\right)\leqslant \frac{1}{b-a}\int_a^b f(x)\,dx\,.$$

8.4　原函数与 Newton-Leibniz 公式

本节讨论闭区间上连续函数的原函数的存在性，然后介绍计算定积分的 Newton-Leibniz 公式．下面先介绍变上限函数．

如果$f(x)$：$[a,\ b]\to\mathbf{R}$ 连续，则对任一 $x\in[a,\ b]$，$\int_a^x f(t)\,dt$ 存在．令 $\varphi(x)=\int_a^x f(t)\,dt$，$x\in[a,b]$，称 $\varphi(x)$ 为变上限函数．同理可定义变下限函数$\mu(x)=\int_x^b f(t)\,dt$. 我们有下面结果．

命题 8.4.1　如果$f(x):[a,b]\to\mathbf{R}$ 连续，则 $\varphi(x)=\int_a^x f(t)\,dt$ 在$[a,b]$ 上连续．

证明　由$f(x)$连续，可设 $|f(x)|\leqslant M$，$x\in[a,\ b]$，$M>0$ 为某一常数．对任一$x\in[a,\ b]$，$x+\Delta x\in[a,\ b]$，

$$|\varphi(x+\Delta x)-\varphi(x)|=\left|\int_x^{x+\Delta x}f(t)\,dt\right|\leqslant M|\Delta x|.$$

故有 $\lim\limits_{\Delta x\to 0}\varphi(x+\Delta x)=\varphi(x)$.

下面定理给出了不定积分原函数的存在性．

定理 8.4.1　如果$f(x)$：$[a,\ b]\to\mathbf{R}$ 连续，$\varphi(x)=\int_a^x f(t)\,dt$，则有 $\varphi'(x)=f(x)$．

证明　对任一 $x\in[a,\ b]$，$x+\Delta x\in[a,\ b]$，

$$\frac{\varphi(x+\Delta x)-\varphi(x)}{\Delta x}=\frac{\int_x^{x+\Delta x}f(t)\,dt}{\Delta x}.$$

由积分中值定理，存在 ξ 介于 x 与 $x+\Delta x$ 之间，使得 $\int_x^{x+\Delta x}f(t)\,dt=f(\xi)\Delta x$．因此有

$$\lim_{\Delta x\to 0}\frac{\varphi(x+\Delta x)-\varphi(x)}{\Delta x}=f(x)=\varphi'(x).$$

利用不定积分的原函数，我们有如下关于定积分计算的 Newton-Leibniz 公式．

定理 8.4.2　如果$f(x)$：$[a,\ b]\to\mathbf{R}$ 可积，$F'(x)=f(x)$，$x\in[a,\ b]$，则有

$$\int_a^b f(x)\,dx=F(b)-F(a).$$

证明　由 $f(x)$ 可积知，对 $\forall\varepsilon>0$，存在 $\delta(\varepsilon)>0$，使得对区间$[a,\ b]$的任一划分 T：$x_0=a<x_1<\cdots<x_n=b$ 以及 $\forall\xi_i\in[x_{i-1},\ x_i]$，$i=1,\ 2,\ \cdots,\ n$，

当 $\Delta_T<\delta$ 时，有

$$\left|\sum_{i=1}^n f(\xi_i)\Delta x_i-\int_a^b f(x)\,dx\right|<\varepsilon. \tag{8.4.1}$$

又 $F(b)-F(a)=(F(x_n)-F(x_{n-1}))+(F(x_{n-1})-F(x_{n-2}))+\cdots+(F(x_1)-F(x_0))$，由 Lagrange 中值定理知，存在 $\eta_i\in(x_{i-1},x_i)$，使得

$$F(x_i)-F(x_{i-1})=f(\eta_i)\Delta x_i,\ i=1,2,\cdots,n.$$

于是有
$$F(b)-F(a)=\sum_{i=1}^{n}f(\eta_i)\Delta x_i.$$

当 $\|T\|<\delta$ 时，再由式(8.4.1)可得

$$\left|F(b)-F(a)-\int_a^b f(x)\mathrm{d}x\right|<\varepsilon,$$

即
$$\int_a^b f(x)\mathrm{d}x=F(b)-F(a).$$

例 8.4.1 计算 $\int_0^1(\sin x+\sqrt{x}-\mathrm{e}^{-x})\mathrm{d}x$.

解 由 $\int_0^1\sin x\mathrm{d}x=1-\cos 1$,

$$\int_0^1\sqrt{x}\mathrm{d}x=\frac{2}{3}x^{\frac{3}{2}}\Big|_0^1=\frac{2}{3},$$

$$\int_0^1\mathrm{e}^{-x}\mathrm{d}x=-\mathrm{e}^{-x}\Big|_0^1=1-\mathrm{e}^{-1},$$

得
$$\int_0^1(\sin x+\sqrt{x}-\mathrm{e}^{-x})\mathrm{d}x=\frac{2}{3}-\cos 1+\mathrm{e}^{-1}.$$

利用前面构造的原函数，我们可以证明下面的积分第二中值定理.

定理 8.4.3（积分第二中值定理） 如果 $f(x):[a,b]\to\mathbf{R}$ 可积，

(1)如果 $g(x):[a,b]\to[0,+\infty)$ 单调递减，则存在 $\xi\in[a,b]$，使得

$$\int_a^b f(x)g(x)\mathrm{d}x=g(a)\int_a^{\xi}f(x)\mathrm{d}x;$$

(2)如果 $g(x):[a,b]\to[0,+\infty)$ 单调递增，则存在 $\xi\in[a,b]$，使得

$$\int_a^b f(x)g(x)\mathrm{d}x=g(b)\int_{\xi}^{b}f(x)\mathrm{d}x.$$

证明 只证结论(2)，结论(1)可类似证明. 不妨设 $g(b)>0$，否则 $g(x)=0$，定理 8.4.3 结论显然成立. 令 $F(t)=\int_t^b f(x)\mathrm{d}x,\ t\in[a,b]$，则 $F(t)$ 在 $[a,b]$ 上连续，于是存在最小值 m 与最大值 M.

下证 $g(b)m\leqslant\int_a^b f(x)g(x)\mathrm{d}x\leqslant g(b)M$. 可设 $|f(x)|<L,\ x\in[a,b]$. 又 $g(x)$ 单增，所以可积. 于是对 $\forall\varepsilon>0$，存在划分 T：$x_0=a<x_1<\cdots<x_n=b$，使得 $\sum_{i=1}^{n}\omega_i^g\Delta x_i<\frac{\varepsilon}{L}$. 利用逐段积分性质可得

$$\begin{aligned}\int_a^b f(x)g(x)\mathrm{d}x &= \sum_{i=1}^n \int_{x_{i-1}}^{x_i} f(x)g(x)\mathrm{d}x \\ &= \sum_{i=1}^n \int_{x_{i-1}}^{x_i} f(x)[g(x)-g(x_i)]\mathrm{d}x + \sum_{i=1}^n g(x_i)\int_{x_{i-1}}^{x_i} f(x)\mathrm{d}x.\end{aligned}$$

又因为 $\left|\sum_{i=1}^n \int_{x_{i-1}}^{x_i} f(x)[g(x)-g(x_i)]\mathrm{d}x\right| \leqslant L\sum_{i=1}^n \omega_i^g \Delta x_i < \varepsilon$，$F(x_n)=0$，

$$\begin{aligned}\sum_{i=1}^n g(x_i)\int_{x_{i-1}}^{x_i} f(x)\mathrm{d}x &= \sum_{i=1}^n g(x_i)(F(x_{i-1})-F(x_i)) \\ &= g(x_1)[F(x_0)-F(x_1)] + g(x_2)[F(x_1)-F(x_2)] + \cdots \\ &\quad + g(x_n)[F(x_{n-1})-F(x_n)] \\ &= g(x_1)F(x_0) + F(x_2)[g(x_2)-g(x_1)] + F(x_2)[g(x_3)-g(x_2)] + \cdots \\ &\quad + F(x_{n-1})[g(x_n)-g(x_{n-1})]\end{aligned}$$

再由 $g(x)\geqslant 0$ 以及 $g(x)$ 单调增可得

$$\begin{aligned}\sum_{i=1}^n g(x_i)\int_{x_{i-1}}^{x_i} f(x)\mathrm{d}x &\leqslant g(x_1)M + M[g(x_2)-g(x_1)+g(x_3)-g(x_2)+\cdots+g(x_n)-g(x_{n-1})] \\ &= Mg(x_n) = Mg(b).\end{aligned}$$

同理有
$$\sum_{i=1}^n g(x_i)\int_{x_{i-1}}^{x_i} f(x)\mathrm{d}x \geqslant mg(x_n) = mg(b).$$

综上可得
$$mg(b) - \varepsilon \leqslant \int_a^b f(x)g(x)\mathrm{d}x \leqslant Mg(b) + \varepsilon,\ \forall \varepsilon > 0.$$

当 $\varepsilon \to 0^+$，即得

$$mg(b) \leqslant \int_a^b f(x)g(x)\mathrm{d}x \leqslant Mg(b).$$

于是由连续函数介值定理知，存在 $\xi \in [a, b]$，使得

$$\int_a^b f(x)g(x)\mathrm{d}x = g(b)\int_\xi^b f(x)\mathrm{d}x.$$

推论 8.4.1　如果 $f(x): [a, b] \to \mathbf{R}$ 可积，$g(x): [a, b] \to \mathbf{R}$ 为单调函数，则存在 $\xi \in [a, b]$，使得

$$\int_a^b f(x)g(x)\mathrm{d}x = g(a)\int_a^\xi f(x)\mathrm{d}x + g(b)\int_\xi^b f(x)\mathrm{d}t.$$

习　题

1. $f(x):[a,b] \to \mathbf{R}$ 为单增函数，$\varphi(x) = \int_a^x f(t)\mathrm{d}t$，证明 $\varphi'_+(x) = f(x+0)$.

2. $u(x)$，$v(x)$ 为可导函数，$f(x)$ 为连续函数，复合函数 $f(u(x))$，$f(v(x))$ 有意义，证明 $\dfrac{\mathrm{d}}{\mathrm{d}x}\int_{u(x)}^{v(x)} f(t)\mathrm{d}t = f(v(x))v'(x) - f(u(x))u'(x)$.

3. $f(x)$ 在$[a,b]$上连续，$\varphi(x)=\int_a^x f(t)(x-t)\mathrm{d}t$，证明

$$\varphi''(x)=f(x),\ x\in[a,b].$$

4. 求下列极限：

(1) $\lim\limits_{x\to0}\dfrac{1}{x}\int_0^x\dfrac{1-\cos t}{t^2}\mathrm{d}t$；　　(2) $\lim\limits_{x\to0}\dfrac{1}{(1-\cos x)^3}\int_0^{x^2}\sin t^2\mathrm{d}t.$

5. 计算下列定积分：

(1) $\int_0^{\frac{\pi}{2}}\cos^3x\sin2x\mathrm{d}x$；　　(2) $\int_0^2 x^2\sqrt{4-x^2}\mathrm{d}x$；

(3) $\int_{e^{-1}}^{e}|\ln x|\mathrm{d}x$；　　(4) $\int_0^{\frac{\pi}{2}}\dfrac{\cos x}{\cos x+\sin x}\mathrm{d}x$.

6. $f(x)$：$\mathbf{R}\to\mathbf{R}$ 连续，证明：

(1) 若$f(-x)=-f(x)$，则$\int_{-c}^{c}f(x)\mathrm{d}x=0$；

(2) 若$f(-x)=f(x)$，则$\int_{-c}^{c}f(x)\mathrm{d}x=2\int_0^c f(x)\mathrm{d}x$.

7. $f(x)$：$\mathbf{R}\to\mathbf{R}$ 连续且满足$f(x+T)=f(x)$，$x\in\mathbf{R}$，$T>0$ 为一定数，证明

$$\int_a^{a+T}f(x)\mathrm{d}x=\int_0^T f(x)\mathrm{d}x.$$

8. $f(x)$：$[-1,1]\to\mathbf{R}$ 连续，证明：

(1) $\int_0^{\frac{\pi}{2}}f(\sin x)\mathrm{d}x=\int_0^{\frac{\pi}{2}}f(\cos x)\mathrm{d}x$；

(2) $\int_0^{\pi}xf(\sin x)\mathrm{d}x=\dfrac{\pi}{2}\int_0^{\pi}f(\sin x)\mathrm{d}x$.

9. $f(x)$：$[a,b]\to\mathbf{R}$ 为严格单增连续函数，证明存在$\xi\in[a,b]$，使得

$$\int_a^{\xi}[f(x)-f(a)]\mathrm{d}x=\int_{\xi}^{b}[f(b)-f(x)]\mathrm{d}x.$$

10. 设$f(x)$：$[0,2\pi]\to\mathbf{R}$ 为单减函数，证明：

$$\int_0^{2\pi}f(x)\sin nx\mathrm{d}x\geqslant0,\ n \text{ 为自然数}.$$

11. 证明：对任意 $\forall t>0$，$c>0$，有

$$\left|\int_t^{t+c}\sin x^2\mathrm{d}x\right|\leqslant\frac{1}{t}.$$

12. 设$f(x)$：$[a,b]\to\mathbf{R}$ 可积，$\varphi(t)$：$[\alpha,\beta]\to[a,b]$严格单增，且$\varphi'(t)$在$[\alpha,\beta]$上可积，$\varphi(\alpha)=a$，$\varphi(\beta)=b$. 证明$\int_a^b f(x)\mathrm{d}x=\int_{\alpha}^{\beta}f(\varphi(t))\varphi'(t)\mathrm{d}t$.

8.5　定积分计算与应用

上一节的 Newton-Leibniz 公式告诉我们，要计算定积分，只需要知道被积函数的原函

数. 本节说明如果采用换元法计算原函数，则定积分的上下限可以随变量代换变动而不需要将变量代换的自变量还原. 本节还将给出定积分在简单的平面图形面积以及旋转体体积问题中的应用.

8.5.1　定积分的换元法

定理 8.5.1　如果 $f(x)$ 在 $[a,\ b]$ 上连续，$\varphi(t)$：$[\alpha,\ \beta]\to[a,\ b]$ 可导且满足 $\varphi(\alpha)=a$，$\varphi(\beta)=b$，则有

$$\int_a^b f(x)\,\mathrm{d}x = \int_\alpha^\beta f(\varphi(t))\varphi'(t)\,\mathrm{d}t.$$

证明　因为 $f(x)$ 在 $[a,\ b]$ 上连续，故存在 $F(x)$，使得 $F'(x)=f(x)$，$x\in[a,\ b]$. 又

$$\frac{\mathrm{d}}{\mathrm{d}t}F(\varphi(t)) = f(\varphi(t))\varphi'(t),$$

于是有

$$\int_\alpha^\beta f(\varphi(t))\varphi'(t)\,\mathrm{d}t = F(\varphi(\beta)) - F(\varphi(\alpha)) = F(b) - F(a) = \int_a^b f(x)\,\mathrm{d}x.$$

例 8.5.1　计算 $\int_0^1 \frac{1}{\sqrt{1+x^2}}\,\mathrm{d}x$.

解　令 $x=\tan t$，$t\in\left[0,\ \frac{\pi}{4}\right]$，则有

$$\int_0^1 \frac{1}{\sqrt{1+x^2}}\,\mathrm{d}x = \int_0^{\frac{\pi}{4}} \frac{\cos t}{\cos^2 t}\mathrm{d}t = \int_0^{\frac{\pi}{4}} \frac{1}{1-\sin^2 t}\,\mathrm{d}\sin t.$$

令 $y=\sin t$，得

$$\int_0^{\frac{\pi}{4}} \frac{1}{1-\sin^2 t}\mathrm{d}\sin t = \int_0^{\frac{\sqrt{2}}{2}} \frac{1}{1-y^2}\mathrm{d}y = \frac{1}{2}\int_0^{\frac{\sqrt{2}}{2}}\left[\frac{1}{1+y}+\frac{1}{1-y}\right]\mathrm{d}y$$

$$= \frac{1}{2}\ln\frac{1+y}{1-y}\bigg|_0^{\frac{\sqrt{2}}{2}} = \ln(1+\sqrt{2}).$$

例 8.5.2　计算 $\int_0^1 \frac{\ln(1+x)}{1+x^2}\mathrm{d}x$.

解　令 $x=\tan t$，$t\in\left[0,\ \frac{\pi}{4}\right]$，得

$$\int_0^1 \frac{\ln(1+x)}{1+x^2}\mathrm{d}x = \int_0^{\frac{\pi}{4}} \ln(1+\tan t)\,\mathrm{d}t = \int_0^{\frac{\pi}{4}} \ln\frac{\sin t+\cos t}{\cos t}\,\mathrm{d}t$$

$$= \int_0^{\frac{\pi}{4}} \ln\frac{\sqrt{2}\cos\left(\frac{\pi}{4}-t\right)}{\cos t}\mathrm{d}t = \frac{\pi}{8}\ln 2 + \int_0^{\frac{\pi}{4}} \ln\cos\left(\frac{\pi}{4}-t\right)\mathrm{d}t - \int_0^{\frac{\pi}{4}} \ln\cos t\,\mathrm{d}t.$$

令 $y=\frac{\pi}{4}-t$，得

$$\int_0^{\frac{\pi}{4}} \ln\cos\left(\frac{\pi}{4}-t\right)\mathrm{d}t = \int_0^{\frac{\pi}{4}} \ln\cos y\,\mathrm{d}y.$$

于是有

$$\int_0^1 \frac{\ln(1+x)}{1+x^2}dx = \frac{\pi}{8}\ln 2.$$

8.5.2 分部积分法

下面说明在定积分的计算中，如果使用分部积分求原函数，则定积分的上下限可以代入分部积分的运算步骤中.

定理8.5.2 如果$f(x)$，$g(x)$在$[a, b]$上可导，且$f'(x)$，$g'(x)$ 在$[a, b]$上可积，则有

$$\int_a^b f(x)\,dg(x) = f(x)g(x)\Big|_a^b - \int_a^b g(x)\,df(x).$$

例8.5.3 计算$\int_0^1 x\arctan x\,dx$.

解 $$\int_0^1 x\arctan x\,dx = \frac{1}{2}\int_0^1 \arctan x\,d(x^2) = \frac{1}{2}x^2\arctan x\Big|_0^1 - \int_0^1 \frac{x^2}{1+x^2}dx$$

$$\int_0^1 \frac{x^2}{1+x^2}dx = 1 - \int_0^1 \frac{1}{1+x^2}dx = 1 - \frac{\pi}{4},$$

于是 $$\int_0^1 x\arctan x\,dx = \frac{3\pi}{8} - 1.$$

例8.5.4 计算$I_n = \int_0^{\frac{\pi}{2}} \sin^n x\,dx$, n 为非负整数.

解 当$n=0$时，$I_0=\frac{\pi}{2}$；当$n=1$时，$I_1=1$；当$n\geqslant 2$时，

$$\int_0^{\frac{\pi}{2}} \sin^n x\,dx = -\int_0^{\frac{\pi}{2}} \sin^{n-1}x\,d\cos x = -\sin^{n-1}x\cos x\Big|_0^{\frac{\pi}{2}} + (n-1)\int_0^{\frac{\pi}{2}} \sin^{n-2}x\cos^2 x\,dx$$

$$= (n-1)\int_0^{\frac{\pi}{2}} (1-\sin^2 x)\sin^{n-2}x\,dx.$$

于是有 $$I_n = \int_0^{\frac{\pi}{2}} \sin^n x\,dx = \frac{n-1}{n}\int_0^{\frac{\pi}{2}} \sin^{n-2}x\,dx = \frac{n-1}{n}I_{n-2}.$$

故有 $$I_{2k} = \frac{2k-1}{2k}\cdot\frac{2k-3}{2(k-1)}\cdot\cdots\cdot\frac{1}{2}I_0 = \frac{(2k-1)!!}{(2k)!!}\frac{\pi}{2};$$

$$I_{2k-1} = \frac{2(k-1)}{2k-1}\cdot\frac{2(k-2)}{2k-3}\cdot\cdots\cdot\frac{2}{3}I_1 = \frac{(2(k-1))!!}{(2k-1)!!}.$$

例8.5.5(积分型余项的 Taylor 公式) 如果$f(x)$在x_0的一个邻域$N(x_0, \delta)$内有$n+1$阶连续导函数，则对任意$x\in\mathbf{N}(x_0, \delta)$，有

$$f(x) = f(x_0) + f'(x_0)(x-x_0) + \cdots + \frac{1}{n!}f^{(n)}(x_0)(x-x_0)^n + \frac{1}{n!}\int_{x_0}^x f^{(n+1)}(t)(x-t)^n dt.$$

证明 反复使用分部积分法得

$$\int_{x_0}^{x} f^{(n+1)}(t)(x-t)^n \mathrm{d}t = f^{(n)}(t)(x-t)^n \Big|_{x_0}^{x} + n\int_{x_0}^{x} f^{(n)}(t)(x-t)^{n-1}\mathrm{d}t$$

$$= [f^{(n)}(t)(x-t)^n + nf^{(n-1)}(x-t)^{n-1} + \cdots + n!f(t)] \Big|_{x_0}^{x}$$

$$= \cdots$$

$$= n!f(x) - n![f(x_0) + f'(x_0)(x-x_0) + \cdots + \frac{f^{(n)}(x_0)}{n!}(x-x_0)^n].$$

因此有

$$f(x) = f(x_0) + f'(x_0)(x-x_0) + \cdots + \frac{f^{(n)}(x_0)}{n!}(x-x_0)^n + \frac{1}{n!}\int_{x_0}^{x} f^{(n+1)}(t)(x-t)^n \mathrm{d}t.$$

例 8.5.6　已知平面图形 $P=\{(x, y): a \leqslant x \leqslant b, f_1(x) \leqslant y \leqslant f_2(x)\}$，$f_1(x)$，$f_2(x)$ 为连续函数．求 P 的面积．

解　P 的面积 $= \int_a^b [f_2(x) - f_1(x)]\mathrm{d}x$．

下面设平面图形 P 由参数曲线 $x = x(t), y = y(t), t \in [\alpha, \beta]$ 围成，其中 $x'(t), y'(t)$ 连续且 $x'(t) \neq 0$，$t \in [a, \beta]$，或 $y'(t) \neq 0, t \in [\alpha, \beta]$．则 P 的面积 $= \int_\alpha^\beta |y(t)x'(t)|\mathrm{d}t$ 或 $= \int_\alpha^\beta |x(t)y'(t)|\mathrm{d}t$．

例 8.5.7　求椭圆 $x = a\cos t$，$y = b\sin t$，$t \in [0, 2\pi]$ 所围区域的面积．

解　所求面积 $\int_0^{2\pi} |b\sin t(-a\sin t)|\mathrm{d}t = ab\int_0^{2\pi}\sin^2 t\mathrm{d}t = ab\pi$.

设曲线 C 由极坐标方程 $r = r(\theta)$，$\theta \in [\alpha, \beta]$ 给出，且 $r(\theta)$ 在 $[\alpha, \beta]$ 上连续，$0 \leqslant \alpha < \beta \leqslant 2\pi$．求由曲线 C 与 $\theta = \alpha$，$\theta = \beta$ 围成的区域的面积．

将 $[\alpha, \beta]$ 任分成 n 个小区间，记为 T：$\theta_0 = \alpha < \theta_1 < \cdots < \theta_n = \beta$，任取 $\eta_i \in [\theta_{i-1}, \theta_i]$，将介于 $\theta = \theta_{i-1}$ 与 $\theta = \theta_i$ 间的小扇形面积用 $\frac{1}{2}r^2(\eta_i)\Delta\theta_i$ 近似替代，容易证明当 $\Delta_T = \max\{\Delta\theta_i: 1 \leqslant i \leqslant n\} \to 0$ 时，$\frac{1}{2}\sum_{i=1}^{n} r^2(\eta_i)\Delta\theta_i$ 趋于所求区域的面积．

例 8.5.8　求双扭线 $r^2 = a^2\cos 2\theta$ 所围区域的面积．

解　由对称性，所求区域的面积等于第一象限区域面积的 4 倍．于是有

$$\text{面积} = 2\int_0^{\frac{\pi}{4}} a^2\cos 2\theta \mathrm{d}\theta = a^2\sin 2\theta \Big|_0^{\frac{\pi}{4}} = a^2.$$

例 8.5.9　设平面曲线 $y = f(x)$，$x \in [a, b]$ 连续，$D = \{(x, y): a \leqslant x \leqslant b, 0 \leqslant |y| \leqslant |f(x)|\}$，求 D 绕 x 轴旋转一周生成的旋转体体积．

解　将 $[a, b]$ 任分成 n 小段，记为 T：$x_0 = a < x_1 < \cdots < x_n = b$，旋转体介于 x_{i-1} 与 x_i 之间部分近似看作小柱体，其体积 $\approx \pi f^2(\xi_i)\Delta x_i$，其中 $\xi_i \in [x_{i-1}, x_i]$ 任意取值，$i = 1, 2, \cdots, n$. 于是

$$\text{旋转体体积} \approx \sum_{i=1}^{n} \pi f^2(\xi_i)\Delta x_i.$$

易见当 $\Delta_T \to 0$ 时，有旋转体体积等于 $\pi\int_a^b f^2(x)\,\mathrm{d}x$.

例 8.5.10 求底面半径为 r，高为 h 的圆锥体体积.

解 圆锥体可由 $\{(x, y): 0\leqslant x\leqslant h, 0\leqslant y\leqslant \frac{r}{h}x\}$ 绕 x 轴旋转一周生成，于是

$$\text{圆锥体体积} = \pi\int_0^h \frac{r^2}{h^2}x^2\,\mathrm{d}x = \frac{1}{3}\pi r^2 h.$$

后面的重积分理论将能够处理更为一般的数学问题与物理问题，因此这里不再进一步讨论定积分的应用.

习 题

1. 计算下列定积分：

(1) $\int_0^{\pi}\sin^2 x\cos\frac{x}{2}\,\mathrm{d}x$； (2) $\int_0^2 x^3\sqrt{4-x^2}\,\mathrm{d}x$；

(3) $\int_{\mathrm{e}^{-1}}^{\mathrm{e}}|x\ln x|\,\mathrm{d}x$； (4) $\int_0^{\frac{\pi}{2}}\frac{\cos x}{\sin x+\cos x}\,\mathrm{d}x$.

2. 设 $f(x):[0,1]\to\mathbf{R}$ 连续，$\int_0^1 f(x)\,\mathrm{d}x = \frac{1}{2024}$，证明：

(1) 存在 $\xi\in(0, 1)$，使得 $f(\xi)=\xi^{2023}$；

(2) 对任意正整数 $n>1$，存在 $\xi_i\in(0, 1)$，$i=1, 2, \cdots, n$，使得

$$\sum_{i=1}^{n} f(\xi_i) = \sum_{i=1}^{n}\xi_i^{2023}.$$

3. 计算 $\int_{-1}^{1}\left[\sqrt{1+x^2}\arctan x+\frac{\mathrm{e}^x}{\mathrm{e}^{2x}+\mathrm{e}^x+1}\right]\mathrm{d}x$.

4. 计算 $\int_0^{\pi}\frac{x\sin x}{1+\cos^2 x}\,\mathrm{d}x$.

5. 已知 $f(x)$ 在 $x=0$ 附近连续，$f'(0)=1$，求 $\lim\limits_{x\to 0}\frac{\int_x^{2x} f(3x-t)\,\mathrm{d}t}{(\mathrm{e}^x-1)\tan x}$.

6. 求圆 $\rho=3\sin\theta$ 位于心形线 $\rho=1+\sin\theta$ 外部部分的面积.

7. 设 $a>0$，求 $\{(x, y): x\in[-a, a], |x|+|y|\leqslant a\}$ 绕 $x=a$ 旋转一周生成的旋转体体积.

第9章　广义积分

本章考察与定积分 $\int_a^b f(x)\,dx$ 相关的两类极限问题:一类是积分上限趋于 $+\infty$ 或下限趋于 $-\infty$ 时，$\int_a^b f(x)\,dx$ 的极限问题；另一类已知函数 $f(x)$ 在某一定点附近无界，考虑 $\int_a^b f(x)\,dx$ 的积分上限或下限趋于该定点时的极限问题．这两类极限问题统称为广义积分问题．本章介绍无穷限广义积分、无界函数广义积分以及广义积分敛散性的判别准则．

9.1　无穷限广义积分

问题　在地球表面垂直发射运载火箭，要使火箭摆脱地球引力无限飞离地球，问火箭的初速度多大?

设地球半径为 R，运载火箭质量为 m，地面重力加速度为 g，火箭在地面上 x 处所受引力为 $f(x)=\dfrac{mgR}{x^2}$．

于是运载火箭飞离地面 r 处克服引力所做的功

$$\int_R^r \frac{mgR}{x^2}dx = mgR\left(\frac{1}{R}-\frac{1}{r}\right).$$

因此当 $r\to+\infty$ 时，运载火箭无限飞离地球所做的功为 mgR.

设火箭的初速度为 v_0，则由机械能守恒定律得 $mgR=\dfrac{1}{2}mv_0^2$. 代入 $g=9.81\ \mathrm{m/s^2}$，$R=6.371\times10^6\,\mathrm{m}$，得 $v_0\approx 11.2\,\mathrm{km/s}$.

在上面物理问题中，我们需要考虑定积分随积分上限趋于 $+\infty$ 时的收敛问题．为此我们介绍下面概念．

定义 9.1.1　设 $f(x)$：$[a,+\infty)\to\mathbf{R}$，对任意 $c>a$，$I(c)=\int_a^c f(x)\,dx$ 存在．如果 $\lim\limits_{c\to+\infty}I(c)$ 存在，则记此极限为 $\int_a^{+\infty} f(x)\,dx=\lim\limits_{c\to+\infty}I(c)$，称其为 $f(x)$ 在 $[a,+\infty)$ 上的广义积分，此时也称广义积分 $\int_a^{+\infty} f(x)\,dx$ 收敛，否则称广义积分 $\int_a^{+\infty} f(x)\,dx$ 发散．

类似地，设 $f(x)$：$(-\infty,a]\to\mathbf{R}$，我们可定义 $\int_{-\infty}^a f(x)\,dx=\lim\limits_{c\to-\infty}\int_c^a f(x)\,dx$．

设$f(x):(-\infty,+\infty)\to\mathbf{R}$，$a\in(-\infty,+\infty)$，当广义积分$\int_{-\infty}^{a}f(x)\mathrm{d}x$与$\int_{a}^{+\infty}f(x)\mathrm{d}x$均存在时，规定

$$\int_{-\infty}^{+\infty}f(x)\mathrm{d}x=\int_{-\infty}^{a}f(x)\mathrm{d}x+\int_{a}^{+\infty}f(x)\mathrm{d}x.$$

由定积分性质与函数极限性质容易证明下列结论，证明细节留给读者.

性质 1 如果$\int_{a}^{+\infty}f(x)\mathrm{d}x$，$\int_{a}^{+\infty}g(x)\mathrm{d}x$收敛，则有

$$\int_{a}^{+\infty}[c_1f(x)\pm c_2g(x)]\mathrm{d}x=c_1\int_{a}^{+\infty}f(x)\mathrm{d}x\pm c_2\int_{a}^{+\infty}g(x)\mathrm{d}x.$$

性质 2 如果$f(x):[a,+\infty)\to\mathbf{R}$，$a<b$，对$\forall c>a$，$\int_{a}^{c}f(x)\mathrm{d}x$存在，则$\int_{a}^{+\infty}f(x)\mathrm{d}x$与$\int_{b}^{+\infty}f(x)\mathrm{d}x$有相同敛散性.

利用函数极限的 Cauchy 准则，容易得到下面结论.

定理 9.1.1（Cauchy 准则） 如果$f(x):[a,+\infty)\to\mathbf{R}$，对$\forall c>a$，$\int_{a}^{c}f(x)\mathrm{d}x$存在，则$\int_{a}^{+\infty}f(x)\mathrm{d}x$收敛的充要条件是对$\forall\varepsilon>0$，存在$d>a$，当$c_1,c_2>d$时，$\left|\int_{c_1}^{c_2}f(x)\mathrm{d}x\right|<\varepsilon$成立.

性质 3 如果$f(x):[a,+\infty)\to\mathbf{R}$，对$\forall c>a$，$\int_{a}^{c}f(x)\mathrm{d}x$存在，$\int_{a}^{+\infty}|f(x)|\mathrm{d}x$收敛，则$\int_{a}^{+\infty}f(x)\mathrm{d}x$收敛，且$\left|\int_{a}^{+\infty}f(x)\mathrm{d}x\right|\leqslant\int_{a}^{+\infty}|f(x)|\mathrm{d}x$.

定义 9.1.2 如果$f(x):[a,+\infty)\to\mathbf{R}$，对$\forall c>a$，$\int_{a}^{c}f(x)\mathrm{d}x$存在：如果$\int_{a}^{+\infty}|f(x)|\mathrm{d}x$收敛，则称$\int_{a}^{+\infty}f(x)\mathrm{d}x$绝对收敛；如果$\int_{a}^{+\infty}|f(x)|\mathrm{d}x$发散，但$\int_{a}^{+\infty}f(x)\mathrm{d}x$收敛，则称$\int_{a}^{+\infty}f(x)\mathrm{d}x$条件收敛.

注 由性质 3 知，若$\int_{a}^{+\infty}f(x)\mathrm{d}x$绝对收敛，则$\int_{a}^{+\infty}f(x)\mathrm{d}x$收敛，反之则不一定成立，见例 9.3.2.

例 9.1.1 判断广义积分$\int_{1}^{+\infty}x^{-\alpha}\mathrm{d}x$的敛散性.

解
$$\int_{1}^{c}x^{-\alpha}\mathrm{d}x=\begin{cases}\ln c,\alpha=1,\\ \dfrac{1}{1-\alpha}(c^{1-\alpha}-1),\alpha\neq1\end{cases}$$

于是
$$\lim_{c\to+\infty}\int_{1}^{c}x^{-\alpha}\mathrm{d}x=\begin{cases}+\infty,\alpha\leqslant1,\\ -\dfrac{1}{1-\alpha},\alpha>1.\end{cases}$$

因此，当$\alpha>1$时，$\int_{1}^{+\infty}x^{-\alpha}\mathrm{d}x$收敛；当$\alpha\leqslant1$时，$\int_{1}^{+\infty}x^{-\alpha}\mathrm{d}x$发散.

例 9.1.2　判断$\int_{-\infty}^{+\infty}\frac{1}{1+x^2}dx$的敛散性.

解
$$\int_0^{+\infty}\frac{1}{1+x^2}dx=\lim_{c\to+\infty}\int_0^c\frac{1}{1+x^2}dx=\frac{\pi}{2},$$
$$\int_{-\infty}^0\frac{1}{1+x^2}dx=\lim_{c\to-\infty}\int_c^0\frac{1}{1+x^2}dx=\frac{\pi}{2},$$
因此
$$\int_{-\infty}^{+\infty}\frac{1}{1+x^2}dx=\int_{-\infty}^0\frac{1}{1+x^2}dx+\int_0^{+\infty}\frac{1}{1+x^2}dx=\pi.$$

本节最后介绍将级数的敛散性问题转化为等价的无穷限广义积分的敛散性问题.

定理 9.1.2　如果$f(x):(0,+\infty)\to[0,+\infty)$为一单调递减函数，$u_n=f(n)$，$n=1,2,\cdots$，则$\sum_{n=1}^{\infty}u_n$收敛的充要条件是$\int_1^{\infty}f(x)dx$收敛.

证明　因为$f(x)$单减，故有
$$\int_1^{n+1}f(x)dx=\sum_{i=1}^{n}\int_i^{i+1}f(x)dx\leqslant\sum_{i=1}^{n}f(i)\leqslant f(1)+\int_1^n f(x)dx.$$
再由$f(x)$非负即知定理9.1.2结论成立.

例 9.1.3　判断$\sum_{n=2}^{\infty}\frac{1}{n(\ln n)^p}$的敛散性，$p>0$.

解　令$f(x)=\frac{1}{x(\ln x)^p}$，$x\in(1,+\infty)$，则$f(x)$单减，且有
$$\int_2^{\infty}f(x)dx=\int_2^{\infty}\frac{1}{x(\ln x)^p}dx=\begin{cases}收敛, p>1,\\ 发散, 0<p\leqslant 1.\end{cases}$$
于是有
$$\sum_{n=2}^{\infty}\frac{1}{n(\ln n)^p}=\begin{cases}收敛, p>1,\\ 发散, 0<p\leqslant 1.\end{cases}$$

习　题

1. 判断下列无穷限广义积分是否收敛. 若收敛，则求其值.

(1) $\int_0^{+\infty}xe^{-x^2}dx$;　　(2) $\int_1^{+\infty}\frac{1}{x^2(1+x)}dx$;

(3) $\int_0^{+\infty}e^{-x}\cos x dx$;　　(4) $\int_0^{+\infty}\frac{1}{\sqrt{1+x^2}}dx$.

2. 如果$\int_a^{+\infty}f(x)dx$收敛，且$f(x)$在$[a,+\infty)$上连续，是否有$\lim_{x\to+\infty}f(x)=0$?

3. 如果$\int_a^{+\infty}f(x)dx$收敛，且$\lim_{x\to+\infty}f(x)=A$，证明$A=0$.

4. 如果$f(x)$在$[a,+\infty)$上可导，且$\int_a^{+\infty}f(x)dx$，$\int_a^{+\infty}f'(x)dx$收敛，证明$\lim_{x\to+\infty}f(x)=0$.

5. 讨论$\sum\limits_{n=1}^{+\infty}\dfrac{1}{n(\ln n)^p(\ln\ln n)^q}$, $p>0, q>0$的敛散性.

9.2 无界函数广义积分

问题 平面上无界区域D由y轴、x轴、$x=1$以及$y=\dfrac{1}{\sqrt{x}}$围成, 求D的面积.

任取$0<a<1$, 则由$x=a$, $x=1$, x轴与$y=\dfrac{1}{\sqrt{x}}$所围区域面积

$$\int_a^1\frac{1}{\sqrt{x}}\mathrm{d}x=2(1-\sqrt{a}).$$

于是D的面积等于

$$\lim_{a\to0^+}\int_a^1\frac{1}{\sqrt{x}}\mathrm{d}x=2.$$

定义 9.2.1 如果$f(x):[a,b)\to\mathbf{R}$在b的左侧附近无界, 对任意$c>a$, $I(c)=\int_a^c f(x)\mathrm{d}x$存在, $\lim\limits_{c\to b^-}I(c)$存在, 则记此极限为$\int_a^b f(x)\mathrm{d}x=\lim\limits_{c\to b^-}I(c)$, 称其为$f(x)$在$[a,b)$上的广义积分, 此时也称广义积分$\int_a^b f(x)\mathrm{d}x$收敛;否则称广义积分$\int_a^b f(x)\mathrm{d}x$发散.

类似地, 如果$f(x)$: $(a, b]\to\mathbf{R}$在a的右侧附近无界, 可定义

$$\int_a^b f(x)\mathrm{d}x=\lim_{c\to a^+}\int_c^b f(x)\mathrm{d}x.$$

如果$f(x)$: $(a, b)\to\mathbf{R}$在$x=a$的右侧与$x=b$的左侧附近无界, 当广义积分$\int_a^c f(x)\mathrm{d}x$与$\int_c^b f(x)\mathrm{d}x$均存在, $c\in(a,b)$, 规定

$$\int_a^b f(x)\mathrm{d}x=\int_a^c f(x)\mathrm{d}x+\int_c^b f(x)\mathrm{d}x,$$

此时也称广义积分$\int_a^b f(x)\mathrm{d}x$收敛;否则称广义积分$\int_a^b f(x)\mathrm{d}x$发散.

例 9.2.1 判断广义积分$\int_0^1\dfrac{1}{x^\alpha}\mathrm{d}x$的敛散性, $\alpha>0$.

解 $$\int_c^1\frac{1}{x^\alpha}\mathrm{d}x=\begin{cases}-\ln c, & \alpha=1,\\ \dfrac{1}{1-\alpha}(1-c^{1-\alpha}), & \alpha\neq1.\end{cases}$$

于是有

$$\lim_{c\to0}\int_c^1\frac{1}{x^\alpha}\mathrm{d}x=\begin{cases}+\infty, & \alpha\geqslant1,\\ \dfrac{1}{1-\alpha}, & 0<\alpha<1.\end{cases}$$

因此当$0<\alpha<1$时, $\int_0^1\dfrac{1}{x^\alpha}\mathrm{d}x$收敛;当$\alpha\geqslant1$时, $\int_0^1\dfrac{1}{x^\alpha}\mathrm{d}x$发散.

例 9.2.2　判断广义积分$\int_{-1}^{1}\frac{1}{\sqrt{1-x^2}}\mathrm{d}x$的敛散性.

解

$$\lim_{c\to-1^+}\int_{c}^{0}\frac{1}{\sqrt{1-x^2}}\mathrm{d}x=-\lim_{c\to-1^+}\arcsin c=\frac{\pi}{2},$$

$$\lim_{c\to1^-}\int_{0}^{c}\frac{1}{\sqrt{1-x^2}}\mathrm{d}x=\lim_{c\to1^-}\arcsin c=\frac{\pi}{2},$$

因此　$\int_{-1}^{1}\frac{1}{\sqrt{1-x^2}}\mathrm{d}x=\int_{-1}^{0}\frac{1}{\sqrt{1-x^2}}\mathrm{d}x+\int_{0}^{1}\frac{1}{\sqrt{1-x^2}}\mathrm{d}x=\pi$ 收敛.

由定积分性质与函数极限性质容易证明下面结论，证明细节留给读者.

性质 1　如果$f(x),g(x):[a,b)\to\mathbf{R}$在$x=b$的左侧附近无界，$\int_a^b f(x)\mathrm{d}x$，$\int_a^b g(x)\mathrm{d}x$收敛，则有

$$\int_a^b[c_1f(x)\pm c_2g(x)]\mathrm{d}x=c_1\int_a^b f(x)\mathrm{d}x\pm c_2\int_a^b g(x)\mathrm{d}x,\ c_1,c_2\in\mathbf{R}.$$

利用函数极限的 Cauchy 准则，容易得到下面结论.

定理 9.2.1(Cauchy 准则)　如果$f(x):[a,b)\to\mathbf{R}$在$x=b$的左侧附近无界，对$\forall a<c<b$，$\int_a^c f(x)\mathrm{d}x$存在，则$\int_a^b f(x)\mathrm{d}x$收敛的充要条件是，对$\forall\varepsilon>0$，存在$\delta(\varepsilon)>0$，当$c_1,c_2\in(b-\delta(\varepsilon),b)$时，有$\left|\int_{c_1}^{c_2}f(x)\mathrm{d}x\right|<\varepsilon$.

性质 2　如果$f(x):[a,b)\to\mathbf{R}$在$x=b$的左侧附近无界，对$\forall a<c<b$，$\int_a^c f(x)\mathrm{d}x$存在，$\int_a^b|f(x)|\mathrm{d}x$收敛，则$\int_a^b f(x)\mathrm{d}x$收敛，且$\left|\int_a^b f(x)\mathrm{d}x\right|\leqslant\int_a^b|f(x)|\mathrm{d}x$.

定义 9.2.2　$f(x)[a,b]\to\mathbf{R}$在$x=b$的左侧附近无界，对$\forall a<c<b$，$\int_a^c f(x)\mathrm{d}x$存在：如果$\int_a^b|f(x)|\mathrm{d}x$收敛，则称$\int_a^b f(x)\mathrm{d}x$绝对收敛；如果$\int_a^b|f(x)|\mathrm{d}x$发散，但$\int_a^b f(x)\mathrm{d}x$收敛，则称$\int_a^b f(x)\mathrm{d}x$条件收敛.

注　由性质 2 知，如果$\int_a^b f(x)\mathrm{d}x$绝对收敛，则$\int_a^b f(x)\mathrm{d}x$收敛，反之则不一定成立.

如果$f(x):(a,+\infty)\to\mathbf{R}$在$x=a$右侧附近无界，对任意$a<c<d$，$\int_c^d f(x)\mathrm{d}x$存在，广义积分$\int_a^b f(x)\mathrm{d}x$与$\int_b^{+\infty}f(x)\mathrm{d}x$收敛，则称广义积分

$$\int_a^{+\infty}f(x)\mathrm{d}x=\int_a^b f(x)\mathrm{d}x+\int_b^{+\infty}f(x)\mathrm{d}x$$

收敛，否则称$\int_a^{+\infty}f(x)\mathrm{d}x$发散.

习　题

1. 判断下列广义积分的敛散性：

(1) $\int_1^3 \frac{1+x}{(x-2)^2}dx$；　　(2) $\int_1^2 \frac{e^{x-1}}{\sqrt{e^{x-1}-1}}dx$；

(3) $\int_{\frac{\pi}{2}}^{\pi} \frac{1}{\cos^2 x}dx$；　　(4) $\int_0^{\frac{\pi}{2}} \frac{1}{\sin x}dx$.

2. 说明广义积分 $\int_a^b f(x)dx$ 收敛时，$\int_a^b f^2(x)dx$ 不一定收敛.

9.3 广义积分的敛散判别法则

命题 9.3.1 如果 $f(x):[a,+\infty)\to\mathbf{R}$，$g(x):[a,+\infty)\to[0,+\infty)$，对 $\forall c>a$，$\int_a^c f(x)dx$，$\int_a^c g(x)dx$ 存在，且有 $|f(x)|\leqslant g(x)$，$x\in[a,+\infty)$，则当 $\int_a^{+\infty} g(x)dx$ 收敛时，$\int_a^{+\infty} f(x)dx$ 绝对收敛，当 $\int_a^{+\infty} |f(x)|dx$ 发散时，$\int_a^{+\infty} g(x)dx$ 发散.

推论 9.3.1 如果 $f(x):[a,+\infty)\to\mathbf{R}$，$g(x):[a,+\infty)\to[0,+\infty)$，对 $\forall c>a$，$\int_a^c f(x)dx$，$\int_a^c g(x)dx$ 存在，且有 $\lim\limits_{x\to+\infty}\frac{|f(x)|}{g(x)}=c$，则有下列结论：

(1) 如果 $0<c<+\infty$，则 $\int_a^{+\infty}|f(x)|dx$ 与 $\int_a^{+\infty}g(x)dx$ 有相同敛散性；

(2) 如果 $c=0$，则 $\int_a^{+\infty}g(x)dx$ 收敛时，$\int_a^{+\infty}f(x)dx$ 绝对收敛；

(3) 如果 $c=+\infty$，则 $\int_a^{+\infty}g(x)dx$ 发散时，$\int_a^{+\infty}|f(x)|dx$ 发散.

推论 9.3.2 如果 $f(x):[a,+\infty)\to\mathbf{R}$，对 $\forall c>a$，$\int_a^c f(x)dx$ 存在，且有 $\lim\limits_{x\to+\infty}x^{\alpha}|f(x)|=c$，则有下列结论：

(1) 如果 $\alpha>1$，$0\leqslant c<+\infty$，则 $\int_a^{+\infty}f(x)dx$ 绝对收敛；

(2) 如果 $\alpha\leqslant 1$，$0<c\leqslant+\infty$，则 $\int_a^{+\infty}|f(x)|dx$ 发散.

例 9.3.1 讨论下列广义积分的敛散性.

(1) $\int_1^{+\infty}\frac{(\ln x)^p}{x^{1+\alpha}}dx$，$p>0$，$\alpha>0$；

(2) $\int_0^{+\infty}\frac{x}{\sqrt{x^3+1}}dx$.

解 (1) 当 $x>e$ 时，有 $0<\frac{(\ln x)^p}{x^{1+\alpha}}<\frac{(\ln x)^{[p]+1}}{x^{1+\alpha}}$，由 L'Hospital 法则可得

$$\lim_{x\to+\infty} x^{1+\frac{\alpha}{2}} \frac{(\ln x)^{[p]+1}}{x^{1+\alpha}} = \lim_{x\to+\infty} \frac{(\ln x)^{[p]+1}}{x^{\frac{\alpha}{2}}} = 0.$$

于是有 $\lim\limits_{x\to+\infty} x^{1+\frac{\alpha}{2}}\frac{(\ln x)^p}{x^{1+\alpha}}=0$. 由推论 8.3.2 之(1)知 $\int_1^{+\infty}\frac{(\ln x)^p}{x^{1+\alpha}}dx$ 收敛.

(2)因为 $\lim\limits_{x\to+\infty}\sqrt{x}\frac{x}{\sqrt{x^3+1}}=1$, 由推论 8.3.2 之(2)知 $\int_0^{+\infty}\frac{x}{\sqrt{x^3+1}}dx$ 发散.

定理 9.3.1 (Dirichlet 判别法) 如果 $F(u)=\int_a^u f(x)dx$ 在$[a,+\infty)$上有界, $g(x):[a,+\infty)\to\mathbf{R}$ 为单调函数, 且有 $\lim\limits_{x\to+\infty}g(x)=0$, 则$\int_a^{+\infty}f(x)g(x)dx$ 收敛.

证明 由 $F(u)=\int_a^u f(x)dx$ 在$[a,+\infty)$上有界知, 存在 $M>0$, 使得$\left|\int_a^u f(x)dx\right|\leqslant M$, $u\in[0,+\infty)$. 于是有 $\left|\int_{u_1}^{u_2}f(x)dx\right|\leqslant 2M, u_1, u_2\in[0,+\infty)$.

再由 $\lim\limits_{x\to+\infty}g(x)=0$ 知, $\forall\varepsilon>0$, 存在 $N(\varepsilon)>a$, 当 $x>N$ 时, 有 $|g(x)|<\frac{\varepsilon}{2M}$.

于是当 A_1, $A_2>N$, $A_1<A_2$ 时, 存在 $\xi\in[A_1, A_2]$, 使得

$$\int_{A_1}^{A_2}f(x)g(x)dx = g(A_1)\int_{A_1}^{\xi}f(x)dx + g(A_2)\int_{\xi}^{A_2}f(x)dx,$$

因此
$$\left|\int_{A_1}^{A_2}f(x)g(x)dx\right|\leqslant |g(A_1)|\left|\int_{A_1}^{\xi}f(x)dx\right| + |g(A_2)|\left|\int_{\xi}^{A_2}f(x)dx\right| < \varepsilon.$$

由定理 9.2.1 知, $\int_a^{+\infty}f(x)g(x)dx$ 收敛.

类似可证下面结论成立, 细节留给读者练习.

定理 9.3.2 (Abel 判别法) 如果$\int_a^{+\infty}f(x)dx$收敛, $g(x):[a,+\infty)\to\mathbf{R}$为单调有界函数, 则$\int_a^{+\infty}f(x)g(x)dx$ 收敛.

例 9.3.2 讨论 $\int_1^{+\infty}\frac{\sin x}{x^\alpha}dx$ 的绝对收敛性与条件收敛性, $\alpha>0$.

解 当 $\alpha>1$ 时, $\left|\frac{\sin x}{x^\alpha}\right|\leqslant\frac{1}{x^\alpha}$, 于是 $\int_1^{+\infty}\frac{\sin x}{x^\alpha}dx$ 绝对收敛.

当 $0<\alpha\leqslant 1$ 时, $F(u)=\int_1^u \sin x dx=\cos 1-\cos u$ 在$[1,+\infty)$上有界, $\frac{1}{x^\alpha}$ 在$[1,+\infty)$上单调递减, 且有 $\lim\limits_{x\to+\infty}\frac{1}{x^\alpha}=0$. 于是由 Dirichlet 判别法知, $\int_1^{+\infty}\frac{\sin x}{x^\alpha}dx$ 收敛.

又 $\left|\frac{\sin x}{x^\alpha}\right|\geqslant\frac{\sin^2 x}{x^\alpha}=\frac{1-\cos 2x}{2x^\alpha}$, $\int_1^{+\infty}\frac{\cos 2x}{x^\alpha}dx$ 收敛, 但$\int_1^{+\infty}\frac{1}{x^\alpha}dx$ 发散, 于是$\int_1^{+\infty}\left|\frac{\sin x}{x^\alpha}\right|dx$ 发散.

因此 $\int_1^{+\infty}\frac{\sin x}{x^\alpha}dx$ 条件收敛.

对于无界函数的广义积分，我们有下面判别法，证明细节留给读者.

命题 9.3.2 如果 $f(x):[a,b)\to\mathbf{R}$，$g(x):[a,b)\to[0,+\infty)$，对 $\forall c>a$，$\int_a^c f(x)\mathrm{d}x$，$\int_a^c g(x)\mathrm{d}x$ 存在，且有 $|f(x)|\leqslant g(x)$，$x\in[a,b)$，则当 $\int_a^b g(x)\mathrm{d}x$ 收敛时，$\int_a^b f(x)\mathrm{d}x$ 绝对收敛；当 $\int_a^b |f(x)|\mathrm{d}x$ 发散时，$\int_a^b g(x)\mathrm{d}x$ 发散.

推论 9.3.3 如果 $f(x):[a,b)\to\mathbf{R}$，$g(x):[a,b)\to[0,+\infty)$，对 $\forall c>a$，$\int_a^c f(x)\mathrm{d}x$，$\int_a^c g(x)\mathrm{d}x$ 存在，且有 $\lim\limits_{x\to b^-}\dfrac{|f(x)|}{g(x)}=c$，则有下列结论：

（1）如果 $0<c<+\infty$，则 $\int_a^b |f(x)|\mathrm{d}x$ 与 $\int_a^b g(x)\mathrm{d}x$ 有相同敛散性；

（2）如果 $c=0$，则 $\int_a^b g(x)\mathrm{d}x$ 收敛时，$\int_a^b f(x)\mathrm{d}x$ 绝对收敛；

（3）如果 $c=+\infty$，则 $\int_a^b g(x)\mathrm{d}x$ 发散时，$\int_a^b |f(x)|\mathrm{d}x$ 发散.

推论 9.3.4 如果 $f(x):[a,b)\to\mathbf{R}$，对 $\forall c>a$，$\int_a^c f(x)\mathrm{d}x$ 存在，且有 $\lim\limits_{x\to b^-}(b-x)^{\alpha}|f(x)|=c$，则有下列结论：

（1）如果 $0<\alpha<1$，$0\leqslant c<+\infty$，则 $\int_a^b f(x)\mathrm{d}x$ 绝对收敛；

（2）如果 $\alpha\geqslant 1$，$0\leqslant c\leqslant+\infty$，则 $\int_a^b |f(x)|\mathrm{d}x$ 发散.

定理 9.3.3（Dirichlet 判别法） 如果 $F(u)=\int_a^u f(x)\mathrm{d}x$ 在 $[a,b)$ 上有界，$g(x):[a,b)$ 为单调函数，且有 $\lim\limits_{x\to b^-}g(x)=0$，则 $\int_a^b f(x)g(x)\mathrm{d}x$ 收敛.

定理 9.3.4（Abel 判别法） 如果 $\int_a^b f(x)\mathrm{d}x$ 收敛，$g(x):[a,b)\to\mathbf{R}$ 为单调有界函数，则 $\int_a^b f(x)g(x)\mathrm{d}x$ 收敛.

例 9.3.3 判断 $\int_0^1 \ln^2 x\mathrm{d}x$ 的敛散性.

解

$$\lim_{x\to 0^+}\frac{\ln^2 x}{x^{-\frac{1}{2}}}=\lim_{x\to 0^+}2\frac{\ln x}{-\frac{1}{2}x^{-\frac{1}{2}}}=\frac{1}{8}\lim_{x\to 0^+}\sqrt{x}=0,$$

于是由推论 9.3.2 之（1）知 $\int_0^1 \ln^2 x\mathrm{d}x$ 收敛.

例 9.3.4 讨论 $\int_0^{+\infty}\dfrac{x^{\alpha}}{1+x^2}\mathrm{d}x$ 的敛散性.

解　对$\int_0^1 \frac{x^\alpha}{1+x^2}dx$，若$\alpha \geqslant 0$，则$\int_0^1 \frac{x^\alpha}{1+x^2}dx$为正常积分；$\alpha < 0$时，有$\lim\limits_{x\to 0^+} x^{-\alpha} \frac{x^\alpha}{1+x^2} = 1$. 于是有$-1 < \alpha < 0$时，$\int_0^1 \frac{x^\alpha}{1+x^2}dx$收敛；$\alpha \leqslant -1$时，$\int_0^1 \frac{x^\alpha}{1+x^2}dx$发散.

又$\lim\limits_{x\to+\infty} x^{2-\alpha} \frac{x^\alpha}{1+x^2} = 1$，故当$\alpha < 1$时，$\int_1^{+\infty} \frac{x^\alpha}{1+x^2}dx$收敛，当$\alpha \geqslant 1$时，$\int_1^{+\infty} \frac{x^\alpha}{1+x^2}dx$发散.

综上可得，$-1 < \alpha < 1$时，$\int_0^{+\infty} \frac{x^\alpha}{1+x^2}dx$收敛，$\alpha \leqslant -1$或$\alpha \geqslant 1$时，$\int_0^{+\infty} \frac{x^\alpha}{1+x^2}dx$发散.

习　题

1. 讨论下列广义积分的敛散性：

(1) $\int_1^{+\infty} \frac{x^\alpha}{1-e^{\frac{x}{2}}}dx$；　(2) $\int_1^{+\infty} \frac{\ln(10+x^2)}{x^\alpha}dx, \alpha > 0$；

(3) $\int_0^1 \frac{1}{\sqrt[3]{x}\ln x}dx$；　(4) $\int_1^{+\infty} \frac{(1+x)^\beta}{x^\alpha}dx, \alpha > 0, \beta > 0$；

(5) $\int_1^{+\infty} \frac{x\ln x}{1+x^\alpha}dx, \alpha > 0$；　(6) $\int_0^1 \frac{\ln x}{1-x}dx$.

2. 判断下列广义积分的绝对收敛性与条件收敛性：

(1) $\int_1^{+\infty} x\cos^4 x\,dx$；　(2) $\int_1^{+\infty} \frac{\cos\sqrt{x}}{x}dx$；

(3) $\int_0^1 \frac{1}{x^\alpha}\sin\frac{1}{x}dx$.

3. 计算下列广义积分：

(1) $\int_0^1 (\ln x)^n dx$，n为正整数；　(2) $\int_0^{\frac{\pi}{2}} \ln\sin x\,dx$；

(3) $\int_0^\pi x\ln\sin x\,dx$；　(4) $\int_0^{+\infty} e^{-\alpha x}\sin\beta x\,dx, \alpha > 0$.

4. $f(x)$：$[0, +\infty) \to \mathbf{R}$连续，$0 < \alpha < \beta < +\infty$，且$\lim\limits_{x\to+\infty} f(x) = c$，计算

$$\int_0^{+\infty} \frac{f(\alpha x) - f(\beta x)}{x}dx.$$

第 10 章　函数项级数

本章考虑比数项级数更一般的问题．$f_1(x), f_2(x), \cdots, f_n(x), \cdots$ 为 D 上的一列函数，用加号将它们连接起来得到 $f_1(x)+f_2(x)+\cdots+f_n(x)+\cdots$，简记为 $\sum_{n=1}^{\infty} f_n(x)$，称为函数项级数．本章将讨论这种级数和函数的收敛性、连续性、可积性以及可导性．为此目的，我们需要介绍函数列的一致收敛性及性质．

10.1　函数列的收敛与一致收敛

本节首先介绍函数列的逐点收敛与一致收敛，然后介绍函数列一致收敛的判别法．函数列的一致收敛性将在函数列极限函数的性质讨论中起到关键作用．

定义 10.1.1　$f_n(x): D \subseteq \mathbf{R} \to \mathbf{R}$，$n=1, 2, \cdots$，如果对任一 $x \in D$，$\lim\limits_{n\to\infty} f_n(x)$ 存在，则称 $\{f_n(x)\}$ 在 D 上逐点收敛，记为 $f(x)=\lim\limits_{n\to\infty} f_n(x)$，$x \in D$，或者 $f_n(x) \xrightarrow{n\to\infty} f(x)$，$x \in D$.

例 10.1.1　$f_n(x)=\dfrac{x}{n}$，$x \in \mathbf{R}$，$n=1, 2\cdots$，则有 $\lim\limits_{n\to\infty} f_n(x)=0$，$x \in \mathbf{R}$．

例 10.1.2　设 $f_n(x)=x^n$，$x \in [0, 1]$，$n=1, 2, \cdots$，则有

$$f_n(x) \xrightarrow{n\to\infty} f(x) = \begin{cases} 0, & x \in [0,1), \\ 1, & x = 1. \end{cases}$$

例 10.1.3　设 $f_n(x)=\sqrt[n]{x}$，$x \in [0, 1]$，$n=1, 2, \cdots$，则有

$$f_n(x) \xrightarrow{n\to\infty} f(x) = \begin{cases} 1, & x \in (0,1], \\ 0, & x = 0. \end{cases}$$

定义 10.1.2　如果 $f_n(x): D \subseteq \mathbf{R} \to \mathbf{R}$，$f(x): D \to \mathbf{R}$，$n=1, 2, \cdots$，对 $\forall \varepsilon>0$，存在 $\mathrm{N}(\varepsilon)$，当 $n>\mathrm{N}(\varepsilon)$ 时，有 $|f_n(x)-f(x)|<\varepsilon$，对 $\forall x \in D$ 成立，则称 $f_n(x)$ 在 D 上一致收敛于 $f(x)$，记为 $f_n(x) \overset{n\to\infty}{\Longrightarrow} f(x)$，$x \in D$.

由定义 10.1.2 知，如果 $f_n(x) \overset{n\to\infty}{\Longrightarrow} f(x)$，$x \in D$，则有 $f_n(x) \xrightarrow{n\to\infty} f(x)$，$x \in D$.

例 10.1.4　证明 $\dfrac{\sin nx}{n} \overset{n\to\infty}{\Longrightarrow} 0$，$x \in (-\infty, +\infty)$.

证明　因为 $\left|\dfrac{\sin nx}{n}-0\right| \leqslant \dfrac{1}{n}$，$\forall \varepsilon>0$，当 $\dfrac{1}{n}<\varepsilon$，即 $n>\dfrac{1}{\varepsilon}=\mathrm{N}(\varepsilon)$ 时，有

$$\left|\frac{\sin nx}{n}-0\right|<\varepsilon \text{ 对 } \forall x \in (-\infty, +\infty) \text{ 成立}.$$

于是有$\frac{\sin nx}{n}\overset{n\to\infty}{\Longrightarrow}0$, $x\in(-\infty,\ +\infty)$.

例 10.1.5　如果$f_n(x)=\frac{x}{n}$, $x\in\mathbf{R}$, $n=1, 2\cdots$, 则$f_n(x)$在$\mathbf{R}$上不一致收敛于0.

证明　显然有$\lim\limits_{n\to\infty}f(x)=0$, $x\in\mathbf{R}$.

对$\varepsilon_0=1$以及任意$N>0$, 任取$n>N$, $x_n=2n$, 则有$|f_n(x_n)|=2>\varepsilon_0$. 于是$f_n(x)$在$\mathbf{R}$上不一致收敛于0.

由定义易得下面函数列一致收敛的 Cauchy 准则.

定理 10.1.1　如果$f_n(x): D\subseteq\mathbf{R}\to\mathbf{R}$, 则$f_n(x)$在$D$上一致收敛的充要条件是, 对$\forall\varepsilon>0$, 存在$\mathrm{N}(\varepsilon)>0$, 当$n, m>N$时, $|f_n(x)-f_m(x)|<\varepsilon$, 对$\forall x\in D$成立.

定理 10.1.2　如果$f_n(x): D\subseteq\mathbf{R}\to\mathbf{R}$, $f(x): D\to\mathbf{R}$, $n=1, 2, \cdots$, 则$f_n(x)$在D上一致收敛于$f(x)$的充要条件是$\lim\limits_{n\to\infty}\sup\limits_{x\in D}|f_n(x)-f(x)|=0$.

证明　必要性. 设$f_n(x)$在D上一致收敛于$f(x)$, 则对$\forall\varepsilon>0$, 存在$\mathrm{N}(\varepsilon)>0$, 当$n>N$时, $|f_n(x)-f(x)|<\varepsilon$, 对$\forall x\in D$成立.

因此有$\sup\limits_{x\in D}|f_n(x)-f(x)|\leqslant\varepsilon$, 于是$\lim\limits_{n\to\infty}\sup\limits_{x\in D}|f_n(x)-f(x)|=0$.

充分性显然.

由定理 10.1.2 可得下面结论:

推论 10.1.1　如果$f_n(x): D\subseteq\mathbf{R}\to\mathbf{R}$, $f(x): D\to\mathbf{R}$, $n=1, 2, \cdots$, $\varepsilon_0>0$, 存在$n_k\to\infty$以及$x_{n_k}\in D$, 使得$|f_{n_k}(x_{n_k})-f(x_{n_k})|\geqslant\varepsilon_0$, 则$f_n(x)$在$D$上不一致收敛于$f(x)$.

例 10.1.6　设$\alpha_n\in\mathbf{R}$, $f_n(x): [0, 1]\to\mathbf{R}$定义如下, $n=1, 2, \cdots$, 讨论其一致收敛性.

$$f_n(x)=\begin{cases}\alpha_n x, & x\in[0,(2n)^{-1}],\\ -\alpha_n(x-n^{-1}), & x\in((2n)^{-1},n^{-1}],\\ 0, & x\in(n^{-1},1].\end{cases}$$

解　易见当$n\to\infty$时, $f_n(x)\to 0$, $x\in[0, 1]$, 且有

$$\sup_{x\in[0,1]}|f_n(x)-0|=|\alpha_n|(2n)^{-1}.$$

于是由定理 10.1.2 知, 当$\lim\limits_{n\to\infty}\alpha_n n^{-1}=0$时, $f_n(x)\Rightarrow 0$, $x\in[0, 1]$.

由推论 10.1.1 知, 当$\overline{\lim\limits_{n\to\infty}}|\alpha_n|n^{-1}>0$时, $f_n(x)$不一致收敛.

例 10.1.7　设$f_n(x)=x^n$, $x\in[0, 1]$, $n=1, 2, \cdots$. 证明$f_n(x)$在$[0, 1]$上不一致收敛.

证明　由例 10.1.2 知,

$$f_n(x)\xrightarrow{n\to\infty}f(x)=\begin{cases}0, & x\in[0,1),\\ 1, & x=1.\end{cases}$$

令$x_n=1-\frac{1}{n}$, $n=2, 3, \cdots$, 则有$f_n(x_n)=\left(1-\frac{1}{n}\right)^n\to\mathrm{e}^{-1}$. 于是当$n$充分大时, 有

$f_n(x_n) > (2e)^{-1}$.

由推论 10.1.1 即知 $f_n(x)$ 在 $[0, 1]$ 上不一致收敛.

习　题

1. 判断下列函数列是否一致收敛:

(1) $a_n(x) = \sqrt{x^2 + \frac{1}{n}}$, $x \in (-\infty, +\infty)$;

(2) $a_n(x) = \frac{x}{1 + nx^2}$, $x \in (-\infty, +\infty)$;

(3) $a_n(x) = \begin{cases} -(n+1)^2 x + 1, & 0 \leqslant x \leqslant \frac{1}{(n+1)^2} \\ 0, & \frac{1}{(n+1)^2} < x < 1, \end{cases}$ $n \geqslant 1$;

(4) $a_n(x) = \cos\frac{x}{n}$, $x \in (-\infty, +\infty)$.

2. 设 $\lim\limits_{n\to\infty}\alpha_n = +\infty$, $f(x): (a, b) \to \mathbf{R}$, 证明 $\frac{[\alpha_n f(x)]}{\alpha_n}$ 在 (a, b) 一致收敛.

10.2　函数项级数的一致收敛性

在 10.1 节的基础上，本节首先介绍函数项级数的一致收敛概念，然后讨论函数项级数的一致收敛判别方法.

定义 10.2.1　设 $f_n(x): D \subseteq \mathbf{R} \to \mathbf{R}$, $n = 1, 2, \cdots$, 用加号连接起来得到

$$f_1(x) + f_2(x) + \cdots + f_n(x) + \cdots,$$

称为一函数项级数，简记为 $\sum\limits_{n=1}^{\infty} f_n(x)$; $S_n(x) = \sum\limits_{i=1}^{n} f_i(x)$ 称为函数项级数 $\sum\limits_{n=1}^{\infty} f_n(x)$ 的前 n 项部分和. 如果 $\lim\limits_{n\to\infty} S_n(x) = S(x), x \in D$, 则称 $\sum\limits_{n=1}^{\infty} f_n(x)$ 在 D 上逐点收敛于 $S(x)$, $S(x)$ 也称为 $\sum\limits_{n=1}^{\infty} f_n(x)$ 的和函数, 记为 $S(x) = \sum\limits_{n=1}^{\infty} f_n(x)$; 如果 $S_n(x) \overset{n\to\infty}{\Longrightarrow} S(x), x \in D$, 则称 $\sum\limits_{n=1}^{\infty} f_n(x)$ 在 D 上一致收敛于 $S(x)$.

例 10.2.1　判断 $\sum\limits_{n=1}^{\infty} \frac{|x|}{(1 + |x|)^{n-1}}$ 是否在 $(-\infty, +\infty)$ 上一致收敛.

解　$S_n(0) = 0$,

$$S_n(x) = \sum_{i=1}^{n} \frac{|x|}{(1 + |x|)^{i-1}} = 1 + |x| - \frac{1}{(1 + |x|)^{n-1}},\ x \neq 0.$$

于是当 $n \to +\infty$ 时, 有 $S_n(0) \to 0$, $S_n(x) \to 1 + |x|$, $x \neq 0$.

$$\sup_{x\neq 0}\left|S_n(x)-1-|x|\right|=\sup_{x\neq 0}\frac{1}{(1+|x|)^{n-1}}\geqslant\frac{1}{\left(1+\frac{1}{n-1}\right)^{n-1}}\to\frac{1}{\mathrm{e}},\ n\to+\infty.$$

因此 $\sum_{n=1}^{\infty}\frac{|x|}{(1+|x|)^{n-1}}$ 在 $(-\infty,+\infty)$ 上不一致收敛.

由定义 10.2.1 以及定理 10.1.1 可得

定理 10.2.1 (Cauchy 准则)　$\sum_{n=1}^{\infty}f_n(x)$ 在 D 上一致收敛的充要条件是,对 $\forall\varepsilon>0$,存在 $N(\varepsilon)>0$, 当 $n>N$ 时, $\left|\sum_{i=n+1}^{n+p}f_i(x)\right|<\varepsilon$ 对 $\forall x\in D$ 成立, p 为任意正整数.

推论 10.2.1　如果 $|f_n(x)|\leqslant M_n$, $\forall x\in D$, $n\geqslant K$, K 为某一正整数, 且数项级数 $\sum_{n=1}^{\infty}M_n$ 收敛, 则 $\sum_{n=1}^{\infty}f_n(x)$ 在 D 上一致收敛.

定理 10.2.2 (Dirichlet)　如果 D 上函数列 $\{a_n(x)\}$, $\{b_n(x)\}$ 满足下列条件:

(1) $\{a_n(x)\}$ 为单调函数列, 即 $a_1(x)\geqslant a_2(x)\geqslant\cdots$ 或 $a_1(x)\leqslant a_2(x)\leqslant\cdots$, 且有 $a_n(x)\overset{n\to\infty}{\rightrightarrows}0, x\in D$;

(2) $S_n(x)=\sum_{i=1}^{n}b_i(x)$, $n=1,2,\cdots$, 为一致有界函数列

则 $\sum_{n=1}^{\infty}a_n(x)b_n(x)$ 在 D 上一致收敛.

证明　证明类似定理 9.3.2, 细节留给读者.

例 10.2.2　当 $0<\alpha<1$, 判断 $\sum_{n=1}^{\infty}\frac{\sqrt[n]{1+x}}{n}\cos nx$ 在 $(\alpha,\pi-\alpha)$ 上是否一致收敛.

解　令 $S_n(x)=\sum_{i=1}^{n}\cos ix$, 则有

$$2\sin\frac{x}{2}S_n(x)=\sum_{i=1}^{n}2\sin\frac{x}{2}\cos ix=\sum_{i=1}^{n}\left[\sin\left(i+\frac{1}{2}\right)x-\sin\left(i-\frac{1}{2}\right)x\right]$$

$$=\sin\left(n+\frac{1}{2}\right)x-\sin\frac{1}{2}x.$$

于是 $S_n(x)=\dfrac{\sin\left(n+\frac{1}{2}\right)x-\sin\frac{x}{2}}{2\sin\frac{x}{2}}$, 故有 $|S_n(x)|\leqslant\dfrac{1}{\sin\frac{\alpha}{2}}$.

又 $0<\dfrac{\sqrt[n]{1+x}}{n}<\dfrac{\sqrt[n]{\pi}}{n}\to 0$, 故有 $\dfrac{\sqrt[n]{1+x}}{n}\rightrightarrows 0$, $x\in(\alpha,\pi-\alpha)$.

易证 $\dfrac{\sqrt[n]{1+x}}{n}>\dfrac{\sqrt[n+1]{1+x}}{n+1}$, $n=1, 2, \cdots$.

由定理 10.2.2 知 $\sum_{n=1}^{\infty}\frac{\sqrt[n]{1+x}}{n}\cos nx$ 在 $(\alpha,\pi-\alpha)$ 上一致收敛.

定理 10.2.3 (Abel) 如果 D 上函数列 $\{a_n(x)\}$，$\{b_n(x)\}$ 满足下列条件：

(1) $\{a_n(x)\}$ 为一致有界的单调函数列；

(2) $\sum_{n=1}^{\infty} b_n(x)$ 在 D 上一致收敛.

则 $\sum_{n=1}^{\infty} a_n(x)b_n(x)$ 在 D 上一致收敛.

例 10.2.3 判断 $\sum_{n=1}^{\infty} \frac{(-1)^n}{x+n}$ 在 $[0,+\infty)$ 上是否一致收敛.

解 令 $a_n(x)=\frac{n}{x+n}$，$b_n(x)=\frac{(-1)^n}{n}$，易见 $a_1(x)\leqslant a_2(x)\leqslant\cdots$，$0<a_n(x)\leqslant 1$，且 $\sum_{n=1}^{+\infty}\frac{(-1)^n}{n}$ 一致收敛.

由定理 10.2.3 知，$\sum_{n=1}^{\infty} \frac{(-1)^n}{x+n}$ 在 $[0,+\infty)$ 上一致收敛.

习 题

1. 判断下列函数项级数是否一致收敛：

(1) $\sum_{n=1}^{+\infty} \frac{(-1)^{n+1}x^2}{(1+x^2)^n}$，$x\in(-\infty,+\infty)$；

(2) $\sum_{n=1}^{+\infty} \frac{n+1}{x^n}$，$x>r\geqslant 1$；

(3) $\sum_{n=1}^{+\infty} \frac{(-1)^n}{x^2+\sqrt{n}}$，$x\in(-\infty,+\infty)$；

(4) $\sum_{n=1}^{+\infty} \frac{x^2}{(x^2+1)^{n-1}}$，$x\in(-\infty,+\infty)$；

(5) $\sum_{n=1}^{+\infty} \frac{x^2}{(1+nx^2)[1+(n+1)x^2]}$，$x\in(0,+\infty)$；

(6) $\sum_{n=1}^{+\infty} (-1)^n\frac{x^{2n-1}}{2n-1}$，$x\in(-1,1)$.

2. $a_n(x):[a,b]\to\mathbf{R}$ 为单调函数，$n=1,2,\cdots$，且 $\sum_{n=1}^{+\infty}a_n(a)$，$\sum_{n=1}^{+\infty}a_n(b)$ 绝对收敛，证明 $\sum_{n=1}^{+\infty}a_n(x)$ 在 $[a,b]$ 上一致收敛.

3. $\lim_{n\to\infty}\alpha_n=0$，$a_n(x)=\begin{cases}\alpha_n, & x=\frac{1}{2n},\\ 0, & x\neq\frac{1}{2n},\end{cases}$ $n=1,2,\cdots$，证明 $\sum_{n=1}^{+\infty}a_n(x)$ 在 $[0,1]$ 上一致收敛.

4. 证明 $\sum_{n=1}^{+\infty}(-1)^n x^n(1-x)$ 在[0,1]上一致收敛且绝对收敛，但$\sum_{n=1}^{+\infty}x^n(1-x)$ 不一致收敛.

5. 证明定理 10. 2. 2.

6. 证明定理 10. 2. 3.

10.3　一致收敛函数列与函数项级数的性质

本节讨论一致收敛函数列的极限函数与一致收敛函数项级数和函数的连续性、可积性与可导性.

定理 10. 3. 1　如果$f_n(x)$：$[a, b]\to\mathbf{R}$ 连续，$n=1, 2, \cdots$，且$f_n(x)$在$[a, b]$上一致收敛于$f(x)$，则$f(x)$在$[a, b]$上连续.

证明　因为$f_n(x)$在$[a, b]$上一致收敛于$f(x)$，故对$\forall\varepsilon>0$，存在正整数$\mathrm{N}(\varepsilon)$，当$n>N$时，有$|f_n(x)-f(x)|<\frac{\varepsilon}{3}$，对$\forall x\in[a, b]$成立.

对任一$y\in[a, b]$，由于$f_{N+1}(x)$：$[a, b]\to\mathbf{R}$ 连续，所以一致连续. 因此对于上述$\varepsilon>0$，存在$\delta(\varepsilon)>0$，当$|x-y|<\delta(\varepsilon)$时，有$\left|f_{N+1}(x)-f_{N+1}(y)\right|<\frac{\varepsilon}{3}$.

此时有

$$\begin{aligned}|f(x)-f(y)|&\leqslant|f(x)-f_{N+1}(x)|+|f_{N+1}(x)-f_{N+1}(y)|+|f_{N+1}(y)-f(y)|\\&<\frac{\varepsilon}{3}+\frac{\varepsilon}{3}+\frac{\varepsilon}{3}=\varepsilon.\end{aligned}$$

因此$f(x)$在$[a, b]$上连续.

定理 10. 3. 2　如果$f_n(x)$：$[a,b]\to\mathbf{R}$ 连续，$n=1,2,\cdots$，且$f_n(x)$ 在$[a,b]$ 上一致收敛于$f(x)$，则有 $\lim_{n\to\infty}\int_a^b f_n(x)\mathrm{d}x=\int_a^b f(x)\mathrm{d}x$.

证明　首先由定理 10. 3. 1 知$f(x)$ 在$[a,b]$ 上连续，于是$\int_a^b f(x)\mathrm{d}x$ 有意义.

其次，对任意$\varepsilon>0$，存在$\mathrm{N}(\varepsilon)>0$，当$n>\mathrm{N}(\varepsilon)$时，有

$$|f_n(x)-f(x)|<\frac{\varepsilon}{b-a},\ \forall x\in[a,b].$$

于是有 $\left|\int_a^b f_n(x)\mathrm{d}x-\int_a^b f(x)\mathrm{d}x\right|\leqslant\int_a^b|f_n(x)-f(x)|\mathrm{d}x<\varepsilon.$

因此 $\lim_{n\to\infty}\int_a^b f_n(x)\mathrm{d}x=\int_a^b f(x)\mathrm{d}x$ 成立.

定理 10. 3. 3　如果$f_n(x)$：$[a, b]\to\mathbf{R}$ 具有连续导函数，$n=1, 2, \cdots$，$\lim_{n\to\infty}f_n(x_0)$存在，$f'_n(x)$在$[a, b]$上一致收敛，则$f_n(x)\overset{n\to\infty}{\Longrightarrow}f(x)$，$x\in[a, b]$，且有 $\lim_{n\to\infty}\frac{\mathrm{d}}{\mathrm{d}x}f_n(x)=f'(x)$.

证明 设 $\lim\limits_{n\to\infty}f_n(x_0)=a$，$f_n'(x)\Rightarrow g(x)$．由定理 10.3.2 可得

$$\int_{x_0}^{x} f'_n(x)\,\mathrm{d}x \to \int_{x_0}^{x} g(x)\,\mathrm{d}x.$$

于是再由 $f_n(x)=f_n(x_0)+\int_{x_0}^{x}f_n'(x)\,\mathrm{d}x$，$n=1,2,\cdots$，知 $\lim\limits_{n\to\infty}f_n(x)$ 存在，记为 $f(x)$，显然有 $f(x)=f(x_0)+\int_{x_0}^{x}g(x)\,\mathrm{d}x$.

又由定理 10.3.1 知 $g(x)$ 连续，故有 $f'(x)=g(x)$.

由定理 10.3.1—10.3.3 可得下面定理 10.3.4—10.3.6，证明细节留给读者．

定理 10.3.4 如果 $f_n(x):[a,b]\to\mathbf{R}$ 连续，$n=1,2,\cdots$，且 $\sum\limits_{n=1}^{\infty}f_n(x)$ 在 $[a,b]$ 上一致收敛于 $S(x)$，则 $S(x)$ 连续．

定理 10.3.5 如果 $f_n(x):[a,b]\to\mathbf{R}$ 连续，$n=1,2,\cdots$，且 $\sum\limits_{n=1}^{\infty}f_n(x)$ 在 $[a,b]$ 上一致收敛于 $S(x)$，则 $\int_a^b S(x)\,\mathrm{d}x=\sum\limits_{n=1}^{\infty}\int_a^b f_n(x)\,\mathrm{d}x$.

定理 10.3.6 如果 $f_n(x):[a,b]\to\mathbf{R}$ 具有连续导函数，$n=1,2,\cdots$，$\sum\limits_{n=1}^{\infty}f_n(x_0)$ 收敛，$\sum\limits_{n=1}^{\infty}f'_n(x)$ 在 $[a,b]$ 上一致收敛，则 $\sum\limits_{n=1}^{\infty}f_n(x)$ 在 $[a,b]$ 可导，且 $\dfrac{\mathrm{d}}{\mathrm{d}x}\left(\sum\limits_{n=1}^{\infty}f_n(x)\right)=\sum\limits_{n=1}^{\infty}f'_n(x)$.

习　题

1. 如果 $\sum\limits_{n=1}^{+\infty}\dfrac{1}{\beta_n^2}$ 收敛，$f(x)=\sum\limits_{n=1}^{+\infty}\dfrac{\cos(\beta_n x)}{\beta_n^3}$，$x\in(-\infty,+\infty)$，证明 $f(x)$，$f'(x)$ 在 $(-\infty,+\infty)$ 上连续．

2. 如果 $0<r<1$，$f(x)=\sum\limits_{n=1}^{+\infty}r^n\cos nx$，$x\in[0,2\pi]$，求 $\int_0^{2\pi}f(x)\,\mathrm{d}x$.

3. $f(x)=\lim\limits_{n\to\infty}f_n(x)$，讨论 $f(x)$ 在所给区间上的连续性、可积性与可导性，其中

(1) $f_n(x)=x\mathrm{e}^{-\alpha_n x}$，$x\in[-c,c]$，$c>0$，$n=1,2,\cdots$，$\lim\limits_{n\to\infty}\alpha_n=+\infty$；

(2) $f_n(x)=\dfrac{\beta_n x}{\beta_n x+1}$，$\beta_n>0$，$n=1,2,\cdots$，$\lim\limits_{n\to\infty}\beta_n=+\infty$，① $\in[0,+\infty)$；② $x\in[c,+\infty)$，$c>0$.

4. $f(x):[0,1]\to\mathbf{R}$ 连续，讨论 $\{x^n f(x):n\geqslant 1\}$ 在 $[0,1]$ 上的一致收敛性．

5. $\sum\limits_{n=1}^{+\infty}\alpha_n$ 收敛，$0<\beta_1<\beta_2<\cdots<\beta_n<\cdots$，$\lim\limits_{n\to\infty}\beta_n=+\infty$．证明

$$\lim_{x\to0^+}\frac{\alpha_n}{\beta_n^x}=\sum_{n=1}^{+\infty}\alpha_n.$$

6. 证明定理 10.3.6.

10.4　幂级数

形如$\sum\limits_{i=0}^{\infty} a_i(x-x_0)^i$的函数项级数称为幂级数. 在$\sum\limits_{i=0}^{\infty} a_i(x-x_0)^i$中，令$y=x-x_0$，便可得到 $\sum\limits_{i=0}^{\infty} a_i y^i$. 下面只针对幂级数$\sum\limits_{i=0}^{\infty} a_i x^i$讨论其收敛问题以及相关性质.

由$\sum\limits_{i=0}^{\infty} a_i x^i$的收敛点全体组成的集合称为收敛域.

定理 10.4.1　如果$\sum\limits_{i=0}^{\infty} a_i x^i$在$x=y\neq 0$处收敛，则$\sum\limits_{i=0}^{\infty} a_i x^i$对$\forall x\in(-|y|,|y|)$绝对收敛.

证明　对任一$x\in(-|y|,|y|)$，有$\sum\limits_{i=0}^{\infty}|a_i x^i| = \sum\limits_{i=0}^{\infty}|a_i y^i|\left|\dfrac{x}{y}\right|^i$. 又$\sum\limits_{i=0}^{\infty} a_i y^i$收敛，所以$(a_i y^i)$为有界数列. 显然有$\left|\dfrac{x}{y}\right|<1$，$\sum\limits_{i=0}^{\infty}\left|\dfrac{x}{y}\right|^i$收敛,于是$\sum\limits_{i=0}^{\infty} a_i x^i$绝对收敛.

由定理10.4.1知$\sum\limits_{i=0}^{\infty} a_i x^i$的收敛域除开端点外是一对称开区间$(-R,R)$，我们把$R$称为$\sum\limits_{i=0}^{\infty} a_i x^i$的收敛半径.

又由于$\overline{\lim\limits_{n\to\infty}}\sqrt[n]{|a_n x^n|}=\overline{\lim\limits_{n\to\infty}}\sqrt[n]{|a_n|}$, $|x|<1$时，$\sum\limits_{i=0}^{\infty} a_i x^i$收敛；

$\overline{\lim\limits_{n\to\infty}}\sqrt[n]{|a_n x^n|}=\overline{\lim\limits_{n\to\infty}}\sqrt[n]{|a_n|}$, $|x|>1$时，$\sum\limits_{i=0}^{\infty} a_i x^i$发散. 记$\rho=\overline{\lim\limits_{n\to\infty}}\sqrt[n]{|a_n|}$，于是有

定理 10.4.2　$\sum\limits_{i=0}^{\infty} a_i x^i$的收敛半径为

$$R=\begin{cases}\dfrac{1}{\rho}, & 0<\rho<+\infty,\\ 0, & \rho=+\infty,\\ +\infty, & \rho=0.\end{cases}$$

例 10.4.1　求$\sum\limits_{i=0}^{\infty}\dfrac{[5+(-1)^n]^n}{n}x^n$的收敛半径与收敛域.

解　因为$\overline{\lim\limits_{n\to\infty}}\sqrt[n]{\dfrac{[5+(-1)^n]^n}{n}}=6$，故$R=\dfrac{1}{6}$.

$x=\dfrac{1}{6}$时,$\sum\limits_{i=1}^{\infty}\dfrac{[5+(-1)^n]^n}{n}\left(\dfrac{1}{6}\right)^n$发散；$x=-\dfrac{1}{6}$时，$\sum\limits_{i=1}^{\infty}\dfrac{[5+(-1)^n]^n}{n}\left(-\dfrac{1}{6}\right)^n$发散. 于是得到收敛域为$\left(-\dfrac{1}{6},\dfrac{1}{6}\right)$.

10.4.1 幂级数性质

下面讨论幂级数和函数的连续性、可积性与可导性.

命题 10.4.1 如果 $\sum_{i=0}^{\infty} a_i x^i$ 的收敛半径为 $R>0$, 则 $\sum_{i=0}^{\infty} a_i x^i$ 在 $\forall\ [a,b]\subset(-R,R)$ 上一致收敛.

证明 对 $\forall[a,b]\subset(-R,R)$, 令 $c=\max\{|a|,|b|\}$, 则有 $\sum_{i=0}^{\infty}|a_i|c^i$ 收敛.

又 $|a_i x^i|\leqslant|a_i c^i|$, $i=1,2,\cdots$, 所以 $\sum_{i=0}^{\infty} a_i x^i$ 在 $[a,b]$ 上一致收敛.

命题 10.4.2 如果 $\sum_{i=0}^{\infty} a_i x^i$ 的收敛半径为 $R>0$, 且 $\sum_{i=0}^{\infty} a_i x^i$ 在 $x=R$ (或 $-R$) 处收敛, 则 $\sum_{i=0}^{\infty} a_i x^i$ 在 $[0,R]$(或 $[-R,0]$) 上一致收敛.

证明细节留给读者练习.

定理 10.4.3 幂级数 $\sum_{i=0}^{\infty} a_i x^i$, $\sum_{i=1}^{\infty} i a_i x^{i-1}$, $\sum_{i=0}^{\infty}\frac{a_i}{i+1}x^{i+1}$ 有相同收敛半径.

证明 由 1.3 节习题 7 知

$$\varlimsup_{n\to\infty}\sqrt[n]{na_n}=\varlimsup_{n\to\infty}\sqrt[n]{\frac{a_n}{n+1}}=\varlimsup_{n\to\infty}\sqrt[n]{a_n}.$$

故定理结论成立.

推论 10.4.1 幂级数 $\sum_{i=0}^{\infty} a_i x^i$ 在 $(-R,R)$ 内有任意阶导数且可逐项求导.

推论 10.4.2 幂级数 $\sum_{i=0}^{\infty} a_i x^i$ 在 $(-R,R)$ 的任何闭子区间上可积且可逐项积分.

例 10.4.2 求数项级数 $\sum_{n=1}^{\infty}\frac{1}{(n+1)2^n}$ 的和.

解 令 $S(x)=\sum_{n=1}^{\infty}\frac{x^{n+1}}{n+1}$, $x\in(-1,1)$. 则有

$$S'(x)=\sum_{n=1}^{\infty}x^n=\frac{x}{1-x},\ x\in(-1,1).$$

于是有
$$S(x)=\int_0^x\frac{t}{1-t}\mathrm{d}t=-x-\ln(1-x),\ x\in(-1,1).$$

因此
$$\sum_{n=1}^{\infty}\frac{1}{(n+1)2^n}=2\sum_{n=1}^{\infty}\frac{1}{(n+1)2^{n+1}}=2S\left(\frac{1}{2}\right)=2\ln2-1.$$

10.4.2 函数的幂级数展开

如果 $f(x)$ 在 x_0 的某一领域 $(a,\ b)$ 内有 $n+1$ 阶连续导数, 则由带 Lagrange 余项的

Taylor 公式得

$$f(x)=f(x_0)+f'(x_0)(x-x_0)+\frac{f''(x_0)}{2!}(x-x_0)^2+\cdots+\frac{f^{(n)}(x_0)}{n!}(x-x_0)^n$$
$$+\frac{f^{(n+1)}(\xi)}{(n+1)!}(x-x_0)^{n+1}.$$

当 $f(x)$ 在 x_0 的某一领域 $(a,\ b)$ 内有任意阶导数时，对任意 $x\in(a,\ b)$，是否有

$f(x)=f(x_0)+f'(x_0)(x-x_0)+\frac{f''(x_0)}{2!}(x-x_0)^2+\cdots+\frac{f^{(n)}(x_0)}{n!}(x-x_0)^n+\cdots$ 成立？

下例说明上面结论不一定成立．

设 $f(x)=\begin{cases} e^{-\frac{1}{x^2}}, & x\neq 0 \\ 0, & x=0 \end{cases}$．则有 $f(0)=0$，归纳可证 $f^{(n)}(0)=0$，$n=1,\ 2,\ \cdots$．于是有

$$f(0)+\sum_{n=1}^{\infty}\frac{f^{(n)}(0)}{n!}x^n\equiv 0\neq f(x).$$

称 $f(x_0)+f'(x_0)(x-x_0)+\frac{f''(x_0)}{2!}(x-x_0)^2+\cdots+\frac{f^{(n)}(x_0)}{n!}(x-x_0)^n+\cdots$ 为 $f(x)$ 的 Taylor 级数．关于 $f(x)$ 在什么条件下等于它的 Taylor 级数，下面定理给出了答案．

定理 10.4.4　设 $f(x)$ 在 x_0 的某一领域 $(a,\ b)$ 内有任意阶导数，则对 $\forall x\in(a,\ b)$，

$$f(x)=f(x_0)+f'(x_0)(x-x_0)+\frac{f''(x_0)}{2!}(x-x_0)^2+\cdots+\frac{f^{(n)}(x_0)}{n!}(x-x_0)^n+\cdots,$$

成立的充要条件是 $\lim\limits_{n\to\infty}R_n(x)=0$，其中 $R_n(x)$ 为 $f(x)$ 在 x_0 处的 Taylor 公式余项．

当 $x_0=0$ 时，$R_n(x)$ 可取下列积分型余项、Lagrange 型余项或者 Cauchy 型余项：

$$R_n(x)=\frac{1}{n!}\int_0^x f^{(n+1)}(t)(x-t)^n\mathrm{d}t,$$

$$R_n(x)=\frac{1}{(n+1)!}f^{(n+1)}(\xi)x^{n+1},\ \xi \text{ 介于 } 0 \text{ 与 } x \text{ 之间},$$

$$R_n(x)=\frac{1}{n!}f^{(n+1)}(\theta x)(1-\theta)^n x^{n+1},\ \theta \text{ 介于 } 0 \text{ 与 } 1 \text{ 之间}.$$

当 $f(x)$ 等于其 Taylor 级数时，就称 $f(x)$ 的 Taylor 级数为其 Taylor 展开式或幂级数展开式．特别 $x_0=0$ 时，$f(x)$ 的 Taylor 级数也称为 Maclaurin 级数．

容易验证下列幂级数展开式成立：

$$e^x=1+x+\frac{x^2}{2!}+\cdots+\frac{x^n}{n!}+\cdots,\ x\in(-\infty,+\infty).$$

$$\sin x=x-\frac{x^3}{3!}+\cdots+(-1)^{n-1}\frac{x^{2n-1}}{(2n-1)!}+\cdots,\ x\in(-\infty,+\infty).$$

$$\cos x=1-\frac{x^2}{2!}+\cdots+(-1)^n\frac{x^{2n}}{(2n)!}+\cdots,\ x\in(-\infty,+\infty).$$

例 10.4.3　设 $f(x)=\ln(1+x)$，求 $f(x)$ 在 $x_0=0$ 处的 Maclaurin 级数．

解 $$f^{(n)}(x)=(-1)^{n-1}\frac{(n-1)!}{(1+x)^n},$$

$$f^n(0)=(-1)^{n-1}(n-1)!.$$

$$|R_n(x)|=\left|\frac{1}{n!}(-1)^n\frac{n!}{(1+\theta x)^{n+1}}(1-\theta)^n x^{n+1}\right|=\frac{(1-\theta)^n}{(1+\theta x)^{n+1}}x^{n+1},\ \theta\in(0,1).$$

于是有 $\lim\limits_{n\to\infty}R_n(x)=0$，从而得到

$$\ln(1+x)=x-\frac{x^2}{2}+\cdots+(-1)^{n-1}\frac{x^n}{n}+\cdots,\ x\in(-1,1).$$

例 10.4.4 求 $f(x)=(1+x)^{\alpha}$，$\alpha\in\mathbf{R}$，在 $x_0=0$ 处的 Maclaurin 级数.

解 $f^{(n)}(x)=\alpha(\alpha-1)\cdots(\alpha-n+1)(1+x)^{\alpha-n}$，
采用积分型余项可得

$$R_n(x)=\frac{\alpha(\alpha-1)\cdots(\alpha-n)}{n!}(1+\xi)^{\alpha-n-1}(x-\xi)^n x,$$

ξ 介于 0 与 x 之间. 当 $|x|<1$ 时，

$$\left|\frac{x-\xi}{1+\xi}\right|=\frac{|x|-|\xi|}{1+\xi}\leqslant\frac{|x|-|\xi|}{1-|\xi|}=1-\frac{1-|x|}{1-|\xi|}\leqslant 1-(1-|x|)=|x|,$$

于是有 $$|R_n(x)|\leqslant\frac{|\alpha(\alpha-1)\cdots(\alpha-n)|}{n!}(1+\xi)^{\alpha-1}|x|^{n+1},$$

因此 $\lim\limits_{n\to\infty}R_n(x)=0$. 从而得

$$(1+x)^{\alpha}=1+\alpha x+\frac{\alpha(\alpha-1)}{2!}x^2+\cdots+\frac{\alpha(\alpha-1)\cdots(\alpha-n+1)}{n!}x^n+\cdots,\ |x|<1.$$

习 题

1. 求下列幂级数的收敛半径与收敛域：

(1) $\sum\limits_{n=1}^{+\infty}(n-2)x^{n+1}$； (2) $\sum\limits_{n=1}^{+\infty}\frac{(n!)^2}{(2n)!}x^n$；

(3) $\sum\limits_{n=1}^{+\infty}\frac{(x+1)^n}{(2n)!}$； (4) $\sum\limits_{n=1}^{+\infty}\frac{4^n+(-3)^n}{n}(x-2)^n$；

(5) $\sum\limits_{n=0}^{+\infty}\frac{[8+(-1)^n]^n}{n+1}x^n$.

2. 求下列级数的和函数：

(1) $\sum\limits_{n=1}^{+\infty}n^2x^n$； (2) $\sum\limits_{n=1}^{+\infty}\frac{x^n}{n^2}$；

(3) $a_0=a_1=1,a_{n+1}=a_n+\frac{2}{n+1}a_{n-1},n\geqslant1,\sum\limits_{n=0}^{+\infty}a_nx^n$；

(4) $a_0\neq0,d\neq0,a_n=a_{n-1}+d,n\geqslant1,\sum\limits_{n=0}^{+\infty}a_nx^n$.

3. 已知 $f(x)=\sum_{n=0}^{+\infty}a_nx^n$，$|x|<R$ 收敛，且 $\sum_{n=0}^{+\infty}\frac{a_n}{n+1}R^{n+1}$ 收敛．求 $\int_0^R f(x)\,dx$.

4. 求下列函数在 $x=0$ 处的幂级数展开式：

(1) $f(x)=e^{x^3}$；

(2) $\int_0^x \frac{\sin y}{y}dy$；

(3) $f(x)=\frac{e^x}{1+x}$，

(4) $f(x)=\arcsin x$.

第 11 章　Fourier 级数

由三角函数列 1，$\cos nx$，$\sin nx$，$n=1$，2，…生成的函数项级数

$$a+\sum_{n=1}^{\infty}(a_n\cos nx+b_n\sin nx)$$

称为三角级数．本章考虑一个周期函数是否可以表成一个三角级数的和函数问题，为此首先介绍周期函数的 Fourier 级数概念，再进一步讨论 Fourier 级数的收敛性问题．

11.1　Fourier 级数的概念

由力学知识知道，无阻尼自由振动的质点运动方程可表示为 $my''(t)=-ky(t)$，它的解为 $y(t)=A\sin(\omega_0 t+\varphi_0)$．这种运动称为简谐振动，它是一种简单的周期运动．多个简谐振动的叠加仍是周期运动．考虑无穷多个简谐振动的叠加 $A_0+\sum\limits_{n=1}^{\infty}A_n\sin(n\omega_0 t+\varphi_n)$，如果它是收敛级数，则其仍为周期运动．

注意到 $\sin(n\omega_0 t+\varphi_n)=\sin n\omega_0 t\cos\varphi_n+\cos n\omega_0 t\sin\varphi_n$，令 $x=\omega_0 t$，$a_0=2A_0, a_n=A_n\sin\varphi_n$，$b_n=A_n\cos\varphi_n$，$n=1,2,\cdots$，于是 $A_0+\sum\limits_{n=1}^{\infty}A_n\sin(n\omega_0 t+\varphi_n)$ 可改写为 $\dfrac{a_0}{2}+\sum\limits_{n=1}^{\infty}(a_n\cos nx+b_n\sin nx)$．它是由三角函数列 $1,\cos nx,\sin nx,n=1,2,\cdots$,生成的一个三角级数．当其收敛时，其和函数是 2π 周期函数．关于三角函数列，它有下面非常重要的特性，称之为三角函数列的正交性．

命题 11.1.1　三角函数列 1，$\cos nx$，$\sin nx$，$n=1$，2，…，满足下列结论

$$\int_{-\pi}^{\pi}\cos nx\mathrm{d}x=0,\quad \int_{-\pi}^{\pi}\sin nx\mathrm{d}x=0,\quad \int_{-\pi}^{\pi}\cos nx\sin mx\mathrm{d}x=0,n,m=1,2,\cdots,$$

$$\int_{-\pi}^{\pi}\cos nx\cos mx\mathrm{d}x=0,\quad \int_{-\pi}^{\pi}\sin nx\sin mx\mathrm{d}x=0,\ n\neq m,\ n,m=1,2,\cdots.$$

假设 $f(x)$ 是一 2π 周期可积函数，我们想要知道 $f(x)$ 是否是某一个三角级数 $\dfrac{a_0}{2}+\sum\limits_{n=1}^{\infty}(a_n\cos nx+b_n\sin nx)$ 的和函数．

为此我们先假设 $\dfrac{a_0}{2}+\sum\limits_{n=1}^{\infty}(a_n\cos nx+b_n\sin nx)$ 一致收敛于 $f(x)$，即

$$f(x)=\frac{a_0}{2}+\sum_{n=1}^{\infty}(a_n\cos nx+b_n\sin nx),$$

对 $x\in(-\infty,+\infty)$一致成立.

上式两边同乘 $\cos nx$，$n=0, 1, 2, \cdots$，在$[-\pi, \pi]$上逐项积分即得

$$a_n=\frac{1}{\pi}\int_{-\pi}^{\pi}f(x)\cos nx\mathrm{d}x.$$

同理两边同乘 $\sin nx$，在$[-\pi, \pi]$上逐项积分即得

$$b_n=\frac{1}{\pi}\int_{-\pi}^{\pi}f(x)\sin nx\mathrm{d}x, n=1,2,\cdots.$$

由上讨论，如果$f(x)$：$[-\pi, \pi]\to\mathbf{R}$ 可积，对于三角函数列 1，$\sin nx$，$\cos nx$，$n=1, 2, \cdots$，令

$$a_n=\frac{1}{\pi}\int_{-\pi}^{\pi}f(x)\cos nx\mathrm{d}x,$$

$$b_n=\frac{1}{\pi}\int_{-\pi}^{\pi}f(x)\sin nx\mathrm{d}x,$$

称为$f(x)$关于给定三角函数列的 Fourier 系数，简称为$f(x)$的 Fourier 系数.

以$f(x)$ 的 Fourier 系数为系数的三角函数级数$\frac{a_0}{2}+\sum_{n=1}^{\infty}(a_n\cos nx+b_n\sin nx)$ 称为$f(x)$ 的 Fourier 级数，简记为$f(x)\sim\frac{a_0}{2}+\sum_{n=1}^{\infty}(a_n\cos nx+b_n\sin nx)$.

易见当$f(x)$ 为奇函数时，有 $a_n=0$，$f(x)\sim\sum_{n=1}^{\infty}b_n\sin nx$；当$f(x)$ 为偶函数时，$b_n=0$，$f(x)\sim\frac{a_0}{2}+\sum_{n=1}^{\infty}a_n\cos nx$.

例 11.1.1　求$f(x)=\begin{cases}1, & x\in(0, \pi)\\ 0, & x=0\\ -1, & x\in[-\pi, 0)\end{cases}$ 的 Fourier 级数.

解　$a_n=\int_{-\pi}^{\pi}f(x)\cos nx\mathrm{d}x=0$,

$$b_n=\frac{1}{\pi}\int_{-\pi}^{\pi}f(x)\sin nx\mathrm{d}x=\frac{2}{\pi}\int_{0}^{\pi}\sin nx\mathrm{d}x=\frac{2}{n\pi}[1-(-1)^n], n=0,1,2,\cdots.$$

于是有

$$f(x)\sim\frac{4}{\pi}\sum_{n=1}^{\infty}\frac{1}{2n-1}\sin(2n-1)x.$$

习　题

1. 求下列函数的 Fourier 级数：

(1) $f(x)=\begin{cases}c_1, & -\pi<x<0\\ c_2, & 0\leqslant x<\pi\end{cases}$；

(2) $f(x) = |x|, x \in [-\pi, \pi]$.

11.2 Fourier 级数的收敛定理

本节讨论 Fourier 级数的收敛性. 为此需要介绍下面概念，它是 Fourier 级数收敛的一个重要条件.

定义 11.2.1 设 $f(x): [a, b] \to \mathbf{R}$，如果 $f(x)$ 在 $[a, b]$ 上除有限个第一类间断点外其导函数存在且连续，并且 $f'(x)$ 在这有限个第一类间断点处的左右极限存在，则称 $f(x)$ 在 $[a, b]$ 上分段光滑.

性质 11.2.1 如果 $f(x): [a, b] \to \mathbf{R}$ 分段光滑，则有下列结论:

(1) $f(x)$ 在 $[a, b]$ 上可积;

(2) $\lim\limits_{t\to 0^+}\dfrac{f(x+t)-f(x+0)}{t}$ 存在;

(3) $\lim\limits_{t\to 0^+}\dfrac{f(x-t)-f(x-0)}{-t}$ 存在.

结论(1) 显然，(2)，(3) 利用 Lagrange 中值定理再取极限即得结论.

在介绍 Fourier 级数收敛定理之前，我们还需做一系列准备工作.

引理 11.2.1 (Bessel 不等式) 如果 $f(x)$ 在 $[-\pi, \pi]$ 上可积，a_0，a_n，b_n，$n \geqslant 1$ 为 $f(x)$ 的 Fourier 系数，则有

$$\frac{a_0^2}{2} + \sum_{n=1}^{\infty}(a_n^2 + b_n^2) \leqslant \frac{1}{\pi}\int_{-\pi}^{\pi} f^2(x)\,\mathrm{d}x.$$

证明 令 $S_n(x) = \dfrac{a_0}{2} + \sum\limits_{i=1}^{n}(a_i \cos ix + b_i \sin ix)$，$n = 1, 2\cdots$. 则有

$$0 \leqslant \int_{-\pi}^{\pi}(f(x) - S_n(x))^2\mathrm{d}x = \int_{-\pi}^{\pi} f^2(x)\,\mathrm{d}x - 2\int_{-\pi}^{\pi} f(x) S_n(x)\,\mathrm{d}x + \int_{-\pi}^{\pi} S_n^2(x)\,\mathrm{d}x.$$

逐项积分可得

$$\int_{-\pi}^{\pi} f(x) S_n(x)\,\mathrm{d}x = \frac{\pi a_0^2}{2} + \pi\sum_{i=1}^{n}(a_i^2 + b_i^2).$$

由命题 11.1.1 得

$$\int_{-\pi}^{\pi} S_n^2(x)\,\mathrm{d}x = \int_{-\pi}^{\pi}\left[\frac{a_0^2}{4} + \sum_{i=1}^{n}(a_i^2\cos^2 ix + b_i^2\sin^2 ix)\right]\mathrm{d}x = \frac{\pi}{2}a_0^2 + \pi\sum_{i=1}^{n}(a_i^2 + b_i^2).$$

综上即得 $\dfrac{a_0^2}{2} + \sum\limits_{n=1}^{\infty}(a_n^2 + b_n^2) \leqslant \dfrac{1}{\pi}\int_{-\pi}^{\pi} f^2(x)\,\mathrm{d}x$.

推论 11.2.1 (Riemann - Lebesgue 引理) 如果 $f(x)$ 在 $[-\pi, \pi]$ 上可积，则有

$$\lim_{n\to\infty}\int_{-\pi}^{\pi} f(x)\cos nx\,\mathrm{d}x = 0, \lim_{n\to\infty}\int_{-\pi}^{\pi} f(x)\sin nx\,\mathrm{d}x = 0.$$

推论 11.2.2 如果 $f(x)$ 在 $[-\pi, \pi]$ 上可积，$\alpha \in \mathbf{R}$，则有

$$\lim_{n\to\infty}\int_0^{\pi} f(x)\cos(n+\alpha)x\mathrm{d}x = 0,$$

$$\lim_{n\to\infty}\int_0^{\pi} f(x)\sin(n+\alpha)x\mathrm{d}x = 0.$$

证明　令 $F_1(x)=\begin{cases} f(x)\cos\alpha x, & x\in[-\pi,0],\\ 0, & x\in(0,\pi],\end{cases}$ $F_2(x)=\begin{cases} f(x)\sin\alpha x, & x\in[-\pi,0],\\ 0, & x\in(0,\pi].\end{cases}$

由推论 11.2.1 知结论成立.

我们有下面更为一般的结论.

命题 11.2.1（Riemann 引理）　如果 $f(x)$: $[a, b]\to\mathbf{R}$ 可积，则有

$$\lim_{p\to\infty}\int_a^b f(x)\cos px\mathrm{d}x = 0,$$

$$\lim_{p\to\infty}\int_a^b f(x)\sin px\mathrm{d}x = 0.$$

证明　由 $f(x)$ 可积知，对 $\forall\varepsilon>0$，存在划分 T: $x_0=a<x_1<\cdots<x_n=b$，$\Delta_T=\max\limits_{1\leqslant i\leqslant n}\{\Delta x_i\}$，使得 $\sum\limits_{i=1}^{n}\omega_i\Delta x_i<\varepsilon$，其中 $\omega_i=M_i-m_i$，$m_i=\inf\limits_{x\in[x_{i-1},x_i]}f(x)$，$M_i=\sup\limits_{x\in[x_{i-1},x_i]}f(x)$，$i=1, 2, \cdots, n$.

$$\left|\int_a^b f(x)\cos px\mathrm{d}x-\sum_{i=1}^{n}\int_{x_{i-1}}^{x_i}m_i\cos px\mathrm{d}x\right| = \left|\sum_{i=1}^{n}\int_{x_{i-1}}^{x_i}(f(x)-m_i)\cos px\mathrm{d}x\right|$$

$$\leqslant\sum_{i=1}^{n}\omega_i\Delta x_i<\varepsilon.$$

当 $p\to\infty$ 时，$\sum\limits_{i=1}^{n}m_i\int_{x_{i-1}}^{x_i}\cos px\mathrm{d}x=\sum\limits_{i=1}^{n}m_i\dfrac{\sin px_i-\sin px_{i-1}}{p}\to 0$，因此有

$$\lim_{p\to\infty}\int_a^b f(x)\cos px\mathrm{d}x = 0.$$

同理可得 $\lim\limits_{p\to\infty}\int_a^b f(x)\sin px\mathrm{d}x = 0$.

引理 11.2.2　如果周期为 2π 的周期函数 $f(x)$ 在 $[-\pi, \pi]$ 可积，则其 Fourier 级数的部分和函数

$$S_n(x) = \frac{1}{\pi}\int_{-\pi}^{\pi} f(x+t)\frac{\sin\left(n+\dfrac{1}{2}\right)}{2\sin\dfrac{t}{2}}\mathrm{d}t,\ n=1,2,\cdots.$$

证明

$$\begin{aligned} S_n(x) &= \frac{a_0}{2}+\sum_{i=1}^{n}(a_i\cos ix+b_i\sin ix)\\ &= \frac{1}{\pi}\int_{-\pi}^{\pi}\left[\frac{1}{2}f(y)+\sum_{i=1}^{n}(f(y)\cos iy\cos ix+f(y)\sin iy\sin ix)\right]\mathrm{d}y\\ &= \frac{1}{\pi}\int_{-\pi}^{\pi}f(y)\left[\frac{1}{2}+\sum_{i=1}^{n}(\cos iy\cos ix+\sin iy\sin ix)\right]\mathrm{d}y\\ &= \frac{1}{\pi}\int_{-\pi}^{\pi}f(y)\left[\frac{1}{2}+\sum_{i=1}^{n}\cos i(y-x)\right]\mathrm{d}y. \end{aligned}$$

令 $t=y-x$，即得

$$S_n(x)=\frac{1}{\pi}\int_{-\pi-x}^{\pi-x}f(t+x)\left[\frac{1}{2}+\sum_{i=1}^{n}\cos it\right]dt.$$

又周期函数在任一周期区间上的积分相等，于是有

$$S_n(x)=\frac{1}{\pi}\int_{-\pi}^{\pi}f(t+x)\left[\frac{1}{2}+\sum_{i=1}^{n}\cos it\right]dt.$$

因为 $\frac{1}{2}+\sum_{i=1}^{n}\cos it=\frac{\sin\left(n+\frac{1}{2}\right)t}{2\sin\frac{t}{2}}$，因此有

$$S_n(x)=\frac{1}{\pi}\int_{-\pi}^{\pi}f(x+t)\frac{\sin\left(n+\frac{1}{2}\right)}{2\sin\frac{t}{2}}dt.$$

有了上述准备工作，现在正式介绍 Fourier 级数的收敛定理与证明．

定理 11.2.1 如果 2π 周期函数 $f(x)$ 在 $[-\pi,\pi]$ 分段光滑，则其 Fourier 级数

$$\frac{a_0}{2}+\sum_{n=1}^{\infty}(a_n\cos nx+\sin nx)=\frac{f(x^-)+f(x^+)}{2}.$$

证明 由引理 11.2.2，分别证明

$$\lim_{n\to\infty}\frac{1}{\pi}\int_{0}^{\pi}f(x+t)\frac{\sin\left(n+\frac{1}{2}\right)}{2\sin\frac{t}{2}}dt=\frac{f(x^+)}{2},$$

$$\lim_{n\to\infty}\frac{1}{\pi}\int_{-\pi}^{0}f(x+t)\frac{\sin\left(n+\frac{1}{2}\right)}{2\sin\frac{t}{2}}dt=\frac{f(x^-)}{2}.$$

注意到 $\int_0^{\pi}\frac{\sin\left(n+\frac{1}{2}\right)t}{2\sin\frac{t}{2}}dt=\int_0^{\pi}\left(\frac{1}{2}+\sum_{i=1}^{n}\cos it\right)dt=\frac{\pi}{2}$，只需证明

$$\lim_{n\to\infty}\int_{0}^{\pi}[f(x+t)-f(x^+)]\frac{\sin\left(n+\frac{1}{2}\right)}{2\sin\frac{t}{2}}dt=0.$$

$$\lim_{n\to\infty}\int_{-\pi}^{0}[f(x+t)-f(x^-)]\frac{\sin\left(n+\frac{1}{2}\right)}{2\sin\frac{t}{2}}dt=0$$

令 $F(t)=\begin{cases}\frac{f(x+t)-f(x+0)}{2\sin\frac{t}{2}}, & t\in(0,\pi],\\ f'(x+0), & t=0\end{cases}$．则 $F(t)$ 在 $[0,\pi]$ 上只有有限个第一类间断点，

因此可积．于是由推论 11.2.2 知

$$\lim_{n\to\infty}\int_0^{\pi}[f(x+t)-f(x+0)]\frac{\sin\left(n+\frac{1}{2}\right)}{2\sin\frac{t}{2}}\mathrm{d}t=0.$$

同理可证 $\lim\limits_{n\to\infty}\int_{-\pi}^{0}[f(x+t)-f(x-0)]\dfrac{\sin\left(n+\frac{1}{2}\right)}{2\sin\frac{t}{2}}\mathrm{d}t=0.$

于是定理 11.2.1 结论成立．

推论 11.2.3　如果 2π 周期函数 $f(x)$ 在 $[-\pi,\pi]$ 分段光滑且连续，则其 Fourier 级数

$$\frac{a_0}{2}+\sum_{n=1}^{\infty}(a_n\cos nx+b_n\sin nx)=f(x).$$

习　题

1. 设 $f(x),f_i(x):[0,T]\to\mathbf{R}$, $i=1,2,\cdots,n$, 满足 $\int_0^T f^2(x)\mathrm{d}x<+\infty$,

$$\int_0^T f_i(x)f_j(x)\mathrm{d}x=\begin{cases}0,i\neq j,\\1,i=j.\end{cases}\ ,\ i,j=1,2,\cdots,n.$$

证明存在 $g(x)$: $[0,T]\to\mathbf{R}$, 使得 $\int_0^T g^2(x)\mathrm{d}x<+\infty$, $\int_0^T(f(x)-g(x))f_i(x)\mathrm{d}x=0$, $i=1$, $2,\cdots,n$, $\int_0^T f^2(x)\mathrm{d}x=\int_0^T g^2(x)\mathrm{d}x+\int_0^T(f(x)-g(x))^2\mathrm{d}x.$

2. 设 2π周期函数 $f(x)=\dfrac{c}{2\pi}x$, $x\in[0,2\pi]$, 求 $f(x)$ 的 Fourier 展开式．

3. 设 2π周期函数 $f(x)=\begin{cases}0, & x\in(-\pi,-\tau)\cup(\tau,\pi)\\h, & x\in[-\tau,\tau]\end{cases}$．求 $f(x)$ 的 Fourier 展开式．

4. 求 $f(x)=\begin{cases}-\dfrac{\pi}{4}, & -\pi<x<0\\\dfrac{\pi}{4}, & 0\leqslant x<\pi\end{cases}$ 的 Fourier 展开式，并证明

$$\frac{\pi}{4}=1-\frac{1}{3}+\frac{1}{5}-\frac{1}{7}+\cdots.$$

5. 设 $f(x)$: $(a,b)\to\mathbf{R}$, 且 $\int_a^b f(x)\mathrm{d}x$ 绝对收敛．证明

$$\lim_{p\to\infty}\int_a^b f(x)\cos px\mathrm{d}x=0,\quad \lim_{p\to\infty}\int_a^b f(x)\sin px\mathrm{d}x=0.$$

11.3 任意 $2T$ 周期函数的 Fourier 级数

利用前面两节的工作，我们可以轻松得到任意周期函数的 Fourier 级数及其收敛性．设 $f(x+2T)=f(x)$，$T>0$ 为某一正数，$f(x)$ 在 $[-T, T]$ 上可积．

令 $g(x)=f\left(\frac{Tx}{\pi}\right)$，则 $g(x)$ 为 2π 周期函数．于是有

$$f\left(\frac{Tx}{\pi}\right)\sim\frac{a_0}{2}+\sum_{n=1}^{\infty}(a_n\cos nx+b_n\sin nx).$$

因此有

$$f(x)\sim\frac{a_0}{2}+\sum_{n=1}^{\infty}\left(a_n\cos\frac{n\pi x}{T}+b_n\sin\frac{n\pi x}{T}\right),$$

其中

$$a_n=\frac{1}{\pi}\int_{-\pi}^{\pi}f\left(\frac{Tx}{\pi}\right)\cos nx\mathrm{d}x=\frac{1}{T}\int_{-T}^{T}f(x)\cos\frac{n\pi x}{T}\mathrm{d}x,\ n=0,1,2,\cdots,$$

$$b_n=\frac{1}{\pi}\int_{-\pi}^{\pi}f\left(\frac{Tx}{\pi}\right)\sin nx\mathrm{d}x=\frac{1}{T}\int_{-T}^{T}f(x)\sin\frac{n\pi x}{T}\mathrm{d}x,\ n=1,2,\cdots.$$

由定理 11.2.1，可以得到

定理 11.3.1 如果 $2T$ 周期函数 $f(x)$ 在 $[-T, T]$ 上分段光滑，则有

$$\frac{a_0}{2}+\sum_{n=1}^{\infty}\left(a_n\cos\frac{n\pi x}{T}+b_n\sin\frac{n\pi x}{T}\right)=\frac{f(x^-)+f(x^+)}{2}.$$

例 11.3.1 求 $f(x)=\begin{cases}0, & x\in[-3,0),\\ 2, & x\in[0,3)\end{cases}$ 的 Fourier 展开式．

解

$$a_0=\frac{1}{3}\int_0^3 2\mathrm{d}x=2,$$

$$a_n=\frac{1}{3}\int_0^3 2\cos\frac{n\pi x}{3}\mathrm{d}x=\frac{2}{n\pi}\sin\frac{n\pi x}{3}\Big|_0^3=0,\ n=1,2,\cdots$$

$$b_n=\frac{1}{3}\int_0^3 2\sin\frac{n\pi x}{3}\mathrm{d}x=-\frac{2}{n\pi}\cos\frac{n\pi x}{3}\Big|_0^3$$

$$=\frac{2}{n\pi}(1-(-1)^n)=\begin{cases}\dfrac{4}{(2k-1)\pi}, & n=2k-1,\\ 0, & n=2k.\end{cases}$$

于是有

$$1+\frac{4}{\pi}\sum_{k=1}^{+\infty}\frac{1}{2k-1}\sin\frac{(2k-1)\pi x}{3}=\begin{cases}f(x), & x\in(-3,0)\cup(0,3),\\ 1, & x=0,\pm 3.\end{cases}$$

习　题

1. 求 2π 周期函数 $f(x)=|\sin x|$ 的 Fourier 展开式．
2. 将 $f(x)=\frac{\pi}{2}-x$ 在 $[0,\pi]$ 上展开成余弦级数．

3. 将$f(x)=(x-1)^2$在$(0, 1)$上展开成余弦级数.

4. 将$\left(0, \frac{\pi}{2}\right)$上可积函数$f(x)$作适当延拓使得$f(x)$在$(-\pi, \pi)$上的 Fourier 级数为下列形式：

(1) $f(x) \sim \sum\limits_{n=1}^{+\infty} a_n \cos(2n-1)x$;

(2) $f(x) \sim \sum\limits_{n=1}^{+\infty} b_n \sin(2n-1)x$.

5. 设$f(x)$：$[-T, T] \to \mathbf{R}$可积，证明$f(x)$在$[-T, T]$上的 Fourier 系数满足：

(1)如果$f(x+T)=f(x)$，则$a_{2n-1}=b_{2n-1}=0$;

(2)如果$f(x+T)=-f(x)$，则$a_{2n}=b_{2n}=0$.

第 12 章　多元函数的极限与连续性

在现实生活与生产以及科研过程中，我们常常会遇到诸如温度的变化、最佳的投入与产出、气体与液体的流动、外力引起的振动、磁场的变化、爆炸产生的冲击波、天体的运动等一系列复杂的问题．一元函数的知识与理论已经不能解决这些复杂问题，为此，我们需要进一步学习多元函数的知识与理论．本章介绍多元函数的极限与连续理论．

12.1　*n* 维欧氏空间的点集与点列收敛

由 n 元实数数组组成的全体记为→$\mathbf{R}^n=\{(x_1, x_2, \cdots, x_n): x_i\in\mathbf{R}, i=1, 2, \cdots, n\}$，$n\geqslant 2$. 其上定义了如下的向量加法与数乘：

(1) $\boldsymbol{x}+\boldsymbol{y}=(x_1+y_1, x_2+y_2, \cdots, x_n+y_n)$，$\forall \boldsymbol{x}=(x_1, x_2, \cdots, x_n)$，$\boldsymbol{y}=(y_1, y_2, \cdots, y_n)\in\mathbf{R}^n$；

(2) $k\boldsymbol{x}=(kx_1, kx_2, \cdots, kx_n)$，$\forall \boldsymbol{x}=(x_1, x_2, \cdots, x_n)\in\mathbf{R}^n$，$k\in\mathbf{R}$.

进一步，定义了 $\mathbf{R}^n\times\mathbf{R}^n\to\mathbf{R}$ 的函数

$$(\boldsymbol{x},\boldsymbol{y})=\sum_{i=1}^{n}x_iy_i,\ \boldsymbol{x}=(x_1,x_2,\cdots,x_n),\ \boldsymbol{y}=(y_1,y_2,\cdots,y_n)\in\mathbf{R}^n,$$

称为 $\mathbf{R}^n$ 上内积，此时称 $\mathbf{R}^n$ 为 n 维欧氏空间．

注　$(\boldsymbol{x}, \boldsymbol{y})$有时也记为 $\boldsymbol{x}\cdot\boldsymbol{y}$.

在 $\mathbf{R}^n$ 上定义

$$\|\boldsymbol{x}\|=\sqrt{\sum_{i=1}^{n}{}_{i}^{2}},\ \boldsymbol{x}=(x_1,x_2,\cdots,x_n)\in\mathbf{R}^n.$$

称为向量 $\boldsymbol{x}$ 的长度，也称为 $\boldsymbol{x}$ 的范数，

引理 12.1.1（Cauchy-Schwarz **不等式**）　$|(\boldsymbol{x}, \boldsymbol{y})|\leqslant\|\boldsymbol{x}\|\ \|\boldsymbol{y}\|$，$\forall\boldsymbol{x}, \boldsymbol{y}\in\mathbf{R}^n$.

证明　若 $\boldsymbol{x}=\mathbf{0}$ 或 $\boldsymbol{y}=\mathbf{0}$，则结论成立．

可设 $\boldsymbol{x}\neq\mathbf{0}$，$\boldsymbol{y}\neq\mathbf{0}$. 由 $(\boldsymbol{x}+\lambda\boldsymbol{y}, \boldsymbol{x}+\lambda\boldsymbol{y})\geqslant 0$，$\forall\boldsymbol{x}, \boldsymbol{y}\in\mathbf{R}^n$，知

$$(\boldsymbol{x},\boldsymbol{x})+2\lambda(\boldsymbol{x},\boldsymbol{y})+\lambda^2(\boldsymbol{y},\boldsymbol{y})\geqslant 0,\ \forall\boldsymbol{x},\boldsymbol{y}\in\mathbf{R}^n,\ \lambda\in\mathbf{R}.$$

令 $\lambda=-\dfrac{(\boldsymbol{x}, \boldsymbol{y})}{(\boldsymbol{y}, \boldsymbol{y})}$，得 $(\boldsymbol{x}, \boldsymbol{x})-\dfrac{(\boldsymbol{x}, \boldsymbol{y})^2}{(\boldsymbol{y}, \boldsymbol{y})}\geqslant 0$. 故有$|(\boldsymbol{x}, \boldsymbol{y})|\leqslant\|\boldsymbol{x}\|\ \|\boldsymbol{y}\|$.

容易验证

(1) $\|\boldsymbol{x}\|=0\Leftrightarrow\boldsymbol{x}=\mathbf{0}$；

(2) $\|k\boldsymbol{x}\|=|k|\,\|\boldsymbol{x}\|$，$\forall k\in\mathbf{R}$，$\boldsymbol{x}\in\mathbf{R}^n$；

(3) $\|\boldsymbol{x}+\boldsymbol{y}\|\leqslant\|\boldsymbol{x}\|+\|\boldsymbol{y}\|$，$\forall\boldsymbol{x},\ \boldsymbol{y}\in\mathbf{R}^n$.

在 $\mathbf{R}^n\times\mathbf{R}^n$ 上定义

$$d(\boldsymbol{x},\boldsymbol{y})=\sqrt{\sum_{i=1}^{n}(x_i-y_i)^2},\ \forall\boldsymbol{x}=(x_1,x_2,\cdots,x_n),\boldsymbol{y}=(y_1,y_2,\cdots,y_n)\in\mathbf{R}^n,$$

称为 $\boldsymbol{x}$ 与 $\boldsymbol{y}$ 之间的距离.

显然有 $d(\boldsymbol{x},\ \boldsymbol{y})=\|\boldsymbol{x}-\boldsymbol{y}\|$，$\boldsymbol{x},\ \boldsymbol{y}\in\mathbf{R}^n$.

容易验证

(1) $d(\boldsymbol{x},\ \boldsymbol{y})\geqslant 0$，$\forall\boldsymbol{x},\ \boldsymbol{y}\in\mathbf{R}^n$，$d(\boldsymbol{x},\ \boldsymbol{y})=0\Leftrightarrow\boldsymbol{x}=\boldsymbol{y}$;

(2) $d(\boldsymbol{x},\ \boldsymbol{y})=d(\boldsymbol{y},\ \boldsymbol{x})$;

(3) $d(\boldsymbol{x},\ \boldsymbol{y})\leqslant d(\boldsymbol{x},\ z)+d(z,\ \boldsymbol{y})$，$\forall\boldsymbol{x},\ \boldsymbol{y},\ z\in\mathbf{R}^n$.

设 $\boldsymbol{x}_0\in\mathbf{R}^n$，$r>0$，把 $B(\boldsymbol{x}_0,\ r)=\{\boldsymbol{x}\in\mathbf{R}^n:\ d(\boldsymbol{x}_0,\ \boldsymbol{x})<r\}$ 称为以 x_0 为心，r 为半径的开球邻域.

把 $\{\boldsymbol{x}\in\mathbf{R}^n:\ |x_i-x_i^0|<r,\ i=1,\ 2,\ \cdots,\ n\}$ 称为以 $\boldsymbol{x}_0$ 为心，r 为半径的方形邻域，其中 $\boldsymbol{x}=(x_1,\ x_2,\ \cdots,\ x_n)$，$\boldsymbol{x}_0=(x_1^0,\ x_2^0,\ \cdots,\ x_n^0)$.

定义 12.1.1　$U\subset\mathbf{R}^n$，$\boldsymbol{x}_0\in U$，如存在 $r>0$，使得 $B(\boldsymbol{x}_0,\ r)\subset U$，则称 $\boldsymbol{x}_0$ 是 U 之一内点；如果 U 的每一个点都是内点，则称 U 是 $\mathbf{R}^n$ 的一个开子集，简称开集；如果集合 V 的补集 V^c 是开集，则称 V 是闭集.

定义 12.1.2　$A\subset\mathbf{R}^n$，$\boldsymbol{x}_0\in\mathbf{R}^n$，如果对 $\forall r>0$，$B(\boldsymbol{x}_0,\ r)\cap A\setminus\{\boldsymbol{x}_0\}\neq\varnothing$，则称 $\boldsymbol{x}_0$ 是 A 的一个聚点，A 的聚点全体记为 A'，称 $\overline{A}=A\cup A'$ 为 A 的闭包；如果对 $\forall r>0$，$B(\boldsymbol{x}_0,\ r)\cap A\neq\varnothing$，$B(\boldsymbol{x}_0,\ r)\cap A^c\neq\varnothing$，则称 $\boldsymbol{x}_0$ 为 A 的边界点，A 的边界点全体记为 ∂A；如果对 $\exists r>0$，使得 $B(\boldsymbol{x}_0,\ r)\cap A=\{\boldsymbol{x}_0\}$，则称 $\boldsymbol{x}_0$ 为 A 的孤立点.

命题 12.1.1　A 为闭集的充要条件是 $A=\overline{A}$.

定义 12.1.3　$A\subset\mathbf{R}^n$，称 $\mathrm{diam}(A)=\sup\limits_{\boldsymbol{x},\boldsymbol{y}\in A}d(\boldsymbol{x},\ \boldsymbol{y})$ 为集合 A 的直径；如果 $\mathrm{diam}(A)<+\infty$，则称 A 为有界集.

命题 12.1.2　A 有界的充要条件是，存在 $L>0$，使得 $\|\boldsymbol{x}\|\leqslant L$ 对 $\forall\boldsymbol{x}\in A$ 成立.

证明细节留给读者.

定义 12.1.4　$\boldsymbol{p}_i\in\mathbf{R}^n$，$\boldsymbol{p}_0\in\mathbf{R}^n$，如果 $\lim\limits_{i\to\infty}d(\boldsymbol{p}_i,\ \boldsymbol{p}_0)=0$，则称当 $i\to\infty$ 时 $\boldsymbol{p}_i\to\boldsymbol{p}_0$，记为 $\boldsymbol{p}_0=\lim\limits_{i\to\infty}\boldsymbol{p}_i$.

命题 12.1.3　$\boldsymbol{p}_i=(x_1^i,\ x_2^i,\ \cdots,\ x_n^i)$，$i=1,\ 2,\ \cdots$，$\boldsymbol{p}_0=(x_1^0,\ x_2^0,\ \cdots,\ x_n^0)$，则 $\lim\limits_{i\to\infty}\boldsymbol{p}_i=\boldsymbol{p}_0$ 的充要条件是 $\lim\limits_{i\to\infty}x_j^i\to x_j^0$，$j=1,\ 2,\ \cdots,\ n$.

证明细节留给读者.

定理 12.1.1　$\lim\limits_{n\to\infty}\boldsymbol{p}_n$ 存在的充要条件是，对 $\forall\varepsilon>0$，存在 $\mathrm{N}(\varepsilon)>0$，当 $n,\ m>N$ 时，有 $d(\boldsymbol{p}_n,\ \boldsymbol{p}_m)<\varepsilon$ 成立.

证明细节留给读者.

定理 12.1.2　如果 $A_1\supseteq A_2\supseteq\cdots\supseteq A_n\supseteq\cdots$ 为一列非空有界闭集，且 $\lim\limits_{n\to\infty}\mathrm{diam}(A_n)=0$，则

$\cap_{n=1}^{\infty} A_n$ 包含唯一一点.

证明 任取 $\boldsymbol{p}_n \in A_n$, $n=1, 2, \cdots$, 则有 $d(\boldsymbol{p}_n, \boldsymbol{p}_{n+m}) \leqslant \operatorname{diam}(A_n)$, $n, m \in \mathbf{N}$. 于是有 $\lim\limits_{n\to\infty} d(\boldsymbol{p}_n, \boldsymbol{p}_{n+m})=0$, $\forall m \in \mathbf{N}$.

由定理 12.1.1, 可设 $\lim\limits_{n\to\infty} \boldsymbol{p}_n = \boldsymbol{p}$. 注意到 $\boldsymbol{p}_k \in A_n$, $k \geqslant n$, 以及 A_n 是闭集, 故有 $\boldsymbol{p} \in A_n$, $n=1,2,\cdots$.

最后设 $\boldsymbol{p}$, $\boldsymbol{q} \in \cap_{n\geqslant 1} A_n$, 则有 $\operatorname{diam}(B_n) \leqslant \dfrac{\operatorname{diam}(Q)}{2^n} \xrightarrow{n\to\infty} 0$. 因此 $\boldsymbol{p}=\boldsymbol{q}$.

引理 12.1.2 $\boldsymbol{p} \in A' \Leftrightarrow \exists \boldsymbol{p}_n \in A \setminus \{\boldsymbol{p}\}$, $n=1, 2, \cdots$, 使得 $\lim\limits_{n\to\infty} \boldsymbol{p}_n = \boldsymbol{p}$.

证明 必要性. 设 $\boldsymbol{p} \in A'$, 则对 $r_n = \dfrac{1}{n}$, $n=1, 2, \cdots$, 有 $B(\boldsymbol{p}, r_n) \cap (A \setminus \{\boldsymbol{p}\}) \neq \varnothing$. 取 $\boldsymbol{p}_n \in B(\boldsymbol{p}, r_n) \cap (A \setminus \{\boldsymbol{p}\})$, 易见 $\lim\limits_{n\to\infty} \boldsymbol{p}_n = \boldsymbol{p}$.

充分性. 对任意 $r>0$, 由 $\lim\limits_{n\to\infty} d(\boldsymbol{p}_n, \boldsymbol{p})=0$ 知, 存在 N, 当 $n>N$ 时, $d(\boldsymbol{p}_n, \boldsymbol{p})<r$. 由已知条件 $\boldsymbol{p}_n \in A \setminus \{\boldsymbol{p}\}$, 故有 $\boldsymbol{p}_n \in B(\boldsymbol{p}, r) \cap (A \setminus \{\boldsymbol{p}\})$, $n>N$. 于是 $\boldsymbol{p} \in A'$.

定理 12.1.3 如果 A 为一有界的无穷子集, 则 $A' \neq \varnothing$.

证明 因为 A 有界, 于是存在矩形 $Q=[a, b]\times[c, d]$, 使得 $A \subset Q$. 将 Q 四等分为四个小矩形, 则有其中之一必含有 A 的无穷多个点, 记为 Q_1. 又将 Q_1 四等分为四个小矩形, 则有其中之一必含有 A 的无穷多个点, 记为 Q_2……重复上述过程, 一般地, 有矩形 Q_n, 它是 Q_{n-1} 的四等分之一且含有 A 的无穷多个点, $n=3, 4, \cdots$.

由于 Q_n 含有 A 的无穷多个点, 可取 $\boldsymbol{p}_n \in Q_n \cap A$, 使得 $\boldsymbol{p}_n \neq \boldsymbol{p}_m$, $n \neq m$. 显然有 $\operatorname{diam}(Q_n) \to 0$. 于是 $\lim\limits_{n\to\infty} \boldsymbol{p}_n = \boldsymbol{p}$ 存在, 且有 $\boldsymbol{p}_n \neq \boldsymbol{p}$.

由引理知 $\boldsymbol{p} \in A'$.

定理 12.1.4 (有限开覆盖定理) 如果 $B \subset \mathbf{R}^n$ 是一有界闭集, V_i, $i \in I$ 是 $\mathbf{R}^n$ 的开子集, 且有 $B \subset \cup_{i\in I} V_i$, 则存在有限个开子集 V_{i_j}, $j=1, 2, \cdots, k$, 使得 $B \subset \cup_{j=1}^{k} V_{i_j}$.

证明 假设结论不成立, B 不能被任意有限个 V_i 覆盖. 因为 B 有界, 于是存在矩形 $Q=[a, b]\times[c, d]$, 使得 $B \subset Q$.

将 Q 四等分为四个小矩形, 则有其中之一矩形, 记为 Q_1, 使得 $B_1 = Q_1 \cap B$ 不能被任意有限个 V_i 覆盖.

又将 Q_1 四等分为四个小矩形, 则有其中之一矩形, 记为 Q_2, 使得 $B_2 = Q_2 \cap B_1$ 不能被任意有限个 V_i 覆盖.

重复上述过程, 一般地, 有矩形 Q_n, 它是 Q_{n-1} 四等分之一, $B_n = Q_n \cap B_{n-1}$ 不能被任意有限个 V_i 覆盖, $n=3, 4, \cdots$.

显然有 $\operatorname{diam}(B_n) \leqslant \dfrac{\operatorname{diam}(Q)}{2^n} \xrightarrow{n\to\infty} 0$.

由定理 12.1.2 知, 存在 $\boldsymbol{p}_0 \in \cap_{n=1}^{\infty} B_n$, 再由 $\boldsymbol{p}_0 \in B \subset \cup_{i\in I} V$ 知, $\boldsymbol{p}_0 \in V_{i_0}$ 对某一 $i_0 \in I$ 成立. 由 V_{i_0} 开集知, 存在 $r_0>0$, 使得 $B(\boldsymbol{p}_0, r_0) \subset V_{i_0}$.

再次由 $\mathrm{diam}(B_n)\xrightarrow{n\to\infty}0$ 知，当 n 充分大时，有 $\boldsymbol{p}_0\in B_n\subset V_{i_0}$. 这与 B_n 不能被任意有限个 V_i 覆盖矛盾.

因此定理 12.1.4 结论成立.

定义 12.1.5　$D\subseteq\mathbf{R}^n$，如果对任意 $\boldsymbol{p}_1$，$\boldsymbol{p}_2\in D$，有 $t\boldsymbol{p}_1+(1-t)\boldsymbol{p}_2\in D$，$t\in[0,\ 1]$，则称 D 是一个凸集.

例 12.1.1　$B(\boldsymbol{0},\ r)=\{\boldsymbol{x}\in\mathbf{R}^n:\ \|\boldsymbol{x}\|<r\}$ 是凸集；长方体 $\{(x,\ y,\ z):\ x\in[a,\ b],\ y\in[c,\ d],\ z\in[e,\ f]\}$ 为 $\mathbf{R}^3$ 中凸集，简记为 $[a,\ b]\times[c,\ d]\times[e,\ f]$.

定义 12.1.6　$D\subseteq\mathbf{R}^n$，如果对任意 $\boldsymbol{p}_1$，$\boldsymbol{p}_2\in D$，$f(t)$：$[0,\ 1]\to D$ 连续，使得 $f(0)=\boldsymbol{p}_1$，$f(1)=\boldsymbol{p}_2$，则称 D 为一个道路连通集.

例 12.1.2　凸集是道路连通集.

定义 12.1.7　$D\subseteq\mathbf{R}^n$，如果 D 不是两个不交开子集的并集，则称 D 是连通集.

注　D 是连通集也等价于 D 不是两个不交闭子集的并集.

命题 12.1.4　道路连通集是连通集，反之则不一定成立.

注　可以证明 $\{(0,\ y):\ -1\leqslant y\leqslant 1\}\cup\left\{\left(x,\ \sin\frac{\pi}{x}\right):\ 0\leqslant x\leqslant 1\right\}$ 是 $\mathbf{R}^2$ 中连通集但不是道路连通集.

定义 12.1.8　非空道路连通开集称为开区域；开区域连同其边界称为闭区域；开区域、闭区域或者开区域连同部分边界称为区域.

习　题

1. 证明 $2(\|\boldsymbol{x}\|^2+\|\boldsymbol{y}\|^2)=\|\boldsymbol{x}+\boldsymbol{y}\|^2+\|\boldsymbol{x}-\boldsymbol{y}\|^2$，$\boldsymbol{x}$，$\boldsymbol{y}\in\mathbf{R}^n$.
2. 设 $\boldsymbol{x}$，$\boldsymbol{y}\in\mathbf{R}^n$，$(\boldsymbol{x},\ \boldsymbol{y})=0$，证明 $\|\boldsymbol{x}+\boldsymbol{y}\|^2=\|\boldsymbol{x}\|^2+\|\boldsymbol{y}\|^2$.
3. 设 $A_i\subset\mathbf{R}^n$，$i\in I$ 为闭集，证明 $\cap_{i\in I}A_i$ 为闭集.
4. 设 $U_i\subset\mathbf{R}^n$，$i\in I$ 为开集，证明 $\cup_{i\in I}U_i$ 为开集.
5. 设 $A\subset\mathbf{R}^n$ 为闭集，证明 A' 为闭集.
6. 用有限开覆盖定理证明定理 12.1.2.

12.2　二元函数的极限与二次极限

本节以二元函数为例，考察函数值随自变量变化的时候是否具有一定的特殊规律，也就是函数值随自变量变化时是否会趋于某一固定数值. 这就是下面要介绍的二元函数极限概念.

定义 12.2.1　$D\subseteq\mathbf{R}^2$，如果对任一 $(x,\ y)\in D$，存在唯一 $z\in\mathbf{R}$，使得 z 按某一法则 f 与 $(x,\ y)$ 对应，记为 $z=f(x,\ y)$，则称此法则 f 为定义在 D 上的一个二元函数.

例 12.2.1　$z=x+\sin y$ 为 $\mathbf{R}^2$ 上的一个二元函数；$z=\sqrt{1-x^2-y^2}$ 是定义在单位圆盘

$D=\{(x, y): x^2+y^2\leqslant 1\}$上的一个二元函数.

注 类似可定义 n 元函数，留给读者完成.

12.2.1 二重极限

定义 12.2.2 $f(x, y): D\subseteq \mathbf{R}^2\to\mathbf{R}$, $(x_0, y_0)\in D'$, $A\in\mathbf{R}$, 如果对 $\forall\varepsilon>0$, 存在 $\delta>0$, 当 $(x, y)\in D\cap B((x_0, y_0), \delta)\setminus\{(x_0, y_0)\}$ 时, $|f(x, y)-A|<\varepsilon$ 成立, 则称当 (x, y) 在 D 上趋于 (x_0, y_0) 时, $f(x, y)$ 收敛于 A, 记为 $\lim\limits_{(x,y)\to(x_0,y_0)} f(x, y)=A$, 称为 $f(x, y)$ 在 (x_0, y_0) 处的极限, 也称为二重极限.

多元函数极限有类似于一元函数极限的四则运算性质，留给读者自己补充完成.

例 12.2.2 设 $f(x, y)=\dfrac{xy^2+yx^2}{x^2+y^2}$, $(x, y)\neq(0, 0)$, 求 $\lim\limits_{(x,y)\to(0,0)} f(x, y)$.

解 $|f(x, y)-0|\leqslant\dfrac{(|x|+|y|)(y^2+x^2)}{x^2+y^2}=|x|+|y|\to 0$, $(x, y)\to(0, 0)$ 时. 于是 $\lim\limits_{(x,y)\to(0,0)} f(x, y)=0$.

定理 12.2.1 如果 $f(x, y): D\subseteq\mathbf{R}^2\to\mathbf{R}$, $(x_0, y_0)\in D'$, $A\in\mathbf{R}$, 则 $\lim\limits_{(x,y)\to(x_0,y_0)} f(x, y)=A$ 的充要条件是, 对 $\forall E\subset D$, $(x_0, y_0)\in E'$, 当 (x, y) 在 E 上趋于 (x_0, y_0) 时, $f(x, y)\to A$ 成立.

推论 12.2.1 如果 $f(x, y): D\subseteq\mathbf{R}^2\to\mathbf{R}$, $(x_0, y_0)\in D'$, $E_i\subset D$, $i=1, 2$, $(x_0, y_0)\in E'_1\cap E'_2$, 当 (x, y) 在 E_i 上趋于 (x_0, y_0) 时, $f(x, y)\to A_i$, $i=1, 2$, $A_1\neq A_2$, 则当 (x, y) 在 D 上趋于 (x_0, y_0) 时, $\lim\limits_{(x,y)\to(x_0,y_0)} f(x, y)$ 不存在.

例 12.2.3 设 $f(x, y)=\dfrac{y+x^2}{x^2+y^2}$, $(x, y)\neq(0, 0)$, 判断 $\lim\limits_{(x,y)\to(0,0)} f(x, y)$ 是否存在.

解 令 $y=kx^2$, $x\neq 0$, 则有 $f(x, kx^2)=\dfrac{1+k}{1+k^2x^2}$. 于是当 (x, y) 沿着 $y=kx^2$ 趋于 $(0, 0)$ 时, $f(x, kx^2)\to 1+k$, 与 k 相关, 因此 $\lim\limits_{(x,y)\to(0,0)} f(x, y)$ 不存在.

12.2.2 二次极限

设 $f(x, y): D\subseteq\mathbf{R}^2\to\mathbf{R}$. 下面考察自变量依次按先 x 变化后 y 变化，或先 y 变化后 x 变化时函数值的变化情况.

定义 12.2.3 $f(x, y): D\subseteq\mathbf{R}^2\to\mathbf{R}$, 对于给定的 (x_0, y_0), 对 $\forall 0<\delta<\delta_0$, 有 $\{(x, y): 0<|x-x_0|<\delta, 0<|y-y_0|\}\cap D\neq\phi$, 如果 $\phi(x)=\lim\limits_{y\to y_0} f(x, y)$ 存在, 且 $\lim\limits_{x\to x_0}\phi(x)$ 存在, 则称 $f(x, y)$ 在 (x_0, y_0) 处先 $y\to y_0$ 后 $x\to x_0$ 的二次极限存在, 记为 $\lim\limits_{x\to x_0}\lim\limits_{y\to y_0} f(x, y)$; 同理, 如果 $\psi(y)=\lim\limits_{x\to x_0} f(x, y)$ 存在, 且 $\lim\limits_{y\to y_0}\psi(y)$ 存在, 则称 $f(x, y)$ 在 (x_0, y_0) 处先 $x\to x_0$ 后 $y\to y_0$ 的二次极限存在, 记为 $\lim\limits_{y\to y_0}\lim\limits_{x\to x_0} f(x, y)$.

下面来讨论二重极限与二次极限之间的关系.

例 12.2.4　设$f(x, y)=\begin{cases}\dfrac{xy}{x^2+y^2}, & (x, y)\neq(0, 0)\\ 0, & (x, y)=(0, 0)\end{cases}$. 讨论$f(x, y)$在$(0, 0)$处的二重极限与二次极限.

解　令$y=kx$, $k\neq0$, 则有$\lim\limits_{x\to0}f(x, kx)=\dfrac{k}{1+k^2}$与$k$相关. 故由推论知$\lim\limits_{(x,y)\to(0,0)}f(x, y)$不存在.

易见$\lim\limits_{x\to0}f(x, y)=\lim\limits_{y\to0}f(x, y)=0$, $\lim\limits_{x\to0}\lim\limits_{y\to0}f(x, y)=0$, $\lim\limits_{y\to0}\lim\limits_{x\to0}f(x, y)=0$.

例 12.2.5　设$f(x, y)=x\sin\dfrac{1}{y}+y\cos\dfrac{1}{x}$, $x\neq0$, $y\neq0$. 讨论$f(x, y)$在$(0, 0)$处的二重极限与二次极限.

解　$|f(x, y)|\leqslant|x|+|y|$, $x\neq0$, $y\neq0$, 于是$\lim\limits_{(x,y)\to(0,0)}f(x, y)=0$. 又$\lim\limits_{x\to0}y\cos\dfrac{1}{x}$不存在, $\lim\limits_{y\to0}x\sin\dfrac{1}{y}$不存在, 因此可得$\lim\limits_{x\to0}\lim\limits_{y\to0}f(x, y)$与$\lim\limits_{y\to0}\lim\limits_{x\to0}f(x, y)$不存在.

上述两例说明二重极限与二次极限之间并无直接联系. 下面定理表明, 如果附加一定条件, 则两者之间存在关系:

定理 12.2.2　如果$\lim\limits_{(x,y)\to(x_0,y_0)}f(x, y)$与$\lim\limits_{x\to x_0}\lim\limits_{y\to y_0}f(x, y)$存在, 则有

$$\lim_{x\to x_0}\lim_{y\to y_0}f(x,y)=\lim_{(x,y)\to(x_0,y_0)}f(x,y).$$

证明　设$\lim\limits_{(x,y)\to(x_0,y_0)}f(x, y)=A$, $\phi(x)=\lim\limits_{y\to y_0}f(x, y)$. 则对$\forall\varepsilon>0$, 存在$\delta>0$, 当$0<|x-x_0|<\delta$, $0<|y-y_0|<\delta$时, 有$|f(x, y)-A|<\varepsilon$成立. 令$y\to y_0$, 得$|\phi(x)-A|\leqslant\varepsilon$. 再令$x\to x_0$, 可得$\left|\lim\limits_{x\to x_0}\lim\limits_{y\to y_0}f(x, y)-A\right|\leqslant\varepsilon$.

于是由ε的任意性即得定理 12.2.2 结论成立.

推论 12.2.2　如果$\lim\limits_{x\to x_0}\lim\limits_{y\to y_0}f(x, y)\neq\lim\limits_{y\to y_0}\lim\limits_{x\to x_0}f(x, y)$, 则$\lim\limits_{(x,y)\to(x_0,y_0)}f(x, y)$不存在.

例 12.2.6　设$f(x, y)=\dfrac{x^2-y^2+x^3+y^3}{x^2+y^2}$, $(x, y)\neq(0, 0)$, 判断$\lim\limits_{(x,y)\to(0,0)}f(x, y)$是否存在.

解　易见$\lim\limits_{x\to0}f(x, y)=-1+y$, $\lim\limits_{y\to0}f(x, y)=1+x$. 于是有

$$-1=\lim_{y\to0}\lim_{x\to0}f(x,y)\neq1=\lim_{x\to0}\lim_{y\to0}f(x,y).$$

由推论 12.2.1 知$\lim\limits_{(x,y)\to(0,0)}f(x, y)$不存在.

注　本节结果可类似推广到$n(n\geqslant3)$元函数情形. 读者可以自行完成细节.

习　题

1. 按定义证明$\lim\limits_{(x,y)\to(0,0)}\dfrac{\sin(xy^2)}{x^2+y^2}=0$.

2. 求下列二元函数的极限：

(1) $\lim\limits_{(x,y)\to(0,0)}\dfrac{x^2\sin y^2}{x^2+y^2}$；　(2) $\lim\limits_{(x,y)\to(0,0)}\dfrac{1-\cos(x^2+y^2)}{(x^2+y^2)^2}$；

(3) $\lim\limits_{(x,y)\to(0,0)}(x+|y|)\cos\dfrac{1}{x^2+y^2}$；　(4) $\lim\limits_{\substack{x\to+\infty\\y\to+\infty}}\dfrac{x^2+y^2}{x^4+y^4}$；

(5) $\lim\limits_{\substack{x\to+\infty\\y\to+\infty}}\left(\dfrac{xy}{x^2+y^2}\right)^{x^2}$；　(6) $\lim\limits_{\substack{x\to0\\y\to0}}(x^2+y^2)^{x^2y^2}$；

(7) $\lim\limits_{(x,y)\to(0,2)}\dfrac{xy-\sin(xy)}{x^3}$.

3. 讨论下列函数在(0，0)处的二重极限与二次极限：

(1) $f(x,y)=\dfrac{x^2}{x^2+y^2}$；

(2) $f(x,y)=\dfrac{x^2y^2}{x^2y^2+2(x-y)^2}$；

(3) $f(x,y)=|x-y|\sin\dfrac{1}{xy+1}\cos\dfrac{1}{x^2+y^2}$；

(4) $f(x,y)=\sin x\cos\dfrac{1}{x^2+y^2}$.

12.3 二元函数的连续性

定义 12.3.1 设 $D\subseteq\mathbf{R}^2$，$f(x,y):D\to\mathbf{R}$，$(x_0,y_0)\in D$. 如果对任意 $\varepsilon>0$，存在 $\delta>0$，当 $(x,y)\in N((x_0,y_0),\delta)\cap D$ 时，$|f(x,y)-f(x_0,y_0)|<\varepsilon$ 成立，则称 $f(x,y)$ 在 (x_0,y_0) 处连续；如果 $f(x,y)$ 在 D 中每一点处连续，则称 $f(x,y)$ 在 D 上连续.

注 若 (x_0,y_0) 为 D 的孤立点，则 $f(x,y)$ 在 (x_0,y_0) 处连续；若 (x_0,y_0) 为 D 的聚点，则 $f(x,y)$ 在 (x_0,y_0) 处连续 $\Leftrightarrow\lim\limits_{(x,y)\to(x_0,y_0),(x,y)\in D}f(x,y)=f(x_0,y_0)$.

例 12.3.1 设 $f(x,y)=\begin{cases}x^2-2xy, & y=x\\0, & (x,y)=(0,0).\\x+y+2, & y=x^2\end{cases}$ 则 $f(x,y)$ 在 $\{(x,x),x\in\mathbf{R}\}$ 上连续.

解 当 $(x,y)\in\{(x,x),x\in\mathbf{R}\}$ 时，$f(x,y)=-x^2$ 显然是连续的.

例 12.3.2 讨论 $f(x,y)=\begin{cases}\dfrac{y^\beta}{(x^2+y^2)^\alpha}, & (x,y)\neq(0,0),\\0, & (x,y)=(0,0),\end{cases}$ 在(0，0)处的连续性，其中 $\alpha\neq0$，$\beta\neq0$.

解 令 $x=r\cos\theta$，$y=r\sin\theta$，得

$$f(x,y)=\begin{cases}r^{\beta-\alpha}\sin^{\beta}\theta, & (x,y)\neq(0,0),\\ 0, & (x,y)=(0,0),\end{cases}$$

易见$(x,\ y)\to(0,\ 0)\Leftrightarrow r\to 0$. 于是得：

当$\beta>\alpha$时，有$\lim\limits_{(x,y)\to(0,0)}f(x,\ y)=0$，从而$f(x,\ y)$在$(0,\ 0)$处连续；

当$\beta\leqslant\alpha$时，$\lim\limits_{(x,y)\to(0,0)}f(x,\ y)$不存在，$f(x,\ y)$在$(0,\ 0)$处不连续.

定理 12.3.1　如果$x=x(u,v),y=y(u,v):W\to\mathbf{R}$在$(u_0,\ v_0)$处连续，$z=f(x,\ y)$：$D\to\mathbf{R}$在$(x_0,\ y_0)$处连续，且$(x(u,\ v),\ y(u,\ v))\in D$，$\forall(u,\ v)\in W$，$x_0=x(u_0,\ v_0)$，$y_0=y(u_0,\ v_0)$，则$z=f(x(u,\ v),\ y(u,\ v))$：$W\to\mathbf{R}$在$(u_0,\ v_0)$处连续.

证明留给读者练习.

性质 12.3.1　如果$D\subset\mathbf{R}^2$为有界闭集，$f(x,\ y)$：$D\to\mathbf{R}$为连续函数，则$f(x,\ y)$在D上有界.

证明留给读者练习.

性质 12.3.2　如果$D\subset\mathbf{R}^2$为有界闭集，$f(x,\ y)$：$D\to\mathbf{R}$为连续函数，则$f(x,\ y)$在D上取得最大值与最小值.

证明留给读者练习.

定义 12.3.2　$f(x,y):D\to\mathbf{R}$，如果对$\forall\varepsilon>0$，存在$\delta(\varepsilon)>0$，当$(x_1,y_1),(x_2,y_2)\in D$满足$d((x_1,y_1),(x_2,y_2))<\delta$时，$|f(x_1,y_1)-f(x_2,y_2)|<\varepsilon$成立，则称$f(x,y)$在$D$上一致连续.

定理 12.3.2　如果$D\subset\mathbf{R}^2$为有界闭集，$f(x,\ y)$：$D\to\mathbf{R}$为连续函数，则$f(x,\ y)$在D上一致连续.

证明　反证法. 假设相反，存在$\varepsilon_0>0$，对任意$\delta_n=n^{-1}$，存在$(x_n^1,y_n^1),(x_n^2,y_n^2)\in D$，满足$|d((x_n^1,y_n^1),(x_n^2,y_n^2))|<n^{-1}$，$|f(x_n^1,\ y_n^1)-f(x_n^2,\ y_n^2)|>\varepsilon_0$.

又D为有界闭集，故存在$(x_{n_k}^1,\ y_{n_k}^1)\to(x_0,\ y_0)\in D$，于是$(x_{n_k}^2,\ y_{n_k}^2)\to(x_0,\ y_0)$.

在$|f(x_{n_k}^1,\ y_{n_k}^1)-f(x_{n_k}^2,\ y_{n_k}^2)|>\varepsilon_0$中令$k\to\infty$即得$0\geqslant\varepsilon_0$，矛盾.

因此$f(x,\ y)$在D上一致连续.

定理 12.3.3　如果$D\subset\mathbf{R}^2$为道路连通集，$f(x,\ y)$：$D\to\mathbf{R}$为连续函数，则对$\forall(x_1,\ y_1)$，$(x_2,\ y_2)\in D$，μ介于$f(x_1,\ y_1)$与$f(x_2,\ y_2)$之间，存在$(\xi,\ \eta)\in D$，使得$f(\xi,\ \eta)=\mu$.

证明　由D为道路连通集知，存在连续映射$g(t)$：$[0,\ 1]\to D$满足$g(0)=(x_1,\ y_1)$，$g(1)=(x_2,y_2)$. 令$h(t)=f(g(t)),t\in[0,1]$，则$h(t):[0,1]\to\mathbf{R}$连续. 由一元连续函数介值定理知，存在$t_0\in(0,1)$，使得$h(t_0)=\mu$. 令$(\xi,\eta)=g(t_0)$，即有$f(\xi,\eta)=\mu$.

习　题

1. 讨论下列函数在$(0,\ 0)$处的连续性.

(1) $f(x, y)=\begin{cases}\dfrac{x^2y}{x^4+y^2}, & (x, y)\neq(0, 0)\\ 0, & (x, y)=(0, 0)\end{cases}$;

(2) $f(x, y)=\begin{cases}\sin(x+y)\ln(x^2+y^2), & (x, y)\neq(0, 0)\\ 0, & (x, y)=(0, 0)\end{cases}$.

2. 证明定理 12.3.1.

3. 证明性质 12.3.2.

4. 设 $f(x, y): [a, b]\times[c, d]\to\mathbf{R}$ 连续, $\gamma_n(x): [a, b]\to[c, d]$, $n=1, 2, \cdots$, 且一致收敛. 证明 $g_n(x)=f(x, \gamma_n(x))$ 在 $[a, b]$ 上一致收敛且其极限也是连续函数.

5. 设 $f(x, y): \mathbf{R}^2\to\mathbf{R}$, 证明 $f(x, y)$ 在 $\mathbf{R}^2$ 上连续的充要条件是, $\forall(a, b)\subset\mathbf{R}$, $f^{-1}(a, b)=\{(x, y)\in\mathbf{R}^2: f(x, y)\in(a, b)\}$ 是开集.

6. 设 $f(x, y): \mathbf{R}^2\to\mathbf{R}$ 连续, 且满足

(1) $f(rx, ry)=rf(x, y)$, $\forall r>0$, $(x, y)\in\mathbf{R}^2$;

(2) $f(x, y)>0$, $\forall(x, y)\neq(0, 0)$.

证明存在 $\alpha>0$, $\beta>0$, 使得

$$\alpha\sqrt{x^2+y^2}\leqslant f(x,y)\leqslant\beta\sqrt{x^2+y^2}, \forall(x,y)\in\mathbf{R}^2.$$

第 13 章　多元函数的微分学

13.1　多元函数的偏导数与可微性

本节把一元函数的导数与微分概念推广到多元函数，下面以二元函数为例.

13.1.1　偏导数概念

定义 13.1.1　设 $z=f(x, y): D\to\mathbf{R}$，$(x_0, y_0)\in D$ 为一内点：

(1) 如果 $\lim\limits_{x\to x_0}\dfrac{f(x, y_0)-f(x_0, y_0)}{x-x_0}$ 存在，则称 $f(x, y)$ 在 (x_0, y_0) 处关于 x 的偏导数存在，该极限称为 $f(x, y)$ 在 (x_0, y_0) 处关于 x 的偏导数，记为 $f_x(x_0, y_0)$ 或 $z_x(x_0, y_0)$，$\left.\dfrac{\partial f}{\partial x}\right|_{(x_0,y_0)}$，$\left.\dfrac{\partial z}{\partial x}\right|_{(x_0,y_0)}$；

(2) 如果 $\lim\limits_{y\to y_0}\dfrac{f(x_0, y)-f(x_0, y_0)}{y-y_0}$ 存在，则称 $f(x, y)$ 在 (x_0, y_0) 处关于 y 的偏导数存在，该极限称为 $f(x, y)$ 在 (x_0, y_0) 处关于 y 的偏导数，记为 $f_y(x_0, y_0)$ 或 $z_y(x_0, y_0)$，$\left.\dfrac{\partial f}{\partial y}\right|_{(x_0,y_0)}$，$\left.\dfrac{\partial z}{\partial y}\right|_{(x_0,y_0)}$；

(3) 如果 $f(x, y)$ 在任一 $(x, y)\in D$ 处关于 x（或 y）的偏导数存在，则称 $f(x, y)$ 在 D 上关于 x（或 y）的偏导函数存在，记为 $f_x(x, y)$ 或 $z_x(x, y)$，$\dfrac{\partial f(x, y)}{\partial x}$（$f_y(x, y)$ 或 $z_y(x, y)$）.

注　由定义易见 $f(x, y)$ 关于其中某一个变量的偏导数就是把另一个变量看作常数再对这个变量求导数，偏导数就是对部分变量求导数 . $f_x(x_0, y_0)$ 的几何意义就是曲面 $z=f(x, y)$ 上的曲线 $f(x, y_0)$ 在 x_0 处的切线对于 x 轴的斜率；$f_y(x_0, y_0)$ 的几何意义就是曲面 $z=f(x, y)$ 上的曲线 $f(x_0, y)$ 在 y_0 处的切线对于 y 轴的斜率.

例 13.1.1　设 $f(x, y)=e^{xy}\sin(x^2+y^2)$，求 $f_x(x, y)$，$f_y(x, y)$.

解　$$f_x(x, y)=\frac{d}{dx}f(x, y)=ye^{xy}\sin(x^2+y^2)+2xe^{xy}\cos(x^2+y^2)$$
$$=[y\sin(x^2+y^2)+2x\cos(x^2+y^2)]e^{xy}.$$
$$f_y(x, y)=\frac{d}{dy}f(x, y)=[x\sin(x^2+y^2)+2y\cos(x^2+y^2)]e^{xy}.$$

例 13.1.2 设 $f(x, y)=\begin{cases}\dfrac{xy}{x^2+y^2}, & (x, y)\neq(0, 0),\\ 0, & (x, y)=(0, 0).\end{cases}$ 讨论 $f(x, y)$ 在 $(0, 0)$ 的偏导数.

解 $f_x(0, 0)=\lim\limits_{x\to 0}\dfrac{f(x, 0)-f(0, 0)}{x}=0$. 同理 $f_y(0, 0)=0$.

上例表明，即使 $f(x, y)$ 在 (x_0, y_0) 处的二重极限不存在，但其偏导数仍然可能存在.

定理 13.1.1 如果 $f(x, y)$ 在 (x_0, y_0) 的某一凸邻域 $\mathrm{N}((x_0, y_0), \delta)$ 上偏导数存在，则对任意 $(x, y)\in\mathrm{N}((x_0, y_0), \delta)$，存在 $(\xi, \eta)\in\mathrm{N}((x_0, y_0), \delta)$，使得

$$f(x,y)-f(x_0,y_0)=f_x(\xi,y_0)(x-x_0)+f_y(x,\eta)(y-y_0),$$

其中 $\xi=x_0+\theta_1(x-x_0)$，$\eta=y_0+\theta_2(y-y_0)$，$0<\theta_1$，$\theta_2<1$.

证明 $f(x, y)-f(x_0, y_0)=[f(x, y_0)-f(x_0, y_0)]+[f(x, y)-f(x, y_0)]$，对方括号内每一项分别使用 Lagrange 中值定理即得结论.

13.1.2 隐函数的偏导数

定义 13.1.2 $F(x_1, x_2, \cdots, x_n, y): D\subset\mathbf{R}^n\times\mathbf{R}\to\mathbf{R}$, 对于函数方程 $F(x_1, x_2, \cdots, x_n, y)=0$，如果存在 $I\subset\mathbf{R}^n$，$J\subset\mathbf{R}$，使得对 $\forall(x_1, x_2, \cdots, x_n)\in I$，存在唯一 $y\in J$，使得 $(x_1, x_2, \cdots, x_n, y)\in D$，且满足 $F(x_1, x_2, \cdots x_n, y)=0$，则称 $F(x_1, x_2, \cdots x_n, y)=0$ 确定了一个定义在 I 上，取值于 J 的隐函数，通常记为 $y=f(x_1, x_2, \cdots, x_n)$，即有

$$F(x_1,x_2,\cdots x_n,f(x_1,x_2,\cdots,x_n))=0,\ x\in J.$$

例 13.1.3 $x^2+y^2+z^2=1$ 在 $x^2+y^2\leqslant 1$ 上确定了一个取值于 $(0, 1)$ 的隐函数 $z=\sqrt{1-x^2-y^2}$，也能确定一个取值于 $(-1, 0)$ 的隐函数 $z=-\sqrt{1-x^2-y^2}$.

隐函数的存在性将在第 18 章讨论. 下面介绍隐函数的求导定理.

定理 13.1.2 如果 $U\subset\mathbf{R}^n$ 为开集，$I\subset\mathbf{R}$ 为一开区间，$y_0\in I$，$(x_1^0, x_2^0, \cdots, x_n^0)\in U$，$F(x_1^0, x_2^0, \cdots, x_n^0, y^0)=0$，且 $F(x_1, x_2, \cdots, x_n, y)$ 在 $U\times I$ 上连续，F_y 在 $(x_1^0, x_2^0, \cdots, x_n^0, y^0)$ 的一个邻域内存在连续且 $F_y(x_1^0, x_2^0, \cdots, x_n^0, y^0)\neq 0$，则存在 $(x_1^0, x_2^0, \cdots, x_n^0)$ 的一个邻域 $V\subset U$ 以及 $r>0$，使得对 $\forall x=(x_1, x_2, \cdots, x_n)\in V$，存在唯一 $y\in(y_0-r, y_0+r)\subset I$，满足 $F(x_1, x_2, \cdots, x_n, y)=0$，即 y 可确定为 $(x_1, x_2, \cdots, x_n)$ 的函数，记为 $y=f(x_1, x_2, \cdots, x_n)$，并且 $y=f(x_1, x_2, \cdots, x_n)$ 在 V 上连续. 进一步，如果偏导数 F_{x_i}，$i=1, 2, \cdots, n$，在 $(x_1^0, x_2^0, \cdots, x_n^0, y^0)$ 的一个邻域连续，则有

$$f_{x_i}(x_1^0,x_2^0,\cdots,x_n^0)=-\left.\frac{F_{x_i}}{F_y}\right|_{(x_1^0,x_2^0,\cdots,x_n^0,y^0)},\ i=1,2,\cdots,n.$$

推论 13.1.1 如果 $I\subset\mathbf{R}$ 为一开区间，$f(x): I\to\mathbf{R}$ 具有连续导数，$x_0\in I$，$f(x_0)=y_0$，且 $f'(x_0)\neq 0$，则存在 y_0 的一个邻域 V，x_0 的一个邻域 $U\subset I$，以及反函数 $x=f^{-1}(y)$: $V\to U$，且有

$$(f^{-1})'(y_0) = \frac{1}{f'(x_0)}.$$

证明　令 $F(y, x) = y - f(x)$，$y \in \mathbf{R}$，$x \in I$，则 F 连续，且有 $F_x(y, x) = -f'(x)$ 连续，$F_y(y, x) = 1$，$F_x(y_0, x_0) = -f'(x_0) \neq 0$. 由定理 13.1.2 即得推论结论成立.

例 13.1.4　求 $F(x, y, z) = xyz^3 + 2x^2 - y^2 - z = 0$ 在 $(0, 0, 0)$ 附近所确定的隐函数 $z = z(x, y)$ 的偏导数.

解　$F(0, 0, 0) = 0$，$F_x = yz^3 + 2x$，$F_y = xz^3 - 2y$，$F_z = 3xyz^2 - 1$，$F_z(0, 0, 0) = -1$，于是有 $z_x = \dfrac{yz^3 + 2x}{1 - 3xyz^2}$，$z_y = \dfrac{xz^3 - 2y}{1 - 3xyz^2}$.

13.1.3　可微性

定义 13.1.3　$f(x, y)$：$D \subseteq \mathbf{R}^2 \to \mathbf{R}$，$(x_0, y_0) \in D$ 为内点. 如果

$$\Delta f = f(x_0 + \Delta x, y_0 + \Delta y) - f(x_0, y_0) = A\Delta x + B\Delta y + o(\sqrt{\Delta x^2 + \Delta y^2}),$$

则称 $f(x, y)$ 在 (x_0, y_0) 可微，规定 $\mathrm{d}f = A\Delta x + B\Delta y$，称 $\mathrm{d}f$ 为 f 在 (x_0, y_0) 处的微分.

注　$f(x, y)$ 的微分实质上是自变量增量 $(\Delta x, \Delta y)$ 的一个二元线性函数.

由于 $\mathrm{d}x = \Delta x$，$\mathrm{d}y = \Delta y$，故 $\mathrm{d}f = A\Delta x + B\Delta y$ 也记为 $\mathrm{d}f = A\mathrm{d}x + B\mathrm{d}y$.

例 13.1.5　讨论 $f(x, y) = x|x| + y|y|$ 在 $(0, 0)$ 的可微性.

解　$\Delta f = \Delta x|\Delta x| + \Delta y|\Delta y|$，$\dfrac{|\Delta f|}{\sqrt{\Delta x^2 + \Delta y^2}} \leqslant \dfrac{\Delta x^2 + \Delta y^2}{\sqrt{\Delta x^2 + \Delta y^2}} = \sqrt{\Delta x^2 + \Delta y^2}$. 因此 $f(x, y)$ 在 $(0, 0)$ 处可微，$\mathrm{d}f|_{(0,0)} = 0$.

命题 13.1.1　如果 $f(x, y)$ 在 (x_0, y_0) 处可微，则 $f(x, y)$ 在 (x_0, y_0) 处连续，且偏导数 $f_x(x_0, y_0)$，$f_y(x_0, y_0)$ 存在，$\mathrm{d}f|_{(x_0,y_0)} = f_x(x_0, y_0)\mathrm{d}x + f_y(x_0, y_0)\mathrm{d}y$.

证明　因为 $\Delta f = f(x_0 + \Delta x, y_0 + \Delta y) - f(x_0, y_0) = A\Delta x + B\Delta y + o(\sqrt{\Delta x^2 + \Delta y^2})$，显然 $f(x, y)$ 在 (x_0, y_0) 处连续.

令 $\Delta y = 0$，得 $\dfrac{f(x_0 + \Delta x, y_0) - f(x_0, y_0)}{\Delta x} = A + \dfrac{o(|\Delta x|)}{\Delta x}$. 再令 $\Delta x \to 0$，即得 $f_x(x_0, y_0) = A$.

同理可得 $f_y(x_0, y_0) = B$.

于是
$$\mathrm{d}f|_{(x_0,y_0)} = f_x(x_0, y_0)\mathrm{d}x + f_y(x_0, y_0)\mathrm{d}y.$$

定理 13.1.3　如果 $f(x, y)$ 在 (x_0, y_0) 附近有一阶偏导函数 $f_x(x, y)$，$f_y(x, y)$，且 f_x，f_y 在 (x_0, y_0) 处连续，则 $f(x, y)$ 在 (x_0, y_0) 处可微.

证明　由假设条件，可取 δ 充分小，使得 f_x，f_y 在凸邻域 $\mathrm{N}((x_0, y_0), \delta)$ 上存在. 由定理知，存在 $(\xi, \eta) \in \mathrm{N}((x_0, y_0), \delta)$，使得

$$\begin{aligned} f(x,y) - f(x_0,y_0) &= f_x(\xi,y_0)(x - x_0) + f_y(x,\eta)(y - y_0) \\ &= f_x(x_0,y_0)(x - x_0) + f_y(x_0,y_0)(y - y_0) \\ &\quad + [f_x(\xi,y_0) - f_x(x_0,y_0)](x - x_0) + [f_y(x,\eta) - f_y(x_0,y_0)](y - y_0). \end{aligned}$$

易见 $\lim\limits_{(x,y)\to(x_0,y_0)}\dfrac{[f_x(\xi,\ y_0)-f_x(x_0,\ y_0)](x-x_0)+[f_y(x,\ \eta)-f_y(x_0,\ y_0)](y-y_0)}{\sqrt{(x-x_0)^2+(y-y_0)^2}}=0$,

于是有
$$df|_{(x_0,y_0)}=f_x(x_0,\ y_0)dx+f_y(x_0,\ y_0)dy.$$

例 13.1.6 设 $f(x,\ y)=\begin{cases}(x^2+y^2)\cos\dfrac{1}{\sqrt{x^2+y^2}}, & (x,\ y)\neq(0,\ 0),\\ 0, & (x,\ y)=(0,\ 0).\end{cases}$ 讨论 $f_x(x,\ y)$，$f_y(x,\ y)$ 在 $(0,\ 0)$ 处的连续性以及 $f(x,\ y)$ 在 $(0,\ 0)$ 处的可微性.

解 易得 $f_x(0,\ 0)=0$，$f_y(0,\ 0)=0$，且有

$$f_x(x,y)=2x\cos\frac{1}{\sqrt{x^2+y^2}}+\frac{x}{\sqrt{x^2+y^2}}\sin\frac{1}{\sqrt{x^2+y^2}},$$

$$f_y(x,y)=2y\cos\frac{1}{\sqrt{x^2+y^2}}+\frac{y}{\sqrt{x^2+y^2}}\sin\frac{1}{\sqrt{x^2+y^2}}.$$

不难验证 $\lim\limits_{(x,y)\to(0,0)}f_x(x,\ y)$ 不存在，$\lim\limits_{(x,y)\to(0,0)}f_y(x,\ y)$ 不存在. 于是 $f_x(x,\ y)$，$f_y(x,\ y)$ 在 $(0,\ 0)$ 处不连续. 但是

$$\lim_{(x,y)\to(0,0)}\frac{f(x,y)-f(0,0)}{\sqrt{x^2+y^2}}=\lim_{(x,y)\to(0,0)}\frac{(x^2+y^2)\cos\dfrac{1}{\sqrt{x^2+y^2}}}{\sqrt{x^2+y^2}}=0,$$

于是有 $df|_{(0,0)}=0$.

上例表明偏导连续是可微的充分条件但不是必要条件.

下面介绍空间曲面在某一点处的切平面概念.

定义 13.1.4 设 S 为一空间曲面，$P_0\in S$，Π 为过 P_0 的一个平面，$Q\in S$ 为曲面上任一点. 如果 $\lim\limits_{Q\to P_0}\dfrac{d(Q,\ \Pi)}{d(Q,\ P_0)}=0$，则称 Π 为 S 在 P_0 处的切平面.

定理 13.1.4 设空间曲面 S 的方程为 $z=f(x,\ y)$，$(x,\ y)\in D$，则 S 在 $P_0(x_0,\ y_0,\ f(x_0,\ y_0))$ 处存在不平行于 z 轴的切平面的充要条件是 $z=z(x,\ y)$ 在 $(x_0,\ y_0)$ 处可微，且在 $(x_0,\ y_0)$ 处的切平面方程为 $z-f(x_0,\ y_0)=z_x(x-x_0)+z_y(y-y_0)$.

证明 充分性. 设 $z=f(x,\ y)$ 在 $(x_0,\ y_0)$ 处可微，则有

$$z-f(x_0,y_0)=f_x(x-x_0)+f_y(y-y_0)+o(\sqrt{(x-x_0)^2+(y-y_0)^2}).$$

下证 $z-f(x_0,\ y_0)=f_x(x-x_0)+f_y(y-y_0)$ 为 S 在 P_0 处的切平面.

$$d(Q,\Pi)=\frac{|z-f(x_0,y_0)-f_x(x-x_0)-f_y(y-y_0)|}{\sqrt{1+f_x^2+f_y^2}}$$

$$=\frac{\left|o(\sqrt{(x-x_0)^2+(y-y_0)^2})\right|}{\sqrt{1+f_x^2+f_y^2}},$$

$$d(Q,P_0)=\sqrt{(x-x_0)^2+(y-y_0)^2+(z-z_0)^2},$$

于是有
$$\frac{d(Q,\ \Pi)}{d(Q,\ P_0)}\leqslant\frac{o(\sqrt{(x-x_0)^2+(y-y_0)^2})}{\sqrt{(x-x_0)^2+(y-y_0)^2}}\xrightarrow{Q\to P_0}0.$$

因此 $z-f(x_0,\ y_0)=f_x(x-x_0)+f_y(y-y_0)$ 为 S 在 P_0 处的切平面．

必要性．设曲面 S 在 $P_0(x_0,\ y_0,\ f(x_0,\ y_0))$ 处存在不平行于 z 轴的切平面 Π 为
$$Z-f(x_0,y_0)=c(X-x_0)+d(Y-y_0).$$

$\forall Q\in S$,
$$d(Q,\Pi)=\frac{|f(x,y)-f(x_0,y_0)-c(x-x_0)-d(y-y_0)|}{\sqrt{1+c^2+d^2}},$$
$$d(Q,P_0)=\sqrt{(x-x_0)^2+(y-y_0)^2+(f(x,y)-f(x_0,y_0))^2}.$$

记 $\Delta x=x-x_0$，$\Delta y=y-y_0$，$\Delta z=f(x,\ y)-f(x_0,\ y_0)$．由 $\frac{d(Q,\ \Pi)}{d(Q,\ P_0)}\xrightarrow{Q\to P_0}0$ 知，存在 $\delta>0$，当 $d(Q,\ P_0)<\delta$ 时，有 $\frac{|\Delta z-c\Delta x-d\Delta y|}{\sqrt{(\Delta x)^2+(\Delta y)^2+(\Delta z)^2}}<\frac{1}{2}$，由此得
$$|\Delta z|-|c||\Delta x|-|d||\Delta y|<\frac{1}{2}\left[\sqrt{(\Delta x)^2+(\Delta y)^2}+|\Delta z|\right].$$

于是由 Cauchy-Schwartz 不等式可得
$$|\Delta z|<(1+2\sqrt{c^2+d^2})\sqrt{(\Delta x)^2+(\Delta y)^2}.$$

因此有
$$\frac{\sqrt{(\Delta x)^2+(\Delta y)^2+(\Delta z)^2}}{\sqrt{(\Delta x)^2+(\Delta y)^2}}<\sqrt{1+(1+2\sqrt{c^2+d^2})^2},$$

于是
$$\frac{|\Delta z-c\Delta x-d\Delta y|}{\sqrt{(\Delta x)^2+(\Delta y)^2}}=\frac{d(Q,\ \Pi)}{d(Q,\ P_0)}\frac{\sqrt{(\Delta x)^2+(\Delta y)^2+(\Delta z)^2}}{\sqrt{(\Delta x)^2+(\Delta y)^2}}\sqrt{1+c^2+d^2}\xrightarrow{Q\to P_0}0.$$

这就证明了 $z=f(x,\ y)$ 在 $(x_0,\ y_0)$ 处可微．

例 13.1.7　求椭球面 $x^2+2y^2+2z^2=8$ 在 $(2,\ 1,\ 1)$ 处的切平面．

解　令 $F(x,\ y,\ z)=x^2+2y^2+2z^2-8$．则有 $F_x=2x$，$F_y=4y$，$F_z=4z$ 连续．由定理 13.1.2 知，$z_x|_{(2,1,1)}=-1$，$z_y|_{(2,1,1)}=-1$．由定理 13.1.3 知，$(2,\ 1,\ 1)$ 处的切平面方程为 $z+x+y=4$.

13.1.4　复合函数的偏导数

以下设 $z=f(x,\ y)$ 定义在 $xy-$平面区域 D 上，$\varphi(s,\ t)$，$\psi(s,\ t)$ 定义在平面区域 Δ 上且有 $(\varphi(s,\ t),\ \psi(s,\ t))\in D$，下面定理给出了复合函数求偏导的链式法则．

定理 13.1.5　如果 $\varphi(s,\ t)$，$\psi(s,\ t)$ 在 $(s_0,\ t_0)$ 处可微，$z=f(x,\ y)$ 在 $(x_0,\ y_0)=(\varphi(s_0,\ t_0),\ \psi(s_0,\ t_0))$ 处可微，则 $z=f(\varphi(s,\ t),\ \psi(s,\ t))$ 在 $(s_0,\ t_0)$ 处可微，且有
$$\begin{cases}z_s|_{(s_0,t_0)}=f_x|_{(x_0,y_0)}\varphi_s|_{(s_0,t_0)}+f_y|_{(x_0,y_0)}\psi_s|_{(s_0,t_0)},\\ z_t|_{(s_0,t_0)}=f_x|_{(x_0,y_0)}\varphi_t|_{(s_0,t_0)}+f_y|_{(x_0,y_0)}\psi_t|_{(s_0,t_0)}.\end{cases}$$

证明　由 $z=f(x,\ y)$ 在 $(x_0,\ y_0)$ 处可微知

$$\Delta z = f_x \Delta x + f_y \Delta y + o(\sqrt{(\Delta x)^2 + (\Delta y)^2}). \tag{13.1.1}$$

再由 $x = \varphi(s, t)$，$y = \psi(s, t)$ 在 (s_0, t_0) 处可微知

$$\Delta x = \varphi_s \Delta s + \varphi_t \Delta t + o(\sqrt{(\Delta s)^2 + (\Delta t)^2}), \tag{13.1.2}$$

$$\Delta y = \psi_s \Delta s + \psi_t \Delta t + o(\sqrt{(\Delta s)^2 + (\Delta t)^2}). \tag{13.1.3}$$

将式(13.1.2)与式(13.1.3)代入式(13.1.1)得

$$\Delta z = (f_x\varphi_s + f_y\psi_s)\Delta s + (f_x\varphi_t + f_y\psi_t)\Delta t + o(\sqrt{(\Delta x)^2 + (\Delta y)^2}).$$

易见
$$\frac{\sqrt{(\Delta x)^2 + (\Delta y)^2}}{\sqrt{(\Delta s)^2 + (\Delta t)^2}} \leqslant \frac{|\varphi_s \Delta s + \varphi_t \Delta t| + |\psi_s \Delta s + \psi_t \Delta t| + o(\sqrt{(\Delta s)^2 + (\Delta t)^2})}{\sqrt{(\Delta s)^2 + (\Delta t)^2}}$$

$$\xrightarrow[(\Delta s,\ \Delta t)\to 0]{} 0.$$

因此 $z = f(\varphi(s, t), \psi(s, t))$ 在 (s_0, t_0) 处可微，且有

$$\begin{cases} z_s\big|_{(s_0,t_0)} = f_x\big|_{(x_0,y_0)}\varphi_s\big|_{(s_0,t_0)} + f_y\big|_{(x_0,y_0)}\psi_s\big|_{(s_0,t_0)}, \\ z_t\big|_{(s_0,t_0)} = f_x\big|_{(x_0,y_0)}\varphi_t\big|_{(s_0,t_0)} + f_y\big|_{(x_0,y_0)}\psi_t\big|_{(s_0,t_0)}. \end{cases}$$

容易证明 $f(x, y)$ 可微以及偏导数 φ_s，φ_t，ψ_s，ψ_t 存在条件下，上述求偏导公式仍然成立．但当 $f(x, y)$ 不可微时，下面例子表明求偏导公式不再成立．

例 13.1.8 设 $x = t$，$y = t$，$t \in \mathbf{R}$，

$$f(x,y) = \begin{cases} \dfrac{2xy^2}{x^2 + y^2}, & (x,y) \neq (0,0), \\ 0, & (x,y) = (0,0). \end{cases}$$

则 $z = f(t, t) = t$，$\dfrac{\mathrm{d}z}{\mathrm{d}t} = 1$.

容易知道 $f_x(0, 0) = 0$，$f_y(0, 0) = 0$，$f(x, y)$ 在 $(0, 0)$ 处不可微，且有

$$f_x(0,0)x'(t)\Big|_{t=0} + f_y(0,0)y'(t)\Big|_{t=0} = 0 \neq \frac{\mathrm{d}z}{\mathrm{d}t}.$$

13.1.5 高阶偏导数

定义 13.1.5 $f(x, y): D \subseteq \mathbf{R}^2 \to \mathbf{R}$ 在 $(x_0, y_0) \in D$ 附近有一阶偏导函数 $f_x(x, y)$，如果 $f_x(x, y)$ 在 (x_0, y_0) 处关于 x 的偏导数存在，则称 $f(x, y)$ 在 (x_0, y_0) 处关于 x 的二阶偏导数存在，$f(x, y)$ 在 (x_0, y_0) 处关于 x 的二阶偏导数记为 $f_{xx}(x_0, y_0)$ 或者 $\dfrac{\partial^2 f(x_0, y_0)}{\partial^2 x}$；如果 $f_x(x, y)$ 在 (x_0, y_0) 处关于 y 的偏导数存在，则称 $f(x, y)$ 在 (x_0, y_0) 处先 x 后 y 的混合二阶偏导数存在，$f(x, y)$ 在 (x_0, y_0) 处先 x 后 y 的混合二阶偏导数记为 $f_{xy}(x_0, y_0)$ 或者 $\dfrac{\partial^2 f(x_0, y_0)}{\partial x\, \partial y}$；同理定义 $f_{yy}(x, y)$，$f_{yx}(x, y)$，分别记为 $\dfrac{\partial^2 f(x, y)}{\partial^2 y}$，$\dfrac{\partial^2 f(x, y)}{\partial y\, \partial x}$.

一般地，可递归定义任意 n 阶偏导数．

例 13.1.9 设 $f(x, y) = xy\mathrm{e}^{x+y}$，求 $f_{xx}(x, y)$，$f_{xy}(x, y)$，$f_{yx}(x, y)$.

解
$$f_x(x,y) = ye^{x+y} + xye^{x+y};$$
$$f_y(x,y) = xe^{x+y} + xye^{x+y};$$
$$f_{xx}(x,y) = 2ye^{x+y} = xye^{x+y};$$
$$f_{xy}(x,y) = (1 + x + y + xy)e^{x+y};$$
$$f_{yx}(x,y) = (1 + x + y + xy)e^{x+y}.$$

例 13.1.10　设$f(x, y) = \begin{cases} xy\dfrac{y^2 - x^2}{x^2 + y^2}, & (x, y) \neq (0, 0), \\ 0, & (x, y) = (0, 0), \end{cases}$ 求$f_{xy}(0, 0)$，$f_{yx}(0, 0)$.

解　$f_x(0,0) = \lim\limits_{x\to 0}\dfrac{f(x,0) - f(0,0)}{x} = 0, f_y(0,0) = \lim\limits_{y\to 0}\dfrac{f(0,y) - f(0,0)}{y} = 0.$

$$f_x(x,y) = y\frac{y^2 - x^2}{x^2 + y^2} + xy\frac{-4xy^2}{(x^2 + y^2)^2}, (x,y) \neq (0,0);$$

$$f_y(x,y) = x\frac{y^2 - x^2}{x^2 + y^2} + xy\frac{4yx^2}{(x^2 + y^2)^2}, (x,y) \neq (0,0);$$

$$f_{xy}(0,0) = \lim_{y\to 0}\frac{f_x(0,y) - f_x(0,0)}{y} = \lim_{y\to 0}\frac{y}{y} = 1;$$

$$f_{yx}(0,0) = \lim_{x\to 0}\frac{f_y(x,0) - f_y(0,0)}{x} = \lim_{y\to 0}\frac{-x}{x} = -1.$$

上例表明混合二阶偏导数$f_{xy}(x_0, y_0)$与$f_{yx}(x_0, y_0)$是两个不同的二次极限，可能不相等. 下面定理表明在一定条件下，二者相等.

定理 13.1.6　如果$f_{xy}(x, y)$，$f_{yx}(x, y)$在(x_0, y_0)的一个邻域上存在，且在(x_0, y_0)处连续，则有$f_{xy}(x_0, y_0) = f_{yx}(x_0, y_0)$.

证明　由于

$$\begin{aligned} f_{xy}(x_0,y_0) &= \lim_{y\to 0}\frac{f_x(x_0,y_0 + y) - f_x(x_0,y_0)}{y} \\ &= \lim_{y\to 0}\lim_{x\to 0}\frac{f(x_0 + x,y_0 + y) - f(x_0,y_0 + y) - f(x_0 + x,y_0) + f(x_0,y_0)}{xy}, \end{aligned}$$

令　$F(x, y) = f(x_0 + x, y_0 + y) - f(x_0, y_0 + y) - f(x_0 + x, y_0) + f(x_0, y_0)$,

$$\varphi(s) = f(x_0 + x, s) - f(x_0, s), \psi(t) = f(t, y_0 + y) - f(t, y_0),$$

x，y 充分小，得

$$F(x,y) = \varphi(y_0 + y) - \varphi(y_0) = \psi(x_0 + x) - \psi(x_0).$$

分别对 φ，ψ 使用 Lagrange 中值定理得 $F(x, y) = \varphi'(\xi)y = \psi'(\alpha)x$，$y_0 < \xi < y_0 + y$，$x_0 < \alpha < x_0 + x$. 再分别对 $\varphi'(\xi) = f_y(x_0 + x, \xi) - f_y(x_0, \xi)$，$\psi'(\alpha) = f_x(\alpha, y_0 + y) - f_x(\alpha, y_0)$使用 Lagrange 中值定理可得

$$f_{yx}(\eta,\xi)xy = f_{xy}(\alpha,\beta)xy,\ x_0 < \eta < x_0 + x,\ y_0 < \beta < y_0 + y.$$

上式两边消去 xy，再令$(x, y)\to(0, 0)$，于是由连续条件得

$$f_{xy}(x_0,y_0)=f_{yx}(x_0,y_0).$$

例 13.1.11 设 $F(u,\ v)$ 具有连续的二阶偏导数，$F_u+F_v\neq 0$，函数 $z=z(x,\ y)$ 由 $F(x-z,\ y-z)=0$ 确定且可微，证明 $z_{xx}=z_{yy}$，$z_{xx}+2z_{xy}+z_{yy}=0$.

证明 $F(x-z,\ y-z)=0$ 两边分别对 x，y 求偏导得

$$F_1(1-z_x)-F_2z_x=0,\qquad -F_1z_y+F_2(1-z_y)=0,$$

于是有

$$z_x=\frac{F_1}{F_1+F_2},\qquad z_y=\frac{F_2}{F_1+F_2},\qquad z_x+z_y=1.$$

进一步可知 z_{xx}，z_{xy}，z_{yy} 存在且连续，且有 $z_{xx}+z_{yx}=0$，$z_{xy}+z_{yy}=0$. 由此即得

$$z_{xx}=z_{yy},\qquad z_{xx}+2z_{xy}+z_{yy}=0.$$

13.1.6 方向导数

定义 13.1.6 U 为 $P_0(x_0,\ y_0,\ z_0)$ 的一个开邻域，$f(x,\ y,\ z):\ U\to\mathbf{R}$，$P(x,\ y,\ z)$ 在从 P_0 出发沿方向 l 的射线上，如果 $\lim\limits_{P\to P_0}\dfrac{f(P)-f(P_0)}{d(P,\ P_0)}$ 存在，则称此极限为 f 在 P_0 处沿方向 l 的方向导数，记为 $\dfrac{\partial f}{\partial l}(P_0)$.

易知，当 f 在 P_0 处的偏导数存在时，则 f 在 P_0 处沿坐标轴正向的方向导数等于其对应的偏导数.

定理 13.1.7 如果 U 为 $P_0(x_0,\ y_0,\ z_0)$ 的一个开邻域，$f(x,\ y,\ z):\ U\to\mathbf{R}$ 在 P_0 处可微，l 的方向余弦为 $(\cos\alpha,\ \cos\beta,\ \cos\gamma)$，则有

$$\frac{\partial f}{\partial l}(P_0)=f_x(P_0)\cos\alpha+f_y(P_0)\cos\beta+f_z(P_0)\cos\gamma.$$

证明 由可微条件得

$$f(P)-f(P_0)=f_x(P_0)(x-x_0)+f_y(P_0)(y-y_0)+f_z(P_0)(z-z_0)+o(d(P,P_0)).$$

又 $x-x_0=d(P,\ P_0)\cos\alpha$，$y-y_0=d(P,\ P_0)\cos\beta$，$z-z_0=d(P,\ P_0)\cos\gamma$. 故有

$$\lim_{P\to P_0}\frac{f(P)-f(P_0)}{d(P,P_0)}=f_x(P_0)\cos\alpha+f_y(P_0)\cos\beta+f_z(P_0)\cos\gamma=\frac{\partial f}{\partial l}(P_0).$$

例 13.1.12 求 $f(x,\ y,\ z)=x^3-y^2+z$ 在 $P_0(1,\ 1,\ 0)$ 处沿方向 l：$(1,\ -2,\ -2)$ 的方向导数.

解 $f_x(P_0)=3$，$f_y(P_0)=-2$，$f_z(P_0)=1$，$\cos\alpha=\dfrac{1}{3}$，$\cos\beta=-\dfrac{2}{3}$，$\cos\gamma=-\dfrac{2}{3}$，

$$\frac{\partial f}{\partial l}(P_0)=3\cdot\frac{1}{3}-2\left(-\frac{2}{3}\right)-\frac{2}{3}=\frac{5}{3}.$$

定义 3.1.7 设 $f(x,\ y,\ z)$ 在 P_0 处具有一阶偏导数，由 f 在 P_0 处的偏导数组成的向量 $\mathrm{grad}f(P_0)=(f_x(P_0),\ f_y(P_0),\ f_z(P_0))$ 称为 f 在 P_0 处的梯度，向量长度 $\|\mathrm{grad}f\|=\sqrt{f_x^2+f_y^2+f_z^2}$ 也称为梯度的模.

例 13.1.13 求$f(x, y, z)=\dfrac{1}{\sqrt{x^2+y^2+z^2}}$，$(x, y, z)\neq(0, 0, 0)$，的梯度与模.

解 $f_x=-\dfrac{x}{(x^2+y^2+z^2)^{\frac{3}{2}}}$，$f_y=-\dfrac{y}{(x^2+y^2+z^2)^{\frac{3}{2}}}$，$f_z=-\dfrac{z}{(x^2+y^2+z^2)^{\frac{3}{2}}}$. 于是有

$$\mathrm{grad}f=\left(-\frac{x}{(x^2+y^2+z^2)^{\frac{3}{2}}}, -\frac{y}{(x^2+y^2+z^2)^{\frac{3}{2}}}, -\frac{z}{(x^2+y^2+z^2)^{\frac{3}{2}}}\right).$$

$$\|\mathrm{grad}f\|=\frac{1}{x^2+y^2+z^2}.$$

习　题

1. 求下列函数的偏导数：

(1) $z=\ln(x^2+y^4)$；　(2) $u=(xy)^z$；

(3) $u=x^{y^z}$；　(4) $u=\sqrt{x^2+y^2+z^2}$；

(5) $u=\dfrac{1}{x}+\dfrac{1}{y}-\dfrac{xy}{z}$.

2. 讨论函数

$$f(x,y)=\begin{cases}\dfrac{xy^2}{x^2+y^2}, & (x,y)\neq(0,0),\\ 0, & (x,y)=(0,0)\end{cases}$$

在(0, 0)处的可微性，并判断其偏导数在(0, 0)处是否连续.

3. 设$z=f(x, y)$在(0, 0)处连续，且满足

$$\lim_{(x,y)\to(0,0)}\frac{f(x,y)}{(x^2+y^2)^{\frac{3}{4}}}=0.$$

证明$z=f(x, y)$在(0, 0)处可微并求其微分.

4. 证明$z=f(x, y)$可微的充要条件是$\Delta z=A\Delta x+B\Delta y+\alpha(\Delta x, \Delta y)\Delta x+\beta(\Delta x, \Delta y)\Delta y$，其中

$$\lim_{(\Delta x,\Delta y)\to(0,0)}\alpha(\Delta x,\Delta y)=0,\qquad \lim_{(\Delta x,\Delta y)\to(0,0)}\beta(\Delta x,\Delta y)=0.$$

5. 求下列函数的全微分：

(1) $f(x, y)=xyz\sin(x+y+z)$；

(2) $f(x, y)=\sqrt{x^2+y^2+z^2}\,\mathrm{e}^{x^2+y^2+z^2}$.

6. 设$\begin{cases}x=\int_1^t \mathrm{e}^{-u^2}\mathrm{d}u\\ y^3-\ln(x+t)=1\end{cases}$. 求$\left.\dfrac{\mathrm{d}y}{\mathrm{d}x}\right|_{x=0}$.

7. 设$f(u, v)$具有二阶连续偏导数，$z=f(xyz, x+y+z)$. 求z_x，x_y，y_z.

8. 设$f(u, v)$具有二阶连续偏导数，$z=f(yg(x), xy)$，其中$g(x)$可微且$g(1)=1$为极值. 求$z_{xy}(1, 1)$.

9. 设 $F(u, v)$ 具有二阶连续偏导数，$z=z(x, y)$ 具有二阶连续偏导数，且满足

$$F\left(\frac{x}{1+y^2}, x+y-z\right)=0.$$

求 z_{xy}.

10. 求 $x^2+y^2-2z^2=2$ 在 $(2, 2, 1)$ 处的切平面与法线方程.

11. 设 $f(x, y)$ 可微，$g(u, v)=f(\alpha u\cos\theta-\alpha v\sin\theta, \beta u\sin\theta+\beta v\cos\theta)$. 证明

$$g_u^2+g_v^2=\alpha^2 f_x^2+\beta^2 f_y^2.$$

12. 设 $f(v)$ 可微，$z=\dfrac{x}{f(x^2+y^2)}$. 证明 $\dfrac{z_x}{x}-\dfrac{z_y}{y}=\dfrac{z}{x^2}$.

13. 求下列函数的二阶偏导数:

(1) $z=(x+2y)\ln(xy)$;

(2) $z=xy\mathrm{e}^{x+y}$;

(3) $z=f\left(x+y, xy, \dfrac{y}{x}\right)$, 其中 f 可微;

(4) $z=f(\mathrm{e}^x+\mathrm{e}^y)$, 其中 f 可微.

14. 设 $z=f(x, y)$, $x=r\cos\theta$, $y=r\sin\theta$, 其中 f 可微，$z_{xx}+z_{yy}=0$. 证明

$$z_{rr}+\frac{1}{r^2}z_{\theta\theta}=-\frac{z_r}{r}.$$

15. 设 $z=f(r)$, $r^2=\sum\limits_{i=1}^{n}x_i^2$, 其中 f 可微，$\sum\limits_{i=1}^{n}z_{x_ix_i}=0$. 证明

$$z_{rr}=-\frac{n-1}{r}z_r.$$

16. 设 $u=\dfrac{1}{r}g\left(t-\dfrac{r}{c}\right)$, $r=\sqrt{x^2+y^2+z^2}$, 其中 g 二阶可导，c 为常数. 证明

$$u_{xx}+u_{yy}+u_{zz}=\frac{1}{c^2}u_{tt}.$$

17. 证明 $u(x, y)=\ln(x^2+y^2)$, $(x, y)\neq(0, 0)$ 满足方程 $u_{xx}+u_{yy}=0$.

18. 设 f, g 二阶可导，$z=xf\left(\dfrac{y}{x}\right)+g\left(\dfrac{y}{x}\right)$. 证明 $x^2z_{xx}+2xyz_{xy}+y^2z_{yy}=0$.

19. 设 $u=u(x, y, z)$, $v=v(x, y, z)$ 具有一阶偏导数，$f(u, v)$ 可微，$F(x, y, z)=f(u(x, y, z), v(x, y, z))$. 证明 $\mathrm{grad}F=f_u\mathrm{grad}u+f_v\mathrm{grad}v$.

13.2 多元函数的 Taylor 公式与极值

本节首先介绍多元函数的 Taylor 公式，为此需要下面的高阶偏导公式.

引理 13.2.1 如果 $U((x_0, y_0))$ 为 (x_0, y_0) 的一开凸邻域，$f(x, y)$: $U((x_0, y_0))\to\mathbf{R}$ 具有 k 阶连续偏导数，$(x_0+u, y_0+v)\in U((x_0, y_0))$, $\varphi(t)=f(x_0+tu, y_0+tv)$, $t\in[0, 1]$, 则有

$$\varphi^{(k)}(t) = \left(u\frac{\partial}{\partial x} + v\frac{\partial}{\partial y}\right)^k f(x_0 + tu, y_0 + tv),$$

其中
$$\left(u\frac{\partial}{\partial x} + v\frac{\partial}{\partial y}\right)^k f(x,y) = \sum_{i=1}^{k} \mathrm{C}_k^i \frac{\partial^k}{\partial x^i \partial y^{k-i}} f(x,y) u^i v^{k-i}.$$

采用归纳法即可证明，细节留给读者.

定理 13.2.1　如果 $U((x_0, y_0))$ 为 (x_0, y_0) 的一开凸邻域，$f(x, y): U((x_0, y_0) \to \mathbf{R}$ 具有 $n+1$ 阶连续偏导数，则对任一 $(x_0+u, y_0+v) \in U((x_0, y_0))$，存在 $\theta \in (0, 1)$，使得

$$f(x_0+u, y_0+v) = f(x_0,y_0) + \left(u\frac{\partial}{\partial x} + v\frac{\partial}{\partial y}\right) f(x_0,y_0) + \frac{1}{2!}\left(u\frac{\partial}{\partial x} + v\frac{\partial}{\partial y}\right)^2 f(x_0,y_0)$$
$$+ \cdots + \frac{1}{n!}\left(u\frac{\partial}{\partial x} + v\frac{\partial}{\partial y}\right)^n f(x_0,y_0) + \frac{1}{(n+1)!}\left(u\frac{\partial}{\partial x} + v\frac{\partial}{\partial y}\right)^{n+1} f(x_0+\theta u, y_0+\theta v).$$

令 $\varphi(t) = f(x_0+tu, y_0+tv)$，$t \in [0, 1]$. 对 $\varphi(t)$ 应用一元函数 Taylor 公式以及引理 13.2.1 即可证明定理结论.

定理 13.2.2　如果 $U((x_0,y_0))$ 为 (x_0,y_0) 的一开凸邻域，$f(x,y): U((x_0,y_0)) \to \mathbf{R}$ 具有 n 阶连续偏导数，则对任一 $(x_0+u, y_0+v) \in U((x_0, y_0))$，有

$$f(x_0+u, y_0+v) = f(x_0,y_0) + \sum_{i=1}^{n} \frac{1}{i!}\left(u\frac{\partial}{\partial x} + v\frac{\partial}{\partial y}\right)^i f(x_0,y_0) + o(\rho^n),$$

其中，$\rho = \sqrt{u^2+v^2}$.

下面讨论二元函数的极值问题. 我们先介绍下面概念.

定义 13.2.1　$f(x, y): D \subset \mathbf{R}^2 \to \mathbf{R}$，$(x_0, y_0) \in D$ 为内点，若存在 (x_0, y_0) 的一个邻域 $\mathrm{N}(x_0, y_0) \subset D$，使得

(1) $f(x, y) \leqslant f(x_0, y_0)$ 对 $\forall (x, y) \in \mathrm{N}(x_0, y_0)$ 成立，则称 (x_0, y_0) 为一极大值点，$f(x_0, y_0)$ 为一极大值；

(2) $f(x, y) \geqslant f(x_0, y_0)$ 对 $\forall (x, y) \in \mathrm{N}(x_0, y_0)$ 成立，则称 (x_0, y_0) 为一极小值点，$f(x_0, y_0)$ 为一极小值.

例 13.2.1　讨论 $f(x, y) = x^2+y^2-1$，$g(x, y) = 1+\sin(xy)$ 在 $(0, 0)$ 处是否取得极值.

解　显然有 $x^2+y^2-1 \geqslant f(0, 0) = -1$，故 $f(x, y)$ 在 $(0, 0)$ 处取得极小值.

$$g(-x,x) = 1 - \sin x^2 < g(0,0),\quad g(x,x) = 1 + \sin x^2 > g(0,0),\ x \in (0,1),$$

因此 $g(x, y)$ 在 $(0, 0)$ 不取得极值.

命题 13.2.1　如果 $f(x, y)$ 在 (x_0, y_0) 附近存在偏导数，(x_0, y_0) 为极值点，则有 $f_x(x_0, y_0) = 0$，$f_y(x_0, y_0) = 0$.

注　我们把满足 $f_x(P_0) = 0$，$f_y(P_0) = 0$ 的点 P_0 称为 $f(x, y)$ 的临界点.

下面定理判断什么情况下 $f(x, y)$ 的临界点是否是极值点.

定理 13.2.3　如果 $f(x, y)$ 在 (x_0, y_0) 附近存在二阶连续偏导数，且 (x_0, y_0) 为 $f(x, y)$ 的临界点，则有下列结论成立：

(1)若$f_{xx}(x_0, y_0)>0, f_{xx}(x_0, y_0)f_{yy}(x_0, y_0)-f_{xy}^2(x_0, y_0)>0$，则$(x_0, y_0)$为$f$的一个极小值点；

(2)若$f_{xx}(x_0, y_0)<0, f_{xx}(x_0, y_0)f_{yy}(x_0, y_0)-f_{xy}^2(x_0, y_0)>0$，则$(x_0, y_0)$为$f$的一个极大值点；

(3)若$f_{xx}(x_0, y_0)f_{yy}(x_0, y_0)-f_{xy}^2(x_0, y_0)<0$，则$(x_0, y_0)$不是$f$的极值点；

(4)若$f_{xx}(x_0, y_0)f_{yy}(x_0, y_0)-f_{xy}^2(x_0, y_0)=0$，则无法判断$(x_0, y_0)$是否是$f$的极值点.

证明 因为$f_x(x_0, y_0)=0$，$f_y(x_0, y_0)=0$，由定理13.2.2得

$$f(x_0+h,y_0+k)-f(x_0,y_0)=\frac{1}{2}(f_{xx}h^2+2f_{xy}hk+f_{yy}k^2)+o(h^2+k^2).$$

故当h，k充分小时，上式右端符号由$f_{xx}h^2+2f_{xy}hk+f_{yy}k^2$确定.

由高等代数知识，有如下结论：

(1) $f_{xx}(x_0, y_0)>0, f_{xx}(x_0, y_0)f_{yy}(x_0, y_0)-f_{xy}^2(x_0, y_0)>0$，则二次型$f_{xx}h^2+2f_{xy}hk+f_{yy}k^2$为正定二次型，于是$(x_0, y_0)$为极小值点；

(2) $f_{xx}(x_0, y_0)<0, f_{xx}(x_0, y_0)f_{yy}(x_0, y_0)-f_{xy}^2(x_0, y_0)>0$，则二次型$f_{xx}h^2+2f_{xy}hk+f_{yy}k^2$为负定二次型，于是$(x_0, y_0)$为极大值点.

(3)$f_{xx}(x_0, y_0)f_{yy}(x_0, y_0)-f_{xy}^2(x_0, y_0)<0$，则二次型$f_{xx}h^2+2f_{xy}hk+f_{yy}k^2$为不定二次型，于是$(x_0, y_0)$不是极值点.

(4) $f_{xx}(x_0, y_0)f_{yy}(x_0, y_0)-f_{xy}^2(x_0, y_0)=0$，则无法判断二次型$f_{xx}h^2+2f_{xy}hk+f_{yy}k^2$的类型，于是无法判断$(x_0, y_0)$是否是$f$的极值点.

例13.2.2 设$f(x, y)=x^2y^2$，$g(x, y)=x^3y^3$. 分别讨论f与g是否满足定理13.2.3的条件.

解 $f_{xx}(0, 0)=f_{yy}(0, 0)=f_{xy}(0, 0)=0$，故$f$满足定理13.2.3条件(4)，但(0, 0)是$f$的极小值点.

$g_{xx}(0, 0)=g_{yy}(0, 0)=g_{xy}(0, 0)=0$，$g$满足定理13.2.3条件(4)，但(0, 0)不是g的极值点.

例13.2.3 求$f(x, y)=x^2+4y^2-2x+8y-10$的极值点与极值.

解 $f_x=2x-2$，$f_y=8y+8$. 令$f_x=0$，$f_y=0$，解得$x=1$，$y=-1$. 解得$f_{xx}=2$，$f_{yy}=8$，$f_{xy}=0$，$f_{xx}f_{yy}-f_{xy}^2=16>0$.

故由定理13.2.3 (1)可知，(1, -1)为极小值点，$f(1, -1)=-15$为极小值.

例13.2.4 证明圆的外切三角形中，以正三角形的面积最小.

证明 设圆半径为r，外切三角形$\triangle ABC$的三个切点处半径的两两相夹的中心角依次为α，β，γ. 则有$\alpha+\beta+\gamma=2\pi$，$0<\alpha$，β，$\gamma<\pi$，如图13.2.1所示.

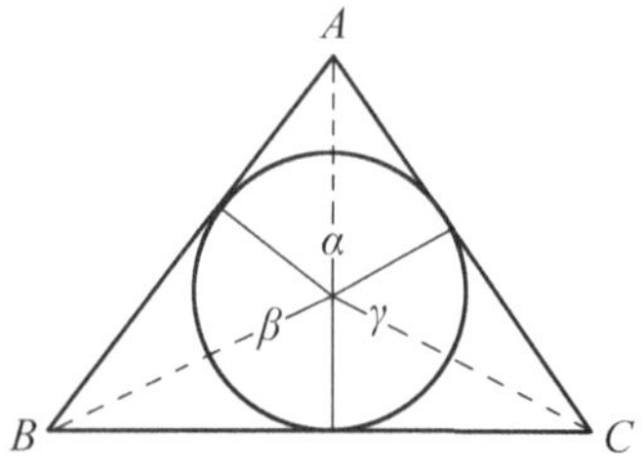

图13.2.1

$\triangle ABC$ 的面积

$$S(\alpha,\beta) = r^2\left(\tan\frac{\alpha}{2}+\tan\frac{\beta}{2}+\tan\frac{\gamma}{2}\right).$$

$$S_\alpha = \frac{1}{2}r^2\left(\sec^2\frac{\alpha}{2}-\sec^2\frac{\alpha+\beta}{2}\right),\qquad S_\beta = \frac{1}{2}r^2\left(\sec^2\frac{\beta}{2}-\sec^2\frac{\alpha+\beta}{2}\right).$$

令 $S_\alpha=0$，$S_\beta=0$，解得 $\alpha=\beta=\frac{2\pi}{3}$. 于是 $\gamma=\frac{2\pi}{3}$.

又 $S_{\alpha\alpha}=4\sqrt{3}r^2$，$S_{\beta\beta}=4\sqrt{3}r^2$，$S_{\alpha\beta}=2\sqrt{3}r^2$，$S_{\alpha\alpha}S_{\beta\beta}-S_{\alpha\beta}^2=36r^4>0$.

又 $S(\alpha,\ \beta)$在定义域内存在偏导数，且有 $\alpha\to\pi^-$时，$S(\alpha,\ \beta)\to+\infty$，因此 $S(\alpha,\ \beta)$没有最大值，于是 $S\left(\frac{2\pi}{3},\ \frac{2\pi}{3}\right)$为最小值，结论得证.

例 13.2.5（最小二乘法问题）　实验观测中测得 n 个点$(x_i,\ y_i)$，$i=1,\ 2,\ \cdots,\ n$，它们大致落在一直线附近. 求此直线方程，使得其与这 n 个点的偏差平方和最小.

解　设直线方程为 $y=ax+b$. 于是偏差平方和 $S(a,b)=\sum\limits_{i=1}^{n}(ax_i+b-y_i)^2$.

$$S_a = 2\sum_{i=1}^{n}x_i(ax_i+b-y_i),\qquad S_b = 2\sum_{i=1}^{n}(ax_i+b-y_i).$$

令 $S_a=0$，$S_b=0$，解得

$$\bar{a} = \frac{n\sum\limits_{i=1}^{n}x_iy_i-\left(\sum\limits_{i=1}^{n}x_i\right)\left(\sum\limits_{i=1}^{n}y_i\right)}{n\sum\limits_{i=1}^{n}x_i^2-\left(\sum\limits_{i=1}^{n}x_i\right)^2},\qquad \bar{b} = \frac{\sum\limits_{i=1}^{n}x_i^2y_i-\left(\sum\limits_{i=1}^{n}x_iy_i\right)\left(\sum\limits_{i=1}^{n}x_i\right)}{n\sum\limits_{i=1}^{n}x_i^2-\left(\sum\limits_{i=1}^{n}x_i\right)^2}.$$

$$f_{aa} = 2\sum_{i=1}^{n}x_i^2,\ S_{bb} = 2n,\ f_{ab} = 2\sum_{i=1}^{n}x_i,\ f_{aa}f_{bb}-S_{ab}^2>0.$$

注意到 $S(a,\ b)$处处有偏导数且无最大值，因此 $S(\bar{a},\ \bar{b})$为最小值. 于是所求直线方程为 $y=\bar{a}x+\bar{b}$.

习　题

1. 求 $f(x,\ y)=x^2-xy-y^2-4x-2y+1$ 在$(-1,\ 1)$处的 Taylor 公式.
2. 求 $f(x,\ y)=e^x\ln(1+y)$在$(0,\ 0)$处的 Taylor 公式，三阶为止.
3. 求下列函数的极值：

(1) $z=2x^2-(y-2)^2$；

(2) $z=x^2-xy+y^2-2x+y$；

(3) $z=2(x-y+2)^2$；

(4) $z=\sin x+\cos y+\cos(x-y)$，$0\leqslant x,\ y\leqslant\frac{\pi}{2}$.

4. 求下列函数的最大值与最小值：

(1) $z=x^2-xy+y^2$, $|x|+|y|\leqslant 1$;

(2) $z=x^2-y^2$, $x^2+y^2\leqslant 5$;

(3) $z=x^2+y^2-12x+16y$, $x^2+y^2\leqslant 25$;

(4) $z=\sin x+\sin y-\sin(x+y)$, $0\leqslant x, y, x+y\leqslant 2\pi$.

5. 求周长为 p 中面积最大的三角形.

6. 求直线 $y=ax+b$，使得$\int_0^1(ax+b-x^2)^2\mathrm{d}x$ 最小.

7. 证明 $z=(1+\mathrm{e}^y)\cos x-y\mathrm{e}^y$ 有无穷多个极大值，但无极小值.

第 14 章 含参变量积分与含参变量广义积分

本章以二元函数为例，考察多元函数对于单个变量的定积分与广义积分问题，由此产生了与变量积分顺序相关的二次积分问题．我们将证明二元连续函数的二次积分与次序无关，并讨论更为一般的二元函数的二次广义积分及其性质．特别，我们还将介绍两类特殊的含参变量广义积分，一类是 Euler 函数，另一类是 Beta 函数．最后介绍一类特殊的含参变量广义积分，称之为 Fourier 变换．

14.1 含参变量积分

设$f(x,y):[a,b]\times[c,d]\to\mathbf{R}$，我们考察对其中一个变量的定积分问题，比如对任一$x\in[a,b]$，如果$\int_c^d f(x,y)\,\mathrm{d}y$存在，则记$\varphi(x)=\int_c^d f(x,y)\,\mathrm{d}y$；对任一$y\in[c,d]$，如果$\int_a^b f(x,y)\,\mathrm{d}x$存在，则记$\psi(y)=\int_a^b f(x,y)\,\mathrm{d}x$. $\varphi(x)$，$\psi(y)$皆称为含参变量积分．

一般地，设$f(x,y):\{(x,y):x\in[a,b],\ c(x)\leqslant y\leqslant d(x)\}\to\mathbf{R}$，或者$f(x,y):\{(x,y):y\in[c,d],a(y)\leqslant x\leqslant b(y)\}\to\mathbf{R}$，类似可考虑$\varphi(x)=\int_{c(x)}^{d(x)}f(x,y)\,\mathrm{d}y$，$\psi(y)=\int_{a(y)}^{b(y)}f(x,y)\,\mathrm{d}x$.

本节将讨论$\varphi(x)$，$\psi(y)$的连续性、可导性以及与积分相关的一些性质．

定理 14.1.1 如果$f(x,y):[a,b]\times[c,d]\to\mathbf{R}$连续，则$\varphi(x)$在$[a,b]$上连续，$\psi(y)$在$[c,d]$上连续．

证明 因为$f(x,y):[a,b]\times[c,d]\to\mathbf{R}$连续，所以一致连续．于是对$\forall\varepsilon>0$，存在$\delta(\varepsilon)>0$，当$|x_1-x_2|<\delta(\varepsilon)$，$|y_1-y_2|<\delta(\varepsilon)$时，有

$$|f(x_1,y_1)-f(x_2,y_2)|<\min\left\{\frac{\varepsilon}{b-a},\frac{\varepsilon}{c-d}\right\},$$

于是有

$$|\varphi(x_1)-\varphi(x_2)|\leqslant\int_c^d|f(x_1,y)-f(x_2,y)|\,\mathrm{d}y<\varepsilon,$$

当$|x_1-x_2|<\delta(\varepsilon)$时，

$$|\psi(y_1)-\psi(y_2)|\leqslant\int_a^b|f(x,y_1)-f(x,y_2)|\,\mathrm{d}x<\varepsilon,$$

当$|y_1-y_2|<\delta(\varepsilon)$时．

这就证明了$\varphi(x)$，$\psi(y)$的连续性．

注 如果$f(x,y):\{(x,y):x\in[a,b],c(x)\leqslant y\leqslant d(x)\}\to\mathbf{R}$或$f(x,y):\{(x,y):y\in[c,d],a(y)\leqslant x\leqslant b(y)\}\to\mathbf{R}$连续，$c(x)$，$d(x)$连续，（相应$a(y)$，$b(y)$连续），类似可得$\varphi(x)=\int_{c(x)}^{d(x)}f(x,y)\mathrm{d}y$，$\left(\psi(y)=\int_{a(y)}^{b(y)}f(x,y)\mathrm{d}x\right)$连续．

在定理14.1.1条件下，我们知道$\int_a^b\varphi(x)\mathrm{d}x=\int_a^b\left(\int_c^d f(x,y)\mathrm{d}y\right)\mathrm{d}x$与$\int_c^d\psi(y)\mathrm{d}y=\int_c^d\left(\int_a^b f(x,y)\mathrm{d}x\right)\mathrm{d}y$均存在，它们是$f(x,y)$分别对两个变量的不同次序的定积分，称为二次积分．现在问这两个二次积分是否相等．这个问题的回答将是肯定的．为此，我们需要做一些准备工作．

首先证明如下结论

定理14.1.2 如果$f(x,y)$，$f_x(x,y):[a,b]\times[c,d]\to\mathbf{R}$连续，则$\varphi(x)=\int_c^d f(x,y)\mathrm{d}y$在$[a,b]$上可导，且有$\varphi'(x)=\int_c^d f_x(x,y)\mathrm{d}y.$

证明 只需证$x\in(a,b)$，$x=a$或$x=b$时，有相应的右或左导数．

$$\frac{\varphi(x+\Delta x)-\varphi(x)}{\Delta x}=\int_c^d\frac{f(x+\Delta x,y)-f(x,y)}{\Delta x}\mathrm{d}y=\int_c^d f_x(\xi,y)\mathrm{d}y,$$

ξ介于x与$x+\Delta x$之间．由定理14.1.1知

$$\lim_{\Delta x\to0}\frac{\varphi(x+\Delta x)-\varphi(x)}{\Delta x}=\int_c^d f_x(x,y)\mathrm{d}y,$$

即$\varphi'(x)=\int_c^d f_x(x,y)\mathrm{d}y.$

同理有下面结论成立．

定理14.1.3 如果$f(x,y)$，$f_y(x,y):[a,b]\times[c,d]\to\mathbf{R}$连续，则$\psi(y)=\int_a^b f(x,y)\mathrm{d}x$在$[a,b]$上可导，且有$\psi_y(y)=\int_a^b f_y(x,y)\mathrm{d}x.$

一般地，我们有下面结论成立．

定理14.1.4 如果$f(x,y)$，$f_y(x,y):[a,b]\times[c,d]\to\mathbf{R}$连续，$c(x)$，$d(x)$在$[a,b]$上具有连续导函数，且有$c\leqslant c(x),d(x)\leqslant d,x\in[a,b]$，则$\varphi(x)=\int_{c(x)}^{d(x)}f(x,y)\mathrm{d}y$在$[a,b]$上可导，且有

$$\varphi'(x)=\int_{c(x)}^{d(x)}f_x(x,y)\mathrm{d}y+f(x,d(x))d'(x)-f(x,c(x))c'(x).$$

证明 令$F(x,u,v)=\int_u^v f(x,y)\mathrm{d}y$，$x\in[a,b],u,v\in[c,d]$．于是有$\varphi(x)=F(x,c(x),d(x))$．于是由复合函数求偏导法则可得

$$\varphi'(x)=\int_{c(x)}^{d(x)}f_x(x,y)\mathrm{d}y+f(x,d(x))d'(x)-f(x,c(x))c'(x).$$

有了上面的准备工作，可以证明下面二次积分与顺序无关．

定理 14.1.5　如果 $f(x, y): [a, b]\times[c, d]\to\mathbf{R}$ 连续，则有

$$\int_a^b\left(\int_c^d f(x,y)\,\mathrm{d}y\right)\mathrm{d}x = \int_c^d\left(\int_a^b f(x,y)\,\mathrm{d}x\right)\mathrm{d}y.$$

证明　令 $h(u) = \int_a^b\left(\int_c^u f(x,y)\,\mathrm{d}y\right)\mathrm{d}x, k(u) = \int_c^u\left(\int_a^b f(x,y)\,\mathrm{d}x\right)\mathrm{d}y$，$u\in[c,d]$. 由定理 14.1.3 以及变上限函数求导定理知 $h'(u) = \int_a^b f(x,u)\,\mathrm{d}x$，$k'(u) = \int_a^b f(x,u)\,\mathrm{d}x$，$u\in[c,d]$. 因此有 $h'(u) - k'(u) = 0$. 于是 $h(u) - k(u) = c$，c 为一常数，$u\in[c, d]$. 故有 $h(u) - k(u) = h(0) - k(0) = 0$. 由此得

$$\int_a^b\left(\int_c^d f(x,y)\,\mathrm{d}y\right)\mathrm{d}x = \int_c^d\left(\int_a^b f(x,y)\,\mathrm{d}x\right)\mathrm{d}y.$$

例 14.1.1　求 $\lim\limits_{\alpha\to 0}\int_0^1\left(\int_0^{x+\alpha^2}\dfrac{1}{1+y^2+\alpha^2|x|}\mathrm{d}y\right)\mathrm{d}x$.

解

$$\begin{aligned}\lim_{\alpha\to 0}\int_0^1\left(\int_0^{x+\alpha^2}\frac{1}{1+y^2+\alpha^2 x}\mathrm{d}y\right)\mathrm{d}x &= \int_0^1\left(\lim_{\alpha\to 0}\int_0^{x+\alpha^2}\frac{1}{1+y^2+\alpha^2 x}\mathrm{d}x\right)\mathrm{d}y\\ &= \int_0^1\left(\int_0^x\frac{1}{1+y^2}\mathrm{d}y\right)\mathrm{d}x = \int_0^1\arctan x\,\mathrm{d}x\\ &= x\arctan x - \frac{1}{2}\ln(1+x^2)\Big|_0^1 = \frac{\pi-\ln 2}{2}.\end{aligned}$$

例 14.1.2　计算 $\int_0^1\dfrac{x^b - x^a}{\ln x}\mathrm{d}x$，$0 < a < b$.

解　令 $f(x, y) = x^y$：$x\in[\beta, 1]$，$y\in[a, b]$，$\beta\in(0, 1)$. 则 $f(x, y)$ 在 $[\beta, 1]\times[a, b]$ 上连续，且有 $\dfrac{x^b - x^a}{\ln x} = \int_a^b x^y\,\mathrm{d}y$. 于是有

$$\begin{aligned}\int_\beta^1\frac{x^b - x^a}{\ln x}\ln x\,\mathrm{d}x &= \int_\beta^1\left(\int_a^b x^y\,\mathrm{d}y\right)\mathrm{d}x = \int_a^b\left(\int_\beta^1 x^y\,\mathrm{d}x\right)\mathrm{d}y\\ &= \int_a^b\frac{1}{1+y}(1-\beta^{1+y})\,\mathrm{d}y = \ln\frac{1+b}{1+a} - \int_a^b\frac{\beta^{1+y}}{1+y}\mathrm{d}y.\end{aligned}$$

易见 $\lim\limits_{\beta\to 0^+}\int_a^b\dfrac{\beta^{1+y}}{1+y}\mathrm{d}y = 0$，因此有

$$\int_0^1\frac{x^b - x^a}{\ln x}\mathrm{d}x = \lim_{\beta\to 0^+}\int_\beta^1\frac{x^b - x^a}{\ln x}\mathrm{d}x = \ln\frac{1+b}{1+a}.$$

习　题

1. 求 $\lim\limits_{\alpha\to 0}\int_0^1 \mathrm{e}^{\alpha x^2 - x + \alpha}\mathrm{d}x$.

2. 设 $\varphi(x) = \int_{-x}^{x^2}\mathrm{e}^{-y^2 x}\mathrm{d}y$. 求 $\varphi'(x)$.

3. 设 $E(\alpha)=\int_0^{\frac{\pi}{2}}\sqrt{1-\alpha^2\sin^2\theta}\mathrm{d}\theta, 0<\alpha<1$. 证明 $E''(\alpha)+\frac{1}{\alpha}E'(\alpha)+\frac{E(\alpha)}{1-\alpha^2}=0$.

4. 求下列含参变量积分：

(1) $\int_0^{\frac{\pi}{2}}\ln(a^2\sin^2x+b^2\cos^2x)\mathrm{d}x, a^2+b^2\neq 0$;

(2) $\int_0^{\pi}\ln(1-2\alpha\cos\beta+\alpha^2)\mathrm{d}\beta, |\alpha|<1$.

5. 设 $f(x):[0,1]\to(0,+\infty)$ 连续，$\varphi(y)=\int_0^1\frac{yf(x)}{x^2+y^2}\mathrm{d}x$. 讨论 $\varphi(y)$ 在 $(-\infty,+\infty)$ 上的连续性.

6. $f(x):[a,b]\to\mathbf{R}, a<b$ 连续. 计算 $\lim\limits_{h\to 0^+}\frac{1}{h}\int_a^x[f(t+h)-f(t)]\mathrm{d}t, a<x<b$.

7. 判断下列两个二次积分是否相等：

$$\int_0^1\mathrm{d}x\int_0^1\frac{x^2-y^2}{(x^2+y^2)^2}\mathrm{d}y \text{ 与 } \int_0^1\mathrm{d}y\int_0^1\frac{x^2-y^2}{(x^2+y^2)^2}\mathrm{d}x.$$

8. 设 $0<a<b$. 求下列积分：

(1) $\int_0^1\sin\left(\ln\frac{1}{x}\right)\frac{x^b-x^a}{\ln x}\mathrm{d}x$;　　(2) $\int_0^1\cos\left(\ln\frac{1}{x}\right)\frac{x^b-x^a}{\ln x}\mathrm{d}x$.

14.2 含参变量广义积分

本节首先介绍无穷限含参变量广义积分的一致收敛概念，然后详细讨论无穷限含参变量广义积分的一致收敛判别法则，最后介绍一致收敛的无穷限含参变量广义积分的连续性、可积性、可导性以及无穷限含参变量二次广义积分次序可交换的问题.

14.2.1 含参变量广义积分及其一致收敛性

设 $f(x,y):I\times(c,+\infty)\to\mathbf{R}$，其中 I 为一区间，若对每一 $x\in I$，广义积分 $\varphi(x)=\int_c^{+\infty}f(x,y)\mathrm{d}y$ 存在，则称 $\varphi(x)$ 为含参变量 x 的广义积分；同理设 $f(x,y):(a,+\infty)\times I\to\mathbf{R}$，其中 I 为一区间，若对每一 $y\in I$，广义积分 $\psi(y)=\int_a^{+\infty}f(x,y)\mathrm{d}x$ 存在，则称 $\psi(y)$ 为含参变量 y 的广义积分.

定义 14.2.1 设 $f(x,y):I\times(c,+\infty)\to\mathbf{R}$，其中 I 为一区间，对 $\forall x\in I$，广义积分 $\varphi(x)=\int_c^{+\infty}f(x,y)\mathrm{d}y$ 存在. 如果对任意 $\varepsilon>0$，存在 $d(\varepsilon)>c$，当 $d>d(\varepsilon)$ 时，$\left|\int_c^d f(x,y)\mathrm{d}y-\varphi(x)\right|<\varepsilon$ 对所有 $x\in I$ 成立，则称含参变量广义积分 $\int_c^{+\infty}f(x,y)\mathrm{d}y$ 在 I 上一致收敛于 $\varphi(x)$.

由定义 14.2.1 易得下面定理 14.2.1 与定理 14.2.2.

定理 14.2.1　$\int_c^{+\infty} f(x,y)\,\mathrm{d}y$ 在 I 上一致收敛于 $\varphi(x)$ 的充要条件是 $\lim\limits_{d\to+\infty}\sup\limits_{x\in I}\left|\int_d^{+\infty} f(x,y)\,\mathrm{d}y\right| = 0$.

定理 14.2.2 (Cauchy 准则)　$\int_c^{+\infty} f(x,y)\,\mathrm{d}y$ 在 I 上一致收敛于 $\varphi(x)$ 的充要条件是,对 $\forall\varepsilon > 0$, 存在 $d(\varepsilon) > c$, 当 $d_1, d_2 > d(\varepsilon)$ 时, $\left|\int_{d_1}^{d_2} f(x,y)\,\mathrm{d}y\right| < \varepsilon$ 对 $\forall x \in I$ 成立.

例 14.2.1　证明 $\int_0^{+\infty} \frac{\sin xy}{y}\mathrm{d}y$ 在 $(0, +\infty)$ 上不一致收敛.

证明　对任意正数 $d>0$, 令 $\varepsilon_0 = \frac{\sqrt{3}}{2}\ln\frac{3}{2}$, $d_1 = \frac{\pi}{3}d$, $d_2 = \frac{\pi}{2}d$, $x_0 = \frac{1}{d}$. 则有 $\frac{\sin x_0 y}{y} \geqslant \frac{\sqrt{3}}{2y}$, $y \in [d_1, d_2]$. 于是有

$$\int_{d_1}^{d_2} \frac{\sin x_0 y}{y}\mathrm{d}y \geqslant \int_{d_1}^{d_2} \frac{\sqrt{3}}{2y}\mathrm{d}y = \frac{\sqrt{3}}{2}\ln\frac{3}{2}.$$

由 Cauchy 准则即知 $\int_0^{+\infty} \frac{\sin xy}{y}\mathrm{d}y$ 在 $(0, +\infty)$ 上不一致收敛.

定理 14.2.3　$\int_c^{+\infty} f(x,y)\,\mathrm{d}y$ 在 I 上一致收敛的充要条件是,对 $\forall c = d_1 < d_2 < \cdots < d_n \to +\infty$, $\sum\limits_{n=1}^{+\infty} u_n(x)$ 在 I 上一致收敛, 其中 $u_n(x) = \int_{d_n}^{d_{n+1}} f(x,y)\,\mathrm{d}y$, $n = 1,2,\cdots$.

证明　必要性显然, 只证充分性.

假设相反, $\int_c^{+\infty} f(x,y)\,\mathrm{d}y$ 在 I 上不一致收敛. 于是存在 $\varepsilon_0 > 0$, 对任意 $N > c$, 存在 $D_2 > D_1 > N$, $x_d \in I$, 使得 $\left|\int_{D_1}^{D_2} f(x_d,y)\,\mathrm{d}y\right| \geqslant \varepsilon_0$.

令 $d_1 = c$, 分别取 $N_1 = \max\{1,c\}$, 有 $d_3 > d_2 > N_1$, $x_1 \in I$, $\left|\int_{d_2}^{d_3} f(x_1,y)\,\mathrm{d}y\right| \varepsilon_0$, $N_2 = \max\{2,d_3\}$, $d_5 > d_4 > N_2$, $x_2 \in I$, $\left|\int_{d_4}^{d_5} f(x_2,y)\,\mathrm{d}y\right| \geqslant \varepsilon_0$, $\cdots$. 一般地, 取 $N_n = \max\{n, d_{2n-1}\}$, $d_{2n+1} > d_{2n} > N_n$, $x_n \in I$, $\left|\int_{d_{2n}}^{d_{2n+1}} f(x_n,y)\,\mathrm{d}y\right| \geqslant \varepsilon_0$.

显然有 $c = d_1 < d_2 < \cdots < d_n$, 且当 $n \to +\infty$ 时, 有 $d_n \to +\infty$. 但是 $|u_{2n}(x_n)| \geqslant \varepsilon_0$, 这与 $\sum\limits_{n=1}^{+\infty} u_n(x)$ 在 I 上一致收敛矛盾.

关于含参变量积分的一致收敛性, 有下列一些结论.

定理 14.2.4 (Weirstrass 判别法)　如果 $|f(x,y)| \leqslant g(y)$, $(x,y) \in I \times (c, +\infty)$, $\int_c^{+\infty} g(y)\,\mathrm{d}y$ 收敛, 则 $\int_c^{+\infty} f(x,y)\,\mathrm{d}y$ 在 I 上一致收敛.

证明细节留给读者练习.

定理 14.2.5 (Dirichlet 判别法) 如果(1) 存在 $L>0$，使得 $\left|\int_c^d f(x,y)\,\mathrm{d}y\right|\leqslant L$，$\forall x\in I, d>c$ 成立;

(2)对任一 $x\in I$，$g(x,y)$ 为 y 的单调函数，且当 $y\to+\infty$ 时，$g(x,y)$ 收敛于 0 关于 $x\in I$ 一致成立

则 $\int_c^{+\infty} f(x,y)g(x,y)\,\mathrm{d}y$ 在 I 上一致收敛.

证明 由条件(1)可知，对任意 $c<d_1<d_2$，有 $\left|\int_{d_1}^{d_2} f(x,y)\,\mathrm{d}y\right|\leqslant 2L$.

由条件(2)知，对 $\forall\varepsilon>0$，存在 $d>c$，当 $y>d$ 时，有 $|g(x,y)|<\dfrac{\varepsilon}{4L}$.

故当 $d<d_1<d_2$ 时，由推论 8.4.1 知，存在 $\xi\in[d_1,d_2]$，使得

$$\left|\int_{d_1}^{d_2} f(x,y)g(x,y)\,\mathrm{d}y\right| = \left|g(d_1)\int_{d_1}^{\xi} f(x,y)\,\mathrm{d}y + g(d_2)\int_{\xi}^{d_2} f(x,y)\,\mathrm{d}y\right|$$

$$<2L\cdot\frac{\varepsilon}{4L}+2L\cdot\frac{\varepsilon}{4L}=\varepsilon.$$

由定理 14.2.2 即知 $\int_c^{+\infty} f(x,y)g(x,y)\,\mathrm{d}y$ 在 I 上一致收敛.

定理 14.2.6 (Abel 判别法) 如果

(1) $\int_c^{+\infty} f(x,y)\,\mathrm{d}y$ 在 I 上一致收敛;

(2) 对任一 $x\in I$，$g(x,y)$ 为 y 的单调函数，且存在 $L>0$，使得 $|g(x,y)|\leqslant L$

则 $\int_c^{+\infty} f(x,y)g(x,y)\,\mathrm{d}y$ 在 I 上一致收敛.

证明类似定理 14.2.5，细节留给读者.

例 14.2.2 证明 $\int_0^{+\infty}\dfrac{x\sin xy}{1+x^3}\mathrm{d}x$ 在 $(-\infty,+\infty)$ 上一致收敛.

证明 因为 $\left|\dfrac{x\sin xy}{1+x^3}\right|\leqslant\dfrac{x}{1+x^3}$，$\forall(x,y)\in(0,+\infty)\times(-\infty,+\infty)$，且广义积分 $\int_0^{+\infty}\dfrac{x}{1+x^3}\mathrm{d}x$ 收敛，于是 $\int_0^{+\infty}\dfrac{x\sin xy}{1+x^3}\mathrm{d}x$ 在 $(-\infty,+\infty)$ 上一致收敛.

例 14.2.3 证明 $\int_0^{+\infty}\mathrm{e}^{-\alpha xy}\dfrac{\sin x}{x}\mathrm{d}x$ 在 $[0,+\infty)$ 上一致收敛，其中 $\alpha>0$.

证明 因为 $\int_0^{+\infty}\dfrac{\sin x}{x}\mathrm{d}x$ 收敛，$\mathrm{e}^{-\alpha xy}$ 对每一 $y\in[0,+\infty)$ 为 x 的单减函数，且有 $0<\mathrm{e}^{-\alpha xy}\leqslant 1$，对 $\forall(x,y)\in[0,+\infty)\times[0,+\infty)$ 成立. 于是由 Abel 判别法知，$\int_0^{+\infty}\mathrm{e}^{-\alpha xy}\dfrac{\sin x}{x}\mathrm{d}x$ 在 $[0,+\infty)$ 上一致收敛.

例 14.2.4　证明$\int_1^{+\infty}\frac{x\sin xy}{1+x^2}\mathrm{d}x$在任意$[\alpha,\beta]\subset(0,+\infty)$上一致收敛.

证明　$\left|\int_1^d \sin xy\mathrm{d}x\right| = \left|\frac{-\cos xy}{y}\Big|_1^d\right| \leqslant \frac{2}{\alpha}$，$\forall y\in[\alpha,\beta]$，且$\frac{x}{1+x^2}$关于$x$单调递减，当$x\to+\infty$时，$\frac{x}{1+x^2}\to 0$. 故由 Dirichlet 判别法知，$\int_1^{+\infty}\frac{x\sin xy}{1+x^2}\mathrm{d}x$在$[\alpha,\beta]$上一致收敛.

14.2.2　含参变量广义积分的性质

定理 14.2.7　如果$f(x,y)$：$I\times[c,+\infty)$连续，且$\varphi(x)=\int_c^{+\infty}f(x,y)\mathrm{d}y$在$I$上一致收敛，则$\varphi(x)$在$I$上连续.

证明　任取$d_1=c<d_2<\cdots<d_n\to+\infty$，则有$\varphi(x)=\sum_{n=1}^{+\infty}u_n(x)$在$I$上一致收敛，其中$u_n(x)=\int_{d_n}^{d_{n+1}}f(x,y)\mathrm{d}y$，$x\in I$.

由定理 14.1.1 知，$u_n(x)$在I上连续，由一致收敛函数项级数的性质知，$\varphi(x)$在I上连续.

注　假设$\varphi(x)=\int_c^{+\infty}f(x,y)\mathrm{d}y$在任意$[\alpha,\beta]\subset I$上一致收敛，则上述定理结论仍成立.

定理 14.2.8　如果$f(x,y),f_x(x,y):I\times[c,+\infty)$连续，且$\varphi(x)=\int_c^{+\infty}f(x,y)\mathrm{d}y$在$I$上收敛，$\int_c^{+\infty}f_x(x,y)\mathrm{d}y$在$I$上一致收敛，则$\varphi(x)$在$I$上可导，且有

$$\varphi'(x)=\int_c^{+\infty}f_x(x,y)\mathrm{d}y.$$

证明　任取$d_1=c<d_2<\cdots<d_n\to+\infty$，则有$\varphi(x)=\sum_{n=1}^{+\infty}u_n(x)$，其中

$$u_n(x)=\int_{d_n}^{d_{n+1}}f(x,y)\mathrm{d}y,\ x\in I.$$

且$\sum_{n=1}^{+\infty}u'_n(x)$在$I$上一致收敛，其中$u'_n(x)=\int_{d_n}^{d_{n+1}}f_x(x,y)\mathrm{d}y$. 于是有

$$\varphi'(x)=\sum_{n=1}^{+\infty}u'_n(x)=\int_c^{+\infty}f_x(x,y)\mathrm{d}y.$$

定理 14.2.9　如果$f(x,y)$：$[a,b]\times[c,+\infty]$连续，且$\varphi(x)=\int_c^{+\infty}f(x,y)\mathrm{d}y$在$[a,b]$上一致收敛，则有

$$\int_a^b\left(\int_c^{+\infty}f(x,y)\mathrm{d}y\right)\mathrm{d}x=\int_c^{+\infty}\left(\int_a^b f(x,y)\mathrm{d}x\right)\mathrm{d}y.$$

证明留给读者练习.

定理 14.2.10　如果$f(x,y)$：$[a,+\infty)\times[c,+\infty)$连续，且有

(1) $\varphi(x)=\int_c^{+\infty}f(x,y)\mathrm{d}y$ 在任意 $[\alpha,\beta]\subset[a,+\infty)$ 上一致收敛，$\psi(y)=\int_a^{+\infty}f(x,y)\mathrm{d}x$ 在任意 $[\mu,\nu]\subset[c,+\infty)$ 上一致收敛；

(2) $\int_a^{+\infty}\mathrm{d}x\int_c^{+\infty}|f(x,y)|\mathrm{d}y$ 或 $\int_c^{+\infty}\mathrm{d}y\int_a^{+\infty}|f(x,y)|\mathrm{d}x$ 之一收敛

则有
$$\int_a^{+\infty}\left(\int_c^{+\infty}f(x,y)\mathrm{d}y\right)\mathrm{d}x=\int_c^{+\infty}\left(\int_a^{+\infty}f(x,y)\mathrm{d}x\right)\mathrm{d}y.$$

证明 不妨设 $\int_c^{+\infty}\mathrm{d}y\int_a^{+\infty}|f(x,y)|\mathrm{d}x$ 收敛，于是 $\int_c^{+\infty}\mathrm{d}y\int_a^{+\infty}f(x,y)\mathrm{d}x$ 收敛．对任意 $b>a$，有

$$\begin{aligned}I_b&=\left|\int_a^b\mathrm{d}x\int_c^{+\infty}f(x,y)\mathrm{d}y-\int_c^{+\infty}\mathrm{d}y\int_a^{+\infty}f(x,y)\mathrm{d}x\right|\\&=\left|\int_a^b\int_c^{+\infty}f(x,y)\mathrm{d}y-\int_c^{+\infty}\mathrm{d}y\int_a^bf(x,y)\mathrm{d}x-\int_c^{+\infty}\mathrm{d}y\int_b^{+\infty}f(x,y)\mathrm{d}x\right|.\end{aligned}$$

由(1)及定理14.2.9知
$$I_b=\left|\int_c^{+\infty}\mathrm{d}y\int_b^{+\infty}f(x,y)\mathrm{d}x\right|\leqslant\left|\int_c^d\mathrm{d}y\int_b^{+\infty}f(x,y)\mathrm{d}x\right|+\left|\int_d^{+\infty}\mathrm{d}y\int_b^{+\infty}f(x,y)\mathrm{d}x\right|.$$

由(2)知，对 $\forall\varepsilon>0$，存在 $D>c$，当 $d>D$ 时，有
$$\int_d^{+\infty}\mathrm{d}y\int_b^{+\infty}|f(x,y)|\mathrm{d}x<\frac{\varepsilon}{2}.$$

令 $d=D+1$，由 $\int_a^{+\infty}f(x,y)\mathrm{d}x$ 在 $[c,D+1]$ 上一致收敛知，存在 $A>a$，当 $b>A$ 时，有 $\left|\int_b^{+\infty}f(x,y)\mathrm{d}x\right|<\dfrac{\varepsilon}{2(D+1-c)}$ 对 $\forall y\in[c,D+1]$ 成立．于是有 $\left|\int_c^{D+1}\mathrm{d}y\int_b^{+\infty}f(x,y)\mathrm{d}x\right|<\dfrac{\varepsilon}{2}$，从而有 $I_b<\varepsilon$.

因此 $\int_a^{+\infty}\left(\int_c^{+\infty}f(x,y)\mathrm{d}y\right)\mathrm{d}x=\int_c^{+\infty}\left(\int_a^{+\infty}f(x,y)\mathrm{d}x\right)\mathrm{d}y$ 成立．

下面利用含参变量广义积分的性质来计算广义积分 $\int_0^{+\infty}\dfrac{\sin x}{x}\mathrm{d}x$.

例 14.2.5 计算 $I=\int_0^{+\infty}\mathrm{e}^{-\alpha x}\dfrac{\sin bx-\sin ax}{x}\mathrm{d}x$，其中 $a<b$，$\alpha>0$.

解 注意到 $\int_a^b\cos xy\mathrm{d}y=\dfrac{\sin bx-\sin ax}{x}$，于是 $I=\int_0^{+\infty}\mathrm{d}x\int_a^b\mathrm{e}^{-\alpha x}\cos xy\mathrm{d}y$.

显然 $|\mathrm{e}^{-\alpha x}\cos xy|\leqslant\mathrm{e}^{-\alpha x}$，$\forall(x,y)\in[0,+\infty)\times[a,b]$，且 $\int_0^{+\infty}\mathrm{e}^{-\alpha x}\mathrm{d}x$ 收敛．因此有
$$I=\int_a^b\mathrm{d}y\int_0^{+\infty}\mathrm{e}^{-\alpha x}\cos xy\mathrm{d}x=\int_a^b\frac{\alpha}{\alpha^2+y^2}\mathrm{d}y=\arctan\frac{b}{\alpha}-\arctan\frac{a}{\alpha}.$$

例 14.2.6 计算 $\int_0^{+\infty}\dfrac{\sin bx}{x}\mathrm{d}x$，其中 $b>0$.

解 在例14.2.5中，令 $a=0$，得

$$\varphi(\alpha)=\int_0^{+\infty}\mathrm{e}^{-\alpha x}\frac{\sin bx}{x}\mathrm{d}x=\arctan\frac{b}{\alpha},\ \alpha>0.$$

由 Abel 判别法知，$\varphi(\alpha)$在$\alpha\in[0,\ +\infty)$上一致收敛，于是$\varphi(\alpha)$在$[0,\ +\infty)$上连续，因此有

$$\varphi(0)=\int_0^{+\infty}\frac{\sin bx}{x}\mathrm{d}x=\lim_{\alpha\to0^+}\arctan\frac{b}{\alpha}=\frac{\pi}{2}.$$

注　当$b<0$时，

$$\int_0^{+\infty}\frac{\sin bx}{x}\mathrm{d}x=-\int_0^{+\infty}\frac{\sin(-b)x}{x}\mathrm{d}x=-\frac{\pi}{2}.$$

例 14.2.7　计算$\varphi(\alpha)=\int_0^{+\infty}\mathrm{e}^{-x^2}\cos\alpha x\mathrm{d}x.$

解　易见$|\mathrm{e}^{-x^2}\cos\alpha x|\leqslant\mathrm{e}^{-x^2}$，$|-x\mathrm{e}^{-x^2}\sin\alpha x|\leqslant x\mathrm{e}^{-x^2}$，$\forall(x,\alpha)\in[0,+\infty)\times(-\infty,+\infty)$，且有$\int_0^{+\infty}\mathrm{e}^{-x^2}\mathrm{d}x$，$\int_0^{+\infty}x\mathrm{e}^{-x^2}\mathrm{d}x$均收敛．于是有

$$\varphi'(\alpha)=\int_0^{+\infty}-x\mathrm{e}^{-x^2}\sin\alpha x\mathrm{d}x=-\frac{\alpha}{2}\varphi(\alpha).$$

从而有$\ln\varphi(\alpha)=-\frac{\alpha^2}{4}+\ln c$，$\varphi(\alpha)=c\mathrm{e}^{-\frac{\alpha^2}{4}}$，$c>0$为常数．显然有$c=\varphi(0)=\int_0^{+\infty}\mathrm{e}^{-x^2}\mathrm{d}x.$ 可以计算得知$\int_0^{+\infty}\mathrm{e}^{-x^2}\mathrm{d}x=\frac{\sqrt{\pi}}{2}.$

注　读者可类似讨论含参变量无界函数的广义积分，这里不再赘述．

习　题

1. 判断下列积分在给定区间内是否一致收敛：

(1) $\int_1^{+\infty}\frac{2y^2-3x^2}{(x^2+y^2)^{\frac{7}{4}}}\mathrm{d}x,y\in(-\infty,+\infty)$；

(2) $\int_0^{+\infty}x\mathrm{e}^{-xy}\mathrm{d}x,y\in(0,1]$；

(3) $\int_0^1\ln(xy)\mathrm{d}x,y\in[b^{-1},b],b>1$；

(4) $\int_0^1\frac{1}{x^y}\mathrm{d}x,y\in[0,\alpha],0<\alpha<1.$

2. 计算下列积分：

(1) $\int_0^{+\infty}\frac{\mathrm{e}^{-ax}-\mathrm{e}^{bx}}{x}\mathrm{d}x,0<a<b$；

(2) $\int_0^{+\infty}\mathrm{e}^{x}\frac{1-\cos xy}{x^2}\mathrm{d}x.$

3. 已知$\int_0^{+\infty}\mathrm{e}^{-x^2}\mathrm{d}x=\frac{\sqrt{\pi}}{2}$．求下列积分：

(1) $\int_0^{+\infty} \frac{e^{-a^2x^2} - e^{-b^2x^2}}{x^2}dx$;

(2) $\int_0^{+\infty} e^{-x^2-\frac{\alpha^2}{x^2}}dx$;

(3) $\int_0^{+\infty} e^{-\beta x^2-\frac{\alpha}{x^2}}dx, 0 < \alpha, 0 < \beta$.

4. 设 $f(x,y):[a,b] \times [c,+\infty) \to \mathbf{R}$ 连续，对任一 $x \in [a,b)$，$\int_c^{+\infty} f(x,y)dy$ 收敛，但 $\int_c^{+\infty} f(b,y)dy$ 发散．证明 $\int_c^{+\infty} f(x,y)dy$ 在 $[a,b)$ 上不一致收敛．

5. 证明 $\int_0^{\pi} \frac{\sin x}{x^y(\pi - x)^{2-y}}dx$ 在 $(0,2)$ 上连续．

6. 设 $f(t):(0,+\infty) \to \mathbf{R}$ 连续，$a < b$，$\int_0^{+\infty} t^a f(t)dt$，$\int_0^{+\infty} t^b f(t)dt$ 收敛．证明 $\int_0^{+\infty} t^s f(t)dt$ 关于 $s \in [a,b]$ 一致收敛．

7. 证明定理 14.2.2.

8. 证明定理 14.2.6.

14.3 Euler 积分

本节介绍两类特殊的含参变量广义积分 Gamma 函数与 Beta 函数，其中

$$\Gamma(s) = \int_0^{+\infty} x^{s-1}e^{-x}dx,\ s > 0,$$

$$B(s,t) = \int_0^1 x^{s-1}(1 - x)^{t-1}dx,\ s > 0,\ t > 0.$$

命题 14.3.1 $\Gamma(s)$具有如下性质：

(1) $\Gamma(s)$在$(0,+\infty)$上具有任意阶导函数，且有

$$\Gamma^{(n)}(s) = \int_0^{+\infty} x^{s-1}e^{-x}(\ln x)^n dx,\ s > 0;$$

(2) $\Gamma(s+1) = s\Gamma(s)$，$s>0$.

证明 (1) 对任意$[a,b] \subset (0,+\infty)$，有

$$|x^{s-1}e^{-x}(\ln x)^n| \leqslant x^{a-1}e^{-x}|(\ln x)^n|,\ \forall (s,x) \in [a,b] \times [0,1];$$

$$|x^{s-1}e^{-x}(\ln x)^n| \leqslant x^{b-1}e^{-x}|(\ln x)^n|,\ \forall (s,x) \in [a,b] \times [1,+\infty),\ n = 0,1,2,\cdots.$$

由 $\int_0^1 x^{a-1}e^{-x}|(\ln x)|^n dx$ 与 $\int_1^{+\infty} x^{a-1}e^{-x}|(\ln x)|^n dx$ 收敛知，$\int_0^1 x^{s-1}e^{-x}(\ln x)^n dx$，$\int_1^{+\infty} x^{s-1}e^{-x}(\ln x)^n dx$ 在$[a,b]$上一致收敛，因此 $\Gamma^{(n)}(s)$ 在$(0,+\infty)$连续，且有

$$\Gamma^{(n)}(s) = \int_0^{+\infty} x^{s-1}e^{-x}(\ln x)^n dx,\ s > 0.$$

(2) 由分部积分即可得结论．

$\Gamma(s)$可按如下规则延拓到$\cup_{n=1}^{+\infty}(-n,\ -(n-1))$上.

令$\Gamma(s)=\dfrac{\Gamma(s+1)}{s}$, 依次取$s\in(-1,0)$, $s\in(-2,-1)$,$\cdots$,$s\in(-n,-(n-1))$, $n\geqslant 3$.

注　利用变量代换, 如$x=cy^k$, $c>0$, $k=1$, 2, $\cdots$, 可得到$\Gamma(s)$的一些其他形式, 细节留给读者.

命题 14.3.2　$\mathrm{B}(s,\ t)$具有如下性质:

(1)$\mathrm{B}(s,\ t)$在$(0,+\infty)\times(0,+\infty)$上连续;

(2)$\mathrm{B}(s,\ t)=\mathrm{B}(t,\ s)$;

(3) $\mathrm{B}(s+1,t)=\dfrac{s}{s+t}\mathrm{B}(s,t)$, $B(s+1,t+1)=\dfrac{st}{(s+t+1)(s+t)}\mathrm{B}(s,t)$, $s>0,t>0$.

证明　(1)$a>0$, $b>0$, 有$x^{(s-1)}(1-x)^{t-1}\leqslant x^{a-1}(1-x)^{b-1}$, $\forall s\geqslant a$, $t\geqslant b$, $x\in[0,\ 1]$. 显然$\int_0^1 x^{a-1}(1-x)^{b-1}\mathrm{d}x$收敛, 于是$\int_0^1 x^{s-1}(1-x)^{t-1}\mathrm{d}x$在$[a,+\infty)\times[b,+\infty)$上一致收敛.

因此可得 $\mathrm{B}(s,\ t)$ 在$(0,\ +\infty)\times(0,\ +\infty)$上连续.

(2) 令$y=1-x$, 则有

$$\mathrm{B}(s,t)=\int_0^1 x^{s-1}(1-x)^{t-1}\mathrm{d}x=\int_0^1 y^{t-1}(1-y)^{s-1}\mathrm{d}y=B(t,s).$$

(3)
$$\begin{aligned}\mathrm{B}(s+1,t)&=\int_0^1 x^s(1-x)^{t-1}\mathrm{d}x=-\frac{1}{t}x^s(1-x)^t\Big|_0^1+\frac{s}{t}\int_0^1(1-x)^t x^{s-1}\mathrm{d}x\\&=\frac{s}{t}\int_0^1[(1-x)^{t-1}-x(1-x)^{t-1}]x^{s-1}\mathrm{d}x\\&=\frac{s}{t}\left[\int_0^1 x^{s-1}(1-x)^{t-1}\mathrm{d}x-\int_0^1 x^s(1-x)^{t-1}\mathrm{d}x\right]\\&=\frac{s}{t}\mathrm{B}(s,t)-\frac{s}{t}\mathrm{B}(s+1,t).\end{aligned}$$

于是有
$$\mathrm{B}(s+1,t)=\frac{s}{s+t}\mathrm{B}(s,t).$$
$$\mathrm{B}(s+1,t+1)=\frac{s}{s+t+1}\mathrm{B}(s,t+1)=\frac{s}{s+t+1}\frac{t}{s+t}\mathrm{B}(s,t).$$

注　令$x=\cos^2\theta$, 可得

$$\mathrm{B}(s,t)=\int_0^{\frac{\pi}{2}}\sin^{2t-1}\theta\cos^{2s-1}\theta\mathrm{d}\theta;$$

令$x=\dfrac{y}{1+y}$, 可得

$$\mathrm{B}(s,t)=\int_0^{+\infty}\frac{y^{s-1}}{(1+y)^{s+t}}\mathrm{d}y.$$

习　题

1. 计算 $\Gamma\left(-\frac{7}{2}\right)$, $\Gamma\left(\frac{1}{2}+n\right)$, $\Gamma\left(\frac{1}{2}-n\right)$.

2. 计算 $\int_0^{\frac{\pi}{2}}\sin^{2n+1}u\mathrm{d}u$.

3. 证明下列等式：

(1) $\Gamma(s)\Gamma(1-s)=\int_0^{+\infty}\frac{x^s-1}{1+x}\mathrm{d}x$, $s\in(0,1)$;

(2) $\int_0^1 x^{s-1}(1-x^r)^{t-1}\mathrm{d}x=\frac{1}{r}\mathrm{B}\left(\frac{s}{r},t\right)$, $s>0,t>0,r>0$;

(3) $\int_0^{+\infty}\frac{1}{1+x^4}\mathrm{d}x=\frac{\pi}{2\sqrt{2}}$;

(4) $\Gamma(s)=\int_0^1\left(\ln\frac{1}{x}\right)^{s-1}\mathrm{d}x$, $s>0$;

(5) $\mathrm{B}(s,t)=\mathrm{B}(s+1,t)+\mathrm{B}(s,t+1)$.

14.4　Fourier 变换

本节介绍与 Fourier 级数密切相关的一类广义积分，称之为 Fourier 变换，其在偏微分方程理论中有重要作用.

利用 $\cos x=\frac{\mathrm{e}^{\mathrm{i}x}+\mathrm{e}^{-\mathrm{i}x}}{2}$, $\sin x=\frac{\mathrm{e}^{\mathrm{i}x}-\mathrm{e}^{-\mathrm{i}x}}{2\mathrm{i}}$，我们把 11.3 节关于 $2T$ 周期函数 f 的 Fourier 级数的前 n 项部分和改写为 $S_n(x)=\sum_{k=-n}^{n}c_k\mathrm{e}^{\mathrm{i}\omega_k x}$，其中 $\omega_k=\frac{k\pi}{T}$, $c_0=\frac{a_0}{2}$, $c_k=\frac{a_k-\mathrm{i}b_k}{2}$, $c_{-k}=\frac{a_k+\mathrm{i}b_k}{2}$, $k>0$，即 $c_k=\frac{1}{2T}\int_{-T}^{T}f(x)\mathrm{e}^{-\mathrm{i}\frac{k\pi}{T}x}\mathrm{d}x$, $k\in\mathbf{Z}$.

于是 f 在 $[-T,T]$ 上的 Fourier 级数可改写为

$$f(x)\sim\sum_{k=-\infty}^{+\infty}c_k\mathrm{e}^{\mathrm{i}\omega_k x},\ \sum_{k=-\infty}^{+\infty}c_k\mathrm{e}^{\mathrm{i}\omega_k x}=\lim_{n\to+\infty}S_n(x),\ x\in[-T,T].$$

现在假设 f 在 $\mathbf{R}$ 上绝对可积，即 $\int_{-\infty}^{+\infty}|f(x)|\mathrm{d}x$ 收敛，且具有充分的光滑条件下，我们将 $f(x)$ 限制在 $[-T,T]$ 上并将其看作 $2T$ 的周期函数. 则有

$$f(x)=\sum_{k=-\infty}^{+\infty}c_k\mathrm{e}^{\mathrm{i}\omega_k x},\ x\in[-T,T].$$

令 $c(\omega)=\frac{1}{\sqrt{2\pi}}\int_{-\infty}^{+\infty}f(x)\mathrm{e}^{-\mathrm{i}\omega x}\mathrm{d}x$. 则当 T 充分大时，$\sqrt{2\pi}c(\omega_k)$ 与 $\int_{-T}^{T}f(x)\mathrm{e}^{-\mathrm{i}\omega_k x}\mathrm{d}x$ 相差充分小，于是有

$$\sum_{k=-\infty}^{+\infty} c_k e^{i\omega_k x} \approx \sum_{k=-\infty}^{+\infty} \frac{1}{\sqrt{2\pi}} c(\omega_k) e^{i\omega_k x} \frac{\pi}{T}.$$

当 $T \to +\infty$ 时，即得

$$f(x) = \frac{1}{\sqrt{2\pi}} \int_{-\infty}^{+\infty} c(\omega) e^{i\omega x} d\omega,\ x \in (-\infty, +\infty). \tag{14.4.1}$$

注　在调和分析中，把 $\{c_k:\ k \in \mathbf{Z}\}$ 或 $\{a_0,\ a_k,\ b_k:\ k \in \mathbf{N}\}$ 称为周期函数（信号）的谱.

式(14.4.1)可看作无穷周期函数的 Fourier 展开式，$\{c(\omega):\ \omega \in \mathbf{R}\}$ 看作 f 的连续谱. 基于上述讨论，我们引入

定义 14.4.1　设 $f(x):\ \mathbf{R} \to \mathbf{R}$. 如果对 $\forall \omega \in \mathbf{R}$, $\lim\limits_{A\to+\infty} \int_{-A}^{A} f(x) e^{-i\omega x} dx$ 存在，则称 $\frac{1}{\sqrt{2\pi}} \lim\limits_{A\to+\infty} \int_{-A}^{A} f(x) e^{-i\omega x} dx$ 为 $f(x)$ 的 Fourier 变换，记为

$$\hat{f}(\omega) = F(f) = \frac{1}{\sqrt{2\pi}} \int_{-\infty}^{+\infty} f(x) e^{-i\omega x} dx.$$

当 $\frac{1}{\sqrt{2\pi}} \lim\limits_{A\to+\infty} \int_{-A}^{A} \hat{f}(\omega) e^{i\omega x} d\omega$ 存在时，记为 $\tilde{f}(x) = \frac{1}{\sqrt{2\pi}} \int_{-\infty}^{+\infty} \hat{f}(\omega) e^{i\omega x} d\omega$，称其为 $f(x)$ 的 Fourier 积分；如果还有 $f(x) = \tilde{f}(x)$，即 $f(x) = \frac{1}{\sqrt{2\pi}} \int_{-\infty}^{+\infty} \hat{f}(\omega) e^{i\omega x} d\omega$，则称 $f(x)$ 可表为它的 Fourier 积分.

由定义 14.4.1 可知，假设 $\int_{-A}^{A} f(x) dx$ 对 $\forall A \in \mathbf{R}$ 有意义，且 $\lim\limits_{A\to\infty} \int_{-A}^{A} |f(x)| dx$ 存在，则 $f(x)$ 的 Fourier 变换存在. 特别，当 $f(x)$ 在 $\mathbf{R}$ 上绝对可积时，$f(x)$ 的 Fourier 变换存在.

例 14.4.1　求 $f(x) = \frac{\sin \alpha x}{x}$, $x \neq 0$, $f(0) = \alpha$ 的 Fourier 变换.

解　易见 $f(x) \sin \omega x$ 除开零点是奇函数，于是 $\int_{-A}^{A} f(x) \sin \omega x dx = 0$.

$$\int_{-A}^{A} f(x) \cos \omega x dx = 2\int_{0}^{A} f(x) \cos \omega x dx = \int_{0}^{A} \left[\frac{\sin(\alpha+\omega)x}{x} + \frac{\sin(\alpha-\omega)x}{x} \right] dx.$$

于是
$$\lim_{A\to+\infty} \int_{-A}^{A} f(x) \cos \omega x dx = \int_{0}^{+\infty} \left(\frac{\sin(\alpha+\omega)x}{x} + \frac{\sin(\alpha-\omega)x}{x} \right) dx.$$

由例 14.2.6 知

$$\lim_{A\to+\infty} \int_{-A}^{A} f(x) \cos \omega x dx = \frac{\pi}{2} (\operatorname{sgn}(\alpha+\omega) + \operatorname{sgn}(\alpha-\omega)).$$

因此有

$$\hat{f}(\omega) = \frac{1}{\sqrt{2\pi}} \lim_{A\to+\infty} \int_{-A}^{A} f(x) \cos \omega x dx = \begin{cases} \sqrt{\frac{\pi}{2}} \operatorname{sgn}\alpha, & |\omega| < |\alpha|, \\ \frac{\sqrt{\pi}}{2\sqrt{2}} \operatorname{sgn}\alpha, & |\omega| = |\alpha|, \\ 0, & |\omega| > |\alpha|. \end{cases}$$

例 14.4.2 计算$\frac{1}{\sqrt{2\pi}}\int_{-\infty}^{+\infty}\hat{f}(\omega)\mathrm{e}^{\mathrm{i}\omega x}\mathrm{d}\omega$，其中$\hat{f}(\omega)$同例 14.4.1.

解
$$\frac{1}{\sqrt{2\pi}}\int_{-\infty}^{+\infty}\hat{f}(\omega)\mathrm{e}^{\mathrm{i}\omega x}\mathrm{d}\omega=\frac{1}{\sqrt{2\pi}}\int_{-|\alpha|}^{|\alpha|}\sqrt{\frac{\pi}{2}}\mathrm{sgn}\alpha\mathrm{e}^{\mathrm{i}\omega x}\mathrm{d}\omega$$
$$=\frac{\mathrm{sgn}\alpha}{2}\int_{-|\alpha|}^{|\alpha|}\mathrm{e}^{\mathrm{i}\omega x}\mathrm{d}\omega=\begin{cases}\frac{\sin\alpha x}{x},\alpha\neq 0,\\0,\alpha=0.\end{cases}$$

注 由例 14.4.2 知，例 14.4.1 中$f(x)$可表为它的 Fourier 积分.

引理 14.4.1 如果$f(x)$：$\mathbf{R}\to\mathbf{R}$绝对可积，则下列结论成立：

(1) $\hat{f}(\omega)$关于$\omega\in\mathbf{R}$连续；

(2) $\sup\limits_{\omega\in\mathbf{R}}|\hat{f}(\omega)|\leqslant\frac{1}{\sqrt{2\pi}}\int_{-\infty}^{+\infty}|f(x)|\mathrm{d}x$；

(3) $\lim\limits_{\omega\to\infty}\hat{f}(\omega)=0$.

证明 (1) 对任意$A>0$，有
$$\left|\int_{-A}^{A}f(x)[\mathrm{e}^{-\mathrm{i}(\omega+\delta)x}-\mathrm{e}^{-\mathrm{i}\omega x}]\mathrm{d}x\right|\leqslant\sup_{|x|\leqslant A}|\mathrm{e}^{-\mathrm{i}x\delta}-1|\int_{-A}^{A}|f(x)|\mathrm{d}x,$$
因此$\int_{-A}^{A}f(x)\mathrm{e}^{-\mathrm{i}\omega x}$关于$\omega$连续.

由$\int_{-\infty}^{+\infty}f(x)\mathrm{d}x$绝对收敛知，$\forall\varepsilon>0$，存在$N>0$，当$A>N$时，有
$$\left|\int_{-A}^{A}|f(x)|\mathrm{d}x-\int_{-\infty}^{+\infty}|f(x)|\mathrm{d}x\right|=\int_{-\infty}^{-A}|f(x)|\mathrm{d}x+\int_{A}^{+\infty}|f(x)|\mathrm{d}x<\varepsilon.$$
于是当$A>N$时，对$\forall\omega\in\mathbf{R}$，
$$\left|\int_{-A}^{A}f(x)\mathrm{e}^{-\mathrm{i}\omega x}\mathrm{d}x-\int_{-\infty}^{+\infty}f(x)\mathrm{e}^{-\mathrm{i}\omega x}\mathrm{d}x\right|\leqslant\int_{-\infty}^{-A}|f(x)|\mathrm{d}x+\int_{A}^{+\infty}|f(x)|\mathrm{d}x<\varepsilon,\quad(14.4.2)$$
由此结合$\int_{-A}^{A}f(x)\mathrm{e}^{-\mathrm{i}\omega x}$关于$\omega$连续即可得结论(1)成立.

(2) 显然.

(3) 由命题 11.2.1 知$\lim\limits_{\omega\to\infty}\int_{-A}^{A}f(x)\mathrm{e}^{-\mathrm{i}\omega x}\mathrm{d}x=0$，从而由式(14.4.2)可得结论(3)成立.

定理 14.4.1 如果$f(x)$在$\mathbf{R}$上连续，绝对可积，在每一点x处，存在$\delta_x>0$，使得$\int_{0}^{\delta_x}\left|\frac{f(x-t)+f(x+t)-2f(x)}{t}\right|\mathrm{d}t$收敛，则有$f(x)=\tilde{f}(x)$，即$f(x)$可表为它的 Fourier 积分.

证明 由引理 14.4.1 之(1)知，$\hat{f}(\omega)$连续，故有

$$
\begin{aligned}
S_A(x) &= \frac{1}{\sqrt{2\pi}}\int_{-A}^{A}\left(\frac{1}{\sqrt{2\pi}}\int_{-\infty}^{+\infty} f(t)\mathrm{e}^{-\mathrm{i}\omega t}\mathrm{d}t\right)\mathrm{e}^{\mathrm{i}\omega x}\mathrm{d}\omega \\
&= \frac{1}{2\pi}\int_{-\infty}^{+\infty} f(t)\,\mathrm{d}t\int_{-A}^{A}\mathrm{e}^{\mathrm{i}\omega(x-t)}\mathrm{d}\omega = \frac{1}{\pi}\int_{-\infty}^{+\infty} f(t)\ \frac{\sin(x-t)A}{x-t}\mathrm{d}t \\
&= \frac{1}{\pi}\int_{-\infty}^{+\infty} f(x+s)\ \frac{\sin(As)}{s}\mathrm{d}s \\
&= \frac{1}{\pi}\int_{0}^{+\infty}\left[f(x+s)+f(x-s)\right]\frac{\sin(As)}{s}\mathrm{d}s.
\end{aligned}
$$

于是

$$
\begin{aligned}
S_A(x)-f(x) &= \frac{1}{\pi}\int_{0}^{+\infty}\left[\frac{f(x+s)-f(x)}{s}+\frac{f(x-s)-f(x)}{s}\right]\sin(As)\,\mathrm{d}s \\
&= \frac{1}{\pi}\int_{0}^{\delta_x}\frac{f(x-s)+f(x+s)-2f(x)}{s}\sin(As)\,\mathrm{d}s \\
&\quad + \frac{1}{\pi}\int_{\delta_x}^{+\infty}\frac{f(x-s)+f(x+s)-2f(x)}{s}\sin(As)\,\mathrm{d}s.
\end{aligned}
$$

由 11.2 节习题 5 知

$$
\int_{0}^{\delta_x}\frac{f(x-s)+f(x+s)-2f(x)}{s}\sin(As)\,\mathrm{d}s \xrightarrow{A\to+\infty} 0.
$$

$$
\begin{aligned}
&\int_{\delta_x}^{+\infty}\frac{f(x-s)+f(x+s)-2f(x)}{s}\sin(As)\,\mathrm{d}s \\
=&\int_{\delta_x}^{+\infty}\frac{f(x-s)}{s}\sin(As)\,\mathrm{d}s+\int_{\delta_x}^{+\infty}\frac{f(x+s)}{s}\sin(As)\,\mathrm{d}s-2f(x)\int_{\delta_x}^{+\infty}\frac{\sin(As)}{s}\mathrm{d}s.
\end{aligned}
$$

再由 $f(x)$ 绝对可积得

$$
\int_{\delta_x}^{+\infty}\frac{f(x-s)}{s}\sin(As)\,\mathrm{d}s \xrightarrow{A\to+\infty} 0,
$$

$$
\int_{\delta_x}^{+\infty}\frac{f(x+s)}{s}\sin(As)\,\mathrm{d}s \xrightarrow{A\to+\infty} 0.
$$

注意到

$$
\int_{\delta_x}^{+\infty}\frac{\sin(As)}{s}\mathrm{d}s \xlongequal{t=As} \int_{A\delta_x}^{+\infty}\frac{\sin t}{t}\mathrm{d}t \xrightarrow{A\to+\infty} 0,
$$

故当 $A\to+\infty$ 时，有 $f(x)=\tilde{f}(x)$.

性质 14.4.1　如果 $f(x)$，$f_1(x)$，$f_2(x)$：$\mathbf{R}\to\mathbf{R}$ 绝对可积，则下列结论成立：

(1) $\widehat{cf}(\omega)=c\hat{f}(\omega)$，$\omega\in\mathbf{R}$，$c\in\mathbf{R}$ 为某一常数；

(2) $\widehat{f_1+f_2}(\omega)=\hat{f}_1(\omega)+\hat{f}_2(\omega)$；

(3) 如果 $g(x)=f(x-s)$，$s\in\mathbf{R}$ 为常数，则 $\hat{g}(\omega)=\mathrm{e}^{-\mathrm{i}\omega s}\hat{f}(\omega)$；

(4) 如果 $f(x)$ 可导，且 $\lim\limits_{x\to\infty}f(x)=0$，则 $\widehat{f'}(\omega)=\mathrm{i}\omega\hat{f}(\omega)$；

(5) 如果 $xf(x)$ 绝对可积，$g(x)=-\mathrm{i}xf(x)$，则 $\hat{g}(\omega)=\dfrac{\mathrm{d}\hat{f}(\omega)}{\mathrm{d}\omega}$.

证明 (1) - (3) 显然.

(4) $\hat{f'}(\omega) = \frac{1}{\sqrt{2\pi}}\int_{-\infty}^{+\infty} f'(x)e^{-i\omega x}dx = f(x)e^{-i\omega x}\Big|_{-\infty}^{+\infty} + i\omega\int_{-\infty}^{+\infty} f(x)e^{-i\omega x}dx$

$$= i\omega\int_{-\infty}^{+\infty} f(x)e^{-i\omega x}dx = i\omega\hat{f}(\omega).$$

(5) 由定理 14.2.8 知

$$\frac{d\hat{f}(\omega)}{d\omega} = \int_{-\infty}^{+\infty}(-ix)f(x)e^{-i\omega x}dx = \hat{g}(\omega).$$

习 题

1. 设 $\alpha > 0, f(x) = \begin{cases} e^{-\alpha x}, & x > 0, \\ 0, & x \leqslant 0. \end{cases}$ 求 $\hat{f}(\omega)$.

2. 设 $\alpha > 0, f(x) = e^{-\alpha|x|}$. 求 $\hat{f}(\omega)$, 判断 $f(x)$ 是否可表为它的 Fourier 积分.

3. 设 $a > 0, f(x) = \begin{cases} \frac{1}{2a}, & |x| \leqslant a, \\ 0, & |x| > a. \end{cases}$ 求 $\hat{f}(\omega)$.

4. 设 $f(x) = e^{-x^2}$, 求 $\hat{f}(\omega)$, $\hat{f'}(\omega)$.

第 15 章　曲线积分

本章首先介绍可求长曲线、长度以及曲率的概念，然后讨论可求长曲线段物体的质量与物体在外力作用下沿曲线运动所做的功，由此引入第一类曲线积分与第二类曲线积分概念，本节最后讨论这两类曲线积分之间的关系．

15.1　平面曲线的弧长与曲率

本节首先介绍可求长曲线与长度概念，然后给出光滑曲线长度的计算公式，最后介绍光滑曲线上一点处的曲率以及曲率的计算公式．

15.1.1　可求长曲线与长度

定义 15.1.1　设$\overset{\frown}{AB}$为一平面曲线段，将$\overset{\frown}{AB}$任分割成 n 小段，记该分割为 T：P_0，$A < P_1 < P_2 < \cdots < P_n = B$，$|\overline{P_{i-1}P_i}|$表过 P_{i-1} 与 P_i 的割线段长度，$\Delta_T = \max\{|\overline{P_{i-1}P_i}|, 1 \leqslant i \leqslant n\}$．如果 $\lim\limits_{\Delta_T \to 0} \sum\limits_{i=1}^{n} |\overline{P_{i-1}P_i}|$存在，则称$\overset{\frown}{AB}$为可求长曲线，该极限称为$\overset{\frown}{AB}$的弧长或长度．

定义 15.1.2　设曲线 L 之参数方程为 $x = x(t)$，$y = y(t)$，$t \in [\alpha, \beta]$．如果 $x'(t)$，$y'(t)$连续且 $x'^2(t) + y'^2(t) \neq 0$，则称 L 为光滑曲线．

定理 15.1.1　设光滑曲线$\overset{\frown}{AB}$之参数方程为 $x = x(t)$，$y = y(t)$，$t \in [\alpha, \beta]$．则$\overset{\frown}{AB}$之弧长为

$$s = \int_{\alpha}^{\beta} \sqrt{x'^2(t) + y'^2(t)}\,\mathrm{d}t.$$

证明　对$\overset{\frown}{AB}$的任一划分 T：$P_0 = A < P_1 < \cdots < P_n = B$，记 P_i 之坐标为(x_i, y_i)，$i = 0, 1, \cdots, n$，则有$(x_i, y_i) = (x(t_i), y(t_i))$．

于是由$\overset{\frown}{AB}$的一个划分 T 得到了$[\alpha, \beta]$的一个划分 T_1，其分点为 t_0，t_1，$\cdots$，t_n．不妨设$(x_0, y_0) = (x(\alpha), y(\alpha))$，$(x_n, y_n) = (x(\beta), y(\beta))$．

下面我们说明 $\Delta_T \to 0$ 时，$\Delta_{T_1} \to 0$．

对于$\overset{\frown}{AB}$上任一点 $P(x, y)$，有 $x = x(t)$，$y = y(t)$，再由 $x'^2(t) + y'^2(t) \neq 0$ 以及 $x'(t)$，$y'(t)$连续以及反函数定理知，存在 P 的一个领域 $\mathrm{N}(P)$，使得反函数 $t = t(x)$或者 $t = t(y)$至少有一个存在并且是连续函数．因此当 $\Delta_T \to 0$ 时，有 $\Delta_{T_1} \to 0$．

$$\sum_{i=1}^{n}|P_{i-1}P_i| = \sum_{i=1}^{n}\sqrt{(x(t_i)-x(t_{i-1}))^2+(y(t_i)-y(t_{i-1}))^2}$$

由 Lagrange 中值定理知，存在 s_i^1，$s_i^2\in(t_{i-1},t_i)$，使得

$$x(t_i)-x(t_{i-1})=x'(s_i^1)\Delta t_i,\ y(t_i)-y(t_{i-1})=y'(s_i^2)\Delta t_i,\ i=1,2,\cdots,n.$$

因此 $\sum\limits_{i=1}^{n}|P_{i-1}P_i|=\sum\limits_{i=1}^{n}\sqrt{(x'^2(s_i^1)+y'^2(s_i^2)}\Delta t_i$.

再由 $x'(t)$，$y'(t)$的连续性，容易验证

$$\lim_{\Delta T_1\to 0}\left|\sum_{i=1}^{n}\sqrt{(x'(s_i^1))^2+(y'(s_i^2))^2}\Delta t_i-\sum_{i=1}^{n}\sqrt{x'^2(s_i^1)+y'^2(s_i^2)}\Delta t_i\right|=0.$$

于是有 $\lim\limits_{\Delta T\to 0}\sum\limits_{i=1}^{n}|\overline{P_{i-1}P_i}|=\int_\alpha^\beta\sqrt{x'^2(t)+y'^2(t)}\,\mathrm{d}t$，定理 15.1.1 之结论成立.

例 15.1.1 求摆线 $x=a(t-\sin t)$，$y=a(1-\cos t)$，$0\leqslant t\leqslant 2\pi$，$a>0$ 的长度.

解 $x'(t)=a(1-\mathrm{cont})$，$y'(t)=a\sin t$，

$$s=\int_0^{2\pi}\sqrt{a^2(1-\cos t)^2+a^2\sin^2 t}=2a\int_0^{2\pi}\sin\frac{t}{2}=8a.$$

类似讨论可定义空间中可求长曲线，细节留给读者.

定理 15.1.2 设光滑曲线$\overset{\frown}{AB}$之参数方程为 $x=x(t)$，$y=y(t)$，$z=z(t)$，$t\in[\alpha,\beta]$，则$\overset{\frown}{AB}$之弧长为

$$s=\int_\alpha^\beta\sqrt{x'^2(t)+y'^2(t)+z'^2(t)}\,\mathrm{d}t.$$

15.1.2 光滑曲线上一点处的曲率

下面假设 L 为一光滑曲线，其参数方程为 $x=x(t)$，$y=y(t)$，$t\in[\alpha,\beta]$，$P(x(t),y(t))$为 L 上一点. 为描述 L 在 P 点处的弯曲程度，记 $Q(x(t+\Delta t),y(t+\Delta t))$为 L 上一动点，$\gamma(t)$表 P 点处切线的倾角，$\gamma(t+\Delta t)$表 Q 点处切线的倾角.

定义 15.1.3 称 $\gamma(t+\Delta t)-\gamma(t)$与曲线段$\overset{\frown}{PQ}$长度 s_{PQ}的比值的绝对值为曲线段$\overset{\frown}{PQ}$的平均曲率，记为$\overline{K}=\left|\dfrac{\gamma(t+\Delta t)-\gamma(t)}{s_{PQ}}\right|$. 如果$\lim\limits_{\Delta t\to 0}\left|\dfrac{\gamma(t+\Delta t)-\gamma(t)}{s_{PQ}}\right|$存在，则称曲线 L 在 P 点处的曲率为 $K=\lim\limits_{\Delta t\to 0}\left|\dfrac{\gamma(t+\Delta t)-\gamma(t)}{s_{PQ}}\right|$.

注意到 $s_{PQ}=\left|\int_t^{t+\Delta t}\sqrt{(x'(s))^2+(y'(s))^2}\,\mathrm{d}s\right|$，$\tan\gamma(t)=\dfrac{y'(t)}{x'(t)}$ 或者 $\cot\gamma(t)=\dfrac{x'(t)}{y'(t)}$，因此当$\gamma'(t)$ 存在时，$\lim\limits_{\Delta t\to 0}\left|\dfrac{\gamma(t+\Delta t)-\gamma(t)}{s_{PQ}}\right|$存在. 于是有下面结论

定理 15.1.3 设光滑曲线 L 的参数方程为 $x=x(t)$，$y=y(t)$，$t\in[\alpha,\beta]$，且 $x''(t)$，$y''(t)$存在. 则 $P(x(t),y(t))$处的曲率

$$K=\frac{|x''(t)y'(t)-y''(x)x'(t)|}{[(x'(t))^2+(y'(t))^2]^{\frac{3}{2}}}.$$

例 15.1.2　求椭圆曲线上任一点处的曲率，并求曲率最大的点与曲率最小的点．

解　设椭圆曲线的参数方程为 $x=a\cos t$，$y=b\sin t$，$t\in[0,\ 2\pi]$．由定理 15.1.2 得

$$K(t)=\frac{ab}{(a^2\sin^2 t+b^2\cos^2 t)^{\frac{3}{2}}}=\frac{ab}{(a^2+(b^2-a^2)\cos^2 t)^{\frac{3}{2}}}.$$

(1) 当 $a=b$ 时，曲率 $K=\frac{1}{a}$ 为常数．

(2) 当 $a>b$ 时，最大曲率 $K=\frac{a}{b}$，曲率最大的点为 $(\pm a,\ 0)$，最小曲率 $K=\frac{b}{a}$，曲率最小的点为 $(0,\ \pm b)$．

(3) 当 $b>a$ 时，最大曲率 $K=\frac{b}{a}$，曲率最大的点为 $(0,\ \pm b)$，最小曲率 $K=\frac{a}{b}$，曲率最小的点为 $(\pm a,\ 0)$．

习　题

1. 求抛物线段 $x=2y^2$，$0\leqslant y\leqslant 1$ 的弧长．

2. 求圆周 $x^2+y^2=a^2$ 上介于 $(x_1,\ -y_1)$ 与 $(x_1,\ y_1)$ 之间的曲线段的弧长，其中 $x_1>0$，$y_1>0$.

3. 求内摆线 $x^{\frac{2}{3}}+y^{\frac{2}{3}}=a^{\frac{2}{3}}$ 的弧长．

4. 求星形线 $r=a(1+\cos\theta)$，$0\leqslant\theta\leqslant 2\pi$ 的弧长．

5. 求曲线 $x=a\cos^4\theta$，$y=a\sin^4\theta$，$0\leqslant\theta\leqslant\frac{\pi}{2}$ 的弧长．

6. 求曲线 $x=a\cos^3 t$，$y=a\sin^3 t$，$a>0$，在 $t=\frac{\pi}{4}$ 处的曲率．

7. 求曲线 $x=e^y$ 在 $(1,\ 0)$ 处的曲率．

15.2　第一类曲线积分

问题　考察平面上一可求长曲线段物体，求其质量．

设曲线段为 L，物体密度函数为 $f(x,\ y)$：$L\to\mathbf{R}$. 将 L 任分成小段 L_i，$i=1,\ 2,\ \cdots,\ n$，任取 $(x_i,\ y_i)\in L_i$，将 L_i 近似看作以 $f(x_i,\ y_i)$ 为密度的均匀物体，其质量近似等于 $f(x_i,\ y_i)\Delta s_i$，Δs_i 为 L_i 的弧长，$i=1,\ 2,\ \cdots n$. 于是 L 的质量近似等于 $\sum\limits_{i=1}^{n}f(x_i,\ y_i)\Delta s_i$.

显然，当 $\Delta_T=\max\{\Delta s_i, 1\leqslant i\leqslant n\}\to 0$ 时，$\sum\limits_{i=1}^{n}f(x_i,\ y_i)\Delta s_i$ 收敛于所求质量．

针对上述物理问题，我们引入下面定义．

定义 15.2.1　设 L 为平面上一可求长曲线段，$f(x,y):L\to\mathbf{R}$. 将 L 任分成小段 L_i，$i=$

$1,2,\cdots,n$, 任取$(x_i, y_i)\in L_i$, $i=1,2,\cdots n$, 作和式$\sum_{i=1}^{n} f(x_i, y_i)\Delta s_i$. 当$\Delta_T=\max\{\Delta s_i, 1\leqslant i\leqslant n\}\to 0$时, 如果$\sum_{i=1}^{n} f(x_i, y_i)\Delta s_i$的极限存在且不依赖于$(x_i, y_i)$的取法, 则称$f(x, y)$在$L$上的第一类曲线积分存在,该极限称为$f(x, y)$在$L$上的第一类曲线积分, 记为$\int_L f(x, y)\mathrm{d}s$.

第一类曲线积分具有如下性质.

性质 15.2.1 如果$\int_L f(x, y)\mathrm{d}s, \int_L g(x, y)\mathrm{d}s$存在, 则有

(1) $\int_L kf(x, y)\mathrm{d}s = k\int_L f(x, y)\mathrm{d}s$, $k\in\mathbf{R}$;

(2) $\int_L (f(x, y)+g(x, y))\mathrm{d}s = \int_L f(x, y)\mathrm{d}s + \int_L g(x, y)\mathrm{d}s$;

(3) 如果$f(x, y)\leqslant g(x, y)$, $(x, y)\in L$, 则有$\int_L f(x, y)\mathrm{d}s\leqslant\int_L g(x, y)\mathrm{d}s$;

(4) $\left|\int_L f(x, y)\mathrm{d}s\right|\leqslant\int_L |f(x, y)|\mathrm{d}s$;

(5) 设$L=L_1\cup L_2$, L_1与L_2至多有公共端点, 则有

$$\int_L f(x, y)\mathrm{d}s = \int_{L_1} f(x, y)\mathrm{d}s + \int_{L_2} f(x, y)\mathrm{d}s.$$

读者可自行证明上述性质.

定理 15.2.1 设光滑曲线L之参数方程为$x=x(t)$, $y=y(t)$, $t\in[\alpha, \beta]$, $f(x, y)$: $L\to\mathbf{R}$连续. 则有

$$\int_L f(x, y)\mathrm{d}s = \int_\alpha^\beta f(x(t), y(t))\sqrt{x'^2(t)+y'^2(t)}\,\mathrm{d}t.$$

推论 15.2.1 设曲线L之方程为$y=c(x)$, $x\in[a, b]$, 且$c'(x)$连续, 则有

$$\int_L f(x, y)\mathrm{d}s = \int_a^b f(x, c(x))\sqrt{1+c'^2(x)}\,\mathrm{d}x$$

推论 15.2.2 设曲线L之方程为$x=d(y)$, $y\in[c, d]$, 且$d'(y)$连续, 则有

$$\int_L f(x, y)\mathrm{d}s = \int_c^d f(d(y), y)\sqrt{1+d'^2(y)}\,\mathrm{d}y$$

例 15.2.1 设L之参数方程为$x=r\cos t$, $y=r\sin t$, $t\in[0, \pi]$. 求$\int_L |x y|\mathrm{d}s$.

解 $\int_L |xy|\mathrm{d}s = \int_0^\pi r^3|\cos t|\sin t\mathrm{d}t = 2r^3\int_0^{\frac{\pi}{2}}\cos t\sin t\mathrm{d}t = r^3$.

例 15.2.2 设L之方程为$y^2=4x$, $x\in[0, 1]$. 求$\int_L |y|\mathrm{d}s$.

解 $\int_L |y|\mathrm{d}s = \int_{-2}^{2}|y|\sqrt{1+\frac{y^2}{4}}\mathrm{d}y = \frac{8}{3}(2\sqrt{2}-1)$.

设L为$\mathbf{R}^3$中可求长曲线, $f(x,y,z): L\to\mathbf{R}$. 类似可定义空间中第一类曲线积分$\int_L f(x,$

$y,z)\mathrm{d}s$. 这里不再赘述.

定理 15.2.2　设空间光滑曲线 L 之参数方程为 $x=x(t)$, $y=y(t)$, $z=z(t)$, $t\in[\alpha,\beta]$. $f(x,y,z): L\to\mathbf{R}$ 连续, 则有

$$\int_L f(x,y,z)\mathrm{d}s=\int_\alpha^\beta f(x(t),y(t),z(t))\sqrt{x'^2(t)+y'^2(t)+z'^2(t)}\mathrm{d}t.$$

例 15.2.3　设 L 为球面 $x^2+y^2+z^2=R^2$ 与平面 $x+y=0$ 的交线, 求 $\int_L\sqrt{2x^2+z^2}\mathrm{d}s$.

解　因为 L 为球面与 $x+y=0$ 的交线, 故在 L 上有 $2x^2+z^2=R^2$. 于是有

$$\int_L\sqrt{2x^2+z^2}\mathrm{d}s=\int_L\sqrt{R^2}\mathrm{d}s=2\pi R^2.$$

习　题

1. 计算 $\int_L(x+2|y|)\mathrm{d}s$, 其中 L 为半圆周 $x^2+y^2=4, x\geqslant 0$.

2. 计算 $\int_L(x^2+y^2+2z^2)\mathrm{d}s$, 其中 L 为螺旋旋线 $x=a\cos t, y=a\sin t, z=bt$, $0\leqslant t\leqslant 2\pi$.

3. 计算 $\int_L(x^2+z^2)\mathrm{d}s$, 其中 L 为球面 $x^2+y^2+z^2=a^2$ 与平面 $x+y+z=0$ 的交线.

4. 设空间曲线段物体的方程为 $x=\mathrm{e}^t\cos t, y=\mathrm{e}^t\sin t, z=\mathrm{e}^t, 0\leqslant t\leqslant\pi$, 其密度函数为 $\rho(x,y,z)=\dfrac{1}{x^2+y^2+z^2}$, 求其质量.

5. 求均匀分布的摆线段物体 $x=a(t-\sin t)$, $y=a(1-\cos t)$, $0\leqslant t\leqslant\pi$ 的质心.

6. 设曲线段物体方程为 $y=\ln x$, $0<x_1\leqslant x\leqslant x_2$, 密度 $\rho(x,y)=x^2$, 求其质量.

7. 计算 $\int_L xy\mathrm{d}s$, 其中 L 为椭圆 $\dfrac{x^2}{a^2}+\dfrac{y^2}{b^2}=1$ 在第一象限部分.

8. 计算 $\int_L xyz\mathrm{d}s$, L 为曲线 $x=t, y=\dfrac{4}{3}t^{\frac{3}{2}}, z=2t^2, 0\leqslant t\leqslant 1$.

15.3　第二类曲线积分

问题 设 $\widehat{AB}$ 为平面上一可求长曲线段, 质点 P 在外力 $F=(P(x,y), Q(x,y))$ 作用下沿曲线由 A 运动到 B. 求质点 P 在外力 F 作用下所做的功.

将 $\widehat{AB}$ 任分成 n 小段, 记分点为 $A=P_0(x_0,y_0)<P_1(x_1,y_1)<\cdots<P_n(x_n,y_n)=B$, 任取 $(\xi_i,\eta_i)\in P_{i-1}P_i$, 将质点在 $P_{i-1}P_i$ 所受外力近似看作 $(P(\xi_i,\eta_i), Q(\xi_i,\eta_i))$, $i=1,2,\cdots,n$. 于是质点在外力作用下由 A 到 B 所做的功近似等于

$$\sum_{i=1}^n[P(\xi_i,\eta_i)(x_i-x_{i-1})+Q(\xi_i,\eta_i)(y_i-y_{i-1})].$$

易见当 $\Delta_T=\max\{|\overline{P_{i-1}P_i}|,\ 1\leqslant i\leqslant n\}\to 0$ 时，上面和式收敛于所求的功.

针对上述问题，引入下面定义.

定义 15.3.1 设$\widehat{AB}$为平面上一可求长曲线段，$P(x,\ y)$，$Q(x,\ y)$：$\widehat{AB}\to\mathbf{R}$，将$\widehat{AB}$任分成 n 小段，记分点为 $A=P_0(x_0,\ y_0)<P_1(x_1,\ y_1)<\cdots<P_n(x_n,\ y_n)=B$，任取$(\xi_i,\ \eta_i)\in P_{i-1}P_i$，作和式

$$\sum_{i=1}^{n}[P(\xi_i,\eta_i)(x_i-x_{i-1})+Q(\xi_i,\eta_i)(y_i-y_{i-1})].$$

当 $\Delta_T=\max\{|\overline{P_{i-1}P_i}|,\ 1\leqslant i\leqslant n\}\to 0$ 时，如果上面和式极限存在且不依赖于$(\xi_i,\ \eta_i)$的取法，则称 $P(x,\ y)$，$Q(x,\ y)$在$\widehat{AB}$上的第二类曲线积分存在，该极限称为 $P(x,\ y)$，$Q(x,\ y)$沿曲线$\widehat{AB}$由 A 到 B 的第二类曲线积分，记为

$$\int_{\overrightarrow{AB}}P(x,y)\mathrm{d}x+Q(x,y)\mathrm{d}y.$$

第二类曲线积分具有如下性质：

(1) $\int_{\overrightarrow{AB}}P(x,y)\mathrm{d}x+Q(x,y)\mathrm{d}y=-\int_{\overrightarrow{BA}}P(x,y)\mathrm{d}x+Q(x,y)\mathrm{d}y$；

(2) 如果$\int_{\overrightarrow{AB}}P_1(x,y)\mathrm{d}x+Q_1(x,y)\mathrm{d}y$，$\int_{\overrightarrow{AB}}P_2(x,y)\mathrm{d}x+Q_2(x,y)\mathrm{d}y$ 存在，则有

$$\int_{\overrightarrow{AB}}(P_1\pm P_2)\mathrm{d}x+(Q_1\pm Q_2)\mathrm{d}y=\left(\int_{\overrightarrow{AB}}P_1\mathrm{d}x+Q_1\mathrm{d}y\right)\pm\left(\int_{\overrightarrow{AB}}P_2\mathrm{d}x+Q_2\mathrm{d}y\right);$$

(3) 设 $\widehat{AC}=\widehat{AB}\cup\widehat{BC}$，且$\widehat{AB}$与$\widehat{BC}$只有公共端点 B，则有

$$\int_{\overrightarrow{AC}}P(x,y)\mathrm{d}x+Q(x,y)\mathrm{d}y=\int_{\overrightarrow{AB}}P(x,y)\mathrm{d}x+Q(x,y)\mathrm{d}y+\int_{\overrightarrow{BC}}P(x,y)\mathrm{d}x+Q(x,y)\mathrm{d}y.$$

第二类曲线积分的计算：

定理 15.3.1 设光滑曲线$\widehat{AB}$的参数方程为 $x=x(t),y=y(t)$，$t\in[\alpha,\beta]$，$A=(x(\alpha),y(\alpha))$，$B=(x(\beta),y(\beta))$. 如果 $P(x,\ y)$，$Q(x,\ y)$在$\widehat{AB}$上连续，则有

$$\int_{\overrightarrow{AB}}P(x,y)\mathrm{d}x+Q(x,y)\mathrm{d}y=\int_{\alpha}^{\beta}[P(x(t),y(t))x'(t)+Q(x(t),y(t))y'(t)]\mathrm{d}t.$$

推论 15.3.1 设光滑曲线$\widehat{AB}$的方程为 $y=f(x)$：$x\in[a,\ b]$，其中 $A=(a,\ f(a))$，$B=(b,\ f(b))$. 如果 $P(x,\ y)$，$Q(x,\ y)$在$\widehat{AB}$上连续，则有

$$\int_{\overrightarrow{AB}}P(x,y)\mathrm{d}x+Q(x,y)\mathrm{d}y=\int_{a}^{b}[P(x,f(x))+Q(x,f(x))f'(x)]\mathrm{d}x.$$

推论 15.3.2 设光滑曲线$\widehat{AB}$的方程为 $x=g(y)$：$y\in[c,\ d]$，其中 $A=(g(a),\ a)$，$B=(g(b),\ b)$. 如果 $P(x,\ y)$，$Q(x,\ y)$在$\widehat{AB}$上连续，则有

$$\int_{\overrightarrow{AB}}P(x,y)\mathrm{d}x+Q(x,y)\mathrm{d}y=\int_{c}^{d}[P(g(y),y)g'(y)+Q(g(y),y)]\mathrm{d}y.$$

设$\widehat{AB}$为 $\mathbf{R}^3$ 中可求长曲线，$P(x,\ y,\ z)$，$Q(x,\ y,\ z)$，$R(x,\ y,\ z)$：$\widehat{AB}\to\mathbf{R}$. 类似可

定义空间中第二类曲线积分 $\int_{\overrightarrow{AB}} P(x,y,z)\mathrm{d}x + Q(x,y,z)\mathrm{d}y + R(x,y,z)\mathrm{d}z$. 这里不再赘述.

定理 15.3.2　设光滑曲线 $\widehat{AB}$ 之参数方程为 $x=x(t)$, $y=y(t)$, $z=z(t)$, $t\in[\alpha,\ \beta]$, $P(x,\ y,\ z)$. 如果 $Q(x,\ y,\ z)$, $R(x,\ y,\ z)$: $\widehat{AB}\to\mathbf{R}$ 连续, 则有

$$\int_{\overrightarrow{AB}} P(x,y,z)\mathrm{d}x + Q(x,y,z)\mathrm{d}y + R(x,y,z)\mathrm{d}z$$

$$=\int_{\alpha}^{\beta}[P(x(t),y(t),z(t))x'(t) + Q(x(t),y(t),z(t))y'(t) + R(x(t),y(t),z(t))z'(t)]\mathrm{d}t.$$

例 15.3.1　设 L 为椭圆曲线 $4x^2+9y^2=r^2$ 并取顺时针方向. 求 $\int_L \frac{-y\mathrm{d}x + x\mathrm{d}y}{4x^2+9y^2}$.

解　令 $x=\frac{r}{2}\cos t$, $y=\frac{r}{3}\sin t$, $t\in[0,\ 2\pi]$, 得

$$\int_L \frac{-y\mathrm{d}x + x\mathrm{d}y}{4x^2+9y^2} = \int_{2\pi}^{0}\frac{6^{-1}r^2\sin^2 t + 6^{-1}r^2\cos^2 t}{r^2}\mathrm{d}t = -\frac{\pi}{3}.$$

习　题

1. 计算 $\int_L (x^2+y^2)\mathrm{d}x + (x^2-y^2)\mathrm{d}y$, L 为曲线 $y=1-|1-x|$, $0\leqslant x\leqslant 2$, 取 x 增加方向.

2. 计算 $\int_L (x+y)\mathrm{d}x + (x-y)\mathrm{d}y$, L 为椭圆曲线 $\frac{x^2}{a^2}+\frac{y^2}{b^2}=1$, 取顺时针方向.

3. 计算 $\int_L (2a-y)\mathrm{d}x + x\mathrm{d}y$, L 为摆线 $x=a(t-\sin t)$, $y=a(1-\cos t)$ 位于 $0\leqslant t\leqslant 2\pi$ 之间的一拱, 取增加方向.

4. 计算 $\int_{\overrightarrow{AB}} (\sin y)\mathrm{d}x + (\sin x)\mathrm{d}y$, $\overrightarrow{AB}$ 为由 $A(0,\pi)$ 到 $B(\pi,0)$ 的直线段.

5. 计算 $\oint_L \frac{(bx+ay)\mathrm{d}x - (bx-ay)\mathrm{d}y}{b^2x^2+a^2y^2}$, 其中 L 为 $\frac{x^2}{a^2}+\frac{y^2}{b^2}=1$, 取逆时针方向.

6. 计算 $\oint_L -\mathrm{d}x + (\arctan\frac{y}{x})\mathrm{d}y$, 其中 L 由抛物线段 $y=x^2$ 与直线段 $y=x$ 构成并取顺时针方向.

15.4　两类曲线积分之间的关系

两类曲线积分虽然处理不同的物理问题, 但它们之间仍然具有一种数量关系.

假设 $\widehat{AB}$ 为平面上一光滑曲线段, 弧长为 l, 其以弧长为参数的方程为 $x=x(s)$, $y=y(s)$, $s\in[0,\ l]$, $A=(x(0),\ y(0))$, $B=(x(s),\ y(s))$, $\overrightarrow{AB}$ 与弧长增加方向一致. 如果

$P(x, y)$, $Q(x, y)$在$\widehat{AB}$上连续，则有

$$\int_{\overrightarrow{AB}} P\mathrm{d}x + Q\mathrm{d}y = \int_0^l [P(x(s),y(s))x'(s) + Q(x(s),y(s))y'(s)]\mathrm{d}s.$$

易见
$$x'(s) = \lim_{\Delta s\to 0}\frac{x(s+\Delta s) - x(s)}{\Delta s} = \cos(t, X),$$

$$y'(s) = \lim_{\Delta s\to 0}\frac{y(s+\Delta s) - y(s)}{\Delta s} = \sin(t, X),$$

其中t表$(x(s), y(s))$处的切线沿弧长增加方向，(t, X)表t与x轴正向夹角，(t, Y)表t与y轴正向夹角．则有$\cos(t, X) = \sin(t, Y)$，$\sin(t, X) = \cos(t, Y)$.

当上面第二类曲线积分改变方向时，曲线上每一点处的切线方向同时改变，于是总有

定理 15.4.1 设$\widehat{AB}$为平面上一光滑曲线段，弧长为l，其以弧长为参数的方程为$x = x(s), y = y(s)$，$s\in[0,l]$，$A = (x(0),y(0))$，$B = (x(s),y(s))$．如果$P(x, y)$，$Q(x, y)$在$\widehat{AB}$上连续，则有

$$\begin{aligned}\int_{\overrightarrow{AB}} P\mathrm{d}x + Q\mathrm{d}y &= \int_{\widehat{AB}}[P(x,y)\cos(t,X) + Q(x,y)\cos(t,Y)]\mathrm{d}s\\ &= \int_{\widehat{AB}}[P(x,y)\sin(t,Y) + Q(x,y)\sin(t,X)]\mathrm{d}s.\end{aligned}$$

对于空间长为l的光滑曲线段$\widehat{AB}$，其以弧长为参数的方程为$x = x(s), y = y(s)$，$z = z(s), s\in[0,l]$，$A = (x(0),y(0),z(0))$，$B = (x(s),y(s),z(s))$．如果$P(x, y, z)$，$Q(x, y, z)$，$R(x, y, z)$在$\widehat{AB}$上连续，类似前面讨论可得

$$\int_{\overrightarrow{AB}} P\mathrm{d}x + Q\mathrm{d}y + R\mathrm{d}z = \int_{\widehat{AB}}[P(x,y,z)\cos(t,X) + Q(x,y,z)\cos(t,Y) + R(x,y,z)\cos(t,Z)]\mathrm{d}s$$

例 15.4.1 假设光滑曲线段$\widehat{AB}$的弧长为L，$P(x, y)$，$Q(x, y)$在$\widehat{AB}$上连续．证明

$$\left|\int_{\widehat{AB}} P(x,y)\mathrm{d}x + Q(x,y)\mathrm{d}y\right| \leqslant LM,$$

其中$M = \max\limits_{(x,y)\in\widehat{AB}}\sqrt{P^2(x, y) + Q^2(x, y)}$.

证明
$$\begin{aligned}\left|\int_{\widehat{AB}} P\mathrm{d}x + Q\mathrm{d}y\right| &= \left|\int_{\widehat{AB}}[P(x,y)\cos(t,X) + Q(x,y)\cos(t,Y)]\mathrm{d}s\right|\\ &\leqslant \int_{\widehat{AB}}|P(x,y)\cos(t,X) + Q(x,y)\cos(t,Y)|\mathrm{d}s.\end{aligned}$$

由引理 12.1.1 得

$$\begin{aligned}\left|\int_{\widehat{AB}} P\mathrm{d}x + Q\mathrm{d}y\right| &\leqslant \int_{\widehat{AB}}\sqrt{P^2(x,y) + Q^2(x,y)}\sqrt{\cos^2(t,X) + \cos^2(t,Y)}\mathrm{d}s\\ &= \int_{\widehat{AB}}\sqrt{P^2(x,y) + Q^2(x,y)}\mathrm{d}s \leqslant ML.\end{aligned}$$

习　题

1. 设 $I_R=\oint_{x^2+y^2=R^2}\dfrac{y\mathrm{d}x-x\mathrm{d}y}{(2x^2-xy+y^2)^2}$. 求 $\lim\limits_{R\to0^+}I_R$.

2. 计算 $\oint_L y\mathrm{d}z+z\mathrm{d}y+x\mathrm{d}z$，其中 L 为 $x^2+y^2+z^2=1$ 与 $x+y+z=1$ 的交线，L 的方向从轴正向看去取顺时针方向.

3. 设 L 为平面上有界区域 D 的光滑边界，$n(x,y)$ 表 L 上任一点 (x,y) 处的外法向，$u(x,y):D\to\mathbf{R}$ 具有连续的一阶偏导数. 将 $\oint_L\dfrac{\partial u(x,y)}{\partial n}\mathrm{d}s$ 化为第二类曲线积分.

4. 设 L 为平面上有界区域 D 的光滑边界，$n(x,y)$ 表 L 上任一点 (x,y) 处的外法向. 将 $\oint_L[x\cos(n(x,y),X)+y\cos(n(x,y),Y)]\mathrm{d}s$ 化为第二类曲线积分，其中 $(n(x,y),X)$ 表 L 上任一点 (x,y) 处的外法向 $n(x,y)$ 与 x 轴正向的夹角，$(n(x,y),Y)$ 表外法向 $n(x,y)$ 与 y 轴正向的夹角.

第 16 章　重积分

对于平面上由有限条连续曲线围成的平面图形，可用定积分求得该图形的面积．本章介绍更一般的平面图形的面积概念，在此基础上讨论空间立体的体积与空间物体的质量问题，由此引入二重积分与三重积分的概念．二重积分与三重积分理论可以帮助我们解决更为一般的数学与物理问题．

16.1　平面点集的面积

这一节，我们介绍测量平面点集面积的一种方法．设 $P\subset\mathbf{R}^2$ 为一非空有界集合，用任意平行于坐标轴的直线网分割 T 将 P 分成有限块 P_i．可将 P_i 分成如下两类：

（Ⅰ）P_i 恰好是一小块矩形 Δ_i，且 P_i 的点全是 P 的内点，此时 P_i 的面积 $\sigma(P_i)=\sigma(\Delta_i)$；

（Ⅱ）P_j是某一小矩形 Δ_j 的一部分，此时用 Δ_j 的面积 $\sigma(\Delta_j)$ 来估算 P_j 的面积，即 $\sigma(P_j)\approx\sigma(\Delta_j)$．直观上来讲，$P_j$ 的面积多算了．

令 $I_T(P)=\sum_{\mathrm{I}}\sigma(P_i)$．如果（Ⅰ）类集合不存在，则令 $I_T(P)=0$．直观上来说，就是从内部去测量 P；

$O_T(P)=I_T(P)+\sum_{\mathrm{II}}\sigma(P_j)$．就是从外部去测量 P．

则有 $0\leqslant I_T(P)\leqslant O_T(P)<+\infty$．

再令 $I_P=\sup\limits_T I_T(P)$，称为 P 的内面积，$O_P=\inf\limits_T O_T(P)$称为 P 的外面积．

定义 16.1.1　如果 $I_P=O_P$，则称 P 的面积存在或者 P 可求面积，其面积为共同值 $I_P=O_P$，记为 $\sigma(P)$．

定理 16.1.1　平面有界集 P 的面积存在的充要条件是，对任意 $\varepsilon>0$，存在 P 的直线网分割 T，使得 $O_T(P)-I_T(P)<\varepsilon$.

证明　充分性．设对任意 $\varepsilon>0$，存在 P 的直线网分割 T，使得 $O_T(P)-I_T(P)<\varepsilon$.

显然 $I_T(P)\leqslant I_P\leqslant O_P\leqslant O_T(P)$，因此有 $O_P-I_P<\varepsilon$.

再由 ε 的任意性得 $I_P=O_P$，于是 P 的面积存在．

必要性．设 P 的面积为 S. 则对任意 $\varepsilon>0$，存在分割 T_1，T_2，使得 $I_{T_1}(P)>S-\dfrac{\varepsilon}{2}$，$O_{T_2}(P)<S+\dfrac{\varepsilon}{2}$. 令 $T=T_1\cup T_2$，则有 $O_T(P)\leqslant O_{T_2}(P)$，$I_T(P)\geqslant I_{T_1}(P)$，于是有 $O_T(P)-$

$I_T(P) < \varepsilon$ 成立.

推论 16.1.1　平面上的有界集 P 面积存在的充要条件是其边界 ∂P 的面积为零.

证明　由于 $O_T(\partial P) - I_T(\partial P) = O_T(P) - I_T(P)$，由定理 16.1.1 知推论成立.

推论 16.1.2　如果 $f(x)$：$[a, b] \to \mathbf{R}$ 连续，则 $P = \{(x, f(x)) : x \in [a, b]\}$ 的面积为零.

证明　由 $f(x)$：$[a, b] \to \mathbf{R}$ 连续知 f 一致连续. 于是对 $\forall \varepsilon > 0$，存在 $\delta(\varepsilon) > 0$，当 $|x - y| < \delta$ 时，有 $|f(x) - f(y)| < \dfrac{\varepsilon}{b - a}$.

取 $x_0 = a < x_1 < \cdots x_n = b$，满足 $\max\{(x_i - x_{i-1}), 1 \leqslant i \leqslant n\} < \delta$. 再令 $w_i = \max\limits_{x, y \in [x_{i-1}, x_i]} |f(x) - f(y)|$，$i = 1, 2, \cdots, n$. 于是每一小曲线段 $\{(x, f(x)) : x \in [x_{i-1}, x_i]\}$ 包含于一以 $x_i - x_{i-1}$ 为宽，高为 w_i 的矩形中，$i = 1, 2, \cdots, n$.

因此有 $O_T(P) \leqslant \sum\limits_{i=1}^{n} \dfrac{\varepsilon}{b - a}(x_i - x_{i-1}) = \varepsilon$.

于是有 $\sigma(P) = 0$.

推论 16.1.3　如果 $x = x(t)$，$y = y(t)$，$t \in [\alpha, \beta]$ 具有连续的一阶导数，且 $x'(t)^2 + y'(t)^2 \neq 0$，则 $P = \{(x(t), y(t)) : t \in [\alpha, \beta]\}$ 的面积为零.

例 16.1.1　设 $P = \{(p_n, q_n) : n = 1, 2, \cdots\}$，其中 $\lim\limits_{n \to \infty}(p_n, q_n) = (p_0, q_0)$，则 P 的面积为零.

解　对任意 $\varepsilon > 0$，由 $\lim\limits_{n \to \infty}(p_n, q_n) = (p_0, q_0)$ 知，存在正整数 $\mathrm{N}(\varepsilon)$，当 $n > N$ 时，有 $|p_n - p_0| < \dfrac{\sqrt{\varepsilon}}{2}$，$|q_n - q_0| < \dfrac{\sqrt{\varepsilon}}{2}$ 成立.

取直线网 $x = p_n \pm \dfrac{\sqrt{\varepsilon}}{2N}$，$y = q_n \pm \dfrac{\sqrt{\varepsilon}}{2N}$，$n = 1, 2, \cdots, N$，$x = p_0 \pm \dfrac{\sqrt{\varepsilon}}{2}$，$y = q_0 \pm \dfrac{\sqrt{\varepsilon}}{2}$.

当 ε 充分小时，它们将 P 分成 $N + 1$ 小块，显然有 $O_P \leqslant \sum\limits_{n=1}^{N} \dfrac{\varepsilon}{N^2} + \varepsilon \leqslant 2\varepsilon$，于是 P 的面积为零.

例 16.1.2　设 $P = \{(x, y) : x, y \in Q, 0 \leqslant x, y \leqslant 1\}$. 则 P 的面积不存在.

证明　因为 $\overline{P} = [0, 1] \times [0, 1]$，任意有限直线网分割 T 将 P 分成有限块 P_i，则每一块 P_i 包含于一小闭矩形 R_i 中，$i = 1, 2, \cdots, k$.

于是有 $[0, 1] \times [0, 1] \subseteq \cup_{i=1}^{k} R_i$，因此 $O_T(P) \geqslant 1$.

显然 P 无内点，故 $I_T(P) = 0$，所以 P 的面积不存在.

习　题

1. 设 $D \subset \mathbf{R}^2$ 为一有界区域，且其边界由有限条光滑曲线组成. 证明 D 的面积存在.

2. 设 P_1，$P_2 \subset \mathbf{R}^2$ 为有界集，$P = P_1 \cup P_2$. 证明当 P_1，P_2 的面积存在时，P 的面积也存

在．反之，结论还成立吗?

16.2　二重积分及其计算

16.2.1　二重积分概念

问题　设 D 为一面积确定的平面状物体，$f(x,\ y)$ 为其密度函数．求其质量．

将 D 任分成 n 小块 D_i，$i=1,\ 2,\ \cdots,\ n$，任取 $(\xi_i,\ \eta_i)\in D_i$，$i=1,\ 2,\ \cdots,\ n$，将 D_i 看作以 $f(\xi_i,\ \eta_i)$ 为密度的均匀分布小块，则 D_i 的质量近似等于 $f(\xi_i,\ \eta_i)\sigma(D_i)$．于是 D 的质量近似等于 $\sum\limits_{i=1}^{n}f(\xi_i,\eta_i)\sigma(D_i)$．从而当 $\Delta_T=\max\{\mathrm{diam}(D_i):\ 1\leqslant i\leqslant n\}\to 0$ 时，和式 $\sum\limits_{i=1}^{n}f(\xi_i,\eta_i)\sigma(D_i)$ 趋近于 D 的质量．

上述问题也可看作以 D 为底，$z=f(x,\ y)$ 为顶的曲顶柱体的体积问题．

为解决上述问题，数学上引入下面定义．

定义 16.2.1　设 $D\subset\mathbf{R}^2$ 为一可求面积的有界闭区域，$f(x,\ y)$：$D\to\mathbf{R}$ 为一函数．将 D 任分成 n 小块 D_i，$i=1,\ 2,\ \cdots,\ n$，任取 $(\xi_i,\ \eta_i)\in D_i$，$i=1,\ 2,\ \cdots,\ n$，作和式 $\sum\limits_{i=1}^{n}f(\xi_i,\eta_i)\sigma(D_i)$，记 $\Delta_T=\max\{\mathrm{diam}(D_i):\ 1\leqslant i\leqslant n\}$，当 $\Delta_T\to 0$ 时，如果 $\lim\limits_{\Delta_T\to 0}\sum\limits_{i=1}^{n}f(\xi_i,\eta_i)\sigma(D_i)$ 存在，且不依赖于 $(\xi_i,\ \eta_i)$ 的选取，则称 $f(x,\ y)$ 在 D 上的二重积分存在，该极限称为 f 在 D 上的二重积分，记为 $\iint_D f(x,y)\mathrm{d}x\mathrm{d}y$，或者 $\iint_D f(x,y)\mathrm{d}\sigma$．

16.2.2　二重积分的性质

(1) 如果 $\iint_D f(x,y)\mathrm{d}x\mathrm{d}y$，$\iint_D g(x,y)\mathrm{d}x\mathrm{d}y$ 存在，则有

$$\iint_D cf(x,y)\mathrm{d}x\mathrm{d}y=c\iint_D f(x,y)\mathrm{d}x\mathrm{d}y;$$

$$\iint_D[f(x,y)\pm g(x,y)]\mathrm{d}x\mathrm{d}y=\iint_D f(x,y)\mathrm{d}x\mathrm{d}y\pm\iint_D g(x,y)\mathrm{d}x\mathrm{d}y.$$

(2) 如果 $D=D_1\cup D_2$，D_1，D_2 至多有公共边界，则有

$$\iint_D f(x,y)\mathrm{d}x\mathrm{d}y=\iint_{D_1}f(x,y)\mathrm{d}x\mathrm{d}y+\iint_{D_2}f(x,y)\mathrm{d}x\mathrm{d}y.$$

(3) 如果 $f(x,\ y)\leqslant g(x,\ y)$，$(x,\ y)\in D$，且 $\iint_D f(x,y)\mathrm{d}x\mathrm{d}y$，$\iint_D g(x,y)\mathrm{d}x\mathrm{d}y$ 存在，则有

$$\iint_D f(x,y)\mathrm{d}x\mathrm{d}y\leqslant\iint_D g(x,y)\mathrm{d}x\mathrm{d}y.$$

(4) $\left|\iint_D f(x,y)\mathrm{d}x\mathrm{d}y\right|\leqslant\iint_D|f(x,y)|\mathrm{d}x\mathrm{d}y$．

(5)如果$f(x, y): D\to\mathbf{R}$为连续函数，D为有界闭区域，则存在$(\xi, \eta)\in D$，使得

$$\iint_D f(x,y)\,\mathrm{d}x\mathrm{d}y = f(\xi,\eta)\Delta D.$$

16.2.3　二重积分的存在性

设$f(x, y): D\to\mathbf{R}$为有界函数．将D任分成n小块D_i，令$M_i = \sup\limits_{(x,y)\in D_i} f(x, y)$，$m_i = \inf\limits_{(x,y)\in D_i} f(x, y)$，$i=1, 2, \cdots, n$，$S_T(f) = \sum\limits_{i=1}^{n} M_i\sigma(D_i)$，$s_T(f) = \sum\limits_{i=1}^{n} m_i\sigma(D_i)$．

我们有下面结论：

定理 16.2.1　如果$D\subset\mathbf{R}^2$为可求面积的有界闭区域，$f(x, y): D\to\mathbf{R}$为有界函数，则$\iint_D f(x,y)\,\mathrm{d}x\mathrm{d}y$存在的充要条件是，对$\forall\varepsilon>0$，存在划分$T$，使得$S_T(f)-s_T(f)<\varepsilon$成立．

证明类似定积分的存在性，参见 8.2.

推论 16.2.1　如果$D\subset\mathbf{R}^2$为可求面积的有界闭区域，$f(x, y): D\to\mathbf{R}$为连续函数，则$\iint_D f(x,y)\,\mathrm{d}x\mathrm{d}y$存在．

16.2.4　二重积分计算

首先考虑D为矩形区域情形．

定理 16.2.2　如果$f(x, y): [a, b]\times[c, d]\to\mathbf{R}$，$\iint_D f(x,y)\,\mathrm{d}x\mathrm{d}y$存在，且对任一$x\in[a,b]$，$\phi(x) = \int_c^d f(x,y)\,\mathrm{d}y$存在，则$\varphi(x)$在$x\in[a,b]$可积，且有

$$\int_a^b \phi(x)\,\mathrm{d}x = \int_a^b\left(\int_c^d f(x,y)\,\mathrm{d}y\right)\mathrm{d}x = \iint_D f(x,y)\,\mathrm{d}x\mathrm{d}y.$$

证明　对区间$[a, b]$与$[c, d]$的任意分割

$$x_0 = a < x_1 < \cdots < x_n = b,\quad y_0 = c < y_1 < \cdots < y_m = d.$$

过这些分点的直线网$x=x_i$，$y=y_j$，$1\leqslant i\leqslant n$，$1\leqslant j\leqslant m$将$[a, b]\times[c, d]$分成nm个小矩形

$$\Delta_{ij} = [x_{i-1},x_i]\times[y_{j-1},y_j].$$

m_{ij}，M_{ij}分别表$f(x, y)$在Δ_{ij}上的下确界与上确界，任取$\xi_i\in[x_{i-1}, x_i]$，则有

$$m_{ij}\Delta_j \leqslant \int_{y_{j-1}}^{y_j} f(\xi_i,y)\,\mathrm{d}y \leqslant M_{ij}\Delta_j, \Delta_j = y_j - y_{j-1}.$$

于是有

$$\sum_{i=1}^{n}\sum_{j=1}^{m} m_{ij}\Delta_j\Delta_i \leqslant \sum_{i=1}^{n}\phi(\xi_i)\Delta_i \leqslant \sum_{i=1}^{n}\sum_{j=1}^{m} M_{ij}\Delta_j\Delta_i.$$

又$\iint\limits_D f(x,y)\,\mathrm{d}x\mathrm{d}y$存在，故当$\Delta_T = \max\{\mathrm{diam}(\Delta_{ij}), 1\leqslant i\leqslant n, 1\leqslant j\leqslant m\}\to 0$时，有

$$\int_a^b \phi(x)\,\mathrm{d}x = \int_a^b\left(\int_c^d f(x,y)\,\mathrm{d}y\right)\mathrm{d}x = \iint_D f(x,y)\,\mathrm{d}x\mathrm{d}y.$$

推论 16.2.2 如果$f(x, y)$：$[a, b]\times[c, d]\to\mathbf{R}$ 连续，则有

$$\iint_D f(x,y)\,\mathrm{d}x\mathrm{d}y = \int_a^b\left(\int_c^d f(x,y)\,\mathrm{d}y\right)\mathrm{d}x = \int_c^d\left(\int_a^b f(x,y)\,\mathrm{d}x\right)\mathrm{d}y.$$

例 16.2.1 计算 $\iint_D x^2 y\sin(xy)\,\mathrm{d}x\mathrm{d}y$，其中 $D = [0,1]\times[0,\pi]$.

解

$$\iint_D x^2\sin(xy)\,\mathrm{d}x\mathrm{d}y = \int_0^1\mathrm{d}x\int_0^\pi x^2\sin(xy)\,\mathrm{d}y = \int_0^1 x\left[-\cos(xy)\Big|_0^\pi\right]\mathrm{d}x$$

$$= \left(\frac{1}{2}x^2 - \frac{1}{\pi}x\sin\pi x - \frac{1}{\pi^2}\cos\pi x\right)\Big|_0^1 = \frac{1}{2} + \frac{2}{\pi^2}.$$

接下来考虑 D 为下面两种区域：

(1)$D=\{(x, y): a\leqslant x\leqslant b,\ c(x)\leqslant y\leqslant d(x)\}$，其中 $c(x)$，$d(x)$：$[a, b]\to\mathbf{R}$ 连续，D 称为 x－型区域；

(2)$D=\{(x, y): c\leqslant y\leqslant d,\ a(y)\leqslant x\leqslant b(y)\}$，其中 $a(y)$，$b(y)$：$[a, b]\to\mathbf{R}$ 连续，D 称为 y－型区域.

命题 16.2.1 如果$f(x, y)$：$D\to\mathbf{R}$ 连续，其中 D 为 x－型区域，则有

$$\iint_D f(x,y)\,\mathrm{d}x\mathrm{d}y = \int_a^b\left(\int_{c(x)}^{\mathrm{d}(x)} f(x,y)\,\mathrm{d}y\right)\mathrm{d}x.$$

证明 因为 $c(x)$，$d(x)$在$[a, b]$上连续，可取 c，d 满足 $c\leqslant c(x)\leqslant d(x)\leqslant d$.

在 $[a, b]\times[c, d]$上定义

$$F(x,y) = \begin{cases} f(x,y), & (x,y)\in D,\\ 0, & (x,y)\in[a,b]\times[c,d]\setminus D.\end{cases}$$

$F(x, y)$在$[a, b]\times[c, d]$上分块连续，于是 $\iint_{[a,b]\times[c,d]}F(x,y)\,\mathrm{d}x\mathrm{d}y$ 存在且等于 $\iint_D f(x, y)\,\mathrm{d}x\mathrm{d}y$.

对任一 $x\in[a, b]$，$F(x, y)$关于 $y\in[c, d]$分段连续，于是 $\int_c^d F(x,y)\,\mathrm{d}y$ 存在.

由定理 16.2.2 知

$$\iint_D f(x,y)\,\mathrm{d}x\mathrm{d}y = \iint_{[a,b]\times[c,d]}F(x,y)\,\mathrm{d}x\mathrm{d}y$$

$$= \int_a^b\mathrm{d}x\int_c^d F(x,y)\,\mathrm{d}y = \int_a^b\mathrm{d}x\int_{c(x)}^{d(x)}f(x,y)\,\mathrm{d}y.$$

命题 16.2.2 如果$f(x, y)$：$D\to\mathbf{R}$ 连续，其中 D 为 y－型区域，则有

$$\iint_D f(x,y)\,\mathrm{d}x\mathrm{d}y = \int_c^d\left(\int_{a(y)}^{b(y)} f(x,y)\,\mathrm{d}x\right)\mathrm{d}y.$$

对于一般区域 D 上的二重积分，可将 D 化为有限块 x－型区域或 y－型区域的并集，然后逐块积分即可.

例 16.2.2 将 $D=\{(x, y): |x|+|y|\leqslant 1\}$ 化为 x－型区域或 y－型区域的并集.

解 $D=\{(x,y): x\in[-1,0], -x-1\leqslant y\leqslant 1+x\}\cup\{(x,y): x\in[0,1], x-1\leqslant y\leqslant 1-x\}$
或 $D=\{(x,y): y\in[-1,0], -y-1\leqslant x\leqslant 1+y\}\cup\{(x,y): y\in[0,1], y-1\leqslant x\leqslant 1-y\}$.

例 16.2.3　计算 $\iint_D xe^y\mathrm{d}x\mathrm{d}y$，其中 D 如例 16.2.2 .

解　令 $D_1=\{(x,y):x\in[-1,0],-x-1\leqslant y\leqslant 1+x\}$，$D_2=\{(x,y):x\in[0,1],x-1\leqslant y\leqslant 1-x\}$.

$$\iint_{D1} xe^y\mathrm{d}x\mathrm{d}y=\int_{-1}^0\mathrm{d}x\int_{-1-x}^{1+x}xe^y\mathrm{d}y=\int_{-1}^0 x(e^{1+x}-e^{-1-x})\mathrm{d}x=2-e+e^{-1},$$

$$\iint_{D_2} xe^y\mathrm{d}x\mathrm{d}y=\int_0^1\mathrm{d}x\int_{x-1}^{1-x}xe^y\mathrm{d}y=\int_0^1 x(e^{1+x}-e^{-1-x})\mathrm{d}x=e+2e^{-2}-e^{-1}.$$

于是有 $\iint_D xe^y\mathrm{d}x\mathrm{d}y=2+2e^{-2}$.

16.2.5　二重积分的变量变换

引理 16.2.1　设 Δ 为 uv 平面上由分段光滑曲线围成的有界闭区域，D 为 xy 平面上闭区域，变换 $T(u,v)=(x(u,v),y(u,v))$：$\Delta\to D$ 为单一连续满射，x_u，x_v，y_u，y_v 连续，且有 $\det\begin{pmatrix}x_u & x_v\\ y_u & y_v\end{pmatrix}\neq 0$. 则区域 D 的面积

$$\sigma(D)=\iint_\Delta\left|\det\begin{pmatrix}x_u & x_v\\ y_u & y_v\end{pmatrix}\right|\mathrm{d}u\mathrm{d}v .$$

证明将在 18.4 节完成 .

注　由于 T 为单一连续满射，因此 Δ 的边界与 D 的边界 1－1 对应，从而由 D 的边界即可确定 Δ 的边界 .

定理 16.2.3　设 Δ 为 uv 平面上由分段光滑曲线围成的有界闭区域，D 为 xy 平面上闭区域，变换 $T(u,v)=(x(u,v),y(u,v))$：$\Delta\to D$ 为单一连续满射，x_u，x_v，y_u，y_v 连续，且有 $\det\begin{pmatrix}x_u & x_v\\ y_u & y_v\end{pmatrix}\neq 0$，$f(x,y)$：$D\to\mathbf{R}$ 在 D 上二重积分存在 . 则有

$$\iint_D f(x,y)\mathrm{d}x\mathrm{d}y=\iint_\Delta f(x(u,v),y(u,v))\left|\det\begin{pmatrix}x_u & x_v\\ y_u & y_v\end{pmatrix}\right|\mathrm{d}u\mathrm{d}v.$$

证明　将 D 任分成 n 小块 D_i，$i=1,2,\cdots,n$，对应有 Δ 的一个划分 Δ_i，使得 $D_i=T\Delta_i$，$i=1,2,\cdots,n$.

任取 $(x_i,y_i)\in D_i$，有 $(u_i,v_i)\in\Delta_i$，使得 $x_i=x(u_i,v_i)$，$y_i=y(u_i,v_i)$.

$$\begin{aligned}\sum_{i=1}^n f(x_i,y_i)\sigma(D_i)&=\sum_{i=1}^n f(x_i,y_i)\iint_{\Delta_i}\left|\det\begin{pmatrix}x_u & x_v\\ y_u & y_v\end{pmatrix}\right|\mathrm{d}u\mathrm{d}v\\&=\sum_{i=1}^n f(x(u_i,v_i),y(u_i,v_i))\left|\det\begin{pmatrix}x_u(u_i^1,v_i^1) & x_v(u_i^1,v_i^1)\\ y_u(u_i^1,v_i^1) & y_v(u_i^1,v_i^1)\end{pmatrix}\right|\sigma(\Delta_i).\end{aligned}$$

利用连续性条件，当 $\Delta_T=\max\{\mathrm{diam}(D_i):i=1,2,\cdots,n\}\to 0$ 时，上式左边趋于

$\iint_D f(x,y)\mathrm{d}x\mathrm{d}y$，右边趋于$\iint_\Delta f(x(u,v),y(u,v))\left|\det\begin{pmatrix}x_u & x_v\\ y_u & y_v\end{pmatrix}\right|\mathrm{d}u\mathrm{d}v$.

例 16.2.4 设 D 由 $x=0,y=0,2x+y=2$ 围成，$f(x,y)=(2x+y)\mathrm{e}^{x-y}$，$(x,y)\in D$. 计算 $\iint_D f(x,y)\mathrm{d}x\mathrm{d}y$.

解 令 $u=x-y$，$v=2x+y$，得 $x=\dfrac{u+v}{3}$，$y=\dfrac{v-2u}{3}$. 于是

$$\det\begin{pmatrix}x_u & x_v\\ y_u & y_v\end{pmatrix}=\det\begin{pmatrix}\dfrac{1}{3} & \dfrac{1}{3}\\ -\dfrac{2}{3} & \dfrac{1}{3}\end{pmatrix}=\frac{1}{3}.$$

Δ 由 $v=-u$，$v=2u$ 与 $v=2$ 围成，因此有

$$\begin{aligned}\iint_D f(x,y)\mathrm{d}x\mathrm{d}y &= \iint_\Delta v\mathrm{e}^u\mathrm{d}u\mathrm{d}v = \int_0^2\mathrm{d}v\int_{-v}^{\frac{v}{2}}\frac{1}{3}v\mathrm{e}^u\mathrm{d}u\\ &=\frac{1}{3}\int_0^2 v(\mathrm{e}^{\frac{v}{2}}-\mathrm{e}^{-v})\mathrm{d}v = \frac{2}{3}v\mathrm{e}^{\frac{v}{2}}-\frac{4}{3}\mathrm{e}^{\frac{v}{2}}+\frac{1}{3}(v\mathrm{e}^{-v}+\mathrm{e}^{-v})\Big|_0^2\\ &=1+\mathrm{e}^{-2}.\end{aligned}$$

例 16.2.5 设 D 由 $x=0$，$y=0$，$2x+y=2$ 围成，$f(x,y)$：$D\to\mathbf{R}$ 定义如下

$$f(x,y)=\begin{cases}\mathrm{e}^{\frac{x-y}{2x+y}}, & (x,y)\neq(0,0),\\ 0, & (x,y)=(0,0).\end{cases}$$

计算 $\iint_D f(x,y)\mathrm{d}x\mathrm{d}y$.

解 同例 16.2.4，令 $x-y=u$，$2x+y=v$，得 $x=\dfrac{u+v}{3}$，$y=\dfrac{v-2u}{3}$. Δ 由 $v=-u$，$v=2u$ 与 $v=2$ 围成，于是有

$$\begin{aligned}\iint_D f(x,y)\mathrm{d}x\mathrm{d}y &= \iint_\Delta \mathrm{e}^{\frac{u}{v}}\mathrm{d}u\mathrm{d}v = \int_0^2\mathrm{d}v\int_{-v}^{\frac{v}{2}}\frac{1}{3}\mathrm{e}^{\frac{u}{v}}\mathrm{d}u\\ &=\frac{1}{3}(\mathrm{e}^{\frac{1}{2}}-\mathrm{e}^{-1})\int_0^2 v\mathrm{d}v = \frac{4}{3}(\mathrm{e}^{\frac{1}{2}}-\mathrm{e}^{-1}).\end{aligned}$$

16.2.6 极坐标变换

当积分区域 D 为圆或圆的一部分，或者被积函数为 $f(x^2+y^2)$ 形式，则通常采用极坐标变换 $T(r,\ \theta)=(r\cos\theta,\ r\sin\theta)$：$\Delta\to D\subset\mathbf{R}^2$，其中 Δ 为 $r\theta$ 平面上区域. 虽然极坐标变换不再是一对一的变换，但仍然有下面结果.

定理 16.2.4 设 Δ 为 $r\theta$ 平面上由分段光滑曲线围成的有界闭区域，D 为 xy 平面上闭区域. 如果变换 $T(r,\ \theta)=(r\cos\theta,\ r\sin\theta)$：$\Delta\to D$ 为满射，且有 $f(x,\ y)$：$D\to\mathbf{R}$ 在 D 上二重积分存在，则有

$$\iint_D f(x,y)\,\mathrm{d}x\mathrm{d}y = \iint_\Delta f(r\cos\theta, r\sin\theta)\,r\mathrm{d}r\mathrm{d}\theta.$$

证明　取充分小正数 ε，令 $\Delta_\varepsilon = \Delta \setminus (\Delta \cap [0,\ \varepsilon] \times [2\pi - \varepsilon,\ 2\pi])$，则 T: $\Delta_\varepsilon \to D_\varepsilon = T(\Delta_\varepsilon)$ 为一对一映射，且有

$$\det\begin{pmatrix} x_r & x_\theta \\ y_r & y_\theta \end{pmatrix} = r \neq 0.$$

由定理 16.2.3 得

$$\iint_{D_\varepsilon} f(x,y)\,\mathrm{d}x\mathrm{d}y = \iint_{\Delta_\varepsilon} f(r\cos\theta, r\sin\theta)\,r\mathrm{d}r\mathrm{d}\theta.$$

又因为

$$\iint_D f(x,y)\,\mathrm{d}x\mathrm{d}y = \iint_{D_\varepsilon} f(x,y)\,\mathrm{d}x\mathrm{d}y + \iint_{D \setminus D_\varepsilon} f(x,y)\,\mathrm{d}x\mathrm{d}y,$$

$$\iint_\Delta f(r\cos\theta, r\sin\theta)\,r\mathrm{d}r\mathrm{d}\theta = \iint_{\Delta_\varepsilon} f(r\cos\theta, r\sin\theta)\,r\mathrm{d}r\mathrm{d}\theta + \iint_{\Delta \setminus \Delta_\varepsilon} f(r\cos\theta, r\sin\theta)\,r\mathrm{d}r\mathrm{d}\theta$$

当 $\varepsilon \to 0^+$ 时，显然 $\Delta \cap [0,\ \varepsilon] \times [2\pi - \varepsilon,\ 2\pi]$ 的面积趋于零．于是有 $D \cap T(\Delta \cap [0,\ \varepsilon] \times [2\pi - \varepsilon,\ 2\pi])$ 的面积趋于零．因此有

$$\iint_D f(x,y)\,\mathrm{d}x\mathrm{d}y = \iint_\Delta f(r\cos\theta, r\sin\theta)\,r\mathrm{d}r\mathrm{d}\theta.$$

例 16.2.6　计算 $\iint_D \mathrm{e}^{-(x^2+y^2)}\,\mathrm{d}x\mathrm{d}y$，其中 $D = \{(x,\ y):\ x^2 + y^2 \leqslant c^2\}$.

解　令 $x = r\cos\theta$，$y = r\sin\theta$，$0 \leqslant r \leqslant c$，$0 \leqslant \theta \leqslant 2\pi$．由定理 16.2.4 得

$$\begin{aligned}\iint_D \mathrm{e}^{-(x^2+y^2)}\,\mathrm{d}x\mathrm{d}y &= \int_0^c \mathrm{d}r \int_0^{2\pi} \mathrm{e}^{-r^2} r\,\mathrm{d}\theta \\ &= \pi(1 - \mathrm{e}^{-c^2}).\end{aligned}$$

例 16.2.7　求球体 $x^2 + y^2 + z^2 \leqslant c^2$ 被圆柱面 $x^2 + y^2 = cx$ 所割下部分的体积．

解　由对称性，我们只需求立体位于第一卦限部分的体积再乘以 4 倍．立体位于第一卦限部分是以 $D = \{(x,\ y):\ x^2 + y^2 \leqslant cx,\ y \geqslant 0\}$ 为底，$z = \sqrt{c^2 - x^2 - y^2}$ 为顶的曲顶柱体．

令 $x = r\cos\theta$，$y = r\sin\theta$，$0 \leqslant r \leqslant c$，$0 \leqslant \theta \leqslant \frac{\pi}{2}$．于是有

$$\begin{aligned}\text{体积} &= 4\int_0^{\frac{\pi}{2}} \mathrm{d}\theta \int_0^{c\cos\theta} \sqrt{c^2 - r^2}\,r\mathrm{d}r \\ &= \frac{4}{3}c^3 \int_0^{\frac{\pi}{2}} (1 - \sin^3\theta)\,\mathrm{d}\theta = \frac{4}{3}c^3\left(\frac{\pi}{2} - \frac{2}{3}\right).\end{aligned}$$

同理，当积分区域 D 为椭圆或椭圆的一部分，或者被积函数为 $f\left(\frac{x^2}{a^2} + \frac{y^2}{b^2}\right)$ 形式，则我们通常采用广义极坐标变换 $T(r,\ \theta) = (ar\cos\theta,\ br\sin\theta)$：$\Delta \to D \subset \mathbf{R}^2$，其中 Δ 为 $r\theta$ 平面上区域．

定理 16.2.5　设 Δ 为 $r\theta$ 平面上由分段光滑曲线围成的有界闭区域，D 为 xy 平面上闭区域．如果变换 $T(r,\ \theta) = (ar\cos\theta,\ br\sin\theta)$：$\Delta \to D$ 为满射，且有 $f(x,\ y)$：$D \to \mathbf{R}$ 在 D 上

二重积分存在，则有

$$\iint_D f(x,y)\,dxdy = \iint_\Delta f(ar\cos\theta, br\sin\theta)\,abr\,drd\theta.$$

例 16.2.8 求椭球体$\frac{x^2}{a^2}+\frac{y^2}{b^2}+\frac{z^2}{c^2}\leqslant 1$ 的体积.

解 由对称性，椭球体的体积 V 是上半椭球体体积的 2 倍，即

$$V = 2c\iint_{\frac{x^2}{a^2}+\frac{y^2}{b^2}\leqslant 1}\sqrt{1-\frac{x^2}{a^2}+\frac{y^2}{b^2}}.$$

令 $x=ar\cos\theta$，$y=br\sin\theta$，$0\leqslant\theta\leqslant 2\pi$，$0\leqslant r\leqslant 1$. 于是椭球体的体积

$$V = 2c\int_0^{2\pi}\int_0^1\sqrt{1-r^2}\,abr\,dr = \frac{4\pi}{3}abc.$$

习 题

1. 设 $D\subset\mathbf{R}^2$ 为有界闭区域，$f(x, y)$：$D\to\mathbf{R}$ 连续，$g(x, y)$在 D 上非负可积. 证明存在$(\xi, \eta)\in D$，使得 $\iint_D f(x,y)g(x,y)\,dxdy = f(\xi,\eta)\iint_D g(x,y)\,dxdy$.

2. 交换下列二次积分的顺序：

(1) $\int_0^2 dy\int_y^{2y} f(x,y)\,dx$； (2) $\int_0^1 dx\int_{x^3}^{x^2} f(x,y)\,dy$ ；

(3) $\int_0^{2\pi} dx\int_0^{\sin x} f(x,y)\,dy$； (4) $\int_0^{2a} dx\int_{\sqrt{2ax-x^2}}^{\sqrt{2ax}} f(x,y)\,dy,(a>0)$；

(5) $\int_1^2 dx\int_{2-x}^{\sqrt{2x-x^2}} f(x,y)\,dy$； (6) $\int_{-1}^1 dx\int_{-\sqrt{1-x^2}}^{1-x^2} f(x,y)\,dy$.

3. 设 $f(x)=\int_1^x \sin y^2\,dy$. 求 $\int_0^1 f(x)\,dx$.

4. 计算 $\iint_D x^2\sin y^2\,dxdy$，其中 D 由 $x=0, y=x, y=1$ 围成.

5. 计算 $\iint_D (x+y)\,dxdy$，其中 D 由 $x=2y, y=2x, x+y=3$ 围成.

6. 计算 $\iint_D |\cos(x+y)|\,dxdy, D=[0,\pi]\times[0,\pi]$.

7. 计算 $\iint_D [x+y]\,dxdy, D=[0,2]\times[0,2]$.

8. 设$f(x)$为 $\mathbf{R}$ 上连续函数，$D=\{(x, y): -1\leqslant x\leqslant 1, x^3\leqslant y\leqslant 1\}$. 求

$$\iint_D x[2-3yf(x^2+y^2)]\,dxdy.$$

9. 设$f(x)$：$[a, b]\to\mathbf{R}$ 连续. 证明 $\left[\int_a^b f(x)\,dx\right]^2\leqslant(b-a)\int_a^b f^2(x)\,dx$.

10. 设 $D\subset\mathbf{R}^2$ 为有界闭区域，D 在 x 轴上和 y 轴上的投影分别为 l_x 和 l_y，$(x_0, y_0)\in D$

为任一点．证明 $\left|\iint_D (x-x_0)(y-y_0)\mathrm{d}x\mathrm{d}y\right| \leqslant \frac{1}{4}l_x^2 l_y^2$.

11. 计算 $\iint_D y\mathrm{d}x\mathrm{d}y$, D 由 $y^2=\alpha x, y^2=\beta x, y=ax, y=bx$ 围成, $0<\alpha<\beta, 0<a<b$.

12. 计算 $\iint_D (x+2y)\cos(x-2y)\mathrm{d}x\mathrm{d}y, D=\{(x,y): 0\leqslant x+2y\leqslant \pi, 0\leqslant x-2y\leqslant \pi\}$.

13. 计算 $\iint_D \mathrm{d}x\mathrm{d}y, D=\{(x,y):\sqrt{x}+\sqrt{y}\leqslant c\}, c>0$, 令 $x=r\cos^4\theta, y=r\sin^4\theta$.

14. 将下列二次积分化为极坐标意义下的二次积分：

(1) $\int_0^1 \mathrm{d}x\int_0^1 f(x,y)\mathrm{d}y$;　　(2) $\int_0^1 \mathrm{d}x\int_{1-x}^{\sqrt{1-x^2}} f(x,y)\mathrm{d}y$;

(3) $\int_0^{x^2} f(x,y)\mathrm{d}y$.

15. 交换下列极坐标意义下的二次积分顺序：

(1) $\int_{-\frac{\pi}{2}}^{\frac{\pi}{2}} \mathrm{d}\theta\int_0^{a\cos\theta} f(r,\theta)\mathrm{d}r$;　　(2) $\int_0^{\theta_0}\mathrm{d}\theta\int_0^{\theta} f(r,\theta)\mathrm{d}r, 0<\theta_0<2\pi$.

16. 计算 $\iint_D \sin\sqrt{4x^2+9y^2}\mathrm{d}x\mathrm{d}y, D=\{(x,y):\pi^2\leqslant 4x^2+9y^2\leqslant 4\pi^2\}$.

17. 计算 $\iint_D (x+y)\mathrm{d}x\mathrm{d}y, D=\{(x,y): x^2+y^2\leqslant x+y\}$.

18. 计算 $\iint_D \left|\frac{x+y}{\sqrt{2}}-x^2-y^2\right|\mathrm{d}x\mathrm{d}y, D=\{(x,y): x^2+y^2\leqslant 1\}$.

19. 求下列曲面围成的立体体积：

(1) $z=x^2+y^2$, $z=x+y$;

(2) $z=x^2+y^2$, $y=x^2$, $y=1$, $z=0$;

(3) $z=0$, $z=x-y$, $x^2+y^2=cx$, $c>0$.

20. 求下列曲线所围区域的面积：

(1) $xy=c^2$, $xy=2c^2$, $y=x$, $y=2x$;

(2) $(a^2x^2+b^2y^2)^2=x^2+y^2$;

(3) $(x^2+y^2)^2=2c^2(x^2-y^2)$, $x^2+y^2\geqslant c^2$.

21. 设 $f(x, y)$ 在原点的某一邻域内连续．求 $\lim\limits_{\rho\to 0^+}\frac{1}{\pi\rho^2}\iint_{x^2+y^2\leqslant\rho^2} f(x,y)\mathrm{d}x\mathrm{d}y$.

22. 设 $f(u,v)$, $f_v(u,v)$ 连续．证明 $u(x,y)=\frac{1}{2a}\iint_D f(u,v)\mathrm{d}u\mathrm{d}v$ 满足

$$\frac{\partial^2 u(x,y)}{\partial x^2}-a^2\frac{\partial^2 u(x,y)}{\partial y^2}=f(x,y),$$

其中 $D=\{(u, v): 0\leqslant u\leqslant x, y-a(x-u)\leqslant v\leqslant y+a(x-u)\}$.

16.3　第二类曲线积分与二重积分的关系

本节介绍 Green 公式，它建立了第二类曲线积分与二重积分之间的关系．进一步，我

们将利用 Green 公式来讨论第二类曲线积分在什么条件下与积分路径无关.

16.3.1 Green 公式

以下设 $D\subset\mathbf{R}^2$ 为有界闭区域，其边界 ∂D 由有限条光滑曲线组成，规定人沿边界行走时，如果区域 D 始终在人的左手边，则人行走的方向规定为边界曲线的正向，反之为负向.

定理 16.3.1（Green 公式） 如果函数 $P(x,y)$，$Q(x,y)$ 在 D 上连续，且 $Q_x(x,y)$，$P_y(x,y)$ 在 D 上连续，则有

$$\iint_D Q_x(x,y)\,\mathrm{d}x\mathrm{d}y=\oint_{\partial D_{正}} Q(x,y)\,\mathrm{d}y,$$

$$-\iint_D P_y(x,y)\,\mathrm{d}x\mathrm{d}y=\oint_{\partial D_{正}} P(x,y)\,\mathrm{d}x.$$

证明 只证明 D 既是 x－型区域又是 y－型区域情形，一般情形可将区域划分为有限块既是 x－型区域又是 y－型区域的并集，再利用二重积分的区域可加性即可证明.

假设 D 既是 x－区域又是 y－区域. 于是有

$$D=\{(x,y):a\leqslant x\leqslant b,c(x)\leqslant y\leqslant d(x)\}=\{(x,y):c\leqslant y\leqslant d,a(y)\leqslant x\leqslant b(y)\}.$$

由此可得

$$\iint_D \frac{\partial Q}{\partial x}\mathrm{d}x\mathrm{d}y=\int_c^d\mathrm{d}y\int_{a(y)}^{b(y)}\frac{\partial Q}{\partial x}\mathrm{d}x=\int_c^d[Q(b(y),y)-Q(a(y),y)]\mathrm{d}y$$

$$=\oint_{\partial D_{正}} Q(x,y)\,\mathrm{d}y.$$

同理可得

$$-\iint_D P_y(x,y)\,\mathrm{d}x\mathrm{d}y=\oint_{\partial D_{正}} P(x,y)\,\mathrm{d}x.$$

出于简化计算以及对称性考虑，我们通常把上面两式加起来. 于是有下面结论

推论 16.3.1 如果函数 $P(x,y)$，$Q(x,y)$ 在 D 上连续，且 $Q_x(x,y)$，$P_y(x,y)$ 在 D 上连续，则有

$$\iint_D[Q_x(x,y)-P_y(x,y)]\,\mathrm{d}x\mathrm{d}y=\oint_{\partial D_{正}} P(x,y)\,\mathrm{d}x+Q(x,y)\,\mathrm{d}y.$$

推论 16.3.2 $\sigma(D)=\oint_{\partial D_{正}} x\mathrm{d}y$，$\sigma(D)=-\oint_{\partial D_{正}} y\mathrm{d}x$.

注 推论 16.3.2 本质上是我们在定积分应用时求两条曲线围成区域面积的推广形式.

例 16.3.1 计算 $\oint_L(2x-3y^4)\,\mathrm{d}y$，其中 L 为上半单位圆的边界，取顺时针方向.

解 $$\oint_{L_{顺}}(2x-3y^4)\,\mathrm{d}y=-\oint_{L_{逆}}(2x-3y^4)\,\mathrm{d}y=-\iint_{x^2+y^2\leqslant 1,y\geqslant 0}\frac{\partial\,(2x-y^4)}{\partial\,x}\mathrm{d}x\mathrm{d}y$$

$$=-\iint_{x^2+y^2\leqslant 1,y\geqslant 0}2\mathrm{d}x\mathrm{d}y=-\pi.$$

例 16.3.2 设 L 为平面上一分段光滑的闭曲线，D 为 L 所围闭区域，$(0,0)\notin D$. 求 $\oint_L\frac{x\mathrm{d}y-y\mathrm{d}x}{3x^2+2y^2}$.

解　令 $P(x,\ y)=\dfrac{-y}{3x^2+2y^2}$，$Q(x,\ y)=\dfrac{x}{3x^2+2y^2}$. 则有

$$P_y(x,y)=\frac{-3x^2+2y^2}{3x^2+2y^2},\qquad Q_x(x,y)=\frac{-3x^2+2y^2}{3x^2+2y^2}.$$

于是有 $\oint_L\dfrac{x\mathrm{d}y-y\mathrm{d}x}{3x^2+2y^2}=0$.

例 16.3.3　设 L 为平面上一分段光滑的闭曲线，D 为 L 所围闭区域，$(0,\ 0)\in\operatorname{int}D$. 求

$$\oint_L\frac{x\mathrm{d}y-y\mathrm{d}x}{3x^2+2y^2}.$$

解　由 $(0,\ 0)\in\operatorname{int}D$ 知，存在充分小 $r>0$，使得 Γ：$3x^2+2y^2=r^2\subset D$. 于是

$$\oint_{L_{正}}\frac{x\mathrm{d}y-y\mathrm{d}x}{3x^2+2y^2}=\oint_{L_{正}\cup\Gamma_{顺时针}}\frac{x\mathrm{d}y-y\mathrm{d}x}{3x^2+2y^2}+\oint_{\Gamma_{逆时针}}\frac{x\mathrm{d}y-y\mathrm{d}x}{3x^2+2y^2}$$
$$=\oint_{\Gamma_{逆时针}}\frac{x\mathrm{d}y-y\mathrm{d}x}{3x^2+2y^2}.$$

令 $x=\dfrac{1}{\sqrt{3}}r\cos\theta$，$y=\dfrac{1}{\sqrt{2}}r\sin\theta$，$0\leqslant\theta\leqslant2\pi$，得

$$\oint_{\Gamma_{逆时针}}\frac{x\mathrm{d}y-y\mathrm{d}x}{3x^2+2y^2}=\int_0^{2\pi}\frac{r^2}{\sqrt{6}r^2}\mathrm{d}\theta=\frac{2\pi}{\sqrt{6}}.$$

因此有 $\oint_{L_{正}}\dfrac{x\mathrm{d}y-y\mathrm{d}x}{3x^2+2y^2}=\dfrac{2\pi}{\sqrt{6}}$，$\oint_{L_{负}}\dfrac{x\mathrm{d}y-y\mathrm{d}x}{3x^2+2y^2}=-\dfrac{2\pi}{\sqrt{6}}$.

16.3.2　曲线积分与路径的无关性

下面讨论第二类曲线积分 $\int_{\overrightarrow{AB}}P(x,y)\mathrm{d}x+Q(x,y)\mathrm{d}y$ 在什么条件下只与起始点 A，B 有关而与具体路径 $\widehat{AB}$ 无关．为此，我们先介绍单连通区域概念．

若平面区域上任一封闭曲线皆可在 D 内连续收缩于 D 内某一点，则称 D 是一个单连通区域，否则称 D 是一个复连通区域．

例 16.3.4　$D=\{(x,\ y):\ x\geqslant0,\ y\geqslant0\}$ 以及 $B(0,\ 1)=\{(x,\ y):\ x^2+y^2<1\}$ 是单连通区域．

$B^{\circ}(0,\ 1)=\{(x,\ y):\ 0<x^2+y^2<1\}$ 以及 $D=\{(x,\ y):\ x^2+y^2\geqslant1\}$ 是复连通区域．

定理 16.3.2　如果 $D\subset\mathbf{R}^2$ 为一单连通区域，$P(x,\ y)$，$Q(x,\ y)$：$D\to\mathbf{R}$ 连续，且 $P_y(x,\ y)$，$Q_x(x,\ y)$ 在 D 上连续，则下列结论等价

(1) 对 D 内任一分段光滑闭曲线 L，$\int_L P\mathrm{d}x+Q\mathrm{d}y=0$；

(2) 对 D 内任一分段光滑曲线 $\widehat{AB}$，$\int_{\widehat{AB}}P\mathrm{d}x+Q\mathrm{d}y$ 只与起始点 A，B 有关；

(3) 存在 D 内可微函数 $u(x,\ y)$，满足 $\mathrm{d}u=P\mathrm{d}x+Q\mathrm{d}y$；

(4) $P_y(x, y)=Q_x(x, y)$, $(x, y)\in D$.

证明 (1)⇒(2). 设$\overline{(AB)}_1$与$\overline{(AB)}_2$为 D 内任意两条由 A 到 B 的分段光滑曲线，令 $L=\overline{(AB)}_1\cup\overline{(BA)}_2$，则有 $\int_L P\mathrm{d}x+Q\mathrm{d}y=0$. 于是有

$$\int_{\overline{(AB)}_1} P\mathrm{d}x+Q\mathrm{d}y=\int_{\overline{(AB)}_2} P\mathrm{d}x+Q\mathrm{d}y .$$

(2)⇒(3). 取定 D 内一点(x_0, y_0)，对$\forall(x, y)\in D$，令 $u(x,y)=\int_{(x_0,y_0)}^{(x,y)} P(s,t)\mathrm{d}s+Q(s,t)\mathrm{d}t$，表由$(x_0,y_0)$到$(x,y)$的第二类积分. 于是有

$$u(x+\Delta x,y+\Delta y)-u(x,y)=\int_{(x,y)}^{(x+\Delta x,y+\Delta y)} P(s,t)\mathrm{d}s+Q(s,t)\mathrm{d}t.$$

取线段 L_1: $s=s$, $t=y$, $x\leqslant s\leqslant x+\Delta x$, L_2, $s=x+\Delta x$, $t=t$, $y\leqslant t\leqslant y+\Delta y$，则$\overline{L_1\cup L_2}$为由$(x, y)$到$(x+\Delta x, y+\Delta y)$的折线段. 故有

$$u(x+\Delta x,y+\Delta y)-u(x,y)=\int_x^{x+\Delta x} P(s,y)\mathrm{d}s+\int_y^{y+\Delta y} Q(x+\Delta x,t)\mathrm{d}t$$

$$=P(\xi,y)\Delta x+Q(x+\Delta x,\eta)\Delta y,$$

$$=P(x,y)\Delta x+Q(x,y)\Delta y+[P(\xi,y)-P(x,y)]\Delta x+[Q(x+\Delta x,\eta)-Q(x,y)]\Delta y,$$

ξ 介于 x 与 $x+\Delta x$ 之间，η 介于 y 与 $y+\Delta y$ 之间.

由 P, Q 的连续性易得 $\mathrm{d}u=P\mathrm{d}x+Q\mathrm{d}y$.

(3)⇒(4). 因为 $u_x(x, y)=P(x, y)$, $u_y(x, y)=Q(x, y)$, $u_{xy}=P_y$, $u_{yx}=Q_x$ 连续，于是有 $u_{xy}=u_{yx}$，即 $Q_x=P_y$.

(4)⇒(1). 由 Green 公式即得.

例 16.3.5 求一个函数 $u(x, y)$使其满足 $\mathrm{d}u=(2x+\sin y)\mathrm{d}x+(2y+x\cos y)\mathrm{d}y$.

解 令 $P(x, y)=2x+\sin y$, $Q(x, y)=2y+x\cos y$. 则有 $P_y=\cos y$, $Q_x=\cos y$. 由定理 16.3.2，令

$$u(x,y)=\int_{(0,0)}^{(x,y)}(2s+\sin t)\mathrm{d}s+(2t+s\cos t)\mathrm{d}t$$

$$=\int_0^x 2s\mathrm{d}s+\int_0^y(2t+x\cos t)\mathrm{d}t=x^2+y^2+x\sin y.$$

则 $u(x, y)$满足 $\mathrm{d}u=(2x+\sin y)\mathrm{d}x+(2y+x\cos y)\mathrm{d}y$.

习 题

1. 利用 Green 公式计算下列第二类曲线积分:

(1) $\oint_L(x^4y^2+xy+y^3)\mathrm{d}y$，其中 L 为上半圆周的边界，取逆时针方向.

(2) $\oint_L(2x^2y+\frac{1}{3}y^3)\mathrm{d}x$，其中 L 为椭圆 $2x^2+y^2=1$，取逆时针方向.

（3）$\oint_L (x+y)^2 dx - (x^2+y^2) dy$，其中 L 是以 $A(1,1)$，$B(3.3)$，$C(1,6)$ 为顶点的三角形边线，取负向.

（4）$\int_{\widehat{AB}} (e^x \sin y - my) dx + (e^x \cos y - m) dy$，其中 m 为常数，$\widehat{AB}$ 为由(0，0)经过圆周 $x^2+y^2=4ax$ 的上半部到 $B(2a，0)$ 的路线.

（5）$\oint_L (x^2+2xy-y^2)x + (x^2-2xy+y^2) dy$，其中 L 由过 $A(0，-1)$ 与 $C(1,0)$ 的直线段与位于第一象限的单位圆周 $\widehat{CB}$ 组成，方向由 $A \to C \to B$.

2. 利用 Green 公式求下列曲线所围区域的面积：

（1）星形线：$x=a\cos^3 t.\ y=a\sin^3 t$；

（2）双纽线：$(x^2+y^2)^2=a^2(x^2-y^2)$.

3. 设 L 为平面上的光滑封闭曲线，$\boldsymbol{l}_0$ 为平面上的任一方向向量，$\boldsymbol{n}(x，y)$ 表 L 上任一点 $(x，y)$ 处的外法向. 证明 $\oint_L \cos(\boldsymbol{l}_0, \boldsymbol{n}(x,y)) ds = 0$.

4. 设 L 为平面上有界区域的光滑边界曲线，$\boldsymbol{n}(x，y)$ 表 L 上任一点 $(x，y)$ 处的外法向. 求 $\oint_L [x\cos(\boldsymbol{n}(x,y), \boldsymbol{x}) + y\cos(\boldsymbol{n}(x,y), \boldsymbol{y})] ds$，其中 $(\boldsymbol{n}(x,y), \boldsymbol{x})$ 表 $\boldsymbol{n}(x,y)$ 与 x 轴正向的夹角，$(\boldsymbol{n}(x,y), \boldsymbol{y})$ 表 $\boldsymbol{n}(x,y)$ 与 y 轴正向的夹角.

5. 设 L 为平面上有界闭区域 D 的光滑边界曲线，$u(x，y)$ 在 D 上具有二阶连续的偏导数. 证明 $\iint_D \left(\frac{\partial^2 u}{\partial x^2} + \frac{\partial^2 u}{\partial y^2}\right) dxdy = \oint_L \frac{\partial u(x,y)}{\partial \boldsymbol{n}(x,y)} ds$，其中 $\frac{\partial u(x,y)}{\partial \boldsymbol{n}(x,y)}$ 表 $u(x,y)$ 在 (x,y) 处沿外法向 $\boldsymbol{n}(x,y)$ 的方向导数.

6. 设 L 为平面上有界闭区域 D 的光滑边界曲线，$u(x，y)$ 在 D 上具有二阶连续的偏导数. 证明 $\iint_D \left[\left(\frac{\partial u}{\partial x}\right)^2 + \left(\frac{\partial u}{\partial y}\right)^2\right] dxdy = -\iint_D u\Delta u dxdy + \oint_L u\frac{\partial u}{\partial \boldsymbol{n}} ds$，其中 $\frac{\partial u}{\partial \boldsymbol{n}}$ 表外法向方向导数，$\Delta u = \frac{\partial^2 u}{\partial x^2} + \frac{\partial^2 u}{\partial y^2}$.

7. 设 L 为平面上有界闭区域 D 的光滑边界曲线，$u(x，y)$ 在 D 上具有二阶连续的偏导数. 证明 $\iint_D (v\Delta u - u\Delta v) dxdy = \oint_L \left(v\frac{\partial u}{\partial \boldsymbol{n}} - u\frac{\partial v}{\partial \boldsymbol{n}}\right) ds$，其中 $\frac{\partial}{\partial \boldsymbol{n}}$ 表外法向方向导数，$\Delta = \frac{\partial^2}{\partial x^2} + \frac{\partial^2}{\partial y^2}$.

8. 求下列全微分的原函数：

（1）$(x+3x^2y-y^2)dx + (x^3-2xy+y)dy$；

（2）$x\sin(x^2+y^2)dx + y\sin(x^2+y^2)dy$；

（3）$(e^{x+y}x - ye^x)dx + [(x-1)e^{x+y} - e^x]dy$.

9. 设$f(x,\ y)$可微，$\int_L f(x,y)(y\mathrm{d}x+x\mathrm{d}y)$与积分路径无关．问$f(x,y)$应满足什么条件?

16.4 三重积分

16.4.1 三重积分概念

问题 设$\Omega\subset\mathbf{R}^3$为一可求体积的空间物体，$f(x,\ y,\ z)$为其密度函数．求其质量．

将Ω任分成n小块Ω_i，$V(\Omega_i)$为Ω_i的体积．任取$(\xi_i,\ \eta_i,\ \gamma_i)\in\Omega_i$，$i=1,\ 2,\ \cdots,\ n$，则当$\Delta_T=\max\{\mathrm{diam}(\Omega_i):\ 1\leqslant i\leqslant n\}\to 0$时，$\sum_{i=1}^{n}f(\xi_i,\eta_i,\gamma_i)V(\Omega_i)$趋近于所求质量．

为解决此类问题，数学上引入下面定义．

定义 16.4.1 设$\Omega\subset\mathbf{R}^3$为一可求体积的有界闭区域，$f(x,\ y,\ z):\ \Omega\to\mathbf{R}$为一函数．将$\Omega$任分成$n$小块$\Omega_i$，任取$(\xi_i,\ \eta_i,\ \gamma_i)\in\Omega_i$，$i=1,\ 2,\ \cdots,\ n$，作和式$\sum_{i=1}^{n}f(\xi_i,\eta_i,\gamma_i)V(\Omega_i)$．则当$\Delta_T=\max\{\mathrm{diam}(\Omega_i):1\leqslant i\leqslant n\}\to 0$时，如果$\lim_{\Delta_T\to 0}\sum_{i=1}^{n}f(\xi_i,\eta_i,\gamma_i)V(\Omega_i)$存在，且不依赖于$(\xi_i,\ \eta_i,\ \gamma_i)$的选取，则称$f(x,\ y,\ z)$在$\Omega$上的三重积分存在，该极限称为$f$在$\Omega$上的三重积分，记为$\iiint_\Omega f(x,y,z)\mathrm{d}x\mathrm{d}y\mathrm{d}z$，或者$\iiint_\Omega f(x,y,z)\mathrm{d}V$．

16.4.2 三重积分性质

(1) 如果$\iiint_\Omega f(x,y,z)\mathrm{d}x\mathrm{d}y\mathrm{d}z$，$\iiint_\Omega g(x,y,z)\mathrm{d}x\mathrm{d}y\mathrm{d}z$存在，则有

$$\iiint_\Omega cf(x,y,z)\mathrm{d}x\mathrm{d}y\mathrm{d}z=c\iiint_\Omega f(x,y,z)\mathrm{d}x\mathrm{d}y\mathrm{d}z;$$

$$\iiint_\Omega [f(x,y,z)\pm g(x,y,z)]\mathrm{d}x\mathrm{d}y\mathrm{d}z=\iiint_\Omega f(x,y,z)\mathrm{d}x\mathrm{d}y\mathrm{d}z\pm\iiint_\Omega g(x,y,z)\mathrm{d}x\mathrm{d}y\mathrm{d}z.$$

(2) 如果$\Omega=\Omega_1\cup\Omega_2$，$\Omega_1$，$\Omega_2$至多有公共边界，则有

$$\iiint_\Omega f(x,y,z)\mathrm{d}x\mathrm{d}y\mathrm{d}z=\iiint_{\Omega_1}f(x,y,z)\mathrm{d}x\mathrm{d}y\mathrm{d}z+\iiint_{\Omega_2}f(x,y,z)\mathrm{d}x\mathrm{d}y\mathrm{d}z.$$

(3) 如果$f(x,y,z)\leqslant g(x,y,z)$，$(x,y,z)\in\Omega$，且$\iiint_\Omega f(x,y,z)\mathrm{d}x\mathrm{d}y\mathrm{d}z$，$\iiint_\Omega g(x,y,z)\mathrm{d}x\mathrm{d}y\mathrm{d}z$存在，则有

$$\iiint_\Omega f(x,y,z)\mathrm{d}x\mathrm{d}y\mathrm{d}z\leqslant\iiint_\Omega g(x,y,z)\mathrm{d}x\mathrm{d}y\mathrm{d}z$$

(4) $\left|\iiint_\Omega f(x,y,z)\mathrm{d}x\mathrm{d}y\mathrm{d}z\right|\leqslant\iiint_\Omega |f(x,y,z)|\mathrm{d}x\mathrm{d}y\mathrm{d}z$．

(5) 如果$f(x,\ y,\ z):\ \Omega\to\mathbf{R}$连续，则存在$(\xi,\ \eta,\ \gamma)\in\Omega$，使得

$$\iiint_{\Omega} f(x,y,z)\,\mathrm{d}x\mathrm{d}y\mathrm{d}z = f(\xi,\eta,\gamma)V(\Omega).$$

16.4.3 三重积分的存在性

类似于二重积分，设 $f(x, y, z): \Omega \to \mathbf{R}$ 为有界函数，将 Ω 任分成 n 小块 Ω_i，$i=1, 2, \cdots, n$，令 $M_i = \sup\limits_{(x,y,z)\in\Omega_i} f(x,y,z)$，$m_i = \inf\limits_{(x,y,z)\in\Omega_i} f(x,y,z)$，$S_T(f) = \sum\limits_{i=1}^{n} M_i V(\Omega_i)$，$s_T(f) = \sum\limits_{i=1}^{n} m_i V(\Omega_i)$. 我们有下面结论.

定理 16.4.1　设 $\Omega \subset \mathbf{R}^3$ 为可求体积的有界闭区域，$f(x, y, z): \Omega \to \mathbf{R}$ 为有界函数，则 $\iiint_{\Omega} f(x,y,z)\,\mathrm{d}x\mathrm{d}y\mathrm{d}z$ 存在的充要条件是，对 $\forall \varepsilon > 0$，存在划分 T，使得 $S_T(f) - s_T(f) < \varepsilon$ 成立.

证明细节留给读者练习.

推论 16.4.1　如果 $\Omega \subset \mathbf{R}^3$ 为可求面积的有界闭区域，$f(x, y, z): \Omega \to \mathbf{R}$ 为连续函数，则 $\iiint_{\Omega} f(x,y,z)\,\mathrm{d}x\mathrm{d}y\mathrm{d}z$ 存在.

16.4.4 三重积分的计算

定理 16.4.2　如果 $f(x, y, z): \Omega = [a, b] \times [c, d] \times [e, f] \to \mathbf{R}$，$\iiint_{\Omega} f(x,y,z)\,\mathrm{d}x\mathrm{d}y\mathrm{d}z$ 存在，且对任一 $(x,y) \in [a,b] \times [c,d]$，$\varphi(x,y) = \int_{e}^{f} f(x,y,z)\,\mathrm{d}z$ 存在，则 $\phi(x,y)$ 在 $(x,y) \in [a,b] \times [c,d]$ 可积，且有

$$\iint_{[a,b]\times[c,d]} \phi(x,y)\,\mathrm{d}x\mathrm{d}y = \iiint_{\Omega} f(x,y,z)\,\mathrm{d}x\mathrm{d}y\mathrm{d}z.$$

证明　对区间 $[e, f]$ 的任意分割 $z_0 = e < z_1 < \cdots < z_n = f$，将 $D = [a, b] \times [c, d]$ 任分成 m 小块，于是得到

$$[a,b] \times [c,d] \times [e,f] = \bigcup_{i=1}^{m} \bigcup_{j=1}^{n} D_i \times [z_{j-1}, z_j].$$

m_{ij}，M_{ij} 分别表 $f(x, y, z)$ 在 $D_i \times [z_{j-1}, z_j]$ 上的下确界与上确界. 任取 $(\xi_i, \eta_i) \in D_i$，则有

$$m_{ij}\Delta_j \leqslant \int_{z_{j-1}}^{z_j} f(\xi_i,\eta_i,z)\,\mathrm{d}z \leqslant M_{ij}\Delta_j,\ \Delta_j = z_j - z_{j-1},\ 1 \leqslant i \leqslant m, 1 \leqslant j \leqslant n.$$

于是有 $\sum\limits_{i=1}^{m} \sum\limits_{j=1}^{n} m_{ij}\Delta_j \sigma(D_i) \leqslant \sum\limits_{i=1}^{m} \phi(\xi_i,\eta_i)\sigma(D_i) \leqslant \sum\limits_{i=1}^{m} \sum\limits_{j=1}^{n} M_{ij}\Delta_j \sigma(D_i)$.

又 $\iiint_{\Omega} f(x,y,z)\,\mathrm{d}x\mathrm{d}y\mathrm{d}z$ 存在，故当 $\Delta_T = \max\{\mathrm{diam}(D_i \times \Delta_j), 1 \leqslant i \leqslant m, 1 \leqslant j \leqslant n\} \to 0$ 时，有

$$\iint_{[a,b]\times[c,d]} \phi(x,y)\,\mathrm{d}x\mathrm{d}y = \iiint_{\Omega} f(x,y,z)\,\mathrm{d}x\mathrm{d}y\mathrm{d}z.$$

对于区域 $\Omega=\{(x, y, z):(x, y)\in[a, b]\times[c, d], z_1(x, y)\leqslant z\leqslant z_2(x, y)\}$，称为 xy 型区域，其中 $z_1(x, y)$，$z_2(x, y)$ 连续．有

推论 16.4.2 如果 Ω 为 xy 型区域，$f(x, y, z):\Omega\to\mathbf{R}$ 可积，则有

$$\iint_{[a,b]\times[c,d]}\left(\int_{z_1(x,y)}^{z_2(x,y)}f(x,y,z)\,\mathrm{d}z\right)\mathrm{d}x\mathrm{d}y=\iiint_{\Omega}f(x,y,z)\,\mathrm{d}x\mathrm{d}y\mathrm{d}z.$$

对于 yz 型区域 $\Omega=\{(x,y,z):(y,z)\in[c,d]\times[e,f],x_1(y,z)\leqslant x\leqslant x_2(y,z)\}$，其中 $x_1(y,z),x_2(y,z)$ 连续，或者 zx 型区域 $\Omega=\{(x,y,z):(z,x)\in[e,f]\times[a,b],y_1(z,x)\leqslant y\leqslant y_2(z,x)\}$，其中 $y_1(z,x),y_2(z,x)$ 连续，有类似结论．证明留给读者完成．

推论 16.4.3 如果 $f(x, y, z):\Omega\to\mathbf{R}$ 可积，D 为 Ω 在 oxy 平面上投影，其中 $\Omega=\{(x,y,z)\mid(x,y)\in D,z_1(x,y)\leqslant z\leqslant z_2(x,y)\}\subset[a,b]\times[c,d]\times[e,f]$，$z_i(x,y)$ 在 D 上连续，$i=1,2$，且 $\int_{z_1(x,y)}^{z_2(x,y)}f(x,y,z)\,\mathrm{d}z$ 存在，则有

$$\iint_D\left(\int_{z_1(x,y)}^{z_2(x,y)}f(x,y,z)\,\mathrm{d}z\right)\mathrm{d}x\mathrm{d}y=\iiint_{\Omega}f(x,y,z)\,\mathrm{d}x\mathrm{d}y\mathrm{d}z.$$

例 16.4.1 计算 $\iiint_{\Omega}(x^2+y^2-z)\,\mathrm{d}x\mathrm{d}y\mathrm{d}z$，其中 Ω 由 yz 平面上线段 $z=y,y\in[0,1]$ 绕 z 轴旋转一周生成的曲面与 $z=1$ 围成．

解 旋转面方程为 $z=\sqrt{x^2+y^2}$，Ω 在 oxy 上投影为 $D=\{(x, y): x^2+y^2\leqslant1\}$．由推论 16.4.3 得

$$\begin{aligned}\iiint_{\Omega}(x^2+y^2-z)\,\mathrm{d}x\mathrm{d}y\mathrm{d}z&=\iint_D\mathrm{d}x\mathrm{d}y\int_{\sqrt{x^2+y^2}}^{1}(x^2+y^2-z)\,\mathrm{d}z\\&=\iint_D(x^2+y^2)(1-\sqrt{x^2+y^2})\,\mathrm{d}x\mathrm{d}y-\frac{1}{2}\iint_D(1-x^2-y^2)\,\mathrm{d}x\mathrm{d}y\\&=\frac{3}{2}\iint_D(x^2+y^2)\,\mathrm{d}x\mathrm{d}y-\iint_D(x^2+y^2)^{\frac{3}{2}}\mathrm{d}x\mathrm{d}y-\frac{1}{2}\Delta(D)\\&=\int_0^{2\pi}\mathrm{d}\theta\int_0^1\left(\frac{3}{2}r^2-r^3\right)r\mathrm{d}r-\frac{\pi}{2}=-\frac{3\pi}{20}.\end{aligned}$$

由三重积分的物理意义知，我们要计算空间物体的质量，可以逐片计算物体的质量再把它们累加起来．因此有下面计算方法．

定理 16.4.3 如果 $\Omega=\bigcup_{e\leqslant z\leqslant f}\{(x, y, z):(x, y)\in D_z\}$，其中 $D_z\subset\mathbf{R}^2$ 为可求面积的有界闭区域，$\iiint_{\Omega}f(x,y,z)\,\mathrm{d}x\mathrm{d}y\mathrm{d}z$ 存在，且 $h(z)=\iint_{D_z}f(x,y,z)\,\mathrm{d}x\mathrm{d}y$ 存在，$\forall z\in[e, f]$，则有

$$\int_e^f\mathrm{d}z\iint_{D_z}f(x,y,z)\,\mathrm{d}x\mathrm{d}y=\iiint_{\Omega}f(x,y,z)\,\mathrm{d}x\mathrm{d}y\mathrm{d}z.$$

利用定理 16.4.3，我们给出例 16.4.1 的另一种计算方法．

解 显然有 $\Omega=\bigcup_{0\leqslant z\leqslant1}\{x^2+y^2\leqslant z^2\}$，于是

$$\iiint_{\Omega}(x^2+y^2-z)\,\mathrm{d}x\mathrm{d}y\mathrm{d}z=\int_0^1\left(\iint_{x^2+y^2\leqslant z^2}(x^2+y^2-z)\,\mathrm{d}x\mathrm{d}y\right)\mathrm{d}z.$$

又
$$\iint_{x^2+y^2\leqslant z^2}(x^2+y^2)\mathrm{d}x\mathrm{d}y=\int_0^{2\pi}\mathrm{d}\theta\int_0^z r^3\mathrm{d}r=\frac{\pi}{2}z^4,$$

故有
$$\iiint_\Omega(x^2+y^2-z)\mathrm{d}x\mathrm{d}y\mathrm{d}z=\int_0^1\left(\frac{\pi}{2}z^4-\pi z^3\right)\mathrm{d}z=-\frac{3}{20}\pi.$$

例 16.4.2 $\Omega=\left\{(x,y,z):\frac{x^2}{a^2}+\frac{y^2}{b^2}+\frac{z^2}{c^2}\leqslant 1\right\}=\bigcup\limits_{-c\leqslant z\leqslant c}\left\{(x,y,z):\frac{x^2}{a^2}+\frac{y^2}{b^2}\leqslant 1-\frac{z^2}{c^2}\right\}$

$$=\bigcup_{-a\leqslant x\leqslant a}\left\{(x,y,z):\frac{y^2}{b^2}+\frac{z^2}{c^2}\leqslant 1-\frac{x^2}{a^2}\right\}=\bigcup_{-b\leqslant x\leqslant b}\left\{(x,y,z):\frac{x^2}{a^2}+\frac{z^2}{c^2}\leqslant 1-\frac{y^2}{b^2}\right\}.$$

例 16.4.3 计算 $\iiint_\Omega(x^2+y^2)\mathrm{d}x\mathrm{d}y\mathrm{d}z$，其中 $\Omega=\left\{(x,y,z):\frac{x^2}{a^2}+\frac{y^2}{b^2}+\frac{z^2}{c^2}\leqslant 1\right\}$.

解
$$\iiint_\Omega x^2\mathrm{d}x\mathrm{d}y\mathrm{d}z=\int_{-a}^a x^2\mathrm{d}x\iint_{\frac{y^2}{b^2}+\frac{z^2}{c^2}\leqslant 1-\frac{x^2}{a^2}}\mathrm{d}y\mathrm{d}z$$
$$=\int_{-a}^a\pi bc\left(1-\frac{x^2}{a^2}\right)x^2\mathrm{d}x=\frac{4\pi a^3bc}{15},$$

同理有
$$\iiint_\Omega y^2\mathrm{d}x\mathrm{d}y\mathrm{d}z=\int_{-b}^b y^2\mathrm{d}y\iint_{\frac{x^2}{a^2}+\frac{z^2}{c^2}\leqslant 1-\frac{x^2}{a^2}}\mathrm{d}z\mathrm{d}x=\frac{4\pi b^3ac}{15}.$$

于是有
$$\iiint_\Omega(x^2+y^2)\mathrm{d}x\mathrm{d}y\mathrm{d}z=\frac{4\pi abc}{15}(a^2+b^2).$$

16.4.5 三重积分换元法

类似于二重积分情形，经过适当的变量代换可以使三重积分计算变得方便.

定理 16.4.4 设变换 T：$x=x(u,v,w)$，$y=y(u,v,w)$，$z=z(u,v,w)$，把 uvw 空间中区域 V 一对一映为 xyz 空间区域 Ω. 如果 $x=x(u,v,w)$，$y=y(u,v,w)$，$z=z(u,v,w)$ 具有连续的一阶偏导数且

$$J(u,v,w)=\det\begin{pmatrix}x_u & x_v & x_w\\ y_u & y_v & y_w\\ z_u & z_v & z_w\end{pmatrix}\neq 0,(u,v,w)\in V,$$

$f(x,y,z)$：$\Omega\to\mathbf{R}$ 连续，则有

$$\iiint_\Omega f(x,y,z)\mathrm{d}x\mathrm{d}y\mathrm{d}z=\iiint_V f(x(u,v,w),y(u,v,w),z(u,v,w))\,|J(u,v,w)|\,\mathrm{d}u\mathrm{d}v\mathrm{d}w.$$

几个常用的换元公式：

以下均假设 $f(x,y,z)$：$\Omega\to\mathbf{R}$ 连续.

1. 柱面坐标变换

$$T:\begin{cases}x=r\cos\theta,0\leqslant r<+\infty,\\ y=r\sin\theta,0\leqslant\theta\leqslant 2\pi,\\ z=z,-\infty<z<+\infty.\end{cases}$$

$$J(r,\theta,z)=\det\begin{pmatrix}\cos\theta & -r\sin\theta & 0\\ \sin\theta & r\cos\theta & 0\\ 0 & 0 & 1\end{pmatrix}=r,$$

$$\iiint_{\Omega}f(x,y,z)\mathrm{d}x\mathrm{d}y\mathrm{d}z=\iiint_{V}f(r\cos\theta,r\sin\theta,z)r\mathrm{d}r\mathrm{d}\theta\mathrm{d}z.$$

例 16.4.4 计算 $\iiint_{\Omega}(x^2+y^2)\mathrm{d}x\mathrm{d}y\mathrm{d}z$，其中 Ω 由 $z=4(x^2+y^2)$ 与 $z=4$ 围成.

解 易见 $\Omega=\{(x,\ y,\ z):\ x^2+y^2\leqslant 1,\ 4(x^2+y^2)\leqslant z\leqslant 4\}$. 令

$$\begin{cases}x=r\cos\theta, & 0\leqslant r\leqslant 1,\\ y=r\sin\theta, & 0\leqslant\theta\leqslant 2\pi,\\ z=z, & 4r^2\leqslant z\leqslant 4.\end{cases}$$

得到

$$\begin{aligned}\iiint_{\Omega}(x^2+y^2)\mathrm{d}x\mathrm{d}y\mathrm{d}z&=\int_0^{2\pi}\mathrm{d}\theta\int_0^1\mathrm{d}r\int_{4r^2}^4 r^3\mathrm{d}z\\&=8\pi\int_0^1(r^3-r^5)\mathrm{d}r=\frac{2}{3}\pi.\end{aligned}$$

2. **球坐标变换**

$$T:\begin{cases}x=r\sin\varphi\cos\theta, & 0\leqslant r<+\infty,\\ y=r\sin\varphi\sin\theta, & 0\leqslant\varphi\leqslant\pi,\\ z=r\cos\varphi, & 0\leqslant\theta\leqslant 2\pi.\end{cases}$$

$$J(r,\varphi,\theta)=\det\begin{pmatrix}\sin\varphi\cos\theta & r\cos\varphi\sin\theta & -r\sin\varphi\sin\theta\\ \sin\varphi\sin\theta & r\cos\varphi\sin\theta & r\sin\varphi\cos\theta\\ \cos\varphi & -r\sin\varphi & 0\end{pmatrix}=r^2\sin\varphi,$$

$$\iiint_{\Omega}f(x,y,z)\mathrm{d}x\mathrm{d}y\mathrm{d}z=\iiint_{V}f(r\sin\varphi\cos\theta,r\sin\varphi\sin\theta,r\cos\varphi)r^2\sin\varphi\mathrm{d}r\mathrm{d}\varphi\mathrm{d}\theta.$$

例 16.4.5 设 Ω 是由锥面 $z=\sqrt{x^2+y^2}\cot\alpha$ 与球面 $x^2+y^2+z^2=c^2$ 围成的区域. 计算 $\iiint_{\Omega}z\mathrm{d}x\mathrm{d}y\mathrm{d}z$.

解

令 $$\begin{cases}x=r\sin\varphi\cos\theta, & 0\leqslant r\leqslant 2c\cos\varphi,\\ y=r\sin\varphi\sin\theta, & 0\leqslant\varphi\leqslant\alpha,\\ z=r\cos\varphi, & 0\leqslant\theta\leqslant 2\pi.\end{cases}$$

于是有 $\iiint_{\Omega}z\mathrm{d}x\mathrm{d}y\mathrm{d}z=\int_0^{2\pi}\mathrm{d}\theta\int_0^{\alpha}\mathrm{d}\varphi\int_0^{2c\cos\varphi}r^3\cos\varphi\sin\varphi\mathrm{d}r=\frac{4}{3}\pi c^4(1-\cos^6\alpha)$.

3. 广义球坐标变换

$$T:\begin{cases}x=ar\sin\varphi\cos\theta, & 0\leqslant r<+\infty,\\ y=br\sin\varphi\sin\theta, & 0\leqslant\varphi\leqslant\pi,\\ z=cr\cos\varphi, & 0\leqslant\theta\leqslant 2\pi.\end{cases}$$

$J(r,\varphi,\theta) = abcr^2\sin\varphi.$

$$\iiint_{\Omega} f(x,y,z)\,\mathrm{d}x\mathrm{d}y\mathrm{d}z = abc\iiint_V f(ar\sin\varphi\cos\theta, br\sin\varphi\sin\theta, cr\cos\varphi)\, r^2\sin\varphi\,\mathrm{d}r\mathrm{d}\varphi\mathrm{d}\theta.$$

例 16.4.6 设 $\Omega = \left\{(x,y,z): \frac{x^2}{a^2}+\frac{y^2}{b^2}+\frac{z^2}{c^2}\leqslant 1\right\}$. 计算 $\iiint_{\Omega} z^2\,\mathrm{d}x\mathrm{d}y\mathrm{d}z$.

解 令

$$\begin{cases} x = ar\sin\varphi\cos\theta, & 0\leqslant r\leqslant 1, \\ y = br\sin\varphi\sin\theta, & 0\leqslant\varphi\leqslant\pi, \\ z = cr\cos\varphi, & 0\leqslant\theta\leqslant 2\pi. \end{cases}$$

于是有

$$\iiint_{\Omega} z^2\,\mathrm{d}x\mathrm{d}y\mathrm{d}z = abc^3\int_0^{2\pi}\mathrm{d}\theta\int_0^{\pi}\mathrm{d}\varphi\int_0^1 r^4\cos^2\varphi\sin\varphi\,\mathrm{d}r = \frac{4}{15}\pi abc^3.$$

16.4.6 几个应用问题

本部分介绍重积分在物理学中的几个应用，它可以解决物理学中的一些复杂问题.

1. 空间物体的质心问题

设 Ω 为空间中一可求体积的物体，其密度函数为 $\rho(x, y, z)$. 求 Ω 的质心.

将 Ω 任分成 n 小块 Ω_i，$i=1, 2, \cdots, n$，任取 $(\xi_i, \eta_i, \gamma_i)\in\Omega_i$，将 Ω_i 近似看作质量为 $\rho(\xi_i, \eta_i, \gamma_i)V(\Omega_i)$ 且质量集中在 $(\xi_i, \eta_i, \gamma_i)$ 的质点，根据 n 个质点的质心公式得

$$\overline{x_n} = \frac{\sum_{i=1}^{n}\xi_i\rho(\xi_i,\eta_i,\gamma_i)V(\Omega_i)}{\sum_{i=1}^{n}\rho(\xi_i,\eta_i,\gamma_i)V(\Omega_i)},$$

$$\overline{y_n} = \frac{\sum_{i=1}^{n}\eta_i\rho(\xi_i,\eta_i,\gamma_i)V(\Omega_i)}{\sum_{i=1}^{n}\rho(\xi_i,\eta_i,\gamma_i)V(\Omega_i)},$$

$$\overline{z_n} = \frac{\sum_{i=1}^{n}\gamma_i\rho(\xi_i,\eta_i,\gamma_i)V(\Omega_i)}{\sum_{i=1}^{n}\rho(\xi_i,\eta_i,\gamma_i)V(\Omega_i)}.$$

于是当 $\Delta_T(\Omega)\to 0$ 时，$(\overline{x_n}, \overline{y_n}, \overline{z_n})$ 的极限即为 Ω 的质心，即

$$\bar{x} = \frac{\iiint_{\Omega} x\rho(x,y,z)\,\mathrm{d}x\mathrm{d}y\mathrm{d}z}{\iiint_{\Omega}\rho(x,y,z)\,\mathrm{d}x\mathrm{d}y\mathrm{d}z},\ \bar{y} = \frac{\iiint_{\Omega} y\rho(x,y,z)\,\mathrm{d}x\mathrm{d}y\mathrm{d}z}{\iiint_{\Omega}\rho(x,y,z)\,\mathrm{d}x\mathrm{d}y\mathrm{d}z},\ \bar{z} = \frac{\iiint_{\Omega} z\rho(x,y,z)\,\mathrm{d}x\mathrm{d}y\mathrm{d}z}{\iiint_{\Omega}\rho(x,y,z)\,\mathrm{d}x\mathrm{d}y\mathrm{d}z}.$$

类似讨论可得平面薄板 D 的质心

$$\bar{x} = \frac{\iint_D x\rho(x,y)\,\mathrm{d}x\mathrm{d}y}{\iint_D\rho(x,y)\,\mathrm{d}x\mathrm{d}y},\ \bar{y} = \frac{\iint_D y\rho(x,y)\,\mathrm{d}x\mathrm{d}y}{\iint_D\rho(x,y)\,\mathrm{d}x\mathrm{d}y}.$$

例 16.4.7 求密度函数 $\rho(x, y, z)=z$ 的上半椭球体 Ω：$\frac{x^2}{a^2}+\frac{y^2}{b^2}+\frac{z^2}{c^2}\leqslant 1$ 的质心，$z\geqslant 0$.

解 由对称性易见 $\bar{x}=0$，$\bar{y}=0$.

$$\bar{z}=\frac{\iiint_{\Omega} z^2\mathrm{d}x\mathrm{d}y\mathrm{d}z}{\iiint_{\Omega} z\mathrm{d}x\mathrm{d}y\mathrm{d}z}$$

$$=\frac{abc^3\int_0^{2\pi}\mathrm{d}\theta\int_0^{\frac{\pi}{2}}\mathrm{d}\varphi\int_0^1 r^4\cos^2\varphi\sin\varphi\mathrm{d}r}{abc^2\int_0^{2\pi}\mathrm{d}\theta\int_0^{\frac{\pi}{2}}\mathrm{d}\varphi\int_0^1 r^3\cos\varphi\sin\varphi\mathrm{d}r}=\frac{\frac{2\pi}{15}}{\frac{\pi}{4}}c=\frac{8}{15}c .$$

2. 空间物体的转动惯量问题

设 Ω 为空间中一可求体积的物体，其密度函数为 $\rho(x, y, z)$. 求 Ω 对 x 轴的转动惯量.

将 Ω 任分成 n 小块 Ω_i，$i=1, 2, \cdots$，任取 $(\xi_i, \eta_i, \gamma_i)\in\Omega_i$，将 Ω_i 近似看作质量为 $\rho(\xi_i, \eta_i, \gamma_i)V(\Omega_i)$ 且质量集中在 $(\xi_i, \eta_i, \gamma_i)$ 的质点. 根据质点系对 x 轴的转动惯量得

$$J_{x_n}=\sum_{i=1}^{n}(\eta_i^2+\gamma_i^2)\rho(\xi_i,\eta_i,\gamma_i)V(\Omega_i).$$

于是当 $\Delta_T(\Omega)\to 0$ 时，J_{x_n} 的极限即为 Ω 对 x 轴的转动惯量，即

$$J_x=\iiint_{\Omega}(y^2+z^2)\rho(x,y,z)\mathrm{d}x\mathrm{d}y\mathrm{d}z.$$

同理可得 Ω 对 y 轴与 z 轴的转动惯量分别为

$$J_y=\iiint_{\Omega}(z^2+x^2)\rho(x,y,z)\mathrm{d}x\mathrm{d}y\mathrm{d}z,$$

$$J_z=\iiint_{\Omega}(x^2+y^2)\rho(x,y,z)\mathrm{d}x\mathrm{d}y\mathrm{d}z.$$

Ω 对 xy，yz，zx 平面的转动惯量分别为

$$J_{xy}=\iiint_{\Omega}z^2\rho(x,y,z)\mathrm{d}x\mathrm{d}y\mathrm{d}z,$$

$$J_{yz}=\iiint_{\Omega}x^2\rho(x,y,z)\mathrm{d}x\mathrm{d}y\mathrm{d}z,$$

$$J_{zx}=\iiint_{\Omega}y^2\rho(x,y,z)\mathrm{d}x\mathrm{d}y\mathrm{d}z.$$

类似讨论可得平面薄板 D 对于坐标轴的转动惯量

$$J_x=\iint_{D}y^2\rho(x,y,z)\mathrm{d}x\mathrm{d}y,$$

$$J_y = \iint_D x^2 \rho(x,y,z)\,\mathrm{d}x\mathrm{d}y.$$

例 16.4.8　求密度均匀的圆环 D：$c^2 \leqslant x^2 + y^2 \leqslant d^2$ 对于垂直于圆环面中心轴的转动惯量.

解　圆环 D 上任一点$(x,\ y)$到 z 轴的距离的平方为 $x^2 + y^2$. 于是有

$$\begin{aligned} J_z &= \rho \iint_D (x^2 + y^2)\,\mathrm{d}x\mathrm{d}y \\ &= \rho \int_0^{2\pi} \mathrm{d}\theta \int_c^d r^3 \mathrm{d}r = \frac{\pi\rho}{2}(d^4 - c^4). \end{aligned}$$

3. 空间物体对质点的引力问题

设 Ω 为空间中一可求体积的物体，其密度函数为 $\rho(x,\ y,\ z)$，$P(\xi,\ \eta,\ \gamma)$为 Ω 外一质点，质量为 1. 求 Ω 对 P 的引力.

将 Ω 任分成 n 小块 Ω_i，$i=1,\ 2,\ \cdots,\ n$，任取$(\xi_i,\ \eta_i,\ \gamma_i)\in\Omega_i$，将 Ω_i 近似看作质量为$\rho(\xi_i,\ \eta_i,\ \gamma_i)V(\Omega_i)$且质量集中在$(\xi_i,\ \eta_i,\ \gamma_i)$的质点. Ω_i 对 P 的引力在三个坐标轴的投影为

$$F_x^i = G\frac{\xi_i - \xi}{r_i^3}\rho(\xi_i,\eta_i,\gamma_i)V(\Omega_i),$$

$$F_y^i = G\frac{\eta_i - \eta}{r_i^3}\rho(\xi_i,\eta_i,\gamma_i)V(\Omega_i),$$

$$F_z^i = G\frac{\gamma_i - \gamma}{r_i^3}\rho(\xi_i,\eta_i,\gamma_i)V(\Omega_i),$$

其中 G 为引力常量，

$$r_i = \sqrt{(\xi_i - \xi)^2 + (\eta_i - \eta)^2 + (\gamma_i - \gamma)^2}.$$

于是 Ω 对 P 的引力在三个坐标轴的投影分别近似为

$$F_x \approx \sum_{i=1}^n F_x^i,\quad F_y \approx \sum_{i=1}^n F_y^i,\ F_z \approx \sum_{i=1}^n F_z^i.$$

当 $\Delta_T(\Omega)\to 0$ 时，得到

$$F_x = G\iiint_\Omega \frac{x-\xi}{r^3}\rho(x,y,z)\,\mathrm{d}x\mathrm{d}y\mathrm{d}z,$$

$$F_y = G\iiint_\Omega \frac{y-\eta}{r^3}\rho(x,y,z)\,\mathrm{d}x\mathrm{d}y\mathrm{d}z,$$

$$F_z = G\iiint_\Omega \frac{z-\gamma}{r^3}\rho(x,y,z)\,\mathrm{d}x\mathrm{d}y\mathrm{d}z,$$

其中 $r = \sqrt{(x-\xi)^2 + (y-\eta)^2 + (z-\gamma)^2}$.

例 16.4.9　求密度均匀的单位球体对球外一单位质点的引力.

解 适当选取坐标系，可设球体方程为 $x^2+y^2+z^2\leqslant 1$，密度为 ρ，单位质点位于 z 轴上 $P(0,0,c)$ 处，$c>1$.

解 由对称性知，球体对质点的引力在 x 轴方向与 y 轴方向的分量为零，即 $F_x=0$，$F_y=0$.

$$\begin{aligned}F_z&=G\rho\iiint_{x^2+y^2+z^2\leqslant 1}\frac{z-c}{[x^2+y^2+(z-c)^2]^{\frac{3}{2}}}\mathrm{d}x\mathrm{d}y\mathrm{d}z\\&=G\rho\int_{-1}^{1}\mathrm{d}z\left(\iint_{x^2+y^2\leqslant 1-z^2}\frac{z-c}{[x^2+y^2+(z-c)^2]^{\frac{3}{2}}}\mathrm{d}x\mathrm{d}y\right)\\&=G\rho\int_{-1}^{1}\mathrm{d}z\left(\int_0^{2\pi}\mathrm{d}\theta\int_0^{\sqrt{1-z^2}}\frac{(z-c)r}{[r^2+(z-c)^2]^{\frac{3}{2}}}\mathrm{d}r\right)\\&=2\pi G\rho\int_{-1}^{1}\mathrm{d}z\left(-\frac{z-c}{\sqrt{r^2+(z-c)^2}}\Bigg|_0^{\sqrt{1-z^2}}\right)\\&=2\pi G\rho\int_{-1}^{1}\left(-1-\frac{z-c}{\sqrt{1+c^2-2cz}}\right)\mathrm{d}z=-\frac{4}{3}\pi\rho G.\end{aligned}$$

习　题

1. 计算 $\iiint_\Omega\frac{\mathrm{d}x\mathrm{d}y\mathrm{d}z}{1+x+y+z}$，$\Omega=\{(x,y,z),x\geqslant 0,y\geqslant 0,z\geqslant 0,x+y+z\leqslant 1\}$.

2. 计算 $\iiint_\Omega x\sin(y+z)\mathrm{d}x\mathrm{d}y\mathrm{d}z$，其中 Ω 由 $y=0,z=0,y+z=\pi,x+y=\pi$ 围成.

3. 交换下列三次积分的积分顺序：

（1）$\int_0^1\mathrm{d}x\int_0^{1-x}\int_0^{x+y}f(x,y,z)\mathrm{d}z$；

（2）$\int_0^1\mathrm{d}x\int_0^1\mathrm{d}y\int_0^{x^2+y^2}f(x,y,z)\mathrm{d}z$.

4. 计算下列三重积分：

（1）$\iiint_\Omega\sqrt{x^2+y^2+z^2}\mathrm{d}x\mathrm{d}y\mathrm{d}z$，$\Omega$ 由 $x^2+y^2+z^2=2z$ 所围区域；

（2）$\iiint_\Omega z^2\mathrm{d}x\mathrm{d}y\mathrm{d}z$，$\Omega$ 由 $x^2+y^2+z^2=1$ 与 $x^2+y^2+z^2=2z$ 所围区域；

（3）$\iiint_\Omega\sqrt{1-\frac{x^2}{a^2}-\frac{y^2}{b^2}-\frac{z^2}{c^2}}\mathrm{d}x\mathrm{d}y\mathrm{d}z$，$\Omega$ 为椭球 $\frac{x^2}{a^2}+\frac{y^2}{b^2}+\frac{z^2}{c^2}\leqslant 1$.

5. 求圆锥面 $z=\sqrt{x^2+y^2}\cot\beta$，$0<\beta<\frac{\pi}{2}$ 与球面 $x^2+y^2+(z-a)^2=a^2$ 围成的立体体积.

6. 计算 $\iiint_\Omega\mathrm{e}^{-\sqrt{a^2x^2+b^2y^2+c^2z^2}}\mathrm{d}x\mathrm{d}y\mathrm{d}z$，$\Omega=\{(x,y,z):a^2x^2+b^2y^2+c^2z^2\leqslant 1\}$，其中 $a>0$，$b>0$，$c>0$.

7. 计算下列立体的体积：

（1）Ω 由 $z=x^2+y^2$，$z=4(x^2+y^2)$，$y=x$，$y=x^2$ 围成；

（2）Ω 由 $\left(\dfrac{x^2}{a^2}+\dfrac{y^2}{b^2}+\dfrac{z^2}{c^2}\right)^2=\dfrac{x}{d}$ 围成；

（3）Ω 由 $\left(\dfrac{x^2}{a^2}+\dfrac{y^2}{b^2}+\dfrac{z^2}{c^2}\right)^2=\dfrac{x^2}{a^2}+\dfrac{y^2}{b^2}$ 围成；

（4）Ω 由 $(x^2+y^2+z^2)^3=3xyz$ 围成.

8. 求密度为 $\rho(x, y, z)=\sqrt{x^2+y^2+z^2}$ 的球体 $x^2+y^2+z^2\leqslant 2x$ 的质心.

9. 求密度为 $\rho(x, y, z)=z$ 的四面体 $\{(x, y, z): 0\leqslant x, 0\leqslant y, 0\leqslant z, 2x+2y+z\leqslant 1\}$ 的质心.

10. 求密度为 $\rho(x, y, z)=|z|$ 的正方体 $\{(x, y, z): -1\leqslant x\leqslant 1, -1\leqslant y\leqslant 1, -1\leqslant z\leqslant 1\}$ 关于 z 轴的转动惯量.

11. 求均匀分布的椭圆盘 $\left\{(x, y): \dfrac{x^2}{a^2}+\dfrac{y^2}{b^2}\leqslant 1\right\}$ 关于 $y=mx$ 的转动惯量，并讨论 m 的取值，使得转动惯量最小.

12. 设空间物体 Ω 的质心为 $(0, 0, 0)$，密度为 $\rho(x, y, z)$，l 为过 $(0, 0, 0)$ 的直线且与 x，y，z 轴正向的夹角分别为 α，β，γ. 证明 Ω 关于 l 的转动惯量等于

$$J_x\cos^2\alpha+J_y\cos^2\beta+J_z\cos^2\gamma-2K_{xy}\cos\alpha\cos\beta-2K_{yz}\cos\beta\cos\gamma-2K_{zx}\cos\gamma\cos\alpha$$

其中，J_x 为 Ω 关于 x 轴的转动惯量，J_y 为 Ω 关于 y 轴的转动惯量，J_z 为 Ω 关于 z 轴的转动惯量，$K_{xy}=\iiint_\Omega \rho xy\mathrm{d}x\mathrm{d}y\mathrm{d}z$，$K_{yz}=\iiint_\Omega \rho yz\mathrm{d}x\mathrm{d}y\mathrm{d}z$，$K_{zx}=\iiint_\Omega \rho zx\mathrm{d}x\mathrm{d}y\mathrm{d}z$.

13. 求均匀圆柱体 $\Omega=\{(x, y, z): x^2+y^2\leqslant a^2, 0\leqslant z\leqslant h\}$ 对单位质量的质点 $(0, 0, c)$ 的引力，$|c|>h$.

14. 设圆锥体的底面在 xz 平面，半径为 r，高为 h. 求圆锥体对单位质量的质点 $(0, h, 0)$ 的引力.

16.5　n 重积分

本节将三重积分概念推广到更一般的 n 重积分，$n\geqslant 4$.

问题　求空间中两个物体之间的引力.

设 Ω^1，Ω^2 为空间中两个可求体积的物体，其密度函数分别为 $\rho_1(x,y,z)$，$\rho_2(x,y,z)$，引力常数为 G，求 Ω^1 对 Ω^2 的引力.

将 Ω^1 任分成 n 小块 Ω_i^1，$i=1, 2, \cdots, n$，Ω^2 任分成 m 小块 Ω_j^2，$j=1, 2, \cdots, m$，任取 $(\xi_i, \eta_i, \gamma_i)\in\Omega_i^1$，$(u_j, v_j, w_j)\in\Omega_j^2$，将 Ω_i^1 近似看作质量为 $\rho_1(\xi_i, \eta_i, \gamma_i)V(\Omega_i^1)$ 且质量集中在 $(\xi_i, \eta_i, \gamma_i)$ 的质点，Ω_j^2 近似看作质量为 $\rho_2(u_j, v_j, w_j)V(\Omega_j^2)$ 且质量集中在 (u_j, v_j, w_j) 的质点，Ω_i^1 对 Ω_j^2 的引力在 x 坐标轴的投影近似值为

$$F_x^{i,j}\approx G\frac{\rho_1(\xi_i,\eta_i,\gamma_i)\rho_2(u_j,v_j,w_j)(\xi_i-u_j)V(\Omega_i^1)V(\Omega_j^2)}{r_{i,j}^3},$$

其中 $r_{i,j}=\sqrt{(\xi_i-u_j)^2+(\eta_i-v_j)^2+(\gamma_i-w_j)^2}$.

于是 Ω^1 对 Ω^2 的引力在 x 坐标轴方向的投影近似值为

$$F_x\approx G\sum_{i,j}\frac{\rho_1(\xi_i,\eta_i,\gamma_i)\rho_2(u_j,v_j,w_j)(\xi_i-u_j)V(\Omega_i^1)V(\Omega_j^2)}{r_{i,j}^3}.$$

当 $\max\{\Delta_T(\Omega^1),\ \Delta_T(\Omega^2)\}\to 0$，上式的极限即为 Ω^1 对 Ω^2 的引力在 x 坐标轴方向的投影，其中 $\Delta_T(\Omega^1)=\max\{\mathrm{diam}(\Omega_i^1),\ 1\leqslant i\leqslant n\}$，$\Delta_T(\Omega^2)=\max\{\mathrm{diam}(\Omega_j^2),\ 1\leqslant j\leqslant m\}$.

针对上述问题，一般地，设 Ω 为 n 维空间中一可求体积的区域，$f(x_1,\ x_2,\ \cdots,\ x_n)$: $\Omega\to\mathbf{R}$，将 Ω 任分成 m 小块 Ω_i，$i=1,\ 2,\ \cdots,\ m$，任取 $(x_1^i,\ x_2^i,\ \cdots,\ x_n^i)\in\Omega_i$，作和式 $\sum\limits_{i=1}^{m}f(x_1^i,x_2^i,\cdots,x_n^i)V(\Omega_i)$. 于是当 $\Delta_T(\Omega)=\max\{\mathrm{diam}(\Omega_i),\ 1\leqslant i\leqslant m\}\to 0$ 时，如果和式的极限存在且不依赖于 $(x_1^i,\ x_2^i,\ \cdots,\ x_n^i)$ 的选取，则称 $f(x_1,\ x_2,\ \cdots,\ x_n)$ 在 Ω 上的 n 重积分存在，该极限称为 $f(x_1,\ x_2,\ \cdots,\ x_n)$ 在 Ω 上的 n 重积分，记为 $\iint\cdots\int_\Omega f(x_1,x_2,\cdots,x_n)\mathrm{d}x_1\mathrm{d}x_2\cdots\mathrm{d}x_n$.

可类似于二重积分、三重积分讨论 n 重积分的存在性与性质，同理有如下的计算公式成立.

(1) 如果 $f(x_1,\ x_2,\ \cdots,\ x_n)$ 在 $[a_1,\ b_1]\times[a_2,\ b_2]\times\cdots\times[a_n,\ b_n]$ 上连续，则有

$$\iint\cdots\int_\Omega f(x_1,x_2,\cdots,x_n)\mathrm{d}x_1\mathrm{d}x_2\cdots\mathrm{d}x_n=\int_{a_1}^{b_1}\mathrm{d}x_1\int_{a_2}^{b_2}\mathrm{d}x_2\cdots\int_{a_n}^{b_n}f(x_1,x_2,\cdots,x_n)\mathrm{d}x_n.$$

(2) 设连续的一对一变换：

$$T:\begin{cases}x_1=x_1(y_1,y_2,\cdots,y_n),\\ x_2=x_2(y_1,y_2,\cdots,y_n),\\ \vdots\\ x_n=x_n(y_1,y_2,\cdots,y_n).\end{cases}$$

把 n 维空间 $y_1y_2\cdots y_n$ 中区域 Λ 映成 n 维空间 $x_1x_2\cdots x_n$ 中区域 Ω，x_i 具有连续的一阶偏导数，$i=1,\ 2,\ \cdots,\ n$，且

$$J=\det\frac{\partial(x_1,x_2,\cdots,x_n)}{\partial(y_1,y_2,\cdots,y_n)}=\det\begin{pmatrix}\dfrac{\partial x_1}{\partial y_1}&\dfrac{\partial x_1}{\partial y_2}&\cdots&\dfrac{\partial x_1}{\partial y_n}\\ \dfrac{\partial x_2}{\partial y_1}&\dfrac{\partial x_2}{\partial y_2}&\cdots&\dfrac{\partial x_2}{\partial y_n}\\ \vdots&\vdots&\ddots&\vdots\\ \dfrac{\partial x_n}{\partial y_1}&\dfrac{\partial x_n}{\partial y_2}&\cdots&\dfrac{\partial x_n}{\partial y_n}\end{pmatrix}\neq 0.$$

则有 $\iint\cdots\int_\Omega f(x_1,x_2,\cdots,x_n)\mathrm{d}x_1\mathrm{d}x_2\cdots\mathrm{d}x_n=\iint\cdots\int_\Lambda f(x_1(y_1,y_2,\cdots,y_n),\cdots,x_n(y_1,y_2,$

$\cdots y_n))|J|\mathrm{d}y_1\mathrm{d}y_2\cdots\mathrm{d}y_n$.

例 16.5.1　求 n 维球体 Ω: $x_1^2+x_2^2+\cdots+x_n^2\leqslant c^2$ 的体积.

解　令

$$\begin{cases} x_1 = r\cos\theta_1, & 0\leqslant r\leqslant c, \\ x_2 = r\sin\theta_1\cos\theta_2, & 0\leqslant \theta_1\leqslant\pi, \\ \vdots & \\ x_{n-1} = r\sin\theta_1\sin\theta_2\cdots\sin\theta_{n-2}\cos\theta_{n-1}, & 0\leqslant\theta_{n-2}\leqslant\pi, \\ x_n = r\sin\theta_1\sin\theta_2\cdots\sin\theta_{n-2}\sin\theta_{n-1}, & 0\leqslant\theta_{n-1}\leqslant 2\pi. \end{cases}$$

可得　$$J = r^{n-1}\sin^{n-2}\theta_1\sin^{n-3}\theta_2\cdots\sin^2\theta_{n-3}\sin\theta_{n-2},$$

于是有　$\Delta(\Omega) = \dfrac{2\pi}{n}c^n\Pi_{i=1}^{n-2}I_i$，其中 $I_i = \int_0^\pi \sin^{n-i-1}\theta_i\mathrm{d}\theta$，$i = 1,2,\cdots,n-2$.

进一步，$\int_0^\pi \sin^{2k}\mathrm{d}\theta = \dfrac{(2k-1)!!}{(2k)!!}\pi$，$\int_0^\pi \sin^{2k+1}\mathrm{d}\theta = \dfrac{2(2k)!!}{(2k+1)!!}$，因此有

$$\Delta(\Omega) = \frac{2\pi}{n}c^n\Pi_{i=1}^{n-2}I_i = \begin{cases} \dfrac{(2\pi)^k}{(2k)!!}c^{2k}, & n = 2k \\ \dfrac{2(2\pi)^k}{(2k+1)!!}c^{2k+1}, & n = 2k+1 \end{cases}$$

习　题

1. 计算 4 重积分 $\iiiint_\Omega |t|\mathrm{d}x\mathrm{d}y\mathrm{d}z\mathrm{d}t$，$\Omega = \{(x,y,z,t): x^2+y^2+z^2+t^2\leqslant a^2\}$.

2. 求 n 维单纯形 $\Omega = \{(x_1, \cdots, x_n): x_i\geqslant 0, 1\leqslant i\leqslant n, x_1+x_2+\cdots+x_n\leqslant c\}$，$n>3$ 的体积.

3. 求 n 维角锥 $\Omega = \left\{(x_1, \cdots, x_n): x_i\geqslant 0, \dfrac{x_1}{h_1}+\dfrac{x_2}{h_2}+\cdots+\dfrac{x_n}{h_n}\leqslant 1\right\}$，$n>3$ 的体积.

4. 求 $\lim\limits_{r\to 1^-}\int\cdots\int_{\Omega_r}\dfrac{1}{\sqrt{1-x_1^2-\cdots-x_n^2}}\mathrm{d}x_1\cdots\mathrm{d}x_n$，$\Omega_r = \{x_1^2+\cdots+x_n^2\leqslant r^2\}$，$n>3$.

16.6　广义二重积分

与定积分情形类似，有时也需要考虑重积分的积分区域趋于无界状态时的极限问题，我们称之为广义重积分问题. 本节以二元函数为例，介绍二元函数的广义二重积分理论并应用其来证明 Γ 函数与 B 函数之间的关系.

定义 16.6.1　设 $f(x, y)$: $D\to\mathbf{R}$，$D\subset\mathbf{R}^2$ 为一无界区域，对任一包围原点的平面封闭光滑曲线 Γ，E_Γ 表由 Γ 围成的闭区域，$d_\Gamma = \inf\{\sqrt{x^2+y^2}, (x, y)\in\Gamma\}$，$D_\Gamma = D\cap E_\Gamma$，

$f(x, y)$在D_Γ上可积，如果$\lim\limits_{d_\Gamma\to+\infty}\iint_{D_\Gamma} f(x,y)\mathrm{d}x\mathrm{d}y$存在，则称$f(x, y)$在$D$上的广义二重积分存在，该极限称为$f(x, y)$在$D$上的广义二重积分，记为$\iint_D f(x,y)\mathrm{d}x\mathrm{d}y$，此时也称广义二重积分$\iint_D f(x,y)\mathrm{d}x\mathrm{d}y$收敛，否则称为发散．

容易证明下面结论成立．

定理 16.6.1 设$f(x, y): D\to[0, +\infty)$，$D\subset\mathbf{R}^2$为一无界区域，$\Gamma_n$为一列包含原点的封闭光滑平面曲线，$n=1, 2, \cdots$，且$d_{\Gamma_n}\to+\infty$．如果$\left\{\iint_{D_{\Gamma_n}} f(x,y)\mathrm{d}x\mathrm{d}y, n\geqslant 1\right\}$有界，则$\iint_D f(x,y)\mathrm{d}x\mathrm{d}y$收敛．

定理 16.6.2 设$f(x, y): D\to[0, +\infty)$，$D\subset\mathbf{R}^2$为一无界区域．则$\iint_D f(x,y)\mathrm{d}x\mathrm{d}y$收敛的充要条件是$\left\{\iint_E f(x,y)\mathrm{d}x\mathrm{d}y: E\subset D \text{ 为有界子区域}\right\}$为有界集．

例 16.6.1 设$D=[0, +\infty)\times[0, +\infty)$．证明$\iint_D \mathrm{e}^{-(x^2+y^2)}\mathrm{d}x\mathrm{d}y$收敛并求其值．

证明 对D的任一有界子区域E，取c足够大，使得$E\subset D_c=\{(x, y)\in D: x^2+y^2\leqslant c^2\}$．于是有

$$\iint_E \mathrm{e}^{-(x^2+y^2)}\mathrm{d}x\mathrm{d}y\leqslant\iint_{D_c}\mathrm{e}^{-(x^2+y^2)}\mathrm{d}x\mathrm{d}y=\int_0^{\frac{\pi}{2}}\mathrm{d}\theta\int_0^c \mathrm{e}^{-r^2}r\mathrm{d}r=\frac{\pi}{4}(1-\mathrm{e}^{-c^2}).$$

由定理 16.6.2 知$\iint_D \mathrm{e}^{-(x^2+y^2)}\mathrm{d}x\mathrm{d}y$收敛．

另一方面，对任一包含原点的封闭光滑平面曲线Γ，令$e_\Gamma=\sup\{\sqrt{x^2+y^2}: (x, y)\in\Gamma\}$．显然有

$$D_{d_\Gamma}=\{(x,y)\in D: x^2+y^2\leqslant d_\Gamma^2\}\subseteq D_\Gamma\subseteq D_{e_\Gamma}=\{(x,y)\in D: x^2+y^2\leqslant e_\Gamma^2\}.$$

因此有

$$\iint_{D_{d_\Gamma}}\mathrm{e}^{-(x^2+y^2)}\mathrm{d}x\mathrm{d}y\leqslant\iint_{D_\Gamma}\mathrm{e}^{-(x^2+y^2)}\mathrm{d}x\mathrm{d}y\leqslant\iint_{D_{e_\Gamma}}\mathrm{e}^{-(x^2+y^2)}\mathrm{d}x\mathrm{d}y,$$

即

$$\frac{\pi}{4}(1-\mathrm{e}^{-d_\Gamma^2})\leqslant\iint_{D_\Gamma}\mathrm{e}^{-(x^2+y^2)}\mathrm{d}x\mathrm{d}y\leqslant\frac{\pi}{4}(1-\mathrm{e}^{-e_\Gamma^2}).$$

由此即得$\iint_D \mathrm{e}^{-(x^2+y^2)}\mathrm{d}x\mathrm{d}y=\frac{\pi}{4}$．

例 16.6.2 计算$I=\int_0^{+\infty}\mathrm{e}^{-x^2}\mathrm{d}x$．

解
$$\begin{aligned}I^2&=\int_0^{+\infty}\mathrm{e}^{-x^2}\mathrm{d}x\int_0^{+\infty}\mathrm{e}^{-y^2}\mathrm{d}y\\&=\lim_{c\to+\infty}\iint_{[0,c]\times[0,c]}\mathrm{e}^{-(x^2+y^2)}\mathrm{d}x\mathrm{d}y=\frac{\pi}{4}.\end{aligned}$$

于是 $I = \frac{\sqrt{\pi}}{2}$.

例 16.6.3　设 $0<p$, $0<q$. 证明 $\mathrm{B}(p, q)=\frac{\Gamma(p)\Gamma(q)}{\Gamma(p+q)}$.

证明　令 $x=t^2$, 得

$$\Gamma(p) = \int_0^{+\infty} x^{p-1}\mathrm{e}^{-x}\mathrm{d}x = 2\int_0^{+\infty} t^{2p-1}\mathrm{e}^{-t^2}\mathrm{d}t .$$

于是有

$$\begin{aligned}\Gamma(p)\Gamma(q) &=4\int_0^{+\infty} x^{2p-1}\mathrm{e}^{-x^2}\mathrm{d}x\int_0^{+\infty} y^{2q-1}\mathrm{e}^{-y^2}\mathrm{d}y\\ &=4\lim_{c\to+\infty}\iint_{[0,c]\times[0,c]} x^{2p-1}y^{2q-1}\mathrm{e}^{-(x^2+y^2)}\mathrm{d}x\mathrm{d}y\\ &=4\iint_{[0,+\infty)\times[0,+\infty)} x^{2p-1}y^{2q-1}\mathrm{e}^{-(x^2+y^2)}\mathrm{d}x\mathrm{d}y.\end{aligned}$$

同例 16.6.1 可知

$$\begin{aligned}\iint_{[0,+\infty)\times[0,+\infty)} x^{2p-1}y^{2q-1}\mathrm{e}^{-(x^2+y^2)}\mathrm{d}x\mathrm{d}y &= \lim_{c\to+\infty}4\int_0^{\frac{\pi}{2}}\mathrm{d}\theta\int_0^c r^{2(p+q)-2}(\cos^{2p-1}\theta\sin^{2q-1}\theta)\mathrm{e}^{-r^2}r\mathrm{d}r\\ &=2\int_0^{\frac{\pi}{2}}\cos^{2p-1}\theta\sin^{2q-1}\theta\mathrm{d}\theta\int_0^{+\infty} s^{(p+q)-1}\mathrm{e}^{-s}\mathrm{d}s\\ &=\mathrm{B}(p,q)\Gamma(p+q).\end{aligned}$$

因此有

$$\mathrm{B}(p, q)=\frac{\Gamma(p)\Gamma(q)}{\Gamma(p+q)}.$$

习　题

1. 讨论 $\iint_D \frac{1}{(x^2+y^2)^{\alpha}}\mathrm{d}x\mathrm{d}y, D=\{x^2+y^2\geqslant 2\}, \alpha>0$ 的收敛性,并在收敛情形求值.

2. 计算下列广义积分:

(1) $\int_{-\infty}^{+\infty}\mathrm{d}x\int_{-\infty}^{+\infty}\mathrm{e}^{-(x^2+y^2)}\sin(x^2+y^2)\mathrm{d}y$;

(2) $\int_{-\infty}^{+\infty}\int_{-\infty}^{+\infty}\mathrm{e}^{-(x^2+y^2)}\cos(x^2+y^2)\mathrm{d}x\mathrm{d}y$.

3. 计算 $\iint_D \mathrm{e}^{-(a^2x^2+b^2y^2)}\mathrm{d}x\mathrm{d}y, D=\{a^2x^2+b^2y^2\geqslant 1\}, a>0, b>0$.

第 17 章　曲面积分

本章首先介绍空间曲面的面积概念以及空间曲面面积的计算公式，然后讨论空间曲面状物体的质量以及流体在单位时间内从曲面的一侧流经曲面另一侧的流量问题，由此从数学上引入第一类曲面积分与第二类曲面积分，进一步讨论第一类曲面积分与第二类曲面积分的性质与计算．

17.1　空间曲面的面积

考虑空间光滑曲面的面积问题．设 D 为 xy 平面上一有界闭区域，S 为 D 上的一光滑曲面，即 S 的曲面方程具有连续的一阶偏导数．一个直觉的想法是使用内接多面形的面积去逼近曲面面积，经前人（H. A. Schwarz）研究发现这种方法不可行，于是放弃了这种方法．下面介绍曲面 S 的面积定义．

将 D 任分成 n 个小区域 D_i，$1 \leqslant i \leqslant n$，由这 n 个小块 D_i 相应地得到 S 的一个分割 S_i，在每个 S_i 上任取一点 P_i，作曲面在 P_i 的切平面 Π_i，并在 Π_i 上取一小块 C_i，使得 C_i 在 xy 平面上的投影为 D_i，用 C_i 的面积近似替代 S_i 的面积．于是有

$$\sigma(S) = \sum_{i=1}^{n} \sigma(S_i) \approx \sum_{i=1}^{n} \sigma(C_i).$$

令 $\Delta_T = \max\{\mathrm{diam}(D_i),\ 1 \leqslant i \leqslant n\}$，规定 S 的面积为 $\lim\limits_{\Delta_T \to 0} \sum\limits_{i=1}^{n} \sigma(C_i)$．

定理 17.1.1　设 D 为平面上一有界闭区域，曲面 S 的方程为 $z = z(x, y)$，$(x, y) \in D$，且 z_x，z_y 连续．则 S 的面积

$$\sigma(S) = \iint_D \sqrt{1 + z_x^2 + z_y^2}\,\mathrm{d}x\mathrm{d}y.$$

证明　同上分割，任取 $P_i(\xi_i, \eta_i, \nu_i) \in S_i$，$P_i$ 处的切平面 Π_i 的法向量即为曲面 S 在 P_i 处的法向量，记它与 z 轴正向的夹角为 γ_i，则有

$$|\cos\gamma_i| = \frac{1}{\sqrt{1 + z_x^2(\xi_i, \eta_i) + z_y^2(\xi_i, \eta_i)}}.$$

于是 C_i 的面积

$$\sigma(C_i) = \frac{\sigma(D_i)}{|\cos\gamma_i|} = \sqrt{1 + z_x^2(\xi_i, \eta_i) + z_y^2(\xi_i, \eta_i)}\ \sigma(D_i).$$

因此有

$$\sigma(S) = \lim_{\Delta_T \to 0} \sum_{i=1}^{n} \sqrt{1 + z_x^2(\xi_i, \eta_i) + z_y^2(\xi_i, \eta_i)}\ \sigma(D_i)$$

$$= \iint_D \sqrt{1 + z_x^2 + z_y^2}\, \mathrm{d}x\mathrm{d}y.$$

例 17.1.1　求圆锥曲面 $z = \sqrt{x^2 + y^2}$ 在圆柱体 $x^2 + y^2 \leqslant x + y$ 内部分的面积．

解　由定理17.1.1，$\sigma(S) = \iint_D \sqrt{1 + z_x^2 + z_y^2}\mathrm{d}x\mathrm{d}y$，其中 $D = \{(x,y): x^2 + y^2 \leqslant x + y\}$，$z = \sqrt{x^2 + y^2}$．于是有 $z_x = \dfrac{x}{\sqrt{x^2 + y^2}}$，$z_y = \dfrac{y}{\sqrt{x^2 + y^2}}$，从而有

$$\sigma(S) = \iint_D \sqrt{2}\mathrm{d}x\mathrm{d}y = \frac{\sqrt{2}}{2}\pi.$$

例 17.1.2　设平面上光滑曲线的方程为 $y = f(x)$，$x \in [a, b]$，$f(x) > 0$．求此曲线绕 x 轴旋转一周生成的旋转曲面的面积．

解　旋转曲面的上半部分方程为 $z = \sqrt{f^2(x) - y^2}$，$x \in [a, b]$，$-f(x) \leqslant y \leqslant f(x)$，因此有 $z_x = \dfrac{f(x)f'(x)}{\sqrt{f^2(x) - y^2}}$，$z_y = \dfrac{-y}{\sqrt{f^2(x) - y^2}}$，$\sqrt{1 + z_x^2 + z_y^2} = f(x)\sqrt{\dfrac{1 + f'^2(x)}{f^2(x) - y^2}}$．于是

$$\sigma(S) = \iint_D \sqrt{1 + z_x^2 + z_y^2}\mathrm{d}x\mathrm{d}y = 2\int_a^b \mathrm{d}x \int_{-f(x)}^{f(x)} f(x) \sqrt{\frac{1 + f'^2(x)}{f^2(x) - y^2}}\mathrm{d}y$$

$$= 4\int_a^b \mathrm{d}x \int_0^{f(x)} f(x) \sqrt{\frac{1 + f'^2(x)}{f^2(x) - y^2}}\, \mathrm{d}y.$$

令 $t = \dfrac{y}{f(x)}$．得

$$\int_0^{f(x)} \frac{1}{\sqrt{f^2(x) - y^2}}\, \mathrm{d}y = \int_0^1 \frac{1}{\sqrt{1 - t^2}}\, \mathrm{d}t = \frac{\pi}{2},$$

因此有

$$\sigma(S) = 2\pi \int_a^b f(x) \sqrt{1 + f'^2(x)}\, \mathrm{d}x.$$

下面讨论空间光滑曲面是参数方程情形的面积计算．

设曲面 S 的方程为 $x = x(u,v)$，$y = y(u,v)$，$z = z(u,v)$，$(u,v) \in \Delta$，其中 Δ 为有界闭区域，$x(u,v)$，$y(u,v)$，$z(u,v)$ 具有连续的一阶偏导数，且

$$\det\begin{pmatrix} x_u & x_v \\ y_u & y_v \end{pmatrix},\ \det\begin{pmatrix} y_u & y_v \\ z_u & z_v \end{pmatrix},\ \det\begin{pmatrix} z_u & z_v \\ x_u & x_v \end{pmatrix}.$$

中至少有一个不为零．则曲面 S 在 (x, y, z) 处的法线方向为

$$\boldsymbol{n}(x,y,z) = \left(\det\begin{pmatrix} y_u & y_v \\ z_u & z_v \end{pmatrix} \quad \det\begin{pmatrix} z_u & z_v \\ x_u & x_v \end{pmatrix} \quad \det\begin{pmatrix} x_u & x_v \\ y_u & y_v \end{pmatrix}\right).$$

参见 18.4．它与 z 轴的夹角的余弦的绝对值为

$$|\cos(\boldsymbol{n},\boldsymbol{z})| = \left|\frac{\det\begin{pmatrix} x_u & x_v \\ y_u & y_v \end{pmatrix}}{\sqrt{\det^2\begin{pmatrix} y_u & y_v \\ z_u & z_v \end{pmatrix} + \det^2\begin{pmatrix} z_u & z_v \\ x_u & x_v \end{pmatrix} + \det^2\begin{pmatrix} x_u & x_v \\ y_u & y_v \end{pmatrix}}}\right|$$

$$= \left|\det\begin{pmatrix} x_u & x_v \\ y_u & y_v \end{pmatrix}\right| \frac{1}{\sqrt{EG - F^2}}.$$

其中，$E = x_u^2 + y_u^2 + z_u^2$，$F = x_u x_v + y_u y_v + z_u z_v$，$G = x_v^2 + y_v^2 + z_v^2$.

当 $\det\begin{pmatrix} x_u & x_v \\ y_u & y_v \end{pmatrix} \neq 0$ 时，变换 $\begin{cases} x = x(u,\ v) \\ y = y(u,\ v) \end{cases}$：$\Delta \to D$ 为一一满射，于是有

$$\sigma(D) = \iint_D \frac{1}{|\cos(\boldsymbol{n},\boldsymbol{z})|}\,\mathrm{d}x\mathrm{d}y = \iint_\Delta \sqrt{EG - F^2}\,\mathrm{d}u\mathrm{d}v \qquad (17.1.1)$$

例 17.1.3 螺旋面的一部分

$$S: \begin{cases} x = u\cos v \\ y = u\sin v,\ 0 \leqslant u \leqslant c, 0 \leqslant v \leqslant \pi. \\ z = v \end{cases}$$

求 S 的面积.

解 $x_u = \cos v$，$y_u = \sin v$，$z_u = 0$. $x_v = -u\sin v$，$y_v = u\cos v$，$z_v = 1$. 故有 $E = x_u^2 + y_u^2 + z_u^2 = 1$，$F = x_u x_v + y_u y_v + z_u z_v = 0$，$G = x_v^2 + y_v^2 + z_v^2 = 1 + u^2$.

于是有

$$\begin{aligned}\sigma(S) &= \iint\limits_{\substack{0\leqslant u\leqslant c \\ 0\leqslant v\leqslant \pi}} \sqrt{EG - F^2}\,\mathrm{d}u\mathrm{d}v \\ &= \int_0^\pi \mathrm{d}v \int_0^c \sqrt{1 + u^2}\,\mathrm{d}u = \frac{\pi}{2}\left[u\sqrt{1 + u^2} + \ln(u + \sqrt{1 + u^2})\right]\Big|_0^c \\ &= \frac{\pi}{2}\left[c\sqrt{1 + c^2} + \ln(c + \sqrt{1 + c^2})\right].\end{aligned}$$

习　题

1. 求双曲抛物面 $z = xy$，$x > 0$，$y > 0$ 被圆柱面 $x^2 + y^2 = a^2$ 割下部分的面积.
2. 求球面 $x^2 + y^2 + z^2 = a^2$ 被圆柱面 $x^2 + y^2 = b^2$ 割下部分的面积，$0 < b < a$.
3. 求椭圆抛物面 $z = \dfrac{x^2}{2a} + \dfrac{y^2}{2b}$ 被柱面 $\dfrac{x^2}{a^2} + \dfrac{y^2}{b^2} = c^2$ 割下部分的面积.
4. 求球面 $x^2 + y^2 + z^2 = a^2$ 被柱面 $x^2 + y^2 = ax$ 割下部分的面积，$0 < a$.
5. 求 $x^2 + y^2 = rz$ 与 $z = 2r - \sqrt{x^2 + y^2}$，$r > 0$ 所围曲面的面积.
6. 求单位球面上介于两条经线与纬线之间部分的面积.
7. 设半径为 r 的球面与半径为 R 的球面相交．问当 r 多大时，半径为 r 的球面位于半

径为 R 的球面内部部分的面积最大.

8. 设 S: $\begin{cases} x = \dfrac{1}{\sqrt{2}} r\cos\theta, 0 \leqslant r \leqslant 1 \\ y = \dfrac{1}{\sqrt{2}} r\sin\theta, 0 \leqslant \theta \leqslant \dfrac{\pi}{2}. \\ z = \dfrac{1}{\sqrt{2}} r. \end{cases}$ 求 $\iint_S \mathrm{d}S$

17.2　第一类曲面积分

17.2.1　第一类曲面积分及其性质

问题　设 S 为一可求曲面面积的曲面状物体, $f(x, y, z)$ 为其密度函数. 求其质量.

将 S 任分成 n 小块 S_i, 任取 $(\xi_i, \eta_i, \gamma_i) \in S_i$, S_i 的质量近似等于 $f(\xi_i, \eta_i, \gamma_i)\sigma(S_i)$, $i = 1, 2, \cdots, n$. 则当 $\Delta_T = \max\{\operatorname{diam}(S_i): 1 \leqslant i \leqslant n\} \to 0$ 时, $\sum\limits_{i=1}^{n} f(\xi_i, \eta_i, \gamma_i)\sigma(S_i)$ 趋近于所求质量.

为解决此类问题, 数学上引入下面定义.

定义 17.2.1　设 S 为一可求面积的空间光滑曲面, $f(x,y,z): S \to \mathbf{R}$ 为一函数. 将 S 任分成 n 小块 S_i, 任取 $(\xi_i, \eta_i, \gamma_i) \in S_i$, $i = 1, 2, \cdots, n$, 作和式 $\sum\limits_{i=1}^{n} f(\xi_i, \eta_i, \gamma_i)\sigma(S_i)$, 则当 $\Delta_T = \max\{\operatorname{diam}(S_i): 1 \leqslant i \leqslant n\} \to 0$ 时, 如果 $\lim\limits_{\Delta_T \to 0} \sum\limits_{i=1}^{n} f(\xi_i, \eta_i, \gamma_i)\sigma(S_i)$ 存在, 且不依赖于 $(\xi_i, \eta_i, \gamma_i)$ 的选取, 则称 $f(x,y,z)$ 在 S 上的第一类曲面积分存在, 该极限称为 f 在 S 上的第一类曲面积分, 记为 $\iint_S f(x,y,z)\,\mathrm{d}S$.

第一类曲面积分性质:

(1) 如果 $\iint_S f(x,y,z)\,\mathrm{d}S$, $\iint_S g(x,y,z)\,\mathrm{d}S$ 存在, 则有

$$\iint_S cf(x,y,z)\,\mathrm{d}S = c\iint_S f(x,y,z)\,\mathrm{d}S;$$

$$\iint_S [f(x,y,z) \pm g(x,y,z)]\,\mathrm{d}S = \iint_S f(x,y,z)\,\mathrm{d}S \pm \iint_S g(x,y,z)\,\mathrm{d}S.$$

(2) 如果 $S = S_1 \cup S_2$, S_1, S_2 至多有公共边界, 则有

$$\iint_S f(x,y,z)\,\mathrm{d}S = \iint_{S_1} f(x,y,z)\,\mathrm{d}S + \iint_{S_2} f(x,y,z)\,\mathrm{d}S.$$

(3) 如果 $f(x,y,z) \leqslant g(x,y,z)$, $(x,y,z) \in S$, 且 $\iint_S f(x,y,z)\,\mathrm{d}S$, $\iint_S g(x,y,z)\,\mathrm{d}S$ 存在,

则有 $\iint_S f(x,y,z)\mathrm{d}S \leqslant \iint_S g(x,y,z)\mathrm{d}S$.

(4) $\left|\iint_S f(x,y,z)\mathrm{d}S\right| \leqslant \iint_S |f(x,y,z)|\mathrm{d}S$.

17.2.2 第一类曲面积分计算

定理 17.2.1 设光滑曲面 S 的方程为 $z=z(x, y)$，$(x, y)\in D$，D 为有界闭区域，$f(x, y, z)$在 S 上连续．则有

$$\iint_S f(x,y,z)\mathrm{d}S = \iint_D f(x,y,z(x,y))\sqrt{1+z_x^2+z_y^2}\mathrm{d}x\mathrm{d}y.$$

证明细节参考定理 17.1.1 的证明．

例 17.2.1 计算 $\iint_S \frac{1}{z}\mathrm{d}S$, 其中 S 为上半球面 $x^2+y^2+z^2=c^2$ 介于 $z=d$ 与 $z=h$ 之间部分, $0<d<h<c$.

解 曲面 S 的方程为

$$z=\sqrt{c^2-x^2-y^2},\ (x,y)\in D=\{c^2-h^2\leqslant x^2+y^2\leqslant c^2-d^2\}.$$

$$\sqrt{1+z_x^2+z_y^2}=\frac{c}{\sqrt{c^2-x^2-y^2}}.$$

由定理 17.2.1 得

$$\iint_S \frac{1}{z}\mathrm{d}S=\iint_D \frac{c}{c^2-x^2-y^2}\mathrm{d}x\mathrm{d}y=\int_0^{2\pi}\mathrm{d}\theta\int_{\sqrt{c^2-h^2}}^{\sqrt{c^2-d^2}}\frac{c}{c^2-r^2}r\mathrm{d}r$$

$$=2\pi c\int_{\sqrt{c^2-h^2}}^{\sqrt{c^2-d^2}}\frac{r}{c^2-r^2}\mathrm{d}r=-\pi c\ln(c^2-r^2)\Big|_{\sqrt{c^2-h^2}}^{\sqrt{c^2-d^2}}=\pi c\ln\frac{h}{d}.$$

例 17.2.2 (1) 计算 $\iint_S \frac{1}{\sqrt{x^2+y^2+z^2}}\mathrm{d}S$, $S: x^2+y^2+z^2=r^2, z\geqslant 0$;

(2) 计算 $\iint_S (x^2+y^2+z^2)\mathrm{d}S$, $S: x^2+y^2+z^2=2z$.

解 (1) 留意到$(x, y, z)\in S$，于是有

$$\iint_S \frac{1}{\sqrt{x^2+y^2+z^2}}\mathrm{d}S=\frac{1}{r}\iint_S \mathrm{d}S=\frac{4\pi r^2}{r}=4\pi r.$$

(2) $\iint_S (x^2+y^2+z^2)\mathrm{d}S=\iint_S 2z\mathrm{d}S=\iint_{S_上} 2z\mathrm{d}S+\iint_{S_下} 2z\mathrm{d}S$,

其中 $S_上$: $z=1+\sqrt{1-x^2-y^2}$, $S_下$: $z=1-\sqrt{1-x^2-y^2}$, $D=\{x^2+y^2\leqslant 1\}$.

$$\iint_{S_上} 2z\mathrm{d}S=\iint_D 2(1+\sqrt{1-x^2-y^2})\frac{1}{\sqrt{1-x^2-y^2}}\mathrm{d}x\mathrm{d}y,$$

$$\iint_{S_下} 2z\mathrm{d}S=\iint_D 2(1-\sqrt{1-x^2-y^2})\frac{1}{\sqrt{1-x^2-y^2}}\mathrm{d}x\mathrm{d}y.$$

于是
$$\iint_S (x^2+y^2+z^2)\,\mathrm{d}S=\iint_D \frac{4}{\sqrt{1-x^2-y^2}}\mathrm{d}x\mathrm{d}y$$
$$=4\int_0^{2\pi}\mathrm{d}\theta\int_0^1 \frac{r}{\sqrt{1-r^2}}\mathrm{d}r=8\pi.$$

下面设曲面 S 的方程为 $x=x(u,v),y=y(u,v),z=z(u,v),(u,v)\in\Delta$，其中 Δ 为有界闭区域，$x(u,v),y(u,v),z(u,v)$ 具有连续的一阶偏导数，且
$$\det\begin{pmatrix}x_u & x_v\\ y_u & y_v\end{pmatrix},\ \det\begin{pmatrix}y_u & y_v\\ z_u & z_v\end{pmatrix},\ \det\begin{pmatrix}z_u & z_v\\ x_u & x_v\end{pmatrix}$$
中至少有一个不为零．则 $f(x,y,z)$ 在 S 上的第一类曲线积分
$$\iint_S f(x,y,z)\,\mathrm{d}S=\iint_\Delta f(x(u,v),y(u,v),z(u,v))\sqrt{EG-F^2}\,\mathrm{d}u\mathrm{d}v.$$

例 17.2.3　设 S：$\begin{cases}x=R\sin\varphi\cos\theta,\\ y=R\sin\varphi\sin\theta,\ 0\leqslant\varphi\leqslant\dfrac{\pi}{4},\ 0\leqslant\theta\leqslant\dfrac{\pi}{2}\\ z=R\cos\varphi.\end{cases}$．求 $\iint_S z^2\mathrm{d}S$．

解　$x_\varphi=R\cos\varphi\cos\theta$，$y_\varphi=R\cos\varphi\sin\theta$，$z_\varphi=-R\sin\varphi$；$x_\theta=-R\sin\varphi\sin\theta$，$y_\theta=R\sin\varphi\cos\theta$，$z_\theta=0$.

故有 $E=x_\varphi^2+y_\varphi^2+z_\varphi^2=R^2$，$F=x_\varphi x_\theta+y_\varphi y_\theta+z_\varphi z_\theta=0$，$G=x_\theta^2+y_\theta^2+z_\theta^2=R^2\sin^2\varphi$.
$$\iint_S z^2\mathrm{d}S=\iint_{\substack{0\leqslant\varphi\leqslant\frac{\pi}{4}\\ 0\leqslant\theta\leqslant\frac{\pi}{2}}} R^2\cos^2\varphi\sqrt{EG-F^2}\,\mathrm{d}\varphi\mathrm{d}\theta$$
$$=\int_0^{\frac{\pi}{2}}\mathrm{d}\theta\int_0^{\frac{\pi}{4}}R^4\cos^2\varphi\sin\varphi\,\mathrm{d}\varphi=\frac{\pi}{6}\left(1-\frac{\sqrt{2}}{4}\right)R^4$$

习　题

1. 计算 $\iint_S (x+y+z)\,\mathrm{d}S,S=\{(x,y,z):x^2+y^2+z^2=1,z\geqslant 0\}$.

2. 计算 $\iint_S \frac{1}{x^2+z^2}\mathrm{d}S$，其中 S 为柱面 $x^2+z^2=a^2$ 介于 $y=0$ 与 $y=c,c>0$ 之间部分．

3. 求均匀球面物体 $x^2+y^2+z^2=a^2$，$x\geqslant 0$，$y\geqslant 0$，$z\geqslant 0$，的质心．

4. 求均匀球面物体 $x^2+y^2+z^2=a^2$，$x\geqslant 0$，关于 x 轴的转动惯量．

5. 计算 $\iint_S (xy+yz+zx)\,\mathrm{d}S$，其中 S 为 $z=\sqrt{x^2+y^2}$ 被 $x^2+y^2=2ax$ 割下部分．

6. 计算 $\iint_S \frac{1}{(1+x+y)^2}\mathrm{d}S$，其中 S 为四面体 $\{(x,y,z):x\geqslant 0,y\geqslant 0,z\geqslant 0,x+y+z\leqslant 1\}$ 的表面．

7. 螺旋面的一部分

$$S:\begin{cases}x = u\cos v,\\ y = u\sin v, \quad 0 \leqslant u \leqslant c, 0 \leqslant v \leqslant 2\pi,\\ z = v.\end{cases}$$

计算 $\iint_S z^2 \mathrm{d}S$.

17.3　第二类曲面积分

本节考虑所谓的流量问题，我们需要求单位时间内流体从空间曲面的一侧流经另一侧的流量．为此，需要介绍单侧与双侧曲面概念．

17.3.1　单侧与双侧曲面

设连通曲面 S 具有连续变动的法线，M 为 S 上任一动点，M_0 为 S 上任一定点，指定 M_0 处法线的一个方向为正向，另一方向为负向．L 为 S 上过 M_0 的任一封闭曲线，且不越过 S 的边界．动点 M 在 M_0 处的法向与 M_0 处的法线正向一致，当 M 沿 L 运动一周回到 M_0 处时，如果 M 的法向仍与 M_0 的法线正向一致，则称 S 为一双侧曲面，否则称 S 为一单侧曲面.

单侧曲面的一个典型例子就是所谓的 Mobius 带，如图 17.3.1 所示．取一矩形长纸带 $ABCD$，将其一端扭转 180°后与另一端黏合在一起，容易得知这一带状曲面是单侧曲面．

对于双侧曲面，我们通常可以指定曲面的一侧，以下简称为指定侧．

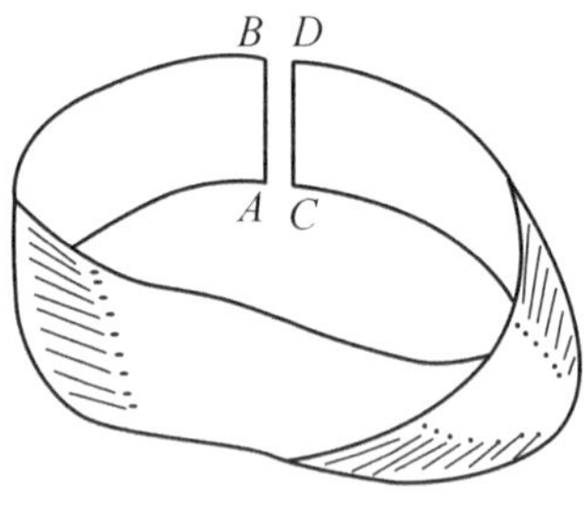

图 17.3.1　Mobius 带

17.3.2　第二类曲面积分及其性质

问题　设 S 为一可求面积的双侧曲面，流体以流速

$$v(x,y,z) = (P(x,y,z), Q(x,y,z), R(x,y,z))$$

从曲面的一侧流向指定的另一侧．求单位时间内流经曲面的流量．

将 S 分成 n 小块 S_i，$i=1, 2, \cdots, n$，任取 $(\xi_i, \eta_i, \gamma_i) \in S_i$，$n_i = (\cos\alpha_i, \cos\beta_i, \cos\gamma_i)$ 表指定侧在 $(\xi_i, \eta_i, \gamma_i)$ 处的法向量的方向余弦，令 $\sigma(S_i^{yz}) = \sigma(S_i)\cos\alpha_i$，$\sigma(S_i^{zx}) = \sigma(S_i)\cos\beta_i$，$\sigma(S_i^{xy}) = \sigma(S_i)\cos\gamma_i$ 表曲面块 S_i 指定侧分别在坐标 yz，zx，xy 平面的近似有向投影面积，$i=1, 2, \cdots, n$. 则当 $\Delta_T = \max\{\operatorname{diam}(S_i): 1 \leqslant i \leqslant n\} \to 0$ 时，和式

$$\sum_{i=1}^{n} [P(\xi_i,\eta_i,\gamma_i)\sigma(S_i^{yz}) + Q(\xi_i,\eta_i,\gamma_i)\sigma(S_i^{zx}) + Q(\xi_i,\eta_i,\gamma_i)\sigma(S_i^{xy})]$$

趋近于所求流量．上面和式表流体沿三个坐标轴方向的近似流量和．

为解决此类问题，数学上引入下面定义．

定义 17.3.1　设 S 为一空间可求面积的光滑双侧曲面，$P(x, y, z)$，$Q(x, y, z)$，$R(x, y, z): S\to\mathbf{R}$．将 S 任分成 n 小块 S_i，任取 $(\xi_i, \eta_i, \gamma_i)\in S_i$，$n_i=(\cos\alpha_i, \cos\beta_i, \cos\gamma_i)$表指定侧在$(\xi_i, \eta_i, \gamma_i)$处的法向量的方向余弦，$\sigma(S_i^{yz})=\sigma(S_i)\cos\alpha_i$，$\sigma(S_i^{zx})=\sigma(S_i)\cos\beta_i$，$\sigma(S_i^{xy})=\sigma(S_i)\cos\gamma_i$，$i=1, 2, \cdots, n$，作和式

$$\sum_{i=1}^{n}\left[P(\xi_i,\eta_i,\gamma_i)\sigma(S_i^{yz})+Q(\xi_i,\eta_i,\gamma_i)\sigma(S_i^{zx})+Q(\xi_i,\eta_i,\gamma_i)\sigma(S_i^{xy})\right],$$

则当 $\Delta_T=\max\{\operatorname{diam}(S_i): 1\leqslant i\leqslant n\}\to 0$ 时，如果

$$\lim_{\Delta_T\to 0}\sum_{i=1}^{n}\left[P(\xi_i,\eta_i,\gamma_i)\sigma(S_i^{yz})+Q(\xi_i,\eta_i,\gamma_i)\sigma(S_i^{zx})+Q(\xi_i,\eta_i,\gamma_i)\sigma(S_i^{xy})\right]$$

存在，且不依赖于$(\xi_i, \eta_i, \gamma_i)$的选取，则称 $P(x, y, z)$，$Q(x, y, z)$，$R(x, y, z)$在 S 指定侧上的第二类曲面积分存在，该极限称为 $P(x, y, z)$，$Q(x, y, z)$，$R(x, y, z)$在 S 指定侧上的第二类曲面积分，记作 $\iint_{S_{\text{指定侧}}}P(x,y,z)dydz+Q(x,y,z)\mathrm{d}z\mathrm{d}x+R(x,y,z)\mathrm{d}x\mathrm{d}y$．有时为避免书写过长，简记作

$$\iint_{S_{\text{指定侧}}}P\mathrm{d}y\mathrm{d}z+Q\mathrm{d}z\mathrm{d}x+R\mathrm{d}x\mathrm{d}y.$$

第二类曲面积分性质：

(1) 如果 $S=S_1\cup S_2$，S_1，S_2 至多有公共边界，则有

$$\iint_{S_{\text{指定侧}}}P\mathrm{d}y\mathrm{d}z+Q\mathrm{d}z\mathrm{d}x+R\mathrm{d}x\mathrm{d}y=\iint_{S_{1\text{指定侧}}}P\mathrm{d}y\mathrm{d}z+Q\mathrm{d}z\mathrm{d}x+R\mathrm{d}x\mathrm{d}y$$
$$+\iint_{S_{2\text{指定侧}}}P\mathrm{d}y\mathrm{d}z+Q\mathrm{d}z\mathrm{d}x+R\mathrm{d}x\mathrm{d}y.$$

(2) 如果 $\iint_{S_{\text{指定侧}}}P_i\mathrm{d}y\mathrm{d}z+Q_i\mathrm{d}z\mathrm{d}x+R_i\mathrm{d}x\mathrm{d}y$，$i=1,2$，存在，则有

$$\iint_{S_{\text{指定侧}}}(P_1\pm P_2)\mathrm{d}y\mathrm{d}z+(Q_1\pm Q_2)\mathrm{d}z\mathrm{d}x+(R_1\pm R_2)\mathrm{d}x\mathrm{d}y=$$
$$\iint_{S_{\text{指定侧}}}P_1\mathrm{d}y\mathrm{d}z+Q_1\mathrm{d}z\mathrm{d}x+R_1\mathrm{d}x\mathrm{d}y\pm\iint_{S_{\text{指定侧}}}P_2\mathrm{d}y\mathrm{d}z+Q_2\mathrm{d}z\mathrm{d}x+R_2\mathrm{d}x\mathrm{d}y.$$

17.3.3　第二类曲面积分计算

定理 17.3.1　设光滑曲面 S 的方程为 $z=z(x, y)$：$(x, y)\in D$，D 为一有界闭区域，函数 $R(x, y, z)$：$S\to\mathbf{R}$ 连续，S 的指定侧法向量与 z 轴正向夹角为锐角．则有

$$\iint_{S_{\text{指定侧}}}R(x,y,z)\mathrm{d}x\mathrm{d}y=\iint_D R(x,y,z(x,y))\mathrm{d}x\mathrm{d}y.$$

证明　由定义 17.3.1 知，

$$\iint_{S_{\text{指定侧}}}R(x,y,z)\mathrm{d}x\mathrm{d}y=\lim_{\Delta_T\to 0}\sum_{i=1}^{n}R(\xi_i,\eta_i,z(\xi_i,\eta_i))\sigma(S_i^{xy}).$$

$$\sigma(S_i^{xy})=\sigma(S_i)\cos\gamma_i,\ i=1,2,\cdots,n.$$

由于 γ_i 为锐角，故 Δ_i^{xy} 正好是 S_i 在 xy 平面上投影部分的面积，$i=1, 2, \cdots, n$. 因

此有

$$\lim_{\Delta_T\to 0}\sum_{i=1}^{n}R(\xi_i,\eta_i,z(\xi_i,\eta_i))\sigma(S_i^{xy})=\iint_D R(x,y,z(x,y))\mathrm{d}x\mathrm{d}y .$$

从而得知定理 17. 3. 1 结论成立 .

同理可得下面结论 .

定理 17. 3. 2 设光滑曲面 S 的方程为 $x=x(y,\ z)$：$(y,\ z)\in D$，D 为一有界闭区域，函数 $P(x,\ y,\ z)$：$S\to\mathbf{R}$ 连续，S 的指定侧法向量与 x 轴正向夹角为锐角．则有

$$\iint_{S_{指定侧}}P(x,y,z)\mathrm{d}y\mathrm{d}z=\iint_D R(x(y,z),y,z)\mathrm{d}y\mathrm{d}z.$$

定理 17. 3. 3 设光滑曲面 S 的方程为 $y=y(z,\ x)$：$(z,\ x)\in D$，D 为一有界闭区域，函数 $Q(x,\ y,\ z)$：$S\to\mathbf{R}$ 连续，S 的指定侧法向量与 y 轴正向夹角为锐角．则有

$$\iint_{S_{指定侧}}Q(x,y,z)\mathrm{d}z\mathrm{d}x=\iint_D Q(x,y(z,x),z)\mathrm{d}z\mathrm{d}x.$$

例 17. 3. 1 计算 $\iint_{S_{内侧}}xyz\mathrm{d}y\mathrm{d}z$，其中 S 为上半球面 $x^2+y^2+z^2=1$ 位于 $y\geqslant 0$ 之部分．

解 $S_{内侧}=S_{1内侧}\cup S_{2内侧}$，其中 $S_{1内侧}=\{x^2+y^2+z^2=1:\ x\geqslant 0,\ y\geqslant 0\}$，$S_{2内侧}=\{x^2+y^2+z^2=1:\ x<0,\ y\geqslant 0\}$.

$$\begin{aligned}\iint_{S_{内侧}}xyz\mathrm{d}y\mathrm{d}z&=\iint_{S_{1内侧}}xyz\mathrm{d}y\mathrm{d}z+\iint_{S_{2内侧}}xyz\mathrm{d}y\mathrm{d}z\\&=-\iint_D\sqrt{1-y^2-z^2}yz\mathrm{d}y\mathrm{d}z+\iint_D(-\sqrt{1-y^2-z^2})yz\mathrm{d}y\mathrm{d}z\\&=-2\iint_D\sqrt{1-y^2-z^2}yz\mathrm{d}y\mathrm{d}z,\\&=-2\int_0^{\frac{\pi}{2}}\mathrm{d}\theta\int_0^1 r^3\sqrt{1-r^2}\cos\theta\sin\theta dr\\&=-\frac{2}{15},D=\{y^2+z^2\leqslant 1:y\geqslant 0,z\geqslant 0\}.\end{aligned}$$

下面设光滑曲面 S 的方程为 $x=x(u,v),y=y(u,v),z=z(u,v),(u,v)\in\Delta$，其中 Δ 为有界闭区域，$x(u,v),y(u,v),z(u,v)$ 具有连续的一阶偏导数，且

$$\det\begin{pmatrix}x_u & x_v\\ y_u & y_v\end{pmatrix},\ \det\begin{pmatrix}y_u & y_v\\ z_u & z_v\end{pmatrix},\ \det\begin{pmatrix}z_u & z_v\\ x_u & x_v\end{pmatrix}$$

中至少有一个不为零．则有

$$\iint_{S_{指定侧}}P\mathrm{d}y\mathrm{d}z=\pm\iint_\Delta P(x(u,v),y(u,v),z(u,v))\det\begin{pmatrix}y_u & y_v\\ z_u & z_v\end{pmatrix}\mathrm{d}u\mathrm{d}v,$$

$$\iint_{S_{指定侧}}Q\mathrm{d}z\mathrm{d}x=\pm\iint_\Delta Q(x(u,v),y(u,v),z(u,v))\det\begin{pmatrix}z_u & z_v\\ x_u & x_v\end{pmatrix}\mathrm{d}u\mathrm{d}v,$$

$$\iint_{S_{指定侧}}R\mathrm{d}x\mathrm{d}y=\pm\iint_\Delta R(x(u,v),y(u,v),z(u,v))\det\begin{pmatrix}x_u & x_v\\ y_u & y_v\end{pmatrix}\mathrm{d}u\mathrm{d}v.$$

当法向量 $\boldsymbol{n}=\left(\det\begin{pmatrix} y_u & y_v \\ z_u & z_v \end{pmatrix} \quad \det\begin{pmatrix} z_u & z_v \\ x_u & x_v \end{pmatrix} \quad \det\begin{pmatrix} x_u & x_v \\ y_u & y_v \end{pmatrix}\right)$ 与指定侧一致时取正号，否则取负号.

例 17.3.2　设锥面

$$S:\begin{cases} x = \dfrac{1}{\sqrt{2}} r\cos\theta, \\ y = \dfrac{1}{\sqrt{2}} r\sin\theta,\ 0 \leqslant r \leqslant \sqrt{2}, 0 \leqslant \theta \leqslant \pi, \\ z = \dfrac{1}{\sqrt{2}} r. \end{cases}$$

求 $\iint_{S_{外侧}} z^2 \mathrm{d}x\mathrm{d}y$.

解　$x_r=\dfrac{1}{\sqrt{2}}\cos\theta$，$y_r=\dfrac{1}{\sqrt{2}}\sin\theta$，$x_\theta=-\dfrac{1}{\sqrt{2}} r\sin\theta$，$y_\theta=\dfrac{1}{\sqrt{2}} r\cos\theta$. 故

$$\det\begin{pmatrix} x_r & x_\theta \\ y_r & y_\theta \end{pmatrix} = \det\begin{pmatrix} \dfrac{1}{\sqrt{2}}\cos\theta & -\dfrac{1}{\sqrt{2}} r\sin\theta \\ \dfrac{1}{\sqrt{2}}\sin\theta & \dfrac{1}{\sqrt{2}} r\cos\theta \end{pmatrix} = \frac{1}{2} r > 0.$$

这与指定外侧的法向量方向不一致，因此有

$$\begin{aligned} \iint_{S_{外侧}} z^2 \mathrm{d}x\mathrm{d}y &= -\iint_{\substack{0\leqslant r\leqslant\sqrt{2} \\ 0\leqslant\theta\leqslant\pi}} \frac{1}{2} r^2 \det\begin{pmatrix} x_r & x_\theta \\ y_r & y_\theta \end{pmatrix} \mathrm{d}r\mathrm{d}\theta \\ &= -\frac{1}{4}\int_0^\pi \mathrm{d}\theta \int_0^{\sqrt{2}} r^4 \mathrm{d}r = -\frac{\pi}{4}. \end{aligned}$$

习　题

1. 计算 $\iint_{S_{下侧}} (x^2+y^2)\mathrm{d}x\mathrm{d}y, S=\{(x,y,z): x^2+y^2+z^2=c^2, z\leqslant 0\}$.

2. 计算 $\iint_{S_{右侧}} x^2 z^2 y\mathrm{d}z\mathrm{d}x, S=\{(x,y,z): x^2+y^2+z^2=c^2, y\geqslant 0\}$.

3. 计算 $\iint_{S_{外侧}} x^2\mathrm{d}y\mathrm{d}z+y^2\mathrm{d}z\mathrm{d}x+z^2\mathrm{d}x\mathrm{d}y$，其中

$$S=\{(x,y,z): (x-x_0)^2+(y-y_0)^2+(z-z_0)^2=c^2\}.$$

4. 计算 $\iint_{S_{外侧}} x\mathrm{d}y\mathrm{d}z, S=\{(x,y,z): (ax)^2+(by)^2+(cz)^2=1\}$.

5. 计算 $\iint_{S_{下侧}} (x^2+y^2)\mathrm{d}x\mathrm{d}y, S=\{(x,y,z): x^2+y^2+z^2=c^2, z\leqslant 0\}$.

6. 计算 $\iint_{S_{内侧}} (x-1)\mathrm{d}y\mathrm{d}z+y\mathrm{d}z\mathrm{d}x-\mathrm{d}x\mathrm{d}y$，$S$ 为四面体$\{(x,y,z): 0\leqslant x, 0\leqslant y, 0\leqslant z, x+$

$y+z\leqslant 1\}$ 的表面.

7. 计算 $\iint_{S_{外侧}} x^3\mathrm{d}y\mathrm{d}z$, S 为椭球面$\dfrac{x^2}{a^2}+\dfrac{y^2}{b^2}+\dfrac{z^2}{c^2}\leqslant 1$ 的上半部分.

8. 计算 $\iint_{S_{内侧}} x^3\mathrm{d}y\mathrm{d}z+y^3\mathrm{d}z\mathrm{d}x+z^3\mathrm{d}x\mathrm{d}y$, S 为球面 $x^2+y^2+z^2=r^2$.

17.4 两类曲面积分之间的关系

15.4 节建立了两类曲线积分之间的关系, 那么第一类曲面积分与第二类曲面积分之间是否也有类似的关系呢? 本节介绍该问题的肯定答案.

设 S 为可求面积的光滑双侧曲面, $P(x,y,z)$, $Q(x,y,z)$, $R(x,y,z)$: $S\to\mathbf{R}$ 连续, 曲面指定侧的法向量方向余弦为 $\boldsymbol{n}(x,y,z)=(\cos\alpha(x,y,z),\cos\beta(x,y,z),\cos\gamma(x,y,z))$. 则有

$$\iint_{S_{指定侧}} P(x,y,z)\mathrm{d}y\mathrm{d}z+Q(x,y,z)\mathrm{d}z\mathrm{d}x+R(x,y,z)\mathrm{d}x\mathrm{d}y=$$

$$\lim_{\Delta T\to 0}\sum_{i=1}^{n}\left[P(\xi_i,\eta_i,\gamma_i)\sigma(S_i^{yz})+Q(\xi_i,\eta_i,\gamma_i)\sigma(S_i^{zx})+Q(\xi_i,\eta_i,\gamma_i)\sigma(S_i^{xy})\right]$$

$$=\iint_S\left[P(x,y,z)\cos\alpha+Q(x,y,z)\cos\beta+R(x,y,z)\cos\gamma\right]\mathrm{d}S.$$

因此我们得到

定理 17.4.1 如果 S 为可求面积的光滑双侧曲面, $P(x,y,z)$, $Q(x,y,z)$, $R(x,y,z)$: $S\to\mathbf{R}$连续, 曲面指定侧的法向量方向余弦为

$$\boldsymbol{n}(x,y,z)=(\cos\alpha(x,y,z),\cos\beta(x,y,z),\cos\gamma(x,y,z)),$$

则有
$$\iint_{S_{指定侧}} P\mathrm{d}y\mathrm{d}z+Q\mathrm{d}z\mathrm{d}x+R\mathrm{d}x\mathrm{d}y=\iint_S\left[P\cos\alpha+Q\cos\beta+R\cos\gamma\right]\mathrm{d}S.$$

推论 17.4.1 设光滑曲面 S 的方程为 $z=z(x,y)$: $(x,y)\in D$, D 为有界闭区域, $P(x,y,z)$, $Q(x,y,z)$, $R(x,y,z)$: $S\to\mathbf{R}$ 连续. 则有

$$\iint_{S_{上侧}} P\mathrm{d}y\mathrm{d}z+Q\mathrm{d}z\mathrm{d}x+R\mathrm{d}x\mathrm{d}y$$

$$=\iint_D\left[-P(x,y,z(x,y))z_x-Q(x,y,z(x,y))z_y+R(x,y,z(x,y))\right]\mathrm{d}x\mathrm{d}y$$

证明 由于 $\cos\alpha=\dfrac{-z_x}{\sqrt{1+z_x^2+z_y^2}}$, $\cos\beta=\dfrac{-z_y}{\sqrt{1+z_x^2+z_y^2}}$, $\cos\gamma=\dfrac{1}{\sqrt{1+z_x^2+z_y^2}}$, $\mathrm{d}S=\sqrt{1+z_x^2+z_y^2}\mathrm{d}x\mathrm{d}y$,

因此有

$$\iint_{S_{上侧}} P\mathrm{d}y\mathrm{d}z+Q\mathrm{d}z\mathrm{d}x+R\mathrm{d}x\mathrm{d}y=\iint_S\left[P\cos\alpha+Q\cos\beta+R\cos\gamma\right]\mathrm{d}S$$

$$=\iint_D\left[-P(x,y,z(x,y))z_x-Q(x,y,z(x,y))z_y+R(x,y,z(x,y))\right]\mathrm{d}x\mathrm{d}y.$$

例 17.4.1 空间点 $P_0(x_0,y_0,z_0)$上的点电荷 q 在真空中产生一个静电场 E, 任一点$P(x,y,z)$

处的电场强度为 $E=\left(\frac{x-x_0}{r^3}q,\ \frac{y-y_0}{r^3}q,\ \frac{z-z_0}{r^3}q\right)$，其中 $r=\sqrt{(x-x_0)^2+(y-y_0)^2+(z-z_0)^2}$. 设 S：$(x-x_0)^2+(y-y_0)^2+(z-z_0)^2=R^2$. 求通过 S 的电通量.

解　通过 S 的电通量

$$N=\iint_{S_{外侧}} q\frac{x-x_0}{r^3}\mathrm{d}y\mathrm{d}z+q\frac{y-y_0}{r^3}\mathrm{d}z\mathrm{d}x+q\frac{z-z_0}{r^3}\mathrm{d}x\mathrm{d}y.$$

易见外法向方向余弦为$\left(\frac{x-x_0}{r},\ \frac{y-y_0}{r},\ \frac{z-z_0}{r}\right)$，由定理 17.4.1 得

$$\begin{aligned}N&=q\iint_S\left[\frac{(x-x_0)^2}{r^4}+\frac{(y-y_0)^2}{r^4}+\frac{(z-z_0)^2}{r^4}\right]\mathrm{d}S\\&=\frac{q}{R^2}\iint_S\mathrm{d}S=4\pi q.\end{aligned}$$

例 17.4.2　计算 $\iint_{S_{上侧}}(x+2z)\mathrm{d}y\mathrm{d}z+(y-z)\mathrm{d}z\mathrm{d}x+z\mathrm{d}x\mathrm{d}y$，其中 $S=\{(x,\ y,\ z):\ z=x^2+y^2,\ z\in[0,\ 1]\}$.

解　$z_x=2x$，$z_y=2y$，$D=\{(x,\ y):\ x^2+y^2\leqslant 1\}$，于是由推论 17.3.1 得

$$\begin{aligned}&\iint_{S_{上侧}}(x+2z)\mathrm{d}y\mathrm{d}z+(y-z)\mathrm{d}z\mathrm{d}x+z\mathrm{d}x\mathrm{d}y\\&=\iint_D[-(x+2x^2+2y^2)(2x)-(y-x^2-y^2)(2y)+(x^2+y^2)]\mathrm{d}x\mathrm{d}y\\&=\iint_D[-(x^2+y^2)+(2x^2+2y^2)(2x)+(x^2+y^2)(2y)]\mathrm{d}x\mathrm{d}y.\end{aligned}$$

$4x(x^2+y^2)$，$2y(x^2+y^2)$ 为奇函数，由 D 的对称性可得 $\iint_D 4x(x^2+y^2)\mathrm{d}x\mathrm{d}y=0$，$\iint_D 2y(x^2+y^2)\mathrm{d}x\mathrm{d}y=0$. 于是有

$$\begin{aligned}\iint_{S_{上侧}}(x+2z)\mathrm{d}y\mathrm{d}z+(y-z)\mathrm{d}z\mathrm{d}x+z\mathrm{d}x\mathrm{d}y&=-\iint_D(x^2+y^2)\mathrm{d}x\mathrm{d}y\\&=-\int_0^{2\pi}\mathrm{d}\theta\int_0^1 r^3\mathrm{d}r=-\frac{\pi}{2}.\end{aligned}$$

习　题

1. 计算 $\iint_S|x|\cos(\boldsymbol{n}(x,y,z),\boldsymbol{x})\mathrm{d}S$，$S=\{(x,y,z):x^2+y^2+z^2=c^2,z\geqslant 0\}$，其中 $\boldsymbol{n}(x,y,z)$ 表 S 上 (x,y,z) 处的外法向，$\boldsymbol{x}$ 表 x 轴正向.

2. 计算 $\iint_S y^2\cos(\boldsymbol{n}(x,y,z),\boldsymbol{y})dS$，其中 $\boldsymbol{n}(x,y,z)$ 表 S 上 (x,y,z) 处的外法向，$\boldsymbol{y}$ 表 y 轴正向，$S=\{(x,y,z):z=x^2+y^2,x\geqslant 0,y\geqslant 0,0\leqslant z\leqslant 4\}$.

17.5 Gauss 公式与 Stokes 公式

Green 公式建立了第二类曲线积分与二重积分之间的关系，本节进一步讨论三重积分与第二类曲面积分之间的关系，以及第二类曲线积分与第二类曲面积分之间的关系．

17.5.1 Gauss 公式

定理 17.5.1 设 S 为由有限块光滑曲面组成的封闭曲面，Ω 为其围成的立体，$P(x,\ y,\ z)$,$Q(x,\ y,\ z)$，$R(x,\ y,\ z)$：$\Omega\to\mathbf{R}$ 连续，且$\frac{\partial P}{\partial x}$，$\frac{\partial Q}{\partial y}$，$\frac{\partial R}{\partial z}$连续．则有

$$\iint_{S_{外侧}} P\mathrm{d}y\mathrm{d}z + Q\mathrm{d}z\mathrm{d}x + R\mathrm{d}x\mathrm{d}y = \iiint_{\Omega}\left(\frac{\partial P}{\partial x} + \frac{\partial Q}{\partial y} + \frac{\partial R}{\partial z}\right)\mathrm{d}V.$$

证明 只需证 $\iint_{S_{外侧}} P\mathrm{d}y\mathrm{d}z = \iiint_{\Omega} P_x(x,y,z)\,\mathrm{d}V$，$\iint_{S_{外侧}} Q\mathrm{d}z\mathrm{d}x = \iiint_{\Omega} Q_y(x,y,z)\,\mathrm{d}V$，$\iint_{S_{外侧}} R\mathrm{d}x\mathrm{d}y = \iiint_{\Omega} R_z(x,y,z)\,\mathrm{d}V$．

先假设区域为 yz 型 $\Omega=\{(x,\ y,\ z):\ (y,\ z)\in D,\ x_1(y,\ z)\leqslant x\leqslant x_2(y,\ z)\}$，其中 $x_1(y,\ z)$，$x_2(y,\ z)$ 为光滑曲面，即 Ω 为 xy 平面方向的曲顶柱体．则有

$$\begin{aligned}\iiint_{\Omega} P_x(x,y,z)\,\mathrm{d}V &= \iint_{D}\mathrm{d}y\mathrm{d}z\int_{z_1(y,z)}^{z_2(y,z)} P_x(x,y,z)\,\mathrm{d}x\\ &= \iint_{D}[P(x_2(y,z),y,z) - P(x_1(y,z),y,z)]\,\mathrm{d}y\mathrm{d}z\\ &= \iint_{S_{1外侧}} P(x,y,z)\,\mathrm{d}y\mathrm{d}z + \iint_{S_{2外侧}} P(x,y,z)\,\mathrm{d}y\mathrm{d}z.\end{aligned}$$

由于 Ω 的 xy 平面方向侧面 S_3 垂直于 yz 平面，故有 $\iint_{S_{3外侧}} P\mathrm{d}y\mathrm{d}z = 0$，于是有

$$\iint_{S_{外侧}} P\mathrm{d}y\mathrm{d}z = \iiint_{\Omega} P_x(x,y,z)\,\mathrm{d}V.$$

对于一般区域，将其分割成有限块 yz 型区域的并集，再逐块积分即得结果．

类似可证 $\iint_{S_{外侧}} Q\mathrm{d}z\mathrm{d}x = \iiint_{\Omega} Q_y(x,y,z)\,\mathrm{d}V$，$\iint_{S_{外侧}} R\mathrm{d}x\mathrm{d}y = \iiint_{\Omega} R_z(x,y,z)\,\mathrm{d}V$.

因此定理 17.5.1 结论成立．

特别，有以下公式成立

$$V(\Omega) = \iint_{S_{外侧}} x\mathrm{d}y\mathrm{d}z,\quad V(\Omega) = \iint_{S_{外侧}} y\mathrm{d}z\mathrm{d}x,\quad V(\Omega) = \iint_{S_{外侧}} z\mathrm{d}x\mathrm{d}y.$$

例 17.5.1 计算 $\iint_{S_{外侧}} y(x-z)\mathrm{d}y\mathrm{d}z + yz\mathrm{d}z\mathrm{d}x + (y^2+xz)\mathrm{d}x\mathrm{d}y$，其中 S 为上半球体．$\Omega=\{(x,\ y,\ z):\ x^2+y^2+z^2\leqslant c^2,\ z\geqslant 0\}$ 的表面．

解 由 Gauss 公式得

$$\iint_{S_{外侧}} y(x-z)\mathrm{d}y\mathrm{d}z + yz\mathrm{d}z\mathrm{d}x + (y^2+xz)\mathrm{d}x\mathrm{d}y$$

$$=\iiint_{\Omega}\left[\frac{\partial}{\partial x}(yx-yz)+\frac{\partial}{\partial y}(yz)+\frac{\partial}{\partial z}(y^2+xz)\right]\mathrm{d}x\mathrm{d}y\mathrm{d}z$$

$$=\iiint_{\Omega}(y+z+x)\mathrm{d}x\mathrm{d}y\mathrm{d}z.$$

由对称性得 $\iiint_{\Omega} y\mathrm{d}x\mathrm{d}y\mathrm{d}z = \iiint_{\Omega} x\mathrm{d}x\mathrm{d}y\mathrm{d}z = 0$. 因此有

$$\iint_{S_{外侧}} y(x-z)\mathrm{d}y\mathrm{d}z + yz\mathrm{d}z\mathrm{d}x + (y^2+xz)\mathrm{d}x\mathrm{d}y = \iiint_{\Omega} z\mathrm{d}x\mathrm{d}y\mathrm{d}z$$

$$=\int_0^{2\pi}\mathrm{d}\theta\int_0^{\frac{\pi}{2}}\mathrm{d}\varphi\int_0^c r^3\cos\varphi\sin\varphi\mathrm{d}r = \frac{c^4}{4}\pi.$$

17.5.2　Stokes 公式

设双侧曲面 S 的边界曲线 L 分段光滑．如果右手拇指指向 S 的指定侧法向量方向，其余手指握的方向与 L 的指定方向一致，则称 L 的指定方向与 S 的指定侧满足右手法则．下面公式用右手表示指定方向与指定侧，满足右手法则．

定理 17.5.2　如果双侧曲面 S 的边界 L 分段光滑，$P(x,y,z), Q(x,y,z), R(x,y,z)$ 及其一阶偏导数在 $S\cup L$ 上连续，则有

$$\oint_{L_{右手}} P\mathrm{d}x + Q\mathrm{d}y + R\mathrm{d}z = \iint_{S_{右手}}\left(\frac{\partial R}{\partial y}-\frac{\partial Q}{\partial z}\right)\mathrm{d}y\mathrm{d}z + \left(\frac{\partial P}{\partial z}-\frac{\partial R}{\partial x}\right)\mathrm{d}z\mathrm{d}x + \left(\frac{\partial Q}{\partial x}-\frac{\partial P}{\partial y}\right)\mathrm{d}x\mathrm{d}y$$

证明　我们证明 $\oint_{L_{右手}} P\mathrm{d}x = \iint_{S_{右手}} P_z\mathrm{d}z\mathrm{d}x - P_y\mathrm{d}x\mathrm{d}y$，其余情形可类似证明．

假设曲面 S 的方程为 $z=z(x,y)$，$(x,y)\in D$，指定侧为上侧，S 上 (x,y,z) 处的上侧法线方向余弦为 $(\cos\alpha,\cos\beta,\cos\gamma)$，上侧法线方向数为 $(-z_x,-z_y,1)$．于是由 $\cos\alpha=\frac{-z_x}{\sqrt{z_x^2+z_y^2+1}}$，$\cos\beta=\frac{-z_y}{\sqrt{z_x^2+z_y^2+1}}$，$\cos\gamma=\frac{1}{\sqrt{z_x^2+z_y^2+1}}$，可得 $z_x=-\frac{\cos\alpha}{\cos\gamma}$，$z_y=-\frac{\cos\beta}{\cos\gamma}$.

记 D 的边界为 Γ. 由第二类曲线积分定义有

$$\oint_{L_{右手}} P\mathrm{d}x = \oint_{\Gamma_{逆时针}} P(x,y,z(x,y))\mathrm{d}x.$$

再由 Green 公式得

$$\oint_{L右手} P\mathrm{d}x = -\iint_D [P_y(x,y,z(x,y)) + P_z(x,y,z(x,y))z_y(x,y)]\mathrm{d}x\mathrm{d}y$$

$$=-\iint_{S_{上侧}}[P_y(x,y,z)+P_z(x,y,z)z_y(x,y)]\mathrm{d}x\mathrm{d}y$$

$$=\iint_{S_{上侧}}[-P_y(x,y,z)\cos\gamma + P_z(x,y,z)\cos\beta]\frac{1}{\cos\gamma}\mathrm{d}x\mathrm{d}y$$

$$=\iint_S[-P_y(x,y,z)\cos\gamma+P_z(x,y,z)\cos\beta]\mathrm{d}S$$

$$=\iint_{S_{上侧}} -P_y(x,y,z)\mathrm{d}x\mathrm{d}y + P_z(x,y,z)\mathrm{d}z\mathrm{d}x.$$

对于一般情形，可用一些光滑曲线将 S 分成有限块形如 $z=z(x, y)$ 的小块，然后逐块积分即得结果.

注(1) Stokes 公式可按下面方式记忆，首先按右手法则空间坐标系定向为 $x\to y\to z\to x$.

$\oint_{L_{右手}} P\mathrm{d}x$ 分别在 xy 平面与 zx 平面按 Green 公式记忆得 $\iint_{S_{右手}}(-P_y)\mathrm{d}x\mathrm{d}y$ 与 $\iint_{S_{右手}}P_z\mathrm{d}z\mathrm{d}x$，于是有

$$\oint_{L_{右手}} P\mathrm{d}x = \iint_{S_{右手}} P_z\mathrm{d}z\mathrm{d}x - P_y\mathrm{d}x\mathrm{d}y.$$

$\oint_{L_{右手}} Q\mathrm{d}y$ 分别在 xy 平面与 yz 平面按 Green 公式记忆得 $\iint_{S_{右手}}Q_x\mathrm{d}x\mathrm{d}y$ 与 $\iint_{S_{右手}}(-Q_z)\mathrm{d}y\mathrm{d}z$，于是有

$$\oint_{L_{右手}} Q\mathrm{d}y = \iint_{S_{右手}} Q_x\mathrm{d}x\mathrm{d}y - Q_z\mathrm{d}y\mathrm{d}z.$$

$\oint_{L_{右手}} R\mathrm{d}z$ 分别在 zx 平面与 yz 平面按 Green 公式记忆得 $\iint_{S_{右手}}(-R_x)\mathrm{d}z\mathrm{d}x$ 与 $\iint_{S_{右手}}R_y\mathrm{d}y\mathrm{d}z$，于是有

$$\oint_{L_{右手}} R\mathrm{d}z = \iint_{S_{右手}} R_x\mathrm{d}z\mathrm{d}x - R_y\mathrm{d}y\mathrm{d}z.$$

注(2) 也可按 21 章中的 Stokes 公式记忆.

例 17.5.2 设 L 为平面 $x+y+z=2$ 内一逐段光滑封闭曲线，L 所围成的曲面 S 的面积为 $D>0$，S 取上侧，L 的方向与 S 的上侧满足右手法则. 求

$$I=\oint_{L_{右手}}(y^2-z^2+1)\mathrm{d}x+(z^2-x^2-2)\mathrm{d}y+(x^2-y^2)\mathrm{d}z.$$

解 注意到平面 $x+y+z=2$ 上侧的法线方向余弦为 $\left(\frac{1}{\sqrt{3}}, \frac{1}{\sqrt{3}}, \frac{1}{\sqrt{3}}\right)$，由 Stokes 公式得

$$\begin{aligned}
I&=\oint_{L_{右手}}(y^2-z^2+1)\mathrm{d}x+(z^2-x^2-2)\mathrm{d}y+(x^2-y^2)\mathrm{d}z\\
&=\iint_{S_{上侧}}(-2y-2z)\mathrm{d}y\mathrm{d}z+(-2z-2x)\mathrm{d}z\mathrm{d}x+(-2x-2y)\mathrm{d}x\mathrm{d}y\\
&\xlongequal{\text{两类曲面积分关系}}-\frac{4}{\sqrt{3}}\iint_S(x+y+z)\mathrm{d}S=-\frac{8}{\sqrt{3}}D.
\end{aligned}$$

17.5.3 空间曲线积分与路径的无关性

下面考虑空间第二类曲线积分与路径的无关性问题，即考虑空间第二类曲线积分在什么条件下只与曲线的起点与终点有关，而与具体的路径无关. 类似于平面上的第二类曲线积分，下面结论成立.

定理 17.5.3 如果 $\Omega\subseteq\mathbf{R}^3$ 为一单连通区域，$P(x, y, z)$，$Q(x, y, z)$，$R(x, y, z)$ 及

其一阶偏导数在 Ω 上连续，则下列结论等价：

(1) 对 Ω 任一分段光滑闭曲线，$\oint_L P\mathrm{d}x + Q\mathrm{d}y + R\mathrm{d}z = 0$；

(2) $\int_{\overline{AB}} P\mathrm{d}x + Q\mathrm{d}y + R\mathrm{d}z$ 只与起始点 A,B 有关；

(3) 存在 Ω 上可微函数 $u(x,y,z)$ 满足 $\mathrm{d}u = P\mathrm{d}x + Q\mathrm{d}y + R\mathrm{d}z$；

(4) $P_y = Q_x$，$R_x = P_z$，$R_y = Q_z$.

证明细节参考定理 16.3.2，留给读者自己完成.

满足定理 17.5.3 之(3)的函数 $u(x, y, z)$ 也称为全微分 $\mathrm{d}u = P\mathrm{d}x + Q\mathrm{d}y + R\mathrm{d}z$ 的一个原函数.

例 17.5.3　求一个函数 $u(x, y, z)$，使其满足

$$\mathrm{d}u = (y + z - x)\mathrm{d}x + (z + x - y)\mathrm{d}y + (x + y - z)\mathrm{d}z .$$

解　令 $P = y + z - x$，$Q = z + x - y$，$R = x + y - z$. 则有 $Q_x = P_y = 1$，$R_y = Q_z = 1$，$P_z = R_x = 1$. 因此曲线积分与路径无关.

取 x 轴上线段 $(0, 0, 0)(x, 0, 0)$，平行于 y 轴线段 $(x, 0, 0)(x, y, 0)$，垂直于 xy 平面的线段 $(x, y, 0)(x, y, z)$，有

$$\begin{aligned}
u(x,y,z) &= \int_{(0,0,0)}^{(x,y,z)} (v + w - u)\mathrm{d}u + (w + u - v)\mathrm{d}v + (u + v - w)\mathrm{d}w \\
&= \int_0^x (-u)\mathrm{d}u + \int_0^y (x - v)\mathrm{d}v + \int_0^z (x + y - w)\mathrm{d}w \\
&= xy + xz + yz - \frac{1}{2}(x^2 + y^2 + z^2).
\end{aligned}$$

习　题

1. 计算 $\oiint_{S_{内侧}} (x + y^2 z)\mathrm{d}y\mathrm{d}z + (y - zx)\mathrm{d}z\mathrm{d}x + (z - xy)\mathrm{d}x\mathrm{d}y$，$S: x^2 + y^2 + z^2 = c^2$.

2. 计算 $\oiint_{S_{内侧}} (x^2 + x)\mathrm{d}y\mathrm{d}z + (y^2 - y)\mathrm{d}z\mathrm{d}x + (z^2 + zy)\mathrm{d}x\mathrm{d}y$，$S$ 为立方体 $0 \leqslant x,y,z \leqslant a$ 的表面.

3. 计算 $\oiint_{S_{外侧}} x^2\mathrm{d}y\mathrm{d}z + y^2\mathrm{d}z\mathrm{d}x + z^2\mathrm{d}x\mathrm{d}y$，其中 S 为 $z = \sqrt{x^2 + y^2}$ 介于 $0 \leqslant z \leqslant c$ 部分以及球面 $x^2 + y^2 + (z - c)^2 = c^2$ 位于 $z = c$ 的上半部，$c > 0$.

4. 应用 Gauss 公式计算 $\iiint_\Omega (xy + yz + zx)\mathrm{d}x\mathrm{d}y\mathrm{d}z$，其中

$$\Omega = \{(x,y,z): 0 \leqslant x, 0 \leqslant y, x^2 + y^2 \leqslant 4, 0 \leqslant z \leqslant 1\}.$$

5. 证明封闭光滑曲面 S 所围立体 Ω 的体积

$$V(\Omega)=\frac{1}{3}\oiint_S[x\cos\alpha(x,y,z)+y\cos\beta(x,y,z)+z\cos\gamma(x,y,z)]\mathrm{d}S,$$其中

$\cos\alpha(x,y,z)$，$\cos\beta(x,y,z)$，$\cos\gamma(x,y,z)$表S在(x,y,z)处的外法向的方向余弦．

6. 设S为光滑封闭曲面，$\boldsymbol{l}$为空间中任一给定方向，$\boldsymbol{n}(x,y,z)$表S在(x,y,z)处的外法向，证明$\oiint_S\cos(\boldsymbol{n}(x,y,z),\boldsymbol{l})\mathrm{d}S=0$．

7. 设光滑封闭曲面S所围立体为Ω，$\boldsymbol{r}=(x,y,z)$，$r=\sqrt{x^2+y^2+z^2}$，$\boldsymbol{n}(x,y,z)$表S在(x,y,z)处的外法向．证明$\frac{1}{2}\oiint_S\cos(\boldsymbol{r},\boldsymbol{n}(x,y,z))\mathrm{d}S=\iiint_\Omega\frac{1}{r}\mathrm{d}x\mathrm{d}y\mathrm{d}z.$

8. 设$\Omega\subset\mathbf{R}^3$为有界闭区域，其边界$\partial\Omega$为光滑曲面，$u(x,y,z)$在$\Omega$上具有二阶连续偏导数，$\boldsymbol{n}(x,y,z)$表$\partial\Omega$在$(x,y,z)$处的外法向．证明

$$\iint_{\partial\Omega}\frac{\partial u}{\partial n}\mathrm{d}S=\iiint_\Omega\Delta u\mathrm{d}x\mathrm{d}y\mathrm{d}z,\text{ 其中 }\Delta u=u_{xx}+u_{yy}+u_{zz}.$$

9. 同8题条件．证明

$$\iint_{\partial\Omega}u\frac{\partial u}{\partial n}\mathrm{d}S=\iiint_\Omega u\Delta u\mathrm{d}x\mathrm{d}y\mathrm{d}z+\iiint_\Omega[(u_x)^2+(u_y)^2+(u_z)^2]\mathrm{d}x\mathrm{d}y\mathrm{d}z.$$

10. 设S是空间中一封闭光滑曲面，原点在其包含区域的内部．证明原点上点电荷q通过S的电通量为$4\pi q$.

11. 应用Stokes公式计算下列曲线积分：

(1)$\oint_L(y^2+z^2)\mathrm{d}x+(x^2+z^2)\mathrm{d}y+(x^2+y^2)\mathrm{d}z$，其中$L$为平面$x+y+z=2$与三坐标平面的交线，所取方向与其围成的区域上侧满足右手法则．

(2)$\oint_L(z-y)\mathrm{d}x+(x-z)\mathrm{d}y+(y-x)\mathrm{d}z$，其中$L$以$A(d,0,0)$，$B(0,d,0)$，$C(0,0,d)$为顶点的三角形沿$ACBA$方向．

(3)$\oint_L(xy+\frac{1}{3}x^3-z^2)\mathrm{d}z$，其中$L$为单位球面位于第一卦限部分的边界，$L$的方向与球面内侧法向满足右手法则．

(4)$\oint_L(x^3+xy^2+z)\mathrm{d}y$，其中$L$为上半球面$x^2+y^2+z^2=1$的边界，$L$的方向与球面外侧法向满足右手法则．

(5)$\oint_L(-z+y)\mathrm{d}x+(z-x)\mathrm{d}y+(-y+x)\mathrm{d}z$，其中$L$为平面$x^2+y^2=r^2$与$\frac{x}{r}+\frac{z}{h}=1$，$r>0$，$h>0$的交线，从$x$轴正向看去取逆时针方向．

12. 求下列全微分的原函数：

(1) $(yz-1)\mathrm{d}x+(xz-1)\mathrm{d}y+(xy-1)\mathrm{d}z$;

(2) $(yz-x^3)\mathrm{d}x+(xz-y^3)\mathrm{d}y+(xy-z^3)\mathrm{d}z$;

(3) $(x^2-4yz)\mathrm{d}x+(y^2-4xz)\mathrm{d}y+(z^2-4xy)\mathrm{d}z$.

13. 计算 $\oint_L y\mathrm{d}x+z\mathrm{d}y+x\mathrm{d}z$，其中 L 为球面 $x^2+y^2+z^2=r^2$ 与 $x+y+z=0$ 的交线，L 所取方向从 x 轴正向看去为顺时针方向.

14. 设 L 为平面 $x\cos\alpha+y\cos\beta+z\cos\gamma+c=0$ 上的一条光滑封闭曲线，其所围区域面积为 D，其中 α，β，γ，c 为常数，计算

$$\oint_L (z\cos\beta-y\cos\gamma)\mathrm{d}x+(x\cos\gamma-z\cos\alpha)\mathrm{d}y+(y\cos\alpha-x\cos\beta)\mathrm{d}z.$$

第 18 章　向量函数的微分学

本章第一节介绍向量函数概念；第二节介绍向量函数的极限与连续；第三节首先介绍向量函数的一阶导算子与微分，并详细讨论向量函数及其复合函数一阶导算子的计算法则，然后介绍向量函数的高阶导算子及其计算法则；第四节介绍隐函数与反函数定理及其在几何中的应用，向量函数的一阶导算子在隐函数的存在性与可导性中起到关键作用；第五节介绍向量函数的导算子在函数极值问题中的应用，讨论带约束条件的函数极值问题；本章最后一节介绍凸函数的次微分，并详细介绍它的性质与其在凸函数极值问题中的作用.

18.1　向量函数的概念

首先回顾一下 $\mathbf{R}^n$ 是 n 元实数组的全体，$\boldsymbol{x}\in\mathbf{R}^n$ 表 $\boldsymbol{x}=(x_1, x_2, \cdots, x_n)$ 为行向量或者 $\boldsymbol{x}=(x_1, x_2, \cdots, x_n)^{\mathrm{T}}$ 为列向量. 很多时候为书写方便，我们采用行向量记号，有时也采用列向量记号. 如不作特别声明，我们将不加区分.

18.1.1　向量函数的概念

定义 18.1.1　设 $n, m\geqslant 1$, $D\subseteq\mathbf{R}^n$ 为一非空子集. 如果对任一 $\boldsymbol{x}\in\mathbf{R}^n$，存在唯一 $\boldsymbol{y}\in\mathbf{R}^m$，使得 $\boldsymbol{x}$ 按某一法则与 $\boldsymbol{y}$ 对应，则称此法则为一向量函数，记为 $\boldsymbol{f}$: $D\to\mathbf{R}^m$, $\boldsymbol{y}=\boldsymbol{f}(\boldsymbol{x})$. D 称为 $\boldsymbol{f}$ 的定义域，$\boldsymbol{f}(D)=\{\boldsymbol{y}\in\mathbf{R}^m: \exists\boldsymbol{x}\in D, \boldsymbol{f}(\boldsymbol{x})=\boldsymbol{y}\}$ 称为 $\boldsymbol{f}$ 的值域.

定义 18.1.2　设 $\boldsymbol{f}(\boldsymbol{x})$: $D\subseteq\mathbf{R}^n\to\mathbf{R}^m$ 为一映射. 如果对任意 $\boldsymbol{x}, \boldsymbol{y}\in D$, $\boldsymbol{x}\neq\boldsymbol{y}$，有 $\boldsymbol{f}(\boldsymbol{x})\neq\boldsymbol{f}(\boldsymbol{y})$，则称 $\boldsymbol{f}$ 是单一映射. 这个时候，对任一 $\boldsymbol{y}\in\boldsymbol{f}(D)$，有唯一 $\boldsymbol{x}\in D$ 使得 $\boldsymbol{f}(\boldsymbol{x})=\boldsymbol{y}$. 因此可以定义映射 $\boldsymbol{f}^{-1}$: $\boldsymbol{f}(D)\to D$ 为 $\boldsymbol{f}^{-1}(\boldsymbol{y})=\boldsymbol{x}$，其中 $\boldsymbol{f}(\boldsymbol{x})=\boldsymbol{y}$，称 $\boldsymbol{f}^{-1}$ 为 $\boldsymbol{f}$ 的逆映射或反函数.

例 18.1.1　$\boldsymbol{I}$: $\mathbf{R}^n\to\mathbf{R}^n$ 定义为 $\boldsymbol{Ix}=\boldsymbol{x}$, $\forall\boldsymbol{x}\in\mathbf{R}^n$，称为恒等映射.

例 18.1.2　$\boldsymbol{f}$: $\mathbf{R}^3\to\boldsymbol{R}^2$ 定义为 $\boldsymbol{f}(x_1, x_2, x_3)=(x_1-x_3, x_2+x_3^2)$, $\forall\boldsymbol{x}=(x_1, x_2, x_3)\in\mathbf{R}^3$，则 $\boldsymbol{f}$ 为一向量函数.

例 18.1.3　设 $u(x, y, z)$: $\mathbf{R}^3\to\mathbf{R}$ 关于 x, y, z 具有一阶偏导数. 则梯度函数 $\boldsymbol{F}(x, y, z)=\mathbf{grad}\, u=(u_x, u_y, u_z)$ 是一个向量函数.

注　$\mathbf{grad}\, u$ 也记为 ∇u.

例 18.1.4　设 $P(x, y, z)$, $Q(x, y, z)$, $R(x, y, z)$: $\mathbf{R}^3\to\mathbf{R}$ 关于 x, y, z 具有一阶偏导数，向量函数 $\boldsymbol{A}(x, y, z)=(P(x, y, z), Q(x, y, z), R(x, y, z))$.

(1)称 $\operatorname{div}\boldsymbol{A}=P_x+Q_y+R_z$ 为向量函数 $\boldsymbol{A}(x, y, z)$ 在 (x, y, z) 处的散度；

(2)称 $\mathbf{rot}\,\boldsymbol{A}=(R_y-Q_z, P_z-R_x, Q_x-P_y)$ 为向量函数 $\boldsymbol{A}(x, y, z)$ 在 (x, y, z) 处的旋度.

例 18.1.5　记空间光滑曲面的有向面积微元为 $\mathrm{d}\boldsymbol{S}=\boldsymbol{n}_0\mathrm{d}S$，其中 $\boldsymbol{n}_0$ 表指定侧单位法向量. 则我们可以把 Gauss 公式改写为向量函数的内积形式：

$$\iint_{S_{外侧}}\boldsymbol{A}\cdot\mathrm{d}\boldsymbol{S}=\iiint_{\Omega}\operatorname{div}\boldsymbol{A}\mathrm{d}V,\ \boldsymbol{A}(x,y,z)=(P(x,y,z),Q(x,y,z),R(x,y,z)).$$

同理，记空间光滑曲面的边界曲线 L 的有向弧长微元为 $\mathrm{d}\boldsymbol{s}=\boldsymbol{\tau}_0\mathrm{d}s$，$\boldsymbol{\tau}_0$ 为单位切向量. 则 Stokes 公式

$$\oint_{L_{右手}}\boldsymbol{A}\cdot\mathrm{d}\boldsymbol{s}=\iint_{S_{指定侧}}\mathbf{rot}\,\boldsymbol{A}\cdot\mathrm{d}\boldsymbol{S},$$

其中 $\boldsymbol{A}(x,y,z)=(P(x,y,z),Q(x,y,z),R(x,y,z))$. 切向量与右手握的方向一致.

例 18.1.6　考虑太阳系行星绕太阳运动轨迹 $\boldsymbol{r}(t)=(x(t), y(t), z(t))$，则有

$$m\boldsymbol{r}''(t)=-G\frac{mM}{\|\boldsymbol{r}(t)\|^3}\boldsymbol{r}(t),$$

其中 m 为行星质量，M 为太阳质量，G 为引力常量，$\boldsymbol{r}''(t)=(x''(t), y''(t), z''(t))$.

命题 18.1.1　$\boldsymbol{f}$: $D\subseteq\mathbf{R}^n\to\mathbf{R}^m$ 为向量函数的充要条件是：存在 m 个 n 元函数 $f_j(\boldsymbol{x})$: $D\to\mathbf{R}$, $j=1, 2, \cdots, m$，使得 $\boldsymbol{f}(\boldsymbol{x})=(f_1(\boldsymbol{x}), f_2(\boldsymbol{x}), \cdots, f_m(\boldsymbol{x}))$, $\forall\boldsymbol{x}\in D$.

证明　充分性显然，只需证必要性.

设 $\boldsymbol{f}$: $D\subseteq\mathbf{R}^n\to\mathbf{R}^m$ 为向量函数. 由于对任一 $\boldsymbol{x}\in\mathbf{R}^n$，有唯一 $\boldsymbol{y}=(y_1,y_2,\cdots,y_m)\in\mathbf{R}^m$，使得 $(y_1,y_2,\cdots,y_n)=\boldsymbol{f}(\boldsymbol{x})$，因此我们定义 n 元函数 f_j: $D\to\mathbf{R}$ 如下：

$$f_j(\boldsymbol{x})=y_j,\ \forall\boldsymbol{x}\in D, j=1,2,\cdots,m.$$

于是有 $\boldsymbol{f}(\boldsymbol{x})=(f_1(\boldsymbol{x}), f_2(\boldsymbol{x}), \cdots, f_m(\boldsymbol{x}))$, $\forall\boldsymbol{x}\in D$.

18.1.2　线性向量函数

定义 18.1.3　如果向量函数 $\boldsymbol{T}$: $\mathbf{R}^n\to\mathbf{R}^m$ 满足以下条件：

(1) $\boldsymbol{T}(\boldsymbol{x}+\boldsymbol{y})=\boldsymbol{T}\boldsymbol{x}+\boldsymbol{T}\boldsymbol{y}$, $\forall\boldsymbol{x}, \boldsymbol{y}\in\mathbf{R}^n$;

(2) $\boldsymbol{T}(\lambda\boldsymbol{x})=\lambda\boldsymbol{T}\boldsymbol{x}$, $\forall x\in\mathbf{R}^n$, $\lambda\in\mathbf{R}$

则称 $\boldsymbol{T}$ 为线性向量函数.

定义 18.1.4　设 U, V 为实数域上两个有限维向量空间，映射 $\boldsymbol{T}$: $U\to V$ 满足以下条件：

(1) $\boldsymbol{T}(\boldsymbol{x}+\boldsymbol{y})=\boldsymbol{T}\boldsymbol{x}+\boldsymbol{T}\boldsymbol{y}$, $\forall\boldsymbol{x}, \boldsymbol{y}\in U$;

(2) $\boldsymbol{T}(\lambda\boldsymbol{x})=\lambda\boldsymbol{T}\boldsymbol{x}$, $\forall\boldsymbol{x}\in U$, $\lambda\in\boldsymbol{R}$

则称 $\boldsymbol{T}$ 为线性算子或者线性映射.

设 $\dim U=n$, $\dim V=m$. 对任一线性算子 $\boldsymbol{T}$: $U\to V$，由矩阵理论知道，对 U 的一组基 $\boldsymbol{\varepsilon}_1$, $\boldsymbol{\varepsilon}_2$, $\cdots$, $\boldsymbol{\varepsilon}_n$, V 的一组基 $\boldsymbol{\eta}_1$, $\boldsymbol{\eta}_2$, $\cdots$, η_m，存在 $m\times n$ 矩阵 $\boldsymbol{A}$，使得

$$Tx = (\boldsymbol{\eta}_1, \boldsymbol{\eta}_2, \cdots, \boldsymbol{\eta}_m)Ax, \ \forall x = \sum_{i=1}^{n} x_i \boldsymbol{\varepsilon}_i \in U, \ x = (x_1, x_2, \cdots, x_n)^{\mathrm{T}}.$$

特别对，任一线性算子 T：$\mathbf{R}^n \to \mathbf{R}^m$，存在 $m \times n$ 矩阵 A，使得 $Tx = Ax$，$\forall x \in \mathbf{R}^n$ 为列向量.

以下我们记 $L(\mathbf{R}^n, \mathbf{R}^m) = \{T: \mathbf{R}^n \to \mathbf{R}^m$ 为线性算子$\}$表映 $\mathbf{R}^n$ 到 $\mathbf{R}^m$ 的线性算子全体，也就是 $m \times n$ 矩阵全体，$L(\mathbf{R}^n, \mathbf{R}^m)$是一个有限维向量空间. 同理我们记 $L(\mathbf{R}^n, L(\mathbf{R}^n, \mathbf{R}^m)) = \{T: \mathbf{R}^n \to L(\mathbf{R}^n, \mathbf{R}^m)$为线性算子$\}$，$L(\mathbf{R}^n, L(\mathbf{R}^n, \mathbf{R}^m))$是一个有限维向量空间，$L(\mathbf{R}^n, L(\mathbf{R}^n, L(\mathbf{R}^n, \mathbf{R}^m)))$表映 $\mathbf{R}^n$ 到 $L(\mathbf{R}^n, L(\mathbf{R}^n, \mathbf{R}^m))$的线性算子全体…… 如此表示可反复进行多次.

定义 18.1.5 设 $T \in L(\mathbf{R}^n, \mathbf{R}^m)$. 令$\|T\| = \max\limits_{\|x\|=1} \|Tx\|$，则称$\|T\|$为 T 的范数.

我们说明定义 18.1.5 有意义. 因为存在 $m \times n$ 矩阵 $A = (a_{ij})$，$1 \leqslant i \leqslant m$，$1 \leqslant j \leqslant n$，使得 $Tx = Ax$，$\forall x = (x_1, x_2, \cdots, x_n)^{\mathrm{T}}$. 故有 $\|Tx\| = \sqrt{\sum\limits_{i=1}^{m} (\sum\limits_{j=1}^{n} a_{ij}x_j)^2}$. 它是一个 n 元连续函数，因此在单位球面$\{x: \|x\| = 1\}$上取得最大值. 于是$\|T\| = \max\limits_{\|x\|=1} \|Tx\|$有意义.

命题 18.1.2 $\|Tx\| \leqslant \|T\|\|x\|$，$\forall x \in \mathbf{R}^n$.

证明 $x = \mathbf{0}$ 时，命题显然成立，故设 $x \neq \mathbf{0}$.

由于
$$Tx = T\left(\|x\|\frac{x}{\|x\|}\right) = \|x\|T\frac{x}{\|x\|},$$
故
$$\|Tx\| \leqslant \|x\|\left\|T\frac{x}{\|x\|}\right\| \leqslant \|T\|\|x\|$$
成立.

容易证明下面命题成立. 细节留给读者.

命题 18.1.3 下列结论成立.

(1) $\|T\| = 0 \Leftrightarrow T = \mathbf{0}$;

(2) $\|\lambda T\| = |\lambda|\|T\|$，$\forall \lambda \in \mathbf{R}$;

(3) $\|T + S\| \leqslant \|T\| + \|S\|$，$\forall T, S \in L(\mathbf{R}^n, \mathbf{R}^m)$.

定义 18.1.6 设 $T_k \in L(\mathbf{R}^n, \mathbf{R}^m)$，$k = 1, 2, \cdots$，$T \in L(\mathbf{R}^n, \mathbf{R}^m)$. 如果 $\lim\limits_{k\to\infty} \|T_k - T\| = 0$，则称当 $k \to \infty$ 时，线性算子 $T_k \to T$，记 $T = \lim\limits_{k\to\infty} T_k$.

命题 18.1.4 设 $A_k = (a_{ij}^k)$，$A = (a_{ij})$，$k = 1, 2, \cdots$，为 $m \times n$ 矩阵. 则 $A_k \to A$ 的充要条件是：$\lim\limits_{k\to\infty} a_{ij}^k = a_{ij}$，$1 \leqslant i \leqslant m$，$1 \leqslant j \leqslant n$.

证明 必要性. 设 $A_k \to A$. 由命题知 $A_k x \to Ax$，$\forall x \in \mathbf{R}^n$，于是有

$$\lim_{k\to\infty} \sum_{i=1}^{m} \left[\sum_{j=1}^{n} (a_{ij}^k - a_{ij})x_j\right]^2 = 0, \ \forall x = (x_1, x_2, \cdots, x_n)^{\mathrm{T}} \in \mathbf{R}^n.$$

依次取 $x_s = 1$，$x_j = 0$，$j \neq s$，$s = 1, 2, \cdots, n$，得

$$\lim_{k\to\infty} \sum_{i=1}^{m} (a_{is}^k - a_{is})^2 = 0.$$

于是有 $a_{ij}^k \to a_{ij}$，$1 \leqslant i \leqslant m$，$1 \leqslant j \leqslant n$.

充分性．设 $a_{ij}^k \to a_{ij}$，$1 \leqslant i \leqslant m$，$1 \leqslant j \leqslant n$. 由于

$$\|(\boldsymbol{A}_k - \boldsymbol{A})\boldsymbol{x}\| = \sqrt{\sum_{i=1}^{m}\left[\sum_{j=1}^{n}(a_{ij}^k - a_{ij})x_j\right]^2},$$

以及由 Cauchy-Schwarz 不等式有

$$\left|\sum_{j=1}^{n}(a_{ij}^k - a_{ij})x_j\right| \leqslant \sqrt{\sum_{j=1}^{n}(a_{ij}^k - a_{ij})^2}\sqrt{\sum_{j=1}^{n}x_j^2}.$$

因此有
$$\|(\boldsymbol{A}_k - \boldsymbol{A})\boldsymbol{x}\| \leqslant \sqrt{\sum_{i=1}^{m}\sum_{j=1}^{n}(a_{ij}^k - a_{ij})^2}\,\|\boldsymbol{x}\|, \forall \boldsymbol{x} \in \mathbf{R}^n.$$

于是
$$\|\boldsymbol{A}_k - \boldsymbol{A}\| \leqslant \sqrt{\sum_{j=1}^{m}\sum_{j=1}^{n}(a_{ij}^k - a_{ij})^2} \to 0, k \to \infty \text{ 时}.$$

本章我们假设矩阵的元素可以是线性算子，即矩阵的元素可以是矩阵．设 $\boldsymbol{A} = (\boldsymbol{A}_1 \quad \boldsymbol{A}_2 \quad \cdots \quad \boldsymbol{A}_n)$，其中 $\boldsymbol{A}_i$ 为同型矩阵，即 $\boldsymbol{A}_i$ 同为 $s \times t$ 阶矩阵或同为由同型矩阵组成的 $s \times t$ 阶矩阵，$i = 1, 2, \cdots, n$.

注　矩阵的元素可以是环中元素．

我们在本章中作如下规定：

$$\boldsymbol{A}\boldsymbol{x} = \sum_{i=1}^{n} x_i \boldsymbol{A}_i, \tag{18.1.1}$$

其中 $\boldsymbol{x} = (x_1, x_2, \cdots, x_n)^{\mathrm{T}} \in \mathbf{R}^n$，$x_i$ 为 $\boldsymbol{x}$ 的第 i 个分量，$x_i\boldsymbol{A}_i$ 表数 x_i 乘矩阵 $\boldsymbol{A}_i$，$i = 1, 2, \cdots, n$.

(1) 当 $\boldsymbol{A} = (a_{ij})_{m\times n}$，$a_{ij} \in \mathbf{R}$，$1 \leqslant i \leqslant m$，$1 \leqslant j \leqslant n$ 时，将 $\boldsymbol{A}$ 按列分块得到 $\boldsymbol{A} = (\boldsymbol{A}_1 \quad \boldsymbol{A}_2 \quad \cdots \quad \boldsymbol{A}_n)$，其中 $\boldsymbol{A}_j = (a_{1j} \quad a_{2j} \quad \cdots \quad a_{mj})^{\mathrm{T}}$，则有

$$\boldsymbol{A}\boldsymbol{x} = x_1\boldsymbol{A}_1 + x_2\boldsymbol{A}_2 + \cdots + x_n\boldsymbol{A}_n.$$

(2) 高等代数教材中，规定 $(v_1, v_2, \cdots, v_n)\boldsymbol{x} = \sum_{i=1}^{n} x_i v_i$，其中 v_i 为数域上向量空间 V 中的元素，$i = 1, 2, \cdots, n$，$\boldsymbol{x} = (x_1, x_2, \cdots, x_n)^{\mathrm{T}} \in \mathbf{R}^n$．因此当我们把矩阵看作实数域上某一向量空间中的元素时，这个规定与高等代数中的规定是一致的．

式(18.1.1)在向量函数的高阶导算子计算中发挥重要作用．

例 18.1.7　设 $f(x)$：$\mathbf{R}^3 \to \mathbf{R}$ 为一线性函数．则由矩阵理论知，存在矩阵 $\boldsymbol{A} = (a_1, a_2, a_3)$，使得 $f(\boldsymbol{x}) = \boldsymbol{A}\boldsymbol{x} = a_1x_1 + a_2x_2 + a_3x_3$，$\boldsymbol{x} = (x_1, x_2, x_3)^{\mathrm{T}} \in \mathbf{R}^3$.

例 18.1.8　设 $\boldsymbol{T}$：$\mathbf{R}^2 \to L(\mathbf{R}^2, \mathbf{R}^2)$ 为一线性算子，取定 $\mathbf{R}^2$ 的一组基，$\boldsymbol{e}_1 = (1, 0)^{\mathrm{T}}$，$\boldsymbol{e}_2 = (0, 1)^{\mathrm{T}}$. 则对任一 $\boldsymbol{x} = (x_1, x_2)^{\mathrm{T}} \in \mathbf{R}^2$，有 $\boldsymbol{x} = x_1\boldsymbol{e}_1 + x_2\boldsymbol{e}_2$. 于是有

$$\boldsymbol{T}\boldsymbol{x} = x_1\boldsymbol{T}\boldsymbol{e}_1 + x_2\boldsymbol{T}\boldsymbol{e}_2,\ \boldsymbol{T}\boldsymbol{e}_1, \boldsymbol{T}\boldsymbol{e}_2 \in L(\mathbf{R}^2, \mathbf{R}^2).$$

故 $\boldsymbol{T}\boldsymbol{e}_1$，$\boldsymbol{T}\boldsymbol{e}_2$ 分别等同于一个 2×2 矩阵．

因此可以把 $\boldsymbol{T}$ 记为 $\boldsymbol{T} = (\boldsymbol{T}\boldsymbol{e}_1\ \boldsymbol{T}\boldsymbol{e}_2)$，于是按式(18.1.1)，

$$\boldsymbol{T}\boldsymbol{x} = (\boldsymbol{T}\boldsymbol{e}_1, \boldsymbol{T}\boldsymbol{e}_2)x = x_1\boldsymbol{T}\boldsymbol{e}_1 + x_2\boldsymbol{T}\boldsymbol{e}_2,\ x = (x_1, x_2)^{\mathrm{T}} \in \mathbf{R}^2.$$

例如取 $Te_1=\begin{pmatrix}1&0\\1&1\end{pmatrix}$，$Te_2=\begin{pmatrix}0&1\\-1&2\end{pmatrix}$，则有 $Tx=\begin{pmatrix}x_1&x_2\\x_1-x_2&x_1+2x_2\end{pmatrix}$.

例 18.1.9 设 $A=(A_1, A_2, A_3)$，其中

$$A_1=\left(\begin{pmatrix}1&0\\0&1\end{pmatrix}\begin{pmatrix}1&0\\-1&0\end{pmatrix}\right),\ A_2=\left(\begin{pmatrix}1&0\\1&0\end{pmatrix}\begin{pmatrix}0&1\\0&1\end{pmatrix}\right),\ A_3=\left(\begin{pmatrix}1&0\\0&2\end{pmatrix}\begin{pmatrix}0&2\\2&0\end{pmatrix}\right).$$

则有

$$x_1A_1=\left(\begin{pmatrix}x_1&0\\0&x_1\end{pmatrix}\begin{pmatrix}x_1&0\\-x_1&0\end{pmatrix}\right),$$

$$x_2A_2=\left(\begin{pmatrix}x_2&0\\x_2&0\end{pmatrix}\begin{pmatrix}0&x_2\\0&x_2\end{pmatrix}\right),$$

$$x_3A_3=\left(\begin{pmatrix}x_3&0\\0&2x_3\end{pmatrix}\begin{pmatrix}0&2x_3\\2x_3&0\end{pmatrix}\right),$$

$$Ax=\left(\begin{pmatrix}x_1+x_2+x_3&0\\x_2&x_1+2x_3\end{pmatrix}\begin{pmatrix}x_1&x_2+2x_3\\-x_1+2x_3&x_2\end{pmatrix}\right),\ x=(x_1,x_2,x_3)^{\mathrm{T}}.$$

设 $A(x)=(a_{ij}(x))_{k\times t}$，$x=(x_1, x_2, \cdots, x_n)^{\mathrm{T}}\in\mathbf{R}^n$，其中 $a_{ij}(x)$：$\mathbf{R}^n\to\mathbf{R}$，$\dfrac{\partial a_{ij}(x)}{\partial x_s}$存在，$1\leqslant i\leqslant k$，$1\leqslant j\leqslant t$，$1\leqslant s\leqslant n$. 本章将采用以下记号：

$$A_{x_s}(x)=\left(\frac{\partial a_{ij}(x)}{\partial x_s}\right)_{k\times t},\ s=1,2,\cdots,n. \tag{18.1.2}$$

例 18.1.10 $Ax=\begin{pmatrix}x_1+2x_2&2x_1^2\\3x_2&x_1x_2\end{pmatrix}$，$x=(x_1, x_2)^{\mathrm{T}}\in\mathbf{R}^2$，则有 $A_{x_1}(x)=\begin{pmatrix}1&4x_1\\0&x_2\end{pmatrix}$，$A_{x_2}(x)=\begin{pmatrix}2&0\\3&x_1\end{pmatrix}$.

一般地，设 $A(x)=(A^{ij}(x))_{p\times q}$，$A^{ij}(x)$为矩阵，$A^{ij}(x)$的元素也可以是矩阵，$1\leqslant i\leqslant p$，$1\leqslant j\leqslant q$，递归定义 $A_{x_s}(x)=(A^{ij}_{x_s}(x))$，$x=(x_1, x_2, \cdots, x_n)^{\mathrm{T}}\in\mathbf{R}^n$，$1\leqslant s\leqslant n$.

例 18.1.11 设 $A(x)=\begin{pmatrix}\begin{pmatrix}(x_1, x_2)&(1, x_1)\\(x_1x_2, 2)&(2x_1, 0)\end{pmatrix}&\begin{pmatrix}(0, x_1x_2^2)&(x_1, 2)\\(x_2^2, 1)&(2, x_1^2)\end{pmatrix}\\\begin{pmatrix}(0, x_1)&(x_2, x_1^3)\\(x_1e^{x_2}, -x_2)&(1, x_1)\end{pmatrix}&\begin{pmatrix}(x_1^4, 2)&(3x_2, 1)\\(2x_1, 1)&(x_1, x_2)\end{pmatrix}\end{pmatrix}$，其中 $x=(x_1, x_2)^{\mathrm{T}}\in\mathbf{R}^2$. 有

$$A_{x_1}(x)=\begin{pmatrix}\begin{pmatrix}(1,0) & (0,1)\\(x_2,0) & (2,0)\end{pmatrix} & \begin{pmatrix}(0,x_2^2) & (1,0)\\(0,0) & (0,2x_1)\end{pmatrix}\\ \begin{pmatrix}(0,1) & (0,3x_1^2)\\(\mathrm{e}^{x_2},0) & (0,1)\end{pmatrix} & \begin{pmatrix}(4x_1^3,0) & (0,0)\\(2,0) & (1,0)\end{pmatrix}\end{pmatrix}.$$

习　题

1. 设 $\boldsymbol{r}(x,\ y,\ z)=\sqrt{x^2+y^2+z^2}$. 求 $\mathbf{grad}\ \boldsymbol{r}$.
2. 设 $\boldsymbol{A}(x,\ y,\ z)=(y^2+z^2,\ z^2+x^2,\ x^2+y^2)$，求 $\operatorname{div}\boldsymbol{A}$，$\mathbf{rot}\ \boldsymbol{A}$.
3. 设 $\boldsymbol{v}(x,\ y,\ z)=(\omega_2z-\omega_3y,\ \omega_3x-\omega_1z,\ \omega_1y-\omega_2x)$，求 $\mathbf{rot}\ \boldsymbol{v}$.
4. 计算 $\boldsymbol{A}_{x_1}(\boldsymbol{x})$，$\boldsymbol{A}_{x_2}(\boldsymbol{x})$，$\boldsymbol{A}_{x_3}(\boldsymbol{x})$，其中 $\boldsymbol{A}(\boldsymbol{x})$ 分别取以下矩阵：

(1) $\boldsymbol{A}(\boldsymbol{x})=\begin{pmatrix}x_1-x_3^2 & x_1x_2 & x_1x_3\\ \mathrm{e}^{x_1x_2} & x_3 & x_1^2x_2\\ x_1^3 & x_2 & x_3^3\end{pmatrix}$，$\boldsymbol{x}=(x_1,\ x_2,\ x_3)^{\mathrm{T}}\in\mathbf{R}^3$；

(2) $\boldsymbol{A}(\boldsymbol{x})=\left(\begin{pmatrix}x_1^2 & -\mathrm{e}^{x_1x_3}\\ x_2+x_3 & x_2^3\end{pmatrix}\begin{pmatrix}x_1\mathrm{e}^{x_1x_2} & x_3\\ -x_3+2 & x_1x_2x_3\end{pmatrix}\right)$，$\boldsymbol{x}=(x_1,\ x_2,\ x_3)^{\mathrm{T}}\in\mathbf{R}^3$.

18.2　向量函数的极限与连续

定义 18.2.1　设 $\boldsymbol{f}:D\setminus\{\boldsymbol{x}_0\}\subseteq\mathbf{R}^n\to\mathbf{R}^m$ 为向量函数，$\boldsymbol{x}_0$ 为 D 的聚点，$\boldsymbol{y}_0\in\mathbf{R}^m$. 如果 $\lim\limits_{\boldsymbol{x}\to\boldsymbol{x}_0}\|\boldsymbol{f}(\boldsymbol{x})-\boldsymbol{y}_0\|=0$，则称当 $\boldsymbol{x}\to\boldsymbol{x}_0$ 时，$\boldsymbol{f}(\boldsymbol{x})\to\boldsymbol{y}_0$，记为 $\lim\limits_{\boldsymbol{x}\to\boldsymbol{x}_0}\boldsymbol{f}(\boldsymbol{x})=\boldsymbol{y}_0$.

例 18.2.1　设 $\boldsymbol{f}(x,\ y)=\begin{cases}\left(x\sin\dfrac{1}{y},\ y\cos\dfrac{1}{x}\right), & x\neq0,\ y\neq0\\(0,\ 0), & \text{其他}\end{cases}$. 证明 $\lim\limits_{(x,y)\to(0,0)}\boldsymbol{f}(x,\ y)=(0,\ 0)$.

证明　因为 $\|\boldsymbol{f}(x,\ y)-(0,\ 0)\|\leqslant\sqrt{x^2+y^2}$，故当 $(x,\ y)\to(0,\ 0)$ 时，$\sqrt{x^2+y^2}\to0$. 于是有 $\lim\limits_{(x,y)\to(0,0)}\boldsymbol{f}(x,\ y)=(0,\ 0)$.

命题 18.2.1　设 $\boldsymbol{f}(\boldsymbol{x})=(f_1(\boldsymbol{x}),\ f_2(\boldsymbol{x}),\ \cdots,\ f_m(\boldsymbol{x}))$，$\boldsymbol{x}\in D$. 则 $\lim\limits_{\boldsymbol{x}\to\boldsymbol{x}_0}\boldsymbol{f}(\boldsymbol{x})$ 存在的充要条件是 $\lim\limits_{\boldsymbol{x}\to\boldsymbol{x}_0}f_j(\boldsymbol{x})$ 存在，$j=1,\ 2,\ \cdots,\ m$.

定义 18.2.2　设 $\boldsymbol{f}$: $D\subseteq\mathbf{R}^n\to\mathbf{R}^m$ 为向量函数，$\boldsymbol{x}_0\in D$. 如果 $\lim\limits_{\boldsymbol{x}\to\boldsymbol{x}_0}\boldsymbol{f}(\boldsymbol{x})=\boldsymbol{f}(\boldsymbol{x}_0)$，则称 $\boldsymbol{f}(\boldsymbol{x})$ 在 $\boldsymbol{x}_0\in D$ 处连续.

例 18.2.2　设 $\boldsymbol{f}(x,\ y)=\begin{cases}\left(x\sin\dfrac{1}{x^2+y^2},\ y\cos\dfrac{1}{x^2+y^2}\right), & (x,\ y)\neq(0,\ 0),\\(0,\ 0), & (x,\ y)=(0,\ 0).\end{cases}$ 证明

$\boldsymbol{f}(x, y)$在$(0, 0)$处连续.

证明 因为

$$\|\boldsymbol{f}(x,y)\| = \sqrt{x^2\sin^2\frac{1}{x^2+y^2} + y^2\cos^2\frac{1}{x^2+y^2}} \leqslant \sqrt{x^2+y^2},$$

故有 $\lim\limits_{(x,y)\to(0,0)}\|\boldsymbol{f}(x, y)\| = 0$, $\boldsymbol{f}(x, y)$在$(0, 0)$处连续.

定理 18.2.1(**Banach 压缩映射原理**) 设$D\subset\mathbf{R}^n$为一非空闭集, $\boldsymbol{T}$: $D\to D$满足$d(\boldsymbol{Tx}, \boldsymbol{Ty})\leqslant hd(\boldsymbol{x}, \boldsymbol{y})$, $\forall\boldsymbol{x}, \boldsymbol{y}\in D$, 其中$0\leqslant h<1$为一常数, d为$\mathbf{R}^n$中距离. 则存在唯一$\boldsymbol{x}^*\in D$, 使得$\boldsymbol{Tx}^*=\boldsymbol{x}^*$, $\boldsymbol{x}^*$称为$\boldsymbol{T}$的不动点.

证明 任取$\boldsymbol{x}_0\in D$, 令$\boldsymbol{x}_1=\boldsymbol{Tx}_0$, $\boldsymbol{x}_2=\boldsymbol{Tx}_1$, $\cdots$, $\boldsymbol{x}_n=\boldsymbol{Tx}_{n-1}$, $n\geqslant 3$, 则有

$$d(\boldsymbol{x}_n,\boldsymbol{x}_{n-1}) \leqslant hd(\boldsymbol{x}_{n-1},\boldsymbol{x}_{n-2}) \leqslant \cdots \leqslant h^{n-1}d(\boldsymbol{x}_1,\boldsymbol{x}_0),\ n=2,3,\cdots.$$

于是

$$\begin{aligned} d(\boldsymbol{x}_{n+m},\boldsymbol{x}_n) &\leqslant d(\boldsymbol{x}_{n+m},\boldsymbol{x}_{n+m-1}) + d(\boldsymbol{x}_{n+m-1},\boldsymbol{x}_{n+m-2}) + \cdots + d(\boldsymbol{x}_{n+1},\boldsymbol{x}_n) \\ &\leqslant h^{n+m-1}d(\boldsymbol{x}_1,\boldsymbol{x}_0) + h^{n+m-2}d(\boldsymbol{x}_1,\boldsymbol{x}_0) + \cdots + h^n d(\boldsymbol{x}_1,\boldsymbol{x}_0) \\ &= \frac{h^n - h^{n+m}}{1-h}d(\boldsymbol{x}_1,\boldsymbol{x}_0) \to 0, n,m\to+\infty \text{ 时}. \end{aligned}$$

令$\boldsymbol{x}^*=\lim\limits_{n\to\infty}\boldsymbol{x}_n$. 由于$D$是闭集, 故有$\boldsymbol{x}^*\in D$.

再由$d(\boldsymbol{Tx}_n, \boldsymbol{Tx}^*)\leqslant hd(\boldsymbol{x}_n, \boldsymbol{x}^*)$, 令$n\to\infty$即得$d(\boldsymbol{x}^*, \boldsymbol{Tx}^*)=0$. 于是$\boldsymbol{Tx}^*=\boldsymbol{x}^*$.

最后证明唯一性. 假设$\boldsymbol{y}^*\in D$, $\boldsymbol{Ty}^*=\boldsymbol{y}^*$. 则有$d(\boldsymbol{x}^*, \boldsymbol{y}^*)=d(\boldsymbol{Tx}^*, \boldsymbol{Ty}^*)\leqslant hd(\boldsymbol{x}^*, \boldsymbol{y}^*)$, 于是有$d(\boldsymbol{x}^*, \boldsymbol{y}^*)=0$, $\boldsymbol{x}^*=\boldsymbol{y}^*$, 唯一性得证.

例 18.2.3 设$\boldsymbol{T}$: $\mathbf{R}^n\to\mathbf{R}^n$满足$d(\boldsymbol{Tx}, \boldsymbol{Ty})\leqslant d(\boldsymbol{x}, \boldsymbol{y})$. 证明存在$\boldsymbol{x}^k\in\mathbf{R}^n$, 满足$\boldsymbol{Tx}^k=k\boldsymbol{x}^k$, $k=2$, $\cdots$.

证明 令$\boldsymbol{T}_k\boldsymbol{x}=\frac{1}{k}\boldsymbol{Tx}$, $\forall\boldsymbol{x}\in\mathbf{R}^n$, $k=2$, $\cdots$. 则有

$$d(\boldsymbol{T}_k\boldsymbol{x},\boldsymbol{T}_k\boldsymbol{y}) \leqslant \frac{1}{k}d(\boldsymbol{x},\boldsymbol{y}),\ \forall\boldsymbol{x},\boldsymbol{y}\in\mathbf{R}^n.$$

由定理 18.2.1 知, 存在$\boldsymbol{x}^k\in\mathbf{R}^n$, 使得$\boldsymbol{T}_k\boldsymbol{x}^k=\boldsymbol{x}^k$, 即$\boldsymbol{Tx}^k=k\boldsymbol{x}^k$, $k=2$, $\cdots$.

定理 18.2.2(**Brouwer 不动点定理**) 设$B(\boldsymbol{0}, r)=\{\boldsymbol{x}\in\mathbf{R}^n, \|\boldsymbol{x}\|<r\}$, $\boldsymbol{T}$: $\overline{B(\boldsymbol{0}, r)}\to\overline{B(\boldsymbol{0}, r)}$为一连续映射, 则存在$\boldsymbol{x}^*\in\overline{B(\boldsymbol{0}, r)}$, 满足$\boldsymbol{Tx}^*=\boldsymbol{x}^*$.

注 定理 18.2.2 之证明可参见[4-6].

习 题

1. 求下列向量函数在$(0, 0)$处的极限:

(1) $\boldsymbol{f}(x, y)=\left(\dfrac{\sin(x^2+y^2)}{\sqrt{x^2+y^2}}, x^2\ln(x^2+y^2)\right)$, $(x, y)\neq(0, 0)$;

(2) $\boldsymbol{f}(x, y)=\left(1-\dfrac{x^4+y^2}{\sqrt{x^4+y^2+2}-\sqrt{2}}, (\sin y^2)\ln^2(x^2+y^2)\right)$, $(x, y)\neq(0, 0)$.

2. 设$\overline{B(0,\ 1)}\subset\mathbf{R}^n$为闭单位球，$\boldsymbol{T}$：$\overline{B(0,\ 1)}\to\overline{B(0,\ 1)}$满足如下条件：$d(\boldsymbol{Tx},\ \boldsymbol{Ty})\leqslant d(\boldsymbol{x},\ \boldsymbol{y})$，$\forall\boldsymbol{x},\ \boldsymbol{y}\in\overline{B(0,\ 1)}$，其中

$$d(\boldsymbol{x},\boldsymbol{y})=\sqrt{\sum_{i=1}^{n}(x_i-y_i)^2},\ \boldsymbol{x}=(x_1,x_2,\cdots,x_n),\ \boldsymbol{y}=(y_1,y_2,\cdots,y_n)\in\mathbf{R}^n.$$

证明$\boldsymbol{T}$在$\overline{B(0,\ 1)}$中有不动点.

3. 设$\boldsymbol{A}(\boldsymbol{x})=(a_{ij}(\boldsymbol{x}))_{n\times n}$，$\boldsymbol{x}\in\mathbf{R}^m$，$\lim\limits_{\boldsymbol{x}\to\boldsymbol{x}_0}a_{ij}(\boldsymbol{x})=a_{ij}(\boldsymbol{x}_0)$，$1\leqslant i,\ j\leqslant n$. 证明下列结论成立：

(1) $\lim\limits_{\boldsymbol{x}\to\boldsymbol{x}_0}\boldsymbol{A}(\boldsymbol{x})=\boldsymbol{A}(\boldsymbol{x}_0)$；

(2) $\lim\limits_{\boldsymbol{x}\to\boldsymbol{x}_0}\det\boldsymbol{A}(\boldsymbol{x})=\det\boldsymbol{A}(\boldsymbol{x}_0)$；

(3) 如果$\boldsymbol{A}^{-1}(\boldsymbol{x}_0)$存在，则存在$\delta>0$，当$\boldsymbol{x}\in B(\boldsymbol{x}_0,\ \delta)$时，$\boldsymbol{A}^{-1}(\boldsymbol{x})$存在，且有

$$\lim_{\boldsymbol{x}\to\boldsymbol{x}_0}\boldsymbol{A}^{-1}(\boldsymbol{x})=\boldsymbol{A}^{-1}(\boldsymbol{x}_0).$$

18.3　向量函数的 Fréchet 导算子与 Fréchet 微分

本节首先介绍向量函数的一阶 Fréchet 导算子与 Fréchet 微分概念，它是一元函数导数与微分的推广，在方程求解与多元函数的极值问题中有重要作用，然后介绍向量函数及其复合函数的一阶 Fréchet 导算子的计算法则，在此基础上，我们介绍了向量函数的高阶 Fréchet 导算子及其计算方法.

18.3.1　向量函数的导算子与微分概念

定义 18.3.1　设$\boldsymbol{f}$：$D\subseteq\mathbf{R}^n\to\mathbf{R}^m$为向量函数，$\boldsymbol{x}_0\in D$为内点. 如果线性映射$\boldsymbol{T}$：$\mathbf{R}^n\to\mathbf{R}^m$满足

$$\lim_{\boldsymbol{x}\to\boldsymbol{x}_0}\frac{\boldsymbol{f}(\boldsymbol{x})-\boldsymbol{f}(\boldsymbol{x}_0)-\boldsymbol{T}(\boldsymbol{x}-\boldsymbol{x}_0)}{\|\boldsymbol{x}-\boldsymbol{x}_0\|}=0,$$

则称$\boldsymbol{f}$在$\boldsymbol{x}_0$处 Fréchet 可微或 Fréchet 可导，$\boldsymbol{T}$称为$\boldsymbol{f}(\boldsymbol{x})$在$\boldsymbol{x}_0$处的 Fréchet 导算子，记为$\boldsymbol{f}'(\boldsymbol{x}_0)=\boldsymbol{T}$；$\boldsymbol{T}(\boldsymbol{x}-\boldsymbol{x}_0)$称为$\boldsymbol{f}(\boldsymbol{x})$在$\boldsymbol{x}_0$处的 Fréchet 微分，也记为$\mathrm{d}\boldsymbol{f}\big|_{\boldsymbol{x}_0}=\boldsymbol{T}\mathrm{d}\boldsymbol{x}$.

注　定义 18.3.1 中出现了线性映射$\boldsymbol{T}$以及$\boldsymbol{T}(\boldsymbol{x}-\boldsymbol{x}_0)$，由于具体计算中$\boldsymbol{T}$是$m\times n$矩阵，$\boldsymbol{T}(\boldsymbol{x}-\boldsymbol{x}_0)$看作矩阵乘积时，$\boldsymbol{x}-\boldsymbol{x}_0$必须取列向量形式.

下面首先说明$m=1$时，也就是第 14 章的多元函数情形，这里的 Fréchet 可微与多元函数的可微是一致的，我们在第 14 章中没有介绍多元函数的导算子.

例 18.3.1　设$f(x,\ y)=x^2-x+\mathrm{e}^y$. 求$f'(0,\ 0)$，$\mathrm{d}f\big|_{(0,0)}$.

解 $\lim\limits_{(x,y)\to(0,0)}\dfrac{x^2-x+e^y-1+x-y}{\sqrt{x^2+y^2}}=\lim\limits_{(x,y)\to(0,0)}\dfrac{x^2+\dfrac{1}{2}y^2+o(y^2)}{\sqrt{x^2+y^2}}=0$. 于是有 $f'(0,0)=(-1\quad 1)$, $\mathrm{d}f\Big|_{(0,0)}=-x+y=(-1\quad 1)\begin{pmatrix}x\\y\end{pmatrix}=-\mathrm{d}x+\mathrm{d}y\ (x=\mathrm{d}x,y=\mathrm{d}y)$.

例 18.3.2 设 $\boldsymbol{f}(x,\ y,\ z)=x+\sin x+y^2-e^{y+z}$. $\boldsymbol{f}(0,\ 0,\ 0)$, $\mathrm{d}\boldsymbol{f}\Big|_{(0,0,0)}$.

解 $$\lim_{(x,y,z)\to(0,0,0)}\frac{x+\sin x+y^2-e^{y+z}+1-2x+y+z}{\sqrt{x^2+y^2+z^2}}$$

$$=\lim_{(x,y,z)\to(0,0,0)}\frac{-\dfrac{1}{6}x^3+o(x^3)+y^2-\dfrac{1}{2}(y+z)^2-o((y+z)^2)}{\sqrt{x^2+y^2+z^2}}=0.$$

于是 $\boldsymbol{f}'(0,\ 0,\ 0)=(2\quad -1\quad -1)$, $\mathrm{d}\boldsymbol{f}\Big|_{(0,0,0)}=(2\quad -1\quad -1)\begin{pmatrix}\mathrm{d}x\\\mathrm{d}y\\\mathrm{d}z\end{pmatrix}$.

例 18.3.3 设 $\boldsymbol{f}(x,y):\mathbf{R}^2\to\mathbf{R}^2$ 定义为 $\boldsymbol{f}(x,y)=(x^2+y,x+\sin xy)^{\mathrm{T}}$, $(x,y)^{\mathrm{T}}\in\mathbf{R}^2$. 求 $\boldsymbol{f}'(0,\ 0)$.

解 $\boldsymbol{f}(x,\ y)-\boldsymbol{f}(0,\ 0)-(y,\ x)^{\mathrm{T}}=(x^2,\ \sin xy)^{\mathrm{T}}$, $(x,\ y)^{\mathrm{T}}\in\mathbf{R}^2$.

$$\|(x^2,\sin xy)^{\mathrm{T}}\|=\sqrt{x^4+\sin^2 xy}\leqslant\sqrt{(x^2+y^2)^2+\frac{(x^2+y^2)^2}{4}}=\frac{\sqrt{5}}{2}(x^2+y^2).$$

于是有
$$\lim_{(x,y)\to(0,0)}\frac{\boldsymbol{f}(x,\ y)-\boldsymbol{f}(0,\ 0)-(y,\ x)^{\mathrm{T}}}{\|(x,\ y)-(0,\ 0)\|}=(0,\ 0)^{\mathrm{T}}.$$

由线性映射与矩阵的关系易知 $\begin{pmatrix}y\\x\end{pmatrix}=\begin{pmatrix}0&1\\1&0\end{pmatrix}\begin{pmatrix}x\\y\end{pmatrix}$. 因此有

$$\boldsymbol{f}'(0,0)=\begin{pmatrix}0&1\\1&0\end{pmatrix},\ \mathrm{d}\boldsymbol{f}\Big|_{(0,0)}=\begin{pmatrix}0&1\\1&0\end{pmatrix}\begin{pmatrix}\mathrm{d}x\\\mathrm{d}y\end{pmatrix}.$$

例 18.3.4 设 $\boldsymbol{A}_{n\times m}$ 为 $n\times m$ 矩阵. 则线性映射 $\boldsymbol{Tx}=\boldsymbol{Ax}$: $\mathbf{R}^m\to\mathbf{R}^n$ 是 Fréchet 可微的, $\boldsymbol{x}\in\mathbf{R}^n$ 为列向量, 且有 $\boldsymbol{T}'(\boldsymbol{x})=\boldsymbol{A}$.

解 $$\boldsymbol{T}(\boldsymbol{x}+\boldsymbol{y})-\boldsymbol{Tx}=\boldsymbol{A}(\boldsymbol{x}+\boldsymbol{y})-\boldsymbol{Ax}=\boldsymbol{Ay},\ \forall\boldsymbol{y}\in\mathbf{R}^n,$$
于是有 $\boldsymbol{T}'(\boldsymbol{x})=\boldsymbol{A}$.

定理 18.3.1 如果 $f_i(\boldsymbol{x})=f_i(x_1,\ x_2,\ \cdots,\ x_n)$: $D\subseteq\mathbf{R}^n\to\mathbf{R}$ 在 $\boldsymbol{x}=\boldsymbol{p}=(p_1,\ p_2,\ \cdots,\ p_n)^{\mathrm{T}}$ 处可微, $i=1,\ 2,\ \cdots,\ m$, 则 $\boldsymbol{f}(\boldsymbol{x})=(f_1(\boldsymbol{x}),\ f_2(\boldsymbol{x}),\ \cdots,\ f_m(\boldsymbol{x}))^{\mathrm{T}}$ 在 $\boldsymbol{p}$ 处 Fréchet 可导, 且有

$$f'(p)=\begin{pmatrix}\dfrac{\partial f_1}{\partial x_1} & \dfrac{\partial f_1}{\partial x_2} & \cdots & \dfrac{\partial f_1}{\partial x_n}\\ \dfrac{\partial f_2}{\partial x_1} & \dfrac{\partial f_2}{\partial x_2} & \cdots & \dfrac{\partial f_2}{\partial x_n}\\ \vdots & \vdots & & \vdots\\ \dfrac{\partial f_m}{\partial x_1} & \dfrac{\partial f_m}{\partial x_2} & \cdots & \dfrac{\partial f_m}{\partial x_n}\end{pmatrix}_{x=p}=(f_{x_1}\quad f_{x_2}\quad\cdots\quad f_{x_n})_{x=p}. \qquad (18.3.1)$$

注　式(18.3.1)右边是矩阵按列分块. 这种记号事实上更为简洁适用，这将在后面的高阶导算子计算中得到充分体现.

证明　因为 $f_i(x)$ 在 p 处可微，故有

$$f_i(x)=f_i(p)+\sum_{j=1}^{n}\frac{\partial f_i}{\partial x_j}\bigg|_{x=p}(x_j-p_j)+o(\|x-p_0\|),\ i=1,2,\cdots,m.$$

于是

$$f(x)-f(p)-\begin{pmatrix}\dfrac{\partial f_1}{\partial x_1} & \dfrac{\partial f_1}{\partial x_2} & \cdots & \dfrac{\partial f_1}{\partial x_n}\\ \dfrac{\partial f_2}{\partial x_1} & \dfrac{\partial f_2}{\partial x_2} & \cdots & \dfrac{\partial f_2}{\partial x_n}\\ \vdots & \vdots & & \vdots\\ \dfrac{\partial f_m}{\partial x_1} & \dfrac{\partial f_m}{\partial x_2} & \cdots & \dfrac{\partial f_m}{\partial x_n}\end{pmatrix}_{x=p}\begin{pmatrix}x_1-p_1\\ x_2-p_2\\ \vdots\\ x_n-p_n\end{pmatrix}=\begin{pmatrix}o(\|x-p\|)\\ o(\|x-p\|\\ \vdots\\ o(\|x-p\|)\end{pmatrix},$$

因此有

$$f'(p)=\begin{pmatrix}\dfrac{\partial f_1}{\partial x_1} & \dfrac{\partial f_1}{\partial x_2} & \cdots & \dfrac{\partial f_1}{\partial x_n}\\ \dfrac{\partial f_2}{\partial x_1} & \dfrac{\partial f_2}{\partial x_2} & \cdots & \dfrac{\partial f_2}{\partial x_n}\\ \vdots & \vdots & & \vdots\\ \dfrac{\partial f_m}{\partial x_1} & \dfrac{\partial f_m}{\partial x_2} & \cdots & \dfrac{\partial f_m}{\partial x_n}\end{pmatrix}_{x=p}.$$

推论 18.3.1　如果 $f_i(x)=f_i(x_1,x_2,\cdots,x_n):D\subseteq\mathbf{R}^n\to\mathbf{R}$ 在 $x=p=(p_1,p_2,\cdots,p_n)^{\mathrm{T}}$ 附近具有连续的一阶偏导数，$i=1,2,\cdots,m$，则 $f(x)=(f_1(x),f_2(x),\cdots,f_m(x))^{\mathrm{T}}$ 在 p 处 Fréchet 可导，且有

$$f'(p)=\begin{pmatrix}\dfrac{\partial f_1}{\partial x_1} & \dfrac{\partial f_1}{\partial x_2} & \cdots & \dfrac{\partial f_1}{\partial x_n}\\ \dfrac{\partial f_2}{\partial x_1} & \dfrac{\partial f_2}{\partial x_2} & \cdots & \dfrac{\partial f_2}{\partial x_n}\\ \vdots & \vdots & & \vdots\\ \dfrac{\partial f_m}{\partial x_1} & \dfrac{\partial f_m}{\partial x_2} & \cdots & \dfrac{\partial f_m}{\partial x_n}\end{pmatrix}_{x=p}.$$

容易证明下列性质成立．

性质 18.3.1 如果$\boldsymbol{f}'(\boldsymbol{x}_0)$，$\boldsymbol{g}'(\boldsymbol{x}_0)$存在，则有

（1）$(\boldsymbol{f}\pm\boldsymbol{g})'(\boldsymbol{x}_0)=\boldsymbol{f}'(\boldsymbol{x}_0)\pm\boldsymbol{g}'(\boldsymbol{x}_0)$；

（2）$(c\boldsymbol{f})'(\boldsymbol{x}_0)=c\boldsymbol{f}'(\boldsymbol{x}_0)$，$c\in\mathbf{R}$．

18.3.2 复合向量函数的可微性

定理 18.3.2 如果$\boldsymbol{f}(\boldsymbol{u})$：$D\subseteq\mathbf{R}^n\to\mathbf{R}^m$ 在 $\boldsymbol{u}_0\in D$ 处 Fréchet 可微，$\boldsymbol{g}(\boldsymbol{x})$：$W\subseteq\mathbf{R}^k\to D$ 在 $\boldsymbol{x}_0$ 处 Fréchet 可微，且有 $\boldsymbol{u}_0=\boldsymbol{g}(\boldsymbol{x}_0)$，则 $\boldsymbol{h}(\boldsymbol{x})=\boldsymbol{f}(\boldsymbol{g}(\boldsymbol{x}))$：$W\to\mathbf{R}^m$ 在 $\boldsymbol{x}_0$ 处 Fréchet 可微，且有

$$\boldsymbol{h}'(\boldsymbol{x}_0)=\boldsymbol{f}'(\boldsymbol{u}_0)\boldsymbol{g}'(\boldsymbol{x}_0).$$

证明 因为

$$\boldsymbol{f}(\boldsymbol{u})-\boldsymbol{f}(\boldsymbol{u}_0)-\boldsymbol{f}'(\boldsymbol{u}_0)(\boldsymbol{u}-\boldsymbol{u}_0)=o(\|\boldsymbol{u}-\boldsymbol{u}_0\|),$$

$$\boldsymbol{g}(\boldsymbol{x})-\boldsymbol{g}(\boldsymbol{x}_0)=\boldsymbol{g}'(\boldsymbol{x}_0)(\boldsymbol{x}-\boldsymbol{x}_0)+o(\|\boldsymbol{x}-\boldsymbol{x}_0)\|),$$

故有

$$\boldsymbol{f}(\boldsymbol{g}(\boldsymbol{x}))-\boldsymbol{f}(\boldsymbol{g}(\boldsymbol{x}_0))-\boldsymbol{f}'(\boldsymbol{u}_0)[\boldsymbol{g}'(\boldsymbol{x}_0)(\boldsymbol{x}-\boldsymbol{x}_0)+o(\|\boldsymbol{x}-\boldsymbol{x}_0\|)]=o(\|\boldsymbol{g}(\boldsymbol{x})-\boldsymbol{g}(\boldsymbol{x}_0)\|).$$

整理得

$$\boldsymbol{f}(\boldsymbol{g}(\boldsymbol{x}))-\boldsymbol{f}(\boldsymbol{g}(\boldsymbol{x}_0))-\boldsymbol{f}'(\boldsymbol{u}_0)\boldsymbol{g}'(\boldsymbol{x}_0)(\boldsymbol{x}-\boldsymbol{x}_0)=\boldsymbol{f}'(\boldsymbol{u}_0)o(\|\boldsymbol{x}-\boldsymbol{x}_0\|)+o(\|\boldsymbol{g}(\boldsymbol{x})-\boldsymbol{g}(\boldsymbol{x}_0)\|).$$

又
$$\frac{\|o(\|\boldsymbol{g}(\boldsymbol{x})-\boldsymbol{g}(\boldsymbol{x}_0)\|)\|}{\|\boldsymbol{x}-\boldsymbol{x}_0\|}=\frac{\|o(\|\boldsymbol{g}(\boldsymbol{x})-\boldsymbol{g}(\boldsymbol{x}_0)\|)\|}{\|\boldsymbol{g}(\boldsymbol{x})-\boldsymbol{g}(\boldsymbol{x}_0)\|}\frac{\|\boldsymbol{g}(\boldsymbol{x})-\boldsymbol{g}(\boldsymbol{x}_0)\|}{\|\boldsymbol{x}-\boldsymbol{x}_0\|},$$

$$\frac{\|\boldsymbol{g}(\boldsymbol{x})-\boldsymbol{g}(\boldsymbol{x}_0)\|}{\|\boldsymbol{x}-\boldsymbol{x}_0\|}\leqslant\|\boldsymbol{g}'(\boldsymbol{x}_0)\|+\frac{\|o(\|\boldsymbol{x}-\boldsymbol{x}_0\|)\|}{\|\boldsymbol{x}-\boldsymbol{x}_0\|}.$$

于是有
$$\lim_{\boldsymbol{x}\to\boldsymbol{x}_0}\frac{\boldsymbol{f}(\boldsymbol{g}(\boldsymbol{x}))-\boldsymbol{f}(\boldsymbol{g}(\boldsymbol{x}_0))-\boldsymbol{f}'(\boldsymbol{u}_0)\boldsymbol{g}'(\boldsymbol{x}_0)(\boldsymbol{x}-\boldsymbol{x}_0)}{\|\boldsymbol{x}-\boldsymbol{x}_0\|}=0.$$

因此 $\boldsymbol{h}(\boldsymbol{x})$在 $\boldsymbol{x}_0$ 处 Fréchet 可微，$\boldsymbol{h}'(\boldsymbol{x}_0)=\boldsymbol{f}'(\boldsymbol{u}_0)\boldsymbol{g}'(\boldsymbol{g}_0)$.

推论 18.3.2 如果$f_i(\boldsymbol{u})$：$D\subseteq\mathbf{R}^n\to\mathbf{R}$ 在 $\boldsymbol{u}_0$ 处有连续一阶偏导数，$i=1，2，\cdots，m$，$g_j(\boldsymbol{x})$：$W\subseteq\mathbf{R}^k\to\mathbf{R}$ 在 $\boldsymbol{x}_0$ 处有连续一阶偏导数，$j=1，2，\cdots，n$，$\boldsymbol{f}(\boldsymbol{x})=(f_1(\boldsymbol{x}),f_2(\boldsymbol{x}),\cdots,f_m(\boldsymbol{x}))^{\mathrm{T}}$，$\boldsymbol{g}(\boldsymbol{x})=(g_1(\boldsymbol{x}),g_2(\boldsymbol{x}),\cdots,g_n(\boldsymbol{x}))^{\mathrm{T}}$，且有 $\boldsymbol{u}_0=\boldsymbol{g}(\boldsymbol{x}_0)$，则 $\boldsymbol{h}(\boldsymbol{x})=\boldsymbol{f}(\boldsymbol{g}(\boldsymbol{x}))$在 $\boldsymbol{x}_0$ 处 Fréchet 可微，且有

$$\boldsymbol{h}'(\boldsymbol{x}_0)=\begin{pmatrix}\dfrac{\partial f_1}{\partial u_1}&\dfrac{\partial f_1}{\partial u_2}&\cdots&\dfrac{\partial f_1}{\partial u_n}\\\dfrac{\partial f_2}{\partial u_1}&\dfrac{\partial f_2}{\partial u_2}&\cdots&\dfrac{\partial f_2}{\partial u_n}\\\vdots&\vdots&&\vdots\\\dfrac{\partial f_m}{\partial u_1}&\dfrac{\partial f_m}{\partial u_2}&\cdots&\dfrac{\partial f_m}{\partial u_n}\end{pmatrix}_{\boldsymbol{u}=\boldsymbol{u}_0}\begin{pmatrix}\dfrac{\partial g_1}{\partial x_1}&\dfrac{\partial g_1}{\partial x_2}&\cdots&\dfrac{\partial g_1}{\partial x_k}\\\dfrac{\partial g_2}{\partial x_1}&\dfrac{\partial g_2}{\partial x_2}&\cdots&\dfrac{\partial g_2}{\partial x_k}\\\vdots&\vdots&&\vdots\\\dfrac{\partial g_n}{\partial x_1}&\dfrac{\partial g_n}{\partial x_2}&\cdots&\dfrac{\partial g_n}{\partial x_k}\end{pmatrix}_{\boldsymbol{x}=\boldsymbol{x}_0}.$$

例 18.3.5 设$\boldsymbol{f}(u,v)=(-u^2+u-v,\ \mathrm{e}^u+\mathrm{e}^v)^{\mathrm{T}}$，$\boldsymbol{g}(x,y,z)=(xy+yz,\ x+yz)^{\mathrm{T}}$，

$\boldsymbol{h}(x, y, z)=\boldsymbol{f}(g(x, y, z))$，求 $\boldsymbol{h}'(1, 1, 0)$.

解　由定理 18.3.1 得

$$\boldsymbol{f}'(1,1)=\begin{pmatrix}-2u+1 & -1\\ \mathrm{e}^u & \mathrm{e}^v\end{pmatrix}_{(u,v)=(1,1)}=\begin{pmatrix}-1 & -1\\ \mathrm{e} & \mathrm{e}\end{pmatrix},$$

$$\boldsymbol{g}'(1,1,0)=\begin{pmatrix}y & x+z & y\\ 1 & z & y\end{pmatrix}_{(x,y,z)=(1,1,0)}=\begin{pmatrix}1 & 1 & 1\\ 1 & 0 & 1\end{pmatrix}.$$

再由定理 18.3.2 得

$$\boldsymbol{h}'(1,1,0)=\begin{pmatrix}-1 & -1\\ \mathrm{e} & \mathrm{e}\end{pmatrix}\begin{pmatrix}1 & 1 & 1\\ 1 & 0 & 1\end{pmatrix}=\begin{pmatrix}-2 & -1 & -2\\ 2\mathrm{e} & \mathrm{e} & 2\mathrm{e}\end{pmatrix}.$$

18.3.3　微分中值不等式

定理 18.3.3　如果 $D\subseteq\mathbf{R}^n$ 为一凸开集，$\boldsymbol{f}:D\to\mathbf{R}^m$ 在 D 上 Fréchet 可微，则对 $\forall\boldsymbol{p}_1, \boldsymbol{p}_2\in D$，存在 $\boldsymbol{\alpha}\in\{t\boldsymbol{p}_1+(1-t)\boldsymbol{p}_2,\ t\in[0, 1]\}$，使得

$$\|\boldsymbol{f}(\boldsymbol{p}_2)-\boldsymbol{f}(\boldsymbol{p}_1)\|\leqslant\|\boldsymbol{f}'(\boldsymbol{\alpha})\|\cdot\|\boldsymbol{p}_2-\boldsymbol{p}_1\|.$$

证明　设 $\boldsymbol{f}(\boldsymbol{x})$ 为列向量形式．定义 $g(t)$：$[0, 1]\to\mathbf{R}$ 如下

$$g(t)=[\boldsymbol{f}(\boldsymbol{p}_2)-\boldsymbol{f}(\boldsymbol{p}_1)]^{\mathrm{T}}\boldsymbol{f}(t\boldsymbol{p}_2+(1-t)\boldsymbol{p}_1), t\in[0,1].$$

显然 $g(t)$ 在 $[0, 1]$ 上连续，在 $(0, 1)$ 上可导，由 Lagrange 中值定理知存在 $t_0\in(0, 1)$，使得 $g(1)-g(0)=g'(t_0)$，即

$$\|\boldsymbol{f}(\boldsymbol{p}_2)-\boldsymbol{f}(\boldsymbol{p}_1)\|^2=[\boldsymbol{f}(\boldsymbol{p}_2)-\boldsymbol{f}(\boldsymbol{p}_1)]^{\mathrm{T}}\boldsymbol{f}'(t_0\boldsymbol{p}_2+(1-t_0)\boldsymbol{p}_1)(\boldsymbol{p}_2-\boldsymbol{p}_1).$$

令 $\boldsymbol{\alpha}=t_0\boldsymbol{p}_2+(1-t_0)\boldsymbol{p}_1$．于是有

$$\|\boldsymbol{f}(\boldsymbol{p}_2)-\boldsymbol{f}(\boldsymbol{p}_1)\|^2\leqslant\|[\boldsymbol{f}(\boldsymbol{p}_2)-\boldsymbol{f}(\boldsymbol{p}_1)]^{\mathrm{T}}\|\cdot\|\boldsymbol{f}'(\boldsymbol{\alpha})\|\cdot\|\boldsymbol{p}_2-\boldsymbol{p}_1\|.$$

因此 $\|\boldsymbol{f}(\boldsymbol{p}_2)-\boldsymbol{f}(\boldsymbol{p}_1)\|\leqslant\|\boldsymbol{f}'(\boldsymbol{\alpha})\|\cdot\|\boldsymbol{p}_2-\boldsymbol{p}_1\|$.

18.3.4　高阶 Fréchet 导算子

定义 18.3.2　设 $D\subseteq\mathbf{R}^n$ 为开子集，$\boldsymbol{x}_0\in D$，$\boldsymbol{f}(\boldsymbol{x}):D\to\mathbf{R}^m$ 在 $\boldsymbol{x}_0$ 附近有 Fréchet 导算子 $\boldsymbol{f}'(\boldsymbol{x})$．如果存在线性算子 $\boldsymbol{S}$：$\mathbf{R}^n\to L(\mathbf{R}^n, \mathbf{R}^m)$，使得

$$\lim_{\boldsymbol{x}\to\boldsymbol{x}_0}\frac{\boldsymbol{f}'(\boldsymbol{x})-\boldsymbol{f}'(\boldsymbol{x}_0)-\boldsymbol{S}(\boldsymbol{x}-\boldsymbol{x}_0)}{\|\boldsymbol{x}-\boldsymbol{x}_0\|}=\boldsymbol{0},$$

则称 $\boldsymbol{f}(\boldsymbol{x})$ 在 $\boldsymbol{x}_0$ 处二阶 Fréchet 可导，$\boldsymbol{S}$ 称为 $\boldsymbol{f}(\boldsymbol{x})$ 在 $\boldsymbol{x}_0$ 处的二阶 Fréchet 导算子，记为 $\boldsymbol{S}=\boldsymbol{f}''(\boldsymbol{x}_0)$.

依次类推，可定义 $\boldsymbol{f}(\boldsymbol{x})$ 在 $\boldsymbol{x}_0$ 处的三阶 Fréchet 导算子 $\boldsymbol{f}'''(\boldsymbol{x}_0)$．一般地，如果在 $\boldsymbol{x}_0$ 附近存在 $n-1$ 阶 Fréchet 导算子 $\boldsymbol{f}^{(n-1)}(\boldsymbol{x})$，$\boldsymbol{f}^{(n-1)}(\boldsymbol{x})$ 在 $\boldsymbol{x}_0$ 处的导算子称为 $\boldsymbol{f}(\boldsymbol{x})$ 在 $\boldsymbol{x}_0$ 处的 n 阶 Fréchet 导算子，记为 $\boldsymbol{f}^{(n)}(\boldsymbol{x}_0)$.

例 18.3.6　设 $\boldsymbol{f}(\boldsymbol{x})=x_1^2x_2^2+x_3^3$，$\boldsymbol{x}=(x_1, x_2, x_3)^{\mathrm{T}}\in\mathbf{R}^3$．求 $\boldsymbol{f}''(\boldsymbol{x})$，$\boldsymbol{f}'''(\boldsymbol{x})$.

解 $\boldsymbol{f}'(\boldsymbol{x})=(2x_1x_2^2,\ 2x_1^2x_2,\ 3x_3^2)=(\boldsymbol{f}_{x_1}(\boldsymbol{x}),\ \boldsymbol{f}_{x_2}(\boldsymbol{x}),\ \boldsymbol{f}_{x_3}(\boldsymbol{x}))$.

$$\begin{aligned}\boldsymbol{f}'(\boldsymbol{x}+\boldsymbol{y})-\boldsymbol{f}'(\boldsymbol{x}) &=(2(x_1+y_1)(x_2+y_2)^2,2(x_1+y_1)^2(x_2+y_2),3(x_3+y_3)^2)\\ &\quad-(2x_1x_2^2,2x_1^2x_2,3x_3^2)\\ &=y_1(2x_2^2,4x_1x_2,0)+y_2(4x_1x_2,2x_1^2,0)+y_3(0,0,6x_3)\\ &\quad+(2x_1y_2^2+4x_2y_1y_2+2y_1y_2^2,2x_2y_1^2+4x_1y_1y_2+2y_2y_1^2,3y_3^2),\\ \boldsymbol{y}&=(y_1,y_2,y_3).\end{aligned}$$

于是有

$$\lim_{\boldsymbol{y}\to\boldsymbol{0}}\frac{\boldsymbol{f}'(\boldsymbol{x}+\boldsymbol{y})-\boldsymbol{f}'(\boldsymbol{y})-y_1(2x_2^2,4x_1x_2,0)-y_2(4x_1x_2,2x_1^2,0)-y_3(0,0,6x_3)}{\|\boldsymbol{y}\|}=\boldsymbol{0},$$

按规定(18.1.1)

$$\begin{aligned}&((2x_2^2,4x_1x_2,0),(4x_1x_2,2x_1^2,0),(0,0,6x_2))\boldsymbol{y}\\ &=y_1(2x_2^2,4x_1x_2,0)+y_2(4x_1x_2,2x_1^2,0)+y_3(0,0,6x_3).\end{aligned}$$

因此有 $\boldsymbol{f}''(\boldsymbol{x})=((2x_2^2,\ 4x_1x_2,\ 0),\ (4x_1x_2,\ 2x_1^2,\ 0),\ (0,\ 0,\ 6x_3))$.

易见 $\boldsymbol{f}'_{x_1}(\boldsymbol{x})=(2x_2^2,\ 4x_1x_2,\ 0)$，$\boldsymbol{f}'_{x_2}(\boldsymbol{x})=(4x_1x_2,\ 2x_1^2,\ 0)$，$\boldsymbol{f}'_{x_3}(\boldsymbol{x})=(0,\ 0,\ 6x_3)$. 因此 $\boldsymbol{f}''(\boldsymbol{x})=(\boldsymbol{f}'_{x_1}(\boldsymbol{x}),\ \boldsymbol{f}'_{x_2}(\boldsymbol{x}),\ \boldsymbol{f}'_{x_3}(\boldsymbol{x}))$.

同理 $\boldsymbol{f}''(\boldsymbol{x}+\boldsymbol{y})-\boldsymbol{f}''(\boldsymbol{x})=(\boldsymbol{f}'_{x_1}(\boldsymbol{x}+\boldsymbol{y})-\boldsymbol{f}'_{x_1}(\boldsymbol{x}),\ \boldsymbol{f}'_{x_2}(\boldsymbol{x}+\boldsymbol{y})-\boldsymbol{f}'_{x_2}(\boldsymbol{x}),\ \boldsymbol{f}'_{x_3}(\boldsymbol{x}+\boldsymbol{y})-\boldsymbol{f}'_{x_3}(\boldsymbol{x}))$ 计算可得 $\boldsymbol{f}'''(\boldsymbol{x})=(\boldsymbol{f}''_{x_1}(\boldsymbol{x}),\ \boldsymbol{f}''_{x_2}(\boldsymbol{x}),\ \boldsymbol{f}''_{x_3}(\boldsymbol{x}))$，其中

$$\begin{aligned}\boldsymbol{f}''_{x_1}(\boldsymbol{x})&=((0,4x_2,0),(4x_2,4x_1,0),(0,0,0)),\\ \boldsymbol{f}''_{x_2}(\boldsymbol{x})&=((4x_2,4x_1,0),(4x_1,0,0),(0,0,0)),\\ \boldsymbol{f}''_{x_3}(\boldsymbol{x})&=((0,0,0),(0,0,0),(0,0,6)).\end{aligned}$$

例 18.3.7 设 $\boldsymbol{f}(\boldsymbol{x})=(x_1^2x_2,\ x_1^3+x_2^3)^{\mathrm{T}}$，$\boldsymbol{x}=(x_1,\ x_2)^{\mathrm{T}}\in\mathbf{R}^2$. 求 $\boldsymbol{f}''(\boldsymbol{x})$，$\boldsymbol{f}'''(\boldsymbol{x})$.

解 $\boldsymbol{f}'(\boldsymbol{x})=\begin{pmatrix}2x_1x_2 & x_1^2\\ 3x_1^2 & 3x_2^2\end{pmatrix}$. 于是

$$\begin{aligned}\boldsymbol{f}'(\boldsymbol{x}+\boldsymbol{y})-\boldsymbol{f}'(\boldsymbol{x})&=\begin{pmatrix}2x_2y_1+2x_1y_2+o(\|\boldsymbol{y}\|) & 2x_1y_1+o(\|\boldsymbol{y}\|)\\ 6x_1y_1+o(\|\boldsymbol{y}\|) & 6x_2y_2+o(\|\boldsymbol{y}\|)\end{pmatrix}\\ &=y_1\begin{pmatrix}2x_2 & 2x_1\\ 6x_1 & 0\end{pmatrix}+y_2\begin{pmatrix}2x_1 & 0\\ 0 & 6x_2\end{pmatrix}+\begin{pmatrix}o(\|\boldsymbol{y}\|) & o(\|\boldsymbol{y}\|)\\ o(\|\boldsymbol{y}\|) & o(\|\boldsymbol{y}\|)\end{pmatrix}.\end{aligned}$$

因此有 $$\boldsymbol{f}''(\boldsymbol{x})=\left(\begin{pmatrix}2x_2 & 2x_1\\ 6x_1 & 0\end{pmatrix},\quad\begin{pmatrix}2x_1 & 0\\ 0 & 6x_2\end{pmatrix}\right)=(\boldsymbol{f}'_{x_1}(\boldsymbol{x}),\ \boldsymbol{f}'_{x_2}(\boldsymbol{x})).$$

同理计算可得 $\boldsymbol{f}'''(\boldsymbol{x})=(\boldsymbol{f}''_{x_1}(\boldsymbol{x}),\ \boldsymbol{f}''_{x_2}(\boldsymbol{x}))$，其中

$$\boldsymbol{f}''_{x_1}(\boldsymbol{x})=\left(\begin{pmatrix}0 & 2\\ 6 & 0\end{pmatrix},\begin{pmatrix}2 & 0\\ 0 & 0\end{pmatrix}\right),\qquad \boldsymbol{f}''_{x_2}(\boldsymbol{x})=\left(\begin{pmatrix}2 & 0\\ 0 & 0\end{pmatrix},\begin{pmatrix}0 & 0\\ 0 & 6\end{pmatrix}\right).$$

注　上面的例子表明，要将高阶导算子表为实数域上的矩阵是一件非常烦琐的事情，而将其表为线性算子组成的矩阵则非常方便.

定理 18.3.4　如果$\boldsymbol{f}_i(\boldsymbol{x})=\boldsymbol{f}_i(x_1, x_2, \cdots, x_n): D\subseteq\mathbf{R}^n\to\mathbf{R}$ 在 $\boldsymbol{x}=\boldsymbol{p}=(p_1, p_2, \cdots, p_n)^{\mathrm{T}}$ 处有二阶连续偏导数，$i=1, 2, \cdots, m$，则$\boldsymbol{f}(\boldsymbol{x})=(f_1(\boldsymbol{x}), f_2(\boldsymbol{x}), \cdots, f_m(\boldsymbol{x}))^{\mathrm{T}}$ 在 $\boldsymbol{p}$ 处二阶 Fréchet 可导，且有

$$\boldsymbol{f}''(\boldsymbol{p}) = (f'_{x_1}(\boldsymbol{x}), f'_{x_2}(\boldsymbol{x}), \cdots, f'_{x_n}(\boldsymbol{x})),$$

其中

$$\boldsymbol{f}'(\boldsymbol{x}) = \begin{pmatrix} \dfrac{\partial f_1}{\partial x_1} & \dfrac{\partial f_1}{\partial x_2} & \cdots & \dfrac{\partial f_1}{\partial x_n} \\ \dfrac{\partial f_2}{\partial x_1} & \dfrac{\partial f_2}{\partial x_2} & \cdots & \dfrac{\partial f_2}{\partial x_n} \\ \vdots & \vdots & & \vdots \\ \dfrac{\partial f_m}{\partial x_1} & \dfrac{\partial f_m}{\partial x_2} & \cdots & \dfrac{\partial f_m}{\partial x_n} \end{pmatrix}.$$

证明　$\boldsymbol{f}'(\boldsymbol{p}+\boldsymbol{y})-\boldsymbol{f}'(\boldsymbol{p}) = \left(\dfrac{\partial f_i(\boldsymbol{p}+\boldsymbol{y})}{\partial x_j} - \dfrac{\partial f_i(\boldsymbol{p})}{\partial x_j}\right)$，$\dfrac{\partial f_i}{\partial x_j}$在$\boldsymbol{x}=\boldsymbol{p}$处有连续二阶偏导数，故有 $\dfrac{\partial f_i(\boldsymbol{p}+\boldsymbol{y})}{\partial x_j} = \dfrac{\partial f_i(\boldsymbol{p})}{\partial x_j} + \sum\limits_{k=1}^{n} \dfrac{\partial^2 f_i}{\partial x_j\,\partial x_k}(\boldsymbol{p})y_k + o(\|\boldsymbol{y}\|)$，$\boldsymbol{y} = (y_1, y_2, \cdots, y_n) \in \mathbf{R}^n$.

于是$\boldsymbol{f}'(\boldsymbol{p}+\boldsymbol{y})-\boldsymbol{f}'(\boldsymbol{p}) - \sum\limits_{k=1}^{n} f'_{x_k}(\boldsymbol{p})y_k = (o(\|\boldsymbol{y}\|))$，其中$(o(\|\boldsymbol{y}\|))$为 $m\times n$ 矩阵，

$$f'_{x_k}(\boldsymbol{p}) = \begin{pmatrix} \dfrac{\partial^2 f_1}{\partial x_1\,\partial x_k} & \dfrac{\partial^2 f_1}{\partial x_2\,\partial x_k} & \cdots & \dfrac{\partial^2 f_1}{\partial x_n\,\partial x_k} \\ \dfrac{\partial^2 f_2}{\partial x_1\,\partial x_k} & \dfrac{\partial^2 f_2}{\partial x_2\,\partial x_k} & \cdots & \dfrac{\partial^2 f_2}{\partial x_n\,\partial x_k} \\ \vdots & \vdots & & \vdots \\ \dfrac{\partial^2 f_m}{\partial x_1\,\partial x_k} & \dfrac{\partial^2 f_m}{\partial x_2\,\partial x_k} & \cdots & \dfrac{\partial^2 f_m}{\partial x_n\,\partial x_k} \end{pmatrix}_{\big|\boldsymbol{x}=\boldsymbol{p}}, \quad k = 1, 2, \cdots, n.$$

由命题 18.1.4 知 $\lim\limits_{\boldsymbol{y}\to\boldsymbol{0}}\dfrac{(o(\|\boldsymbol{y}\|))}{\|\boldsymbol{y}\|}=\boldsymbol{0}$. 于是按规定(18.1.1)，有

$$\boldsymbol{f}''(\boldsymbol{p}) = (f'_{x_1}(\boldsymbol{p}), f'_{x_2}(\boldsymbol{p}), \cdots, f'_{x_n}(\boldsymbol{p})).$$

由归纳法可得

定理 18.3.5　如果$\boldsymbol{f}_i(\boldsymbol{x})=\boldsymbol{f}_i(x_1, x_2, \cdots, x_n): D\subseteq\mathbf{R}^n\to\mathbf{R}$ 在 $\boldsymbol{x}=\boldsymbol{p}=(p_1, p_2, \cdots, p_n)^{\mathrm{T}}$ 处有 k 阶连续偏导数，$k\geqslant 3$，$i=1, 2, \cdots, m$，则 $\boldsymbol{f}(\boldsymbol{x})=(f_1(\boldsymbol{x}), f_2(\boldsymbol{x}), \cdots, f_m(\boldsymbol{x}))^{\mathrm{T}}$ 在 $\boldsymbol{p}$ 处k 阶 Fréchet 可导，且有 $\boldsymbol{f}^{(k)}(\boldsymbol{p})=(f_{x_1}^{(k-1)}(\boldsymbol{p}), f_{x_2}^{(k-1)}(\boldsymbol{p}), \cdots, f_{x_n}^{(k-1)}(\boldsymbol{p}))$，其中$f_{x_i}^{(k-1)}(\boldsymbol{x})$为 $k-1$ 阶 Fréchet 导算子$f^{(k-1)}(\boldsymbol{x})$按(18.1.2)约定记号.

定理 18.3.6　如果 $D\subseteq\mathbf{R}^n$ 为 $\boldsymbol{x}_0$ 的一个凸开领域，$\boldsymbol{f}(\boldsymbol{x}): D\to\mathbf{R}$ 有 $n+1$ 阶 Fréchet 导

数，则对任意 $\boldsymbol{x}_0+\boldsymbol{y}\in D$，存在 $\theta\in(0,1)$，使得

$$\boldsymbol{f}(\boldsymbol{x}_0+\boldsymbol{y})=\boldsymbol{f}(\boldsymbol{x}_0)+\boldsymbol{f}'(\boldsymbol{x}_0)\boldsymbol{y}+\frac{1}{2!}\boldsymbol{f}''(\boldsymbol{x}_0)\boldsymbol{y}^2+\cdots+\frac{1}{n!}\boldsymbol{f}^{(n)}(\boldsymbol{x}_0)\boldsymbol{y}^n+\frac{1}{(n+1)!}\boldsymbol{f}^{(n+1)}(\boldsymbol{x}_0+\theta\boldsymbol{y})\boldsymbol{y}^{n+1},$$

其中 $\boldsymbol{f}''(\boldsymbol{x})\boldsymbol{y}^2=(\boldsymbol{f}''(\boldsymbol{x})\boldsymbol{y})\boldsymbol{y}$，$\boldsymbol{f}^{(k)}(\boldsymbol{x})\boldsymbol{y}^k=(\cdots((\boldsymbol{f}^{(k)}(\boldsymbol{x})\boldsymbol{y})\boldsymbol{y})\cdots)\boldsymbol{y}$，表 Fréchet 导算子 $\boldsymbol{f}^{(k)}(\boldsymbol{x})$ 作用在 $\boldsymbol{y}$ 上共 k 次．

证明 令 $g(t)=\boldsymbol{f}(\boldsymbol{x}_0+t\boldsymbol{y})$，$t\in[0,1]$，则 $g(t)$ 在 $[0,1]$ 上有 $n+1$ 阶导数．由 Lagrange 型余项的 Taylor 公式，存在 $\theta\in(0,1)$，使得

$$g(1)=g(0)+g'(0)+\frac{1}{2!}g''(0)+\cdots+\frac{1}{n!}g^{(n)}(0)+\frac{1}{(n+1)!}g^{(n+1)}(\theta).$$

由复合函数求导法则易得

$$g'(t)=\boldsymbol{f}'(\boldsymbol{x}_0+t\boldsymbol{y})\boldsymbol{y},\ g^{(k)}(t)=\boldsymbol{f}^{(k)}(\boldsymbol{x}_0+t\boldsymbol{y})\boldsymbol{y}^k,\ k=2,\cdots,n+1.$$

于是定理结论成立．

命题 18.3.1 如果 $D\subseteq\mathbf{R}^n$ 为 $\boldsymbol{x}_0$ 的一个开领域，$\boldsymbol{f}(\boldsymbol{x}):D\to\mathbf{R}$ Fréchet 可导，则 $\boldsymbol{x}_0$ 为极值点的必要条件是 $\boldsymbol{f}'(\boldsymbol{x}_0)=\mathbf{0}$．

证明细节留给读者练习．

例 18.3.8 设 $\boldsymbol{A}$ 为 n 阶实对称矩阵，$\boldsymbol{f}(\boldsymbol{x})=\frac{1}{2}\boldsymbol{x}^{\mathrm{T}}\boldsymbol{A}\boldsymbol{x}+\boldsymbol{b}^{\mathrm{T}}\boldsymbol{x}+\boldsymbol{c}$，$\boldsymbol{x}=(x_1,\cdots,x_n)^{\mathrm{T}}\in\mathbf{R}^n$，$\boldsymbol{b}=(b_1,\cdots,b_n)^{\mathrm{T}}\in\mathbf{R}^n$ 为非零向量，$\boldsymbol{c}\in\mathbf{R}$．求 $\boldsymbol{f}(\boldsymbol{x})$ 的极值．

解 $\boldsymbol{f}'(\boldsymbol{x})=\boldsymbol{x}^{\mathrm{T}}\boldsymbol{A}+\boldsymbol{b}^{\mathrm{T}}$．令 $\boldsymbol{f}'(\boldsymbol{x})=\mathbf{0}$，得 $\boldsymbol{A}\boldsymbol{x}=-\boldsymbol{b}$．于是有下面结果：

(1) $\boldsymbol{b}\notin\mathbf{R}(\boldsymbol{A})=\boldsymbol{A}\mathbf{R}^n$，则 $\boldsymbol{f}(\boldsymbol{x})$ 无极值．

(2) $\boldsymbol{b}\in\mathbf{R}(\boldsymbol{A})$，记 $\boldsymbol{A}\boldsymbol{x}=-\boldsymbol{b}$ 之任一解为 $\boldsymbol{\xi}$．

按(18.1.1)式规定，有

$$\boldsymbol{f}''(\boldsymbol{x})=(\boldsymbol{A}_1\quad\boldsymbol{A}_2\quad\cdots\quad\boldsymbol{A}_n),\text{ 其中 }\boldsymbol{A}_i=(a_{i1}\quad a_{i2}\quad\cdots\quad a_{in}),i=1,2,\cdots,n;$$

$$\boldsymbol{f}''(\boldsymbol{x})\boldsymbol{y}=y_1\boldsymbol{A}_1+y_2\boldsymbol{A}_2+\cdots+y_n\boldsymbol{A}_n=\boldsymbol{y}^{\mathrm{T}}\boldsymbol{A},\boldsymbol{y}=(y_1,y_2,\cdots,y_n)^{\mathrm{T}};$$

$$\boldsymbol{f}''(\boldsymbol{x})\boldsymbol{y}^2=(\boldsymbol{f}''(\boldsymbol{x})\boldsymbol{y})\boldsymbol{y}=\boldsymbol{y}^{\mathrm{T}}\boldsymbol{A}\boldsymbol{y}.$$

易见 $\boldsymbol{f}^{(n)}(\boldsymbol{x})=0$，$n\geqslant3$.

于是由定理 18.3.6 可得：当 $\boldsymbol{A}$ 为半正定矩阵时，$\boldsymbol{f}(\boldsymbol{\xi})$ 为极小值；当 $\boldsymbol{A}$ 为半正负矩阵时，$\boldsymbol{f}(\boldsymbol{\xi})$ 为极大值．

定理 18.3.7 设 $\boldsymbol{x}_0\in\mathbf{R}^n$，$D\subseteq\mathbf{R}^n$ 为 $\boldsymbol{x}_0$ 的一个凸开领域．如果 $\boldsymbol{f}(\boldsymbol{x}):D\to\mathbf{R}^m$ 有 $n+1$ 阶 Fréchet 导数，则对任意 $\boldsymbol{x}_0+\boldsymbol{y}\in D$，存在 $\theta\in(0,1)$，使得

$$\left\|\boldsymbol{f}(\boldsymbol{x}_0+\boldsymbol{y})-\boldsymbol{f}(\boldsymbol{x}_0)-\boldsymbol{f}'(\boldsymbol{x}_0)\boldsymbol{y}-\frac{1}{2!}\boldsymbol{f}''(\boldsymbol{x}_0)\boldsymbol{y}^2-\cdots-\frac{1}{n!}\boldsymbol{f}^{(n)}(\boldsymbol{x}_0)\boldsymbol{y}^n\right\|$$

$$\leqslant\frac{1}{(n+1)!}\left\|\boldsymbol{f}^{(n+1)}(\boldsymbol{x}_0+\theta\boldsymbol{y})\boldsymbol{y}^{n+1}\right\|.$$

证明 令 $\boldsymbol{v}=\boldsymbol{f}(\boldsymbol{x}_0+\boldsymbol{y})-\boldsymbol{f}(\boldsymbol{x}_0)-\boldsymbol{f}'(\boldsymbol{x}_0)\boldsymbol{y}-\frac{1}{2!}\boldsymbol{f}''(\boldsymbol{x}_0)\boldsymbol{y}^2-\cdots-\frac{1}{n!}\boldsymbol{f}^{(n)}(\boldsymbol{x}_0)\boldsymbol{y}^n$，不妨设其为列向量，则有 $\boldsymbol{v}^{\mathrm{T}}\boldsymbol{v}=\|\boldsymbol{v}\|^2$.

再令 $g(x)=v^{T}f(x)$，$x\in D$，则 g：$D\to\mathbf{R}$ 在 D 上有 $n+1$ 阶 Fréchet 导数．由定理 18.3.6 知，存在 $\theta\in(0,1)$，使得

$$v^{T}f(x_0+y)=v^{T}f(x_0)+v^{T}(f'(x_0)y)+\frac{1}{2!}v^{T}(f''(x_0)y^{2})+\cdots+\frac{1}{n!}v^{T}(f^{(n)}(x_0)y^{n})$$
$$+\frac{1}{(n+1)!}v^{T}(f^{(n+1)}(x_0+\theta y)y^{n+1}).$$

于是有 $\|v\|^{2}=\frac{1}{(n+1)!}v^{T}(f^{(n+1)}(x_0+\theta y)y^{n+1})\leqslant\frac{1}{(n+1)!}\|v^{T}\|\|f^{(n+1)}(x_0+\theta y)y^{n+1}\|$，即

$$\left\|f(x_0+y)-f(x_0)-f'(x_0)y-\frac{1}{2!}f''(x_0)y^{2}-\cdots-\frac{1}{n!}f^{(n)}(x_0)y^{n}\right\|$$
$$\leqslant\frac{1}{(n+1)!}\|f^{(n+1)}(x_0+\theta y)y^{n+1}\|.$$

类似于多元函数的偏导数，也可定义向量函数的 Fréchet 偏导算子．

设 $F(x,y)$：$U\times V\subseteq\mathbf{R}^{n}\times\mathbf{R}^{m}\to\mathbf{R}^{k}$，$(x_0,y_0)\in U\times V$. 如果 $F(x,y_0)$ 在 x_0 处 Fréchet 可导，则称 $F(x,y)$ 在 (x_0,y_0) 处关于 x 的 Fréchet 偏导算子存在，$F(x,y_0)$ 在 x_0 处的 Fréchet 偏导算子称为 $F(x,y)$ 在 (x_0,y_0) 处关于 x 的 Fréchet 偏导算子，记为 $F_x(x_0,y_0)$. 同理可定义 $F_y(x_0,y_0)$.

例 18.3.9　设 $F(x,y)=(2x,|y|)^{T}$，$x\in\mathbf{R}^{2}$，$y\in\mathbf{R}$. 则有

$$F_x(0,0,0)=\begin{pmatrix}2&0&0\\0&2&0\\0&0&0\end{pmatrix}.$$

易见 $F(x,y)$ 在 $(0,0,0)$ 处关于 y 的 Fréchet 偏导算子不存在．

18.3.5　Gâteaux 微分与 Gâteaux 导算子

定义 18.3.3　设 f：$D\subseteq\mathbf{R}^{n}\to\mathbf{R}^{m}$ 为向量函数，$x_0\in D$ 为内点．如果存在线性映射 B：$\mathbf{R}^{n}\to\mathbf{R}^{m}$ 使得 $\lim\limits_{t\to0}\frac{f(x_0+tv)-f(x_0)-tBv}{t}=\mathbf{0}$ 对任意 $v\in\mathbf{R}^{n}$ 成立，则称 $f(x)$ 在 x_0 处 Gâteaux 可导，B 称为 $f(x)$ 在 x_0 处的 Gâteaux 导算子，仍记为 $B=f'(x_0)$，Bv 称为 $f(x)$ 在 x_0 处的有界线性 Gâteaux 微分，记为 $d_G[f(x_0)v]=Bv$.

由定义易知，若 $f(x)$ 在 x_0 处 Fréchet 可导，则 $f(x)$ 在 x_0 处 Gâteaux 可导，且 Fréchet 导算子与 Gâteaux 导算子相等．反之，则不一定成立．

例 18.3.10　函数 $f(x,y)$：$\mathbf{R}^{2}\to\mathbf{R}^{2}$ 定义如下：

$$f(x,y)=\begin{cases}\left(x-2y+\dfrac{xy^{3}}{x^{2}+y^{4}},2x+y+\dfrac{yx^{3}}{x^{4}+y^{2}}\right)^{T}, & (x,y)^{T}\neq(0,0)^{T},\\ (0,0)^{T}, & (x,y)^{T}=(0,0)^{T}.\end{cases}$$

解 $$\frac{f(tu,\ tv)-f(0,\ 0)-t(u-2v,\ 2u+v)^{\mathrm{T}}}{t}=\frac{\left(\dfrac{t^2uv^3}{u^2+t^2v^4},\ \dfrac{t^2vu^3}{t^2u^4+v^2}\right)^{\mathrm{T}}}{t}\xrightarrow{t\to 0}(0,\ 0)^{\mathrm{T}}.$$

于是$f(x,\ y)$在$(0,\ 0)$处 Gâteaux 可导，且有

$$\text{Gâteaux 导算子}\boldsymbol{f}'(0,0)=\begin{pmatrix}1 & -2\\ 2 & 1\end{pmatrix},$$

$$\text{Gâteaux 微分 } \mathrm{d}_{\mathrm{G}}[\boldsymbol{f}(\boldsymbol{x}_0)\boldsymbol{v}]=\begin{pmatrix}1 & -2\\ 2 & 1\end{pmatrix}\begin{pmatrix}v_1\\ v_2\end{pmatrix},\boldsymbol{v}=\begin{pmatrix}v_1\\ v_2\end{pmatrix}.$$

又因为

$$\frac{f(tu,tv)-f(0,0)-t(u-2v,2u+v)^{\mathrm{T}}}{t}=\frac{\left(\dfrac{t^2uv^3}{u^2+t^2v^4},\dfrac{t^2vu^3}{t^2u^4+v^2}\right)^{\mathrm{T}}}{t}\xrightarrow{t\to 0}(0,0)^{\mathrm{T}},$$

取 $u=v^2$，则当 $v\to 0$ 时，

$$\frac{f(u,v)-f(0,0)-(u-2v,2u+v)^{\mathrm{T}}}{\sqrt{u^2+v^2}}\to\left(\frac{1}{2},0\right)^{\mathrm{T}}\neq(0,0)^{\mathrm{T}}.$$

因此$f(x,\ y)$在$(0,\ 0)^{\mathrm{T}}$处不是 Fréchet 可导的.

下面定理说明当 Gâteaux 导算子在一点连续时，该点处的 Gâteaux 导算子与 Fréchet 导算子相等.

定理 18.3.8 如果$\boldsymbol{f}(\boldsymbol{x})$在$\boldsymbol{x}_0$的一个邻域$\mathrm{N}(\boldsymbol{x}_0,\ r)$内 Gâteaux 可导，且 Gâteaux 导算子$\boldsymbol{f}'(\boldsymbol{x})$在$\boldsymbol{x}_0$处连续，则$\boldsymbol{f}(\boldsymbol{x})$在$\boldsymbol{x}_0$处 Fréchet 可导.

证明 由$\boldsymbol{f}'(\boldsymbol{x})$在$\boldsymbol{x}_0$处连续知，对任意$\varepsilon>0$，存在$r>\delta>0$，使得

$$\|\boldsymbol{f}'(\boldsymbol{x}_0+\boldsymbol{y})-\boldsymbol{f}'(\boldsymbol{x}_0)\|<\varepsilon,\ \forall\boldsymbol{y}\in\mathrm{N}(\boldsymbol{x}_0,\delta).$$

下证$\|\boldsymbol{f}(\boldsymbol{x}_0+\boldsymbol{y})-\boldsymbol{f}(\boldsymbol{x}_0)-\boldsymbol{f}(\boldsymbol{x}_0)\boldsymbol{y}\|\leqslant\varepsilon\|\boldsymbol{y}\|,\ \forall\boldsymbol{y}\in\mathrm{N}(\boldsymbol{x}_0,\ \delta)$.

不妨设$\|\boldsymbol{f}(\boldsymbol{x}_0+\boldsymbol{y})-\boldsymbol{f}(\boldsymbol{x}_0)-\boldsymbol{f}'(\boldsymbol{x}_0)\boldsymbol{y}\|\neq 0$，$\boldsymbol{v}=\boldsymbol{f}(\boldsymbol{x}_0+\boldsymbol{y})-\boldsymbol{f}(\boldsymbol{x}_0)-\boldsymbol{f}'(\boldsymbol{x}_0)\boldsymbol{y}$为列向量.则有$\boldsymbol{v}^{\mathrm{T}}\boldsymbol{v}=\|\boldsymbol{f}(\boldsymbol{x}_0+\boldsymbol{y})-\boldsymbol{f}(\boldsymbol{x}_0)-\boldsymbol{f}'(\boldsymbol{x}_0)\boldsymbol{y}\|^2$.

令$g(t)=\boldsymbol{v}^{\mathrm{T}}(\boldsymbol{f}(\boldsymbol{x}_0+t\boldsymbol{y})-\boldsymbol{f}(\boldsymbol{x}_0))$，$t\in[0,\ 1]$. 由 Lagrange 中值定理，存在$\theta\in(0,\ 1)$，使得

$$g(1)-g(0)=\boldsymbol{v}^{\mathrm{T}}(\boldsymbol{f}(\boldsymbol{x}_0+\boldsymbol{y})-\boldsymbol{f}(\boldsymbol{x}_0))=\boldsymbol{v}^{\mathrm{T}}(\boldsymbol{f}'(\boldsymbol{x}_0+\theta\boldsymbol{y})\boldsymbol{y}).$$

又 $$\boldsymbol{v}^{\mathrm{T}}\boldsymbol{v}=\boldsymbol{v}^{\mathrm{T}}(\boldsymbol{f}(\boldsymbol{x}_0+\boldsymbol{y})-\boldsymbol{f}(\boldsymbol{x}_0))-\boldsymbol{v}^{\mathrm{T}}(\boldsymbol{f}'(\boldsymbol{x}_0)\boldsymbol{y})=\boldsymbol{v}^{\mathrm{T}}(\boldsymbol{f}'(\boldsymbol{x}_0+\theta\boldsymbol{y})\boldsymbol{y}-\boldsymbol{f}'(\boldsymbol{x}_0)\boldsymbol{y}),$$

故有 $$\|\boldsymbol{f}(\boldsymbol{x}_0+\boldsymbol{y})-\boldsymbol{f}(\boldsymbol{x}_0)-\boldsymbol{f}'(\boldsymbol{x}_0)\boldsymbol{y}\|^2\leqslant\|\boldsymbol{v}^{\mathrm{T}}\|\|\boldsymbol{f}'(\boldsymbol{x}_0+\theta\boldsymbol{y})\boldsymbol{y}-\boldsymbol{f}'(\boldsymbol{x}_0)\boldsymbol{y}\|.$$

于是有 $$\|\boldsymbol{f}(\boldsymbol{x}_0+\boldsymbol{y})-\boldsymbol{f}(\boldsymbol{x}_0)-\boldsymbol{f}'(\boldsymbol{x}_0)\boldsymbol{y}\|\leqslant\|\boldsymbol{f}'(\boldsymbol{x}_0+\theta\boldsymbol{y})-\boldsymbol{f}'(\boldsymbol{x}_0)\|\|\boldsymbol{y}\|,$$

因此$\boldsymbol{f}(\boldsymbol{x})$在$\boldsymbol{x}_0$处 Fréchet 可导.

习 题

1. 设$f(x,\ y,\ z)=x^2-\mathrm{e}^{xyz}+xyz$，$(x,\ y,\ z)^{\mathrm{T}}\in\mathbf{R}^3$. 求$\boldsymbol{f}'(1,\ 1,\ 0)$，$\boldsymbol{f}''(0,\ 0,\ 0)$，

$\mathrm{d}\boldsymbol{f}(1,1,1)$.

2. 设 $\boldsymbol{f}(x,y)$: $\mathbf{R}^2\to\mathbf{R}^2$ 定义为 $\boldsymbol{f}(x,y)=(x^2+xy,\ x-\sin xy)^{\mathrm{T}}$, $(x,y)^{\mathrm{T}}\in\mathbf{R}^2$. 求 $\boldsymbol{f}'(0,0)$, $\boldsymbol{f}''(0,0)$, $\mathrm{d}\boldsymbol{f}(0,0)$.

3. 设 $\boldsymbol{f}(u,v)=(u^2-2v,\ \mathrm{e}^u-\mathrm{e}^v)^{\mathrm{T}}$, $\boldsymbol{g}(x,y,z)=(xy+yz,\ xyz)^{\mathrm{T}}$, $\boldsymbol{h}(x,y,z)=\boldsymbol{f}(\boldsymbol{g}(x,y,z))$. 求 $\boldsymbol{h}'(1,1,1)$, $\mathrm{d}\boldsymbol{h}(1,1,1)$.

4. 设 $\boldsymbol{f}(x,y,z)=(x+\mathrm{e}^{xyz}+z^3,\ xyz)^{\mathrm{T}}$, $(x,y,z)^{\mathrm{T}}\in\mathbf{R}^3$. 求 $\boldsymbol{f}''(x,y,z)$, $\boldsymbol{f}'''(x,y,z)$.

5. 设 $\boldsymbol{A}$ 为 n 阶实方阵, $\boldsymbol{f}(\boldsymbol{x})=\boldsymbol{x}^{\mathrm{T}}\boldsymbol{A}\boldsymbol{x}+\boldsymbol{c}$, $\boldsymbol{x}=(x_1\ \cdots\ x_n)^{\mathrm{T}}\in\mathbf{R}^n$, $\boldsymbol{c}\in\mathbf{R}$. 求 $\boldsymbol{f}'(\boldsymbol{x})$, $\boldsymbol{f}''(\boldsymbol{x})$.

18.4　隐函数与反函数定理及应用

方程解的存在性、唯一性与连续性是数学研究中的一个非常重要的问题. 本节设 $U\subset\mathbf{R}^n$, $V\subset\mathbf{R}^m$, $\boldsymbol{F}(x,y)$: $U\times V\to\mathbf{R}^m$. 考察方程 $\boldsymbol{F}(x,y)=\boldsymbol{0}$ 是否对任一 $x\in U$, 都存在唯一 $y\in V$, 使得 $\boldsymbol{F}(x,y)=\boldsymbol{0}$ 成立的问题. 如果该问题有肯定的结论, 即对 $x\in U$, 都存在唯一 $y\in V$, 使得 $\boldsymbol{F}(x,y)=\boldsymbol{0}$. 按此法则可定义函数 $y=f(x)$, $x\in U$, 满足 $\boldsymbol{F}(x,f(x))=\boldsymbol{0}$, 此时称 $y=\boldsymbol{f}(x)$ 是由方程 $\boldsymbol{F}(x,y)=\boldsymbol{0}$ 确定的一个隐函数.

18.4.1　隐函数定理

本节讨论隐函数的存在性、连续性与可导性, 并给出其在几何问题中的应用.

例 18.4.1　方程 $x^2+4y^2=1$ 对 $y\in\left(-\dfrac{1}{2},\dfrac{1}{2}\right)$, 存在唯一 $x=\sqrt{1-4y^2}\in(0,1)$.

定理 18.4.1　设 $U\subset\mathbf{R}^n$, $V\subset\mathbf{R}^m$ 均为开子集, $\boldsymbol{F}(x,y)$: $U\times V\to\boldsymbol{R}^m$ 连续, $(x_0,y_0)\in U\times V$, 且有 $\boldsymbol{F}(x_0,y_0)=\boldsymbol{0}$. 如果 $\boldsymbol{F}_y(x,y)$ 存在并在 (x_0,y_0) 处连续, 且有 $\det\boldsymbol{F}_y(x_0,y_0)\neq0$, 则存在 $r>0$, $\rho>0$, 使得对任一 $x\in B(x_0,r)$, 存在唯一 $y=f(x)\in B(y_0,\rho)$, 满足 $\boldsymbol{F}(x,f(x))=\boldsymbol{0}$, 且 $f(x)$ 是连续的.

证明　因为 $\det\boldsymbol{F}_y(x_0,y_0)\neq0$, 所以 $\boldsymbol{F}_y(x_0,y_0)^{-1}$ 存在.

又由 $\boldsymbol{F}$ 的连续性以及 $\boldsymbol{F}_y(x,y)$ 在 (x_0,y_0) 处连续知, 存在 $r>0$, $\rho>0$, 使得 $B(x_0,r)\subset U$, $\overline{B(y_0,\rho)}\subset V$, 且当 $\|x-x_0\|<r$, $\|y-y_0\|<\rho$ 时, 有

$$\|\boldsymbol{I}-\boldsymbol{F}_y(x_0,y_0)^{-1}\boldsymbol{F}_y(x,y)\|<\frac{1}{2}\ ;\tag{18.4.1}$$

$$\|\boldsymbol{F}_y(x_0,y_0)^{-1}\boldsymbol{F}(x,y)\|<\frac{1}{2}\rho\,.\tag{18.4.2}$$

对任一 $x\in B(x_0,r)$, 定义映射 $\boldsymbol{T}$: $\overline{B(y_0,\rho)}\to\mathbf{R}^m$ 如下:

$$\boldsymbol{T}y=y-\boldsymbol{F}_y(x_0,y_0)^{-1}\boldsymbol{F}(x,y),\ \forall\boldsymbol{y}\in\overline{B(y_0,\rho)}\,.$$

我们有　$\|\boldsymbol{T}y_1-\boldsymbol{T}y_2\|=\|y_1-y_2-\boldsymbol{F}_y(x_0,y_0)^{-1}[\boldsymbol{F}(x,y_1)-\boldsymbol{F}(x,y_2)]\|$,

利用微分中值不等式得

$$\|Ty_1 - Ty_2\| \leqslant \|I - F_y(x_0,y_0)^{-1}F_y(x,\xi)\|\|y_1 - y_2\|,\ \xi \in \{ty_1 + (1-t)y_2, t \in [0,1]\}.$$

由式(18.4.1)知

$$\|Ty_1 - Ty_2\| \leqslant \frac{1}{2}\|y_1 - y_2\|,\ \forall y_1, y_2 \in \overline{B(y_0,\rho)}. \tag{18.4.3}$$

又 $\|Ty - y_0\| = \|y - y_0 - F_y(x_0, y_0)^{-1}[F(x, y) - F(x, y_0)] - F_y(x_0, y_0)^{-1}F(x, y_0)\|$,
于是有 $\|Ty - y_0\| \leqslant \|I - F_y(x_0, y_0)^{-1}F_y(x, \eta)\|\|y - y_0\| + \|F_y(x_0, y_0)^{-1}F(x, y_0)\|$,
其中 $\eta \in \{ty_0 + (1-t)y,\ t \in [0, 1]\}$.

再由式(18.4.2)与式(18.4.1)即知

$$\|Ty - y_0\| < \rho,\ 对\ \forall \|y - y_0\| \leqslant \rho\ 成立. \tag{18.4.4}$$

由式(18.4.3)与式(18.4.4)以及定理18.2.1即知，存在唯一 $y \in B(y_0, r)$，使得 $Ty = y$，即有 $F(x, y) = 0$. 由唯一性，可令 $y = f(x)$，即对 $\forall x \in B(x_0, r)$，存在 $y = f(x) \in B(y_0, \rho)$ 满足 $F(x, f(x)) = 0$. 注意到

$$\|f(x+\Delta x) - f(x)\| = \|f(x+\Delta x) - f(x) - F_y(x_0,y_0)^{-1}[F(x+\Delta x, f(x+\Delta x)) - F(x, f(x))]\|$$

$$\leqslant \frac{1}{2}\|f(x+\Delta x) - f(x)\| + \|F_y(x_0,y_0)^{-1}[F(x+\Delta x, f(x+\Delta x)) - F(x, f(x+\Delta x))]\|,$$

于是有

$$\frac{1}{2}\|f(x+\Delta x) - f(x)\| \leqslant \|F_y(x_0,y_0)^{-1}[F(x+\Delta x, f(x+\Delta x)) - F(x, f(x+\Delta x))]\|.$$

由 $F(x, y)$ 的连续性即得 $y = f(x)$ 在 $B(x_0, r)$ 上连续.

定理18.4.2（求导定理） 在定理18.4.1条件下，进一步如果 $F_x(x, y)$ 存在并在 (x_0, y_0) 处连续，则 $y = f(x)$ 在 x_0 处可导，且有

$$f'(x_0) = -(F_y(x_0,y_0))^{-1}F_x(x_0,y_0).$$

证明 令 $y_0 = f(x_0)$，$y_0 + \Delta y = f(x_0 + \Delta x)$，则有 $F(x_0 + \Delta x, y_0 + \Delta y) - F(x_0, y_0) = 0$. 于是有

$$[F(x_0 + \Delta x, y_0 + \Delta y) - F(x_0, y_0 + \Delta y)] + [F(x_0, y_0 + \Delta y) - F(x_0, y_0)] = 0 \tag{18.4.5}$$

$$F(x_0 + \Delta x, y_0 + \Delta y) - F(x_0, y_0 + \Delta y) = F_x(x_0, y_0 + \Delta y)\Delta x + o(\|\Delta x\|) \tag{18.4.6}$$

$$F(x_0, y_0 + \Delta y) - F(x_0, y_0) = F_y(x_0, y_0)\Delta y + o(\|\Delta y\|) \tag{18.4.7}$$

可以把 $o(\|\Delta y\|)$ 改写为 $o(\|\Delta y\|) = D(\|\Delta y\|)\Delta y$，其中 $D(\|\Delta y\|) = (\mathrm{d}_{ij}(\|\Delta y\|))$ 为一 $m \times m$ 矩阵，满足 $\lim\limits_{\Delta y \to 0}\mathrm{d}_{ij}(\|\Delta y\|) = 0$，$1 \leqslant i$，$j \leqslant m$. 这里只需要利用命题18.1.1把 F 表成分量函数形式，然后再利用分量函数的可微性即可，细节略.

将式(18.4.6)，式(18.4.7)代入式(18.4.5)即得

$$F_x(x_0, y_0 + \Delta y)\Delta x + o(\|\Delta x\|) + [F_y(x_0, y_0) + D(\|\Delta y\|)]\Delta y = 0.$$

再由 $\lim\limits_{\Delta y \to 0}(F_y(x_0, y_0) + D(\|\Delta y\|)) = F_y(x_0, y_0)$ 知，当 $\|\Delta x\|$ 充分小时，$F_y(x_0, y_0) + D(\|\Delta y\|)$ 可逆. 于是有

$$\Delta y = -[F_y(x_0,y_0) + D(\|\Delta y\|)]^{-1}F_x(x_0, y_0 + \Delta y)\Delta x - [F_y(x_0,y_0) + D(\|\Delta y\|)]^{-1}o(\|\Delta x\|).$$

由此可得　　$$\boldsymbol{f}'(x_0)=-(\boldsymbol{F}_y(x_0,y_0))^{-1}\boldsymbol{F}_x(x_0,y_0).$$

例 18.4.2　判断方程 $x-y+\frac{1}{4}\sin y=0$ 在 $x=0$ 附近是否能确定隐函数 $y=f(x)$.

解　令 $F(x,y)=x-y+\frac{1}{4}\sin y$. 显然 $F(x,y)$ 在 $\mathbf{R}\times\mathbf{R}$ 上连续，且有 $F(0,0)=0$，$F_y(x,y)=-1+\frac{1}{4}\cos y\neq 0$. 由定理 18.4.1，存在 $x=0$ 的一个邻域 $(-\delta,\delta)$ 以及隐函数 $y=f(x)$，$x\in(-\delta,\delta)$，满足

$$x-f(x)+\frac{1}{4}\sin f(x)=0.$$

例 18.4.3　设 $\boldsymbol{F}(x,y,u,v)=(x^2v-y+\mathrm{e}^u+xyu-1,\ xyuv-\mathrm{e}^v+x+1)^{\mathrm{T}}$. 证明 $\boldsymbol{F}(x,y,u,v)=(0,0)^{\mathrm{T}}$ 在 $\mathbf{0}=(0,0,0,0)^{\mathrm{T}}$ 处能确定 $(u,v)=\boldsymbol{f}(x,y)$，并求 $\boldsymbol{f}'(0,0)$.

证明　$\boldsymbol{F}$ 的连续性是显然的，且有 $\boldsymbol{F}(0,0,0,0)=(0,0)^{\mathrm{T}}$.

由定理 18.3.1 得

$$\boldsymbol{F}_{(u,v)}=\begin{pmatrix}\mathrm{e}^u+xy & x^2\\ xyv & xyu-\mathrm{e}^v\end{pmatrix}\text{连续，}\boldsymbol{F}_{(u,v)}(\mathbf{0})=\begin{pmatrix}1&0\\0&-1\end{pmatrix}.$$

$\boldsymbol{F}(x,y,u,v)=(0,0)^{\mathrm{T}}$ 在 $(0,0,0,0)^{\mathrm{T}}$ 处能确定 $(u,v)=f(x,y)$. 又 $\boldsymbol{F}_{(x,y)}=\begin{pmatrix}2xv+yu & -1+xu\\ yuv+1 & xuv\end{pmatrix}$ 连续，$\boldsymbol{F}_{(x,y)}(\mathbf{0})=\begin{pmatrix}0&-1\\1&0\end{pmatrix}$，因此有

$$\boldsymbol{f}'(0,0)=-\boldsymbol{F}_{(u,v)}^{-1}(\mathbf{0})\boldsymbol{F}_{(x,y)}(\mathbf{0})=\begin{pmatrix}1&0\\0&-1\end{pmatrix}\begin{pmatrix}0&-1\\1&0\end{pmatrix}=\begin{pmatrix}0&-1\\-1&0\end{pmatrix}.$$

下面讨论由方程组所确定的空间曲线的切线与法平面.

设空间曲线的方程为 $x=x(t)$，$y=y(t)$，$z=z(t)$，$t\in(a,b)$，$x'(t_0)$，$y'(t_0)$，$z'(t_0)$ 中至少有一个不为零. 求曲线在 $P_0(x(t_0),y(t_0),z(t_0))$ 处的切线方程.

过 $P(x(t_0+s),y(t_0+s),z(t_0+s))$ 与 $P_0(x(t_0),y(t_0),z(t_0))$ 的割线方程为

$$\frac{x-x(t_0)}{x(t_0+s)-x(t_0)}=\frac{y-y(t_0)}{y(t_0+s)-y(t_0)}=\frac{z-z(t_0)}{z(t_0+s)-z(t_0)}.$$

上式两边同乘 s 并让 $s\to 0$ 即得切线方程

$$\frac{x-x(t_0)}{x'(t_0)}=\frac{y-y(t_0)}{y'(t_0)}=\frac{z-z(t_0)}{z'(t_0)}.$$

过 P_0 且与切线垂直的平面称为曲线在 P_0 处的法平面，其方程为

$$x'(t_0)(x-x(t_0))+y'(t_0)(y-y(t_0))+z'(t_0)(z-z(t_0))=0.$$

现在设空间曲线 C 由方程组

$$\begin{cases}\boldsymbol{F}(x,y,z)=\mathbf{0},\\ \boldsymbol{G}(x,y,z)=\mathbf{0}.\end{cases}$$

所确定，$(x, y, z)\in D$，$D\subset\mathbf{R}^3$ 为开区域．假设 $P(x_0, y_0, z_0)\in C$，$\boldsymbol{F}$，$\boldsymbol{G}$ 有连续的一阶偏导数，且有 $\det\begin{pmatrix}F_y & F_z\\ G_y & G_z\end{pmatrix}_{P_0}\neq 0$. 令 $\boldsymbol{K}(x, y, z)=(\boldsymbol{F}(x, y, z), \boldsymbol{G}(x, y, z))^{\mathrm{T}}$，$(x, y, z)^{\mathrm{T}}\in D$.

由定理 18.4.1 知存在 x_0 的一个 U，使得 $y=y(x)$，$z=z(x)$，$x\in U$，满足

$$\boldsymbol{K}(x, y(x), z(x))=\mathbf{0}, x\in U.$$

再由定理 18.4.2 得

$$\begin{pmatrix}y'(x)\\ z'(x)\end{pmatrix}=-\begin{pmatrix}F_y & F_z\\ G_y & G_z\end{pmatrix}^{-1}\begin{pmatrix}F_x\\ G_x\end{pmatrix}=-\left(\det\begin{pmatrix}F_y & F_z\\ G_y & G_z\end{pmatrix}\right)^{-1}\begin{pmatrix}G_z & -F_z\\ -G_y & F_y\end{pmatrix}\begin{pmatrix}F_x\\ G_x\end{pmatrix}$$

$$=-\left(\det\begin{pmatrix}F_y & F_z\\ G_y & G_z\end{pmatrix}\right)^{-1}\left(\det\begin{pmatrix}G_z & G_x\\ F_z & F_x\end{pmatrix}\quad \det\begin{pmatrix}G_x & G_y\\ F_x & F_y\end{pmatrix}\right)^{\mathrm{T}}.$$

因此曲线在 (x_0, y_0, z_0) 处的切线方程为

$$\frac{x-x_0}{\det\begin{pmatrix}F_y & F_z\\ G_y & G_z\end{pmatrix}}=\frac{y-y_0}{\det\begin{pmatrix}F_z & F_x\\ G_z & G_x\end{pmatrix}}=\frac{z-z_0}{\det\begin{pmatrix}F_x & F_y\\ G_x & G_y\end{pmatrix}}.$$

法平面方程为

$$\det\begin{pmatrix}F_y & F_z\\ G_y & G_z\end{pmatrix}(x-x_0)+\det\begin{pmatrix}F_z & F_x\\ G_z & G_x\end{pmatrix}(y-y_0)+\det\begin{pmatrix}F_x & F_y\\ G_x & G_y\end{pmatrix}(z-z_0)=0.$$

例 18.4.4 求椭球面 $x^2+2y^2+z^2=5$ 与 $x^2+y^2=z^2$ 的交线在 $(1, 1, \sqrt{2})$ 处的切线与法平面方程．

解 令 $F(x, y, z)=x^2+2y^2+z^2-5$，$G(x, y, z)=x^2+y^2-z^2$，得

$$\det\begin{pmatrix}4y & 2z\\ 2y & -2z\end{pmatrix}_{P_0}=-12\sqrt{2},\ \det\begin{pmatrix}2z & 2x\\ -2z & 2x\end{pmatrix}_{P_0}=8\sqrt{2},\ \det\begin{pmatrix}2x & 4y\\ 2x & 2y\end{pmatrix}_{P_0}=-4.$$

于是得 $(1, 1, \sqrt{2})$ 处的切线方程为

$$\frac{x-x_0}{-3\sqrt{2}}=\frac{y-y_0}{2\sqrt{2}}=\frac{z-z_0}{-1},$$

法平面方程为

$$-3\sqrt{2}(x-1)+2\sqrt{2}(y-1)-(z-\sqrt{2})=0.$$

18.4.2 反函数定理

推论 18.4.1 设 $\boldsymbol{f}(x)$：$D\subseteq\mathbf{R}^n\to\mathbf{R}^n$ 连续，$x_0\in D$ 为内点，$\boldsymbol{f}(x)$ 在 x_0 的某一领域内有连续的 Fréchet 导算子且 $\det\boldsymbol{f}'(x_0)\neq 0$，即 $\boldsymbol{f}'(x_0)$ 为可逆矩阵．则存在 x_0 的一个开领域 $U\subset D$，使得 $\boldsymbol{f}: U\to\boldsymbol{f}(U)$ 为单一映射，即 $\boldsymbol{f}^{-1}$：$\boldsymbol{f}(U)\to U$ 存在，且 $\boldsymbol{f}^{-1}$ 在 $y_0=\boldsymbol{f}(x_0)$ 处有连续的 Fréchet 导算子，且有 $(\boldsymbol{f}^{-1})'(y_0)=(\boldsymbol{f}'(x_0))^{-1}$.

证明　令 $\boldsymbol{F}(y, x): D\times\mathbf{R}^n\to\mathbf{R}^n$ 为 $\boldsymbol{F}(y, x)=y-\boldsymbol{f}(x)$，$\forall(y, x)\in\mathbf{R}^n\times D$. 容易验证 $\boldsymbol{F}(y, x)$ 在 $\mathbf{R}^n\times D$ 上连续，$\boldsymbol{F}(y_0, x_0)=\mathbf{0}$，$\det\boldsymbol{F}_x(x_0, y_0)\neq 0$，且 $\boldsymbol{F}_x(y, x)=-\boldsymbol{f}'(x)$ 在 (y_0, x_0) 的某一个领域内连续.

由定理 18.4.1 知，存在 $r>0$，$\rho>0$，使得对任一 $y\in B(y_0, r)$，存在唯一 $x=g(y)\in B(x_0, \rho)$，满足 $\boldsymbol{F}(y, g(y))=\mathbf{0}$，且 $x=g(y)$ 是连续的.

由 $y-f(g(y))=0$ 即知 $g(y)=f^{-1}(y)$，$\forall y\in B(y_0, r)$.

由定理 18.4.2 得 $(f^{-1})'(y_0)=(f'(x_0))^{-1}$.

下面给出反函数及其求导定理的一些应用.

例 18.4.5　设曲面的参数方程为 $x=x(u, v)$，$y=y(u, v)$，$z=z(u, v)$，且它们关于 u，v 具有一阶连续的偏导数，$x_0=x(u_0, v_0)$，$y_0=y(u_0, v_0)$，$z_0=z(u_0, v_0)$. 假设

$$\det\begin{pmatrix} x_u & x_v \\ y_u & y_v \end{pmatrix}_{(u_0,v_0)}\neq 0.$$

求曲面在 (x_0, y_0, z_0) 处的切平面.

解　定义 $\mathbf{T}$：$\mathbf{R}^2\to\mathbf{R}^2$ 如下：

$$T\begin{pmatrix} u \\ v \end{pmatrix}=\begin{pmatrix} x(u,v) \\ y(u,v) \end{pmatrix},(u,v)^{\mathrm{T}}\in\mathbf{R}^2.$$

由已知条件以及推论 18.4.1 知，存在 $(u_0, v_0)^{\mathrm{T}}$ 的一个开邻域 U，使得反函数 $\mathbf{T}^{-1}$：$\mathbf{T}U\to U$ 存在，且有

$$(T^{-1})'_{(x_0,y_0)}=\begin{pmatrix} u_x & u_y \\ v_x & v_y \end{pmatrix}_{(x_0,y_0)}=\begin{pmatrix} x_u & x_v \\ y_u & y_v \end{pmatrix}^{-1}_{(u_0,v_0)}.$$

由矩阵理论

$$\begin{pmatrix} x_u & x_v \\ y_u & y_v \end{pmatrix}^{-1}_{(u_0,v_0)}=\left(\det\begin{pmatrix} x_u & x_v \\ y_u & y_v \end{pmatrix}\right)^{-1}\begin{pmatrix} y_v & -x_v \\ -y_u & x_u \end{pmatrix}.$$

因此有

$$\begin{aligned}
z_x\,|_{(x_0,y_0)}&=z_u u_x+z_v v_x=\left(\det\begin{pmatrix} x_u & x_v \\ y_u & y_v \end{pmatrix}\right)^{-1}(z_u y_v-z_v y_u)_{(u_0,v_0)}\\
&=\left(\det\begin{pmatrix} x_u & x_v \\ y_u & y_v \end{pmatrix}\right)^{-1}\det\begin{pmatrix} z_u & z_v \\ y_u & y_v \end{pmatrix},
\end{aligned}$$

$$\begin{aligned}
z_y\,|_{(x_0,y_0)}&=z_u u_y+z_v v_y=\left(\det\begin{pmatrix} x_u & x_v \\ y_u & y_v \end{pmatrix}\right)^{-1}(-z_u x_v+z_v x_u)_{(u_0,v_0)}\\
&=\left(\det\begin{pmatrix} x_u & x_v \\ y_u & y_v \end{pmatrix}\right)^{-1}\det\begin{pmatrix} x_u & x_v \\ z_u & z_v \end{pmatrix}.
\end{aligned}$$

于是曲面在 (x_0, y_0, z_0) 处的切平面方程为

$$z-z_0=\left(\det\begin{pmatrix}x_u & x_v\\ y_u & y_v\end{pmatrix}\right)^{-1}\left[\det\begin{pmatrix}z_u & z_v\\ y_u & y_v\end{pmatrix}(x-x_0)+\det\begin{pmatrix}x_u & x_v\\ z_u & z_v\end{pmatrix}(y-y_0)\right],$$

即
$$\det\begin{pmatrix}y_u & y_v\\ z_u & z_v\end{pmatrix}(x-x_0)+\det\begin{pmatrix}z_u & z_v\\ x_u & x_v\end{pmatrix}(y-y_0)+\det\begin{pmatrix}x_u & x_v\\ y_u & y_v\end{pmatrix}(z-z_0)=0.$$

下面为引理 16.2.1 的证明.

证明 (1) 对任意 $\varepsilon>0$, 由面积定义知, 存在 Δ 的一个直线网分割 T, 在此分割下有 n 个小矩形 Q_i 包含于 Δ 的内部, $1\leqslant i\leqslant n$, 使得

$$\left|\sum_{i=1}^{n}\sigma(Q_i)-\sigma(\Delta)\right|<\varepsilon,$$

其中 $\sigma(\cdot)$ 表面积. 还可要求 Q_i 的边长小于 ε.

(2) 定义映射 $\boldsymbol{K}$: $\Delta\to D$ 如下:

$$\boldsymbol{K}(u,v)=(x(u,v),y(u,v))^{\mathrm{T}},(u,v)^{\mathrm{T}}\in\Delta.$$

由已知条件易知, $\boldsymbol{K}$: $\Delta\to D$ 为单一连续满射, 有

$$\boldsymbol{K}'(u,v)=\begin{pmatrix}x_u(u,v) & x_v(u,v)\\ y_u(u,v) & y_v(u,v)\end{pmatrix}$$

连续. 于是有

$$\boldsymbol{K}(u+\mathrm{d}u,v+\mathrm{d}v)=\boldsymbol{K}(u,v)+\boldsymbol{K}'(u,v)(\mathrm{d}u,\mathrm{d}v)^{\mathrm{T}}+o(\sqrt{(\mathrm{d}u)^2+(\mathrm{d}v)^2}).\qquad(18.4.8)$$

对包含于 Δ 内部的一个小矩形 $\square ABCD$, 设其顶点坐标依次为 $A(u,v)$, $B(u+\mathrm{d}u,v)$, $C(u+\mathrm{d}u,v+\mathrm{d}v)$, $D(u,v+\mathrm{d}v)$.

$\boldsymbol{K}(\square ABCD)$ 为 xy 平面内一曲边矩形 $A_1B_1C_1D_1$, 其顶点坐标依次为 $A_1(x_1, y_1)$, $B_1(x_2, y_2)$, $C_1(x_3, y_3)$, $D_1(x_4, y_4)$, 其中

$$\begin{aligned}
x_1&=x(u,v), & y_1&=y(u,v),\\
x_2&=x(u+\mathrm{d}u,v), & y_2&=y(u+\mathrm{d}u,v),\\
x_3&=x(u+\mathrm{d}u,v+\mathrm{d}v), & y_3&=y(u+\mathrm{d}u,v+\mathrm{d}v),\\
x_4&=x(u,v+\mathrm{d}v), & y_4&=y(u,v+\mathrm{d}v).
\end{aligned}$$

再由式(18.4.8)知

$$\boldsymbol{K}(\square ABCD)\subseteq\boldsymbol{K}(u,v)+\boldsymbol{K}'(u,v)(\square ABCD-\{(u,v)\})+\square(c\varepsilon|\mathrm{d}u|,c\varepsilon|\mathrm{d}v|\}),\quad(18.4.9)$$

其中 $\square(c\varepsilon|\mathrm{d}u|, c\varepsilon|\mathrm{d}v|)$ 表 $(0, 0)$ 的一个方形邻域, 其边长分别为 $c\varepsilon|\mathrm{d}u|$, $c\varepsilon|\mathrm{d}v|$, $c>0$ 为某一常数.

由解析几何知识, 平行四边形 $\boldsymbol{K}(u, v)+\boldsymbol{K}'(u, v)(\square ABCD)$ 的面积等于

$$\left|\det\begin{pmatrix}x(u,v) & x(u,v)+x_u\mathrm{d}u & x(u,v)+x_u\mathrm{d}u+x_v\mathrm{d}v\\ y(u,v) & y(u,v)+y_u\mathrm{d}u & y(u,v)+y_u\mathrm{d}u+y_v\mathrm{d}v\\ 1 & 1 & 1\end{pmatrix}\right|=\left|\det\begin{pmatrix}x_u\mathrm{d}u & x_v\mathrm{d}v\\ y_u\mathrm{d}u & y_v\mathrm{d}v\end{pmatrix}\right|$$

$$=\left|\det\begin{pmatrix}x_u & y_u\\ x_v & y_v\end{pmatrix}\mathrm{d}u\mathrm{d}v\right|.$$

于是由式(18.4.8)知，$\boldsymbol{K}(\Box ABCD)$的面积

$$\sigma(\boldsymbol{K}(\Box ABCD)) \leqslant \left|\det\begin{pmatrix} x_u & x_v \\ y_u & y_v \end{pmatrix}\right| \left|\mathrm{d}u\mathrm{d}v\right| + b\varepsilon\left|\mathrm{d}u\mathrm{d}v\right|, \qquad (18.4.10)$$

其中 $b>0$ 为一常数.

(3)由(1)有(2). 对每一小矩形 Q_i，取定一顶点$(u_i,\ v_i)$，由式(18.4.10)得

$$\sum_{i=1}^{n}\sigma(K(Q_i)) \leqslant \sum_{i=1}^{n}\left|\det\begin{pmatrix} x_u(u_i,v_i) & x_v(u_i,v_i) \\ y_u(u_i,v_i) & y_v(u_i,v_i) \end{pmatrix}\right|\sigma(Q_i) + b\varepsilon\sum_{i=1}^{n}\sigma(Q_i). \qquad (18.4.11)$$

在式(18.4.11)中，令 $\max\{\mathrm{diam}(Q_i):\ 1\leqslant i\leqslant n\}\to 0$，得

$$\sigma(D) \leqslant \iint_{\Delta}\left|\begin{pmatrix} x_u & x_v \\ y_u & y_v \end{pmatrix}\right|\mathrm{d}u\mathrm{d}v + c\varepsilon\sigma(\Delta).$$

再令 $\varepsilon\to 0^+$，即得

$$\sigma(D) \leqslant \iint_{\Delta}\left|\begin{pmatrix} x_u & x_v \\ y_u & y_v \end{pmatrix}\right|\mathrm{d}u\mathrm{d}v. \qquad (18.4.12)$$

反过来，由反函数定理知，$\boldsymbol{K}^{-1}:\ D\to\Delta$，且有

$$(\boldsymbol{K}^{-1})' = \begin{pmatrix} x_u & x_v \\ y_u & y_v \end{pmatrix}^{-1}.$$

于是有 $$\sigma(Q_i) \leqslant \iint_{D_i}\left|\det\begin{pmatrix} x_u & x_v \\ y_u & y_v \end{pmatrix}^{-1}\right|\mathrm{d}x\mathrm{d}y = \left|\det\begin{pmatrix} x_u & x_v \\ y_u & y_v \end{pmatrix}^{-1}_{(x_i,y_i)}\right|\sigma(D_i)$$

其中 $D_i=\boldsymbol{K}(Q_i)$，$(x_i,\ y_i)\in D_i$，$1\leqslant i\leqslant n$. 因此有

$$\begin{aligned}&\sum_{i=1}^{n}\left|\det\begin{pmatrix} x_u(u_i,v_i) & x_v(u_i,v_i) \\ y_u(u_i,v_i) & y_v(u_i,v_i) \end{pmatrix}\right|\sigma(Q_i)\\ \leqslant &\sum_{i=1}^{n}\left|\det\begin{pmatrix} x_u(u_i,v_i) & x_v(u_i,v_i) \\ y_u(u_i,v_i) & y_v(u_i,v_i) \end{pmatrix}\right|\cdot\left|\det\begin{pmatrix} x_u & x_v \\ y_u & y_v \end{pmatrix}^{-1}_{(x_i,y_i)}\right|\sigma(D_i).\end{aligned}$$

由 $\boldsymbol{K}'$，$(\boldsymbol{K}^{-1})'$之连续性知，当 $\max\{\mathrm{diam}(D_i):\ 1\leqslant i\leqslant n\}\to 0$ 时(等价于 $\max\{\mathrm{diam}(Q_i):\ 1\leqslant i\leqslant n\}\to 0$)，有

$$\det\begin{pmatrix} x_u(u_i,v_i) & x_v(u_i,v_i) \\ y_u(u_i,v_i) & y_v(u_i,v_i) \end{pmatrix}\det\begin{pmatrix} x_u & x_v \\ y_u & y_v \end{pmatrix}^{-1}_{(x_i,y_i)} \to 1.$$

再利用一致连续性，即得

$$\sum_{i=1}^{n}\left|\det\begin{pmatrix} x_u(u_i,v_i) & x_v(u_i,v_i) \\ y_u(u_i,v_i) & y_v(u_i,v_i) \end{pmatrix}\right|\cdot\left|\det\begin{pmatrix} x_u & x_v \\ y_u & y_v \end{pmatrix}^{-1}_{(x_i,y_i)}\right|\sigma(D_i)\to\sigma(D).$$

故当 $\max\{\mathrm{diam}(Q_i):\ 1\leqslant i\leqslant n\}\to 0$ 时，有

$$\iint_{\Delta}\left|\det\begin{pmatrix} x_u & x_v \\ y_u & y_v \end{pmatrix}\right|\mathrm{d}u\mathrm{d}v \leqslant \sigma(D). \qquad (18.4.13)$$

综上式(18.4.12)，式(18.4.13) 知，引理 16.2.1 结论成立.

习 题

1. 方程 $xy+z\ln y+e^x=1$ 在(0, 1, 0)附近能否确定函数 $x=x(y, z)$? 如能确定, 求导算子 $x'(1, 0)$.

2. 设 $\boldsymbol{f}(x, y, u, v)=(1+vx+uy-e^u, xyuv+e^v-1)^{\mathrm{T}}$. 问在 $(0, 0, 0, 0)^{\mathrm{T}}$ 附近能否确定函数 $(u, v)=g(x, y)$? 如能确定, 求导算子 $g'(0, 0)$.

3. 设 $\boldsymbol{f}(x,y,u,v)=(x^2+y^2-u^2-v, -x+y+uv-1)^{\mathrm{T}}$. 问在 $(2,1,2,1)^{\mathrm{T}}$ 附近能否确定 $(u, v)=g(x, y)$ 以及 $(x, y)=h(u, v)$? 如能确定, 求导算子 $g'(2, 1)$ 与 $h'(2, 1)$.

4. 设 $D\subset\mathbf{R}^n$ 为开集, $\boldsymbol{f}(x): D\to\mathbf{R}^n$ 具有连续的 Fréchet 导算子, 且有 $\det\boldsymbol{f}'(x)\neq 0$, $x\in D$. 证明 $\boldsymbol{f}(D)$ 是开集.

5. 设 $\boldsymbol{f}(x): \mathbf{R}^n\to\mathbf{R}^n$ 具有连续的 Fréchet 导算子, 且满足

$$\|\boldsymbol{f}(x)-\boldsymbol{f}(y)\|\geqslant\alpha\|x-y\|, \forall x,y\in\mathbf{R}^n,$$

其中 $\alpha>0$ 为常数. 证明 $\boldsymbol{f}^{-1}$ 存在且具有连续导算子.

6. 求球面 $x^2+y^2+z^2=50$ 与锥面 $x^2+y^2=z^2$ 的交线在(3, 4, 5)处的切线与法平面方程.

7. 设曲面的参数方程为 $x=x(u, v)$, $y=y(u, v)$, $z=z(u, v)$, 且它们关于 u, v 具有一阶连续偏导数, $x_0=x(u_0, v_0)$, $y_0=y(u_0, v_0)$, $z_0=z(u_0, v_0)$,

$$\det\begin{pmatrix} y_u & y_v \\ z_u & z_v \end{pmatrix}_{(u_0,v_0)}\neq 0.$$

求曲面在 (x_0, y_0, z_0) 处的切平面.

18.5* 带约束条件的极值问题

在 13.2 节, 我们考虑了多元函数的极值问题. 利用函数的一阶偏导数与二阶偏导数, 我们得到了函数极值的一些判别方法. 在生产与实际中, 我们通常需要考虑的最大值或最小值问题是附有一定条件的. 比如客户向厂家定制特定的产品, 那么厂家需要考虑的是如何在满足客户要求条件下生产成本最小问题. 这类问题在数学上称为带有约束条件的极值问题, 本节介绍处理这类问题的方法.

问题 1 设 $f(x_1, x_2, \cdots, x_n)$, $g_i(x_1, x_2, \cdots, x_n): D\subset\mathbf{R}^n\to\mathbf{R}$, $i=1, 2, \cdots, k$, $k<n$. 求在条件 $g_i(x_1, x_2, \cdots, x_n)=0$, $i=1, 2, \cdots, k$, 下, $f(x_1, x_2, \cdots, x_n)$ 的极值问题.

我们需要下面的 Lagrange 乘子函数:

$$L(x_1,x_2,\cdots,x_n,\lambda_1,\lambda_2,\cdots,\lambda_k)=f(x_1,x_2,\cdots,x_n)+\sum_{i=1}^{k}\lambda_i g_i(x_1,x_2,\cdots,x_n).$$

定理 18.5.1 设 $D\subset\mathbf{R}^n$ 为开区域, f, g_i, $i=1, 2, \cdots, k$, 在 D 上有一阶连续偏导

数，$\boldsymbol{x}^0=(x_1^0, x_2^0, \cdots, x_n^0)^{\mathrm{T}}\in D$ 为问题 1 的极值点，矩阵

$$\begin{pmatrix} \dfrac{\partial g_1}{\partial x_1} & \cdots & \dfrac{\partial g_1}{\partial x_n} \\ \vdots & & \vdots \\ \dfrac{\partial g_k}{\partial x_1} & \cdots & \dfrac{\partial g_k}{\partial x_n} \end{pmatrix}_{\boldsymbol{x}^0}$$

的秩为 k. 则存在 $\boldsymbol{\lambda}_0=(\lambda_1^0, \lambda_2^0, \cdots, \lambda_k^0)^{\mathrm{T}}\in\mathbf{R}^k$，满足

$$\begin{cases} L_x(x^0,\lambda_0)=0, \\ L_\lambda(x^0,\lambda_0)=0. \end{cases} \tag{18.5.1}$$

即

$$\begin{aligned} L_{x_j} &= \frac{\partial f}{\partial x_j}+\sum_{i=1}^{k}\lambda_i^0\frac{\partial g_i}{\partial x_j}\bigg|_{x^0}=0, j=1,2,\cdots,n \\ L_{\lambda_s} &= g_s\Big|_{x^0}=0, s=1,2,\cdots,k \end{aligned} \tag{18.5.2}$$

证明　令 $\boldsymbol{G}(\boldsymbol{x})=(g_1(\boldsymbol{x})\ \ \cdots\ \ g_k(\boldsymbol{x}))^{\mathrm{T}}$，$\boldsymbol{x}=(x_1\ \ \cdots\ \ x_n)^{\mathrm{T}}\in\mathbf{R}^n$. 由于

$$\begin{pmatrix} \dfrac{\partial g_1}{\partial x_1} & \cdots & \dfrac{\partial g_1}{\partial x_n} \\ \vdots & & \vdots \\ \dfrac{\partial g_k}{\partial x_1} & \cdots & \dfrac{\partial g_k}{\partial x_n} \end{pmatrix}_{\boldsymbol{x}^0}$$

的秩为 k，故有 k 阶非零子式. 不妨设

$$\det\begin{pmatrix} \dfrac{\partial g_1}{\partial x_{n-k+1}} & \cdots & \dfrac{\partial g_1}{\partial x_n} \\ \vdots & & \vdots \\ \dfrac{\partial g_k}{\partial x_{n-k+1}} & \cdots & \dfrac{\partial g_k}{\partial x_n} \end{pmatrix}_{\boldsymbol{x}^0}\neq 0.$$

记 $\boldsymbol{y}=(x_1\ \ \cdots\ \ x_{n-k})^{\mathrm{T}},\boldsymbol{z}=(x_{n-k+1}\ \ \cdots\ \ x_n)^{\mathrm{T}},\boldsymbol{y}^0=(x_1^0\ \ \cdots\ \ x_{n-k}^0)^{\mathrm{T}},\boldsymbol{z}^0=(x_{n-k+}^0\ \ \cdots\ \ x_n^0)^{\mathrm{T}}$.
于是有 $\det\boldsymbol{G}_z(\boldsymbol{y}^0, \boldsymbol{z}^0)\neq0$. 由定理 18.4.1、定理 18.4.2 知，存在 $\boldsymbol{y}^0$ 的一个邻域 U，$\boldsymbol{z}^0$ 的一个邻域 V，$U\times V\subset D$，隐函数 $\boldsymbol{z}=\boldsymbol{h}(\boldsymbol{y})$：$U\to V$ 满足 $\boldsymbol{z}^0=\boldsymbol{h}(\boldsymbol{y}^0)$，$\boldsymbol{G}(\boldsymbol{y}, \boldsymbol{h}(\boldsymbol{y}))=\boldsymbol{0}$. 且有 $\boldsymbol{h}'(\boldsymbol{y}_0)=-\boldsymbol{G}_z^{-1}(\boldsymbol{x}^0)\boldsymbol{G}_y(\boldsymbol{x}^0)$.

另一方面，$\boldsymbol{y}_0$ 也是 $\boldsymbol{f}(\boldsymbol{y}, \boldsymbol{h}(\boldsymbol{y}))$ 的极值点，于是有

$$\boldsymbol{f}_y(\boldsymbol{x}^0)+\boldsymbol{f}_z(\boldsymbol{x}^0)(-\boldsymbol{G}_z^{-1}(\boldsymbol{x}^0)\boldsymbol{G}_y(\boldsymbol{x}^0))=\boldsymbol{0}. \tag{18.5.3}$$

显然线性方程组

$$\boldsymbol{f}_z(\boldsymbol{x}^0)+\boldsymbol{\lambda}^{\mathrm{T}}\boldsymbol{G}_z(\boldsymbol{x}^0)=\boldsymbol{0} \tag{18.5.4}$$

有唯一解 $\boldsymbol{\lambda}_0^{\mathrm{T}}=-\boldsymbol{f}_z(\boldsymbol{x}^0)\boldsymbol{G}_z^{-1}(\boldsymbol{x}^0)$.

将其代入式(18.5.3)，即得

$$\boldsymbol{f}_y(\boldsymbol{x}^0)+\boldsymbol{\lambda}_0^{\mathrm{T}}\boldsymbol{G}_y(\boldsymbol{x}^0)=\boldsymbol{0} \tag{18.5.5}$$

注意到$\boldsymbol{f}_x(\boldsymbol{x}^0)=(\boldsymbol{f}_y(\boldsymbol{x}^0)\quad \boldsymbol{f}_z(\boldsymbol{x}^0))$，$\boldsymbol{G}_x(\boldsymbol{x}^0)=(\boldsymbol{G}_y(\boldsymbol{x}^0)\quad \boldsymbol{G}_z(\boldsymbol{x}^0))$，故由式(18.5.4)与式(18.5.5)得$\boldsymbol{f}_x(\boldsymbol{x}^0)+\boldsymbol{\lambda}_0^{\mathrm{T}}\boldsymbol{G}_x(\boldsymbol{x}^0)=\boldsymbol{0}$.

注 一般情况下，方程组(18.5.2)是一个非线性方程组，其求解非常困难，如无必要，可不用解出$\boldsymbol{\lambda}_0$. 下面考虑一些比较特殊的例子.

例 18.5.1 设$\boldsymbol{A}$是一n阶实对称矩阵，$n\geqslant 3$. 求$\boldsymbol{f}(\boldsymbol{x})=\boldsymbol{x}^{\mathrm{T}}\boldsymbol{A}\boldsymbol{x}$，$\boldsymbol{x}\in\mathbf{R}^n$，在球面上的最小值与最大值.

解 令$\boldsymbol{L}(\boldsymbol{x},\lambda)=\boldsymbol{x}^{\mathrm{T}}\boldsymbol{A}\boldsymbol{x}-\lambda(\sum\limits_{i=1}^{n}x_i^2-1)$，$x\in\mathbf{R}^n$，$\lambda\in\mathbf{R}$. 则有

$$\begin{cases}\boldsymbol{L}_x=2\boldsymbol{x}^{\mathrm{T}}\boldsymbol{A}-2\lambda\boldsymbol{x}^{\mathrm{T}},\\ \boldsymbol{L}_\lambda=-\left(\sum\limits_{i=1}^{n}x_i^2-1\right).\end{cases} \tag{18.5.6}$$

令$L_x=0$，$L_\lambda=0$. 由于$\boldsymbol{x}^{\mathrm{T}}(\boldsymbol{A}-\boldsymbol{\lambda I})=\boldsymbol{0}\Leftrightarrow(\boldsymbol{A}-\boldsymbol{\lambda I})\boldsymbol{x}=\boldsymbol{0}$，其中$\boldsymbol{I}$为单位矩阵. 由矩阵理论，方程组(18.5.6)之解$\boldsymbol{\lambda}$是$\boldsymbol{A}$的所有特征值，设为λ_i，$i=1,2,\cdots,n$. $\boldsymbol{x}$是对应于特征值λ_i的一个单位特征向量，记为ξ^i，$\|\xi^i\|=1$，$i=1,2,\cdots,n$.

显然有$\boldsymbol{f}(\boldsymbol{\xi}^i)=\boldsymbol{\lambda}_i$，$i=1,2,\cdots,n$.

因此有$\min\limits_{\|\boldsymbol{x}\|=1}\boldsymbol{f}(\boldsymbol{x})=\min\{\lambda_i:1\leqslant i\leqslant n\}$，$\max\limits_{\|\boldsymbol{x}\|=1}\boldsymbol{f}(\boldsymbol{x})=\max\{\lambda_i:1\leqslant i\leqslant n\}$.

例 18.5.2 求$f(x,y,z)=\dfrac{1}{xyz}$在$x+y+z=\alpha$，$x>0$，$y>0$，$z>0$，$\alpha>0$条件下的最小值. 并证明下列不等式成立：

$$\left(\frac{1}{a^2}+\frac{1}{b^2}+\frac{1}{c^2}\right)^{-1}\leqslant\frac{(abc)^{\frac{2}{3}}}{3},a\neq 0,b\neq 0,c\neq 0.$$

解 令$L(x,y,z,\lambda)=\dfrac{1}{xyz}+\lambda(x+y+z-\alpha)$，$x>0$，$y>0$，$z>0$，$\lambda\in\mathbf{R}$，则有

$$L_{(x,y,z)}=\left(-\frac{1}{x^2yz}+\lambda\quad -\frac{1}{xy^2z}+\lambda\quad -\frac{1}{xyz^2}+\lambda\right),$$
$$L_\lambda=x+y+z-\alpha.$$

令$L_{(x,y,z)}=0$，$L_\lambda=0$，解得$x=y=z=\dfrac{\alpha}{3}$.

又由于x，y，z中任一变量从0的右侧趋于0时均有$\dfrac{1}{xyz}\to+\infty$，因此$f(x,y,z)=\dfrac{1}{xyz}$无最大值.

对$\forall\varepsilon>0$，$f(x,y,z)$在有界闭集$x\geqslant\varepsilon$，$y\geqslant\varepsilon$，$z\geqslant\varepsilon$，$x+y+z=\alpha$上达到最大值与最小值，因此$f(\dfrac{\alpha}{3},\dfrac{\alpha}{3},\dfrac{\alpha}{3})=\dfrac{27}{\alpha^3}$为条件$x+y+z=\alpha$，$x>0$，$y>0$，$z>0$，$\alpha>0$下的最小值.

最后，令$\alpha=\dfrac{1}{a^2}+\dfrac{1}{b^2}+\dfrac{1}{c^2}$，得

$$f(a^{-2},b^{-2},c^2) = a^2b^2c^2 \geqslant \frac{27}{\left(\frac{1}{a^2}+\frac{1}{b^2}+\frac{1}{c^2}\right)^3}.$$

故有$\left(\frac{1}{a^2}+\frac{1}{b^2}+\frac{1}{c^2}\right)^{-1} \leqslant \frac{(abc)^{\frac{2}{3}}}{3}$.

例 18.5.3　求球面 $x^2+y^2+z^2=3$ 与平面 $x+y+z=1$ 交线上到 xy 平面的最长与最短距离的点.

解　令$f(x, y, z, \lambda_1, \lambda_2)=z^2+\lambda_1(x^2+y^2+z^2-3)+\lambda_2(x+y+z-1)$. 则有

$$L_x = 2\lambda_1 x+\lambda_2, L_y = 2\lambda_1 y+\lambda_2, L_z = 2z+2\lambda_1 z+\lambda_2,$$

$$L_{\lambda_1} = x^2+y^2+z^2-3, L_{\lambda_2} = x+y+z-1.$$

令 $L_x=0$, $L_y=0$, $L_z=0$, $L_{\lambda_1}=0$, $L_{\lambda_2}=0$, 解得 $x=y$, $\lambda_2=-2\lambda_1 x$, $z=\frac{\lambda_1}{1+\lambda_1}x$, ($\lambda_1\neq -1$, 为什么?)从而有 $x_1=y_1=1$, $z_1=-1$, $x_2=y_2=-\frac{1}{3}$, $z_2=\frac{5}{3}$.

又 z^2 在有界闭集$\{(x, y, z), x^2+y^2+z^2=3, x+y+z=1\}$上达到最小值与最大值, 故$(1, 1, -1)$为球面 $x^2+y^2+z^2=3$ 与平面 $x+y+z=1$ 交线上到 xy 平面的最短距离点, $\left(-\frac{1}{3}, -\frac{1}{3}, \frac{5}{3}\right)$为球面 $x^2+y^2+z^2=3$ 与平面 $x+y+z=1$ 交线上到 xy 平面的最长距离点.

习　题

1. 求下面函数的条件极值:

(1) $f(x, y)=x+y$, $x^2+y^2=2$;

(2) $f(x, y, z, u)=x+y+z+u$, $xyzu=c$, $x>0$, $y>0$, $z>0$, $u>0$, $c>0$;

(3) $f(x, y, z)=xyz$, $x^2+y^2+z^2=1$, $x+y+z=0$;

(4) $f(x, y, z)=\frac{1}{x}+\frac{1}{y}+\frac{1}{z}$, $x+y+z=3$.

2. 求 $z=x^2+y^2$ 与 $x+y+z=1$ 交线上到原点的最长与最短距离的点.

3. 求$f(x_1,x_2,\cdots,x_n) = \sum_{i=1}^{n}\alpha_i x_i^2, \alpha_i > 0, 1 \leqslant i \leqslant n$ 在条件 $\sum_{i=1}^{n} x_i = c, c > 0, x_i > 0$, $1 \leqslant i \leqslant n$, 下的最小值.

4. 求 $P(x_0, y_0, z_0)$到平面 $Ax+By+Cz=D$ 的最短距离.

5. 求体积固定、表面积最小的开口长方形水箱.

6. 求表面积固定、体积最大的长方体.

18.6　凸函数的次微分

一元或多元函数的可微性在处理函数的极值问题时起到关键作用, 但是在实际问题中

我们可能会遇到一些不可微的函数，因此我们在前面学习的方法将不能处理这类函数的极值问题．本节介绍凸函数的次微分概念，它是微分概念的一种推广形式，在处理凸函数的极值问题中具有重要作用．为此，我们需要介绍集值（或多值）映射的概念．

定义 18.6.1 设 T：$D(T)\subseteq\mathbf{R}^n\to2^{\mathbf{R}^n}$，即对任一 $x\in D(T)$，Tx 为 $\mathbf{R}^n$ 的一个非空子集，则称 T 为一集值映射，$D(T)$ 称为 T 的定义域，$R(T)=\bigcup\limits_{x\in D(T)}Tx$ 称为 T 的值域．

例 18.6.1 设 $x\neq0$ 时，$Tx=x$，$x=0$ 时，$Tx=[-1,1]$．则 T：$\mathbf{R}\to2^{\mathbf{R}}$ 是一集值映射．

例 18.6.2 设 $f(x)$：$\mathbf{R}\to\mathbf{R}$ 为一局部有界函数，即在每一点 x 处，存在 x 的一个邻域 $U(x)$，使得 $f(x)$ 在 $U(x)$ 上是有界的．我们定义 T：$\mathbf{R}\to2^{\mathbf{R}}$ 如下：

$$Tx=[\liminf_{y\to x}f(y),\limsup_{y\to x}f(y)],\ \forall x\in\mathbf{R}.$$

则 T 是一集值映射．

例 18.6.3 设 $f(x)=[x]$，$x\in\mathbf{R}$．则由例 18.5.2 构造的集值映射为

$$Tx=\begin{cases}n,x\in(n,n+1);\\ [n-1,n],x=n,n=0,\pm1,\pm2,\cdots.\end{cases}$$

注 例 18.6.2 构造的集值映射就是把函数 $f(x)$ 在每一点处的缺口补上．例如，设 $f(x)=x+1$，$x>0$ 时；$f(0)=0$，$x=0$；$f(x)=x-1$，$x<0$ 时．则有

$$Tx=\begin{cases}x+1, & x>0;\\ [-1,1], & x=0;\\ x-1, & x<0.\end{cases}$$

本节为叙述方便，允许函数值取 $+\infty$．

定义 18.6.2 设 f：$\mathbf{R}^n\to\mathbf{R}\cup\{+\infty\}$，$D(f)=\{x\in\mathbf{R}^n:f(x)<+\infty\}$ 称为 f 的有效定义域．如果对任意 x，$y\in\mathbf{R}^n$，$\lambda\in(0,1)$，

$$f(\lambda x+(1-\lambda)y)\leqslant\lambda f(x)+(1-\lambda)f(y),$$

成立，则称 f 是凸函数，若还有 $D(f)\neq\varnothing$，则称 f 是真凸函数．

容易验证，凸函数的和仍是凸函数．

例 18.6.4 设 $K\subset\mathbf{R}^n$ 为一闭凸集，$I_K(x)=0$，$x\in K$ 时；$I_K(x)=+\infty$，$x\notin K$ 时．$I_K(x)$ 称为 K 的示性函数，容易验证 I_K 是一凸函数．

定义 18.6.3 设 $f(x)$：$D(f)\subseteq\mathbf{R}^n\to\mathbf{R}$，$\forall x_k\in D(f)$，$x_k\to x_0$．如果

(1) $f(x_0)\leqslant\liminf\limits_{k\to+\infty}f(x_k)$，则称 f 在 x_0 处下半连续；

(2) $f(x_0)\geqslant\limsup\limits_{k\to+\infty}f(x_k)$，则称 f 在 x_0 处上半连续；

(3) f 在 $D(f)$ 上的每一点处均下（上）半连续，则称 f 在 $D(f)$ 上下（上）半连续．

命题 18.6.1 f 在 x_0 连续的充要条件是 f 在 x_0 处下半连续且上半连续．

设 $f(x)$：$D(f)\subseteq\mathbf{R}^n\to\mathbf{R}$．令 $\operatorname{epi}(f)=\{(x,\alpha)\in D(f)\times\mathbf{R}:f(x)\leqslant\alpha\}$，称为 f 的外图．

命题 18.6.2 设 $f(x)$：$D(f)\subseteq\mathbf{R}^n\to\mathbf{R}$．则 f 在 $D(f)$ 上下半连续的充要条件是 f 的外图是闭集．

证明 "$\Rightarrow$"．假设 f 在 $D(f)$ 上下半连续，$(x_k,\alpha_k)\in\operatorname{epi}(f)$，$k=1,2,\cdots$，$(x_k,\alpha_k)$

$\to(x_0, \alpha_0)$. 则有 $f(x_k)\leqslant\alpha_k$, $k=1, 2, \cdots$, 并且

$$f(x_0) \leqslant \liminf_{k\to\infty} f(x_k).$$

因此有 $f(x_0)\leqslant\lim\limits_{k\to\infty}\alpha_k=\alpha_0$. 于是 $(x_0, \alpha_0)\in\mathrm{epi}(f)$, 即得 $\mathrm{epi}(f)$ 是闭集.

"$\Leftarrow$". 设 $x_k\in D(f)$, $x_k\to x_0$. 下证 $f(x_0)\leqslant\liminf\limits_{k\to\infty}f(x_k)$.

首先存在子列 $f(x_{k_j})\to\liminf\limits_{k\to\infty}f(x_k)$. 对任意 $\alpha>\liminf\limits_{k\to\infty}f(x_k)$, 当 j 充分大时, 有 $f(x_{k_j})\leqslant\alpha$. 于是 $(x_{k_j}, \alpha)\in\mathrm{epi}(f)$. 再由 $\mathrm{epi}(f)$ 是闭集即知 $(x_0, \alpha)\in\mathrm{epi}(f)$. 最后令 $\alpha\to\liminf\limits_{k\to\infty}f(x_k)$, 再次由 $\mathrm{epi}(f)$ 是闭集即得 $(x_0, \liminf\limits_{k\to\infty}f(x_k))\in\mathrm{epi}(f)$.

故有 $f(x_0)\leqslant\liminf\limits_{k\to\infty}f(x_k)$. 由此即得 f 的下半连续.

命题 18.6.3　设 f: $\mathbf{R}^n\to\mathbf{R}\cup\{+\infty\}$ 为凸函数. 则下列结论等价:

(1) f 在 $x_0\in D(f)$ 处连续;

(2) f 在 x_0 的一个邻域上有上界.

证明　(1)⇒(2) 显然.

(2)⇒(1). 不失一般性, 设 $x_0=0$, $f(0)=0$, U_0 为 0 的一个邻域, 满足 $M=\sup\limits_{y\in U_0}f(y)<+\infty$. 对任意 ε, $\varepsilon\in(0, 1)$, 令 $V=(\varepsilon U_0)\cap(-\varepsilon U_0)$, 则 V 为 0 的一个邻域. 当 $x\in V$ 时, 有 $\dfrac{x}{\varepsilon}\in U_0\cap(-U_0)$. 由 $x=(1-\varepsilon)0+\varepsilon\dfrac{x}{\varepsilon}$ 可得 $x\in U_0$. 于是有

$$f(x) = f\left[(1-\varepsilon)0+\varepsilon\frac{x}{\varepsilon}\right] \leqslant (1-\varepsilon)f(0)+\varepsilon f\left(\frac{x}{\varepsilon}\right)\leqslant \varepsilon M.$$

同理由 $0=(1+\varepsilon)^{-1}x+\varepsilon(1+\varepsilon)^{-1}\left(-\dfrac{x}{\varepsilon}\right)$ 可得

$$0 = f(0) \leqslant (1+\varepsilon)^{-1}f(x)+\varepsilon(1+\varepsilon)^{-1}f\left(-\frac{x}{\varepsilon}\right).$$

于是有

$$f(x)\geqslant -\varepsilon f\left(-\frac{x}{\varepsilon}\right)\geqslant -\varepsilon M.$$

综上, 当 $x\in V$ 时, 有 $|f(x)|\leqslant\varepsilon M$ 成立, 因此 f 在 0 处连续.

推论 18.6.1　如果 $\boldsymbol{f}$: $U\subset\mathbf{R}^n\to\mathbf{R}$ 为凸函数, 其中 U 为开凸集, 则 $\boldsymbol{f}$ 在 U 上连续.

证明　对任一 $\boldsymbol{x}_0\in U$, 可取 δ 充分小, $\boldsymbol{x}_{\pm i}=\boldsymbol{x}_0\pm\delta\boldsymbol{e}_i\in U$, 其中 $\boldsymbol{e}_i$ 表第 i 个坐标是 1, 其余坐标是 0 的单位向量, $i=1, 2\cdots, n$. 于是

$$\mathrm{conv}\{\boldsymbol{x}_i, \boldsymbol{x}_{-i}, i=1,2,\cdots,n\} = \left\{\sum_{i=1}^{n}\lambda_{\pm i}\boldsymbol{x}_{\pm i}:\lambda_{\pm i}\geqslant 0, \sum_{i=1}^{n}\lambda_{\pm i}=1\right\},$$

为包含 $\boldsymbol{x}_0$ 的一个凸多面体邻域.

取 r 充分小, 使得 $B(\boldsymbol{x}_0, r)\subset\mathrm{conv}\{\boldsymbol{x}_i, \boldsymbol{x}_{-i}, i=1,2,\cdots,n\}$. 对任一 $\boldsymbol{y}\in B(\boldsymbol{x}_0, r)$, 有 $\lambda_{\pm i}\geqslant 0$, $\sum\limits_{i=1}^{n}\lambda_{\pm i}=1$, 使得 $\boldsymbol{y}=\sum\limits_{i=1}^{n}\lambda_{\pm i}\boldsymbol{x}_{\pm i}$. 因此有 $\boldsymbol{f}(\boldsymbol{y})\leqslant\max\{\boldsymbol{f}(\boldsymbol{x}_{\pm i}), i=1, 2, \cdots, n\}$.

由命题 18.6.3 得 $\boldsymbol{f}$ 在 $\boldsymbol{x}_0$ 处连续, 再由 $\boldsymbol{x}_0$ 的任意性知 $\boldsymbol{f}$ 在 U 上连续.

定义 18.6.4　设 f: $\mathbf{R}^n\to\mathbf{R}\cup\{+\infty\}$ 为凸函数, $x\in\mathbf{R}^n$. 令

$$\partial f(x)=\{u\in\mathbf{R}^n:f(y)-f(x)\geq(u,y-x),\forall y\in\mathbf{R}^n\},$$

称之为f在x处的次微分；记$D(\partial f)=\{x:\partial f(x)\neq\varnothing\}$，称之为$\partial f$的定义域；称$u\in\partial f(x)$为$f$在$x$处的一个次梯度.

注 容易知道，$D(\partial f)\subset D(f)$.

例 18.6.5 设$f(x)=|x|$，$x\in\mathbf{R}$. 则f是凸函数，求$\partial f(x)$.

解 当$x=0$时，$|y|-|0|\geq u(y-0)$对$\forall y\in\mathbf{R}$成立．得$y>0$时，$y\geq u\cdot y$，于是$u\leq1$；$y<0$时，$-y\geq u\cdot y$，于是$u\geq-1$.

反过来，对任一$u\in[-1,1]$，容易验证$|y|\geq u(y-0)$对任意$y\in\mathbf{R}$成立.

于是$\partial f(0)=[-1,1]$.

当$x>0$时，显然有$|y|-|x|\geq y-x$，$\forall y\in\mathbf{R}$. 于是$1\in\partial(x)$.

再由$f(y)-f(x)\geq u(y-x)$，$\forall y\in\mathbf{R}$，可得$u=1$. 因此$\partial(x)=\{1\}$.

同理可得$x<0$时，$\partial(x)=\{-1\}$.

综上，

$$\partial f(x)=\begin{cases}\{1\}, & x>0;\\ [-1,1], & x=0;\\ \{-1\}, & x<0.\end{cases}$$

例 18.6.6 设$f(x)=\|x\|$，$x\in\mathbf{R}^n$. 求$\partial f(x)$.

解 $x\neq0$时，设$u\in\partial f(x)$，则有$\|y\|-\|x\|\geq(u,y-x)$，$\forall y\in\mathbf{R}^n$.

令$y=x+tv$，$\forall v\in\mathbf{R}^n$，$t\in\mathbf{R}$. 可得

$$\|x+tv\|-\|x\|\geq t(u,v),\ \forall v\in\mathbf{R}^n,\ t\in\mathbf{R}.$$

即

$$\frac{2t(x,v)+t^2(v,v)}{\|x+tv\|+\|x\|}\geq t(u,v),\ \forall v\in\mathbf{R}^n,\ t\in\mathbf{R}.$$

分别令$t\to0^{\pm}$，得到

$$\frac{(x,v)}{\|x\|}\geq(u,v),\ \frac{(x,v)}{\|x\|}\leq(u,v),\ \forall v\in\mathbf{R}^n,$$

因此$u=\frac{x}{\|x\|}$.

当$x=0$时，设$u\in\partial f(0)$. 则有$\|y\|\geq(u,y)$，$\forall y\in\mathbf{R}^n$. 于是令$y=u$，即得$\|u\|\leq1$. 对任一u，$\|u\|\leq1$，由 Cauchy-Schwartz 不等式可得

$$(u,y)\leq|(u,y)|\leq\|u\|\|y\|,\ \forall y\in\mathbf{R}^n.$$

因此$\partial f(0)=\overline{B(0,1)}$.

命题 18.6.4 当$f(x)$在x_0处 Fréchet 可导时，有$\partial f(x_0)=\{f'(x_0)\}$.

证明留给读者练习.

命题 18.6.5 设$f:\mathbf{R}^n\to\mathbf{R}\cup\{+\infty\}$为凸函数，$D(\partial f)\neq\varnothing$. 则对任意$x_1$，$x_2\in D(\partial f)$，$u_1\in\partial(x_1)$，$u_2\in\partial(x_2)$，有

$$(u_1-u_2,x_1-x_2)\geq0.$$

证明 由定义 18.6.4 知

$$f(x_2)-f(x_1)\geqslant(u_1,x_2-x_1),\ (f(x_1)-f(x_2)\geqslant(u_2,x_1-x_2),$$

于是有 $(u_1-u_2,\ x_1-x_2)\geqslant 0$.

注　一般地，设 T：$D(T)\subseteq\mathbf{R}^n\to 2^{\mathbf{R}^n}$. 如果对任意 x，$y\in D(T)$，$u\in Tx$，$v\in Ty$，

$$(u-v,x-y)\geqslant 0 \text{ 成立},$$

则称 T 是单调映射.

由命题 18.6.5，凸函数 f 的次微分 ∂f 是单调映射.

定理 18.6.1　设 f：$\mathbf{R}^n\to\mathbf{R}\cup\{+\infty\}$ 为真凸函数. 则 $0\in\partial f(x_0)$ 的充要条件是

$$f(x_0)=\min_{x\in D(f)}f(x).$$

证明　"$\Rightarrow$". 设 $0\in\partial f(x_0)$. 则有 $f(y)-f(x_0)\geqslant(0,\ y-x)=0$，$\forall y\in\mathbf{R}^n$. 于是

$$f(x_0)=\min_{x\in D(f)}f(x).$$

"$\Leftarrow$". 反过来，设 $f(x_0)=\min\limits_{x\in D(f)}f(x)$. 则有 $f(x_0)\leqslant f(y)$，$\forall y\in\mathbf{R}^n$. 于是 $f(y)-f(x_0)\geqslant 0=(0,\ y-x_0)$，因此 $0\in\partial f(x_0)$.

定理 18.6.2　如果 f：$\mathbf{R}^n\to\mathbf{R}\cup\{+\infty\}$ 为有下界的下半连续真凸函数，并且满足条件

$$\lim_{x\in D(f),\ \|x\|\to\infty}f(x)=+\infty,$$

则存在 $x_0\in D(f)$，使得 $f(x_0)=\inf\limits_{x\in\mathbf{R}^n}f(x)$.

证明　因为 f 有下界，故 $\alpha=\inf\limits_{x\in\mathbf{R}^n}f(x)>-\infty$. 取 $x_k\in\mathbf{R}^n$，$k=1,\ 2,\ \cdots$，使得 $f(x_k)\to\alpha$. 由于 $\lim\limits_{x\in D(f),\ \|x\|\to\infty}f(x)=+\infty$，因此 $(x_k)_{k=1}^{+\infty}$ 为有界列，从而有收敛子列，记为 $x_{k_j}\to x_0$. 由 f 的下半连续条件得

$$f(x_0)\leqslant\liminf_{j\to\infty}f(x_{k_j})=\alpha.$$

因此有 $f(x_0)=\alpha=\inf\limits_{x\in\mathbf{R}^n}f(x)$.

引理 18.6.1　设 $C\subset\mathbf{R}^n$ 为一闭凸集，$x_0\in\mathbf{R}^n$ 满足 $x_0\notin C$. 则存在 $g\in\mathbf{R}^n$，使得

$$(g,x_0)<\inf_{x\in C}g(x).$$

引理 18.6.1 之证明参见参考文献[9]或[10].

定理 18.6.3　如果 f：$\mathbf{R}^n\to\mathbf{R}\cup\{+\infty\}$ 为下半连续真凸函数，则存在 $v\in\mathbf{R}^n$，$r\in\mathbf{R}$，使得 $f(x)>(v,\ x)+r$，$\forall x\in\mathbf{R}^n$.

证明　由命题 18.5.2 知，$\mathrm{epi}(f)$ 是闭集，容易知道 $\mathrm{epi}(f)$ 也是凸集. 取 $x_0\in D(f)$，则 $\left(x_0,\ \dfrac{f(x_0)}{2}\right)\notin\mathrm{epi}(f)\subset\mathbf{R}^n\times\mathbf{R}$.

由引理 18.6.1，存在 $(u,\ a)\in\mathbf{R}^n\times\mathbf{R}$，使得

$$(u,x_0)+a\frac{f(x_0)}{2}<\inf_{(x,t)\in\mathrm{epi}(f)}\{(u,x)+at\}.$$

令 $t\to+\infty$，即可得知 $a>0$. 特别地

$$(u,x_0)+a\frac{f(x_0)}{2}<(u,x)+af(x),\ \forall x\in D(f).$$

于是得到 $$f(x) > (-a^{-1}u,\ x) + \left[(a^{-1}u,\ x_0) + \frac{f(x_0)}{2}\right],\ \forall x \in D(f).$$

令 $v = -a^{-1}u$，$r = (a^{-1}u,\ x_0) + \dfrac{f(x_0)}{2}$，即得定理 18.6.3 结论成立.

定理 18.6.4 设 f: $\mathbf{R}^n \to \mathbf{R} \cup \{+\infty\}$ 为下半连续真凸函数，$\lambda > 0$. 定义

$$f_\lambda(x) = \inf_{y \in \mathbf{R}^n}\left\{\frac{1}{2\lambda}\|x - y\|^2 + f(y)\right\},\ \forall x \in \mathbf{R}^n.$$

则 f_λ：$\mathbf{R}^n \to \mathbf{R}$ 是连续凸函数，且有 $x_\lambda \in \mathbf{R}^n$，使得

$$f_\lambda(x) = \frac{1}{2\lambda}\|x - x_\lambda\|^2 + f(x_\lambda).$$

证明 首先证明 $f_\lambda(x)$ 在 $\mathbf{R}^n$ 上有意义. 因为 $\dfrac{1}{2\lambda}\|x-y\|^2$ 连续，$f(y)$ 为下半连续凸函数，故 $\dfrac{1}{2\lambda}\|x-y\|^2 + f(y), y \in \mathbf{R}^n$，为下半连续凸函数.

由定理 18.6.3 知，存在 $u \in \mathbf{R}^n$，$a \in \mathbf{R}$，使得 $f(y) > (u,\ y) + a$，$\forall y \in \mathbf{R}^n$. 于是有

$$\lim_{\|y\| \to +\infty}\left[\frac{1}{2\lambda}\|x - y\|^2 + f(y)\right] = +\infty.$$

再由定理 18.6.2 知，存在 $x_\lambda \in D(f)$，使得

$$f_\lambda(x) = \frac{1}{2\lambda}\|x - x_\lambda\|^2 + f(x_\lambda).$$

因此 $f_\lambda(x)$ 有意义.

对任意 x_1，$x_2 \in \mathbf{R}^n$，存在 x_λ^1，$x_\lambda^2 \in \mathbf{R}^n$，使得

$$f_\lambda(x_1) = \frac{1}{2\lambda}\|x_1 - x_\lambda^1\|^2 + f(x_\lambda^1),\ f_\lambda(x_2) = \frac{1}{2\lambda}\|x_2 - x_\lambda^2\|^2 + f(x_\lambda^2).$$

于是对任意 $\alpha \geqslant 0$，$\beta \geqslant 0$，$\alpha + \beta = 1$，有

$$\begin{aligned} f_\lambda(\alpha x_1 + \beta x_2) &\leqslant \frac{1}{2\lambda}\|\alpha x_1 + \beta x_2 - \alpha x_\lambda^1 - \beta x_\lambda^2\|^2 + f(\alpha x_\lambda^1 + \beta x_\lambda^2) \\ &\leqslant \frac{\alpha}{2\lambda}\|x_1 - x_\lambda^1\|^2 + \alpha f(x_\lambda^1) + \frac{\beta}{2\lambda}\|x_2 - x_\lambda^2\|^2 + \beta f(x_\lambda^2) \\ &= \alpha f_\lambda(x_1) + \beta f_\lambda(x_2). \end{aligned}$$

因此 f_λ 是凸函数，其连续性由推论 18.6.1 得知.

定理 18.6.5 如果 f: $\mathbf{R}^n \to \mathbf{R} \cup \{+\infty\}$ 为下半连续真凸函数，则对任意 $p \in \mathbf{R}^n$，存在 $x_0 \in \mathbf{R}^n$，使得 $p \in \partial f(x_0) + x_0$.

证明 对任意 $p \in \mathbf{R}^n$，令 $g(x) = f(x) - (p,\ x)$，$x \in \mathbf{R}^n$，则 g 为下半连续真凸函数. 易见 $D(g) = D(f)$. 由定理 18.6.3 知，

$$\lim_{\|x\| \to +\infty}\left[\frac{1}{2}\|x\|^2 + g(x)\right] = +\infty.$$

于是再由定理 18.6.2 知，存在 $x_0 \in \mathbf{R}^n$，使得

$$\frac{1}{2}\|x_0\|^2+g(x_0)=\inf_{x\in D(g)}\left\{\frac{1}{2}\|x\|^2+g(x)\right\}.$$

由定理 18.6.1，$0\in\partial\left[\frac{1}{2}\|x\|^2+g(x)\right](x_0)=x_0+\partial g(x_0)=x_0+\partial f(x_0)-p$，

因此 $p\in\partial f(x_0)+x_0$.

对偶方法．

设 f: $\mathbf{R}^n\to\mathbf{R}\cup\{+\infty\}$. 定义 f^*：$\mathbf{R}^n\to\mathbf{R}$ 如下

$$f^*(v)=\sup_{x\in\mathbf{R}^n}\{(v,x)-f(x)\},\ v\in\mathbf{R}^n.$$

称其为 f 的 Legendre-Fenchel 变换；类似定义

$$f^{**}(u)=\sup_{v\in\mathbf{R}^n}\{(u,v)-f^*(v)\},\ u\in\mathbf{R}^n.$$

称其为 f^* 的 Legendre-Fenchel 变换．

定理 18.6.6　如果 f: $\mathbf{R}^n\to\mathbf{R}\cup\{+\infty\}$ 为下半连续真凸函数，则下列结论成立：

(1) f^* 是下半连续真凸函数；

(2) $f^{**}=f$;

(3) $u\in\partial f(x)$ 的充要条件是 $x\in\partial f^*(u)$.

证明　(1) f^* 显然是凸函数．设 $v_n\to v_0$. 则有 $(v_n,\ x)-f(x)\leqslant f^*(v_n)$，$\forall x\in\mathbf{R}^n$，$n=1,\ 2,\ \cdots$. 于是有

$$(v_0,x)-f(x)=\liminf_{n\to\infty}[(v_n,x)-f(x)]\leqslant\liminf_{n\to\infty}f^*(v_n),\ \forall x\in\mathbf{R}^n.$$

从而得到

$$f^*(v_0)=\sup_{x\in\mathbf{R}^n}\{(v_0,\ x)-f(x)\}\leqslant\liminf_{n\to\infty}f^*(v_n).$$

因此 f^* 是下半连续函数．

(2) $x\in D(f)$ 时，有 $-f^*(v)\leqslant-(v,\ x)+f(x)$，$v\in\mathbf{R}^n$，于是有

$$f^{**}(x)=\sup_{v\in\mathbf{R}^n}[(x,v)-f^*(v)]\leqslant\sup_{v\in\mathbf{R}^n}[(x,v)-(v,x)+f(x)]=f(x).$$

因此 $D(f)\subseteq D(f^{**})$，$f^{**}(x)\leqslant f(x)$，$\forall x\in D(f)$.

反过来，假设 $x_0\in D(f^{**})$，我们断言 $x_0\in D(f)$. 否则，$x_0\notin D(f)$，则有 $(x_0,\ f^{**}(x_0))\notin\operatorname{epi}(f)\subset\mathbf{R}^n\times\mathbf{R}$. 由引理 18.6.1，存在 $(u,\ a)\in\mathbf{R}^n\times\mathbf{R}$，使得

$$(u,x_0)+af^{**}(x_0)<\alpha=\inf_{(x,t)\in\operatorname{epi}(f)}\{(u,x)+at\}.$$

令 $t\to+\infty$，即可知 $a>0$. 于是

$$(-a^{-1}u,x_0)-f^{**}(x_0)>-a^{-1}\alpha\geqslant(-a^{-1}u,x)-f(x),\ \forall x\in D(f).$$

因此有

$$(-a^{-1}u,\ x_0)-f^{**}(x_0)>-a^{-1}\alpha\geqslant-f^*(a^{-1}u),$$

即得

$$(-a^{-1}u,\ x_0)-f^*(-a^{-1}u)>f^{**}(x_0),$$

这与 f^{**} 的定义矛盾．

综上 $D(f)=D(f^{**})$.

假设存在 $x_0\in D(f)$，使得 $f^{**}(x_0)<f(x_0)$. 则有

$$(x_0,f^{**}(x_0))\notin\operatorname{epi}(f)\subset\mathbf{R}^n\times\mathbf{R}.$$

同上证明可得矛盾．

于是有 $f=f^{**}$，结论(2)成立.

(3) "$\Rightarrow$". 设 $u\in\partial f(x)$. 则有 $f(y)-f(x)\geqslant(u,\ y-x)$，$\forall y\in\mathbf{R}^n$. 即

$$(u,y)-f(y)\leqslant(u,x)-f(x),\ \forall y\in\mathbf{R}^n.$$

于是 $f^*(u)=(u,\ x)-f(x)$，$f(x)=(u,\ x)-f^*(u)$.

又因为 $f^{**}(x)=f(x)$，故有 $(v,\ x)-f^*(v)\leqslant f^{**}(x)=(u,\ x)-f^*(u)$，$\forall v\in\mathbf{R}^n$.

由此即得 $x\in\partial f^*(u)$.

"$\Leftarrow$". 同理可证，留给读者练习.

凸函数在现代分析理论中具有重要作用，感兴趣的读者可进一步查阅有关资料.

习　题

1. 设 f: $R^n\to\mathbf{R}\cup\{+\infty\}$. 证明 $f(x)$ 为下半连续凸函数的充要条件是 epi(f) 是闭凸集.

2 设 $f(x)=\dfrac{1}{2}\|x\|^2$，$x\in\mathbf{R}^n$. 求 $\partial f(x)$.

3. 证明命题 18.6.1.

4. 设 T：$D(T)\subseteq\mathbf{R}^n\to2^{\mathbf{R}^n}$. 证明 T 为单调映射的充要条件是：对任意 x，$y\in D(T)$，$u\in Tx,v\in Ty$，$\|x-y+\lambda(u-v)\|\geqslant\|x-y\|$成立.

5. 设 f: $\mathbf{R}^n\to\mathbf{R}\cup\{+\infty\}$ 为凸函数，x_0 为 $D(\partial f)$ 的内点. 证明 $\partial f(x_0)$ 是有界集.

6. 证明定理 18.6.6 中(3)的充分性.

7. 设 f: $\mathbf{R}^n\to\mathbf{R}\cup\{+\infty\}$ 为凸函数，$v\in\partial f(x)$. 证明 $f(x)+f^*(v)=(v,\ x)$.

8. 设 f: $\mathbf{R}^n\to\mathbf{R}\cup\{+\infty\}$ 为凸函数，x_0 为 $D(f)$ 的内点，$y\in\mathbf{R}^n$. 证明下面结论成立：

(1) $f_+(x_0,\ y)=\lim\limits_{t\to0^+}\dfrac{f(x+ty)-f(x)}{t}$，$f_-(x_0,\ y)=\lim\limits_{t\to0^-}\dfrac{f(x+ty)-f(x)}{t}$ 存在；

(2) $f_-(x_0,\ y)\leqslant f_+(x_0,\ y)$；

(3)假设 $f'(x_0)$ 存在，证明 $f_+(x_0,\ y)=f_-(x_0,\ y)$.

9. 设 f: $\mathbf{R}^n\to\mathbf{R}\cup\{+\infty\}$ 为下半连续真凸函数，$\lambda>0$. 证明下面结论：

(1) $(I+\lambda\partial f)(\mathbf{R}^n)=\mathbf{R}^n$，其中 $(I+\lambda\partial f)(\mathbf{R}^n)=\bigcup\limits_{x\in\mathbf{R}^n}(x+\lambda\partial f(x))$；

(2) $(I+\lambda\partial f)^{-1}$ 存在且连续.

第 19 章　无穷维空间中的分析理论

通过前面的学习，我们知道由 Newton 和 Leibniz 开创的微积分理论可以帮助我们解决许多复杂的数学与物理问题，可以建立物体的运动方程．伴随着微积分理论诞生的微分方程与偏微分方程给有限维空间中的分析理论带来了挑战，经典的分析理论已经不能解决需多方程解的存在性问题．本章的目的是介绍与无穷维空间分析理论相关的一些基本概念与理论，让高年级学生对现代分析理论有初步的了解．

19.1　集合与映射

本节介绍分析学中的两个基本概念：集合与映射．

定义 19.1.1　具有确定特性的一些元素的全体，称为一个集合．通常用大写英文字母表示一个集合．如果一个集合不含任何元素，则称其为空集，记为$\varnothing$.

例 19.1.1　$A=\{1, 2-1\}$，$B=\{a, b, c\}$是集合．

先介绍集合并、交以及补运算．

通常，我们将讨论对象限制在一特定范围，称为全空间，记为 X.

设 A，B 为 X 中部分元素组成的集合．则称 A，B 为 X 的子集，记为 $A\subseteq X$，$B\subseteq X$.

$A\cup B=\{x: x\in A$ 或者 $x\in B\}$ 称为集合 A 与集合 B 的并集．

$A\cap B=\{x: x\in A$ 且 $x\in B\}$ 称为集合 A 与集合 B 的交集．

$A\setminus B=\{x: x\in A$ 且 $x\notin B\}$ 称为集合 A 与集合 B 的差集．

$A^{c}=\{x: x\notin A\}=X\setminus A$ 称为集合 A 的补集．

性质 19.1.1　(1) $(A\cup B)\cup C=A\cup(B\cup C)$，$(A\cap B)\cap C=A\cap(B\cap C)$；

(2) $A\cap(B\cup C)=(A\cap B)\cup(A\cap C)$；

(3) $(\bigcup_{i\in I}A_i)^{c}=\bigcap_{i\in I}A_i^{c}$；

(4) $(\bigcap_{i\in I}A_i)^{c}=\bigcup_{i\in I}A_i^{c}$.

定义 19.1.2　集合 A 称为一个可数集，如果 A 中元素可以排成一列．

例 19.1.2　全体整数是可数集．

命题 19.1.1　可数个可数集的并集是可数集．

证明　设 $A_i=\{a_{ij}: j=1, 2, \cdots\}$，$i=1, 2, \cdots$. 则有

$\bigcup_{i=1}^{+\infty}A_i=\bigcup_{k=2}^{+\infty}\{a_{ij}: i+j=k\}$. 因此命题 19.1.1 结论成立．

由命题 19.1.1 知有理数集 $\mathbf{Q}=\bigcup_{p=1}^{+\infty}\{\frac{q}{p}: q\in\mathbf{Z}\}$ 是可数集．

定义 19.1.3 设X, Y为两个非空集合．如果对任一$x\in X$，存在唯一$y\in Y$，使得y按某一法则f与x对应，记为$y=f(x)$，则称此法则f是从X到Y的一个映射，通常简记为f：$X\to Y$；映射f称为单一映射，如果$x\neq y$，则有$f(x)\neq f(y)$；如果$f(X)=\{f(x):x\in X\}=Y$，则称映射f为满射；单一的满射简称为1－1对应．

设f：$X\to Y$，$A\subseteq X$，$B\subseteq Y$. $f(A)=\{f(x):x\in A\}$称为集合A在f下的像，$f^{-1}(B)=\{x\in X:f(x)\in B\}$称为$B$的原像。

命题 19.1.2 (1) $f(\bigcup\limits_{i\in I}A_i)=\bigcup\limits_{i\in I}f(A_i)$；

(2) $(f(\bigcup\limits_{i\in I}A_i))^c=\bigcap\limits_{i\in I}(f(A_i))^c$.

定义 19.1.4 设数域$P=\mathbf{R}$或$\mathbf{C}$，V为一非空集合，定义了$V+V\to V$的加法运算与$P\times V\to V$的乘法运算．如果满足以下条件：

(1) $\boldsymbol{\alpha}+\boldsymbol{\beta}=\boldsymbol{\beta}+\boldsymbol{\alpha}$，$\boldsymbol{\alpha}$，$\boldsymbol{\beta}\in V$；

(2) $(\boldsymbol{\alpha}+\boldsymbol{\beta})+\boldsymbol{\gamma}=\boldsymbol{\alpha}+(\boldsymbol{\beta}+\boldsymbol{\gamma})$，$\boldsymbol{\alpha}$，$\boldsymbol{\beta}$，$\boldsymbol{\gamma}\in V$；

(3) V中有零元$\mathbf{0}$，满足$\mathbf{0}+\boldsymbol{\alpha}=\boldsymbol{\alpha}$，$\boldsymbol{\alpha}\in V$；

(4) 任一$\boldsymbol{\alpha}\in V$，存在$\boldsymbol{\beta}\in V$，满足$\boldsymbol{\alpha}+\boldsymbol{\beta}=\mathbf{0}$，记为$\boldsymbol{\beta}=-\boldsymbol{\alpha}$；

(5) $1\boldsymbol{\alpha}=\boldsymbol{\alpha}$，$\boldsymbol{\alpha}\in V$；

(6) $(ab)\boldsymbol{\alpha}=a(b\boldsymbol{\alpha})$，$a$，$b\in P$，$\boldsymbol{\alpha}\in V$；

(7) $(a+b)\boldsymbol{\alpha}=a\boldsymbol{\alpha}+b\boldsymbol{\alpha}$，$a$，$b\in P$，$\boldsymbol{\alpha}\in V$；

(8) $a(\boldsymbol{\alpha}+\boldsymbol{\beta})=a\boldsymbol{\alpha}+a\boldsymbol{\beta}$，$a\in P$，$\boldsymbol{\alpha}$，$\boldsymbol{\beta}\in V$

则称V为数域P上的向量空间或线性空间．

例 19.1.3 设$C[a,b]=\{f:[a,b]\to\mathbf{R}$连续$\}$．则$C[a,b]$按函数加法与实数乘函数是实数域上的一个向量空间．

定义 19.1.5 设V为数域P上的一个向量空间．如果任意x，$y\in K$，$\lambda\in(0,1)$，有$\lambda x+(1-\lambda)y\in K$，则集合$K\subset V$称为凸集．

习　题

1. 设$X=\bigcup\limits_{n=1}^{+\infty}A_n$. 将$X$表成可数个不交集的并集．

2. 设$X=\bigcup\limits_{n=1}^{+\infty}A_n$. 将$X$表成可数个单增集的并集，注：一列集合$\{B_n:n=1,2,\cdots\}$称为单增的，如果$B_1\subseteq B_2\subseteq\cdots\subseteq B_n\subseteq\cdots$成立．

3. 设f：$\mathbf{R}\to\mathbf{R}$为连续函数．证明$\{x:f(x)=c\}=\bigcap\limits_{n=1}^{+\infty}\{x:|f(x)-c|<\dfrac{1}{n}\}$为闭集，其中$c\in\mathbf{R}$为任一常数．

4. 证明实数列全体是实数域上的一个向量空间．

5. 证明区间$[a,b]$上的可积函数全体是实数域上的一个向量空间．

6. 证明满足 $\sum_{n=1}^{+\infty} a_n$ 绝对收敛的实数列 (a_n) 全体是实数域上的一个向量空间.

19.2　拓扑空间

我们知道，对于实数集 $\mathbf{R}$ 或欧氏空间 $\mathbf{R}^n$ 中的点列或者其上的函数，借助欧氏距离可定义它们的收敛概念，在此基础上可以讨论函数的连续性、可微性、可积性. 对于一般的集合 X 以及定义在 X 上的映射，能否定义点列以及映射的收敛概念呢？这是一个非常抽象而且复杂的问题. 本节的目的就是介绍一般集合上的一种称为拓扑结构或者说开集结构的集合，具有这种开集结构的集合称为拓扑空间，它可以帮助我们实现引入点列收敛以及映射连续的概念.

定义 19.2.1　设 X 为一非空集合，$\mathcal{J}$ 为由 X 的子集组成的集合，满足以下条件：

(1) X, $\varnothing \in \mathcal{J}$;

(2) 若 U, $V \in \mathcal{J}$, 则有 $U \cap V \in \mathcal{J}$;

(3) 若 $U_i \in \mathcal{J}$, $i \in I$, 则有 $\bigcup_{i\in I} U_i \in \mathcal{J}$

则称 $\mathcal{J}$ 是 X 的一个拓扑，$(X, \mathcal{J})$ 为一拓扑空间，简称 X 为拓扑空间，$\mathcal{J}$ 中元素称为 $(X, \mathcal{J})$ 的一个开集. $A \subset X$ 称为闭集，如果 A^c 是开集.

例 19.2.1　设 X 为一非空集合，$\mathcal{J} = \{\varnothing, X\}$. 则 $\mathcal{J}$ 为 X 的一个拓扑.

例 19.2.2　设 X 为一非空集合，$\mathcal{J} = P(X)$ 即 X 的全体子集. 则 $\mathcal{J}$ 为 X 的一个拓扑.

例 19.2.3　设 $X = \mathbf{R}$, $\mathcal{J}$ 为 $\mathbf{R}$ 的全体开子集. 则 $\mathcal{J}$ 为 $\mathbf{R}$ 上的一个拓扑.

定义 19.2.2　设 $(X, \mathcal{J})$ 为一拓扑空间，$x \in X$, $U \subset X$. 如果存在 $V \in \mathcal{J}$, 使得 $x \in V \subset U$, 则称 U 是 x 的一个邻域；如果 U 是包含 x 的开集，则称 U 是 x 的开邻域；x 的邻域全体称为 x 的邻域系，记为 N_x.

例 19.2.4　设 $X = \mathbf{R}$, $\mathcal{J}$ 为 $\mathbf{R}$ 的全体开子集. $[-1, 1)$, $(-1, 1]$ 为 0 的邻域.

定义 19.2.3　设 $(X, \mathcal{J})$ 为一拓扑空间. 如果对 $\forall x$, $y \in X$, $x \neq y$, 存在 x 的开邻域 U, y 的开邻域 V, 使得 $U \cap V = \varnothing$, 则称 $(X, \mathcal{J})$ 是一个 Hausdorff 空间或 T_2 空间.

例 19.2.5　设 $X = \mathbf{R}$, $\mathcal{J}$ 为 $\mathbf{R}$ 的全体开子集, 则 $\mathbf{R}$ 是 Hausdorff 空间.

例 19.2.6　设 X 是一个无限集合，$\mathcal{J} = \{A \subseteq X: A^c \text{ 是有限集}\} \cup \{\varnothing\}$, 则 $(X, \mathcal{J})$ 不是 Hausdorff 空间.

解　$X^c = \varnothing \in \mathcal{J}$, $\forall U$, $V \in \mathcal{J}$, $(U \cap V)^c = U^c \cup V^c$ 是有限集，故 $U \cap V \in \mathcal{J}$.

$\forall U_i \in \mathcal{J}$, $i \in I$, $(\bigcup_{i\in I} U_i)^c = \bigcap_{i\in I} U^c$ 是有限集，故 $\bigcup_{i\in I} U_i \in \mathcal{J}$.

因此 $(X, \mathcal{J})$ 是拓扑空间.

对任意 $x \neq y$, 以及 x 的任一开邻域 U_x, y 的任一开邻域 U_y, 如果 $U_x \cap U_y = \varnothing$, 则有 $U_x^c \cup U_y^c = X$. 由于 X 是一个无限集合，从而 U_x^c 或者 U_y^c 之一必是无限集，矛盾. 因此 $(X, \mathcal{J})$ 不是 Hausdorff 空间.

定义 19.2.4　设 $(X, \mathcal{J})$ 为一拓扑空间，$B \subset \mathcal{J}$, 如果对任一 $U \in \mathcal{J}$, 存在 $B_i \in B$, $i \in I$,

使得 $U=\bigcup_{i\in I}B_i$，则称 B 是拓扑 $\mathcal{J}$ 的一个基；设 $B_x\subseteq N_x$，如果对任一 $U\in \boldsymbol{N}_x$，存在 $V\in B_x$，使得 $V\subset U$，则称 B_x 为点 x 的邻域系的一个基，简称 x 的一个邻域基.

例 19.2.7 设 $X=\mathbf{R}$. $\mathcal{J}$ 为 $\mathbf{R}$ 的全体开子集，则全体开区间是 $\mathcal{J}$ 的一个基. 包含点 x 的开区间全体是 x 的一个领域基.

定义 19.2.5 设 $(X,\mathcal{J})$ 为一拓扑空间. 如果存在 $B=\{B_i:\ i=1,\ 2,\ \cdots\}$ 是 $\mathcal{J}$ 的一个基，则称 $(X,\mathcal{J})$ 是满足第二可数公理的拓扑空间；如果对 $\forall x\in X$，存在 $B_x=\{U_i:\ i=1,\ 2,\ \cdots\}$ 是 x 的一个领域基，则称 $(X,\mathcal{J})$ 是满足第一可数公理的拓扑空间.

由定义知，满足第二可数公理的拓扑空间满足第一可数公理.

例 19.2.8 $X=\mathbf{R}$，$\mathcal{J}$ 为 $\mathbf{R}$ 的全体开子集，$\mathbf{Q}$ 为有理数集，则

$$\left\{\left(q-\frac{1}{n},q+\frac{1}{n}\right):q\in\mathbf{Q},n=1,2,\cdots\right\}$$

是 $\mathbf{R}$ 的一个可数基，于是 $\mathbf{R}$ 是第二可数的拓扑空间.

读者可以验证 $\mathbf{R}^n$ 也是第二可数的拓扑空间.

定义 19.2.6 设 X，Y 为两个拓扑空间，f：$X\to Y$ 为一映射：

(1) 设 $x_0\in X$. 如果对 $f(x_0)$ 的任一邻域 U，$f^{-1}(U)$ 是 x_0 的一个邻域，则称 f 在 x_0 处连续；

(2) 如果对 Y 中任一开集 U，$f^{-1}(U)=\{x\in X:\ f(x)\in U\}$ 是 X 中开集，则称 f 是从 X 到 Y 的一个连续映射；

(3) 如果 f：$X\to Y$ 是一个单一的连续满射，且 f^{-1}：$Y\to X$ 连续，则称 f 是一个同胚映射，此时也称 X 与 Y 同胚.

命题 19.2.1 设 X，Y 为两个拓扑空间，f：$X\to Y$. 则 f 从 X 到 Y 连续的充要条件是 f 在 $\forall x_0\in X$ 处连续.

证明 必要性. 设 f 从 X 到 Y 连续，对任一 $x_0\in X$，以及 $f(x_0)$ 的任一邻域 U，存在开集 V，使得 $f(x_0)\in V\subset U$. 于是 $f^{-1}(V)$ 为开集，且有 $x_0\in f^{-1}(V)\subset f^{-1}(U)$.

因此 $f^{-1}(U)$ 是 x_0 的一个邻域，从而 f 在 x_0 处连续.

充分性. 设 f 在 $\forall x_0\in X$ 处连续. 对 Y 中任一开集 U 以及任一 $x\in f^{-1}(U)$，则 f 在 x 处连续. 于是 $f^{-1}(U)$ 为 x 的一个邻域. 故有开集 O，使得 $x\in O\subset f^{-1}(U)$.

由 x 的任意性即得 $f^{-1}(U)$ 为开集，因此 f 从 X 到 Y 连续.

定义 19.2.7 设 X 是一拓扑空间，$A\subset X$，$\{U_i\}_{i\in I}$ 为 X 的任一簇开子集. 如果 $A\subset \bigcup_{i\in I}U_i$，则存在有限个 U_{i_j}，$j=1,\ 2,\ \cdots,\ k$，使得 $A\subset\bigcup_{j=1}^{k}U_{i_j}$，则称 A 是紧集.

例 19.2.9 $\mathbf{R}^n$ 中开集按定义 12.1.1 构造，其全体开集组成 $\mathbf{R}^n$ 的一个拓扑，按此拓扑 $\mathbf{R}^n$ 中有界闭集是紧集.

注 可以引入一般拓扑空间中的网收敛. 本书没有打算介绍这一概念，有兴趣的读者可以参阅有关资料.

习　题

1. 设 $N=\{1, 2, \cdots\}$, $\mathcal{J}=\{A_n, n\in N\}\cup\{\varnothing\}$, 其中 $A_n=\{m\in N: m\geqslant n\}$, $n=1, 2, \cdots$. 证明 $\mathcal{J}$ 是 N 的一个拓扑.

2. 设 $X=\{0, 1\}$, $\mathcal{J}=\{\varnothing, \{0\}, X\}$. 证明 $\mathcal{J}$ 是 X 的一个拓扑.

3. 设 X 为一非空集合, $\mathcal{J}_1$, $\mathcal{J}_2$ 为 X 的两个拓扑. 证明 $\mathcal{J}_1\cap\mathcal{J}_2$ 也是 X 的一个拓扑.

4. 设 $(X, \mathcal{J})$ 是一拓扑空间, $A\subset X$, $p\in X$. 如果对 p 的任一开邻域 U, 都有 $U\cap(A\setminus\{p\})\neq\varnothing$, 则称 p 是 A 的一个聚点. A 的聚点全体记为 A', $\overline{A}=A\cup A'$ 称为 A 的闭包. 证明 A 是闭集的充要条件是 $A=\overline{A}$.

5. 设 X 为一个紧的拓扑空间, $A\subset X$ 为一闭子集. 证明 A 是紧集.

6. 设 $(X, \mathcal{J})$ 是 Hausdorff 空间, $A\subset X$ 是紧集. 证明 A 是闭子集.

7. 设 $(X, \mathcal{J}_1)$, $(Y, \mathcal{J}_2)$ 是一拓扑空间, $f: X\to Y$ 连续, $A\subset X$ 是紧集. 证明 $f(A)$ 是 Y 中紧集.

19.3　度量空间、赋范空间与内积空间

本节介绍建立现代分析学理论的基础框架——度量空间、赋范空间以及内积空间, 它们具有欧氏空间的一些重要特征, 比如可以测量点与点之间的距离, 判断集合的有界性, 定义点列收敛等.

19.3.1　度量空间

定义 19.3.1　设 X 为一非空集合, $d(x, y): X\times X\to[0, +\infty)$ 满足以下条件:

(1) $d(x, y)=0\Leftrightarrow x=y$;

(2) $d(x, y)=d(y, x)$, $\forall x, y\in X$;

(3) $d(x, y)\leqslant d(x, z)+d(z, y)$, $\forall x, y, z\in X$

则称 d 为 X 上的一个度量或距离, 称 (X, d) 为度量空间或距离空间.

例 19.3.1　设 $l^1=\left\{(x_1,x_2,\cdots):x_n\in\mathbf{R},n=1,2,\cdots,\sum_{n=1}^{+\infty}|x_n|<+\infty\right\}$. 则 l^1 是度量空间.

证明　定义 $d(x, y): l^1\times l^1\to[0, +\infty)$ 如下:

$$d(x,y)=\sum_{n=1}^{+\infty}|x_n-y_n|,$$

其中 $x=(x_1, x_2, \cdots)$, $y=(y_1, y_2, \cdots)\in l^1$.

容易验证 $d(x, y)$ 满足定义 19.3.1, 因此 l^1 是度量空间.

命题 19.3.1　度量空间是第一可数的拓扑空间.

证明　设 (X, d) 为度量空间. 首先需要定义 X 上的一个拓扑.

对任一$x\in X$, $\varepsilon>0$, 称$B(x,\ \varepsilon)=\{y\in X:\ d(y,\ x)<\varepsilon\}$为以$x$为心，$\varepsilon$为半径的开球．

如果对任一$x\in U$, 存在$\varepsilon>0$, 使得$B(x,\ \varepsilon)\subset U$, 则称$U\subset X$为开集．显然$\varnothing$, X皆为X的开集．令$\mathcal{J}$表X的开集全体，则易证$\mathcal{J}$是X的一个拓扑．

下证$B_x=\left\{B\left(x,\ \dfrac{1}{n}\right):\ n=1,\ 2,\ \cdots\right\}$是$x$的一个邻域基．

对x的任一邻域W, 存在开集$U\in J$, 使得$x\in U\subset W$.

再由U为开集知，存在$r>0$, 使得$B(x,\ r)\subset U$.

当n充分大时，有$\dfrac{1}{n}<r$, 即有$B\left(x,\ \dfrac{1}{n}\right)\subset B(x,\ r)\subset U\subset W$.

因此$B_x=\left\{B\left(x,\ \dfrac{1}{n}\right):\ n=1,\ 2,\ \cdots\right\}$是$x$的一个邻域基．

故度量空间$(X,\ d)$是第一可数的．

设$(X,\ d)$为度量空间，$B\subset X$. 如果$\operatorname{diam}(B)=\sup\limits_{\{x,y\in B\}}d(x,\ y)<+\infty$, 则称$B$是$X$的一个有界集．

命题 19.3.2 设$(X,\ d)$为度量空间．$B\subset X$为有界集的充要条件是存在$x_0\in B$, $r>0$, 使得$B\subset B(x_0,\ r)=\{x\in X:\ d(x,\ x_0)<r\}$.

证明 必要性．设B有界，于是$L=\sup\limits_{\{x,y\in B\}}d(x,\ y)<+\infty$. 令$r=L+1$, 取$x_0\in B$, 则有$B\subset B(x_0,\ r)$.

充分性．设$B\subset B(x_0,\ r)=\{x\in X:\ d(x,\ x_0)<r\}$. 则对$\forall x,\ y\in B$, 有

$d(x,\ y)\leqslant d(x,\ x_0)+d(x_0,\ y)<2r$.

故有$\operatorname{diam}(B)\leqslant 2r$. 于是$B$有界．

定义 19.3.2 设$(X,\ d)$为度量空间，$x_0,\ x_n\in X$, $n=1,\ 2,\ \cdots$:

(1) 如果对任意$\varepsilon>0$, 存在$N(\varepsilon)>0$, 当$n,\ m>N$时，有$d(x_n,\ x_m)<\varepsilon$成立，则称$(x_n)_{n=1}^{\infty}$为X中 Cauchy 列；

(2) 如果$\lim\limits_{n\to\infty}d(x_n,\ x_0)=0$, 则称当$n\to\infty$时，$(x_n)_{n=1}^{\infty}$收敛于$x_0$, x_0是(x_n)的极限，记为$x_0=\lim\limits_{n\to\infty}x_n$. 此时也称$(x_n)_{n=1}^{\infty}$为收敛列

如果X中 Cauchy 列均收敛，则称$(X,\ d)$为完备度量空间．

命题 19.3.3 设$(X,\ d_1)$, $(Y,\ d_2)$为度量空间，$f:\ X\to Y$, $x_0\in X$. 则f在x_0处连续的充要条件是，对$\forall x_n\in X$, $x_n\to x_0$, 有$f(x_n)\to f(x_0)$.

证明 必要性．设$x_n\in X$, $x_n\to x_0$. 由f在x_0处连续知，对任意$\varepsilon>0$, $f^{-1}(B(f(x_0),\ \varepsilon))$是$x_0$的一个领域．于是存在$\delta_0>0$, 使得$B(x_0,\ \delta_0)\subset f^{-1}(B(f(x_0),\ \varepsilon))$.

再由$x_n\to x_0$知，存在N, $n>N$时，$x_n\in B(x_0,\ \delta_0)$, 从而有$f(x_n)\in B(f(x_0),\ \varepsilon)$. 必要性得证．

充分性．假设f在x_0处不连续，则存在$f(x_0)$的一个邻域U, 使得$f^{-1}(U)$不是x_0的一个邻域．于是对任意正整数n, $B(x_0,\ \dfrac{1}{n})\not\subset f^{-1}(U)$, 即有$x_n\in B(x_0,\ \dfrac{1}{n})$, $x_n\notin f^{-1}(U)$,

$n=1,2,\cdots$. 再由 U 是 $f(x_0)$ 的一个邻域知，存在 $\varepsilon_0>0$，使得 $B(f(x_0),\ \varepsilon_0)\subset U$. 因此有 $x_n\to x_0$，但是 $d(f(x_n),\ f(x_0))\geqslant\varepsilon_0$，矛盾．故假设不成立．充分性得证．

定理 19.3.1　设 $(X,\ d)$ 为完备度量空间，T: $X\to X$ 满足以下条件：

$$d(Tx,Ty)\leqslant\alpha d(x,y),\quad\forall x,y\in X,$$

其中 $0\leqslant\alpha<1$ 为一常数．则存在唯一 $x^*\in X$，使得 $Tx^*=x^*$.

证明同定理 18.2.1，留给读者练习．

19.3.2 赋范空间

以下用 P 表数域 $\mathbf{R}$ 或复数域 $\mathbf{C}$.

定义 19.3.3　设 X 为数域 P 上线性空间，$\|\cdot\|$: $X\to[0,\ +\infty)$ 满足以下条件：

(1) $\|x\|=0\Leftrightarrow x=0$;

(2) $\|\lambda x\|=|\lambda|\|x\|$, $\forall x\in X$, $\lambda\in P$;

(3) $\|x+y\|\leqslant\|x\|+\|y\|$, $\forall x,\ y\in X$

则称 $\|\cdot\|$ 为 X 上的一个范数，$(X,\ \|\cdot\|)$ 是一个赋范空间．

例 19.3.2　$C[a,\ b]=\{x(t):\ [a,\ b]\to\mathbf{R}\}$，则 $C[a,\ b]$ 是赋范空间．

证明　在 $C[a,\ b]$ 上定义 $\|x(\cdot)\|$ 如下：

$$\|x(\cdot)\|=\max_{t\in[a,b]}\{|x(t)|\},\ \forall x(\cdot)\in C[a,b].$$

则容易验证 $\|x(\cdot)\|$ 是 $C[a,\ b]$ 上的一个范数，$C[a,\ b]$ 是一个赋范空间．

命题 19.3.4　赋范空间是度量空间．

证明　设 $(X,\ \|\cdot\|)$ 是赋范空间．令 $d(x,\ y)=\|x-y\|$, $\forall x,\ y\in X$，则容易验证 d 是 X 上的一个度量，$(X,\ d)$ 是一个度量空间．

设 $(X,\ \|\cdot\|)$ 为赋范空间，由命题 19.3.4 之证明，$d(x,\ y)=\|x-y\|$ 是 X 上的一个度量，X 中的Cauchy 列与收敛按此度量定义．设 $x_n\in X, n=1,2,\cdots, x_0\in X$. 如果 $\lim\limits_{n,m\to\infty}\|x_n-x_m\|=0$，则称 (x_n) 是 Cauchy 列．如果 $\lim\limits_{n\to\infty}\|x_n-x_0\|=0$，则称当 $n\to\infty$ 时，$(x_n)_{n=1}^{\infty}$ 收敛于 x_0，x_0 是 (x_n) 的极限，记为 $x_0=\lim\limits_{n\to\infty}x_n$. Cauchy 列均收敛的赋范空间称为完备的赋范空间，也称为 Banach 空间．

例 19.3.3　$C[a,\ b]$ 是 Banach 空间．

证明　设 $(x_n(\cdot))\subset C[a,\ b]$ 为 Cauchy 列．则对 $\forall\varepsilon>0$，存在 $N>0$，当 $n,\ m>N$ 时，有

$$d(x_n(\cdot),\ x_m(\cdot))=\max_{t\in[a,b]}|x_n(t)-x_m(t)|<\varepsilon. \tag{19.3.1}$$

因此有

$$|x_n(t)-x_m(t)|<\varepsilon,\ \forall t\in[a,b]. \tag{19.3.2}$$

于是对每一 $t\in[a,\ b]$，$(x_n(t))_{n=1}^{\infty}$ 为 Cauchy 数列．令 $x(t)=\lim\limits_{n\to\infty}x_n(t)$. 在式 (19.3.2) 中令 $m\to\infty$，得到 $|x_n(t)-x(t)|<\varepsilon$, $\forall t\in[a,\ b]$. 因此 $(x_n(t))_{n=1}^{\infty}$ 在 $[a,\ b]$ 上一致收敛于 $x(t)$，故 $x(t)$ 在 $[a,\ b]$ 上连续，从而有 $x(\cdot)\in C[a,\ b]$.

因此 $C[a,\ b]$ 是 Banach 空间 .

命题 19.3.5 设 $(X,\ \|\cdot\|)$ 是赋范空间 . $B\subset X$ 为有界集的充要条件是，存在 $L>0$，使得

$$\|x\| \leqslant L, \forall x \in B \text{ 成立}.$$

证明 必要性. 如果 $B\subset X$ 有界，则 $L=\sup\limits_{\{x,y\in B\}}\|x-y\|<+\infty$. 取定 $x_0\in B$，则有

$$\|x\| \leqslant \|x-x_0\| + \|x_0\| \leqslant L + \|x_0\|, \ \forall x \in B \text{ 成立}.$$

充分性. 对 $\forall x,\ y\in B$，有 $d(x,\ y)=\|x-y\|\leqslant 2L$. 于是 $\mathrm{diam}(B)\leqslant 2L$，$B$ 有界 .

定理 19.3.2（Schauder **不动点定理**） 如果 X 是实 Banach 空间，$C\subset X$ 是一有界闭凸集，T: $C\to C$ 是连续映射，且 $\overline{TC}$ 是紧集，则存在 $\boldsymbol{x}\in C$，使得 $T\boldsymbol{x}=\boldsymbol{x}$.

19.3.3 内积空间

定义 19.3.4 设 X 为数域 P 上的一个向量空间，$(\boldsymbol{x},\ \boldsymbol{y})$：$X\times X\to P$ 满足以下条件：

(1) $(\boldsymbol{x}+\boldsymbol{y},\ z)=(\boldsymbol{x},\ z)+(\boldsymbol{y},\ z)$，$\forall \boldsymbol{x},\ \boldsymbol{y},\ z\in X$；

(2) $(\alpha\boldsymbol{x},\ \boldsymbol{y})=\alpha(\boldsymbol{x},\ \boldsymbol{y})$，$\forall \alpha\in P$，$\boldsymbol{x},\ \boldsymbol{y}\in X$；

(3) $\overline{(\boldsymbol{x},\ \boldsymbol{y})}=(\boldsymbol{y},\ \boldsymbol{x})$，$\forall \boldsymbol{x},\ \boldsymbol{v}\in X$；

(4) $(\boldsymbol{x},\ \boldsymbol{x})\geqslant 0$，$\forall \boldsymbol{x}\in X$

则称 $(\boldsymbol{x},\ \boldsymbol{y})$ 为 X 上的一个内积，此时也称 X 为一个内积空间 .

例 19.3.4 在 $l^2=\left\{\boldsymbol{x}=(x_1,\ x_2,\ \cdots):\ x_n\in\mathbf{R},\ \sum\limits_{n=1}^{+\infty}x_n^2<+\infty\right\}$ 上定义 $(\cdot,\cdot)$ 如下：

$$(\boldsymbol{x},\boldsymbol{y}) = \sum_{i=1}^{+\infty} x_i y_i,\ \boldsymbol{x} = (x_1,x_2,\cdots),\boldsymbol{y} = (y_1,y_2,\cdots) \in l^2.$$

则 $(\cdot,\cdot)$ 是 l^2 上的一个内积 . 于是 l^2 是一个内积空间 .

例 19.3.5 在 $C[a,\ b]$ 上定义

$$(\boldsymbol{f},\boldsymbol{g}) = \int_a^b \boldsymbol{f}(t)\boldsymbol{g}(t)\,\mathrm{d}t, \forall \boldsymbol{f}(\cdot),\ \boldsymbol{g}(\cdot) \in C[a,b].$$

则 $(\boldsymbol{f},\ \boldsymbol{g})$ 是 $C[a,\ b]$ 上的一个内积 . 于是 $C[a,\ b]$ 是一个内积空间 .

设 X 为内积空间 . 令 $\|\boldsymbol{x}\|=\sqrt{(\boldsymbol{x},\ \boldsymbol{x})}$，$\forall \boldsymbol{x}\in X$.

引理 19.3.1 设 X 为数域 P 上的一个内积空间，则有 $|(\boldsymbol{x},\ \boldsymbol{y})|\leqslant\|\boldsymbol{x}\|\|\boldsymbol{y}\|$，$\forall \boldsymbol{x}$，$\boldsymbol{y}\in X$.

证明 若 $\boldsymbol{x}=\boldsymbol{0}$ 或 $\boldsymbol{y}=\boldsymbol{0}$，则结论成立 .

故可设 $\boldsymbol{x}\neq\boldsymbol{0}$，$\boldsymbol{y}\neq\boldsymbol{0}$. 由 $(\boldsymbol{x}+\lambda\boldsymbol{y},\ \boldsymbol{x}+\lambda\boldsymbol{y})\geqslant 0$，$\forall \boldsymbol{x},\ \boldsymbol{y}\in X$，$\lambda\in P$ 知

$$(\boldsymbol{x},\boldsymbol{x}) + \lambda(\boldsymbol{y},\boldsymbol{x}) + \overline{\lambda}(\boldsymbol{x},\boldsymbol{y}) + \lambda\,\overline{\lambda}(\boldsymbol{y},\boldsymbol{y}) \geqslant 0, \forall \boldsymbol{x},\boldsymbol{y} \in X,\lambda \in P.$$

令 $\lambda=\dfrac{(\boldsymbol{x},\ \boldsymbol{y})}{(\boldsymbol{y},\ \boldsymbol{y})}$，得 $(\boldsymbol{x},\ \boldsymbol{x})-\dfrac{|(\boldsymbol{x},\ \boldsymbol{y})|^2}{(\boldsymbol{y},\ \boldsymbol{y})}\geqslant 0$，故有 $|(\boldsymbol{x},\ \boldsymbol{y})|\leqslant\|\boldsymbol{x}\|\|\boldsymbol{y}\|$.

命题 19.3.6（三角不等式） $\|\boldsymbol{x}+\boldsymbol{y}\|\leqslant\|\boldsymbol{x}\|+\|\boldsymbol{y}\|$，$\forall \boldsymbol{x},\ \boldsymbol{y}\in X$.

证明 因为

$$(\boldsymbol{x}+\boldsymbol{y},\ \boldsymbol{x}+\boldsymbol{y}) = (\boldsymbol{x},\boldsymbol{x}) + (\boldsymbol{x},\boldsymbol{y}) + (\boldsymbol{y},\boldsymbol{x}) + (\boldsymbol{y},\boldsymbol{y}) \leqslant (\|\boldsymbol{x}\| + \|\boldsymbol{y}\|)^2,$$

所以$\|x+y\|\leqslant\|x\|+\|y\|$.

由上面讨论知内积空间是赋范空间，其上范数$\|x\|=\sqrt{(x,x)}$. 完备的内积空间称为 Hilbert 空间 .

命题 19. 3. 7　设 X 为 P 上的一个内积空间 . 则有

$$\|x+y\|^2+\|x-y\|^2=2(\|x\|^2+\|y\|^2).$$

证明留给读者练习 . 命题 19. 3. 7 也称为内积空间中的平行四边形法则 .

定理 19. 3. 3　设 H 为 Hilbert 空间，$K\subset H$ 为一非空闭凸集，$x\in H$. 则存在唯一 $x_0\in K$，使得$\|x-x_0\|=\inf\limits_{y\in K}\|x-y\|$.

证明　令 $\alpha=\inf\limits_{y\in K}\|x-y\|$. 于是 $x_n\in K$ 存在，使得$\|x-x_n\|\to\alpha$. 由命题 19. 3. 7 得

$$\|x-x_n+x-x_m\|^2+\|x_m-x_n\|^2=2(\|x-x_n\|^2+\|x-x_m\|^2).$$

于是有
$$\|x_m-x_n\|^2=2(\|x-x_n\|^2+\|x-x_m\|^2)-4\left\|x-\frac{x_n+x_m}{2}\right\|^2.$$

由于 K 是凸集，故 $\dfrac{x_n+x_m}{2}\in K$. 因此有

$$\|x_m-x_n\|^2\leqslant 2(\|x-x_n\|^2+\|x-x_m\|^2)-4\alpha^2$$

上式中，令 n，$m\to+\infty$ 即得 $\overline{\lim\limits_{n,m\to+\infty}}\|x_n-x_m\|^2=0$.

因此(x_n)为 Cauchy 列 . 令 $x_0=\lim\limits_{n\to+\infty}x_n$，即得$\|x-x_0\|=\inf\limits_{y\in K}\|x-y\|$.

假设 x_0，$y_0\in K$，满足

$$\|x-x_0\|=\inf_{y\in K}\|x-y\|,\quad \|x-y_0\|=\inf_{y\in K}\|x-y\|,$$

则有
$$\|x_0-y_0\|^2=2(\|x-x_0\|^2+\|x-y_0\|^2)-4\left\|x-\frac{x_0+y_0}{2}\right\|^2\leqslant 0.$$

因此 $x_0=y_0$.

定义 19. 3. 5　设 X 为数域 P 上的一个内积空间，x，$y\in X$，满足$(x,y)=0$，则称 x 与 y 正交，记为 $x\perp y$；设 $M\neq\varnothing$，称 $M^{\perp}=\{y\in X:(x,y)=0,\ \forall x\in M\}$为 M 的正交子集 .

定理 19. 3. 4　如果 H 为 Hilbert 空间，$M\subset H$ 为真闭子空间，则有 $H=M\oplus M^{\perp}$.

证明　对任一 $x\in H$，$x\notin M$，由定理 19. 3. 3，存在唯一 $x_0\in M$，使得

$$\|x-x_0\|=\inf_{y\in M}\|x-y\|$$

下证 $x-x_0\perp M$，即 $x-x_0\in M^{\perp}$.

假设相反，存在 $y_0\in M$，使得$(x-x_0,y_0)\neq 0$. 不妨设$(x-x_0,y_0)>0$，否则，适当选取 $\lambda_0\in P$，使得用 $\lambda_0 y_0$ 替代 y_0 即可 .

因为 M 为子空间，$x_0+ty_0\in M$，$\forall t>0$，故有

$$\|x-(x_0+ty_0)\|^2-\|x-x_0\|^2\geqslant 0.$$

于是有
$$-2t(x-x_0,y_0)+t^2\|y_0\|^2\geqslant 0.$$

上式两端同除 t，再令 $t\to 0^+$，得 $-2(x-x_0,y_0)>0$，矛盾 .

综上，任一$\boldsymbol{x}\in H$，有

$$\boldsymbol{x}=\boldsymbol{x}_0+\boldsymbol{x}-\boldsymbol{x}_0\in M+M^{\perp}.$$

由正交关系知$M+M^{\perp}$是直和，故有$H=M\oplus M^{\perp}$.

习　题

1. 设$S=\{\boldsymbol{x}=(\boldsymbol{x}_1,\ \boldsymbol{x}_2,\ \cdots):\ \boldsymbol{x}_n\in\mathbf{R},\ n=1,\ 2,\ \cdots\}$. 在$S\times S$上定义$d(\boldsymbol{x},\ \boldsymbol{y})$如下

$$d(\boldsymbol{x},\boldsymbol{y})=\sum_{n=1}^{+\infty}\frac{1}{2^n}\frac{|x_n-y_n|}{1+|x_n-y_n|},\ \forall\boldsymbol{x},\boldsymbol{y}\in S.$$

证明$(S,\ d(\cdot,\cdot))$是度量空间.

2. 在$C[0,1]$上定义$\|\boldsymbol{x}(\cdot)\|=\int_0^1|\boldsymbol{x}(t)|\mathrm{d}t,\boldsymbol{x}(\cdot)\in C[0,1]$，证明$\|\cdot\|$是$C[0,\ 1]$上的一个范数，但是$C[0,\ 1]$按此范数不是 Banach 空间.

3. 设$l^2=\left\{\boldsymbol{x}=(x_1,x_2,\cdots):x_n\in\mathbf{R},n=1,2,\cdots,\sum_{n=1}^{+\infty}\boldsymbol{x}_n^2<+\infty\right\}$. 在$l^2$上定义

$$\|\boldsymbol{x}\|=\left(\sum_{n=1}^{+\infty}\boldsymbol{x}_n^2\right)^{\frac{1}{2}},\boldsymbol{x}=(x_n)\in l^2.$$

证明$\|\cdot\|$是l^2上范数，且$(l^2,\ \|\cdot\|)$是 Banach 空间.

4. 设$(X,\ d)$为度量空间，$A\subset X$. 则A为闭集的充要条件是，对任意$\boldsymbol{x}\notin A$，存在$\delta>0$，使得$d(\boldsymbol{y},\ \boldsymbol{x})\geqslant\delta$，$\forall\boldsymbol{y}\in A$成立.

5. 设$(X,\ d)$为度量空间，$A\subset X$. 则A为闭集的充要条件是，对$\forall\boldsymbol{x}_n\in A$，$\boldsymbol{x}_n\to\boldsymbol{x}_0$，有$\boldsymbol{x}_0\in A$.

6. 证明度量空间中的紧集是有界集.

7. 设$(X,\ d)$为度量空间，f: $X\to\mathbf{R}$. 如果$\forall\boldsymbol{x}_n\in X$，$\boldsymbol{x}_n\to\boldsymbol{x}_0$，且满足$f(\boldsymbol{x}-t)\geqslant f(\boldsymbol{x}_2)\geqslant\cdots\geqslant f(\boldsymbol{x}_n)\geqslant\cdots$，就有$f(\boldsymbol{x}_0)\leqslant\lim\limits_{n\to+\infty}f(\boldsymbol{x}_0)$，则称$f(\boldsymbol{x})$在$\boldsymbol{x}_0$处上方下半连续；如果对$\forall\boldsymbol{x}_0\in X,f(\boldsymbol{x})$在$\boldsymbol{x}_0$处上方下半连续，则称$f(\boldsymbol{x}_0)$在$X$上上方下半连续. 设$(X,\ d)$是紧度量空间且$f$: $X\to\mathbf{R}$在X上上方下半连续. 证明存在$\boldsymbol{x}_0\in X$，使得

$$f(\boldsymbol{x}_0)=\min_{\boldsymbol{x}\in X}f(\boldsymbol{x})$$

8. 证明命题 19. 3. 7.

9. 设X为数域P上的一个内积空间，$\boldsymbol{x}$，$\boldsymbol{y}\in X$，$\boldsymbol{x}\perp\boldsymbol{y}$. 证明$\|\boldsymbol{x}+\boldsymbol{y}\|^2=\|\boldsymbol{x}\|^2+\|\boldsymbol{y}\|^2$.

10. 设M为数域P上内积空间X的一个非空子集. 证明$M^{\perp}$为X的子空间.

11. 设$(X,\ d)$为度量空间，$CB(X)$表X的有界闭子集全体. 在$CB(X)$上定义

$$H(A,B)=\max\{\sup_{\boldsymbol{y}\in B}\inf_{\boldsymbol{x}\in A}d(\boldsymbol{y},\boldsymbol{x}),\ \sup_{\boldsymbol{x}\in A}\inf_{\boldsymbol{y}\in B}d(\boldsymbol{x},\boldsymbol{y})\},\ \forall A,B\in CB(X).$$

证明$H(A,\ B)$是$CB(X)$上的一个度量，称为 Hausdorff 度量.

12. 设$(X,\ \|\cdot\|)$为赋范空间，$\{\boldsymbol{x}_n\}_{n=1}^{\infty}\subset X,S_n=\sum_{i=1}^{n}\boldsymbol{x}_i,n=1,2,\cdots$. 如果$\lim\limits_{n\to\infty}S_n$存在，则

称 $\sum_{n=1}^{+\infty} \boldsymbol{x}_n$ 收敛．证明 X 为 Banach 空间的充要条件是，如果 $\{\boldsymbol{x}_n\}_{n=1}^{\infty} \subset X$ 满足 $\sum_{n=1}^{+\infty} \|\boldsymbol{x}_n\| < +\infty$，则 $\sum_{n=1}^{+\infty} \boldsymbol{x}_n$ 收敛．

19.4　赋范空间中的有界线性算子

在高等代数课程以及第 18 章，我们学习了有限维空间中的线性映射知识．本节介绍无限维线性空间中的线性算子以及有界线性算子．有界线性算子将在赋范空间中的微分学中起到重要作用．

定义 19.4.1　设 $(X, \|\cdot\|)$，$(Y, \|\cdot\|)$ 为两个实或复赋范空间，映射 $\boldsymbol{T}$：$X \to Y$ 满足下列条件：

（1）$\boldsymbol{T}(\boldsymbol{x}+\boldsymbol{y}) = \boldsymbol{Tx} + \boldsymbol{Ty}$，$\forall \boldsymbol{x}, \boldsymbol{y} \in X$；

（2）$\boldsymbol{T}(\alpha \boldsymbol{x}) = \alpha \boldsymbol{Tx}$，$\forall \boldsymbol{x} \in X$，$\alpha$ 为实数或复数

则称 $\boldsymbol{T}$：$X \to Y$ 为一线性算子．

例 19.4.1　$\boldsymbol{T}$：$C[a, b] \to C[a, b]$ 定义如下：

$$\boldsymbol{Tx}(t) = k\int_a^t \boldsymbol{x}(s)\,\mathrm{d}s, \forall \boldsymbol{x}(\cdot) \in C[a,b], t \in [a,b],$$

其中 k 为一给定实数．由定积分性质知道 $\boldsymbol{T}$：$C[a, b] \to C[a, b]$ 是一线性算子．

例 19.4.2　$\boldsymbol{T}$：$C^1[a, b] \to C[a, b]$ 定义如下：

$$\boldsymbol{Tx}(t) = \boldsymbol{x}'(t), \forall \boldsymbol{x}(\cdot) \in C^1[a,b], t \in [a,b],$$

其中 $C^1[a, b] = \{\boldsymbol{x}: [a, b] \to \mathbf{R}$ 连续可微$\}$．其上范数定义如下：

$$\|\boldsymbol{x}(\cdot)\| = \max_{t\in[a,b]} |\boldsymbol{x}(t)| + \max_{t\in[a,b]} |\boldsymbol{x}'(t)|, \forall \boldsymbol{x}(\cdot) \in C^1[a,b].$$

由导数性质知 $\boldsymbol{T}$：$C^1[a, b] \to C[a, b]$ 是一线性算子．

特别，当 $Y = \mathbf{R}$ 或 $\mathbf{C}$ 时，称线性算子 $\boldsymbol{T}$：$X \to \mathbf{R}(\mathbf{C})$ 为线性泛函，此时将 $\boldsymbol{T}$ 记为 $\boldsymbol{f}$.

例 19.4.3　$\boldsymbol{f}$：$C[a, b] \to \mathbf{R}$ 定义如下：

$$\boldsymbol{f}(\boldsymbol{x}(\cdot)) = k\int_a^b \boldsymbol{x}(s)\,\mathrm{d}s, \forall \boldsymbol{x}(\cdot) \in C[a,b],$$

其中 k 为一给定实数．则 $\boldsymbol{f}$ 为 $C[a, b]$ 上一实线性泛函．

定义 19.4.2　设 $(X, \|\cdot\|)$，$(Y, \|\cdot\|)$ 为两个实或复赋范空间，$\boldsymbol{T}$：$X \to Y$ 为一线性算子．如果 $\boldsymbol{T}$ 将 X 中有界集映为 Y 中有界集，则称 $\boldsymbol{T}$ 是有界线性算子；否则，称 $\boldsymbol{T}$ 为无界线性算子．

命题 19.4.1　设 $\boldsymbol{T}$：$X \to Y$ 为一线性算子，则 $\boldsymbol{T}$ 有界的充要条件是 $\boldsymbol{T}\{\boldsymbol{x}: \|\boldsymbol{x}\| = 1\}$ 有界．

证明　必要性显然．下证充分性．

设 $\|\boldsymbol{Tx}\| \leqslant K$，$\forall \boldsymbol{x} \in X$，$\|\boldsymbol{x}\| = 1$. 假设 $B \subset X$ 为有界集，则有 $L > 0$，使得

$$\|\boldsymbol{x}\| \leqslant L, \forall \boldsymbol{x} \in B.$$

易知 $\boldsymbol{T0}=\boldsymbol{0}$，于是当 $\boldsymbol{x}\in B$，$\boldsymbol{x}\neq\boldsymbol{0}$ 时，有

$$\|T\boldsymbol{x}\| = \left\|T\left(\|\boldsymbol{x}\|\cdot\frac{\boldsymbol{x}}{\|\boldsymbol{x}\|}\right)\right\| = \|\boldsymbol{x}\|\left\|T\frac{\boldsymbol{x}}{\|\boldsymbol{x}\|}\right\| \leqslant LK.$$

定理 19.4.1 设 $(X,\ \|\cdot\|)$，$(Y,\ \|\cdot\|)$ 为两个实或复赋范空间，$\boldsymbol{T}$：$X\to Y$ 为一线性算子．则下列结论等价：

(1) $\boldsymbol{T}$ 在 0 点处连续；

(2) $\boldsymbol{T}$ 在任意点 $\boldsymbol{x}_0$ 处连续，即 $\boldsymbol{T}$ 在 X 上连续；

(3) $\boldsymbol{T}$ 有界．

证明 (1)⇒(2)．对任意一点 $\boldsymbol{x}_0\in X$，设 $\boldsymbol{x}_n\to\boldsymbol{x}_0$，则有 $\|\boldsymbol{x}_n-\boldsymbol{x}_0\|\to 0$．于是 $\boldsymbol{x}_n-\boldsymbol{x}_0\to 0$．因此有

$$\boldsymbol{T}(\boldsymbol{x}_n-\boldsymbol{x}_0)\to T\boldsymbol{0} = \boldsymbol{0}\cdot T\boldsymbol{0} = \boldsymbol{0}.$$

由此得 $\boldsymbol{T}\boldsymbol{x}_n\to\boldsymbol{T}\boldsymbol{x}_0$．

(2)⇒(3)．假设 $\boldsymbol{T}$ 无界．则由命题 19.4.1 知，存在 $\boldsymbol{x}_n\in X$，$\|\boldsymbol{x}_n\|=1$，但是 $\|\boldsymbol{T}\boldsymbol{x}_n\|>n$，$n=1,\ 2,\ \cdots$．显然有 $\left\|\frac{\boldsymbol{x}_n}{n}\right\|=\frac{1}{n}\to 0$，但是 $\left\|\boldsymbol{T}\frac{\boldsymbol{x}_n}{n}\right\|>1$．这与 $\boldsymbol{T}$ 连续矛盾，因此(3)成立．

(3)⇒(1)．假设 $\boldsymbol{T}$ 在 0 点处不连续．则存在 $\delta_0>0$，$\boldsymbol{x}_n\to 0$，但是 $\|\boldsymbol{T}\boldsymbol{x}_n\|\geqslant\delta_0$．于是有 $\left\|T\frac{\boldsymbol{x}_n}{\|\boldsymbol{x}_n\|}\right\|\geqslant\frac{\delta_0}{\|\boldsymbol{x}_n\|}\to+\infty$．这与 $\boldsymbol{T}$ 有界矛盾，因此(1)成立．

记 $L(X,\ Y)=\{\boldsymbol{T}$：$X\to Y$ 线性有界$\}$，定义

$$\|\boldsymbol{T}\| = \sup_{\|\boldsymbol{x}\|=1}\|\boldsymbol{T}\boldsymbol{x}\|,\ \forall\,\boldsymbol{T}\in L(X,Y). \tag{19.4.1}$$

则容易验证 $\|\cdot\|$ 是 $L(X,\ Y)$ 上的一个范数，于是 $L(X,\ Y)$ 是赋范空间．由式(19.4.1)知，$\|\boldsymbol{T}\boldsymbol{x}\|\leqslant\|\boldsymbol{T}\|\|\boldsymbol{x}\|$，$\forall\,\boldsymbol{x}\in X$.

推论 19.4.1 设 $\boldsymbol{T}$：$X\to Y$ 为一线性算子．则 $\boldsymbol{T}$ 有界的充要条件是：存在 $M>0$，使得

$$\|\boldsymbol{T}\boldsymbol{x}\|\leqslant M\|\boldsymbol{x}\|,\ \forall\,\boldsymbol{x}\in X \text{ 成立}.$$

证明 必要性．设 $\boldsymbol{T}$ 有界，则令 $M=\|\boldsymbol{T}\|$．对任意 $\boldsymbol{x}\in X$，$\boldsymbol{x}\neq\boldsymbol{0}$，有 $\left\|\boldsymbol{T}\frac{\boldsymbol{x}}{\|\boldsymbol{x}\|}\right\|\leqslant M$，因此有 $\|\boldsymbol{T}\boldsymbol{x}\|\leqslant M\|\boldsymbol{x}\|$．

充分性．显然 $\boldsymbol{T}$ 映有界集为有界集，因此 $\boldsymbol{T}$ 有界．

命题 19.4.2 设 $\boldsymbol{T}$：$X\to Y$ 为一线性有界算子．则 $N(\boldsymbol{T})=\{\boldsymbol{x}:\ \boldsymbol{T}\boldsymbol{x}=\boldsymbol{0}\}$ 是闭子空间．

证明留给读者练习．

特别，我们用 X^* 表 X 上的线性连续泛函全体，则 X^* 是 Banach 空间．X^{**} 表 X^* 上的线性连续泛函全体．

命题 19.4.3 设 $(X,\ \|\cdot\|)$ 为赋范空间，$\boldsymbol{x}_0\in X$，$\boldsymbol{x}_0\neq\boldsymbol{0}$．则存在 $\boldsymbol{f}\in X^*$，使得 $\|\boldsymbol{f}\|=1$，且 $\boldsymbol{f}(\boldsymbol{x}_0)=\|\boldsymbol{x}_0\|$.

定理 19.4.2 如果 H 为 Hilbert 空间，$\boldsymbol{f}$ 为 H 上有界线性泛函，则存在唯一 $\boldsymbol{z}\in H$，使得 $f(\boldsymbol{x})=(\boldsymbol{x},\ \boldsymbol{z})$，$\forall\,\boldsymbol{x}\in H$.

证明　若 $f=0$，则取 $z=0$，结论成立．不妨设 $f\neq 0$．于是 $N=f^{-1}(0)\neq H$，由定理 19.3.4 知 $H=N\oplus N^{\perp}$，$N^{\perp}\neq\varnothing$．取定 $z_0\in N^{\perp}$，$z_0\neq 0$．对任一 $x\in H$，有 $f(x)=kf(z_0)$，$k=\dfrac{f(x)}{f(z_0)}$．于是有 $f(x-kz_0)=0$，即 $x-kz_0\in N$．因此 $(x-kz_0,\ z_0)=0$，$(x,\ z_0)=\dfrac{f(x)}{f(z_0)}(z_0,\ z_0)$．故有 $f(x)=(x,\ z)$，其中 $z=\dfrac{\overline{f(z_0)}}{(z_0,\ z_0)}z_0$．

最后证明唯一性．设 z_1，$z_2\in H$，使得 $f(x)=(x,\ z_1)=(x,\ z_2)$，$\forall x\in H$．则 $(x,\ z_1-z_2)=0$，$\forall x\in H$．

取 $x=z_1-z_2$ 代入上式即得 $(z_1-z_2,\ z_1-z_2)=0$，于是 $z_1-z_2=0$，即 $z_1=z_2$．

唯一性得证．

注　还可证明定理 19.4.2 中 z 还满足 $\|f\|=\|z\|$．我们把它留着练习．

对任一 $x\in X$，定义 $\hat{x}\in X^{**}$ 如下：

$$\hat{x}(f)=f(x),\ \forall f\in X^{*}.$$

显然 $\hat{x}$ 是 X^{*} 上的一个线性泛函．

命题 19.4.4　$\hat{x}$ 是 X^{*} 上的一个线性连续泛函，且有 $\|\hat{x}\|=\|x\|$．

证明　可设 $x\neq 0$．$|\hat{x}(f)|=|f(x)|\leqslant\|f\|\|x\|$，$\forall f\in X^{*}$，于是有 $\|\hat{x}\|\leqslant\|x\|$．

由命题 19.4.3 知，存在 $f_0\in X^{*}$，$\|f_0\|=1$，满足 $f_0(x)=\|x\|$．因此有

$$\|\hat{x}\|=\sup_{|f|=1}|\hat{x}(f)|\geqslant|\hat{x}(f_0)|=\|x\|.$$

综上得，$\|\hat{x}\|=\|x\|$．

根据命题 19.4.3，命题 19.4.4，定义 J：$X\to X^{**}$ 如下：

$$Jx=\hat{x},\ \forall x\in X.$$

易知 J 是线性算子，且有 $\|Jx\|=\|x\|$．

定义 19.4.3　如果 $JX=X^{**}$，则称 X 是自反赋范空间．

容易知道，有限维赋范空间是自反空间，无限维赋范空间不一定是自反空间．例如 l^1. X 是自反赋范空间，则 X 是完备的，即 X 是 Banach 空间．

定义 19.4.4　设 $(X,\ \|\cdot\|)$ 为赋范空间，$x_n\in X$，$n=1,\ 2,\ \cdots$，$x_0\in X$．如果对任一 $f\in X^{*}$，有 $f(x_n)\to f(x_0)$，则称当 $n\to\infty$ 时，x_n 弱收敛于 x_0，记为 $x_n\xrightarrow{w}x_0$．

命题 19.4.5　设 $(X,\ \|\cdot\|)$ 为赋范空间，$x_n\in X$，$n=1,\ 2,\ \cdots$，$x_0\in X$．如果 $\lim\limits_{n\to\infty}\|x_n-x_0\|=0$，则有 $x_n\xrightarrow{w}x_0$，即范数收敛列是弱收敛列．

证明　对任一 $f\in X^{*}$，$|f(x_n)-f(x_0)|=|f(x_n-x_0)|\leqslant\|f\|\|x_n-x_0\|\xrightarrow{n\to\infty}0$，于是有 $x_n\xrightarrow{w}x_0$．

下例说明命题 19.4.5 的逆命题不成立．

例 19.4.4　$X=l^2$，$e_n=(0,\ \cdots,\ 1,\ 0,\ \cdots)$，第 n 个位置为 1，其他都是 0，$n=1,\ 2,\ \cdots$.

解 由定理 19.4.2 知，对任一 $\boldsymbol{f}\in X^*$，有 $(f_1, f_2, \cdots, f_k, \cdots)\in l^2$，使得

$$\boldsymbol{f}(\boldsymbol{x}) = \sum_{i=1}^{+\infty} f_i \boldsymbol{x}_i, \forall \boldsymbol{x} = (x_1, x_2, \cdots, x_k, \cdots) \in l^2.$$

于是 $\boldsymbol{f}(\boldsymbol{e}_n) = \boldsymbol{f}_n \to \boldsymbol{0}$，因此有 $\boldsymbol{e}_n \xrightarrow{\mathrm{w}} \boldsymbol{0}$. 但 $\|\boldsymbol{e}_n\| = 1$ 不收敛于 0.

R. C. James 证明了赋范空间 X 自反的充要条件是：X 中单位闭球 $\overline{B(0,1)} = \{\boldsymbol{x}\in X: \|\boldsymbol{x}\|\leqslant 1\}$ 是弱紧集，即 $\overline{B(0,1)}$ 中任一序列有弱收敛子列.

习 题

1. 证明例 19.4.1 ~ 19.4.3 中线性算子是有界算子.

2. 在 $C^1[a, b]$ 上定义范数 $\|\boldsymbol{x}(\cdot)\| = \max\limits_{t\in[a,b]} |\boldsymbol{x}(t)|$，线性算子 $\boldsymbol{T}: C^1[a, b]\to C[a, b]$ 定义如下：

$$\boldsymbol{T}x(t) = \boldsymbol{x}'(t), \forall x(\cdot) \in C^1[a,b], t \in [a,b].$$

证明 $\boldsymbol{T}$ 无界.

3. 证明命题 19.4.2.

4. 证明定理 19.4.2 中 $\boldsymbol{z}$ 满足 $\|\boldsymbol{f}\| = \|\boldsymbol{z}\|$.

5. 设 X, Y 为赋范空间，$\boldsymbol{T}: X\to Y$ 为一有界算子. 对任一 $\boldsymbol{g}\in Y^*$，定义 X 上泛函 $T^*\boldsymbol{g}$ 如下：

$$\boldsymbol{T}^*\boldsymbol{g}(\boldsymbol{x}) = \boldsymbol{g}(\boldsymbol{T}\boldsymbol{x}), \forall \boldsymbol{x} \in X.$$

证明下列结论成立：

（1）$\boldsymbol{T}^*\boldsymbol{g}$ 是 X 上线性连续泛函，即 $\boldsymbol{T}^*\boldsymbol{g}\in X^*$；

（2）$\boldsymbol{T}^*: Y^*\to X^*$ 是有界线性算子；

（3）$\|\boldsymbol{T}^*\| = \|\boldsymbol{T}\|$.

6. 设 X, Y 为赋范空间，$\boldsymbol{T}: X\to Y$ 为一有界算子，$\boldsymbol{x}_n\in X$，$\boldsymbol{x}_n \xrightarrow{\mathrm{w}} \boldsymbol{x}_0$. 证明

$$Tx_n \xrightarrow{\mathrm{w}} Tx_0.$$

7. 设 X 为赋范空间，$\boldsymbol{x}_n\in X$，$\boldsymbol{x}_n \xrightarrow{\mathrm{w}} \boldsymbol{x}_0$. 证明 $\|\boldsymbol{x}_0\|\leqslant \liminf\limits_{n\to\infty}\|\boldsymbol{x}_n\|$.

8. 设 X 为自反赋范空间. 证明对任一 $\boldsymbol{f}\in X^*$，存在 $\boldsymbol{x}_0\in X$，$\|\boldsymbol{x}_0\| = 1$，使得 $\boldsymbol{f}(\boldsymbol{x}_0) = \|\boldsymbol{f}\|$.（James 证明了该结论反过来也成立）

9. 设 X 为自反 Banach 空间，$f: D(f)\subseteq X\to \mathbf{R}$ 是上方下半连续泛函（见习题 19.3 节 7 题），且满足条件：

（1）对 $\forall \boldsymbol{x}, \boldsymbol{y}\in D(f)$，$\lambda\in(0, 1)$，有 $f(\lambda\boldsymbol{x} + (1-\lambda)\boldsymbol{y}) \leqslant \lambda f(\boldsymbol{x}) + (1-\lambda) f(\boldsymbol{y})$ 成立，即 f 为凸函数.

（2）$\liminf\limits_{\|x\|\to\infty} f(\boldsymbol{x}) = +\infty$

证明存在 $\boldsymbol{x}_0\in X$，使得 $f(\boldsymbol{x}_0) = \inf\limits_{x\in D(f)} f(\boldsymbol{x})$，即 f 达到最小值.

10. 证明有限维赋范空间中的弱收敛与按范数收敛等价．

19.5　赋范空间中的微分学

本节首先将一元函数的连续、导数、积分概念推广到取值于赋范空间中的抽象一元函数.

定义 19.5.1　设$(X,\ \|\cdot\|)$为赋范空间，$x(t):[a,b]\to X$，$t_0\in[a,b]$. 如果$\lim\limits_{t\to t_0}x(t)=x(t_0)$，则称$x(t)$在$t_0$处连续. 如果$x(t)$在$\forall t\in[a,\ b]$处连续，则称$x(t)$在$[a,\ b]$上连续.

命题 19.5.1　设$(X,\ \|\cdot\|)$为赋范空间，$x(t)$：$[a,\ b]\to X$连续. 则对$\forall\varepsilon>0$，存在$\delta(\varepsilon)>0$，当t_1，$t_2\in[a,\ b]$，$|t_1-t_2|<\delta(\varepsilon)$时，有$\|x(t_1)-x(t_2)\|<\varepsilon$成立，此时也称$x(t)$在$[a,\ b]$上一致连续.

证明　假设相反，$\exists\varepsilon_0>0$，对$\delta_n=\dfrac{1}{n}$，有t_1^n，$t_2^n\in[a,\ b]$，$|t_1^n-t_2^n|<\delta_n$，但是

$$\|x(t_1^n)-x(t_2^n)\|\geqslant\varepsilon_0,\ n=1,2,\cdots \tag{19.5.1}$$

通过取子列的方法，不妨设$t_1^n\to t_0\in[a,\ b]$，于是$t_2^n\to t_0$. 在式(19.5.1)中令$n\to+\infty$，由连续条件即得$0\geqslant\varepsilon_0$，矛盾.

因此$x(t)$在$[a,\ b]$上一致连续.

定义 19.5.2　设$(X,\ \|\cdot\|)$为赋范空间，$x(t)$：$[a,\ b]\to X$. 对$[a,\ b]$的任一分割T：$t_0=a<t_1<\cdots<t_n=b$，令$\Delta t_i=t_i-t_{i-1}$. 任取$\xi_i\in[t_{i-1},\ t_i]$，$i=1,\ 2,\ \cdots,\ n$，如果对$\forall\varepsilon>0$，存在$\delta(\varepsilon)\in>0$，当其$\max\limits_{1\leqslant i\leqslant n}\{\Delta t_i\}<\delta$时，

$$\left|\sum_{i=1}^{n}x(\xi_i)\Delta t_i-A\right|<\varepsilon\ \text{成立},$$

则称$x(t)$在$[a,\ b]$上 Riemann 可积，A为$x(t)$在$[a,\ b]$上的 Riemann 积分，记为$A=\int_a^b x(t)\,\mathrm{d}t$.

命题 19.5.2　假设$(X,\ \|\cdot\|)$为 Banach 空间，$x(t)$：$[a,\ b]\to X$连续，则$x(t)$在$[a,\ b]$上 Riemann 可积.

证明　由 19.2 节习题 7 以及 19.3 节习题 6 知$x(t)$有界. 故有$M>0$，使得$\|x(t)\|\leqslant M$，$t\in[a,\ b]$. 对$[a,\ b]$的任意两个分割T_1：$t_0=a<t_1<\cdots<t_n=b$，T_2：$t_0'=a<t_1'<\cdots<t_m'=b$，令$T$表合并$T_1$与$T_2$分点得到的分割. 对任意$\xi_i\in[t_{i-1},\ t_i]$，$i=1,\ 2,\ \cdots,\ n$. $\eta_j\in[t_{j-1}',\ t_j']$，$j=1,\ 2,\ \cdots,\ m$，有

$$\left\|\sum_{i=1}^{n}x(\xi_i)\Delta t_i-\sum_{j=1}^{m}x(\eta_j)\Delta t_j'\right\|=\left\|\sum_{i=1}^{n}\sum_{j=1}^{n}x(\xi_i)\Delta t_{ij}-\sum_{i=1}^{n}\sum_{j=1}^{n}x(\eta_j)\Delta t_{ij}\right\|,$$

其中规定$[t_{i-1},\ t_i]\cap[t'_{j-1},\ t'_j]=\varnothing$时，$\Delta t_{ij}=0$，$i=1,\ 2,\ \cdots,\ n$，$j=1,\ 2,\ \cdots,\ m$. 显然$\sum\limits_{j=1}^{m}\Delta t_{ij}=\Delta t_i,i=1,2,\cdots,n$，$\sum\limits_{i=1}^{n}\Delta t_{ij}=\Delta t_j,j=1,2,\cdots,m$. 由命题 19.5.1 知，对任意$\forall\varepsilon>0$，

存在 $\delta(\varepsilon)>0$，当 $t_1, t_2\in[a, b]$，$|t_1-t_2|<\delta(\varepsilon)$时，$\|x(t_1)-x(t_2)\|<\frac{\varepsilon}{b-a}$成立.

于是当$\max\limits_{1\leqslant i\leqslant n,1\leqslant j\leqslant m}\{\Delta t_i, \Delta t_j\}<\delta(\varepsilon)$时，有

$$\left\|\sum_{i=1}^{n}x(\xi_i)\Delta t_i-\sum_{j=1}^{m}x(\eta_j)\Delta t_j'\right\|=\left\|\sum_{i=1}^{n}\sum_{j=1}^{n}x(\xi_i)\Delta t_{ij}-\sum_{i=1}^{n}\sum_{j=1}^{n}x(\eta_j)\Delta t_{ij}\right\|$$

$$=\left\|\sum_{i=1}^{n}\sum_{j=1}^{n}[x(\xi_i)-x(\eta_j)]\Delta t_{ij}\right\|\leqslant\sum_{i=1}^{n}\sum_{j=1}^{n}\left\|x(\xi_i)-x(\eta_j)\right\|\Delta t_{ij}<\varepsilon.$$

于是当$\Delta_T=\max\limits_{1\leqslant i\leqslant n}\{\Delta t_i\}\to 0$ 时，$\sum\limits_{i=1}^{n}x(\xi_i)\Delta t_i$ 收敛于 X 中某一点，即 $x(t)$在$[a, b]$上 Riemann 可积.

定义 19.5.3 设 $x(t)$：$(a, b)\to X$ 连续，$t_0\in(a, b)$. 如果$\lim\limits_{t\to t_0}\frac{x(t)-x(t_0)}{t-t_0}$存在，则称 $x(t)$在 t_0 处可导，记为 $x'(t_0)=\lim\limits_{t\to t_0}\frac{x(t)-x(t_0)}{t-t_0}$，称为 $x(t)$在 t_0 处的导数. 如对任一 $t\in(a, b)$，$x'(t)$存在，则称 $x(t)$在(a, b)上可导.

引理 19.5.1 设$(X, \|\cdot\|)$为 Banach 空间，如果 $x(t)$：$[a,b]\to X$ 连续，则 $\varphi(t)=\int_{t_0}^{t}x(s)\mathrm{d}s$ 可导，且有 $\varphi'(t)=x(t), t\in(a,b)$.

证明 因为 $x(t)$：$[a, b]\to X$ 连续. 故一致连续. 于是对任意 $\varepsilon>0$，存在 $\delta(\varepsilon)>0$，当 $\forall t_1, t_2\in[a, b]$，$|t_1-t_2|<\delta(\varepsilon)$时，有$\|x(t_1)-x(t_2)\|<\varepsilon$.

$$\left\|\frac{\varphi(t+\Delta t)-\varphi(t)}{\Delta t}-x(t)\right\|=\left\|\frac{\int_t^{t+\Delta t}x(s)\mathrm{d}s-\int_t^{t+\Delta t}x(t)\mathrm{d}s}{\Delta t}\right\|$$

$$\leqslant\frac{\left|\int_t^{t+\Delta t}\|x(s)-x(t)\|\mathrm{d}s\right|}{|\Delta t|}, t\in(a,b).$$

故当$|\Delta t|<\delta(\varepsilon)$时，有

$$\left\|\frac{\varphi(t+\Delta t)-\varphi(t)}{\Delta t}-x(t)\right\|<\varepsilon.$$

于是得 $\varphi'(t)=x(t)$，$t\in(a, b)$.

性质 19.5.1 设 $x(t)$：$(a, b)\to X$ 在 t_0 处可导，$f\in X^*$. 则$f(x(t))$：$(a, b)\to P$(等于 $\mathbf{R}$ 或 $\mathbf{C}$)在 t_0 处可导.

证明 $\lim\limits_{t\to t_0}\frac{f(x(t))-f(x(t_0))}{t-t_0}=f\left(\lim\limits_{t\to t_0}\frac{x(t)-x(t_0)}{t-t_0}\right)=f(x'(t))$.

命题 19.5.3(微分中值不等式) 如果 $x(t)$：$[a, b]\to X$ 连续，在(a, b)上可导，则存在 $t_0\in(a, b)$，使得$\|x(b)-x(a)\|\leqslant\|x'(t_0)\|(b-a)$.

可参考后面命题 19.5.4 之证明，留给读者练习.

例 19.5.1　设$(X, \|\cdot\|)$为 Banach 空间，$f(t, x)$：$\mathbf{R}\times X\to X$ 连续且满足

$$\|f(t,x)-f(t,y)\|\leqslant L\|x-y\|,\forall (t,x),(t,y)\in \mathbf{R}\times X.$$

则下面 Cauchy 问题

$$\begin{cases}x'(t)=f(t,x(t)),t\in(t_0,\delta)\\ x(0)=x_0\in X\end{cases}$$

有唯一解 $x(t)\in C([t_0, t_0+\delta], X)$，其中 $\delta>0$ 满足条件 $L\delta<1$.

证明　令 $C([t_0, t_0+\delta], X)=\{x(t):[t_0, t_0+\delta]\to X$ 连续$\}$，在 $C([t_0, t_0+\delta], X)$ 上定义范数 $\|x(\cdot)\|=\max\limits_{t\in[t_0,t_0+\delta]}\|x(t)\|$. 不难验证 $C([t_0, t_0+\delta], X)$ 按此范数是 Banach 空间.

定义 T：$C([t_0, t_0+\delta], X)\to C([t_0, t_0+\delta], X)$ 如下：

$$Tx(t)=x_0+\int_{t_0}^{t}f(s,x(s))\mathrm{d}s,\forall x(\cdot)\in C([t_0,t_0+\delta],X),t\in[t_0,t_0+\delta].$$

$$\max_{t\in[t_0,t_0+\delta]}\|Tx(t)-Ty(t)\|\leqslant\max_{t\in[t_0,t_0+\delta]}\int_{t_0}^{t}\|f(s,x(s))-f(s,y(s))\|\mathrm{d}s$$

$$\leqslant L\int_{t_0}^{t_0+\delta}\max_{s\in[t_0,t_0+\delta]}\|x(s)-y(s)\|\mathrm{d}s=L\delta\|x(\cdot)-y(\cdot)\|.$$

即 $\|Tx(\cdot)-Ty(\cdot)\|\leqslant L\delta\|x(\cdot)-y(\cdot)\|$，$\forall x(\cdot), y(\cdot)\in C([t_0, t_0+\delta], X)$.

于是由定理 19.3.1 知，存在唯一 $x(t)\in C([t_0, t_0+\delta], X)$，满足

$$x(t)=x_0+\int_{t_0}^{t}f(s,x(s))\mathrm{d}s,t\in[t_0,t_0+\delta].$$

显然有 $x(0)=x_0$. 再由引理 19.5.1 得 $x'(t)=f(t, x(t))$，$t\in(t_0, t_0+\delta)$.

下面将向量函数导算子概念推广到赋范空间.

定义 19.5.4　设$(X, \|\cdot\|)$，$(Y, \|\cdot\|)$为赋范空间，$U\subset X$ 为开集，$\boldsymbol{g}$：$U\to Y$ 为一映射，$\boldsymbol{x}_0\in U$. 如果存在有界线性算子 $\boldsymbol{T}\in L(X, Y)$，使得

$$\lim_{\boldsymbol{h}\to 0}\frac{\boldsymbol{g}(\boldsymbol{x}_0+\boldsymbol{h})-\boldsymbol{g}(\boldsymbol{x}_0)-\boldsymbol{Th}}{\|\boldsymbol{h}\|}=0,$$

则称 $\boldsymbol{g}$ 在 $\boldsymbol{x}_0$ 处 Fréchet 可导，$\boldsymbol{T}$ 称为 $\boldsymbol{g}$ 在 $\boldsymbol{x}_0$ 处的 Fréchet 导算子，记为 $\boldsymbol{g}'(\boldsymbol{x}_0)=\boldsymbol{T}$. 称 $\boldsymbol{Th}$ 为 $\boldsymbol{g}$ 在 $\boldsymbol{x}_0$ 处的 Fréchet 微分，记为 $\mathrm{d}\boldsymbol{g}|_{\boldsymbol{x}_0}=\boldsymbol{Th}$ 或 $\mathrm{d}\boldsymbol{g}|_{\boldsymbol{x}_0}=\boldsymbol{g}'(\boldsymbol{x}_0)\boldsymbol{h}$.

例 19.5.2　设 $\boldsymbol{B}\in L(X, Y)$. 则 $\boldsymbol{g}(\boldsymbol{x})=\boldsymbol{Bx}$，$\forall \boldsymbol{x}\in X$ 在任一点 $\boldsymbol{x}_0\in X$ 处 Fréchet 可导，且有 $\boldsymbol{g}'(\boldsymbol{x}_0)=\boldsymbol{B}$.

证明　$\boldsymbol{B}(\boldsymbol{x}_0+\boldsymbol{h})-\boldsymbol{Bx}_0-\boldsymbol{Bh}=\boldsymbol{0}$，$\forall \boldsymbol{h}\in X$，因此有 $\boldsymbol{g}'(\boldsymbol{x}_0)=\boldsymbol{B}$.

定义 19.5.5　设$(X, \|\cdot\|)$为赋范空间，$D\subseteq X$ 为一开集，g：$D\to\mathbf{R}$，$x_0\in D$. 如果存在 x_0 的一个开邻域 $U\subset D$，使得

(1) $g(x)\geqslant g(x_0)$，$\forall x\in U$ 成立，则称 x_0 为 $g(x)$的一个极小值点，$g(x_0)$为极小值.

(2) $g(x)\leqslant g(x_0)$，$\forall x\in U$ 成立，则称 x_0 为 $g(x)$的一个极大值点，$g(x_0)$为极大值.

引理 19.5.2　如果 $D\subseteq X$ 为一开集，g：$D\to\mathbf{R}$ 在 $x_0\in D$ 处 Fréchet 可微且 $g(x_0)$为极值，则 $g'(x_0)=0$.

证明 不妨设 $g(x_0)$ 为极小值．因为 $g(x_0+h)-g(x_0)=g'(x_0)h+o(\|h\|)$，故存在 $\delta_0>0$，当 $\|h\|<\delta_0$ 时，有 $g'(x_0)h\geqslant 0$．于是 $g'(x_0)=0$．否则有 $h_0\in X$，使得 $\lambda_0=g'(x_0)h_0\neq 0$．令 $h_1=-\dfrac{\delta_0\operatorname{sgn}\lambda_0}{2}\dfrac{h_0}{\|h_0\|}$，则有 $\|h_1\|<\delta_0$，$g'(x_0)h_1=-\dfrac{\delta(\operatorname{sgn}\lambda_0)\lambda_0}{2\|h_0\|}<0$，矛盾．

与泛函相关的极值问题是最优控制理论的核心问题，许多与运动轨道相关的泛函都存在极值，通过已知的物理和力学中有关运动的变分原理，人们可以找到这些运动的实际轨道．研究泛函极值问题产生的相关理论构成了数学的一个重要分支——变分学．在泛函 $g(x)$ 可微条件下，由引理 19.5.2 知，要求 $g(x)$ 的极值，只需找到 $g'(x)=0$ 的所有点再进一步判断即可．满足 $g'(x)=0$ 的点 x 称为泛函 $g(x)$ 的一个临界点．临界点理论是非线性泛函分析的一个重要分支．

命题 19.5.4 设 $D\subseteq X$ 为一凸开集，g：$D\to X$ 在 D 上 Fréchet 可微．则对 $\forall p_1$，$p_2\in D$，存在 $\alpha\in\{tp_1+(1-t)p_2,\ t\in[0,1]\}$，使得

$$\|g(p_2)-g(p_1)\|\leqslant\|g'(\alpha)\|\|p_2-p_1\|.$$

证明 由命题 19.4.3 知，存在 $f\in X^*$，$\|f\|=1$，使得

$$f(g(p_2)-g(p_1))=\|g(p_2)-g(p_1)\|.$$

由性质 19.5.1 与 Lagrange 中值定理知，存在 $t_0\in(a,b)$，使得

$$f(g(p_2))-f(g(p_1))=f([g'(t_0p_2+(1-t_0)p_1)](p_2-p_1)).$$

即
$$f(g(p_2))-f(g(p_1))\leqslant\|g'(t_0p_2+(1-t_0)p_1)\|\|p_2-p_1\|.$$

类似向量函数情形，可以定义高阶 Fréchet 导算子．

定义 19.5.6 设 $(X,\|\cdot\|)$，$(Y,\|\cdot\|)$ 为赋范空间，$U\subseteq X$ 为开子集，$x_0\in U$，$g(x)$：$U\to Y$ 在 x_0 附近有 Fréchet 导算子 $g'(x)$．如果存在线性算子 S：$X\to L(X,Y)$，使得

$$\lim_{h\to 0}\frac{g'(x_0+h)-g'(x_0)-Sh}{\|h\|}=0,$$

则称 $g(x)$ 在 x_0 处二阶 Fréchet 可导，S 称为 $g(x)$ 在 x_0 处的二阶 Fréchet 导算子，记为 $S=g''(x_0)$．

依次类推，可定义 $g(x)$ 在 x_0 处的三阶 Fréchet 导算子 $g'''(x_0)$．

一般地，如果在 x_0 附近存在 $n-1$ 阶 Fréchet 导算子 $g^{(n-1)}(x)$，$g^{(n-1)}(x)$ 在 x_0 处的导算子称为 $g(x)$ 在 x_0 处的 n 阶 Fréchet 导算子，记为 $g^{(n)}(x_0)$．

有下面类似 18 章的结论：

定理 19.5.1 如果 $D\subseteq X$ 为 x_0 的一个凸开领域，$g(x)$：$D\to\mathbf{R}$ 有 $n+1$ 阶 Fréchet 导数，则对任意 $x_0+y\in D$，存在 $\theta\in(0,1)$，使得

$$g(x_0+y)=g(x_0)+g'(x_0)y+\frac{1}{2!}g''(x_0)y^2+\cdots+\frac{1}{n!}g^{(n)}(x_0)y^n+\frac{1}{(n+1)!}g^{(n+1)}(x_0+\theta y)y^{n+1},$$

其中 $g''(x)y^2=(g''(x)y)y$，$g^{(k)}(x)y^k=(\cdots((g^{(k)}(x)y)y)\cdots)y$，表 Fréchet 导算子 $g^{(k)}(x)$ 作用在 y 上共 k 次．

令 $F(t)=g(x_0+ty)$，$t\in[0,1]$，对 F 应用带 Lagrange 余项的 Taylor 公式即可证明．

定理 19.5.2　如果$(X, \|\cdot\|)$，$(Y, \|\cdot\|)$为赋范空间，$D\subseteq X$ 为 x_0 的一个凸开领域，$g(x)$：$D\to Y$ 有 $n+1$ 阶 Fréchet 导数，则对任意 $x_0+y\in D$，存在 $\theta\in(0, 1)$，使得

$$\left\|g(x_0+y)-g(x_0)-g'(x_0)y-\frac{1}{2!}g''(x_0)y^2-\cdots-\frac{1}{n!}g^{(n)}(x_0)y^n\right\|\leqslant\frac{1}{(n+1)!}\|g^{(n+1)}(x_0+\theta y)y^{n+1}\|.$$

证明　由命题 19.4.3 知，存在 $f\in Y^*$，$\|f\|=1$，使得

$$f\left[g(x_0+y)-g(x_0)-g'(x_0)y-\frac{1}{2!}g''(x_0)y^2-\cdots-\frac{1}{n!}g^{(n)}(x_0)y^n\right]$$
$$=\left\|g(x_0+y)-g(x_0)-g'(x_0)y-\frac{1}{2!}g''(x_0)y^2-\cdots-\frac{1}{n!}g^{(n)}(x_0)y^n\right\|.$$

令 $h(x)=f(g(x))$，$x\in D$. 对 $h(x)$应用定理 19.5.1 即可完成证明.

下面令 $C_0^1[a, b]=\{x(t)：[a, b]\to\mathbf{R}$ 连续可微，$x(a)=x(b)=0\}$，在 $C_0^1[a, b]$上定义范数$\|x(\cdot)\|=\max\limits_{t\in[a,b]}\|x'(t)\|$，则 $C_0^1[a, b]$是 Banach 空间.

下面例子考虑 $C_0^1[a, b]$中泛函的微分问题.

例 19.5.3　设$L(x, y, z)$：$\mathbf{R}^3\to\mathbf{R}$ 具有二阶连续偏导，定义泛函 F：$C_0^1[a, b]\to\mathbf{R}$ 如下

$$F(f)=\int_a^b L(t,f(t),f'(t))\mathrm{d}t,\forall f(\cdot)\in C^1[a,b].$$

则有 $(\mathrm{d}g)_f h=F'(f)h=\int_a^b\left[L_y(t,f(t),f'(t))-\frac{\mathrm{d}}{\mathrm{d}t}L_z(t,f(t),f'(t))\right]h(t)\mathrm{d}t.$

证明　因为

$$L(x,y+\Delta y,z+\Delta z)-L(x,y,z)=L_y(x,y+\theta_1\Delta y)\Delta y+L_z(x,y,z+\theta_2\Delta z)\Delta z,\theta_1,\theta_2\in(0,1),$$
$$L_y(x,y+\theta_1\Delta y,z+\Delta z)=L_y(x,y,z)+[L_y(x,y+\theta_1\Delta y,z+\Delta z)-L_y(x,y,z)],$$
$$L_z(x,y,z+\theta_2\Delta z)=L_z(x,y,z)+[L_z(x,y,z+\theta_2\Delta z)-L_z(x,y,z)],$$

令
$$\alpha(x,y,z,\Delta y,\Delta z)=L_y(x,y+\theta_1\Delta y,z+\Delta z)-L_y(x,y,z),$$
$$\beta(x,y,z,\Delta z)=L_z(x,y,z+\theta_2\Delta z)-L_z(x,y,z).$$
$$F(f+h)-F(f)=\int_a^b[L(t,f(t)+h(t),f'(t)+h'(t))-L(t,f(t),f'(t))]\mathrm{d}t,$$

故有
$$\left|F(f+h)-F(f)-\int_a^b[L_y(t,f(t),f'(t))h(t)-L_z(t,f(t),f'(t))h'(t)]\mathrm{d}t\right|$$
$$\leqslant\int_a^b|\alpha(t,f(t),f'(t),h(t),h'(t))h(t)|\mathrm{d}t+\int_a^b|\beta(t,f(t),f'(t),h'(t))h'(t)|\mathrm{d}t.$$

由 L_y，L_z 的连续性知，对于任意 $\varepsilon>0$ 以及给定的$f\in C_0^1[a, b]$，存在 $\delta(\varepsilon)>0$，当$\|h(\cdot)\|<\delta(\varepsilon)$时，有 $|\alpha(t, f(t), f'(t), h(t), h'(t))|<\varepsilon$，$|\beta(t, f(t), f'(t), h'(t))|<\varepsilon$，$t\in[a, b]$. 注意到

$$|h(t)|=\left|\int_a^t h'(s)\mathrm{d}s\right|\leqslant(b-a)\|h\|,t\in[a,b],$$

因此有 $\left|F(f+h)-F(f)-\int_a^b[L_y(t,f(t),f'(t))h(t)-L_z(t,f(t),f'(t))h'(t)]\mathrm{d}t\right|$

$$\leqslant [b-a+1](b-a)\varepsilon\|h\|.$$

由于 $$\int_a^b L_z(t,f(t),f'(t))h'(t)\mathrm{d}t = -\int_a^b \left[\frac{\mathrm{d}}{\mathrm{d}t}L_z(t,f(t),f'(t))\right]h(t)\mathrm{d}t,$$

故有 $$F'(f)h = \int_a^b \left[L_y(t,f(t),f'(t)) - \frac{\mathrm{d}}{\mathrm{d}t}L_z(t,f(t),f'(t))\right]h(t)\mathrm{d}t.$$

习　题

1. 设$(X,\ \|\cdot\|)$为 Banach 空间，$x(t)$：$[a,\ b]\to X$ 可导，$\int_a^b x'(t)\mathrm{d}t$ 存在．证明 $\int_a^b x'(t)\mathrm{d}t = x(b) - x(a)$.

2. 设H为内积空间，f：$H\to\mathbf{R}$ 可导，$x(t)$：$(a,\ b)\to H$ 在 $t_0\in(a,\ b)$处可导．证明 $f(x(t))$在 t_0 处可导，且有 $\left.\dfrac{\mathrm{d}f(x(t))}{\mathrm{d}t}\right|_{t_0} = (f'(x(t_0)),\ x'(t_0))$.

3. 设H为 Hilbert 空间，f：$H\to\mathbf{R}$ 连续可导，$x(t)$：$[t_0,\ t^*)\to H$ 满足下列方程

$$\begin{cases} x'(t) = -f'(x(t)), t\in(t_0,t^*), \\ x(0) = x_0\in H. \end{cases}$$

证明$f(x(t))$为单调减函数.

4. 设H为 Hilbert 空间，f：$H\to\mathbf{R}$ 有下界且连续可导，$x(t)$：$[t_0,\ +\infty)\to H$ 满足下列方程

$$\begin{cases} x'(t) = -f'(x(t)), t\in(t_0, +\infty), \\ x(0) = x_0\in H. \end{cases}$$

证明存在 $t_n\to+\infty$，使得$f'(x(t_n))\to 0$.

5. 在例 19.5.3 中取 $L(x,\ y,\ z) = \sqrt{1+z^2}$，证明方程

$$L_y(t,f(t),f'(t)) - \frac{\mathrm{d}}{\mathrm{d}t}L_z(t,f(t),f'(t)) = 0,\ t\in(a,b)$$

有解$f_0\in C_0^1[a,\ b]$满足 $F(f_0) = \min\limits_{f\in C_0^1[a,b]} F(f)$.

6. 在例 19.5.3 中取 $a=0$，$b=\pi$，$L(x,\ y,\ z) = -y^2+z^2$. 证明方程

$$L_y(t,f(t),f'(t)) - \frac{\mathrm{d}}{\mathrm{d}t}L_z(t,f(t),f'(t)) = 0,\ t\in(0,\pi)$$

有解．这些解是否是 $L(t,\ f(t),\ f'(t))$的极值点?

第 20 章　微分流形上的积分

20.1　n 维微分流形

定义 20.1.1　设 M 是一个 Hausdorff 空间. 如果对任一 $x \in M$, 都存在 x 的一个开邻域 U, 使得 U 同胚于欧式空间 $\mathbf{R}^n$ 的一个开集, 则称 M 是一个 n 维拓扑流形.

设 M 是一个 n 维拓扑流形, 于是对任一 $x \in M$, 都存在 x 的一个开邻域 U, 以及同胚映射 φ_U: $U \to \mathbf{R}^n$, 满足 $\varphi_U(U)$ 是 $\mathbf{R}^n$ 的开集, 则称 (U, φ_U) 为 M 的一个坐标卡.

对于坐标卡 (U, φ_U), 以及任意 $y \in U$, $\varphi(y)^i$ 表 $\varphi(y)$ 在 $\mathbf{R}^n$ 中的第 i 个坐标. 令 $u^i = \varphi(y)^i$, $i=1, 2, \cdots, n$, 称 $u^i(1 \leqslant i \leqslant n)$ 为点 $y \in M$ 的局部坐标.

设 M 是一个 n 维拓扑流形, (U, φ_U), (V, φ_V) 为 M 的两个坐标卡. 如果 $U \cap V \neq \varnothing$, 则 $\varphi_U(U \cap V)$, $\varphi_V(U \cap V)$ 都是 $\mathbf{R}^n$ 的开集, 且 $\varphi_V \circ \varphi_U^{-1}$: $\varphi(U \cap V) \to \varphi_V(U \cap V)$ 是同胚映射, 其逆映射为 $\varphi_U \circ \varphi_V^{-1}$. 进一步, 如果 $\varphi_V \circ \varphi_U^{-1}$, $\varphi_U \circ \varphi_V^{-1}$ 均为无穷可微函数, 指其具有任意阶的连续偏导数, 则称坐标卡 (U, φ_U) 和 (V, φ_V) 是 C^∞ 相容的.

定义 20.1.2　设 M 是一个满足第二可数公理的 Hausdorff 空间, $A = \{(U_i, \varphi_i): i \in I\}$ 为 M 的一个坐标卡集, 且满足以下条件:

(1) $M = \cup_{i \in I} U_i$;

(2) 若 $U_i \cap U_j \neq \varnothing$, 则 (U_i, φ_i) 与 (U_j, φ_j) 是 C^∞ 相容的;

(3) 设 (U, φ_U) 为 M 的任一坐标卡, 如果它与 A 中每一坐标卡都是 C^∞ 相容的, 就有 (U, φ_U) 属于 A

则称 $A = \{(U_i, \varphi_i): i \in I\}$ 是 M 的一个 C^∞ 微分结构, M 是一个 n 维光滑流形.

本书以后提到的流形均假定是光滑流形.

例 20.1.1　$S^1 = \{(x, y): x^2 + y^2 = 1\}$, 则 S^1 是一维光滑流形.

解　令 $U_1 = \{(x, y) \in S^1: y > 0\}$, $\varphi_1(x, y) = x$, $(x, y) \in U_1$;

$U_2 = \{(x, y) \in S^1: y < 0\}$, $\varphi_2(x, y) = x$, $(x, y) \in U_2$;

$U_3 = \{(x, y) \in S^1: x > 0\}$, $\varphi_3(x, y) = y$, $(x, y) \in U_3$;

$U_4 = \{(x, y) \in S^1: x < 0\}$, $\varphi_4(x, y) = y$, $(x, y) \in U_4$.

则有 $S^1 = \cup_{i=1}^4 U_i$. 在 $U_1 \cap U_3$ 上, $y = \sqrt{1-x^2}$, $x = \sqrt{1-y^2}$ 均是无穷可微函数. 于是 (U_1, φ_1) 与 (U_3, φ_3) 是 C^∞ 相容的. 同理可证其余任意两个坐标卡也是 C^∞ 相容的. 因此 S^1 是一光滑流形.

定义 20.1.3 设 M 是一 n 维光滑流形，$f: M\to\mathbf{R}$，$p\in M$，(U, φ) 为包含 p 点的一个容许坐标卡．如果 $f\circ\varphi^{-1}: \varphi^{-1}(U)\to\mathbf{R}$ 是 C^∞ 函数，则称 f 在 p 点处是 C^∞ 的；如果 f 在 M 上处处是 C^∞ 的，则称 f 在 M 上是 C^∞ 的．

注 定义 20.1.3 与包含 p 点的容许坐标卡无关．事实上，若 (V, φ_1) 是包含 p 点的另一容许坐标卡，则有 $f\circ\varphi_1^{-1}=(f\circ\varphi^{-1})(\varphi\circ\varphi_1^{-1})$ 是 C^∞ 的．

我们用 C_p^∞ 表在 p 点的某一开邻域上定义的无穷可微函数全体．

对任意 $f, g\in C_p^\infty$，在 f 与 g 的开邻域的交集上可以定义加法与乘法 $f+g$，fg.

如果存在 p 的开邻域 U，使得 $f(q)=g(q)$，$\forall q\in U$，则 C_p^∞ 中的两个函数 f, g 认为是相等的．

对任一 $f\in C_p^\infty$，记 $[f]$ 表 C_p^∞ 中与 f 相等的函数全体，$F_p=\{[f]: f\in C_p^\infty\}$.

命题 20.1.1 F_p 是实线性空间．

证明 令 $[f]+[g]=[f+g]$，$\forall f, g\in F_p$，$\alpha[f]=\alpha[f]$，$\forall\alpha\in\mathbf{R}$，$[f]\in F_p$. 容易验证 F_p 按上加法与数乘成为线性空间．

设流形 M 上过 p 点的参数曲线 $\gamma: (-\delta, \delta)\to M$ 是 C^∞ 的，$\gamma(0)=p$，记其全体为 Γ_p.

对任一 $\gamma\in\Gamma_p$，$[f]\in F_p$，定义如下配对作用

$$\langle\gamma,[f]\rangle=\left.\frac{\mathrm{d}(f\circ\gamma(t))}{\mathrm{d}t}\right|_{t=0}.$$

由导数的定义即知上式与 $[f]$ 的代表元选取无关．

性质 20.1.1 (1) $\langle\gamma, [f]+[g]\rangle=\langle\gamma, [f]\rangle+\langle\gamma, [g]\rangle$，$[f]$，$[g]\in F_p$；

(2) $\langle\gamma, \alpha[f]\rangle=\alpha\langle\gamma, [f]\rangle$，$\alpha\in\mathbf{R}$，$[f]\in F_p$.

令 $H_p=\{[f]\in F_p: \langle\gamma, f\rangle=0, \ \forall\gamma\in\Gamma_p\}$，则 H_p 是 F_p 的子空间．

定理 20.1.1 设 $[f]\in F_p$，(U, φ) 为包含 p 点的一个容许坐标卡．令

$$F(x^1,x^2,\cdots,x^n)=f\circ\varphi^{-1}(x^1,x^2,\cdots,x^n),\ (x^1,x^2,\cdots,x^n)\in\varphi(U).$$

则 $[f]\in H_p$ 的充要条件是 $\dfrac{\partial F}{\partial x^i}=0$，$1\leqslant i\leqslant n$.

证明 设 $\gamma\in\Gamma_p$ 的局部坐标为 $x^i(t)=(\varphi(\gamma(t)))^i$，$t\in(-\delta, \delta)$，$1\leqslant i\leqslant n$. 于是有

$$\langle\gamma,[f]\rangle=\left.\frac{\mathrm{d}(f\circ\gamma(t))}{\mathrm{d}t}\right|_{t=0}=\left.\frac{\mathrm{d}((f\circ\varphi^{-1})\circ\varphi(\gamma(t)))}{\mathrm{d}t}\right|_{t=0}$$

$$=\left.\sum_{i=1}^n\frac{\partial F}{\partial x^i}\frac{\mathrm{d}x^i(t)}{\mathrm{d}t}\right|_{t=0}.$$

由于可取 γ，使得 $\dfrac{\mathrm{d}x^i(t)}{\mathrm{d}t}$ 为任意实数，因此 $[f]\in H_p$ 的充要条件是 $\dfrac{\partial F}{\partial x^i}=0$.

定义 20.1.4 T_p^* 表商空间 F_p/H_p，称为流形 M 在 p 点处的余切空间．若 $[f]\in F_p$，其 H_p 等价类记为 $[\tilde{f}]\in T_p^*$，称为余切向量，也记为 $(\mathrm{d}f)_p$.

定理 20.1.2 设 $f^1, f^2, \cdots, f^k\in C_p^\infty$，$F(y^1, y^2, \cdots, y^k)$ 在点 $(f^1(p), f^2(p), \cdots, f^k(p))\in\mathbf{R}^k$ 的某一邻域内光滑，则 $f=F(f^1, f^2, \cdots, f^k)\in C_p^\infty$，

且有 $(\mathrm{d}f)_p = \sum_{i=1}^{k}\left(\frac{\partial F}{\partial f^i}\right)_{(f^1(p),f^2(p),\cdots,f^k(p))}(\mathrm{d}f^i)_p$.

证明　设f^i的定义域为$U^i(p)$，　$1\leqslant i\leqslant k$，则$f(q)=F(f^1(q),f^2(q),\cdots,f^k(q))$在$q\in U(p)=\bigcap_{1\leqslant i\leqslant k}U^i(p)$上有意义.

由于 F 光滑，故$f\in C_p^\infty$. 对任意$\gamma\in\Gamma_p$，有

$$\langle\gamma,[f]\rangle=\frac{\mathrm{d}}{\mathrm{d}t}\bigg|_{t=0}(f\circ\gamma)=\frac{\mathrm{d}}{\mathrm{d}t}\bigg|_{t=0}F(f\circ\gamma(t),\cdots,f^k\circ\gamma(t))$$

$$=\sum_{i=1}^{k}\frac{\partial F}{\partial f^i}\frac{\mathrm{d}}{\mathrm{d}t}\bigg|_{t=0}f^i\circ\gamma(t)=\langle\gamma,\sum_{i=1}^{k}\frac{\partial F}{\partial f^i}[f^i]\rangle.$$

于是有 $[f]-\sum_{i=1}^{k}\frac{\partial F}{\partial f^i}[f^i]\in H_p$，即 $(\mathrm{d}f)_p=\sum_{i=1}^{k}\frac{\partial F}{\partial f^i}(\mathrm{d}f^i)_p$.

命题 20.1.2　设f，$g\in C_p^\infty$，$\alpha\in\mathbf{R}$，则有

(1) $\mathrm{d}(f+g)_p=(\mathrm{d}f)_p+(\mathrm{d}g)_p$;

(2) $\mathrm{d}(\alpha f)_p=\alpha(\mathrm{d}f)_p$;

(3) $\mathrm{d}(fg)_p=f(p)(\mathrm{d}g)_p+g(p)(\mathrm{d}f)_p$.

证明细节留给读者练习.

命题 20.1.3　设 M 是 n 维光滑流形，$p\in M$. 则有 $\dim T_p^*=n$. 设 p 点在容许坐标卡(U,φ)下的局部坐标为 $u^i(q)=(\varphi(q))^i$，$1\leqslant i\leqslant n$，则$(\mathrm{d}u^i)_p$，$1\leqslant i\leqslant n$，正好是 T_p^* 的一组基.

证明　设 $(\mathrm{d}f)_p\in T_p^*$. 令

$$F(x^1,x^2,\cdots,x^n)=f\circ\varphi^{-1}(x^1,x^2,\cdots,x^n),(x^1,x^2,\cdots,x^n)\in\varphi(U),$$

于是有$f=F(u^1,u^2,\cdots,u^n)$. 由定理 20.1.2 得 $(\mathrm{d}f)_p=\sum_{i=1}^{k}\frac{\partial F}{\partial u^i}(\mathrm{d}u^i)_p$.

下证 $(\mathrm{d}u^1)_p$，$(\mathrm{d}u^2)_p$，$\cdots$，$(\mathrm{d}u^n)_p$ 线性无关.

设 $\sum_{i=1}^{n}\lambda_i(\mathrm{d}u^i)_p=0,\lambda_i\in\mathbf{R},1\leqslant i\leqslant n$. 则有

$$\langle\gamma,\sum_{i=1}^{n}\lambda_i(\mathrm{d}u^i)_p\rangle=\sum_{i=1}^{n}\lambda_i\frac{\mathrm{d}(u^i\circ\gamma(t))}{\mathrm{d}t}\bigg|_{t=0}=0,\forall\gamma\in\Gamma_p.\qquad(19.1.1)$$

取 $\gamma_k\in\Gamma_p$，$1\leqslant k\leqslant n$，满足 $u^i\circ\gamma_k(t)=\varphi^i(\gamma_k(t))=u^i(p)+\delta_k^it$，$\delta_k^i=\begin{cases}1, & i=k,\\0, & i\neq k.\end{cases}$

式(19.1.1)中分别取 $\gamma=\gamma_k$，得 $\lambda_k=0$，$1\leqslant k\leqslant n$.

因此 $(\mathrm{d}u^i)_p$，$1\leqslant i\leqslant n$ 是 T_p^* 的一组基.

设 γ_1，$\gamma_2\in\Gamma_p$. 如果$\langle\gamma_1,(\mathrm{d}f)_p\rangle=\langle\gamma_2,(\mathrm{d}f)_p\rangle$对任意$(\mathrm{d}f)_p\in T_p^*$ 成立，则把 γ_1，γ_2 认为是相等的. 记$[\gamma]$表 Γ_p 中与 γ 相等的参数曲线全体，$T_p=\{[\gamma]:\gamma\in\Gamma_p\}$，称为 M 在 p 点处的切空间.

规定$\langle[\gamma],(\mathrm{d}f)_p\rangle=\langle\gamma,(\mathrm{d}f)_p\rangle$. 则 T_p 正好是 T_p^* 的对偶空间，T_p 有对偶基$[\gamma_i]$，

$1\leqslant i\leqslant n$，满足$\langle[\gamma_i],(\mathrm{d}u^j)_p\rangle=\delta_i^j$，$1\leqslant i,\ j\leqslant n$，其中$u^j$，$1\leqslant j\leqslant n$是$p$点在容许坐标卡$(U,\varphi)$下的局部坐标，$\delta_i^j=\begin{cases}1, & i=j\\ 0, & i\neq j\end{cases}$.

命题 20.1.4 设M是n维光滑流形，$p\in M$，p点在容许坐标卡$(U,\ \varphi)$下的局部坐标为$u^i(q)=(\varphi(q))^i$，$1\leqslant i\leqslant n$. 则$(\mathrm{d}u^i)_p$，$1\leqslant i\leqslant n$在T_p中的对偶基为$[\gamma_i]=\dfrac{\partial}{\partial u^i}$, $1\leqslant i\leqslant n$，正好是偏导算子.

证明细节留给读者练习.

定义 20.1.5 设f是定义在p点处的C^∞函数，称$(\mathrm{d}f)_p$为f在p点的微分. 若$(\mathrm{d}f)_p=0$，则称p是f的临界点.

定义 20.1.6 记$X=[\gamma]\in T_p$，设$f\in C_p^\infty$，规定$Xf=\langle X,(\mathrm{d}f)_p\rangle$，称$Xf$为$f$沿切向量$X$的方向导数.

命题 20.1.5 设$X\in T_p$，$f,\ g\in C_p^\infty$，$\alpha,\ \beta\in\mathbf{R}$. 则有

(1) $X(\alpha f+\beta g)=\alpha Xf+\beta Xg$；

(2) $X(fg)=f(p)Xg+g(p)Xf$.

习 题

1. 在$\mathbf{R}^1$上构造两个不同的C^∞流形.

2. 开区间是一维流形，证明闭区间不是一维流形.

3. 证明$S^2=\{(x,\ y,\ z):\ x^2+y^2+z^2=1\}$是2维$C^\infty$流形.

4. 设M是一个n维光滑流形，$(U_1,\ \varphi_1)$，$(U_2,\ \varphi_2)$为包含p点的两个容许坐标卡，p点的局部坐标系分别为$x^i=(\varphi_1(q))^i$，$y^i=(\varphi_2(q))^i$，$q\in U_1\cap U_2$，$1\leqslant i\leqslant n$，$f\in C_p^\infty$. 证明

$$\begin{pmatrix}\dfrac{\partial f}{\partial y^1}\\ \vdots\\ \dfrac{\partial f}{\partial y^n}\end{pmatrix}=\begin{pmatrix}\dfrac{\partial x^1}{\partial y^1} & \cdots & \dfrac{\partial x^n}{\partial y^1}\\ \vdots & & \vdots\\ \dfrac{\partial x^1}{\partial y^n} & \cdots & \dfrac{\partial x^n}{\partial y^n}\end{pmatrix}\begin{pmatrix}\dfrac{\partial f}{\partial x^1}\\ \vdots\\ \dfrac{\partial f}{\partial x^n}\end{pmatrix}.$$

5. 设M是一个n维光滑流形，p点在容许坐标卡$(U,\ \varphi)$下的局部坐标系为$x^i=(\varphi_1(q))^i$，$q\in U$，$1\leqslant i\leqslant n$，$(\alpha_1,\ \alpha_2,\ \cdots,\ \alpha_n)\in\mathbf{R}^n$. 证明存在$\gamma\in\Gamma_p$，使得

$$\left.\frac{\mathrm{d}(x^i\circ\gamma)}{\mathrm{d}t}\right|_{t=0}=\alpha_i,i=1,2,\cdots,n.$$

6. 证明命题 20.1.2.

7. 证明命题 20.1.3.

8. 证明命题 20.1.4.

20.2　张量积、外积与外微分形式

设 V_i 为域 F 上 n_i 维向量空间或线性空间，V_i^* 为其对偶空间，$i=1, 2, \cdots, k$. 对任意 $\boldsymbol{v}_i \in V_i$，$i=1, 2, \cdots, k$，定义 $\boldsymbol{v}_1 \otimes \boldsymbol{v}_2 \otimes \cdots \otimes \boldsymbol{v}_k$ 如下：

$\boldsymbol{v}_1 \otimes \boldsymbol{v}_2 \otimes \cdots \otimes \boldsymbol{v}_k(\boldsymbol{f}_1, \boldsymbol{f}_2, \cdots, \boldsymbol{f}_k) = \boldsymbol{f}_1(\boldsymbol{v}_1)\boldsymbol{f}_2(\boldsymbol{v}_2)\cdots\boldsymbol{f}_k(\boldsymbol{v}_k)$，$\forall(\boldsymbol{f}_1, \boldsymbol{f}_2, \cdots, \boldsymbol{f}_k) \in V_1^* \times V_2^* \times \cdots \times V_k^*$.

令 $$V_1 \otimes V_2 \otimes \cdots \otimes V_k = L\{\boldsymbol{v}_1 \otimes \boldsymbol{v}_2 \otimes \cdots \otimes \boldsymbol{v}_k : \boldsymbol{v}_i \in V_i, 1 \leqslant i \leqslant k\},$$
表由 $\{\boldsymbol{v}_1 \otimes \boldsymbol{v}_2 \otimes \cdots \otimes \boldsymbol{v}_k:\ \boldsymbol{v}_i \in V_i,\ 1 \leqslant i \leqslant k\}$ 生成的向量空间，称为 $V_1, V_2, \cdots, V_k$ 的张量积. 同理，对任意 $\boldsymbol{f}_i \in V_i^*$，$i=1, 2, \cdots, k$，定义 $\boldsymbol{f}_1 \otimes \boldsymbol{f}_2 \otimes \cdots \otimes \boldsymbol{f}_k$ 如下：
$$\boldsymbol{f}_1 \otimes \boldsymbol{f}_2 \otimes \cdots \otimes \boldsymbol{f}_k(\boldsymbol{v}_1, \boldsymbol{v}_2, \cdots, \boldsymbol{v}_k) = \boldsymbol{f}_1(\boldsymbol{v}_1)\boldsymbol{f}_2(\boldsymbol{v}_2)\cdots\boldsymbol{f}_k(\boldsymbol{v}_k),\ \forall(\boldsymbol{v}_1, \boldsymbol{v}_2, \cdots, \boldsymbol{v}_k) \in V_1 \times V_2 \times \cdots \times V_k.$$
令 $$V_1^* \otimes V_2^* \otimes \cdots \otimes V_k^* = L\{\boldsymbol{f}_1 \otimes \boldsymbol{f}_2 \otimes \cdots \otimes \boldsymbol{f}_k:\ \boldsymbol{f}_i \in V_i^*,\ 1 \leqslant i \leqslant k\},$$
表由 $\{\boldsymbol{f}_1 \otimes \boldsymbol{f}_2 \otimes \cdots \otimes \boldsymbol{f}_k:\ \boldsymbol{f}_i \in V_i^*,\ 1 \leqslant i \leqslant k\}$ 生成的向量空间，称为 $V_1^*, V_2^*, \cdots, V_k^*$ 的张量积.

容易验证，$V_1^* \otimes V_2^* \otimes \cdots \otimes V_k^*$ 正好是 $V_1 \otimes V_2 \otimes \cdots \otimes V_k$ 的对偶空间，维数 $= \prod_{i=1}^{k} n_i$.

下面考虑 $V_1 = V_2 = \cdots = V_k = V$，$V^*$ 为 V 的对偶空间：

定义 20.2.1　张量积 $V_s^r = \underbrace{V \otimes \cdots \otimes V}_{r个} \otimes \underbrace{V^* \otimes \cdots \otimes V^*}_{s个}$ 的元素称为 (r, s) 型张量，r 是张量的反变阶数，s 是张量的协变阶数. 特别，$V_0^0 = F$，$V_0^1 = V$，$V_1^0 = V^*$，V_0^r 中元素称为 r 阶反变张量，V_s^0 中元素称为 s 阶协变张量，V 中元素称为反变矢量，V^* 中元素称为协变矢量.

以下 S_r 表自然数 $\{1, 2, \cdots, r\}$ 的置换群，即
$$S_r = \{\sigma: \{1, 2, \cdots, r\} \to \{1, 2, \cdots, r\} \text{ 为单一满射}\}.$$
S_r 中元显然是可逆的. S_r 是群指在 S_r 上定义了连个置换 σ，τ 的乘积
$$\sigma \cdot \tau(i) = \sigma(\tau(i)), i \in \{1, 2, \cdots, r\}.$$
容易验证该乘法满足结合律，且有恒等置换 I 满足
$$\sigma \cdot I = I \cdot \sigma = \sigma.$$
于是 S_r 是一个群，称为 r 阶置换群.

容易验证置换与排列一一对应. 一个置换称为奇(偶)置换是指对应的排列为奇(偶)排列.

令 $T^r(V) = V_0^r = \underbrace{V \otimes \cdots \otimes V}_{r个}$，对任一 $\boldsymbol{x} \in T^r(V)$，$\sigma \in S_r$，定义
$$\sigma \boldsymbol{x}(\boldsymbol{f}_1, \boldsymbol{f}_2, \cdots, \boldsymbol{f}_r) = \boldsymbol{x}(\boldsymbol{f}_{\sigma(1)}, \boldsymbol{f}_{\sigma(2)}, \cdots, \boldsymbol{f}_{\sigma(r)}),\ \forall \boldsymbol{f}_i \in V^*, i = 1, 2, \cdots, r.$$
容易验证，当 $\boldsymbol{x} = \boldsymbol{v}_1 \otimes \boldsymbol{v}_2 \otimes \cdots \otimes \boldsymbol{v}_r$ 时，有 $\sigma \boldsymbol{x} = \boldsymbol{v}_{\sigma^{-1}(1)} \otimes \boldsymbol{v}_{\sigma^{-1}(2)} \otimes \cdots \otimes \boldsymbol{v}_{\sigma^{-1}(r)}$.

定义 20.2.2　设 $\boldsymbol{x} \in T^r(V)$. 若 $\sigma \boldsymbol{x} = \boldsymbol{x}$，对 $\forall \sigma \in S_r$ 成立，则称 $\boldsymbol{x}$ 是对称的 r 阶反变张量；若 $\sigma \boldsymbol{x} = \operatorname{sgn}\sigma \cdot \boldsymbol{x}$，对 $\forall \sigma \in S_r$ 成立，则称 $\boldsymbol{x}$ 是反对称的 r 阶反变张量，其中当 σ 为偶置换时，$\operatorname{sgn}\sigma = 1$，奇置换时，$\operatorname{sgn}\sigma = -1$.

以下令 $\Lambda^r(V)$ 表反对称的 r 阶反变张量组成的集合.

定义 20.2.3 对任意 $\boldsymbol{x}\in T^r(V)$，规定

$$A_r(\boldsymbol{x}) = \frac{1}{r!}\sum_{\sigma\in S_r}\operatorname{sgn}\sigma\cdot\sigma\boldsymbol{x}. \tag{20.2.1}$$

我们称 A_r 为 r 阶反对称化算子. 易证 $A_r(\Lambda^r(V))=\Lambda^r(V)$.

命题 20.2.1 $\Lambda^r(V)=A_r(T^r(V))$.

证明 对任意 $\tau\in S_r$，有

$$\begin{aligned}\tau(A_r(\boldsymbol{x})) &= \frac{1}{r!}\sum_{\sigma\in S_r}\operatorname{sgn}\sigma\cdot\tau(\sigma(\boldsymbol{x})) = \frac{1}{r!}\operatorname{sgn}\tau\cdot\sum_{\sigma\in S_r}\operatorname{sgn}(\tau\circ\sigma)\cdot\tau(\sigma(\boldsymbol{x}))\\ &=\operatorname{sgn}\tau\cdot A_r(\boldsymbol{x}).\end{aligned}$$

于是有 $A_r(T^r(V))\subseteq\Lambda^r(V)$. 由定义 20.2.2 知 $\Lambda^r(V)=A_r(T^r(V))$.

反对称的 r 阶反变张量也称为外 r 次矢量，$\Lambda^r(V)$ 称为 V 上的外 r 次矢量空间.

约定 $\Lambda^1(V)=V$, $\Lambda^0(V)=F$.

反对称化算子有一个非常重要的特征是，可以用来定义外矢量的外积运算.

定义 20.2.4 设 $\boldsymbol{\xi}$ 是外 i 次矢量，$\boldsymbol{\eta}$ 是外 j 次矢量. 规定

$$\boldsymbol{\xi}\wedge\boldsymbol{\eta} = \frac{(i+j)!}{i!j!}A_{i+j}(\boldsymbol{\xi}\otimes\boldsymbol{\eta}),$$

称为外矢量 $\boldsymbol{\xi}$ 与 $\boldsymbol{\eta}$ 的外积.

定理 20.2.1 设 $\boldsymbol{\xi}$, $\boldsymbol{\xi}_1$, $\boldsymbol{\xi}_2\in\Lambda^i(V)$, $\boldsymbol{\eta}$, $\boldsymbol{\eta}_1$, $\boldsymbol{\eta}_2\in\Lambda^j(V)$, $\boldsymbol{\gamma}\in\Lambda^k(V)$. 则有下列性质:

(1) $(\boldsymbol{\xi}_1+\boldsymbol{\xi}_2)\wedge\boldsymbol{\eta}=\boldsymbol{\xi}_1\wedge\boldsymbol{\eta}+\boldsymbol{\xi}_2\wedge\boldsymbol{\eta}$, $\boldsymbol{\xi}\wedge(\boldsymbol{\eta}_1+\boldsymbol{\eta}_2)=\boldsymbol{\xi}\wedge\boldsymbol{\eta}_1+\boldsymbol{\xi}\wedge\boldsymbol{\eta}_2$;

(2) $\boldsymbol{\xi}\wedge\boldsymbol{\eta}=(-1)^{ij}\boldsymbol{\eta}\wedge\boldsymbol{\xi}$;

(3) $(\boldsymbol{\xi}\wedge\boldsymbol{\eta})\wedge\boldsymbol{\gamma}=\boldsymbol{\xi}\wedge(\boldsymbol{\eta}\wedge\boldsymbol{\gamma})$.

证明 只证明(2)与(3)，(1)留给读者练习.

(2) 对任意 $\tau\in S_{i+j}$，有 $\tau(\boldsymbol{\xi}\wedge\boldsymbol{\eta})=\operatorname{sgn}\tau\cdot\tau(\boldsymbol{\xi}\wedge\boldsymbol{\eta})$.

令 $\tau=\begin{pmatrix}1 & \cdots & i & i+1 & \cdots & i+j\\ j+1 & \cdots & i+j & 1 & \cdots & j\end{pmatrix}$，则有 $\operatorname{sgn}\tau=(-1)^{ij}$.

$$\begin{aligned}\boldsymbol{\xi}\wedge\boldsymbol{\eta}(\boldsymbol{f}_1,\cdots,\boldsymbol{f}_{i+j}) &= (-1)^{ij}\boldsymbol{\xi}\wedge\boldsymbol{\eta}(\boldsymbol{f}_{\tau(1)},\cdots,\boldsymbol{f}_{\tau(i+j)})\\ &=\frac{(-1)^{ij}}{i!j!}\sum_{\sigma\in S_{i+j}}\operatorname{sgn}\sigma\cdot\boldsymbol{\xi}(\boldsymbol{f}_{\sigma\circ\tau(1)},\cdots,\boldsymbol{f}_{\sigma\circ\tau(i)})\cdot\boldsymbol{\eta}(\boldsymbol{f}_{\sigma\circ\tau(i+1)},\cdots,\boldsymbol{f}_{\sigma\circ\tau(i+j)})\\ &=\frac{(-1)^{ij}}{i!j!}\sum_{\sigma\in S_{i+j}}\operatorname{sgn}\sigma\cdot\boldsymbol{\eta}(\boldsymbol{f}_{\sigma(1)},\cdots,\boldsymbol{f}_{\sigma(j)})\cdot\boldsymbol{\xi}(\boldsymbol{f}_{\sigma(j+1)},\cdots,\boldsymbol{f}_{\sigma(i+j)})\\ &=(-1)^{ij}\boldsymbol{\eta}\wedge\boldsymbol{\xi}(\boldsymbol{f}_1,\cdots,\boldsymbol{f}_{i+j}),\ \forall\boldsymbol{f}_s\in V^*,\ s=1,2,\cdots,i+j.\end{aligned}$$

(3) $\forall\boldsymbol{f}_s\in V^*$, $s=1, 2, \cdots, i+j+k$，有

$$(\boldsymbol{\xi}\wedge\boldsymbol{\eta})\wedge\boldsymbol{\gamma}(f_1,\cdots,f_{i+j+k})=\frac{1}{(i+j)!}\frac{1}{k!}\sum_{\sigma\in S_{i+j+k}}\operatorname{sgn}\sigma\cdot(\boldsymbol{\xi}\wedge\boldsymbol{\eta})(f_{\sigma(1)},\cdots,f_{\sigma(i+j)})\cdot\boldsymbol{\gamma}(f_{\sigma(i+j+1)},\cdots,f_{\sigma(i+j+k)})$$

$$=\frac{1}{(i+j)!k!}\sum_{\sigma\in S_{i+j+k}}\operatorname{sgn}\sigma\cdot\left[\frac{1}{i!j!}\sum_{\tau\in S_{i+j}}\boldsymbol{\xi}(f_{\sigma\cdot\tau(1)},\cdots,f_{\sigma\cdot\tau(i)})\cdot\boldsymbol{\eta}(f_{\sigma\cdot\tau(i+1)},\cdots,f_{\sigma\cdot\tau(i+j)})\right]\cdot\boldsymbol{\gamma}(f_{\sigma(i+j+1)},\cdots,f_{\sigma(i+j+k)})$$

$$=\frac{1}{(i+j)!i!j!k!}\sum_{\tau\in S_{i+j}}\operatorname{sgn}\tau\sum_{\sigma\in S_{i+j+k}}\operatorname{sgn}\sigma\cdot\boldsymbol{\xi}(f_{\sigma\cdot\tau(1)},\cdots,f_{\sigma\cdot\tau(i)})\cdot\boldsymbol{\eta}(f_{\sigma\cdot\tau(i+1)},\cdots,f_{\sigma\cdot\tau(i+j)})\cdot\boldsymbol{\gamma}(f_{\sigma(i+j+1)},\cdots,f_{\sigma(i+j+k)})$$

$$=\frac{1}{(i+j)!i!j!k!}\sum_{\tau\in S_{i+j}}\sum_{\sigma\in S_{i+j+k}}\operatorname{sgn}(\sigma\cdot\tau)\cdot\boldsymbol{\xi}(f_{\sigma\cdot\tau(1)},\cdots,f_{\sigma\cdot\tau(i)})\cdot\eta(f_{\sigma\cdot\tau(i+1)},\cdots,f_{\sigma\cdot\tau(i+j)})\cdot\boldsymbol{\gamma}(f_{\sigma(i+j+1)},\cdots,f_{\sigma(i+j+k)})$$

$$=\frac{1}{(i+j)!}\frac{(i+j+k)!}{i!j!k!}\sum_{\tau\in S_{(i+j)}}A_{i+j+k}(\boldsymbol{\xi}\otimes\boldsymbol{\eta}\otimes\boldsymbol{\gamma})$$

$$=\frac{(i+j+k)!}{i!j!k!}A_{i+j+k}(\boldsymbol{\xi}\otimes\boldsymbol{\eta}\otimes\boldsymbol{\gamma}).$$

同理可得 $\boldsymbol{\xi}\wedge(\boldsymbol{\eta}\wedge\boldsymbol{\gamma})=\dfrac{(i+j+k)!}{i!\ j!\ k!}A_{i+j+k}(\boldsymbol{\xi}\otimes\boldsymbol{\eta}\otimes\boldsymbol{\gamma})$.

因此结论(3)成立.

注　证明中 $\tau\in S_{i+j}$ 看作 S_{i+j+k} 中 τ 保持 $\tau(i+j+l)=i+j+l$，$l=1$，2，$\cdots$，k 不变.

推论 20.2.1　设 $\boldsymbol{\xi}$，$\boldsymbol{\eta}\in\Lambda^1(V)$. 则有 $\boldsymbol{\xi}\wedge\boldsymbol{\eta}=-\boldsymbol{\eta}\wedge\boldsymbol{\xi}$，$\boldsymbol{\xi}\wedge\boldsymbol{\xi}=0$.

任取 V 的一组基 $\{\boldsymbol{e}_1, \boldsymbol{e}_2, \cdots, \boldsymbol{e}_n\}$，考察 $\boldsymbol{e}_{i_1}\wedge\boldsymbol{e}_{i_2}\wedge\cdots\wedge\boldsymbol{e}_{i_r}$，由定理 20.2.1 以及推论 20.2.1 知，只有 $r\leqslant n$，且 i_j，i_k 互不相等时，才有 $\boldsymbol{e}_{i_1}\wedge\boldsymbol{e}_{i_2}\wedge\cdots\wedge\boldsymbol{e}_{i_r}\neq 0$. 于是不妨设 $i_1<i_2<\cdots<i_r\leqslant n$.

$$\boldsymbol{e}_{i_1}\wedge\boldsymbol{e}_{i_2}\wedge\cdots\wedge\boldsymbol{e}_{i_r}(f_1,f_2,\cdots,f_r)=\sum_{\sigma\in S_r}\operatorname{sgn}\sigma\langle\boldsymbol{e}_{i_1},f_{\sigma(1)}\rangle\cdots\langle\boldsymbol{e}_{i_r},f_{\sigma(r)}\rangle$$

$$=\det\begin{pmatrix}\langle\boldsymbol{e}_{i_1},f_1\rangle & \langle\boldsymbol{e}_{i_1},f_2\rangle & \cdots & \langle\boldsymbol{e}_{i_1},f_r\rangle\\ \langle\boldsymbol{e}_{i_2},f_1\rangle & \langle\boldsymbol{e}_{i_2},f_2\rangle & \cdots & \langle\boldsymbol{e}_{i_2},f_r\rangle\\ \vdots & \vdots & & \vdots\\ \langle\boldsymbol{e}_{i_r},f_1\rangle & \langle\boldsymbol{e}_{i_r},f_2\rangle & \cdots & \langle\boldsymbol{e}_{i_r},f_r\rangle\end{pmatrix}. \tag{20.2.2}$$

由式(20.2.2)以及推论 20.2.1 可得，$\dim(\Lambda^r(V))=\mathrm{C}_n^r$.

现在回头讨论当线性空间是 n 维光滑流形 M 在 p 点的切空间 T_p 与余切空间 T_p^* 的情形.

M 在 p 点有$(r,\ s)$型张量空间

$$T_s^r(p)=\underbrace{T_p\otimes\cdots\otimes T_p}_{r个}\otimes\underbrace{T_p^*\otimes\cdots\otimes T_p^*}_{s个}.$$

M 上的 r 次外形式丛 $\Lambda^r(M^*)=\bigcup_{p\in M}\Lambda^r(T_p^*)$，流形 M 上的 r 次外微分形式就是光滑的反对称 r 阶协变张量，记其全体为 $A^r(M)$. $A(M)=\sum_{r=0}^{n}A^r(M)$，任一 $\omega\in A(M)$ 称为 M 上的外微分形式，可表为 $\omega=\omega^0+\omega^1+\cdots+\omega^n$，其中 ω^i 为 i 次外微分形式，ω^0 为 M 上 C^∞ 函数.

定义 20.2.5　设 ω_1，$\omega_2\in A(M)$. 规定

$$\omega_1\wedge\omega_2(p)=\omega_1(p)\wedge\omega_2(p),\ \forall p\in M,$$

称为外微分形式 ω_1 与 ω_2 的外积.

容易知道 $\wedge$：$A^r(M)\times A^s(M)\to A^{r+s}(M)$. 规定 $r+s>n$ 时，$A^{r+s}(M)=\{0\}$.

在局部坐标 u_1，u_2，…，u_n 下，r 次外微分形式 ω 限制在坐标域 U 上可表为

$$\omega_U=\sum_{j_1j_2\cdots j_r}a^{j_1j_2\cdots j_n}du_{j_1}\wedge du_{j_2}\wedge\cdots\wedge du_{j_r},$$

其中 $a^{j_1j_2\cdots j_r}$ 为 U 上光滑函数.

在外微分形式空间 $A(M)$ 上可以定义所谓的外微分运算 d. 下面定理证明了外微分运算 d 的存在性.

定理 20.2.2 如果 M 是 n 维光滑流形，则存在映射 d：$A(M)\to A(M)$，使得 $d(A^r(M))\subset A^{r+1}(M)$，且满足下列结论：

(1) $d(\omega_1+\omega_2)=d\omega_1+d\omega_2$，$\forall\,\omega_1$，$\omega_2\in A(M)$；

(2) 若 ω_1 是 r 次外微分形式，则有

$$d(\omega_1\wedge\omega_2)=d\omega_1\wedge\omega_2+(-1)^r\omega_1\wedge d\omega_2;$$

(3) 若 f 是 M 上光滑函数，即 $f\in A^0(M)$，则 df 恰好是 f 的微分；

(4) 若 $f\in A^0(M)$，则有 $d(df)=0$.

证明 对给定坐标域 U，r 次外微分形式 ω 限制在坐标域 U 上可表为

$$\omega_U=\sum_{j_1j_2\cdots j_r}a^{j_1j_2\cdots j_r}du_{j_1}\wedge du_{j_2}\wedge\cdots\wedge du_{j_r}.$$

定义

$$d(\omega_U)=\sum_{j_1j_2\cdots j_r}\mathrm{d}a^{j_1j_2\cdots j_r}\wedge du_{j_1}\wedge du_{j_2}\wedge\cdots\wedge du_{j_r}.\tag{20.2.3}$$

式(20.2.3)中 $\mathrm{d}a^{j_1j_2\cdots j_r}$ 表通常意义下函数的微分. 显然 $d(\omega_U)$ 是 U 上 $r+1$ 次外微分形式，且满足(1)和(3).

设 f 是 M 上光滑函数. 则在 U 上有 $df=\sum\limits_{i=1}^{n}\dfrac{\partial f}{\partial u_i}du_i$. 于是有

$$d(df)=\sum_{j=1}^{n}\sum_{i=1}^{n}\frac{\partial^2 f}{\partial u_i\,\partial u_j}du_j\wedge du_i.$$

又 f 是 C^∞ 的，高阶偏导数与次序无关，故有

$$\frac{\partial^2 f}{\partial u_i\,\partial u_j}du_j\wedge du_i=-\frac{\partial^2 f}{\partial u_j\,\partial u_i}du_i\wedge du_j.$$

从而有 $d(df)=0$，结论(4)成立.

要证明(2)，由式(20.2.3)知，只需证明当 $\omega_1=adu_{i_1}\wedge\cdots\wedge du_{i_r}$，$\omega_2=bdu_{j_1}\wedge\cdots\wedge du_{j_s}$ 时，结论(2)成立.

由式(20.2.3)有

$$\begin{aligned}d(\omega_1\wedge\omega_2)&=(bda+adb)\wedge du_{i_1}\wedge\cdots\wedge du_{i_r}\wedge du_{j_1}\wedge\cdots\wedge du_{j_s}\\&=(da\wedge du_{i_1}\wedge\cdots\wedge du_{i_r})\wedge(bdu_{j_1}\wedge\cdots\wedge du_{j_s})\\&\quad+(-1)^r(adu_{i_1}\wedge\cdots\wedge du_{i_r})\wedge(db\wedge du_{j_1}\wedge\cdots\wedge du_{j_s})\\&=d\omega_1\wedge\omega_2+(-1)^r\omega_1\wedge d\omega_2.\end{aligned}$$

因此结论(2)成立.

例 20.2.1　设 $\omega = P(x, y)\mathrm{d}x + Q(x, y)\mathrm{d}y$ 为 $\mathbf{R}^2$ 中 1 次外微分形式. 求 $\mathrm{d}\omega$.

解　
$$\begin{aligned}\mathrm{d}\omega &= \mathrm{d}P\wedge\mathrm{d}x + \mathrm{d}Q\wedge\mathrm{d}y\\ &= (P_x\mathrm{d}x + P_y\mathrm{d}y)\wedge\mathrm{d}x + (Q_x\mathrm{d}x + Q_y\mathrm{d}y)\wedge\mathrm{d}y\\ &= P_y\mathrm{d}y\wedge\mathrm{d}x + Q_x\mathrm{d}x\wedge\mathrm{d}y = (Q_x - P_y)\mathrm{d}x\wedge\mathrm{d}y.\end{aligned}$$

例 20.2.2　设 $\omega = P(x, y, z)\mathrm{d}x + Q(x, y, z)\mathrm{d}y + R(x, y, z)\mathrm{d}z$ 为 $\mathbf{R}^3$ 中 1 次外微分形式, 求 $\mathrm{d}\omega$.

解　$\mathrm{d}P = P_x\mathrm{d}x + P_y\mathrm{d}y + P_z\mathrm{d}z$, $\mathrm{d}Q = Q_x\mathrm{d}x + Q_y\mathrm{d}y + Q_z\mathrm{d}z$, $\mathrm{d}R = R_x\mathrm{d}x + R_y\mathrm{d}y + R_z\mathrm{d}z$. 于是

$$\begin{aligned}\mathrm{d}\omega &= \mathrm{d}P\wedge\mathrm{d}x + \mathrm{d}Q\wedge\mathrm{d}y + \mathrm{d}R\wedge\mathrm{d}z\\ &= P_y\mathrm{d}y\wedge\mathrm{d}x + P_z\mathrm{d}z\wedge\mathrm{d}x + Q_x\mathrm{d}x\wedge\mathrm{d}y + Q_z\mathrm{d}z\wedge\mathrm{d}y + R_x\mathrm{d}x\wedge\mathrm{d}z + R_y\mathrm{d}y\wedge\mathrm{d}z\\ &= (Q_x - P_y)\mathrm{d}x\wedge\mathrm{d}y + (R_y - Q_z)\mathrm{d}y\wedge\mathrm{d}z + (P_z - R_x)\mathrm{d}z\wedge\mathrm{d}x.\end{aligned}$$

例 20.2.3　设 $\omega = P(x, y, z)\mathrm{d}y\wedge\mathrm{d}z + Q(x, y, z)\mathrm{d}z\wedge\mathrm{d}x + R(x, y, z)\mathrm{d}x\wedge\mathrm{d}y$ 为 $\mathbf{R}^3$ 中 2 次外微分形式. 求 $\mathrm{d}\omega$.

解　$\mathrm{d}P = P_x\mathrm{d}x + P_y\mathrm{d}y + P_z\mathrm{d}z$, $\mathrm{d}Q = Q_x\mathrm{d}x + Q_y\mathrm{d}y + Q_z\mathrm{d}z$, $\mathrm{d}R = R_x\mathrm{d}x + R_y\mathrm{d}y + R_z\mathrm{d}z$. 于是有

$$\begin{aligned}\mathrm{d}\omega &= P_x\mathrm{d}x\wedge\mathrm{d}y\wedge\mathrm{d}z + Q_y\mathrm{d}y\wedge\mathrm{d}z\wedge\mathrm{d}x + R_z\mathrm{d}z\wedge\mathrm{d}x\wedge\mathrm{d}y\\ &= (P_x + Q_y + R_z)\mathrm{d}x\wedge\mathrm{d}y\wedge\mathrm{d}z.\end{aligned}$$

定理 20.2.3(Poincare 引理)　$\mathrm{d}(\mathrm{d}\omega) = 0$, $\forall\,\omega\in A(M)$.

证明　由定理(20.2.2)中结论(1), 设 $\omega = a\mathrm{d}u_{i_1}\wedge\cdots\wedge\mathrm{d}u_{i_r}$. 故有

$$\mathrm{d}\omega = \mathrm{d}a\wedge\mathrm{d}u_{i_1}\wedge\cdots\wedge\mathrm{d}u_{i_r}.$$

再由定理 20.2.2 中(2)与(4)可得

$$\mathrm{d}(\mathrm{d}\omega) = \mathrm{d}(\mathrm{d}a)\wedge\mathrm{d}u_{i_1}\wedge\cdots\wedge\mathrm{d}u_{i_r} - \mathrm{d}a\wedge\mathrm{d}(\mathrm{d}u_{i_1})\wedge\cdots\wedge\mathrm{d}u_{i_r} + \cdots = 0.$$

习　题

1. 设 $P^r(V)$ 表全体对称的 r 阶反变张量组成的集合,证明 $P_r(\boldsymbol{x}) = \dfrac{1}{r!}\sum\limits_{\sigma\in S_r}\sigma\boldsymbol{x}$. 证明

$$P^r(V) = P_r(T^r(V))$$

2. 设 V 为域 F 上的 n 维向量空间, $\{\boldsymbol{e}_1, \boldsymbol{e}_2, \cdots, \boldsymbol{e}_n\}$ 为 V 的一组基, $\{\boldsymbol{e}_1^*, \boldsymbol{e}_2^*, \cdots, \boldsymbol{e}_n^*\}$ 为 V^* 的一组基, 满足

$$\boldsymbol{e}_i^*(\boldsymbol{e}_j) = \begin{cases}1, i = j,\\ 0, i\neq j.\end{cases}, \ i, j = 1, 2, \cdots, n.$$

求 $\boldsymbol{e}_2\wedge\boldsymbol{e}_3\wedge\cdots\wedge\boldsymbol{e}_n\wedge\boldsymbol{e}_1(\boldsymbol{e}_1^*, \boldsymbol{e}_2^*, \cdots, \boldsymbol{e}_n^*)$.

3. 设 V 为域 F 上的 n 维向量空间, $\boldsymbol{v}_1, \boldsymbol{v}_2, \cdots, \boldsymbol{v}_s\in V$. 证明 $\boldsymbol{v}_1, \boldsymbol{v}_2, \cdots, \boldsymbol{v}_s\in V$ 线性相关的充要条件是 $\boldsymbol{v}_1\wedge\boldsymbol{v}_2\wedge\cdots\wedge\boldsymbol{v}_s = 0$.

4. 设 V 为域 F 上的 n 维向量空间，$\boldsymbol{v}_1, \boldsymbol{v}_2, \cdots, \boldsymbol{v}_s \in V$，$\boldsymbol{w}_1, \boldsymbol{w}_2, \cdots, \boldsymbol{w}_s \in V$，使得

$$\sum_{i=1}^{s} \boldsymbol{v}_i \wedge \boldsymbol{w}_i = 0.$$

再假设 $\boldsymbol{v}_1, \boldsymbol{v}_2, \cdots, \boldsymbol{v}_s$ 线性无关，证明向量组 $\boldsymbol{w}_1, \boldsymbol{w}_2, \cdots, \boldsymbol{w}_s$ 可由向量组 $\boldsymbol{v}_1, \boldsymbol{v}_2, \cdots, \boldsymbol{v}_s$ 线性表示，即 $\boldsymbol{w}_i = \sum_{j=1}^{n} a_{ij}\boldsymbol{v}_j, 1 \leqslant i \leqslant s$，且有 $\boldsymbol{A}^{\mathrm{T}} = \boldsymbol{A}$，其中 $\boldsymbol{A} = (a_{ij})$.

5. 设 $\boldsymbol{\xi}_i$ 为 r_i 次外矢量，$1 \leqslant i \leqslant s$. 证明

$$\boldsymbol{\xi}_1 \wedge \boldsymbol{\xi}_2 \wedge \cdots \wedge \boldsymbol{\xi}_s = \frac{(r_1 + r_2 + \cdots + r_s)}{r_1!r_2!\cdots r_s!} A_{r_1+r_2+\cdots+r_s}(\boldsymbol{\xi}_1 \otimes \boldsymbol{\xi}_2 \otimes \cdots \otimes \boldsymbol{\xi}_s).$$

6. 设 V，W 为域 F 上的向量空间，f: $V \to W$ 为线性映射．令 f^*：$\Lambda^r(W^*) \to \Lambda^r(V^*)$ 如下

$$f^*\varphi(\boldsymbol{v}_1, \boldsymbol{v}_2, \cdots, \boldsymbol{v}_r) = \varphi(f(\boldsymbol{v}_1), f(\boldsymbol{v}_2), \cdots, f(\boldsymbol{v}_r)), \varphi \in \Lambda^r(W^*), \boldsymbol{v}_i \in V, 1 \leqslant i \leqslant r$$

证明 $f^*(\varphi \wedge \omega) = f^*(\varphi) \wedge f^*(\omega)$，$\forall \varphi \in \Lambda^s(W^*)$，$\omega \in \Lambda^t(W^*)$.

7. 设 $\omega_1 = -yz\mathrm{d}x + x^2z^2\mathrm{d}y + \mathrm{e}^{x+y+z}\mathrm{d}z$，$\omega_2 = \sin(x+y)\mathrm{d}x - (x - z + 2)\mathrm{d}y + \mathrm{d}z$ 为 $\mathbf{R}^3$ 中一次外微分形式．求 $\mathrm{d}\omega_1 \wedge \omega_2$.

8. 设 M 是 n 维光滑流形，$p \in M$，在 p 点的容许坐标卡(U, φ)下，$(\mathrm{d}u^i)_p$，$1 \leqslant i \leqslant n$ 是 T_p^* 的一组基，$[\gamma_i] = \dfrac{\partial}{\partial u^i}$，$1 \leqslant i \leqslant n$，是 T_p 的一组基，$X_i = \sum_{j=1}^{n} a_{ij} \dfrac{\partial}{\partial u_j}, i = 1, 2, \cdots, s$. 求

$$\mathrm{d}u^{t_1} \wedge \mathrm{d}u^{t_2} \wedge \cdots \wedge \mathrm{d}u^{t_s}(X_1, X_2, \cdots, X_s), t_1 < t_2 < \cdots < t_s.$$

20.3　n 维光滑流形上的积分与 Stokes 公式

定义 20.3.1　n 维光滑流形称为可定向的：如果存在 M 上的一个连续且处处不为零的 n 次外微分形式．

定义 20.3.2　设 f: $M \to \mathbf{R}$. 称 $\operatorname{supp} f = \overline{\{p \in M: f(p) \neq 0\}}$ 为函数 f 的支撑集．

定理 20.3.1　如果 M 为满足第二可数公理的 n 维光滑流形，$\{U_i: i \in I\}$ 为 M 的一个开覆盖，则存在 M 上的一簇光滑函数 $\{\lambda_j: j \in J\}$，满足以下条件：

(1) $0 \leqslant \lambda_j \leqslant 1$，$\operatorname{supp}\lambda_j$ 是紧集，且存在 U_{i_j}，使得 $\operatorname{supp}\lambda_j \subset U_{i_j}$；

(2)对任一 $p \in M$，存在 p 的邻域 V_p，使得 V_p 至多与有限个 $\operatorname{supp}\lambda_j$ 相交；

(3) $\sum_{j \in J} \lambda_j = 1$.

注　定理 20.3.1 证明见参考文献[3]．我们把定理 20.3.1 中的光滑函数簇 $\{\lambda_j: j \in J\}$ 称为附属于开覆盖 $\{U_i: i \in I\}$ 的单位分解．

设 M 为满足第二可数公理的 n 维光滑流形，φ 是 M 上的 n 次外微分形式，且 $\operatorname{supp}\varphi$ 是紧集．$\{(U_i, \varphi_i): i \in I\}$ 是 M 的一个定向相符的坐标卡，$\{\lambda_j: j \in J\}$ 是附属于 $\{U_i: i \in I\}$ 的单位分解，则有 $\varphi = \sum_{j \in J} \lambda_j \cdot \varphi$.

显然有 supp $\lambda_j \cdot \varphi \subset \text{supp}\ \lambda_j \subset U_{i_j}$对某一 $i_j \in I$ 成立．于是可规定

$$\int_M \lambda_j \cdot \varphi = \int_{U_{i_j}} \lambda_j \cdot \varphi, \tag{20.3.1}$$

式(20.3.1)右端理解为通常的 n 重积分，即假设 $\lambda_j \cdot \varphi$ 在关于 U_{i_j}中的坐标系 x_1，x_2，⋯，x_n 下的表示为 $f(x_1, x_2, \cdots, x_n)\mathrm{d}x_1 \wedge \mathrm{d}x_2 \wedge \cdots \wedge \mathrm{d}x_n$. 则有

$$\int_{U_{i_j}} \lambda_j \cdot \varphi = \int_{\varphi_{i_j}(U_{i_j})} f(x_1, x_2, \cdots, x_n)\mathrm{d}x_1\mathrm{d}x_2\cdots\mathrm{d}x_n.$$

以下简记为 $\int_{U_{i_j}} \lambda_j \cdot \varphi = \int_{U_{i_j}} f(x_1, x_2, \cdots, x_n)\mathrm{d}x_1\mathrm{d}x_2\cdots\mathrm{d}x_n$.

命题 20.3.1　式(20.3.1)右端与坐标卡 U_{i_j}的选取无关．

证明　设 supp $\lambda_j \cdot \varphi \subset U_{i_j}$，supp $\lambda_j \cdot \varphi \subset U_{k_j}$，且它们的定向相符的局部坐标分别为 x^i 和 y^i，则坐标变换的 Jacobi 行列式

$$J = \det \frac{\partial(y_1, y_2, \cdots, y_n)}{\partial(x_1, x_2, \cdots, x_n)} > 0,$$

其中 $\dfrac{\partial(y_1, y_2, \cdots, y_n)}{\partial(x_1, x_2, \cdots, x_n)} = \left(\dfrac{\partial y_i}{\partial x_j}\right)_{n\times n}, i, j = 1, 2, \cdots, n.$

假设 $\lambda_j \cdot \varphi$ 在 U_{i_j}与 U_{k_j}中的表示分别为

$$\lambda_j \cdot \varphi = f(x_1, \cdots, x_n)\mathrm{d}x_1 \wedge \cdots \wedge \mathrm{d}x_n = g(y_1, \cdots, y_n)\mathrm{d}y_1 \wedge \cdots \wedge \mathrm{d}y_n.$$

则由于 $f = g \cdot J$，supp $\lambda_j \cdot \varphi \subset U_{i_j} \cap U_{k_j}$，故有

$$\begin{aligned}\int_{U_{i_j}\cap U_{k_j}} g(y_1, \cdots, y_n)\mathrm{d}y_1\cdots\mathrm{d}y_n &= \int_{U_{i_j}\cap U_{k_j}} g \cdot J\mathrm{d}x_1\cdots\mathrm{d}x_n \\ &= \int_{U_{i_j}\cap U_{k_j}} f(x_1, x_2, \cdots, x_n)\mathrm{d}x_1\mathrm{d}x_2\cdots\mathrm{d}x_n.\end{aligned}$$

从而有 $\int_{U_{i_j}} \lambda_j \cdot \varphi = \int_{U_{k_j}} \lambda_j \cdot \varphi$.

我们规定

$$\int_M \varphi = \sum_{j\in J} \int_M \lambda_j \cdot \varphi \tag{20.3.2}$$

下面说明式(20.3.2)与 $\{\lambda_j:\ j \in J\}$ 无关．

设 $\{\lambda_k^1:\ k \in K\}$ 是附属于 $\{U_i:\ i \in I\}$ 的另一个单位分解．则有

$$\begin{aligned}\sum_{k\in K} \int_M \lambda_k^1 \cdot \varphi &= \sum_{k\in K} \sum_{j\in J} \int_M \lambda_j \cdot \lambda_k^1 \cdot \varphi \\ &= \sum_{j\in J} \int_M \sum_{k\in K} \lambda_j \cdot \lambda_k^1 \cdot \varphi = \sum_{j\in J} \int_M \lambda_j \cdot \varphi.\end{aligned}$$

由式(20.3.1)与式(20.3.2)，有下面的定义：

定义 20.3.3　设 M 为满足第二可数公理的 n 维光滑定向流形，φ 是 M 上的 n 次外微分形式，且 suppφ 是一紧集，$\{U_i : i \in I\}$ 是 M 的一个定向相符的坐标覆盖，$\{\lambda_j : j \in J\}$ 是附属于 $\{U_i : i \in I\}$ 的单位分解．规定 $\int_M \varphi = \sum_{j\in J} \int_M \lambda_j \cdot \varphi$，称为外微分形式 φ 在 M 上的积分，其

中$\int_M \lambda_j \cdot \varphi = \int_{U_{i_j}} \lambda_j \cdot \varphi$, $\mathrm{supp}\ \lambda_j \cdot \varphi \subset U_{i_j}$.

注 当$\mathrm{supp}\varphi \subset U$, U为某一坐标域，令u^i为U的定向相符的局部坐标，则φ可表为

$$\varphi = f(u^1, u^2, \cdots, u^n)\mathrm{d}u^1 \wedge \mathrm{d}u^2 \wedge \cdots \wedge \mathrm{d}u^n.$$

于是$\int_M \varphi$正好是通常的n重积分，$\int_M \varphi = \int_U f(u^1, \cdots, u^n)\mathrm{d}u^1 \cdots \mathrm{d}u^n$.

外微分形式的积分具有如下行质：

性质 20.3.1 如果φ，φ_1，φ_2是M上具紧支撑的n次外微分形式，则有

（1）$\int_M c\varphi = c\int_M \varphi$;

（2）$\int_M (\varphi_1 + \varphi_2) = \int_M \varphi_1 + \int_M \varphi_2$.

定义 20.3.4 设M为满足第二可数公理的n维光滑流形，$D \subset M$.

（1）$p \in D$称为内点，如果存在p在M中的一个开邻域U，使得$U \subset D$;

（2）p称为D的边界点，如果p有一个坐标系(U, u_i)，使得$u_i(p) = 0$，且有

$$U \cap D = \{q \in U : u_n(q) \geqslant 0\}.$$

定义 20.3.4 中满足(2)的坐标系(U, u_i)称为适用坐标系.

我们把带边区域D的边界点全体记为B. 下面结果考虑B的定向问题.

定理 20.3.2 如果M是可定向的光滑流形，则$D \subset M$的边界B是可定向的.

证明 M是可定向的光滑流形，对任一$p \in B$，取与M的定向相符的适用坐标域(U, u_i)，则$(u_1, u_2, \cdots, u_{n-1})$是$B$在$p$点的局部坐标系. 我们以

$$(-1)^n \mathrm{d}u_1 \wedge \cdots \wedge \mathrm{d}u_{n-1} \tag{20.3.3}$$

为B在p点的坐标域$U \cap B$上的定向. 下面证明如此给出的坐标域$U \cap B$的定向是相容的.

设(V, v_i)是M的定向相符的另一个适用坐标域. 则有

$$\det \frac{\partial(v_1, v_2, \cdots, v_n)}{\partial(u_1, u_2, \cdots, u_n)} > 0.$$

假设$v_n = f(u_1, \cdots, u_n)$，对固定的$u_1, \cdots, u_{n-1}$，$v_n, u_n$的符号相同，且$u_n = 0$时，$v_n = 0$，所以在$p$点处有$\frac{\partial v_n}{\partial u_n} \geqslant 0$.

注意到在p点处有$\frac{\partial v_n}{\partial u_i} = 0$，$i = 1, 2, \cdots, n-1$，于是有

$$\det \frac{\partial(v_1, v_2, \cdots, v_n)}{\partial(u_1, u_2, \cdots, u_n)} = \frac{\partial v_n}{\partial u_n} \det \frac{\partial(v_1, v_2, \cdots, v_{n-1})}{\partial(u_1, u_2, \cdots, u_{n-1})},$$

由此得到$\det \frac{\partial(v_1, v_2, \cdots, v_{n-1})}{\partial(u_1, u_2, \cdots, u_{n-1})} > 0$.

因此$(-1)^n \mathrm{d}u_1 \wedge \cdots \wedge \mathrm{d}u_{n-1}$与$(-1)^n \mathrm{d}v_1 \wedge \cdots \wedge \mathrm{d}v_{n-1}$在$U \cap V \cap B$上给出的定向是一致的，从而得到$B$是可定向的.

边界B的以式(20.3.3)确定的定向称为定向流形M的带边区域D在其边界B上诱导的

定向．有诱导定向的边界记为∂D.

定理 20.3.3（Stokes 公式） 设D是n维定向光滑流形M的带边区域，ω是M上具紧支撑的$n-1$次外微分形式，则有

$$\int_D \mathrm{d}\omega = \int_{\partial D} \omega.$$

当$\partial D = \varnothing$时，规定$\int_{\partial D} \omega = 0$.

证明 设$\{U_i: i\in I\}$是M的一个定向相符的坐标覆盖，$\{\lambda_j: j\in J\}$是附属于$\{U_i: i\in I\}$的单位分解，则有

$$\omega = \sum_{j\in J} \lambda_j \cdot \omega.$$

由于$\mathrm{supp}\,\omega$是紧集，上式右边是有限和．故有

$$\int_D \mathrm{d}\omega = \sum_{j\in J}\int_D \mathrm{d}(\lambda_j \cdot \omega),\ \int_{\partial D}\omega = \sum_{j\in J}\int_{\partial D}\lambda_j \cdot \omega.$$

下面证明$\int_D \mathrm{d}(\lambda_j\cdot\omega) = \int_{\partial D}\lambda_j\cdot\omega, j\in J$.

不妨设$\mathrm{supp}\,\omega$包含在M的一个定向相符的坐标域(U, u_i)内，(U, φ)为相应的坐标卡，$\lambda_j\cdot\omega$可表为

$$\lambda_j\cdot\omega = \sum_{t=1}^{n}(-1)^{t-1}a_t\mathrm{d}u_1\cdots\widehat{\mathrm{d}u_t}\cdots\mathrm{d}u_n,$$

其中$\widehat{\mathrm{d}u_t}$表缺失$\mathrm{d}u_t$项，a_t为光滑函数．于是有

$$\mathrm{d}(\lambda_j\cdot\omega) = \left(\sum_{t=1}^{n}\frac{\partial a_t}{\partial u_t}\right)\mathrm{d}u_1\wedge\cdots\wedge\mathrm{d}u_n.$$

情形（1），$U\cap\partial D=\varnothing$. 若$U\subset M\setminus D$，则结论显然成立；若$U$包含于$D$的内部，由于$\mathrm{supp}\,\omega$是紧集，故存在$\mathbf{R}^n$方体$C=\{(u_1, \cdots, u_n): |u_i|\leqslant L, 1\leqslant i\leqslant n\}$，且有$\varphi(U)=\{(u_1(q), \cdots, u_i(q)): q\in U\}$包含于$C$的内部，这里假设$\varphi(U)$是有界的，否则可取$\mathbf{R}^n$有界开集$V$，使得$\varphi(\mathrm{supp}\,\omega)\subset V\subset\varphi(U)$，用$V$替换$\varphi(U)$即可．

将a_t延拓到C上，使a_t在$\varphi(U)$外取值为零，故有

$$\begin{aligned}\int_U \frac{\partial a_t}{\partial u_t}\mathrm{d}u_1\wedge\cdots\wedge\mathrm{d}u_n &= \int_C \frac{\partial a_t}{\partial u_t}\mathrm{d}u_1\wedge\cdots\wedge\mathrm{d}u_n\\ &= \int_{|u_j|\leqslant L}\left(\int_{-L}^{L}\frac{\partial a_t}{\partial u_t}\mathrm{d}u_t\right)\mathrm{d}u_1\cdots\widehat{\mathrm{d}u_t}\cdots\mathrm{d}u_n = 0.\end{aligned}$$

因此有

$$\int_U \mathrm{d}(\lambda_j\cdot\omega) = \sum_{t=1}^{n}\int_U\frac{\partial a_t}{\partial u_t}\mathrm{d}u_1\wedge\cdots\wedge\mathrm{d}u_n = 0 = \int_{U\cap\partial D}\lambda_j\cdot\omega.$$

情形（2），$U\cap\partial D\neq\varnothing$. 不妨设$U$是与$M$的定向相符的适用坐标域，即有$U\cap D=\{q\in U: u_n(q)\geqslant 0\}$，且$U\cap\partial D=\{q\in U: u_n(q)=0\}$. 在$\mathbf{R}^n$中取方体$C=\{(u_1, \cdots, u_n): |u_i|\leqslant L, 1\leqslant i\leqslant n-1, 0\leqslant u_n\leqslant L\}$，使$\varphi(U\cap D)$落在$C$的内部与边界$u_n=0$的并集内．再

对 a_t 作同上类似的延拓，于是有

$$\begin{aligned}\int_{\partial D}\lambda_j\cdot\omega &= \int_{\partial D\cap U}\lambda_j\cdot\omega\\ &= \sum_{t=1}^{n}(-1)^{t-1}\int_{\partial D\cap U}a_t\mathrm{d}u_1\wedge\cdots\wedge\widehat{\mathrm{d}u_t}\wedge\cdots\wedge\mathrm{d}u_n\\ &= (-1)^{n-1}\int_{\partial D\cap U}a_n\mathrm{d}u_1\wedge\cdots\wedge\mathrm{d}u_{n-1}.\end{aligned}$$

注意到在 $U\cap\partial D$ 上 $\mathrm{d}u_n=0$，以及边界定向式(20.3.3)，因此有

$$\int_{\partial D\cap U}\lambda_j\cdot\omega = -\int_{|u_i|\leqslant L,1\leqslant i\leqslant n-1}a_n(u_1,\cdots,u_{n-1},0)\mathrm{d}u_1\cdots\mathrm{d}u_{n-1}.$$

另一方面，在 $\int_D\mathrm{d}(\lambda_j\cdot\omega) = \int_D\left(\sum_{t=1}^{n}\frac{\partial a_t}{\partial u_t}\right)\mathrm{d}u_1\wedge\cdots\wedge\mathrm{d}u_n$ 中，对 $1\leqslant t\leqslant n-1$，有

$$\int_{U\cap D}\frac{\partial a_t}{\partial u_t}\mathrm{d}u_1\wedge\cdots\wedge\mathrm{d}u_n = \int_{\substack{|u_j|\leqslant L,j\neq t\\ 0\leqslant|u_n|\leqslant L}}\left(\int_{-L}^{L}\frac{\partial a_t}{\partial u_t}\mathrm{d}u_t\right)\mathrm{d}u_1\cdots\widehat{\mathrm{d}u_t}\cdots\mathrm{d}u_n = 0,$$

$$\begin{aligned}\int_{U\cap D}\frac{\partial a_n}{\partial u_n}\mathrm{d}u_1\wedge\cdots\wedge\mathrm{d}u_n &= \int_{|u_i|\leqslant L,i\leqslant n-1}(a_n(u_1,\cdots,u_{n-1},L)-a_n(u_1,\cdots,u_{n-1},0))\mathrm{d}u_1\cdots\mathrm{d}u_{n-1}\\ &= -\int_{|u_i|\leqslant L,i\leqslant n-1}a_n(u_1,\cdots,u_{n-1},0)\mathrm{d}u_1\cdots\mathrm{d}u_{n-1}.\end{aligned}$$

综上得 $\int_D\mathrm{d}(\lambda_j\cdot\omega) = \int_{\partial D}\lambda_j\cdot\omega$, $j\in J$.

于是定理结论成立.

例 20.3.1 设 $\Omega\subset\mathbf{R}^2$ 是有界开区域，由 $\mathbf{R}^2$ 的定向确定了 Ω 与 $\partial\Omega$ 的定向，即 Ω 的定向与 $\mathbf{R}^2$ 相符，$\partial\Omega$ 的沿曲线积分方向的切线方向与指向区域内部的法向向量构成边界点的局部坐标系，$\omega=P\mathrm{d}x+Q\mathrm{d}y$ 为 $\mathbf{R}^2$ 中的 1 次外微分形式. 则有

$$\int_{\partial\Omega}P\mathrm{d}x+Q\mathrm{d}y = \iint_{\Omega}(Q_x-P_y)\mathrm{d}x\wedge\mathrm{d}y = \iint_{\Omega}(Q_x-P_y)\mathrm{d}x\mathrm{d}y.$$

例 20.3.1 即为通常的 Green 公式.

例 20.3.2 设 S 是 $\mathbf{R}^3$ 中的光滑双侧曲面，其边界 ∂S 为光滑曲线，由 S 的定向确定了 ∂S 的定向，分别记为 $\boldsymbol{S}$ 与 $\partial\boldsymbol{S}$，$\omega=P\mathrm{d}x+Q\mathrm{d}y+R\mathrm{d}z$ 为 $\mathbf{R}^3$ 中 1 次外微分形式. 则有

$$\int_{\partial\boldsymbol{S}}P\mathrm{d}x+Q\mathrm{d}y+R\mathrm{d}z = \iint_{\boldsymbol{S}}(Q_x-P_y)\mathrm{d}x\wedge\mathrm{d}y+(R_y-Q_z)\mathrm{d}y\mathrm{d}z+(P_z-R_x)\mathrm{d}z\wedge\mathrm{d}x.$$

例 20.3.2 即是通常的 Stokes 公式.

例 20.3.3 设 Ω 是 $\mathbf{R}^3$ 中有界开区域，边界 $\partial\Omega$ 为光滑曲面，$\mathbf{R}^3$ 的定向确定了 Ω 与 $\partial\Omega$ 的定向，Ω 与 $\mathbf{R}^3$定向相符，$\partial\Omega$ 取外法向，$\omega=P\mathrm{d}y\wedge\mathrm{d}z+Q\mathrm{d}z\wedge\mathrm{d}x+R\mathrm{d}x\wedge\mathrm{d}y$ 是 $\mathbf{R}^3$ 中 2 次外微分形式. 则有

$$\iint_{\partial\Omega}P\mathrm{d}y\wedge\mathrm{d}z+Q\mathrm{d}z\wedge\mathrm{d}x+R\mathrm{d}x\wedge\mathrm{d}y = \iiint_{\Omega}(P_x+Q_y+R_z)\mathrm{d}x\wedge\mathrm{d}y\wedge\mathrm{d}z.$$

例 20.3.3 即是通常的 Gauss 公式.

习　题

1. 设 Ω 是 $\mathbf{R}^n$ 的有界开子集，边界 $\partial\Omega$ 光滑，由 $\mathbf{R}^n$ 的定向确定了 $\partial\Omega$ 与 Ω 的定向，$\omega = \sum_{i=1}^{n}(-1)^{i-1}p_i\mathrm{d}x^1\wedge\cdots\wedge\widehat{\mathrm{d}x^i}\wedge\cdots\wedge\mathrm{d}x^n$ 是 $\mathbf{R}^n$ 中 $n-1$ 次外微分形式．写出相应的 Stokes 公式．

2. 设 Ω 是 $\mathbf{R}^n$ 的有界开子集，边界 $\partial\Omega$ 光滑，由 $\mathbf{R}^n$ 的定向确定了 $\partial\Omega$ 与 Ω 的定向，$u(x)$，$v(x)$ 为 C^∞ 函数．证明

$$\int_\Omega v\Delta u\mathrm{d}x_1\wedge\cdots\wedge\mathrm{d}x_n+\int_\Omega\sum_{i=1}^{n}\frac{\partial u}{\partial x_i}\frac{\partial v}{\partial x_i}\mathrm{d}x_1\wedge\cdots\wedge\mathrm{d}x_n=\int_{\partial\Omega}v\sum_{i=1}^{n}(-1)^{i-1}\frac{\partial u}{\partial x_i}\mathrm{d}x_1\wedge\cdots\widehat{\mathrm{d}x_i}\wedge\cdots\mathrm{d}x_n$$

其中 $\Delta u=\sum_{i=1}^{n}\frac{\partial^2 u}{\partial x_i\,\partial x_i}$.

参考文献

[1] 华东师范大学数学科学学院．数学分析[M]．北京:高等教育出版社，2019.

[2] 卓里奇．数学分析:第一卷[M]．北京:高等教育出版社，2019.

[3] 陈省身,陈维桓．微分几何讲义[M]．北京:北京大学出版社,1983.

[4] 郭大钧．非线性泛函分析[M]．济南:山东科学技术出版社,2002.

[5] CHANG K C. Methods in Nonlinear Analysis[M]. Berlin:Springer-Verlag ,2005.

[6] CHEN Y Q , CHO Y J, O'REGAN D. Topological degree theory and applications[J]. Chapman & Hal/CRCl Taylor & Francis Group,2006.

[7] CHEN Y Q. On Massera's theorem for anti - periodic solution[J]. Adv. Math. Sci. Appl,1999,9:125 - 128.

[8] CHEN Y Q, CHO Y J, YANG L. Note on the results with lower semi-continuity[J]. Bull. Korean Math. Soc, 2002(39), 535 - 542.

[9] ROCKAFELLAR R T. Convex Analysis[M]. Princeton: Princeton University Press, 1972.

[10] RUDIN W. 泛函分析[M]．北京:机械工业出版社，2004.

[11] 陈玉清，王振友．高等代数[M]．广州:华南理工大学出版社，2023.

[12] 菲赫金哥尔茨．微积分学教程[M]．北京:高等教育出版社，2006.

[13] J L KELLEY. 一般拓扑学[M]．北京：科学出版社，1982.

[14] 卓里奇．数学分析:第二卷[M]．北京:高等教育出版社，2019.